KUHMINSA

한 발 앞서나가는 출판사, 구민사
독자분들도 구민사와 함께 한 발 앞서나가길 바랍니다.

구민사 출간도서 中 수험서 분야

- 용접
- 자동차
- 조경/산림
- 품질경영
- 산업안전
- 전기
- 건축토목
- 실내건축

- 기술사
- 기계
- 금속
- 환경
- 보일러
- 가스
- 공조냉동
- 위험물

전문가를 위한 첫걸음, 구민사는 그 이상을 봅니다!

전국 도서판매처

• 일산남부서점 • 안산대동서적 • 대구북앤북스 • 대구하나도서
• 포항학원사 • 울산처용서림 • 창원그랜드문고 • 순천중앙서점 • 광주조은서림

전문가를 위한 첫걸음, 구민사는 그 이상을 봅니다!

상시시험 12종목
굴삭기운전기능사, 지게차운전기능사, 미용사(일반), 미용사(피부), 미용사(네일) 미용사(메이크업), 조리기능사(양식, 일식, 중식, 한식), 제과·제빵기능사

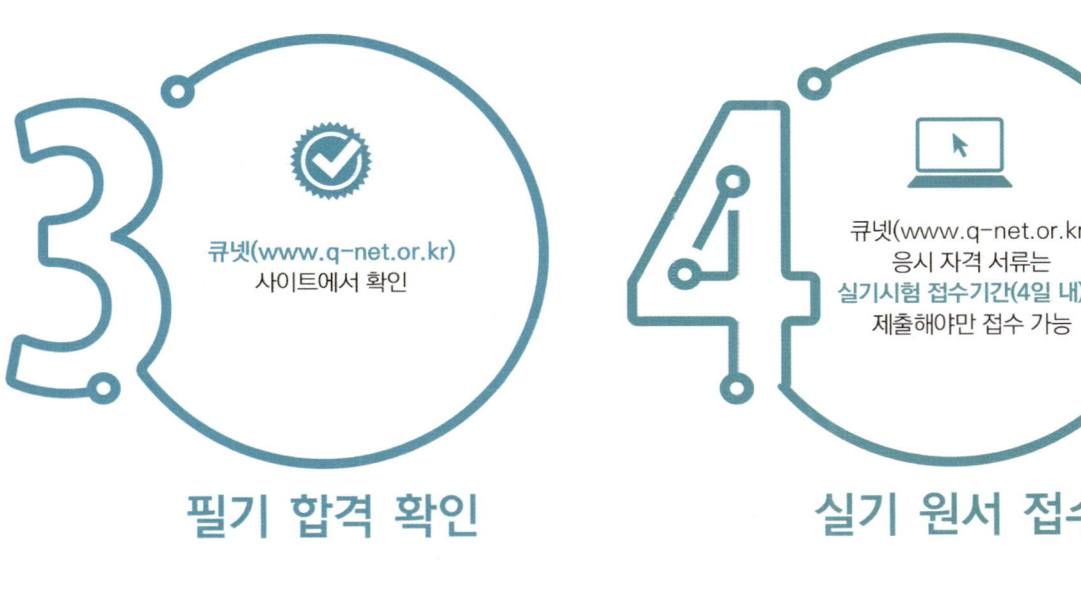

3. 필기 합격 확인
큐넷(www.q-net.or.kr) 사이트에서 확인

4. 실기 원서 접수
큐넷(www.q-net.or.kr) 응시 자격 서류는 **실기시험 접수기간(4일 내)에** 제출해야만 접수 가능

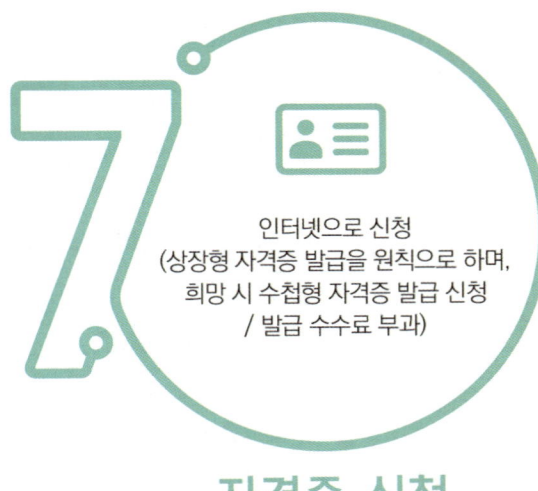

7. 자격증 신청
인터넷으로 신청
(상장형 자격증 발급을 원칙으로 하며, 희망 시 수첩형 자격증 발급 신청 / 발급 수수료 부과)

8. 자격증 수령
인터넷으로 발급(출력)
(수첩형 자격증 등기 수령 시 등기 비용 발생)

PREFACE

건설기계정비기능사는 건설기계의 정비 및 관리 업무를 담당하는 전문가입니다. 건설기계정비 작업은 위험성이 높으므로, 안전에 대한 경각심을 유지하고, 위험 요소를 미리 파악하고 예방하며 안전 수칙을 준수하고 주의하여 작업해야 합니다.

건설기계정비기능사 시험은 건설기계 관련 지식 및 실무 능력을 평가하는 시험으로 건설기계정비기능사 시험 문제는 다양한 주제를 다루고 있으므로, 다양한 유형의 문제를 풀면서 문제 풀이 능력을 향상시키는 것이 중요합니다.

그래서 저자들은 한국산업인력공단의 출제 기준에 맞춰 과년도 문제에서 다수 출제되는 것들을 철저히 분석·정리하여 요점정리와 각 문제마다 해설을 삽입하였으며, 다음과 같이 출제예상문제를 구성하여 집필하였습니다.

Part 1 건설기계 엔진정비에서는 엔진본체 및 주변 장치 정비에 대해서 기술하였습니다.
Part 2 건설기계 차체정비에서는 차체 및 작업장치 정비에 대해서 기술하였습니다.
Part 3 건설기계 유압장치정비에서는 유압원리 및 유압펌프, 유압기기 및 부속장치 정비에 대해서 기술하였습니다.
Part 4 건설기계 전기장치정비에서는 전기 및 전자장치 정비에 대해서 기술하였습니다.
Part 5 주부재 용접 접합에서는 피복아크 용접, 가스 및 탄산가스 용접에 대해서 기술하였습니다.
Part 6 작업장 안전관리에서는 산업안전보건과 작업현장의 안전에 대해서 기술하였습니다.
Part 7 CBT 기출문제를 수록하여 본인의 실력을 점검하도록 하였습니다.

문제의 선정과 해설 그리고 편집에 중점을 두었고 건설기계정비기능사 수검준비에 큰 도움이 되도록 하였으나, 간혹 오류가 있으면 아낌없는 지도 편달을 바라며, 앞으로 새로운 문제가 출제되면 계속하여 수정·보완할 것을 약속드립니다. 마지막으로 이 책을 출간해 주신 구민사 조규백 대표님과 임직원들에게 진심으로 감사드립니다.

저자 일동

PART 01 엔진정비

CHAPTER 1 엔진 일반
01 엔진의 정의 및 분류 / 2
02 내연기관의 성능 / 7
03 엔진 점검 / 11
필기 예상 문제 / 15

CHAPTER 2 헤드 및 실린더와 연소실
01 실린더 헤드 / 21
02 헤드 개스킷 / 23
03 실린더 및 실린더 블록 / 24
04 디젤기관의 연소실 / 26
필기 예상 문제 / 30

CHAPTER 3 흡·배기 밸브 및 캠축
01 흡·배기 밸브 / 34
02 4행정 사이클 엔진의 밸브 개폐시기 / 38
03 캠축과 캠 / 39
필기 예상 문제 / 41

CHAPTER 4 피스톤 및 피스톤링 커넥팅 로드
01 피스톤 / 47
02 피스톤링 / 49
03 피스톤핀 / 50
04 커넥팅 로드 / 50
필기 예상 문제 / 51

CHAPTER 5 크랭크축 및 플라이 휠
01 크랭크축 / 55
02 플라이휠 / 57
03 기관 베어링 / 58
필기 예상 문제 / 59

CHAPTER 6 윤활장치
01 엔진오일의 작용과 구비조건 / 62
02 오일의 점도와 점도지수 / 63
03 엔진오일의 분류 / 63
04 4행정 사이클 엔진의 윤활방식 / 64
05 윤활장치의 구성부품 / 64
06 엔진 오일량 점검방법 / 66
필기 예상 문제 / 67

CHAPTER 7 냉각장치
01 냉각장치의 필요성 / 71
02 수냉식 엔진 / 72
03 수냉식 엔진의 과열원인 / 75
필기 예상 문제 / 76

CHAPTER 8 흡·배기 장치
01 흡기장치 / 80
02 배기장치 / 81
03 과급기(터보차저) / 82
필기 예상 문제 / 84

CHAPTER 9 연료와 연소
01 고속디젤 기관의 연료 / 88
02 디젤 엔진 연소 과정 / 89
03 디젤 노크 / 89
04 디젤기관의 진동 원인 / 90
필기 예상 문제 / 91

CHAPTER 10 연료장치
01 연료 탱크 / 94
02 연료 공급 펌프 / 94
03 연료 여과기 / 95
04 분사 펌프 / 96
05 분사 노즐 / 100
06 디젤기관의 시동 보조장치 / 103
필기 예상 문제 / 104

CHAPTER 11 전자제어 센서
01 컴퓨터(ECU)의 입력요소 / 111
02 컴퓨터(ECU)의 출력요소 / 112
필기 예상 문제 113

CHAPTER 12 엔진제어 장치
01 커먼레일 디젤 분사장치 / 116
02 특징 / 117
03 커먼레일 연료분사장치 엔진의 연소과정 / 117
04 전자제어 디젤 엔진의 연료장치 / 118
필기 예상 문제 / 119

CHAPTER 13 유해 배기가스 처리장치
01 배기가스 후처리장치 / 121
02 SCR / 122
03 희박 질소 촉마 / 123
04 배기가스 재순환 제어 / 124
필기 예상 문제 / 125

PART 02 차체정비

CHAPTER 1 클러치
01 필요성 / 128
02 구비조건 / 128
03 클러치의 구조 / 129
04 클러치 페달 자유간극 / 130
05 클러치 용량 / 131
06 클러치 고장진단 / 132
필기 예상 문제 / 133

CHAPTER 2 토크 컨버터
01 유체 클러치 / 136
02 토크 컨버터 / 137
03 유성기어장치 / 139
필기 예상 문제 / 141

CHAPTER 3 변속기
01 필요성 / 145
02 구비조건 / 145
03 변속 조작기구 / 146
04 변속비와 주행속도 / 146
05 변속기 고장 진단 / 147
필기 예상 문제 / 149

CHAPTER 4 자재이음 및 종감속장치
01 드라이브 라인 / 152
02 종감속 기어와 차동장치 / 154
03 차축 / 156
필기 예상 문제 / 158

CHAPTER 5 현가장치
01 현가장치의 구성 / 162
02 현가장치의 종류 / 162
03 자동차의 진동과 구동방식 / 165
필기 예상 문제 / 167

CHAPTER 6 조향장치
01 조향장치 원리 / 169
02 조향장치 구조 / 170
03 동력 조향장치 / 172
04 앞바퀴 정렬 / 174
05 조향장치 점검 정비 / 177
필기 예상 문제 / 179

CHAPTER 7 제동장치
01 유압식 브레이크 / 182
02 공기 브레이크 / 187
03 제동장치 고장진단 / 189
필기 예상 문제 / 191

CHAPTER 8 타이어식 및 무한궤도 장치
01 타이어 / 196
02 무한궤도 / 198
필기 예상 문제 / 209

CHAPTER 9 작업장치
01 토공용 건설기계 / 215
02 적하용 건설기계 / 238
필기 예상 문제 / 254

PART 03 유압장치정비

CHAPTER 1 유압 원리 및 유압 펌프
01 유압 원리 / 286
필기 예상 문제 / 290

02 작동유 / 293
필기 예상 문제 / 296

03 유압 펌프 / 301
필기 예상 문제 / 306

CHAPTER 2 유압기기 및 부속장치
01 유압 밸브 / 310
필기 예상 문제 / 316

02 유압 모터 / 321
필기 예상 문제 / 323

03 유압 실린더 / 325
필기 예상 문제 / 326

04 부속 기기 / 328
필기 예상 문제 / 333

05 유압 기호 / 338
필기 예상 문제 / 343

PART 04 전기장치정비

CHAPTER 1 기초전기 · 전자
- 01 전압 / 346
- 02 전류 / 346
- 03 저항 / 347
- 04 옴의 법칙 / 348
- 05 키르히호프의 법칙 / 348
- 06 전력 / 349
- 07 전력량 / 350
- 08 반도체 / 350
- 필기 예상 문제 / 355

CHAPTER 2 축전지
- 01 역할 / 359
- 02 납산 축전지의 구조 / 359
- 03 축전지 충 방전 작용 / 363
- 04 축전지의 여러 가지 특성 / 364
- 05 축전지 충전 / 366
- 06 축전지 점검 및 정비 / 367
- 필기 예상 문제 / 369

CHAPTER 3 예열장치
- 01 예열 플러그식 / 374
- 02 흡기 가열식 / 375
- 필기 예상 문제 / 376

CHAPTER 4 시동장치
- 01 작동 원리 / 377
- 02 종류와 특성 / 378
- 03 구조와 작동 / 378
- 04 기동 전동기 점검 정비 / 383
- 필기 예상 문제 / 384

CHAPTER 5 충전장치
- 01 원리 / 388
- 02 DC 발전기 / 389
- 03 AC 발전기 / 390
- 04 정류의 종류 / 391
- 05 교류발전기와 직류발전기 비교 / 393
- 06 충전장치 고장점검 / 394
- 필기 예상 문제 / 395

CHAPTER 6 계기장치
- 01 속도계 / 399
- 02 회전속도계 / 399
- 03 유압계 및 유압경고등 / 400
- 04 온도계(수온계) / 400
- 05 연료계 / 401
- 06 전류계와 충전경고등 / 401
- 필기 예상 문제 / 402

CHAPTER 7 등화장치
- 01 전기회로 / 404
- 02 등화장치 / 405
- 필기 예상 문제 / 410

CHAPTER 8 냉 · 난방장치
- 01 구성부품 / 414
- 02 냉매의 구비조건 / 415
- 03 신냉매(R-134a)의 장점 / 416
- 04 냉매의 흐름 / 416
- 필기 예상 문제 / 417

PART 05 주부재 용접 접합

CHAPTER 1 피복 아크 용접
- 01 피복 아크 용접의 장·단점 / 422
- 02 피복 아크 용접의 전원 / 423
- 03 용접기의 종류 / 423
- 04 용접기의 용접 전원 특성 / 425
- 05 아크 전류와 아크 길이 / 425
- 06 용융 속도 / 426
- 07 용융 속도 아크 쏠림(아크 블로)과 방지책 / 426
- 08 용접 속도 / 427
- 09 전기 아크 용접용 기구 / 428
- 필기 예상 문제 / 432

CHAPTER 2 가스 및 탄산가스 용접 439
- 01 가스 용접 / 439
- 02 탄산가스 용접 / 452
- 필기 예상 문제 / 463

PART 06 작업장 안전관리

CHAPTER 1 산업안전 보건
- 01 안전기준 및 재해 / 470
- 필기 예상 문제 / 482

- 02 안전보건 표지 / 489
- 필기 예상 문제 / 492

- 03 기계 및 기기 취급 / 495
- 필기 예상 문제 / 498

- 04 전동 및 공기구 / 504
- 필기 예상 문제 / 506

- 05 수공구 / 509
- 필기 예상 문제 / 513

CHAPTER 2 작업현장의 안전
- 01 기관 및 전기 작업안전 / 517
- 필기 예상 문제 / 519

- 02 차체 작업 및 안전 / 525
- 필기 예상 문제 / 527

- 03 유압장치 작업 안전 / 530
- 필기 예상 문제 / 532

- 04 작업장치 작업 안전 / 534
- 필기 예상 문제 / 535

- 05 용접작업 안전 / 538
- 필기 예상 문제 / 544

PART 07 CBT 모의고사

- CHAPTER 1 CBT 모의고사 1회 / 550
- CHAPTER 2 CBT 모의고사 2회 / 558
- CHAPTER 3 CBT 모의고사 3회 / 566
- CHAPTER 4 CBT 모의고사 4회 / 574
- CHAPTER 5 CBT 모의고사 5회 / 582

출제기준(필기)

직무분야	기계	중직무분야	기계장비설비·설치	자격종목	건설기계정비기능사	적용기간	2023.1.1.~2026.12.31.

■ 직무내용 : 건설기계의 정상가동을 위해 엔진, 전기, 동력전달, 유압 및 작업장치 등을 점검 및 정비하는 직무이다.

필기검정방법	객관식	문제수	60	시험시간	1시간

필기 과목명	문제수	주요항목	세부항목	세세항목
건설기계 점검 및 정비, 안전관리	60	1. 엔진정비	1. 엔진본체 및 주변장치 정비	1. 엔진 일반 2. 헤드 및 실린더와 연소실 3. 흡·배기 밸브 및 캠 축 4. 피스톤 및 피스톤 링, 커넥팅 로드 5. 크랭크 축 및 플라이 휠 6. 윤활장치 7. 냉각장치 8. 흡·배기장치 9. 연료와 연소 10. 연료장치 11. 전자제어 센서 12. 엔진제어장치 13. 유해 배기가스 처리 장치
		2. 차체정비	1. 차체 및 작업장치정비	1. 클러치 2. 토크 컨버터 3. 변속기 4. 자재이음 및 종 감속장치 5. 현가장치 6. 조향장치 7. 제동장치 8. 타이어식 및 무한궤도 장치 9. 작업장치
		3. 유압장치정비	1. 유압원리 및 유압펌프	1. 유압 원리 2. 유압 작동유 3. 유압펌프

필기 과목명	문제 수	주요항목	세부항목	세세항목
			2. 유압기기 및 부속장치정비	1. 유압밸브 2. 유압모터 3. 유압실린더 4. 부속기기 5. 유압기호
		4. 전기장치 정비	1. 전기 및 전자 장치정비	1. 기초전기전자 2. 축전지 3. 예열장치 4. 시동장치 5. 충전장치 6. 계기장치 7. 등화장치 8. 냉·난방장치
		5. 주부재 용접 접합	1. 주부재 용접	1. 피복아크 용접 2. 가스 및 탄산가스 용접
		6. 작업장 안전관리	1. 산업안전보건	1. 안전기준 및 재해 2. 안전보건표지 3. 기계 및 기기 취급 4. 전동 및 공기구 5. 수공구
			2. 작업현장의 안전	1. 기관 및 전기 작업안전 2. 차체작업 안전 3. 유압장치 작업 안전 4. 작업장치 작업 안전 5. 용접작업 안전

출제기준(실기)

직무분야	기계	중직무분야	기계장비설비·설치	자격종목	건설기계정비기능사	적용기간	2023.1.1.~2026.12.31.

■ 직무내용 : 건설기계의 정상가동을 위해 엔진, 전기, 동력전달, 유압 및 작업장치 등을 점검 및 정비하는 직무이다.

■ 수행준거 :
1. 성능저하에 따른 정상출력을 유지하기 위해 실린더헤드와 엔진블록, 연료장치, 윤활장치, 냉각장치 및 흡·배기장치를 점검 및 정비할 수 있다.
2. 운전자가 원하는 방향으로 건설기계를 주행하기 위하여 사용하는 조향장치(기계식, 유압식, 전기식)를 점검 및 정비할 수 있다.
3. 건설기계 주행 중 감속, 정지를 위한 주 제동장치(기계식, 유압식, 공기식) 및 보조 감속장치를 점검 및 정비할 수 있다.
4. 건설기계의 시동, 충전, 계기 및 기타장치 등 전기장치를 점검 및 정비할 수 있다.
5. 엔진에서 발생한 동력을 전달하는 클러치, 변속기, 추진축 및 차동장치를 점검 및 정비할 수 있다.
6. 유압펌프, 유압밸브, 작동기 등을 점검 및 정비할 수 있다.
7. 건설기계의 타이어식 및 무한궤도식 장치를 점검 및 정비할 수 있다.

실기검정방법	작업형	시험시간	4시간 정도

실기 과목명	주요항목	세부항목	세세항목
건설기계 기본정비 실무	1. 엔진본체정비	1. 실린더헤드 정비하기	1. 작업장 바닥의 오염을 방지하며 엔진오일을 빼낼 수 있다. 2. 전기배선 및 커넥터부위가 손상되지 않도록 주의하여 탈거할 수 있다. 3. 과급기가 손상되지 않도록 주의하여 흡·배기장치를 탈거할 수 있다. 4. 실린더헤드 볼트를 분해순서에 따라 풀고 실린더헤드를 탈거할 수 있다.
		2. 엔진블록 정비하기	1. 오일팬 고정볼트와 오일팬이 손상되지 않도록 주의하여 오일팬 및 오일펌프를 탈거할 수 있다. 2. 지정된 공구 및 지그를 사용하여 피스톤 및 실린더를 탈거할 수 있다. 3. 크랭크축 메인베어링의 순서가 바뀌지 않도록 주의하여 크랭크축을 탈거한 후

실기 과목명	주요항목	세부항목	세세항목
	2. 엔진주변장치 정비	1. 연료장치 정비하기	수직으로 세워 보관할 수 있다. 4. 탈거 및 분해의 역순으로 조립할 수 있다. 1. 연료분사펌프 파이프의 정상위치를 고려하여 순서가 바뀌지 않게 탈거할 수 있다. 2. 분사노즐(인젝터)을 탈거 후 점검하여 이상유무를 확인하고 노즐시험기를 사용하여 분사압력, 분사상태를 점검할 수 있다. 3. 1, 2차 연료여과기의 교환시기 등을 고려하여 오염여부, 누유여부를 점검하고 교환할 수 있다.
		2. 윤활장치 정비하기	1. 건설기계를 수평으로 유지한 상태에서 오일 점검게이지를 사용하여 오일량 적정여부 및 오염여부를 점검할 수 있다. 2. 엔진 시동을 걸고 규정rpm을 유지한 상태에서 오일 압력게이지를 사용하여 압력을 측정할 수 있다. 3. 오일 여과기의 교환시기 등을 고려하여 오염여부, 누유여부를 점검하고 교환할 수 있다. 4. 엔진오일 압력이 규정값 이하일 경우 오일펌프를 점검 및 교환할 수 있다. 5. 로커암 커버(덮개), 유압호스, 오일팬의 누유여부를 점검할 수 있다.
		3. 냉각장치 정비하기	1. 냉각수의 오염여부를 점검하고 비중계를 사용하여 빙점을 확인할 수 있다. 2. 냉각수의 누수여부 및 냉각핀의 손상여부를 점검하고 압력 캡시험기를 사용하여 라디에이터 압력캡을 시험할 수 있다. 3. 냉각수 연결호스의 누수 및 경화여부를 점검할 수 있다. 4. 냉각수 펌프의 누수, 소음 및 진동을 고려하여 그장여부를 점검하고 교환할 수 있다.

실기 과목명	주요항목	세부항목	세세항목
			5. 냉각수 펌프 구동벨트의 장력 및 균열 여부를 점검하고 교환할 수 있다. 6. 냉각수 온도가 규정 값 이상의 경우 냉각수량, 냉각팬, 수온조절기 등을 점검할 수 있다.
		4. 흡·배기 장치정비하기	1. 여과기의 교환주기를 고려하여 공기여과기를 점검할 수 있다. 2. 과급기의 소음, 진동 및 누유를 고려하여 정상 작동 여부를 점검할 수 있다. 3. 흡·배기밸브 등의 작동 상태와 분해순서에 따라 탈거하여 점검할 수 있다. 4. 흡·배기밸브를 탈거 및 분해의 역순으로 조립하여, 간극을 조정할 수 있다. 5. 소음기 및 배기관의 연결 상태를 확인하고 손상여부를 점검할 수 있다. 6. 매연측정기를 사용하여 배출가스를 측정하고 적합여부를 판정할 수 있다.
	3. 동력전달장치 정비	1. 클러치 정비하기	1. 보호구를 착용하고 추진축의 낙하방지를 위하여 받침대를 사용하여 추진축을 탈거할 수 있다. 2. 변속기의 낙하방지 및 안전작업을 위하여 변속기전용 잭을 받치고 탈거할 수 있다. 3. 압력판의 낙하방지를 위하여 인양 및 걸이기구를 사용하여 탈거할 수 있다. 4. 클러치디스크의 마모 및 휨 상태를 확인하기 위하여 게이지로 측정 및 점검할 수 있다. 5. 베어링을 세척하여 소음 및 마모상태 등을 점검할 수 있다. 6. 틈새게이지를 사용하여 압력판 변형을 점검할 수 있다. 7. 스프링장력 시험기를 사용하여 스프링의 장력 및 변형을 측정할 수 있다. 8. 탈거 및 분해의 역순으로 조립할 수 있다.

실기 과목명	주요항목	세부항목	세세항목
		2. 변속기 정비하기	1. 보호구를 착용하고 추진축의 낙하방지를 위하여 받침대를 고이고 추진축을 탈거할 수 있다. 2. 변속기를 탈거하여 오일을 빼낸 후 분해순서에 따라 분해할 수 있다. 3. 베어링의 마모상태를 점검할 수 있다. 4. 기어 마모상태를 점검하며, 다이얼게이지를 사용하여 기어유격을 측정할 수 있다. 5. 다이얼게이지를 사용하여 변속링케이지 유격을 측정 및 점검할 수 있다.
		3. 추진축 정비하기	1. 보호구를 착용하고 추진축의 낙하방지를 위하여 받침대를 고이고 추진축을 탈거할 수 있다. 2. 다이얼게이지와 V블록을 사용하여 추진축 휨 측정과 점검을 할 수 있다. 3. 추진축을 위·아래로 흔들어서 십자축 베어링의 유격상태를 점검할 수 있다. 4. 추진축을 좌우로 돌려서 스플라인이음의 유격상태를 점검할 수 있다. 5. 앞뒤 추진축 위치를 맞춰서 탈거 및 분해의 역순으로 조립할 수 있다.
		4. 차동장치 정비하기	1. 보호구를 착용하고 추진축의 낙하방지를 위하여 받침대를 고이고 추진축을 탈거할 수 있다. 2. 작업장 바닥의 오염을 방지하며 차동기어오일을 빼낼 수 있다. 3. 액슬축 고정 볼트가 손상되지 않도록 주의하여 액슬축을 탈거 할 수 있다. 4. 차동장치 전용 잭을 사용하여 차동장치를 탈거할 수 있다. 5. 베어링을 세척하여 소음 및 마모상태 등을 점검할 수 있다. 6. 다이얼게이지를 사용하여 링기어와 피니언기어의 유격 측정 및 접촉상태를 점검할 수 있다.

실기 과목명	주요항목	세부항목	세세항목
	4. 주행장치 정비	1. 무한궤도식 정비하기	1. 무한궤도 탈거를 위하여 고임목을 받칠 수 있다. 2. 트랙장력 조정실린더의 그리스 배출 밸브를 풀어서 그리스를 배출하여 트랙장력을 이완할 수 있다. 3. 유압프레스를 사용하여 링크의 마스터 핀을 빼내어 트랙을 분리할 수 있다. 4. 트랙슈, 링크, 유동륜(아이들러), 구동륜(스프로킷), 상·하부롤러의 마모량 등을 측정하고 리코일스프링 손상 및 텐션실린더와 링크의 누유여부를 점검할 수 있다. 5. 탈거 및 분해의 역순으로 무한궤도를 조립할 수 있다.
		2. 타이어식 정비하기	1. 건설기계가 움직이지 않도록 고임목을 받칠 수 있다. 2. 타이어를 탈거하기 위하여 유압 잭을 사용하여 탈거할 타이어를 지면에서 100mm 정도를 띄울 수 있다. 3. 탈거 할 타이어의 고정 너트를 풀어서 타이어를 탈거할 수 있다. 4. 탈거한 타이어의 트레이드 마모여부를 확인할 수 있다. 5. 탈거한 타이어의 적정 압력을 확인할 수 있다. 6. 탈거 및 분해의 역순으로 타이어를 조립할 수 있다.
	5. 조향장치 정비	1. 기계유압식 조향장치 정비하기	1. 철자를 사용하여 핸들유격 측정 및 점검하고 조향축 고정 상태를 점검할 수 있다. 2. 핸들조작이 원활하지 않을 경우 조향기어 박스 및 조향실린더의 누유 상태를 점검할 수 있다. 3. 핸들조작시 유격이 크고 흔들림, 반응속도 늦음 등을 고려하여 피트먼암, 드

실기 과목명	주요항목	세부항목	세세항목
			래그링크, 타이로드엔드볼, 너클 및 부싱, 킹핀베어링의 유격상태를 점검 및 조정할 수 있다. 4. 핸들조작이 원활하지 않을 경우 유압게이지를 사용하여 조향펌프 압력을 측정 및 점검할 수 있다. 5. 지게차 주행시 뒷바퀴(조향륜) 흔들림을 고려하여 벨크랭크(링크, 링크베어링, 링크핀, 링크브싱) 등을 점검할 수 있다. 6. 유압오일 교체주기를 고려하여 교환 및 보충할 수 있다. 7. 기계 유압식 조향장치를 탈거와 분해 및 조립할 수 있다.
		2. 유압식 조향장치 정비하기	1. 철자를 사용하여 핸들유격을 측정 및 점검하고 조향축 고정상태를 점검할 수 있다. 2. 핸들조작이 원활하지 않을 경우 파워스티어링 유닛 및 조향실린더의 누유 상태를 점검할 수 있다. 3. 핸들조작이 원활하지 않을 경우 유압게이지를 사용하여 조향펌프 압력을 측정 및 점검할 수 있다. 4. 조향실린더까지 유압이 정상적으로 전달되는지 여부를 고려하여 유량분배밸브를 점검할 수 있다. 5. 유압오일 교체주기를 고려하여 교환 및 보충할 수 있다. 6. 유압식 조향장치를 탈거와 분해 및 조립할 수 있다.
		3. 전기식 조향장치 정비하기	1. 조향성능을 최적화 하기 위하여 모니터에 입력된 조향입력 수치를 확인하여 조정할 수 있다. 2. 핸들의 정상 작동상태를 확인하여 토크센서를 점검할 수 있다. 3. 핸들 작동 속도를 확인하여 모터 및 감속기를 점검할 수 있다.

실기 과목명	주요항목	세부항목	세세항목
			4. ECU를 사용하여 건설기계 속도와 부하에 따라 입력수치를 확인하고 조정할 수 있다.
		4. 조향륜정렬 정비하기	1. 건설기계의 조향/주행 성능 유지를 위하여 바퀴의 토인, 토아웃, 캠버, 캐스터 및 킹핀의 경사각을 점검할 수 있다. 2. 건설기계 최소 회전반경 유지를 위하여 조향각 조정볼트를 점검할 수 있다. 3. 건설기계의 직진성 유지를 위하여 축간거리를 측정할 수 있다. 4. 사이드슬립측정기로 조향륜 토인 또는 토아웃 상태를 측정하여 조정할 수 있다.
	6. 제동장치 정비	1. 기계식 제동장치 정비하기	1. 케이블 이완 또는 절손 등을 고려하여 케이블 작동상태를 점검할 수 있다. 2. 브레이크 작동레버 동작여부에 따라 브레이크 라이닝의 정상 작동 여부를 확인할 수 있다. 3. 라이닝 및 드럼점검을 위하여 드럼을 탈거할 수 있다. 4. 드럼과 라이닝의 간격이나 마모상태 등을 고려하여 라이닝 및 드럼을 점검할 수 있다. 5. 건설기계의 주기확보를 위하여 작동레버의 고정장치를 점검할 수 있다. 6. 운전석 계기판의 경고등을 확인하여 작동레버 경고램프스위치 정상여부를 점검할 수 있다.
		2. 유압식 제동장치 정비하기	1. 브레이크 페달 조작력, 간극을 조정할 수 있다. 2. 제동력 확보를 위한 마스터 실린더의 제동상태, 유량 및 누유를 확인하고 제동장치(배력장치 등) 공기빼기를 할 수 있다. 3. 누유방지를 위하여 제동라인 부식과 연결부위 파손유무를 점검할 수 있다.

실기 과목명	주요항목	세부항목	세세항목
			4. 휠실린더 누유점검을 확인하고 브레이크 라이닝과 슈, 리턴스프링 작동상태 점검할 수 있다. 5. 육안 및 측정기를 사용하여 드럼과 라이닝 간극, 마모 및 균열 유무를 점검할 수 있다. 6. 제동력 확보를 위한 하부 리테이너 실의 마모와 손상을 확인하여 점검할 수 있다. 7. 큰 제동력을 확보하기 위한 배력장치를 점검할 수 있다. 8. 습식디스크 브레이크 작동 및 마모상태를 점검할 수 있다.
		3. 공기식 제동장치 정비하기	1. 브레이크페달을 작동시켜 소음상태를 확인하고 브레이크 밸브 공기누출 유무를 점검할 수 있다. 2. 공기탱크, 브레이크 파이프라인, 밸브의 손상 및 부식 유무를 확인하여 점검할 수 있다. 3. 에어챤버를 작동시켜 공기누출 유무를 확인할 수 있다. 4. 브레이크페달을 작동시켜 브레이크 라이닝과 리턴스프링 작동상태를 점검할 수 있다. 5. 육안 및 측정기를 사용하여 드럼 마모 및 균열 유무를 점검할 수 있다. 6. 제동력 확보를 위한 하부 리테이너 실의 마모 및 손상점검할 수 있다. 7. 공기 누출여부를 확인하고 자동제어장치를 점검할 수 있다. 8. 규정 공기압력을 확인하고 경보장치 및 공기압축기를 점검할 수 있다.
		4. 감속 제동장치 정비하기	1. 엔진배기 가스를 부분 차단하여 건설기계의 주행속도를 감소시키는 배기브레이크를 점검할 수 있다.

실기 과목명	주요항목	세부항목	세세항목
			2. 주행시험 및 측정기를 사용하여 ABS, ARS를 점검할 수 있다. 3. 엔진브레이크의 원리를 확인하고 엔진 브레이크 작동상태를 확인할 수 있다. 4. 변속기의 감속장치를 점검할 수 있다.
	7. 유압펌프 정비	1. 기어펌프 정비하기	1. 측정기를 사용하여 기어펌프의 압력을 확인할 수 있다. 2. 기어펌프의 외관상 균열 및 누유 여부를 확인하고 탈거 할 수 있다. 3. 기어펌프를 분해순서에 따라 분해할 수 있다. 4. 측정기 등을 사용하여 분해된 부품의 이상 유무를 확인하고 손상된 부품을 교환할 수 있다. 5. 기어펌프를 분해의 역순으로 조립하여 정상 작동 여부를 점검할 수 있다.
		2. 베인펌프 정비하기	1. 측정기를 사용하여 베인펌프의 압력을 확인할 수 있다. 2. 베인펌프의 외관상 균열 및 누유 여부를 확인하고 탈거 할 수 있다. 3. 베인펌프를 분해순서에 따라 분해할 수 있다. 4. 측정기 등을 사용하여 분해된 부품의 이상 유무를 확인하고 손상된 부품을 교환할 수 있다. 5. 베인펌프를 분해의 역순으로 조립하여 정상 작동 여부를 점검할 수 있다.
		3. 플런저펌프 정비하기	1. 측정기를 사용하여 플런저펌프의 압력을 확인할 수 있다. 2. 플런저펌프의 외관상 균열 및 누유 여부를 확인하고 탈거 할 수 있다. 3. 플런저펌프를 분해순서에 따라 분해할 수 있다. 4. 측정기 등을 사용하여 분해된 부품의

실기 과목명	주요항목	세부항목	세세항목
	8. 유압밸브 정비		이상 유무를 확인하고 손상된 부품을 교환할 수 있다. 5. 플런저펌프를 분해의 역순으로 조립하여 정상 작동 여부를 점검할 수 있다.
		1. 압력제어밸브 정비하기	1. 정비지침서에 따라 압력제어밸브의 정상 작동 여부를 점검할 수 있다. 2. 압력제어밸브의 외관상 균열 및 누유 흔적이 있는지 확인하고 탈거할 수 있다. 3. 압력제어밸브를 분해순서에 따라 분해할 수 있다. 4. 분해된 부품의 이상 유무를 확인하고 손상된 부품을 교환할 수 있다. 5. 압력제어밸브 분해의 역순으로 조립하여 정상 작동 여부를 점검할 수 있다.
		2. 유량제어밸브 정비하기	1. 정비지침서에 따라 유량제어밸브의 정상 작동 여부를 점검할 수 있다. 2. 유량제어밸브의 외관상 균열 및 누유 흔적이 있는지 확인하고 탈거할 수 있다. 3. 유량제어벌브를 분해순서에 따라 분해할 수 있다. 4. 분해된 부품의 이상 유무를 확인하고 손상된 부품을 교환할 수 있다. 5. 유량제어벌브 분해의 역순으로 조립하여 정상 작동 여부를 점검할 수 있다.
		3. 방향제어밸브 정비하기	1. 정비지침서에 따라 방향제어밸브의 정상 작동 여부를 점검할 수 있다. 2. 방향제어밸브의 외관상 균열 및 누유 흔적이 있는지 확인하고 탈거할 수 있다. 3. 방향제어밸브를 분해순서에 따라 분해할 수 있다. 4. 분해된 부품의 이상 유무를 확인하고 손상된 부품을 교환할 수 있다. 5. 방향제어밸브 분해의 역순으로 조립하여 정상 작동 여부를 점검할 수 있다.

실기 과목명	주요항목	세부항목	세세항목
	9. 유압작동기 정비	1. 유압실린더 정비하기	1. 정비지침서에 따라 유압실린더의 정상 작동 여부를 점검할 수 있다. 2. 유압실린더의 외관상 균열 및 누유 흔적이 있는지 확인하고 탈거할 수 있다. 3. 유압실린더를 분해순서에 따라 분해할 수 있다. 4. 분해된 부품을 측정기를 활용하여 유압실린더, 피스톤, 피스톤링, 피스톤로드 등을 점검할 수 있다. 5. 분해된 부품의 이상 유무를 확인하고 손상된 부품을 교환할 수 있다. 6. 분해된 유압실린더를 분해의 역순으로 조립하여 정상 작동 여부를 점검할 수 있다.
		2. 유압모터 정비하기	1. 유압모터의 외관상 균열 및 누유 흔적이 있는지 확인하고 탈거할 수 있다. 2. 유압모터의 회전속도 등을 점검하여 모터의 정상 작동 유무를 확인할 수 있다. 3. 유압모터를 분해순서에 따라 분해할 수 있다. 4. 분해된 부품의 이상 유무를 확인하고 손상된 부품을 교환할 수 있다. 5. 유압모터를 분해의 역순으로 조립하여 정상 작동 여부를 점검할 수 있다.
	10. 전기장치 정비	1. 시동장치 정비하기	1. 엔진시동을 위한 시동전동기 B단자, M단자, St단자의 손상, 체결 및 작동상태를 점검할 수 있다. 2. 정비지침서에 따라 시동전동기를 탈거할 수 있다. 3. 정비지침서에 따라 시동전동기를 분해·조립할 수 있다. 4. 회로시험기를 사용하여 마그네틱 스위치(전자석 스위치)의 풀인(Pull-In), 홀드인(Hold-In) 회로를 점검할 수 있다.

실기 과목명	주요항목	세부항목	세세항목
			5. 그로울러시험기를 사용하여 전기자의 단선, 단락, 접지 시험을 할 수 있다. 6. 회로시험기를 사용하여 계자코일의 단선, 접지 시험을 할 수 있다. 7. 브러시(Brush)의 교환주기에 따라 마모와 접촉 상태를 점검할 수 있다. 8. 시동전동기의 성능을 확인하기 위하여 크랭킹 시 소모 전류 및 전압 강하 시험을 할 수 있다.
		2. 충전장치 정비하기	1. 발전기의 구성단자 B단자, L단자, R단자의 손상 및 체결상태를 점검할 수 있다. 2. 정비지침서에 따라 충전장치인 발전기를 탈·부착할 수 있다. 3. 회로시험기를 사용하여 발전기의 정격 충전전압, 충전전류를 측정할 수 있다. 4. 축전지 충전상태 확인을 위하여 축전지와 발전기를 연결하는 배선의 전압강하를 측정할 수 있다. 5. 정비지침서에 따라 발전기를 분해·조립할 수 있다. 6. 회로시험기를 사용하여 발전기 로터 및 스테이터코일의 단선, 단락, 접지시험을 할 수 있다. 7. 다이오드의 손상여부 및 브러시(Brush)의 마모 상태를 점검하고 교환을 할 수 있다.
		3. 계기 및 기타전기장치 정비하기	1. 장비 시동 후 계기판에 표시되는 각종 경고등 및 거기의 정상 작동 여부를 점검할 수 있다. 2. 정비지침서에 따라 각종 등화장치의 작동상태를 점검할 수 있다. 3. 정비지침서에 따라 와이퍼장치 및 안전장치의 작동상태를 점검할 수 있다. 4. 회로시험기를 사용하여 축전지와 연결

실기 과목명	주요항목	세부항목	세세항목
			된 전기장치의 정상 작동 여부를 점검할 수 있다. 5. 저온시 디젤엔진의 시동을 위한 예열장치의 정상 작동 여부를 확인할 수 있다. 6. 냉방장치의 작동상태 유지를 위하여 에어컨 냉매의 누설 점검과 회수 및 충진 등을 할 수 있다. 7. 난방장치의 작동상태를 유지를 위하여 히터 구성품 및 누수 점검을 할 수 있다. 8. 작업장 주변의 안전작업 및 주행을 위하여 경음기, 경광등을 점검할 수 있다.

01 PART
엔진정비

CHAPTER 01 엔진 일반

01 엔진의 정의 및 분류

[1] 엔진(Engine)의 정의

엔진은 연료를 연소시켜 얻어지는 열에너지를 기계적 에너지(일)로 바꾸는 기계를 말한다. 기관 또는 원동기라고 한다.

[2] 디젤 엔진(Diesel Engine)

디젤 엔진은 공기만을 흡입하고 고온(500~550℃)·고압으로 압축한 후 고압의 연료(경유)를 미세한 안개 모양으로 분사시켜 자기 착화시킨다. 디젤 엔진의 특징은 다음과 같다.

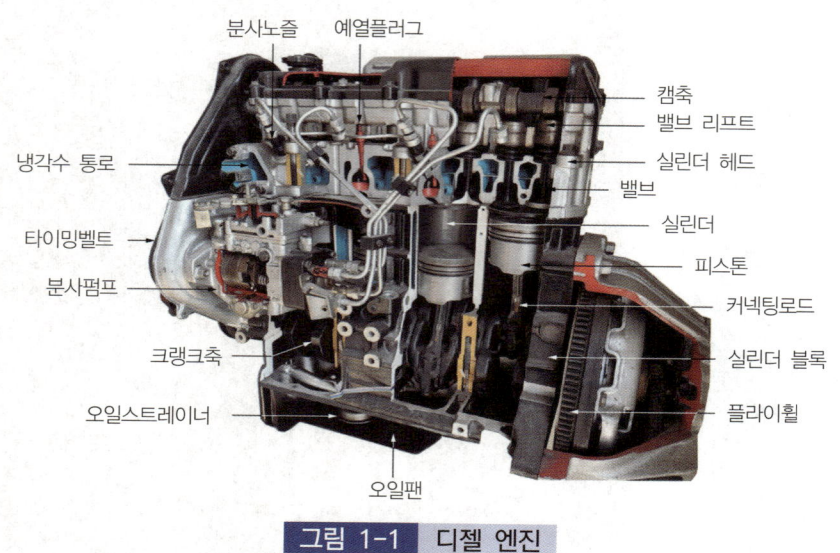

그림 1-1 디젤 엔진

① 압축비가 가솔린 엔진보다 높다.
② 압축 착화한다.
③ 압축 착화하므로 가솔린 엔진에서 사용하는 점화장치(배전기, 점화플러그, 점화코일 고압배선)가 없다.

[디젤 엔진의 장·단점]

장점	단점
① 열효율이 높고 연료소비율이 적다.	① 압축과 폭압압력이 커 마력당 무게가 무겁다.
② 인화점이 높아 연료의 취급이 쉽다.	② 운전 중 소음과 진동이 크다.
③ 점화장치가 없어 고장률이 적다.	③ 엔진 각 부분의 구조가 튼튼해야 한다.
④ 유해 배기가스 배출량이 적다.	④ 가솔린 엔진보다 최고 회전속도가 낮다.
⑤ 흡입행정에서 펌핑 손실을 줄일 수 있다.	⑤ 예열플러그가 필요하다.

[3] 기계적 사이클에 의한 분류

1) 4행정 사이클 엔진(4 Stroke Cycle Engine)

4행정 사이클 엔진은 크랭크축이 2회전하고, 피스톤은 흡입·압축·폭발·배기의 4행정(4stroke)을 하여 1사이클(1cycle)을 완성하며, 캠축은 1회전하고 각 흡·배기 밸브는 1번씩 개폐된다.

① 흡입행정(Suction Stroke) : 피스톤이 상사점(TDC)에서 하사점(BDC)으로 내려오면서 흡기 밸브가 열리고 실린더 내에 공기를 흡입한다.
② 압축행정(Compression Stroke) : 피스톤이 하사점(BDC)에서 상사점(TDC)으로 올라가면서 흡·배기 밸브가 모두 닫히며 공기를 압축한다. 디젤 엔진의 압축비는 15~20:1, 압축압력은 30~45kg/cm^2, 압축온도는 500~550℃이다.
③ 폭발(동력)행정(Combustion Stroke) : 흡·배기 밸브는 모두 닫혀 있으며, 연료의 연소에 의한 폭발 압력이 피스톤을 상사점에서 하사점으로 밀어내려 크랭크축을 회전 운동시킨다. 디젤 엔진의 폭발 압력은 55~65kg/cm^2 정도이다.
④ 배기행정(Exhaust Stroke) : 피스톤은 하사점에서 상사점으로 이동하며 배기 밸브가 열려 연소 가스를 배출한다.

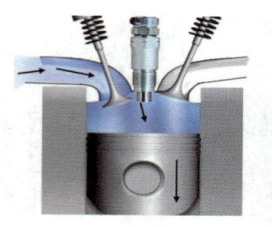 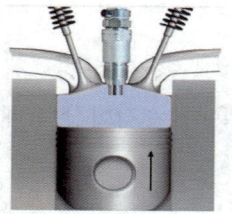 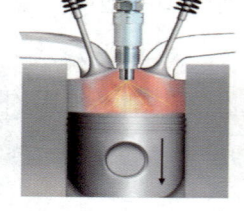 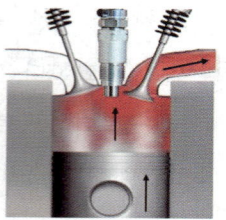

　　(a) 흡입행정　　　(b) 압축행정　　　(c) 폭발행정　　　(d) 배기행정

그림 1-2　4행정 사이클 엔진의 작동 순서

[4행정 사이클 엔진 장·단점]

장점	단점
① 체적효율이 높으며 연료소비율이 적다. ② 엔진이 과열될 염려가 적고, 안정성이 좋다. ③ 시동이 용이하고, 저속 및 고속 회전의 범위가 넓다. ④ 흡입 행정기간이 길어 냉각 효과가 양호하며 열적 부하가 적다. ⑤ 각 행정 구분이 확실하고, 용적효율이 높으므로 평균유효압력이 높다.	① 동일한 출력일 때는 2행정 사이클 엔진보다 엔진 중량이 무겁다. ② 밸브 장치가 복잡하고, 부품수가 많으므로 조정이 어렵고 충격이나 기계적 소음이 많다. ③ 폭발 횟수가 2행정 사이클 엔진보다 적으므로 실린더수가 적을 때는 원활한 운전이 어렵다.

2) 2행정 사이클 엔진(2 Stroke Cycle Engine)

크랭크축 1회전(360°)으로 피스톤은 상승과 하강 2개의 행정으로 1사이클을 완성하는 엔진이다.

① 흡기(소기) : 피스톤이 하강하면서 소기구멍이 열려 새 혼합기(공기)가 진입하고 다시 피스톤이 상승하면서 소기구멍을 닫는다.
② 압축 : 피스톤이 상승함에 따라 배기 구멍이 막히고 혼합기(공기)를 압축한다. 이때 크랭크 케이스의 흡기 구멍을 통해 혼합기(공기)가 크랭크 케이스에 흡입된다.
③ 동력 : 피스톤이 상사점 부근에 이르면 가솔린 엔진은 점화 플러그의 불꽃에 의해 연소하고, 디젤 엔진은 분사 노즐에서 고압의 연료가 분사되어 자기착화 연소한다.
④ 배기 : 피스톤이 하사점에 이르기 조금 전에 배기 밸브가 열려 연소가스 자체의 압력으로 배출된다.

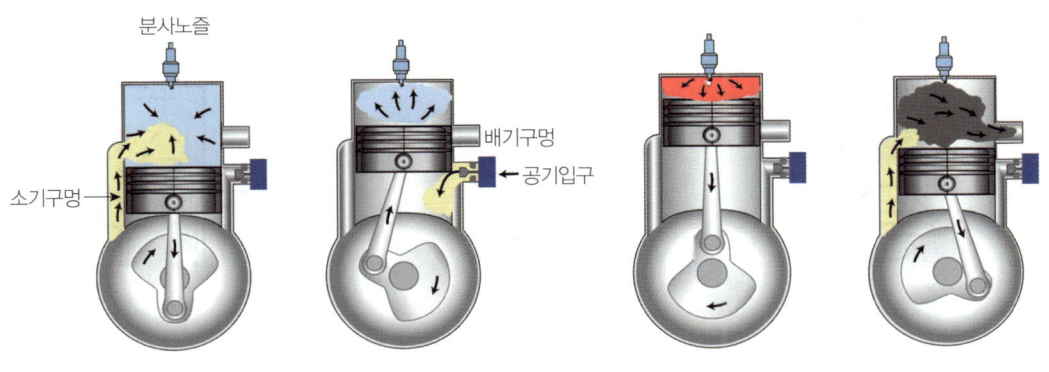

(a) 상승행정(소기, 압축, 흡입)   (b) 하강행정(폭발, 배기, 소기)

그림 1-3 2행정 사이클 엔진의 행정

[2행정 사이클 엔진 장·단점]

장점	단점
① 회전력 변동이 적으며 실린더 수가 적어도 회전이 원활하다. ② 밸브 장치가 없거나 간단하여 소음이 적으며 마력당 중량이 가볍다. ③ 매 회전마다 폭발이 일어나므로 4행정 사이클 엔진에 비하여 출력이 1.6~1.7배 크다.	① 실린더 벽에 그멍(소기구멍)이 있으므로 피스톤링이 여기에 걸려 파손 또는 마모되기 쉽다. ② 단위 시간 내의 폭발 횟수가 4행정 사이클 엔진의 2배이므로 엔진이 과열되기 쉬우며, 윤활유 소비량이 많다. ③ 소기 행정에서 배기공을 통하여 새로운 혼합기 또는 흡입된 공기가 방출되므로 연료 소비율이 4행정 사이클 엔진보다 25% 정도 더 높다.

참고

① 블로다운(Blow Down) : 2행정 사이클 엔진 동력 행정 끝에서 피스톤이 소기구멍을 열면 연소가스 자체의 압력으로 배출되는 현상
② 디플렉터(Deflector) : 2행정 사이클 엔진에서 가스 흐름을 바꾸기 위하여 피스톤 헤드에 설치한 돌출부, 주작용은 혼합기의 와류 작용, 잔류가스 배출, 압축비 상승
③ 소기(scavenging) : 소기란 잔류 배기가스를 실린더 밖으로 밀어내면서 새로운 공기를 실린더 내에 충진시키는 것으로 대형 디젤 엔진은 소기용 송풍기를 설치한다. 소기방식에는 단류 소기식, 루프 소기식, 횡단 소기식이 있다.

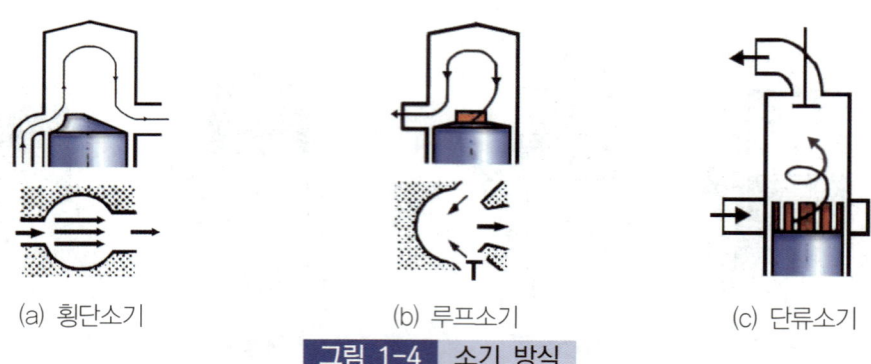

(a) 횡단소기　　(b) 루프소기　　(c) 단류소기

그림 1-4　소기 방식

[4] 실린더 내경과 행정비에 따른 분류

① 정방행정 엔진(Square Engine) : 피스톤의 행정과 실린더 내경의 크기가 동일한 엔진으로 내경(D)/행정(S)값이 1.0인 엔진(D=S)으로 회전속도와 회전력이 장행정 엔진과 단행정 엔진의 중간 정도이다.

② 단행정 엔진(Over Square Engine) : 피스톤의 행정이 실린더 내경보다 작은 형식이며, 내경(D)/행정(S)값이 1.0 이상 엔진(D>S)으로 회전속도가 빠르고, 측압이 많으며 회전력이 작다.

③ 장행정 엔진(Under Square Engine) : 피스톤의 행정이 실린더 내경보다 큰 엔진으로 내경(D)/행정(S)값이 1.0 이하인 엔진(D<S)으로 측압이 적고 회전력이 크다.

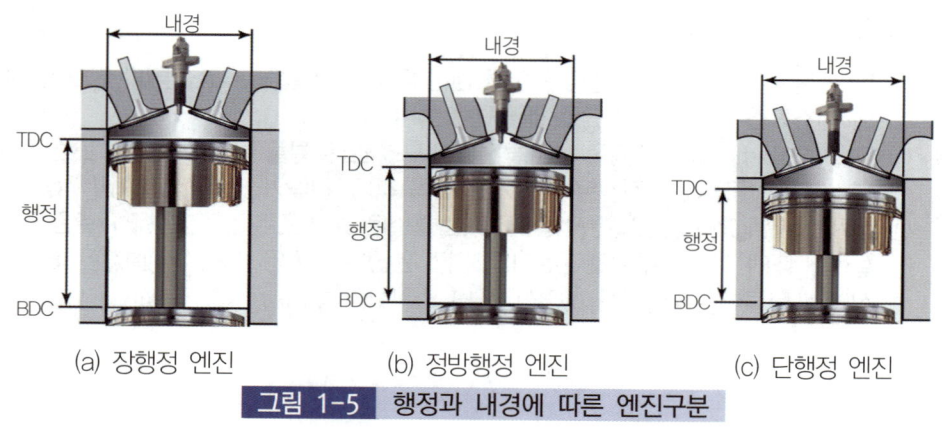

(a) 장행정 엔진　　(b) 정방행정 엔진　　(c) 단행정 엔진

그림 1-5　행정과 내경에 따른 엔진구분

[단행정 엔진 장·단점]

장점	단점
① 흡배기 밸브 지름을 크게 할 수 있어 흡입효율을 높일 수 있다. ② 피스톤 평균속도를 올리지 않고 회전속도를 높일 수 있어 단위 실린더 체적당 출력을 크게 할 수 있다. ③ 직렬형인 경우 엔진의 높이를 낮게 할 수 있고, V형 및 수평 대향형인 경우 엔진의 폭을 작게 할 수 있다.	① 회전속도가 빨라지면 그 관성력의 불평형으로 회전부분의 진동이 커진다. ② 엔진의 길이가 길어지게 된다. 따라서 8기통의 것은 V형으로 할 필요가 있다. ③ 피스톤이 과열되기 쉬우며, 전압력이 크기 때문에 베어링을 크게 하여야 한다.

02 내연기관의 성능

[1] 엔진의 마력

마력은 엔진의 동력(動力)이나 일률을 측정하는 단위이다. 주로 자동차의 출력을 표시하기 위해 사용된다. 마력(HP : horse power)은 말 한 마리가 1초 동안에 75kgf의 무게를 1m 만큼 끄는 일의 양(75kgf·m/s)을 말한다.

> **참고**
> ① 불 마력[PS] : 1PS = 75kgf·m/s = 0.736kW
> ② 영 마력[HP] : 1HP = 76kgf·m/s
> ③ 1HP = 75[kgf·m/s] = 736[W : 와트] = 632.3[kcal/h]

1) 지시마력(도시마력, IHP : indicated horse power)

지시마력은 도시마력이라고도 부르며, 실린더 내의 폭발압력으로부터 직접 측정한 마력이다.

- 지시마력 = 제동마력 + 마찰마력,   - IHP = $\dfrac{PALNR}{75 \times 60}$

P : 지시평균 유효압력(kgf/cm²),   A : 실린더 단면적(cm²),   L : 행정(m),
N : 실린더 수,   R : 회전수(rpm, 2행정은 R, 4행정은 $\dfrac{R}{2}$)

> **참고**
> 75는 1PS=75kgf·m/s이며, 60은 분당회전수를 초당회전수로 변환한 값이다.

2) 제동마력(축마력, 정미마력, BHP : brake horse power)

제동마력은 크랭크축에서 발생한 마력을 동력계로 측정한 것이며, 실제 엔진의 출력으로 이용할 수 있다.

- BHP = $\dfrac{2\pi TR}{75 \times 60} = \dfrac{TR}{716}$

T : 회전력(m·kgf),   R : 회전수(rpm)

3) 마찰마력(손실마력, FHP : friction horse power)

기계마찰 등으로 인하여 손실된 마력

$$FHP = \dfrac{총 마찰력(kgf) \times 속도(m/s)}{75}$$

[2] 열효율

열효율은 엔진에 공급된 연료가 연소하여 얻어진 열량과 이것이 실제의 동력으로 변한 열량과의 비율을 말하며, 열효율이 높은 엔진일수록 연료를 유효하게 이용한 결과가 되며, 그만큼 출력도 크다. 엔진에서 발생한 열량은 냉각, 배기, 기계마찰 등으로 빼앗겨 실제의 출력은 25~35% 정도이다. 즉, 냉각에 의한 손실 30~35%, 배기에 의한 손실 30~35, 기계마찰에 의한 손실 6~10% 정도이다.

1) 연료의 저위발열량 단위가 kcal/kgf)일 때

$$\eta_B = \frac{632.3}{H_l \times fe} \times 100$$

η_B : 제동열효율, H_l : 연료의 저위발열량(kcal/kgf), fe : 연료소비율(g/PS·h)

2) 연료의 저위발열량 단위가 kJ/kgf)일 때

$$\eta_B = \frac{3600}{H_l \times fe} \times 100$$

η_B : 제동열효율, H_l : 연료의 저위발열량(kJ/kgf), fe : 연료소비율(g/kW·h)

[3] 기계효율

기계효율(η_m)은 제동마력과 지시마력과의 비율로 정의한 것이다.

$$\eta_m = \frac{B_{PS}}{I_{PS}} \times 100 = \frac{P_{mb}}{P_{mi}} \times 100$$

B_{PS} : 제동마력(또는 축 마력), I_{PS} : 지시(도시)마력
P_{mb} : 제동평균 유효압력, P_{mi} : 지시평균 유효압력

[4] 배기량(실린더 체적, stroke volume)

배기량은 행정체적으로 표시되며, 피스톤이 실린더 내에서 1행정을 할 때 흡입 또는 배출하는 체적으로 배기량은 연소실체적을 포함하지 않는다.

① 1기통일 때 실린더 배기량(V_s) = $\frac{\pi}{4}D^2L$ [cc]

② 총 배기량(V_t) = $\frac{\pi}{4}D^2L \times N$ [cc]

③ 1분당 배기량(V_m) = $\frac{\pi}{4}D^2L \times N \times R$ [cc],

2행정 엔진 : R, 4행정엔진 : $\frac{R}{2}$
D : 내경[cm], L : 행정거리[cm], N : 실린더 수[기통], R : 엔진회전수[rpm]

[5] 압축비(compression ratio)

 압축비는 피스톤이 실린더 하사점에 있을 때 실린더 체적과 피스톤이 상사점에 있을 때 연소실 체적과의 비를 압축비라 한다. 압축비가 클수록 열효율은 좋아지나 일정 한계 이상이면 노킹이 발생한다.

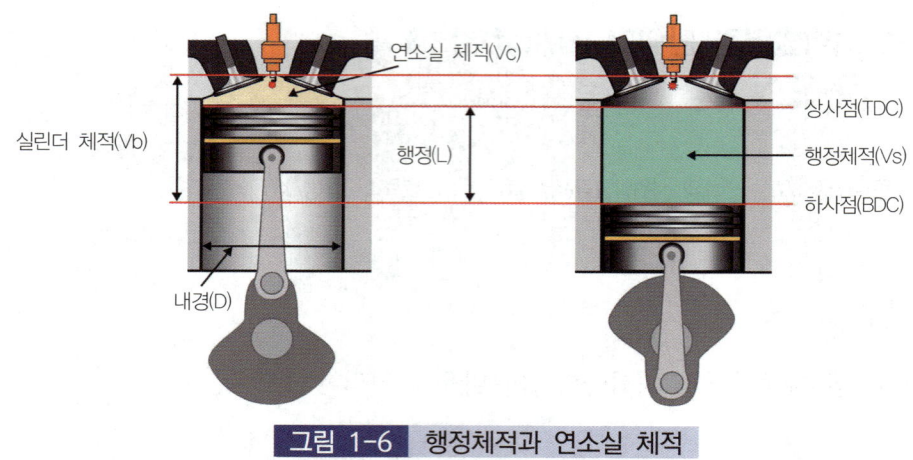

그림 1-6 행정체적과 연소실 체적

> **참고 용어해설**
> ① 행정(Stroke) : 피스톤의 하사점과 상사점까지 피스톤이 이동하는 거리
> ② 주기(Cycle) : 피스톤이 상하 운동시 혼합기를 흡입, 압축, 폭발(연소), 배기 과정
> ③ 상사점(Top Dead Center) : 피스톤이 상하 운동 시 맨 위에 위치한 상태
> ④ 하사점(Bottom Dead Center) : 피스톤이 상하 운동 시 맨 아래로 하강되어 있는 상태
> ⑤ 연소실 체적(Clearance Volume) : 간극 체적이라도 하며, 피스톤이 상사점에 있을 때 실린더 헤드까지의 공간체적을 말한다.
> ⑥ 행정 체적(Stroke Volume) : 피스톤이 상사점에서 하사점까지 움직이는 범위의 체적을 말하며, 배기량이라고도 한다.
> ⑦ 실린더 체적(Cylinder Volume) : 실린더에서 간극 체적과 행정 체적의 합이다.

[6] 체적 효율(volumetric efficiency)

 체적 효율이란 실린더 체적과 실제 실린더 내로 들어간 공기량의 비를 말하며 중량비라고 한다. 실린더의 흡기효율은 엔진성능에 중요하며 과급기를 사용하여 체적 효율을 좋게 한다.

$$\text{체적 효율}(\eta_v) = \frac{\text{실제 흡입된 공기량(중량)}}{\text{실린더 체적이 차지할 수 있는 공기량(중량)}} \times 100[\%]$$

$$= \frac{\text{흡기량}}{\text{실린더 배기량}} \times [100\%]$$

[7] 제동 열효율

공급된 열에너지에서 실제 일로 변환된 열에너지를 효율로 표시한 것

$$\text{제동 열효율}(\eta_e) = \frac{632.3 \times \text{BHP}}{B_e \times H_\ell} \times 100\%$$

BHP : 제동마력, B_e : 제동연료 소비율(kgf/h), H_ℓ : 연료의 저위발열량(kcal/kgf)

[8] 회전력(torque)

어떤 물체를 회전하였을 때의 일로 m·kgf(m-kgf)은 토크를 나타내는 단위이며, 1m·kgf는 1m 거리에서 1kg의 힘을 가했을 때 발생하는 토크이다.

$$\text{회전력}(T) = \text{이동거리}(m) \times \text{힘}(F)$$

03 엔진 점검

[1] 압축압력 측정

1) 압축압력 시험 준비사항

① 축전지 및 시동장치의 상태를 점검한다.
② 엔진을 난기 운전시킨다.
③ 연료공급을 차단한다.
④ 점화회로를 차단한다.

⑤ 점화플러그를 모두 빼낸다. 디젤 엔진은 예열플러그 또는 분사노즐을 모두 빼낸다.
⑥ 흡입공기 저항을 제거한다(공기청정기 엘리먼트 제거 및 스로틀 밸브를 완전히 연다).

2) 압축압력 측정방법

① 충분히 웜업 후 정지된 엔진에서 점화플러그(디젤 엔진은 예열플러그 또는 분사노즐), 공기청정기를 탈거한 후 연료호스를 분리한다.
② 점화회로 차단 후 스로틀 밸브를 완전히 개방한다.
③ 점화플러그 구멍(디젤 엔진은 예열플러그 또는 분사노즐)에 압축압력계를 설치하고, 엔진을 크랭킹시켜 4~6회 정도 압축행정이 되게 한 후 압력계에 나타난 값을 기록한다.
④ 각 실린더마다 압축압력 시험을 2~3회 실시하여, 규정값의 70% 이하이면 규정값 이하 엔진의 실린더에 오일을 약 10cc 정도 주입하고 1~2분 지난 후 압축압력을 다시 실시한다.

그림 1-7 압축압력 측정

3) 압축압력 판정

① 양호한 압축압력 : 규정 압축압력의 ±10%(90~110%) 이내인 경우
② 기관을 해체정비를 하여야 하는 경우 : 각 실린더 사이의 압축압력 차이가 10%를 초과하거나 규정 압축압력의 70% 미만일 경우에는 기관을 해체정비해야 한다.

[2] 흡기관 진공도

1) 흡기관 진공도 측정방법

① 충분히 워밍업된 엔진에서 흡기관의 진공측정용 구멍에 진공 게이지를 설치한다.

그림 1-8 진공 게이지 설치

② 정지 상태에서 점화 1차선을 분리하고 기동전동기로 엔진을 크랭킹시켰을 때, 진공계 지침을 확인하고 지시값을 기록한다. 이때 단위가 틀리지 않도록 주의한다.
③ 점화 1차선을 연결하고 엔진을 시동하여, 공회전속도로 안정된 상태에서 진공계 지침의 상태와 지시값을 기록한다.
④ 엔진 회전 속도가 아이들 상태로부터 2000~3000rpm까지 서서히 높일 때와 급격히 높일 때 진공상태를 기록한다.
⑤ 스로틀 밸브의 급 개폐시 진공상태를 기록한다.
⑥ 엔진의 각 상태에서 측정한 진공압력을 비교 분석한다.

2) 흡기관 진공도에 의한 튠업 테스트

(1) 정상일 때

① 공회전 시 진공도는 약 45~50cmHg 정도를 나타낸다.
② 스로틀 밸브 급 개폐시는 약 5~10cmHg 정도로 저하하였다가 55~60cmHg 정도로 급격히 증가한다.

(2) 실린더 벽이나 피스톤링이 마멸되었을 때

① 공회전 시 진공도는 저하한다(약 30~40cmHg 정도).
② 스로틀밸브 급개폐 시는 약 0~5cmHg 정도로 저하하였다가 30~40cmHg 정도로 증가한다.

(3) 실린더 헤드부에서 누출이 있을 때

진공도가 계속 변한다.

(4) 흡기계통에서 누설이 있을 때

공회전 시 약 5~25cmHg 정도로 낮은 값을 나타낸다.

(5) 헤드 가스켓이 파손되었을 때

13~15cmHg 사이에서 규칙적으로 강약이 있게 흔들린다.

필기 예상 문제

01 다음 중 디젤기관에서 필요로 하지 않는 부속장치는 어느 것인가?

① 냉각장치
② 연료 공급장치
③ 점화장치
④ 윤활장치

> 디젤기관은 압축 과정에서 고온·고압으로 연료를 자체적으로 발화시키기 때문에 점화장치가 필요하지 않다.

02 디젤기관과 관계없는 설명은?

① 경유를 연료로 사용한다.
② 점화장치 내에 배전기가 있다.
③ 압축 착화한다.
④ 압축비가 가솔린기관보다 높다.

> 디젤기관은 점화장치가 필요하지 않기 때문에 점화장치의 배전기가 없다.

03 디젤기관의 순환운동 순서로 맞는 것은?

① 공기압축 → 가스폭발 → 공기흡입 → 배기 → 점화
② 연료흡입 → 연료분사 → 공기압축 → 착화연소 → 연소·배기
③ 공기흡입 → 공기압축 → 연소·배기 → 연료분사 → 착화연소
④ 공기흡입 → 공기압축 → 연료분사 → 착화연소 → 배기

04 실린더 내경보다 행정이 큰 기관은 무슨 기관인가?

① 장 행정기관
② 정방 행정기관
③ 단 행정기관
④ 가변 행정기관

> ① 장 행정기관 : 실린더 내경보다 행정이 큰 기관으로 출력과 토크를 높이기 위해 행정 길이를 길게 만든 것이다.
> ② 정방 행정기관 : 실린더 내경과 행정이 같은 기관이다.
> ③ 단 행정기관 : 실린더 내경보다 행정이 짧은 기관이다.
> ④ 가변 행정기관 : 행정 길이를 변화시킬 수 있는 기관이다.

|정|답| 01 ③ 02 ② 03 ④ 04 ①

05 피스톤의 평균속도를 높이지도 않고 회전속도를 높일 수 있으며, 단위 체적당 출력이 크고, 엔진의 높이를 낮게 할 수 있는 행정 엔진은?

① 장행정 엔진
② 정방형 엔진
③ 단행정 엔진
④ 스퀘어 엔진

> 단행정 엔진은 피스톤의 평균속도를 높이지도 않고 회전속도를 높일 수 있으며, 단위 체적당 출력이 크고, 엔진의 높이를 낮게 할 수 있다.

06 피스톤이 상사점에 있을 때의 용적은?

① 간극용적
② 행정용적
③ 실린더용적
④ 배제용적

> 연소실 체적이라고 하며, 피스톤이 상사점에 있을 때 실린더 헤드까지의 공간체적을 말한다.

07 4행정 기관은 1사이클당 크랭크축이 몇 회전하는가?

① 1회전
② 2회전
③ 3회전
④ 4회전

> 4행정 기관은 흡입-압축-폭발-배기의 4행정을 하여 1사이클이 완료되는 방식이다. 1행정은 피스톤이 왕복운동을 한 번 하기 때문에, 4행정 기관은 1사이클당 크랭크축이 2회전한다.

08 2행정 기관의 단점으로 맞는 것은?

① 가스교환이 확실하다.
② 윤활유 소비량이 적다.
③ 고속운전이 곤란하다.
④ 열효율이 높다.

> 2행정 기관은 고속운전 시에는 엔진의 회전수가 높아져서 제어가 어렵고, 불안정한 성능을 보이기 때문에 고속운전이 곤란하다.

09 다음 설명 중 2싸이클 기관에 해당하는 것은?

① 크랭크축 2회전에 1회 폭발한다.
② 크랭크축 4회전에 1회 폭발한다.
③ 배기량이 같은 상태에서 그 무게가 가볍다.
④ 배기량이 같은 상태에서 그 무게가 무겁다.

> 2사이클 기관은 크랭크축 1회전(360°)으로 피스톤은 상승과 하강 2개의 행정으로 1사이클을 완성하는 엔진이다. 따라서 같은 배기량을 가진 4사이클 기관에 비해 부피가 작아지고, 무게가 가볍다.

10 2행정 디젤기관의 소기방식에 속하지 않는 것은?

① 루프 소기식
② 횡단 소기식
③ 복류 소기식
④ 단류 소기식

> 소기란 잔류 배기가스를 실린더 밖으로 밀어내면서 새로운 공기를 실린더 내에 충진시키는 것으로 대형 디젤 엔진은 소기용 송풍기를 설치한다. 소기방식에는 단류 소기식, 루프 소기식, 횡단 소기식이 있다.

| 정답 | 05 ③ 06 ① 07 ② 08 ③ 09 ③ 10 ③

11 2행정 사이클 디젤기관의 소기를 하기 위해서는?

① 에어 클리너에 의해 고압 공기를 밀어 넣는다.
② 캬브레이타에 의해 고압 공기를 밀어 넣는다.
③ 거버너에 의해 고압 공기를 밀어 넣는다.
④ 브로워(blower)에 의해 고압 공기를 밀어 넣는다.

> 디젤기관에서 소기란 공기를 흡입하는 것을 말합니다. 이때 브로워는 엔진 내부에 공기를 공급하는 역할을 한다. 따라서 브로워에 의해 고압 공기를 밀어 넣는 것이 소기를 하기 위한 방법 중 하나이다.

12 기관 출력 저하의 원인 중 적합하지 않은 것은?

① 피스톤링이 과대 마모되었다.
② 밸브 및 인젝션 타이밍이 부적당하다.
③ 라이너 또는 피스톤이 나쁘다.
④ 에어클리너를 신품으로 교환하여 공기를 과대 흡입한다.

13 기관의 기계효율을 좋게 하기 위해 저항을 줄이는 방법이다. 틀린 것은?

① 베어링의 면적이 적당한 베어링을 채택한다.
② 볼 또는 롤러 베어링을 사용한다.
③ 마찰계수가 큰 금속을 사용한다.
④ 완전한 윤활을 기한다.

> 마찰계수가 큰 금속을 사용하면 접촉면에서의 마찰력이 커지기 때문에 기관의 기계효율이 나빠진다.

14 엔진출력을 저하시키는 직접 원인이 아닌 것은?

① 노킹(knocking)이 일어날 때
② 연료 분사량이 적을 때
③ 클러치가 불량할 때
④ 실린더 내의 압력이 낮을 때

> 클러치는 엔진출력을 직접적으로 조절하는 부품이 아니고, 클러치는 엔진과 변속기를 연결하고 분리하는 역할을 하며, 엔진출력을 전달하는 역할을 한다.

15 공회전 상태에서 디젤 엔진의 진공도 시험시 진공계 지침이 130~150mmHg 사이에서 규칙적으로 강약이 있게 흔들리는 경우는?

① 분사시기가 맞지 않을 때
② 배기 계통에 막힘이 있을 때
③ 헤드 개스킷이 파손되었을 때
④ 밸브 타이밍이 틀리지 않을 때

> 공회전 상태에서 디젤 엔진의 진공도 시험 시 진공계 지침이 130~150mmHg 사이에서 규칙적으로 강약이 있게 흔들리는 경우는 헤드 개스킷이 파손되었을 때이다. 이는 엔진 내부의 압력이 누출되어 진공계 지침이 불안정하게 나타나게 된다.

16 기관에서 압축압력 저하가 얼마 이하이면 해체정비를 해야 하는가?

① 50% 이하
② 60% 이하
③ 70% 이하
④ 80% 이하

> 압축압력이 70% 이하로 저하되면, 기관의 성능이 저하되어 생산성이 떨어지기 때문에 70% 이하의 압축압력 저하가 발생하면 해체정비를 해야 한다.

| 정답 | 11 ④ | 12 ④ | 13 ③ | 14 ③ | 15 ③ | 16 ③ |

17 실린더의 압축압력이 저하하는 주요 원인으로 틀린 것은?

① 실린더 벽의 마멸
② 피스톤링의 탄력 부족
③ 헤드 개스킷 파손에 의한 누설
④ 연소실 내부의 카본 누적

> 압축압력이 저하하는 원인은 실린더 벽의 마멸, 피스톤링의 탄력 부족, 피스톤링의 마모, 헤드 개스킷 파손, 밸브 밀착불량 등이다.

18 기관에 필요한 공기의 무게와 운전 상태에서 실제로 흡입되는 공기의 무게비를 무엇이라 하는가?

① 배기효율   ② 압축효율
③ 체적효율   ④ 열효율

> 공기의 무게는 기관의 운전 상태에 따라 변화한다. 이때, 기관에 필요한 공기의 무게와 실제로 흡입되는 공기의 무게비를 나타내는 것이 체적효율이다.

19 연소실 체적이 50cc, 배기량이 360cc인 엔진을 보링한 후에 배기량이 370cc가 되었다. 압축비는?(단, 연소실 체적은 변화가 없음)

① 7.4 : 1
② 8.4 : 1
③ 9.7 : 1
④ 10.4 : 1

> $\varepsilon = 1 + \dfrac{V_s}{V_c} = 1 + \dfrac{370}{50} = 8.4$
> ε : 압축비, Vs : 행정 체적(배기량, cc), Vc : 연소실 체적(cc)

20 실린더 안지름이 8.8cm, 피스톤 행정이 7.8cm인 1 실린더 4행정 사이클(cycle) 기관의 연소실 체적이 65cm³일 경우 압축비는 약 얼마인가?

① 8.3 : 1
② 7.5 : 1
③ 1.5 : 1
④ 10.3 : 1

> 압축비를 계산하기 전에 실린더 배기량을 구해야 한다.
> ① 실린더 배기량(Vs)
> $= \dfrac{\pi}{4} D^2 L [cc]$이므로, $\dfrac{\pi}{4} \times 8.8^2 \times 7.8 = 474.1$
> ② $\varepsilon = 1 + \dfrac{V_s}{V_c} = 1 + \dfrac{474.1}{65} = 8.29$
> ε : 압축비, Vs : 행정 체적[배기량, cc], Vc : 연소실 체적[cc], D : 내경[cm], L : 행정거리[cm]

21 실린더 총체적(V)이 1000cc이고 행정체적이 850cc인 엔진의 압축비는?

① 5.60 : 1
② 6.67 : 1
③ 5.67 : 1
④ 7.52 : 1

> ① 연소실 체적 = 실린더 총체적-행정 체적
> = 1000-850=150[cc]
> ② $\varepsilon = 1 + \dfrac{V_s}{V_c} = 1 + \dfrac{850}{150} = 6.66$
> ε : 압축비, Vs : 행정 체적[배기량, cc], Vc : 연소실 체적[cc]

| 정 | 답 | 17 ④   18 ③   19 ②   20 ①   21 ②

22 압축비 7.25, 행정체적 300cm³인 기관의 연소실 체적은?(단, 실린더 수는 1개)

① 47cm³
② 48cm³
③ 49cm³
④ 50cm³

$$V_c = \frac{V_s}{\epsilon - 1} = \frac{300}{7.25 - 1} = \frac{300}{6.25} = 48 cm^3$$

ϵ : 압축비, V_s : 행정 체적[배기량, cc], V_c : 연소실 체적[cc]

23 연소실의 체적이 30cc이고 행정의 체적이 150cc인 기관의 압축비는?

① 5 : 1
② 6 : 1
③ 7 : 1
④ 8 : 1

$$\epsilon = 1 + \frac{행정체적}{연소실체적} = 1 + \frac{150}{30} = 6$$

24 총 배기량 2800cm³인 디젤기관이 2200rpm으로 회전하고 있다. 실린더 안지름이 80mm이면 행정은 약 몇 cm인가?(단, 실린더 수는 4이다.)

① 13.9cm
② 9.4cm
③ 8.4cm
④ 6.9cm

$$Vt = \frac{\pi}{4}D^2LN, \quad L = \frac{V_t}{\frac{\pi}{4}D^2N} = \frac{2800}{\frac{\pi}{4} \times 8^2 \times 4} = 13.9$$

Vt : 총 배기량, D : 내경[cm], L : 행정거리[cm], N : 실린더 수[기통], R : 엔진회전수[rpm]

25 실린더에 새로 들어온 공기가 2000cc, 잔류가스가 200cc일 때 실린더 행정체적이 2400cc라면 충진 효율은?

① 91.7%
② 83.3%
③ 88%
④ 80%

충진효율
$$= \frac{실린더에 새로 들어온 공기량}{실린더 행정체적 - 잔류 가스량} \times 100$$
$$= \frac{2000}{2400 - 200} \times 100 = 90.9$$

26 기관에서 실린더의 행정체적(배기량)을 계산하는 공식으로서 맞는 것은? (단, D : 실린더 내경(cm), S : 행정(cm), Vs : 행정체적(cm³))

① $V_s = \frac{\pi D^2 S}{4}(cm^3)$
② $V_s = \frac{D^2 S}{1613}(cm3)$
③ $V_s = \frac{\pi D^2 S}{4 \times 100}(cm^3)$
④ $V_s = \frac{\pi D^2 S}{1000}(cm^3)$

27 실린더의 안지름이 78mm이고, 행정이 80mm인 4실린더 기관의 총 배기량은 몇 cc인가?

① 1028cc
② 1128cc
③ 1329cc
④ 1529cc

$$Vt = \frac{\pi}{4}D^2L \times N, \quad Vt = \frac{\pi}{4} \times 7.8^2 \times 8 \times 4$$
$$= 1528.3$$

Vt : 총 배기량, D : 내경[cm], L : 행정거리[cm], N : 실린더 수[기통], R : 엔진회전수[rpm]

|정|답| 22 ② 23 ② 24 ① 25 ① 26 ① 27 ④

28 기관이 중속상태에서 2000rpm으로 회전하고 있을 때, 회전토크가 7m-kgf라면 회전마력은?

① 약 9.8PS
② 약 18.6PS
③ 약 25.5PS
④ 약 39.5PS

> 회전마력(PS) = $\dfrac{\text{회전토크} \times \text{회전수}}{750}$ = $\dfrac{7 \times 2000}{750}$
> = 18.66

29 길이 400mm의 렌치로 5.6kgf-m의 나사를 조이려면 몇 kgf의 힘이 필요한가?

① 14kgf   ② 28kgf
③ 42kgf   ④ 56kgf

> ① 토크(Torque) = 힘(Force) × 길이(Length)
> ② 힘 = 토크÷길이 = 5.6÷0.4 = 14

30 엔진 실린더 내부에서 실제로 발생한 마력으로 혼합기가 연소 시 발생하는 폭발압력을 측정한 마력은?

① 지시마력   ② 경제마력
③ 정미마력   ④ 정격마력

> ① 지시마력 : 지시마력은 도시마력이라고도 부르며, 실린더 내의 폭발압력으로부터 직접 측정한 마력이다.
> ② 경제마력 : 효율이 가장 좋은 상태에서의 엔진의 힘.
> ③ 제동마력(축마력, 정미마력) : 제동마력은 크랭크 축에서 발생한 마력을 동력계로 측정한 것이며, 실제 엔진의 출력으로 이용할 수 있다.
> ④ 정격마력 : 기관이 연속하여서 내는 정규의 최대 출력.

31 엔진 기계효율을 구하는 공식으로 맞는 것은?

① $\dfrac{\text{마찰마력}}{\text{제동마력}} \times 100$

② $\dfrac{\text{도시마력}}{\text{이론마력}} \times 100$

③ $\dfrac{\text{제동마력}}{\text{도시마력}} \times 100$

④ $\dfrac{\text{마찰마력}}{\text{도시마력}} \times 100$

32 어떤 건설기계의 제동마력이 66PS이고, 기계효율이 80%라 할 때 지시마력은?

① 62.5PS   ② 72.5PS
③ 82.5PS   ④ 92.5PS

> $\eta_m = \dfrac{\text{BPS}}{\text{IPS}} \times 100$, IPS = $\dfrac{\text{BPS}}{\eta_m} \times 100$
> = $\dfrac{66}{80} \times 100$ = 82.5
>
> η_m : 기계효율, BPS : 제동마력(또는 축 마력), IPS : 지시(도시)마력

33 어떤 건설기계로 440m의 언덕길을 왕복하는데 0.330ℓ의 연료가 소비되었다. 내려올 때 연료소비율이 8km/ℓ이었다면 올라갈 때의 연료소비율은?

① 0.8km/ℓ   ② 1.6km/ℓ
③ 2.5km/ℓ   ④ 3.2km/ℓ

> ① 내려올 때 사용한 연료량 = 왕복거리÷내려올 때 연료소비율 = 0.44km÷8km/ℓ = 0.055ℓ
> ② 올라갈 때 사용한 연료량 = 왕복거리 사용연료량 - 내려올 때 사용연료량 = 0.330ℓ - 0.055ℓ = 0.275ℓ
> ③ 올라갈 때 연료소비율 = 올라가는 거리÷올라갈 때 사용한 연료량 = 0.44km÷0.275ℓ = 1.6km/ℓ

|정|답| 28 ② 29 ① 30 ① 31 ③ 32 ③ 33 ②

CHAPTER 02 헤드 및 실린더와 연소실

01 실린더 헤드(Cylinder Head)

실린더 헤드는 피스톤 헤드, 실린더와 함께 연소실을 구성하며 캠축, 분사노즐, 밸브 기구 등이 설치된다. 실린더 헤드의 재질은 주철 또는 알루미늄 합금을 사용하는데 최근에는 알루미늄 합금을 많이 사용한다.

[1] 연소실의 구비조건

① 가열되기 쉬운 돌출부를 두지 말 것
② 화염전파시간을 가능한 한 짧게 할 것
③ 연소실 내의 표면적은 최소가 되도록 할 것
④ 압축행정 시 혼합 가스의 와류가 잘 될 것
⑤ 밸브 면적을 크게 하여 흡·배기 작용을 원활히 할 것

[2] 실린더 헤드의 탈부착 및 점검

1) 실린더 헤드 탈착

① 헤드 볼트를 풀 때에는 변형을 방지하기 위해 바깥쪽에서 중앙으로 대각선의 방향으로 푼다.
② 헤드 볼트를 푼 후 실린더 헤드가 잘 떨어지지 않으면 연질 해머로 가볍게 두들겨 고착을 풀거나 압축압력 또는 자중을 이용하여 때어낸다.

2) 실린더 헤드 변형 점검 방법

곧은자(직정규)와 틈새게이지를 사용하여 6군데를 점검하여 가장 큰 값이 측정값이 된다. 헤드에 변형이 있으면 평면 연삭기로 수정한다. 헤드를 연삭하면 압축비는 높아진다.

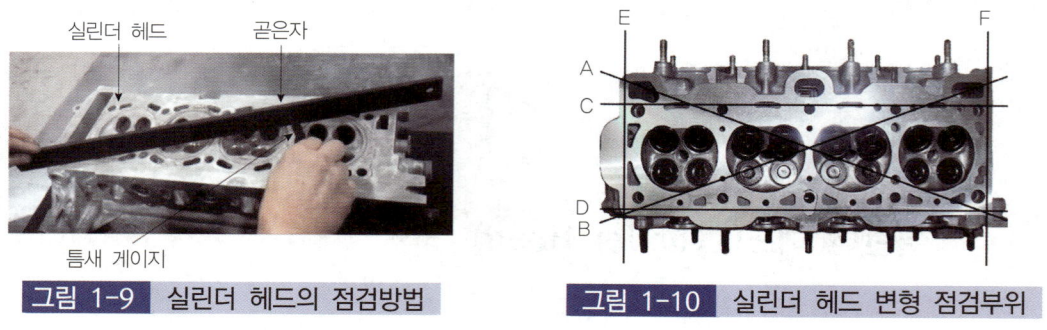

그림 1-9 실린더 헤드의 점검방법   그림 1-10 실린더 헤드 변형 점검부위

3) 실린더 헤드 변형 원인

제작할 때 열처리 불량, 엔진 과열 및 냉각수의 동결, 헤드 개스킷 불량 및 헤드 볼트의 불균일한 조임

4) 실린더 헤드의 균열 점검방법

육안 검사법, 자기 탐상법, 염색 탐상법, 형광 탐상법

5) 헤드 설치하기

① 헤드 볼트는 중앙에서부터 대각선으로 바깥쪽을 향하여 조인다.
② 2~3회 나누어서 조이며 최종적으로 토크 렌치를 사용하여 규정값으로 조인다.
③ 실린더 헤드 볼트를 규정대로 일정하게 조이지 않았을 때 생기는 현상은 냉각수의 누출, 압축압력의 저하, 윤활유의 누출 등이 일어난다.

02 헤드 개스킷(Head Gasket)

실린더 헤드 개스킷은 냉각수, 윤활유, 연소배기 가스를 밀봉(sealing)해야 하며 헤드 개스킷의 종류에는 보통 개스킷, 스틸 개스킷, 스틸베스토 개스킷이 있다.

그림 1-11 실린더 헤드 개스킷

[1] 실린더 헤드 개스킷 구비조건

① 복원성이 있을 것
② 강도가 적당할 것
③ 기밀 유지가 좋을 것
④ 내열성과 내압성이 있을 것
⑤ 오일이나 물이 잘 배지 않을 것
⑥ 냉각수 및 윤활유가 새지 않을 것

[2] 헤드 개스킷이 파손되거나 일정하게 조이지 않았을 때 일어나는 현상

① 실린더가 마멸된다.
② 윤활유 희석 및 누출이 된다.
③ 라디에이터에 기름이나 기포가 생긴다.
④ 압축과 폭발 압력이 저하되어 시동이 잘 안 된다.

03 실린더 및 실린더 블록(Cylinder Block)

그림 1-12 실린더 블록

[1] 실린더(Cylinder)

실린더는 피스톤 행정의 약 2배의 길이로 원통형이며 실린더 블록과 일체로 주조되거나 라이너 방식이 있다.

1) 분류

(1) 일체식

일체형 라이너는 실린더 블록과 같은 재질로 실린더를 일체로 제작한 형식이다. 실린더의 강성 및 강도가 크고 냉각수 누출 우려가 적으며, 부품수가 적고 무게가 가볍다. 실린더 벽이 마모되면 보링(boring)을 하여야 한다.

(2) 라이너(슬리브)식

실린더 블록과 실린더를 별도로 제작한 후 실린더 블록에 삽입하는 것으로 습식과 건식 라이너가 있다.

① 습식 라이너(wet liner) : 라이너 바깥 둘레가 물 재킷의 일부로 된 것이며 냉각 효과가 크고, 교환이 쉬운 장점이 있으나, 고무제 실링(Seal Ring)이 파손되면 크랭크 케이스에 냉각수가 들어갈 염려가 있다. 실링에는 비눗물을 바르고 끼워야 한다.

② 건식 라이너(dry liner or dry type sleeve) : 라이너가 냉각수와 간접 접촉하는 것이며, 삽입할 때 유압 프레스로 2~3톤 힘을 가해야 한다.

(a) 일체형 라이너　　(b) 건식 라이너　　(c) 습식 라이너

그림 1-13　실린더 라이너 형식

2) 실린더 벽의 마멸 경향

피스톤 행정 윗부분의 마모가 제일 크고, 하사점 아랫부분은 거의 마모가 되지 않는다.

3) 실린더 벽 마멸량 점검 기구

실린더 보어게이지, 내경 마이크로미터, 텔레스코핑 게이지와 외경 마이크로미터

4) 측정방법

① 실린더의 상, 중, 하 3군데에서 각각 축 방향과 축 직각방향으로 6군데 측정
② 최대 마모부와 최소 마모부의 내경차가 마도량 값
③ 축 방향보다 축 직각방향 쪽의 마모가 더 크다.

5) 실린더 상부 턱(Ridge)

피스톤 제1번 랜드와 접촉하는 실린더 상부의 마모되지 않은 부분이며, 기관 분해 시 피스톤을 탈거하기 위해서 리지 리머(Ridge Reamer)로 깎아낸다.

6) 실린더 수정

구 분	수정 한계	오버사이즈 한계
실린더 내경이 70mm 이상	0.20mm 이상	1.50mm
실린더 내경이 70mm 이하	0.15mm 이상	1.25mm
오버사이즈(O/S) 단계	0.25, 0.50, 0.75, 1.00, 1.25, 1.50(단위 : mm)	

7) 보링값 계산

① 최대 측정값 + 0.2mm(진원 절삭값)
② 피스톤 오버사이즈 선택은 위의 값보다 크면서 가장 가까운 값을 O/S 기준값으로 선택한다.
③ 보링 후에는 바이트 자국을 없애기 위해 호닝(Honing)을 꼭 해야 한다.

04 디젤기관의 연소실

디젤 엔진의 연소실은 단실식인 직접 분사실식과 복실식인 예연소실식, 와류실식, 공기실식 등으로 나누어진다.

[1] 연소실의 구비조건

① 분사된 연료를 가능한 짧은 시간에 완전 연소시킬 것
② 평균유효압력이 높으며 연료소비율이 적을 것
③ 고속 회전에서의 연소상태가 좋을 것
④ 기동이 쉬우며 디젤노크가 적을 것
⑤ 진동이나 소음이 적을 것

[2] 종류

1) 직접 분사실식(Direct Injection Type)
연소실이 실린더 헤드와 피스톤 헤드에 설치된 요철(四凸)에 의하여 형성된 것

(1) 연료분사압력 : 150~300kg/cm²

(2) 종류 : 하트형, 반구형, 구형

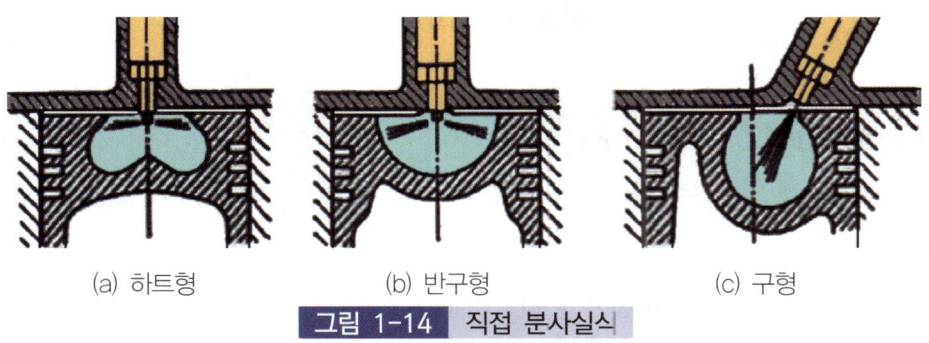

(a) 하트형　　　(b) 반구형　　　(c) 구형

그림 1-14 직접 분사실식

(3) 특징
① 실린더 헤드 구조가 간단하여 열효율이 높고, 연료 소비량이 적다.
② 연소실 체적에 대한 표면적비가 작아 냉각손실이 작다.
③ 시동이 쉽고 예열 플러그(Glow Plug)가 필요 없다.
④ 분사압력이 높아 분사펌프, 노즐의 수명이 짧다.
⑤ 사용연료, rpm, 부하 등에 민감하여 노크를 일으키기 쉽다.

2) 예 연소실식(Pre Combustion Chamber Type)

주연소실 위쪽에 예연소실을 두어 연료를 분사하여 착화

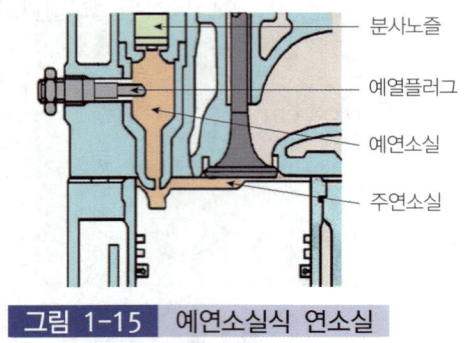

그림 1-15 예연소실식 연소실

(1) 연료분사압력 : $100 \sim 120 \text{kg/cm}^2$

(2) 특징

① 고장이 적고 연료 선택범위가 넓다.
② 운전이 정숙하며 노크가 적다.
③ 냉각손실이 크며 예열플러그를 필요로 한다.
④ 연료소비율이 크며 연소실 구조가 복잡하다.

3) 와류실식(Swirl Chamber Type)

실린더 헤드에 와류실을 두어 압축행정 중 강한 와류가 발생되도록 한 다음 연료를 분사시켜 연소하는 형식

(1) 연료분사압력 : $100 \sim 140 \text{kg/cm}^2$

(2) 특징

① 평균유효압력이 높다.
② 분사압력이 낮아도 된다.

③ 운전이 원활하고, 연료소비율이 낮다.
④ 실린더 헤드의 구조가 복잡하다.
⑤ 저속에서 디젤 노크 발생이 쉽다.
⑥ 기동 시 예열 플러그가 필요하다.

4) 공기실식(Air Chamber Type)

실린더 헤드나 피스톤 헤드에 주연소실과 연결된 공기실을 설치하고 연료를 주연소실에 분사시켜 연소하는 형식

(1) 연료분사압력 : $100 \sim 140 \text{kg/cm}^2$

(2) 특징

① 기동이 쉽고 연소압력이 낮다.
② 압력 상승이 낮아 작동이 정숙하다.
③ 연료소비율이 높다.
④ 후적 연소가 일어나기 쉬워 배기온도가 높다.
⑤ 분사시기, 부하 및 회전 속도에 대한 적응성이 낮다.

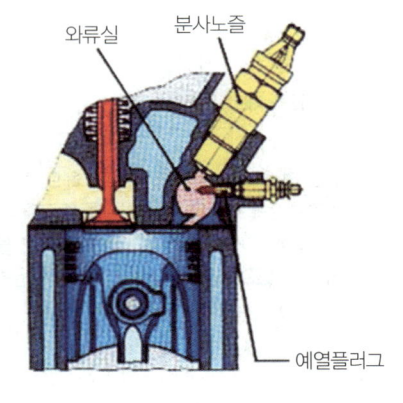

그림 1-16 와류실식 연소실

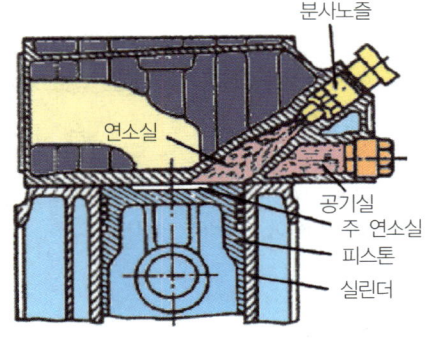

그림 1-17 공기실식 연소실

필기 예상 문제

01 실린더 헤드 볼트를 조일 때 회전력을 측정하기 위해 쓰는 공구는?

① 토크 렌치
② 오픈 렌치
③ 복스 렌치
④ 소켓 렌치

> 토크 렌치는 회전력(힘)을 정확하게 측정할 수 있는 공구로, 실린더 헤드 볼트 조임 시에 정확한 토크값을 적용하기 위해 사용된다. 따라서 실린더 헤드 볼트를 조일 때 회전력을 측정하기 위해 쓰는 공구는 토크 렌치이다.

02 실린더 헤드를 연삭하면 압축비가 어떻게 변하는가?

① 커진다.
② 작아진다.
③ 변하지 않는다.
④ 엔진에 따라 작아지는 것도 있고 커지는 것도 있다.

> 실린더 헤드를 연삭하면 실린더와 피스톤 사이의 간격이 줄어들어 압축비가 커지게 된다.

03 디젤기관의 실린더 헤드 변형은 무엇으로 점검하는가?

① 마이크로미터와 강철자
② 다이얼 게이지와 직각자
③ 플라스틱 게이지와 필러 게이지
④ 곧은자와 필러 게이지

> 실린더 헤드 변형은 실린더 헤드와 실린더 블록의 접촉면이 평면을 이루지 못하는 것으로 디젤기관의 실린더 헤드 변형을 점검하는 데는 곧은자와 필러 게이지를 사용한다.

04 실린더 블록과 헤드 사이에 끼워져 압력가스의 누출을 방지하는 것은?

① 실린더 헤드
② 물재킷
③ 실린더 로커암
④ 헤드 개스킷

> 헤드 개스킷은 실린더 블록과 헤드 사이에 끼워져 압력가스의 누출을 방지하는데 사용된다. 이는 헤드와 실린더 블록 사이의 간극을 메우고, 물과 기름이 섞이지 않도록 차단하여 엔진 내부의 윤활유와 냉각수가 서로 섞이지 않도록 보호한다.

|정|답| 01 ① 02 ① 03 ④ 04 ④

05 실린더 헤드와 블록사이에 삽입하여 압축과 폭발가스의 기밀을 유지하고 냉각수와 엔진오일이 누출되는 것을 방지하는 역할을 하는 것은?

① 헤드 워터재킷
② 헤드 볼트
③ 헤드 오일통로
④ 헤드 개스킷

> 헤드 개스킷은 실린더 헤드와 실린더 블록사이에 설치되어 압축과 폭발가스의 기밀을 유지하고 냉각수와 엔진오일이 누출되는 것을 방지한다.

06 엔진 연소실이 갖추어야 할 구비조건으로 틀린 것은?

① 압축 끝에서 혼합기의 와류를 형성하는 구조이어야 한다.
② 연소실 내의 표면적은 최대가 되도록 한다.
③ 화염 전파거리가 짧아야 한다.
④ 돌출부가 없어야 한다.

> **연소실의 구비조건**
> ① 화염전파에 요하는 시간을 가능한 한 짧게 한다.
> ② 가열되기 쉬운 돌출부를 두지 않는다.
> ③ 연소실의 표면적이 최소가 되게 한다.
> ④ 압축행정에서 혼합기에 와류를 일으키게 한다.

07 보기에 나타낸 것은 엔진에서 어느 구성부품을 형태에 따라 구분한 것인가?

[보기]
직접분사식, 예연소실식, 와류실식, 공기실식

① 연료분사장치   ② 연소실
③ 점화장치   ④ 동력전달장치

08 디젤 엔진에서 직접 분사실식 장점이 아닌 것은?

① 연료소비량이 적다.
② 냉각손실이 적다.
③ 연료계통의 연료누출 염려가 적다.
④ 구조가 간단하여 열효율이 높다.

> **직접 분사실식의 장점**
> ① 실린더 헤드의 구조가 간단하므로 열효율이 높고 연료소비율이 작다.
> ② 연소실 체적에 대한 표면적 비율이 작아 냉각손실이 작으며, 예열플러그가 불필요하다.
> ③ 기관시동이 쉽다.

09 와류실식 디젤기관의 장점이 아닌 것은?

① 노킹이 잘 일어나지 않는다.
② 와류 이용이 좋다.
③ 분사압력이 낮아도 된다.
④ 연료 소비율이 예연소실식보다 우수하다.

> **와류실식 디젤기관의 특징**
> ① 평균유효압력이 높다.
> ② 흡입 공기와 연료를 와류 형태로 혼합하여 연소 효율을 높인다.
> ③ 와류의 이용이 좋아 낮은 분사압력에서도 연료-공기 혼합을 잘 만들 수 있다.
> ④ 운전이 원활하고, 연료소비율이 낮다.
> ⑤ 실린더 헤드의 구조가 복잡하다.
> ⑥ 저속에서 디젤 노크 발생이 쉽다.
> ⑦ 기동 시 예열 플러그가 필요하다.

| 정답 | 05 ④ 06 ② 07 ② 08 ③ 09 ①

10 공기실식 디젤기관의 공기실 체적은 전압축 체적의 약 몇 %인가?

① 6.5~20% ② 20~50%
③ 30~70% ④ 40~90%

> 공기실식 디젤기관의 공기실 체적은 전압축 체적의 약 6.5~20% 정도이다. 이는 공기실식 디젤기관이 공기를 압축하여 연소에 이용하는 방식이기 때문에, 공기를 압축하는 역할을 하는 전압축기의 체적보다는 작을 수밖에 없기 때문이다.

11 냉각수가 라이너 바깥둘레에 직접 접촉하고, 정비 시 라이너 교환이 쉬우며, 냉각효과가 좋으나, 크랭크 케이스에 냉각수가 들어갈 수 있는 단점을 가진 것은?

① 진공 라이너
② 건식 라이너
③ 유압 라이너
④ 습식 라이너

> 습식 라이너는 냉각수와 직접 접촉되는 형태의 실린더 라이너로 정비 시 라이너 교환이 쉬우며, 냉각효과가 좋다. 두께는 5~8mm로, 상부에는 플랜지를 설치하여 실린더 블록에 고정하고 하부에는 2~3개의 실링을 설치하여 냉각수의 누출을 방지한다. 단점은 본체의 강성이 좋지 않아 누수 가능성이 상대적으로 크다.

12 실린더 마멸의 원인 중 적당치 않은 것은?

① 실린더와 피스톤의 접촉
② 피스톤 랜드에 의한 접촉
③ 흡입가스 중의 먼지와 이물에 의한 것
④ 연소 생성물에 의한 부식

> 피스톤 랜드는 피스톤의 상단 부분으로, 실린더 벽면과 직접적으로 접촉하는 부분이 아니다. 따라서 피스톤 랜드에 의한 접촉은 실린더 마멸의 원인이 아니다.

13 실린더가 마멸되었을 때 일어나는 현상이 아닌 것은?

① 압축, 압력의 저하
② 출력의 저하
③ 연료의 소모 저하
④ 열효율의 저하

> 실린더가 마멸되면 압축과 압력이 저하되어 출력이 저하되고, 이에 따라 열효율도 저하된다. 그러나 실린더가 마멸되면 연료가 불완전 연소되어 오히려 더 많은 연료가 소모된다.

14 실린더의 마멸 정도를 알아보기 위해 내경을 측정하려 한다. 설명 중 틀린 것은?

① 텔레스코핑게이지를 활용하여 측정할 수 있다.
② 최대 마멸부위는 실린더의 상부이다.
③ 마이크로미터를 활용하여 측정 시는 반드시 영점 조절을 확인한다.
④ 크랭크축 방향이 축의 직각방향보다 마멸이 더 크다.

> 실린더 마멸은 크랭크축 방향보다 축의 직각방향의 마멸이 더 크다.

| 정답 | 10 ① | 11 ④ | 12 ② | 13 ③ | 14 ④ |

15 실린더 테이퍼 마멸을 측정하는데 가장 좋은 측정기는?

① 필러게이지
② 강철제의 줄자
③ 보어게이지
④ 플라스틱게이지

> 실린더 테이퍼 마멸은 내부 직경의 변화를 측정해야 하므로, 보어게이지는 내부 직경을 정확하게 측정할 수 있는 고정밀 측정기이며, 실린더 테이퍼 마멸 측정에 가장 적합하다.

16 표준 안지름 90mm의 실린더에서 0.26mm가 마멸되었을 때 보링 치수는 얼마인가?

① 안지름을 90.30mm로 한다.
② 안지름을 90.40mm로 한다.
③ 안지름을 90.50mm로 한다.
④ 안지름을 90.60mm로 한다.

> 0.26mm가 마멸되었으므로, 보링 치수는 안지름에서 0.26mm를 더하면 된다. 따라서, 안지름이 90mm이므로 90+0.26 = 90.26mm가 된다. 그러나 90.26mm보다 큰 안지름으로 보링을 한다. 따라서, 가장 근접한 안지름을 90.50mm로 하는 것이다.

17 엔진의 실린더 표준 안지름이 105mm인 6기통 기관에서 안지름을 측정한 결과 최소값이 105.15mm, 최대값이 105.32mm인 경우 수정값은?

① 105.35mm
② 105.50mm
③ 105.52mm
④ 105.75mm

> 최대 마멸량 105.32mm + 0.2mm(진원 절삭값) = 105.52mm이다. 그러나 피스톤 오버 사이즈 규격에는 0.52mm가 없으므로 이 값보다 크면서 가장 가까운 값 0.75mm를 선정한다. 따라서 보링값은 105.75mm이며, 오버 사이즈값(O/S)은 0.75mm이다. 피스톤 오버 사이즈 규격은 0.25mm, 0.50mm, 0.75mm, 1.0mm, 1.25mm, 1.50mm이다.

18 실린더 호닝 작업의 주 목적은?

① 내면을 매끈하게 하기 위해
② 진원도를 얻기 위해
③ 편심도를 수정키 위해
④ 가공 경화를 위해

> **호닝(horning)**
> 보링작업 후에는 바이트(bite) 자국을 지우는 작업으로 실린더 벽 다듬질 작업, 호닝 여유는 0.005mm이며, 호닝을 한 후 1개의 실린더 각 부분의 안지름 차이는 0.02mm 정도, 실린더 상호간의 안지름 차이는 0.05mm 이하로 해야 한다.

19 실린더 블록의 동파 방지를 위해 설치한 것은?

① 오일히터
② 예열플러그
③ 서머스탯 밸브
④ 코어플러그

> 코어플러그는 실린더 블록 내부에 있는 물이나 습기가 동파로 인해 얼어서 엔진 작동에 지장을 주는 것을 방지하기 위해 설치되어 있고 주물제작을 용이하게 한다.

| 정답 | 15 ③ | 16 ③ | 17 ④ | 18 ① | 19 ④ |

CHAPTER 03 흡·배기 밸브 및 캠축

01 흡·배기 밸브(Valve)

흡·배기 밸브는 연소실에 설치된 흡·배기 구멍을 각각 개폐하고 공기를 흡입하고, 연소 가스를 내보내는 일을 하며, 압축과 동력 행정에서는 밸브 시트에 밀착되어 연소실 내의 가스가 누출되지 않도록 한다. 건설 기계용 엔진의 흡·배기 밸브는 포핏 밸브(Poppet Valve)가 사용된다.

[1] 밸브의 구비조건

① 고온에서 견딜 것(엔진 작동 중 흡입 밸브는 최고 450~500°C, 배기 밸브는 700~800°C 정도이다)
② 고온 가스에 부식되지 않을 것
③ 밸브 헤드 부의 열전도율이 클 것
④ 고온에서의 장력과 충격에 대한 저항력이 클 것
⑤ 가열이 반복되어도 물리적 성질이 변화하지 않을 것
⑥ 관성이 작아지도록 무게가 가볍고 내구성이 클 것
⑦ 흡·배기가스 통과에 대한 저항이 적은 통로를 만들 것

[2] 밸브 주요부의 기능

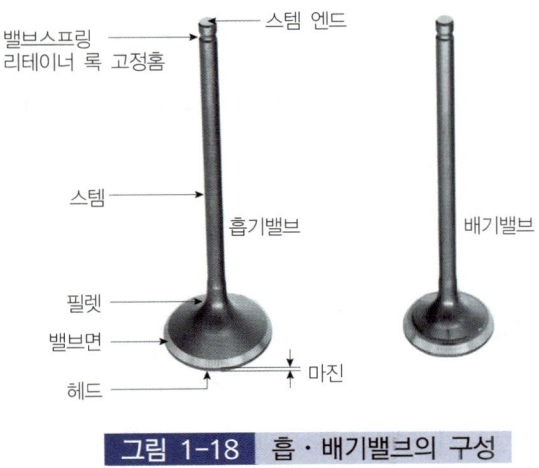

그림 1-18 흡·배기밸브의 구성

1) 밸브 헤드(Valve Head)

밸브 헤드는 고온·고압의 가스에 노출되므로 특히 배기 밸브에서는 열 부하가 매우 크다. 헤드 부분의 지름은 흡입 효율을 증대시키기 위해 흡입 밸브 헤드 지름을 크게 하기도 한다.

2) 마진(Margin)

마진의 두께가 얇으면 고온에서 밸브가 작동할 때의 충격으로 밸브 시트와 접촉할 때 둘레에 걸쳐 위로 벌어져 충분한 기밀 유지가 되지 못한다. 일반적으로 마진의 두께가 0.8mm 이하인 경우에는 다시 사용하지 못한다.

3) 밸브 면(Valve Face)

밸브 면은 시트(Seat)에 밀착되어 연소실 내의 기밀 유지 작용을 한다. 이에 따라 밸브 면의 양부는 실린더 내의 압축 압력과 밀접한 관계가 있으며 엔진의 출력에 큰 영향을 미친다. 밸브 면은 엔진 작동 중 고온·고압 하에서 시트와 충격적으로 접촉하고 이 접촉에서 밸브 헤드의 열을 시트로 전달한다. 따라서 마멸이 쉬우며 밀착 불량으로 손상되기 쉬워 밸브 면은 표면 경화하고 있다. 밸브 면과 수평선이 이루는 각을 밸브면 각도라고 하며, 60°, 45°, 30°의 것이 있으며 주로 45°를 가장 많이 사용한다.

4) 밸브 시트(Valve Seat)

밸브 면과 밀착되어 연소실의 기밀 유지 작용과 밸브 헤드의 냉각 작용을 한다. 작동 중 열팽창을 고려하여 밸브 면과 시트 사이에 1/4~1° 정도의 간섭각을 둔다. 밸브헤드의 열은 밸브시트를 통해 75% 냉각되며, 나머지 25%는 가이드를 통해 냉각된다.

5) 밸브 스프링(Valve Spring)

압축과 동력 행정에서 밸브 면과 시트를 밀착시켜 기밀을 유지하고 흡입과 배기 행정에서의 캠의 형상에 따라서 밸브가 열리도록 작동시킨다.

> **참고** 밸브 스프링의 점검
> ① 장력 : 규정장력에서 15% 이상 감소하면 교체해야 한다.
> ② 자유길이 : 스프링을 설치하지 않았을 때 길이로 3% 이상 줄어든 것을 교체해야 한다.
> ③ 직각도 : 직각도가 맞지 않았다는 말은 스프링이 비틀어졌다는 이야기이며, 이것이 3% 넘으면 교체해야 한다.

> **참고** 밸브 스프링 서징(Valve Spring Surging) 현상
> 고속에서 밸브 스프링의 신축이 심하여 밸브 스프링의 고유 진동수와 캠 회전수 공명에 의하여 스프링이 팅기는 현상이다. 서징 현상이 발생하면 밸브 개폐가 불량하여 흡·배기 작용이 불량해진다. 방지책은
> ① 2중 스프링, 부등 피치 스프링, 원뿔형 스프링 등을 사용한다.
> ② 정해진 양정 내에서 충분한 스프링 정수를 얻도록 한다.

[3] 밸브 간극

엔진 작동 중 열팽창을 고려해서 두며 배기 밸브 쪽이 열팽창률이 약간 크며 냉간 시와 은간 시 간극이 다르다.

① 간극이 크면 : 밸브가 늦게 열리고 일찍 닫히므로 출력 감소, 기관 과열, 잡음 발생 및 밸브 기구의 충격이 심해진다.
② 간극이 작으면 : 일찍 열리고 늦게 닫히므로 역화나 실화가 일어나기 쉽고, 기관 출력이 감소한다.

[4] 밸브 리테이너 록(Valve Retainer Lock)

밸브 스프링을 보호 지지하며, 스프링 상단에 리테이너 록으로 밸브 스템에 고정된다. 종류는 말굽형, 핀형, 원뿔형이 있다.

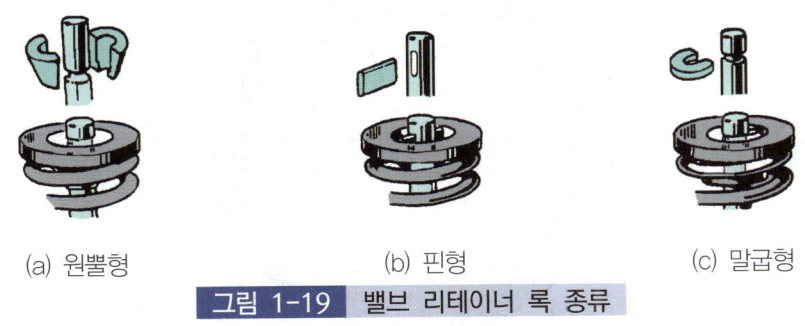

(a) 원뿔형   (b) 핀형   (c) 말굽형

그림 1-19 밸브 리테이너 록 종류

[5] 밸브 회전기구

1) 종류

① 릴리스 형식(Release Type) : 밸브가 열렸을 때 엔진의 진동으로 회전하는 형식
② 포지티브 형식(Positive Type) : 밸브가 열릴 때 강제로 회전하는 형식

2) 회전 기구를 두는 이유

① 밸브회전에 의하여 밸브 소손의 원인이 되는 카본을 제거한다.
② 밸브 스템과 가이드 사이에 카본이 쌓여 발생하는 밸브 고착(stick)을 방지한다.
③ 일정하지 못한 밸브 스프링의 장력에 의하여 생기는 편 마멸을 방지한다.
④ 밸브 회전에 의하여 밸브헤드의 온도를 일정하게 한다.

02 4행정 사이클 엔진의 밸브 개폐시기

엔진은 혼합기를 흡입하고 배기가스를 배출하는 일종의 펌프 작용을 하기 때문에 가급적이면 많은 양의 혼합기를 낮은 흡입 저항으로 흡입하고, 배기가스를 원활히 배출함으로써 출력을 향상시킬 수 있다. 다음 그림은 4행정 사이클 엔진의 밸브 개폐 시기 선도이다.

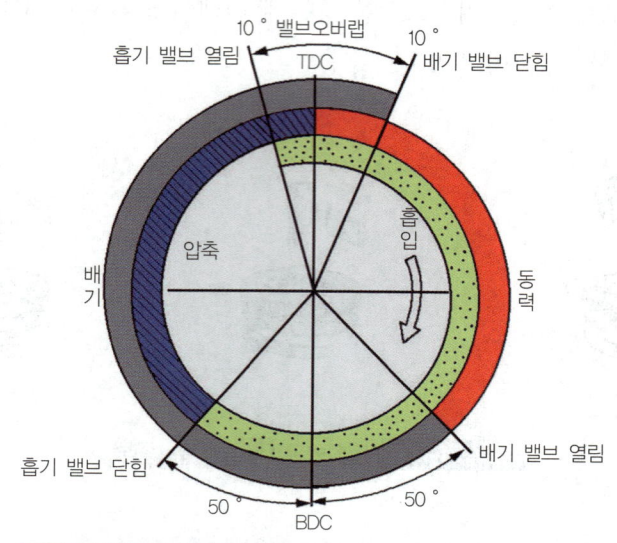

그림 1-20 4행정 사이클의 밸브 개폐시기 선도

흡입 밸브는 상사점 전에서 약간 빨리 열어주어 흡입 행정이 시작될 때 유효 유동면적을 크게 하여 체적효율을 향상시킨다. 또한 실린더 내의 압력이 흡기다기관의 압력과 거의 같아지는 상사점 후에 흡입 밸브를 닫아주어 흡입기간을 길게 한다.

밸브 개폐 시기 선도에서 흡입 밸브가 열려 있는 기간을 그림 20에서 크랭크축의 회전 각도로 표시하면 10° + 180° + 50° = 240°이다. 한편 배기 밸브는 동력 행정 말기의 하사점 전에서 열리는데, 이는 유효 팽창 비율과 팽창 일은 감소되지만 피스톤이 하사점에서 상사점으로 올라갈 때 펌프 일이 감소되어 보상된다. 배기 밸브는 상사점 후에서 닫힌다. 이때 배기 밸브가 열려 있는 기간은 크랭크축의 회전각도로 50° + 180° + 10° = 240°이다. 이렇게 흡입 밸브와 배기 밸브를 약간 빨리 열고 늦게 닫으면 배기 행정 말기, 흡입 행정의 초기에 피스톤이 상사점 부근에 있을 때 흡입 밸브와 배기 밸브가 동시에 열려 있다. 이를 밸브 오버랩(valve overlap)이라 하는데 고속 엔진과 고급 엔진에서는 특히 이 기간을 길게 한다. 밸브 오버랩이 길면 고속회전에서 맥동효과와 관성효과를 효과적으로 이용할 수 있어 체적 효율이 향상된다.

03 캠축과 캠(Cam Shaft and Cam)

[1] 캠축

캠축은 엔진의 밸브 수와 같은 수의 캠이 배열된 축으로 주 기능은 흡·배기 밸브 개폐이다. 4행정 사이클 엔진에서는 크랭크축 2회전에 캠축 1회전하는 구조로 되어 있다. 따라서 크랭크축 기어와 캠축 기어의 지름의 비율은 1 : 2로 되어 있다.

[2] 캠의 형상

캠의 형상은 밸브 개폐 상태, 열림 시간, 밸브의 양정은 캠의 형상에 따라 결정되므로 엔진에 따라 다양한 캠이 사용된다. 그러나 어느 통상에서나 로커 암(또는 밸브 리프터)과 캠이 직접 접촉하므로 이 부분과의 마찰과 마멸을 감소시키기 위해 접촉면의 하나는 반드시 원호형으로 하고 있다. 캠의 형상에는 접선 캠, 볼록 캠 및 오목 캠 등이 있다. 캠 양정(Cam Lift)은 기초원에서 노즈(Nose)와의 거리를 말하며 캠 양정이 작아지면 밸브의 열림이 불량해진다.

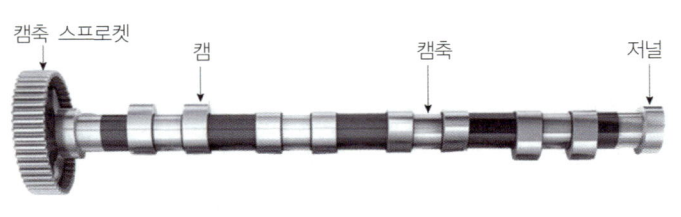

그림 1-21 캠축의 구조

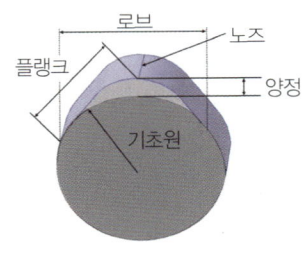

그림 1-22 캠의 명칭

[3] 밸브 태핏(리프터)

캠의 회전운동을 상하운동으로 바꾸어 밸브나 푸시로드에 전달한다.
① 기계식 : 캠과 태핏을 옵셋시켜 편 마멸을 방지한다.
② 유압식 : 유압식 태핏은 오일의 비압축성과 윤활장치의 순환압력을 이용하여 작동하기 때문에 엔진 오일을 사용한다.

장점	단점
① 밸브 개폐시기가 정확하다.	① 구조가 복잡하다.
② 충격을 흡수하여 밸브기구의 내구성이 좋다.	② 오일펌프가 고장이 생기면 작동이 안된다.
③ 기관의 온도와 관계없이 밸브 간극은 항상 0이다.	③ 유압회로가 고장이 생기면 작동이 불량하다.

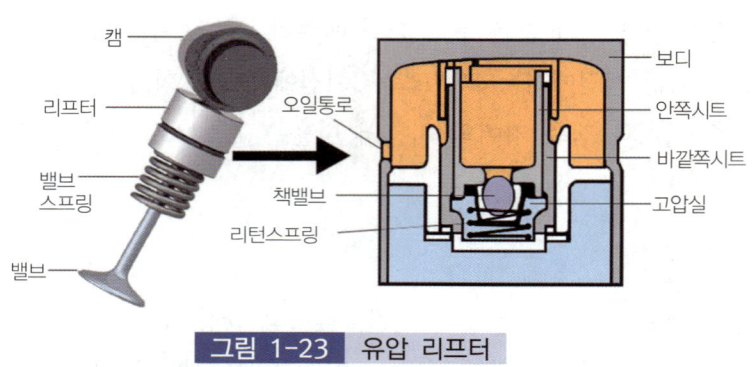

그림 1-23 유압 리프터

필기 예상 문제

01 오버헤드 밸브식 엔진의 특징으로 틀린 것은?

① 흡·배기의 흐름에 저항이 적어, 흡·배기 효율이 좋다.
② 밸브의 크기와 양정을 충분히 할 수 있다.
③ 연소실의 형식을 간단히 할 수 있다.
④ 압축비를 높게 할 수 없으며, 노킹을 일으키기 쉽다.

> **오버헤드 밸브식 엔진의 특징**
> ① 흡·배기의 흐름에 저항이 적어 흡·배기 효율이 좋다.
> ② 밸브의 크기와 양정을 충분히 할 수 있다.
> ③ 연소실의 형식을 자유롭게 설계할 수 있다.
> ④ 압축비를 높일 수 있으며, 열효율이 높다.
> ⑤ 점화 플러그 위치를 자유롭게 선택할 수 있다.
> ⑥ 부품 수가 많아 제작 및 유지보수 비용이 높다.

02 건설기계 기관의 밸브(valve)가 갖추어야 할 조건으로 틀린 것은?

① 열전도율이 낮아야 한다.
② 고온 가스에 부식 되어서는 안 된다.
③ 충격에 대한 저항력이 커야 한다.
④ 내마모성이 있어야 한다.

> **밸브의 구비조건**
> ① 고온에서 견딜 것(엔진 작동 중 흡입 밸브는 최고 450~500°C, 배기 밸브는 700~800°C 정도이다)
> ② 고온 가스에 부식되지 않을 것
> ③ 밸브 헤드부의 열전도율이 클 것
> ④ 고온에서의 장력과 충격에 대한 저항력이 클 것
> ⑤ 가열이 반복되어도 물리적 성질이 변화하지 않을 것
> ⑥ 관성이 작아지도록 무게가 가볍고 내구성이 클 것
> ⑦ 흡·배기가스 통과에 대한 저항이 적은 통로를 만들 것

03 기관에서 밸브 헤드 부분과 밸브 스템 부분을 큰 원호로 연결하여 가스의 흐름을 원활하게 하고, 강도를 크게 한 것으로 제작이 용이하기 때문에 일반적으로 많이 사용되고 있는 밸브는?

① 플랫형(flat head type)
② 튜울립형(tulip head type)
③ 버섯형(mushroom head type)
④ 개량 튤립형(semi-tulip head type)

> **각 밸브 종류 특징**
> ① 플랫형 : 제작 용이, 제작비용 낮음, 가스의 흐름 원활, 제작이 용이하고 강도가 크다.
> ② 튤립형 : 유량 조절 용이, 높은 압력 및 온도에 적합, 제작비용 높음
> ③ 개량 튤립형 : 튤립형 변형, 유량 조절 용이, 제작 비용 상대적 낮음
> ④ 버섯형 : 제작 용이, 강도 높음, 유량 조절 어려움

| 정 | 답 | 01 ④ 02 ① 03 ①

04 밸브 구조에 대한 설명으로 틀린 것은?

① 밸브 헤드부 열은 밸브 스템을 통해 가장 많이 방출한다.
② 일반적으로 밸브 헤드부는 배기 밸브가 흡입 밸브보다 작다.
③ 디젤기관 흡입 및 배기 밸브 마진 두께가 규정값 이하가 되면 교환한다.
④ 밸브 면은 밸브 시트에 접촉되어 기밀유지 및 밸브 헤드의 열을 시트에 전달한다.

> 밸브 헤드의 열은 밸브 시트를 통해 냉각되며, 나머지는 가이드를 통해 냉각된다.

05 밸브 헤드의 열을 가장 많이 냉각시키는 곳은?

① 밸브 페이스
② 밸브 스템
③ 밸브 시트
④ 밸브 가이드

> 밸브 헤드의 열은 밸브 시트를 통해 75% 냉각되며, 나머지 25%는 가이드를 통해 냉각된다.

06 가장 많이 사용하는 밸브 시트의 각도는?

① 15°와 30°
② 30°와 45°
③ 45°와 65°
④ 45°와 75°

> 밸브 시트의 각도는 유체의 흐름을 조절하는 역할을 한다. 일반적으로 가장 많이 사용하는 밸브 시트의 각도는 30°와 45°이다.

07 다음 중 밸브 간섭각으로 맞는 것은?

① 1/4~1°
② 1~2°
③ 2~4°
④ 7~10°

> 열팽창을 고려하여 1/4~1°의 밸브 간섭각을 둔다.

08 기관의 밸브기구에서 일반적인 밸브 시트 수명은?

① 흡기 밸브가 배기 밸브보다 짧다.
② 배기 밸브가 흡기 밸브보다 짧다.
③ 배기 밸브나 흡기 밸브나 같다.
④ 운전조건에 따라 항상 다르다.

> 배기 밸브는 열에 의한 부식과 고온에 의한 변형 등의 영향을 많이 받기 때문에 흡기 밸브보다 더 빠르게 마모되어 수명이 짧아진다.

09 밸브 스프링 점검과 관계없는 것은?

① 직각도
② 코일의 수
③ 자유 높이
④ 스프링 장력

> 밸브 스프링 점검과 관련된 것은 스프링 장력, 직각도, 자유 높이이다. 그러나 코일의 수는 스프링의 강도와 관련이 있지만, 스프링의 작동과 직접적인 연관성이 없다.

|정|답| 04 ① 05 ③ 06 ② 07 ① 08 ② 09 ②

10 밸브 스프링의 직각도는 그 자유고의 몇 % 이상 기울기가 있으면 교환하는가?

① 15%
② 7%
③ 5%
④ 3%

> **밸브 스프링의 점검**
> ① 장력 : 규정장력에서 15% 이상 감소하면 교체해야 한다.
> ② 자유길이 : 스프링을 설치하지 않았을 때 길이로 3% 이상 줄어든 것을 교체해야 한다.
> ③ 직각도 : 직각도가 맞지 않았다는 말은 스프링이 비틀어졌다는 이야기이며 이것이 3% 넘으면 교체해야 한다.

11 고속에서 밸브 스프링의 신축이 심하여 밸브 스프링의 고유 진동수와 캠축 회전속도 공명에 의하여 스프링이 튕기는 현상은?

① 밸브 스프링 서징
② 밸브 스프링 맥동
③ 밸브 스프링 탄성
④ 밸브 스프링 바운싱

> **밸브 스프링 서징(Valve Spring Surging) 현상**
> 고속에서 밸브 스프링의 신축이 심하여 밸브 스프링의 고유 진동수와 캠 회전수 공명에 의하여 스프링이 튕기는 현상이다. 서징 현상이 발생하면 밸브 개폐가 불량하여 흡·배기 작용이 불량해진다.

12 밸브 서징(surging) 현상의 설명 중 맞는 것은?

① 밸브가 열릴 때 천천히 열리는 현상
② 밸브의 흡기배기가 동시에 열리는 현상
③ 고속 시 밸브의 고유진동수와 캠의 회전수의 공명에 의하여 스프링이 튕기는 현상
④ 고속회전에서 저속으로 변화할 때 스프링의 장력 차에 의한 현상

> 밸브 서징 현상은 고속 시 밸브의 고유진동수와 캠의 회전수의 공명에 의하여 스프링이 튕기는 현상이다. 이는 밸브가 고속으로 열리고 닫힐 때 발생하는 현상으로, 이는 엔진의 성능 저하와 소음 발생 등을 유발할 수 있다.

13 밸브 스프링 서징 현상을 방지하는 방법에 대한 설명 중 틀린 것은?

① 고유 진동수가 같은 2중 스프링 사용
② 부등 피치의 2중 스프링 사용
③ 고유 진동수가 틀린 2중 스프링 사용
④ 부등 피치의 원뿔형 스프링 사용

> 고유 진동수가 같은 스프링을 사용하면 서로 공명하게 되어 진동이 더욱 심해질 수 있다. 따라서 고유 진동수가 다른 스프링을 사용하거나 부등 피치의 2중 스프링을 사용하는 것이 좋다. 또한, 원뿔형 스프링은 진동이 일어날 때 안정적인 힘을 유지할 수 있어 밸브 스프링의 서징 현상을 방지하는 데 효과적이다.

14 밸브 스템을 중공으로 하여 그 속에 넣어 냉각 효과를 돕는 물질은?

① 나트륨   ② 칼륨
③ 리듐   ④ 알루미늄

> 금속 나트륨이 열을 받아 액체가 되기 위해서는 약 100℃의 열이 필요하기 때문에 헤드의 온도를 약 100℃ 정도 저하시킬 수 있다.

|정|답| 10 ④ 11 ① 12 ③ 13 ① 14 ①

15 건설기계용 기관에서 밸브 간극이란?

① 밸브 스템 엔드와 로커암 사이의 간극
② 캠과 로커암 사이의 간극
③ 밸브 스프링과 밸브 스템 사이의 간극
④ 푸시로드와 캠 사이의 간극

> 밸브 간극은 밸브가 정상적으로 작동하기 위해 필요한 간극을 말한다. I-헤드형과 OHC형은 로커암과 밸브 스템 엔드 사이에 둔다. 이는 밸브의 정확한 개폐를 위해 중요하다.

16 기관의 밸브 간극(valae clearance)에 대한 설명 중 맞지 않는 것은?

① 밸브 스템이 열팽창을 하면 열리도록 두는 간극이다.
② 흡기보다 배기 밸브의 간극을 더 크게 하고 있다.
③ 밸브 간극의 변화는 개폐시기에 영향을 준다.
④ 간극이 너무 크면 소음을 발생시킨다.

> 밸브 간극은 밸브의 개폐를 조절하는 역할을 한다. 따라서 밸브 간극은 엔진 작동 중 열팽창을 고려하여 건설기계용 기관에서는 일반적으로 0.2~0.3mm 정도로 설정되어 있지만 흡기 밸브보다 배기 밸브 간극을 더 크게 한다. 밸브 간극의 변화는 개폐시기에 영향을 주며, 간극이 너무 크면 소음을 발생시킨다.

17 엔진에서 밸브 간극이 작으면 어떤 현상이 생기는가?

① 실화가 일어난다.
② 엔진이 과열된다.
③ 밸브의 열림 기간은 짧고 닫힘 기간은 길다.
④ 밸브 시트의 마모가 급격하다.

> 밸브 간극이 작을 때 밸브가 완전히 닫히지 않아 연소실 내부로 가스가 누출되어 실화가 발생한다.

18 기관의 밸브 간격이 너무 좁을 때 일어나는 현상 중 틀린 것은?

① 압축가스가 새서 동력이 감소된다.
② 실화를 일으킨다.
③ 적게 열리고 정확히 닫는다.
④ 역화(Back fire)가 일어나기 쉽다.

> 밸브 간극이 작으면
> ① 일찍 열리고 늦게 닫혀 밸브가 열리는 시간이 길어진다.
> ② 블로 백으로 인해 엔진 출력이 감소한다.
> ③ 흡입 밸브의 간극이 작으면 역화 및 실화가 발생한다.
> ④ 배기 밸브의 간극이 작으면 후화가 일어나기 쉽다.

19 엔진에서 밸브 간극 조정을 잘못하여 간극이 커졌다. 미치는 영향은 어느 것인가?

① 캠(Cam)의 마모가 커진다.
② 캠(Cam)의 마모가 빨라진다.
③ 실린더 내에서 밸브 돌출이 커진다.
④ 실린더 내에서 밸브 돌출이 작아진다.

> 밸브 간극이 커지면 엔진의 성능이 저하되며, 실린더 내에서 연소가 제대로 이루어지지 않아 연비가 나빠지고 엔진 소음이 커진다. 이는 밸브가 실린더 내에서 충분한 돌출을 하지 못하게 되기 때문이다.

|정|답| 15 ① 16 ① 17 ① 18 ③ 19 ④

20 기관에서 밸브 오버랩은 무엇을 나타내는가?

① 흡·배기 밸브가 동시에 열려 있는 시기
② 흡기 밸브만 열려 있는 시기
③ 배기 밸브만 열려 있는 시기
④ 흡·배기 밸브가 동시에 닫혀 있는 시기

> 배기 행정 말기, 흡입 행정의 초기에 피스톤이 상사점 부근에 있을 때 흡입 밸브와 배기 밸브가 동시에 열려 있다. 이를 밸브 오버랩(valve overlap)이라 하는데 고속 엔진과 고급 엔진에서는 특히 이 기간을 길게 한다. 밸브 오버랩이 길면 고속회전에서 맥동효과와 관성효과를 효과적으로 이용할 수 있어 체적 효율이 향상된다.

21 4행정 디젤기관의 흡기 밸브가 상사점 전 10도에서 열리고 하사점 후 15도에서 닫혔다. 배기 밸브가 하사점 전 20도에서 열리고 상사점 후 15도에서 닫혔다면 이 기관에 밸브 오버랩 각은 몇 도인가?

① 20
② 25
③ 30
④ 35

> 배기 밸브가 상사점 후 15도에서 닫히고, 흡기 밸브는 상사점 전 10도에서 열렸기 때문에 흡입 밸브와 배기 밸브가 동시에 열려 있는 각도는 15+10이므로 밸브 오버랩은 25도이다.

22 유압식 밸브 리프터의 특징이 아닌 것은?

① 밸브 간극을 점검·조정하지 않아도 된다.
② 밸브 개폐시기가 정확하고 작동이 조용하다.
③ 밸브기구의 구조가 간단하다.
④ 밸브개폐 기구의 내구성이 향상된다.

> 유압식 리프터의 특징
> ① 밸브 간극이 0(zero)이므로 밸브 간극을 점검·조정하지 않아도 된다.
> ② 밸브 개폐시기가 정확하고 충돌음이 없어 작동이 조용하다.
> ③ 오일이 완충작용을 하므로 밸브개폐 기구의 내구성이 향상된다.
> ④ 밸브기구의 구조가 복잡하다.
> ⑤ 윤활장치가 고장이 나면 엔진 작동이 정지된다.

23 유압식 밸브 리프터의 장점이 아닌 것은?

① 항상 밸브 간극을 0으로 유지한다.
② 오일펌프가 고장 나도 작동한다.
③ 밸브 개폐시기가 정확하다.
④ 충격을 흡수하여 내구성이 좋다.

24 캠의 구조에서 기초원과 노스원과의 거리는?

① 베이스 서클
② 플랭크
③ 로브
④ 리프트

> 캠에서 기초원과 노스원과의 거리를 양정(리프트)이라 한다.

25 캠축 캠의 마모가 심할 때 일어나는 현상 중 틀린 것은?

① 흡·배기 효율이 낮아진다.
② 소음이 심해진다.
③ 밸브 간극이 작아진다.
④ 밸브의 유효행정이 적어진다.

> 캠축 캠의 마모가 심할 때는 밸브 간극이 커져 밸브 열림 기간이 작아지기 때문에 흡·배기 효율이 낮아지고 소음이 심해지며 밸브의 유효행정이 적어지게 된다.

| 정답 | 20 ① | 21 ② | 22 ③ | 23 ② | 24 ④ | 25 ③ |

26 캠축의 캠 점검에 대한 설명이다. 옳은 것은?

① 캠의 높이(lift)가 심하게 마멸되면 연마하여 수정한다.
② 캠이 마멸하면 그만큼 밸브 틈새가 커진다.
③ 캠이 한계값 이상 마멸되면 교환하여야 한다.
④ 캠의 단붙임(RIDDGE) 마멸은 중목의 줄로서 수정한다.

> 캠이 한계값 이상 마멸되면 교환하여야 한다. 이는 캠이 마멸됨으로 인해 밸브 리프트가 감소하고, 엔진 성능이 저하되기 때문이다. 또한 마멸된 캠은 밸브와의 접촉면이 줄어들어 밸브 틈새가 커지게 되어 연소가 원활하지 않아 연비가 저하될 수 있다.

|정|답| 26 ③

CHAPTER 04 피스톤 및 피스톤링, 커넥팅 로드

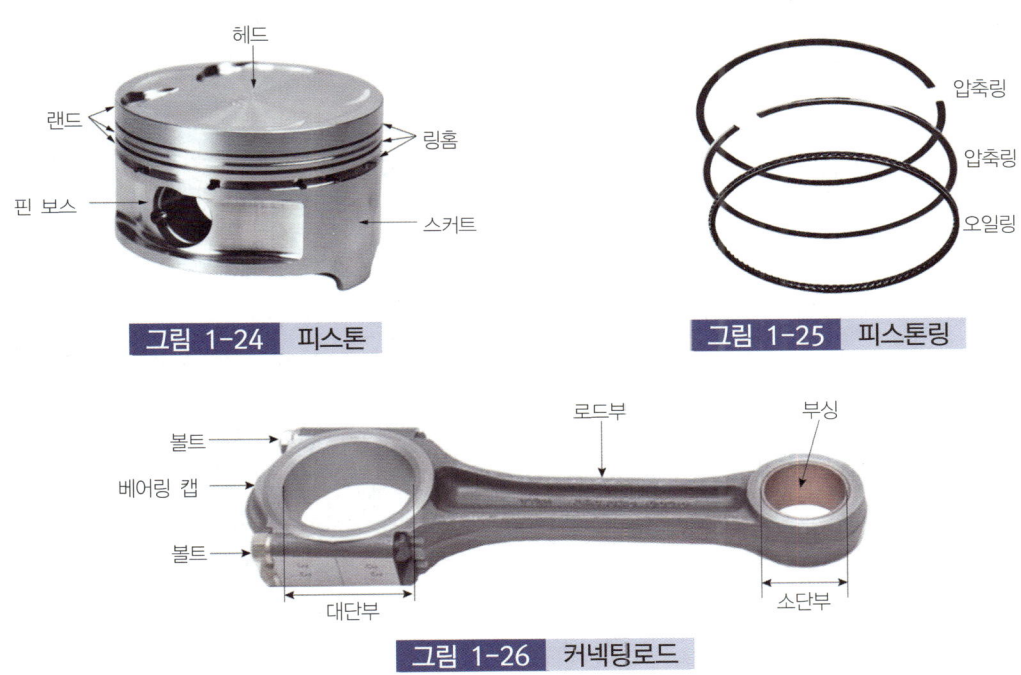

그림 1-24 피스톤

그림 1-25 피스톤링

그림 1-26 커넥팅로드

01 피스톤(piston)

실린더 내를 왕복 운동하여 동력 행정시 크랭크축을 회전 운동시키며, 흡입, 압축, 배기 행정에서는 크랭크축으로부터 동력을 전달받아 작동한다.

[1] 피스톤의 구비조건

① 피스톤 중량이 작고, 고온·고압가스에 견딜 것
② 블로바이(blow by)가 없을 것
③ 열전도율이 크고(잘되고), 열팽창률이 적을 것

[2] 피스톤 간극이 작을 때 영향

① 열팽창으로 인해 실린더와 피스톤 사이에서 고착(소결)이 발생한다.
② 피스톤 간극이 적을 때, 엔진오일이 부족할 때, 엔진이 과열되었을 때, 냉각수량이 부족할 경우에 피스톤이 고착(소결)된다.

[3] 피스톤 간극이 클 때 영향

① 엔진 시동성능 저하 및 출력이 감소한다.
② 연료가 엔진오일에 떨어져 희석되어 엔진오일의 수명이 단축된다.
③ 피스톤링의 기능 저하로 엔진오일이 연소실에 유입되어 오일 소비가 많아진다.
④ 블로바이에 의해 압축압력이 낮아진다.
⑤ 피스톤 슬랩이 발생한다.

[4] 피스톤이 고착되는 원인

① 냉각수의 양이 부족할 때
② 엔진오일이 부족할 때
③ 엔진이 과열되었을 때
④ 피스톤과 실린더 벽의 간극이 적을 때

02 피스톤링(piston ring)

기밀작용을 하는 압축 링과 오일제어 작용을 하는 오일 링이 있다.

[1] 피스톤링의 작용

① 기밀작용(밀봉작용)
② 오일제어 작용(실린더 벽의 오일 긁어내리기 작용)
③ 열전도 작용(냉각작용)

[2] 피스톤링의 구비조건

① 열팽창률이 적고, 고온에서도 탄성을 유지할 것
② 실린더 벽의 재질보다 다소 경도가 낮을 것
③ 실린더 벽에 동일한 압력을 가할 것
④ 장시간 사용하여도 피스톤링 자체나 실린더 마모가 적을 것

[3] 피스톤링이 마모되었을 때의 영향

① 크랭크 케이스 내에 블로바이 현상으로 인한 미연소 가스 및 연소가스가 많아진다.
② 오일 제어작용이 불량해 기관오일이 연소실로 올라와 연소실에서 연소하며, 배기가스 색은 회백색이 된다.

03 피스톤핀(piston pin)

피스톤과 커넥팅로드 소단부(small end)를 연결할 때 피스톤핀을 사용한다. 재질로는 탄소강이나 니켈-크롬(Ni-Cr)강을 주로 사용한다. 피스톤핀의 설치방법에는 고정식, 반 부동식(요동식), 전 부동식의 3가지가 있다.

04 커넥팅 로드(connecting rod)

피스톤핀이 장착되는 부위를 소단부(small end)라 하며 크랭크핀과 연결되는 부위를 대단부(big end)라 한다. 또한 소단부 중심과 대단부 중심 사이의 거리가 커넥팅 로드 길이인데 피스톤 행정의 1.5~2.3배 정도로 한다. 커넥팅 로드 길이를 크게 하면 피스톤의 측압을 작게 할 수 있으나 중량이 커지고, 길이를 짧게 하면 피스톤 측압은 커지나 중량을 작게 할 수 있어 고속 엔진에 적합하다. 재질은 크롬(Cr)강, 크롬-몰리브덴(Cr-Mo)강을 사용하여 단면을 I 또는 H형으로 단조(forging), 주조 또는 소결한다.

필기 예상 문제

01 피스톤이 갖추어야 구비조건으로 틀린 것은?

① 내마모성이 커야 한다.
② 기계적 강도가 커야 한다.
③ 관성력을 방지하기 위하여 무거워야 한다.
④ 열팽창률이 적고, 열전도가 잘되어야 한다.

> 관성력을 방지하기 위해서 가벼워야 한다.

02 피스톤 구조 부분의 명칭이 아닌 것은?

① 피스톤 헤드
② 링홈
③ 스커트부
④ 랜덤

> ① 피스톤 헤드 : 피스톤의 상단에 위치하며, 연료와 공기의 혼합물을 압축하는 역할을 한다.
> ② 링홈 : 피스톤 헤드와 스커트부 사이에 위치하며, 피스톤링을 고정하는 역할을 한다.
> ③ 스커트부 : 피스톤의 하단에 위치하며, 피스톤이 실린더 내에서 왕복 운동을 할 때 마찰을 줄이는 역할을 한다.
> ④ 핀 보스 : 피스톤이 설치되는 구멍 주변의 보강부를 말한다.
> ⑤ 랜드 : 링홈과 링홈 사이를 랜드라 하고 피스톤 형식에 따라서 제일 상위 랜드에 홈을 다수 가공하여 헤드의 열이 아래쪽으로 전달되는 것을 지연시키는 히트댐(heat dam)이 있는 방식도 있다.

03 기관의 피스톤링이 끼워지는 홈과 홈 사이의 명칭은?

① 리브(rib)
② 랜드(land)
③ 스커트(skirt)
④ 히트댐(heat dam)

> ① 리브(rib) : 피스톤 외부 표면에 형성된 돌출부로, 강성을 높이고 열전달을 돕는 역할을 한다.
> ② 랜드(land) : 피스톤링 홈 사이의 부분
> ③ 스커트(skirt) : 피스톤 하부의 원통형 부분으로, 기관 벽면과의 마찰을 줄인다.
> ④ 히트댐(heat dam) : 피스톤 상부에 설치된 부품으로, 피스톤링 홈으로의 열전달을 감소시키는 역할을 한다.

04 피스톤 종류 중 스플리트 피스톤의 슬리트(slit) 설치목적으로 가장 적합한 것은?

① 피스톤의 강도를 크게 하기 위하여
② 헤드에서 스커트부로 흐르는 열을 차단하기 위하여
③ 피스톤의 무게를 적게 하기 위하여
④ 헤드부의 열을 스커트부로 빨리 전달하기 위하여

|정|답| 01 ③ 02 ④ 03 ② 04 ②

피스톤의 종류
① 솔리드 피스톤(solid piston) : 스커트 부분에 홈(slot)이 없고 통형으로 되어 있다.
② 스플리트 피스톤(split piston) : 피스톤 스커트와 링 지대 사이에 가늘게 가공한 홈을 두어 스커트로 열이 전달되는 것을 제한하고, 열팽창을 적게 하기 위한 형식이다. 홈의 모양에는 U형, T형, I형 등이 있다.
③ 인바 스트럿 피스톤(invar strut piston) : 온도 변화에 따른 변형을 감소시키기 위하여 열팽창률이 매우 적은 인바강을 기둥 또는 링 모양으로 스커트 윗부분에 넣고 일체 주조한 형식이다.
④ 링캐리어 피스톤(ring carrier piston) : 디젤 엔진에서는 1번 압축링이 특히 고온고압에 노출되어 지속적으로 사용할 경우 톱링그루브의 마멸이 심해 링이 진동하게 된다. 이런 현상을 방지하기 위해 톱링크루브 강제의 링캐리어를 삽입하여 일체로 주조한 피스톤이다.
⑤ 슬리퍼 피스톤(slipper piston) : 측압을 받지 않는 스커트 부분을 떼어낸 모양의 것이다.
⑥ 옵셋 피스톤(off set piston) : 피스톤 중심에 대해 피스톤핀의 중심을 피스톤 좌우 어느 한쪽으로부터 1.0~2.5mm 정도 편심시킨 피스톤이다.
⑦ 캠 연마 피스톤(cam ground piston) : 보스부는 작게 스러스트부는 직경이 크게 제작된 타원형 피스톤이다. 이때 장경과 단경의 차이는 대략 0.125~0.325mm이다.

05 피스톤 오프셋을 두는 이유로 틀린 것은?

① 측압을 감소시킨다.
② 피스톤의 편마모를 방지한다.
③ 실린더에 가해지는 압력을 감소시킨다.
④ 블로바이 현상을 방지한다.

피스톤 오프셋을 두는 이유
피스톤의 원활한 회전을 위해 실린더에 가해지는 압력을 감소시켜 측압 및 진동, 편마모를 방지한다.

06 기관의 피스톤 간극이 클 경우 생기는 현상으로 틀린 것은?

① 압축압력 상승
② 블로바이 가스 발생
③ 피스톤 슬랩 발생
④ 엔진 출력 저하

피스톤 간극이 클 경우 생기는 현상
① 엔진 시동성능 저하 및 출력이 감소한다.
② 연료가 기관오일에 떨어져 희석되어 엔진오일의 수명이 단축된다.
③ 피스톤링의 기능저하로 엔진오일이 연소실에 유입되어 오일소비가 많아진다.
④ 블로바이에 의해 압축압력이 낮아진다.
⑤ 피스톤 슬랩이 발생한다.

07 디젤기관에서 피스톤과 실린더 간극이 적을 때 일어나는 현상은?

① 소음이 심하게 일어난다.
② 오일이 연소실에 많이 올라간다.
③ 피스톤이 소결된다.
④ 피스톤 측압 음이 커진다.

디젤기관에서 피스톤과 실린더 간극이 적을 때는 열팽창이 일어나면서 피스톤이 실린더 벽면에 밀착되어 움직이기 어려워지고, 이로 인해 마찰이 증가하여 피스톤이 소결될 수 있다.

08 피스톤링의 작용이 아닌 것은?

① 혼합기 기밀 유지   ② 오일제어 기능
③ 열전도 기능   ④ 응력 분산

피스톤링의 3대 기능은 기밀 유지, 오일 제어, 열전도이며 응력분산은 윤활유의 역할이다.

| 정 | 답 | 05 ④ 06 ① 07 ③ 08 ④

09 피스톤링의 절개구를 서로 120° 방향으로 끼우는 이유는 어느 것인가?

① 벗겨지지 않게 하기 위해
② 절개구 쪽으로 압축이 새는 것을 방지하기 위해
③ 피스톤의 강도를 보강하기 위해
④ 냉각을 돕기 위해

> 피스톤링의 절개구는 압축 과정에서 열기와 함께 압력을 받게 된다. 이때 절개구가 서로 붙어있으면 압력이 새어나가는 현상이 발생할 수 있다. 따라서 절개구를 서로 120° 방향으로 끼우면 압력이 새어나가는 것을 방지할 수 있다.

10 피스톤링을 피스톤에 설치할 때 절개구 방향이 측압을 피해 120도 또는 180도 방향으로 돌려 설치를 한다. 그 이유로 적당한 것은?

① 폭발 압력을 높이기 위해서 설치한다.
② 압축가스 및 폭발가스가 새는 것을 방지하기 위하여 설치한다.
③ 엔진의 출력을 높이기 위하여 설치한다.
④ 엔진의 연료 소비를 줄이기 위하여 설치한다.

> 피스톤링은 압축 상태에서 실린더 벽면과 밀착하여 압축가스 및 폭발가스가 새는 것을 방지한다. 따라서 절개구 방향을 측압을 피해 120도 또는 180도 방향으로 돌려 설치함으로써 압력이 가해지는 방향에서 가장 효과적으로 가스 누출을 방지할 수 있다.

11 피스톤링에 대한 설명 중 맞는 것은?

① 크롬 도금한 링은 마멸이 적으므로 분해 정비할 때마다 갈아 끼우지 않아도 된다.
② 바깥 둘레가 테이퍼 되어 있는 링은 지름이 큰 쪽을 아래로 하여 끼운다.
③ 링의 이음 간극은 제2링보다 톱링 쪽을 적게 한다.
④ 크롬 도금한 링은 크롬 도금한 실린더에 사용한다.

> 바깥 둘레가 테이퍼 되어 있는 링은 지름이 큰 쪽을 아래로 하여 끼우는 이유는, 압축력이 가해질 때 링이 실린더 벽면에 밀착되어 가스 누출을 막기 위함이다. 바깥 둘레가 테이퍼 되어 있으면, 압축력이 가해질 때 링이 더욱 강하게 밀착되어 가스 누출을 더욱 효과적으로 막을 수 있다.

12 유압실린더 피스톤에 사용되는 피스톤링 절삭각의 모양 중 압축 시 누유가 가장 적은 것은?

①
②
③
④

> 피스톤링 절삭각이 " ┐└ " 모양인 경우, 압축 시 피스톤링이 벽면에 밀착되어 누유가 적게 발생한다. 이는 피스톤링의 밀착력이 강하고, 벽면과의 접촉 면적이 크기 때문이다. 다른 보기들은 피스톤링의 밀착력이 약하고, 벽면과의 접촉 면적이 작아 누유가 많이 발생한다.

| 정 | 답 | 09 ② 10 ② 11 ② 12 ③

13 기관의 피스톤핀의 고정 방법이 아닌 것은?

① 고정식
② 반고정식
③ 전부동식
④ 반부동식

> **피스톤핀의 고정 방법**
> ① 고정식 : 피스톤핀을 커넥팅 로드의 소단부에 볼트나 핀으로 고정하는 방법
> ② 반부동식 : 피스톤핀을 커넥팅 로드의 소단부에 끼운 후, 커넥팅 로드 상단을 고정하는 방법
> ③ 전부동식 : 피스톤이 피스톤 보스 및 커넥팅 로드 어느 부분에도 고정되지 않고 자유로이 움직이게 한 것으로, 피스톤핀은 피스톤에 빠지지 않도록 스냅링만 피스톤핀 양쪽에 끼워져 있다.

14 기관의 커넥팅 로드 베어링 위쪽 부분에 오일 분출 구멍을 설치하는 목적으로 가장 옳은 것은?

① 오일의 소비를 적게 하려고
② 오일의 압력을 낮게 하기 위하여
③ 실린더 벽에 오일을 공급하기 위하여
④ 커넥팅 로드 비틀림을 방지하기 위하여

> 커넥팅 로드 베어링 위쪽 부분에 오일 분출 구멍을 설치하는데, 이 구멍은 실린더 벽에 오일을 공급하기 위한 것이다.

15 커넥팅 로드의 길이는 피스톤 행정의 몇 배인가?

① 약 0.5~1배
② 약 1.5~2.3배
③ 약 2.3~2.8배
④ 약 2.8~3.2배

> 소단부 중심과 대단부 중심 사이의 거리가 커넥팅 로드 길이인데 피스톤 행정의 1.5~2.3배 정도로 한다.

| 정답 | 13 ② 14 ③ 15 ②

CHAPTER 05 크랭크축 및 플라이 휠

01 크랭크축(Crank Shaft)

피스톤의 직선운동을 회전운동으로 바꾸어 기관의 출력을 외부로 전달하고, 동시에 흡기, 압축, 배기 행정에서는 피스톤에 운동을 전달하는 회전축이다.

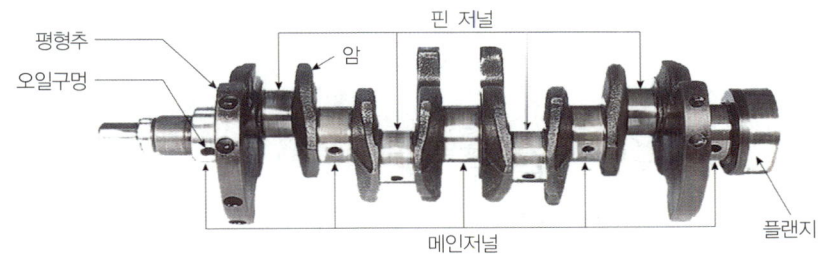

그림 1-27 크랭크축의 구조

[1] 크랭크축 형식

크랭크축의 형식은 실린더 수와 실린더의 배열, 메인 베어링의 저널수, 점화순서 등에 따라 다르며, 실린더의 수에 따라 크랭크축의 크랭크핀의 위상각이 결정된다.

1) 직렬 4 실린더형

제1번과 제4번, 제2번과 제3번 크랭크핀이 동일 평면 위에 있으며, 각각의 크랭크핀은 180°의 위상차를 두고 있다. 점화순서는 1-3-4-2와 1-2-4-3 두 가지가 있다.

2) 직렬 6 실린더형

제1번과 제6번, 제2번과 제5번, 제3번과 제4번의 각 크랭크핀이 동일 평면 위에 있으며, 각각은 120°의 위상차를 지니고 있다. 크랭크축을 마주보고 제1번과 제6번 크랭크핀을 상사점으로 하였을 때 제3번과 제4번 크랭크핀이 오른쪽에 있는 우수식(점화순서 1-5-3-6-2-4)과 제3번과 제4번 크랭크핀이 왼쪽에 있는 좌수식(점화순서 1-4-2-6-3-5)이 있다.

[2] 착화 순서를 정하는데 고려하여야 할 사항

① 폭발은 같은 간격으로 일어나게 한다.
② 크랭크축에 비틀림 진동이 일어나지 않게 한다.
③ 혼합기 또는 공기가 각 실린더에 균일하게 분배되게 한다.
④ 인접한 실린더에 연이어서 폭발이 발생하지 않도록 한다.

[3] 착화순서를 실린더 배열순으로 하지 않는 이유

① 원활한 회전을 하기 위함
② 크랭크축에 무리가 없도록 하기 위함
③ 기관의 발생동력을 평등하게 하기 위함

[4] 크랭크축 점검 정비

1) 크랭크축 저널 점검

① 측정방법 : 외경 마이크로미터로 측정하며 진원도, 편 마멸 등을 측정하고 수정 한계값 이상인 경우에는 수정하거나 크랭크축을 교환한다.
② 저널 수정값 계산 방법 : 크랭크축 저널을 연마 수정하면 지름이 작아지므로 표준값에서 연마값을 빼야 한다. 그 치수가 작아지므로 언더 사이즈(Under Size)라고 하며, 크랭크축 베어링은 표준보다 더 두꺼운 것을 사용하여야 한다.

$$수정값 = 최소측정값 - 0.2mm(진원 절삭량)$$

구 분	수정 한계값	오버사이즈 한계값
베어링 저널 직경이 50mm 이상	0.20mm	1.50mm
베어링 저널 직경이 50mm 이하	0.15mm	1.00mm
언더 사이즈(U/S) 단계	0.25, 0.50, 0.75, 1.00, 1.25, 1.50(단위 : mm)	

2) 분해된 크랭크축 점검
① 휨
② 마모량
③ 균열과 긁힘

02 플라이휠(Fly Wheel)

플라이휠은 동력 행정 중의 회전력을 저장하였다가 크랭크축의 회전속도를 원활히 하기 위하여 크랭크축 뒤끝에 볼트로 설치된다. 즉, 크랭크축의 맥동적인 출력을 원활히 하는 일을 한다. 플라이휠은 운전 중 관성이 크고, 자체 무게는 가벼워야 하므로 중앙부는 두께가 얇고 주위는 두껍게 한 원판으로 되어 있다. 재질은 주철이나 강철이며 뒷면은 클러치의 마찰면으로 사용된다. 바깥둘레에는 기관을 시동할 때 기동 전동기의 피니언과 물려 회전력을 받는 링 기어(Ring Gear)가 열 박음으로 고정되어 있다.

그림 1-28 플라이휠의 구조

03 기관 베어링(Engine Bearing)

엔진에 사용하는 베어링은 평면 베어링(Plain Bearing)이다.

[1] 베어링의 구조

1) 베어링 크러시(Bearing Crush)

베어링 바깥둘레와 하우징 안 둘레와의 차이로 크러시를 두는 이유는 베어링을 고정시키고 밀착을 좋게 하여 열전도성을 좋게 하기 위해서이다.

2) 베어링 스프레드(Bearing Spread)

베어링 하우징의 지름과 베어링을 끼우지 않았을 때 베어링 지름과의 차이로 스프레드를 두는 이유는 다음과 같다.
① 작은 힘으로 눌러 끼워 베어링이 제자리에 밀착되도록 한다.
② 베어링 조립 시 베어링이 캡에 끼워진 채로 있어 작업하기 편하게 한다.
③ 베어링 조립 시 크러시가 압축됨에 따라 안쪽으로 찌그러지는 것을 방지한다.

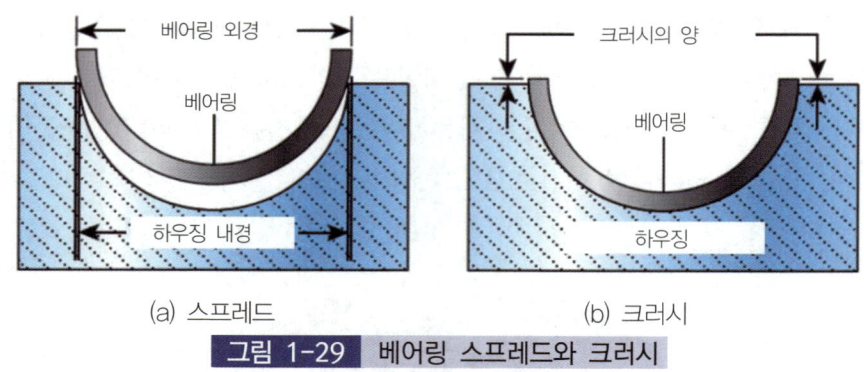

(a) 스프레드   (b) 크러시

그림 1-29 베어링 스프레드와 크러시

[2] 오일간극

오일간극 = 베어링 내경-메인 저널 외경으로 플라스틱(plastic) 게이지로 측정한다.
① 간극이 크면 : 유압 저하, 오일소비 증대, 소음 발생
② 간극이 작으면 : 유막 파괴로 인한 베어링 소결

건설기계정비기능사

필기 예상 문제

01 4행정 사이클 기관에서 3행정을 끝내려면 크랭크축의 회전각도는 몇 도인가?

① 1080°
② 900°
③ 720°
④ 540°

> 크랭크축은 피스톤의 왕복 운동을 회전 운동으로 변환하는 역할을 한다. 4행정 사이클 기관에서 크랭크축은 2회전(720°)하며 4개의 행정(흡입, 압축, 폭발, 배기) 과정을 완료한다. 4행정 사이클 기관에서 3행정을 완료하기 위해서는 크랭크축이 540° 회전해야 한다.

02 크랭크축의 구조 명칭이 아닌 것은?

① 핀(pin)
② 암(arm)
③ 저널(journal)
④ 플라이휠

> **크랭크축 구조 명칭**
> ① 메인 저널(main journal) : 크랭크축의 회전 중심을 형성하는 축 부분으로 블록에 직접 장착되는 부분
> ② 핀 저널(pin journal) : 커넥팅 로드 대단부가 장착되는 부분으로 피스톤의 왕복 에너지를 전달받는 부분
> ③ 크랭크 암(crank arm) : 핀 저널과 메인저널을 연결하는 부분
> ④ 밸런스 웨이트(평형추) : 크랭크축의 회전 균형을 유지하는 부분으로 크랭크 암에 밸런스 웨이트(평형추)가 부착되어 있다.

03 크랭크축이 회전 중 받는 힘이 아닌 것은?

① 휨(BENDING)
② 전단력(SHEARING)
③ 비틀림(TORSION)
④ 관통력(PENETRATION)

> 크랭크축이 회전 중 받는 힘은 휨, 전단력, 비틀림이다. 관통력은 물체가 다른 물체를 관통하는 데 필요한 힘을 말한다.

04 다음 크랭크축의 오버랩을 설명한 것 중 맞는 것은?

① 핀저널과 메인저널이 겹치는 부분
② 핀저널과 메인저널과의 직경 차
③ 핀저널과 메인저널과의 길이 차
④ 크랭크암과 메인저널이 겹치는 부분

> 크랭크축의 오버랩은 핀저널과 메인저널이 겹치는 부분으로 핀저널과 메인저널의 강성을 높인다. 따라서 오버랩 부분은 핀저널과 메인저널의 직경 차이나 길이 차이와는 무관하다.

| 정 | 답 | 01 ④ 02 ④ 03 ④ 04 ①

05 폭발순서가 1-3-4-2인 기관에서 2번 피스톤이 압축 행정을 할 때 3번 피스톤은 무슨 행정을 하는가?

① 폭발 행정
② 배기 행정
③ 압축 행정
④ 흡입 행정

> 폭발 순서가 1-3-4-2이다. 2번 피스톤이 압축 행정을 하고 있으면, 1번 피스톤은 흡입 행정을 하고 있고, 3번 피스톤은 배기 행정을 하고 있으며, 4번 피스톤은 폭발 행정을 하고 있는 상황이다.

06 4실린더 기관의 폭발순서가 1-2-4-3일 때 3번 실린더가 압축 행정을 하면 1번 실린더는?

① 흡기 행정
② 동력 행정
③ 압축 행정
④ 배기 행정

> 4실린더 기관에서 폭발순서가 1-2-4-3이므로, 3번 실린더가 압축 행정을 하면 1번 실린더는 흡기 행정을 하게 된다.

07 다음 측정값 중 가장 작은 값을 측정값으로 선택해야 하는 것은?

① 크랭크축의 외경
② 실린더의 마멸량
③ 실린더 헤드의 변형량
④ 피스톤링의 사이드 간극

> 크랭크축을 연마할 경우 크랭크축의 외경이 가장 작은 값을 측정값으로 선택해야 한다. 크랭크축의 외경이 작을 경우에는 충분한 강도를 확보할 수 없으므로 가장 작은 값을 선택해야 한다.

08 표준 지름이 75mm인 크랭크축 저널의 외경을 측정한 결과 74.68mm, 74.82mm, 74.76mm였다. 크랭크축을 연마할 경우 알맞은 수정값은?

① 74.50mm   ② 74.46mm
③ 74.25mm   ④ 74.62mm

> 크랭크축 저널을 연마 수정하면 지름이 작아진다. 수정값 = 최소 측정값-0.2mm(진원 절삭량)이므로 74.68-0.2=74.48mm이다. 따라서 언더 사이즈 표준값에는 74.48mm가 없으므로 이 값보다 작으면서 가까운 74.25mm로 수정한다. 언더 사이즈(U/S) 단계는 0.25mm, 0.50mm, 0.75mm, 1.00mm, 1.25mm, 1.50mm이다.

09 기관의 회전수가 4,500rpm이며, 연소 지연 시간이 1/600초라고 하면, 연소 지연 시간 동안에 크랭크축이 회전한 각은?

① 15°   ② 25°
③ 35°   ④ 45°

> 회전각도 $= \dfrac{rpm}{60} \times$ 연소 지연 시간 $\times 360°$
> $= \dfrac{4500}{60} \times \dfrac{1}{600} \times 360 = 45°$

|정|답| 05 ② 06 ① 07 ① 08 ③ 09 ④

10 크랭크축과 저널 베어링 틈새 측정에 쓰이는 게이지 중 가장 적합한 것은?

① 필러 게이지(FEELER GAUGE)
② 다이얼 게이지(DIAL GAUGE)
③ 플라스틱 게이지(PLASTIC GAUGE)
④ 텔레스코핑 게이지(TELESCOPING GAUGE)

> 플라스틱 게이지는 크랭크축과 베어링 틈새 사이의 차이를 정확하게 측정할 수 있다.

11 분해된 크랭크축에서 점검하지 않아도 되는 것은?

① 휨
② 축 방향 유격
③ 마모량
④ 균열과 긁힘

> 크랭크축이 분해되어 점검할 때, 축 방향 유격은 점검하지 않아도 된다.

12 플라이휠이 필요한 이유는?

① 더 많은 가속력을 얻기 위해서 필요하다.
② 크랭크축의 무게 중심을 잡아주기 위해서 필요하다.
③ 엔진의 동력을 전달하거나 차단하는 클러치를 설치하기 위해서 필요하다.
④ 폭발 행정에 발생된 맥동적인 회전을 균일한 회전으로 유지하기 위해 필요하다.

> 플라이휠은 폭발 행정에서 발생된 힘을 저장하였다가, 흡입, 압축, 배기 행정을 원활하게 하고, 회전력의 차이에 의한 속도변화를 감소시켜 맥동적인 회전을 균일한 회전으로 유지하는 역할을 한다.

13 엔진의 작동 시 플라이휠의 링 기어와 관련이 있는 부품은?

① 발전기
② 배전기
③ 기동전동기
④ 연료 펌프

> 기동전동기는 전기 에너지를 기계적 에너지로 변환하여 엔진의 플라이휠의 링 기어와 연결되어 엔진을 회전시키는 역할을 한다.

14 크랭크축 베어링에 스프레드(spread)를 두는 이유가 아닌 것은?

① 베어링과 하우징과의 완전한 밀착을 위해서
② 베어링 조립 시 베어링이 캡에 끼워진 채로 있어 작업하기 편리하므로
③ 베어링 조립 시 크러시가 압축됨에 따라 안쪽으로 찌그러지는 것을 방지하기 위해서
④ 작은 힘으로 눌러 끼워 베어링이 제자리에 밀착되도록 하기 위해서

> ① 베어링 크러시(Bearing Crush) : 베어링 바깥둘레와 하우징 안 둘레와의 차이로 크러시를 두는 이유는 베어링을 고정시키고 밀착을 좋게 하여 열전도성을 좋게 하기 위해서
> ② 베어링 스프레드(Bearing Spread) : 베어링 하우징의 지름과 베어링을 끼우지 않았을 때 베어링 지름과의 차이로 스프레드를 두는 이유는 작은 힘으로 눌러 끼워 베어링이 제자리에 밀착되도록 한다. 베어링 조립 시 베어링이 캡에 끼워진 채로 있어 작업하기 편하게 한다. 베어링 조립 시 크러시가 압축됨에 따라 안쪽으로 찌그러지는 것을 방지한다.

| 정 | 답 | 10 ③ 11 ② 12 ④ 13 ③ 14 ①

CHAPTER 06 윤활장치

그림 1-30 윤활장치의 구성

01 엔진오일의 작용과 구비조건

[1] 엔진오일의 작용

① 마찰감소·마멸방지 및 밀봉(기밀)작용을 한다.
② 열전도(냉각)작용 및 세척(청정)작용을 한다.
③ 완충(응력분산)작용 및 부식방지(방청)작용을 한다.

[2] 엔진오일의 구비조건

① 점도지수가 커 온도와 점도와의 관계가 적당할 것
② 인화점 및 자연발화점이 높을 것
③ 강인한 유막을 형성할 것
④ 응고점이 낮고 비중과 점도가 적당할 것
⑤ 청정력이 크고, 기포발생 및 카본생성에 대한 저항력이 클 것

02 오일의 점도와 점도지수

① 점도 : 오일의 끈적끈적한 정도(점성)이며, 가장 중요한 성질이다.
② 점도지수 : 온도가 상승하면 점도가 낮아지고, 온도가 낮아지면 점도가 높아지는 성질이 있다. 이 변화 정도를 표시하는 것으로 점도지수가 작으면 온도에 따른 점도변화가 크다.

03 엔진오일의 분류

[1] SAE(미국 자동차 기술협회) 분류

SAE 번호로 오일의 점도를 표시하며, 번호가 클수록 점도가 높다.
① 겨울용 : 겨울에는 엔진오일의 유동성이 떨어지기 때문에 점도가 낮아야 한다.
② 봄·가을용 : 봄·가을용은 겨울용보다는 점도가 높고, 여름용보다는 점도가 낮다.
③ 여름용 : 여름용은 기온이 높기 때문에 엔진오일의 점도가 높아야 한다.
④ 범용 엔진오일(다급 엔진오일) : 저온에서 엔진이 시동될 수 있도록 점도가 낮고, 고온에서도 기능을 발휘할 수 있는 엔진오일이다.

[2] API(미국 석유협회) 분류

가솔린 엔진용(ML, MM, MS)과 디젤 엔진용(DG, DM, DS)으로 구분된다.

04 4행정 사이클 엔진의 윤활방식

① 비산식 : 커넥팅 로드 대단부에 부착한 주걱(oil dipper)으로 오일 팬 내의 오일을 크랭크축이 회전할 때의 원심력으로 퍼올려 뿌려준다.
② 압송식 : 캠축으로 구동되는 오일펌프로 오일을 흡입·가압하여 각 윤활부분으로 보낸다.
③ 비산 압송식 : 비산식과 압송식을 조합한 것이며, 최근에 가장 많이 사용한다.
④ 전 압송식 : 피스톤과 피스톤핀까지 윤활유를 압송하여 윤활하는 방식이다.

05 윤활장치의 구성부품

[1] 오일 팬(oil pan)

① 엔진오일 저장용기이며, 오일의 냉각작용도 한다.
② 내부에 섬프(sump)와 격리판(배플)이 설치되어 있고, 외부에는 오일 배출용 드레인 플러그가 있다.

[2] 오일 스트레이너(oil strainer)

철망으로 제작하여 오일에 비교적 큰 입자의 불순물을 여과한다. 고정식과 부동식이 있으며, 여과망이 막힐 때에는 오일이 통할 수 있도록 바이패스 밸브가 설치된 것도 있다.

[3] 오일펌프(oil pump)

① 엔진이 가동되어야 작동하며, 오일 팬 내의 오일을 흡입, 압력을 만들어 오일여과기를 거쳐 각 윤활부분으로 공급한다.
② 종류에는 기어펌프, 로터리펌프, 플런저펌프, 베인 펌프 등이 있으며, 4행정 사이클 엔진에서는 주로 로터리펌프와 기어펌프를 사용한다.

[4] 오일여과기(oil filter)

윤활장치 내를 순환하는 불순물을 제거하며, 엔진오일을 1회 교환할 때 1회 교환한다. 오일 여과방식은 다음과 같다.

① **분류식** : 오일펌프에 나온 윤활유의 일부만 여과하여 오일 팬으로 보내고, 나머지는 그대로 윤활부분으로 보내는 방식이다.
② **샨트식** : 오일펌프에서 나온 윤활유의 일부만 여과하게 한 방식이지만 여과된 윤활유가 오일 팬으로 되돌아오지 않고, 나머지 여과되지 않은 윤활유와 윤활부분에서 합쳐져 공급된다.
③ **전류식** : 오일펌프에서 나온 오일의 모두를 여과기를 거쳐서 여과된 후 윤활부분으로 가는 방식이다. 또 오일여과기가 막히는 것에 대비하여 여과기 내에 바이패스 밸브를 둔다.

[5] 유압 조절밸브(oil pressure relief valve)

유압이 과도하게 상승하는 것을 방지하여 유압이 일정하게 유지되도록 하는 작용을 한다.

1) 유압이 높아지는 원인

① 윤활회로의 일부가 막혔을 때
② 엔진오일의 점도가 높은 오일을 사용
③ 유압조절 밸브(릴리프밸브) 스프링의 장력이 과다할 때
④ 유압조절 밸브가 닫힌 채로 고착되었을 때

2) 유압이 낮아지는 원인

① 오일 팬 내에 오일이 적을 때
② 커넥팅 로드 대단부 베어링과 핀 저널의 간극과 크랭크축 오일 틈새가 클 때
③ 오일펌프가 불량할 때
④ 유압조절 밸브가 열린 상태로 고장 났을 때
⑤ 엔진 각 마찰부분 윤활간극의 마모가 심할 때
⑥ 엔진오일에 경유가 혼입되어 점도가 낮아졌을 때

06 엔진 오일량 점검방법

① 건설기계를 평탄한 지면에 주차시킨다.
② 엔진을 시동하여 난기운전(워밍업)시킨 후 엔진을 정지한다.
③ 유면표시기(오일레벨 게이지)를 빼어 묻은 오일을 깨끗이 닦은 후 다시 끼우고 다시 유면표시기를 빼서 오일이 묻은 부분이 "F(full)"와 "L(low)"선의 중간 이상에 있으면 된다.
④ 오일량을 점검할 때 색과 점도를 함께 점검한다. 점도는 끈적끈적하여야 하며, 오일색이 검은색은 교환시기가 경과한 것이므로 엔진 오일을 교환해야 한다.

필기 예상 문제

01 윤활유의 작용이 아닌 것은?

① 응력분산작용
② 밀봉작용
③ 방청작용
④ 산화작용

> **윤활유의 작용**
> ① 마찰감소·마멸방지 및 밀봉(기밀)작용을 한다.
> ② 열전도(냉각)작용 및 세척(청정)작용을 한다.
> ③ 완충(응력분산)작용 및 부식방지(방청)작용을 한다.

02 엔진 윤활유의 구비조건이 아닌 것은?

① 점도가 적당할 것
② 청정력이 클 것
③ 비중이 적당할 것
④ 응고점이 높을 것

> **엔진오일의 구비조건**
> ① 점도지수가 커 온도와 점도와의 관계가 적당할 것
> ② 인화점 및 자연발화점이 높을 것
> ③ 강인한 유막을 형성할 것
> ④ 응고점이 낮고 비중과 점도가 적당할 것
> ⑤ 청정력이 크고, 기포발생 및 카본생성에 대한 저항력이 클 것

03 엔진에 사용되는 윤활유의 성질 중 가장 중요한 것은?

① 온도
② 점도
③ 습도
④ 건도

> 점도는 오일의 끈적끈적한 정도(점성)이며, 가장 중요한 성질이다.

04 온도에 따르는 점도변화 정도를 표시하는 것은?

① 점도지수
② 점화
③ 점도분포
④ 윤활성

> 점도지수는 온도가 상승하면 점도가 낮아지고, 온도가 낮아지면 점도가 높아지는 성질이 있다. 이 변화 정도를 표시하는 것으로 점도지수가 작으면 온도에 따른 점도변화가 크다.

|정|답| 01 ④ 02 ④ 03 ② 04 ①

05 엔진에 사용되는 윤활유 사용방법으로 옳은 것은?

① 계절과 윤활유 SAE 번호는 관계가 없다.
② 겨울은 여름보다 SAE 번호가 큰 윤활유를 사용한다.
③ SAE 번호는 일정하다.
④ 여름용은 겨울용보다 SAE 번호가 크다.

> **SAE(미국 자동차 기술협회) 분류**
> SAE 번호로 오일의 점도를 표시하며, 번호가 클수록 점도가 높다.
> ① 겨울용 : 겨울에는 엔진오일의 유동성이 떨어지기 때문에 점도가 낮아야 한다.
> ② 봄·가을용 : 봄·가을용은 겨울용보다는 점도가 높고, 여름용보다는 점도가 낮다.
> ③ 여름용 : 여름용은 기온이 높기 때문에 엔진오일의 점도가 높아야 한다.
> ④ 범용 엔진오일(다급 엔진오일) : 저온에서 엔진이 시동될 수 있도록 점도가 낮고, 고온에서도 기능을 발휘할 수 있는 엔진오일이다.

06 엔진의 윤활방식 중 오일펌프 급유하는 방식은?

① 비산식
② 압송식
③ 분사식
④ 비산분무식

> **4행정 사이클 엔진의 윤활방식**
> ① 비산식 : 커넥팅 로드 대단부에 부착한 주걱(oil dipper)으로 오일 팬 내의 오일을 크랭크축이 회전할 때의 원심력으로 퍼올려 뿌려준다.
> ② 압송식 : 캠축으로 구동되는 오일펌프로 오일을 흡입·가압하여 각 윤활부분으로 보낸다.
> ③ 비산 압송식 : 비산식과 압송식을 조합한 것이며, 최근에 가장 많이 사용한다.
> ④ 전 압송식 : 피스톤과 피스톤핀까지 윤활유를 압송하여 윤활 하는 방식이다.

07 오일 스트레이너(oil strainer)에 대한 설명으로 바르지 못한 것은?

① 고정식과 부동식이 있으며 일반적으로 고정식이 많이 사용되고 있다.
② 불순물로 인하여 여과망이 막힐 때에는 오일이 통할 수 있도록 바이패스 밸브(by pass valve)가 설치된 것도 있다.
③ 보통 철망으로 만들어져 있으며 비교적 큰 입자의 불순물을 여과한다.
④ 오일필터에 있는 오일을 여과하여 각 윤활부로 보낸다.

> 오일 스트레이너(oil strainer)는 철망으로 제작하여 오일에 비교적 큰 입자의 불순물을 여과한다. 고정식과 부동식이 있으며, 여과망이 막힐 때에는 오일이 통할 수 있도록 바이패스 밸브가 설치된 것도 있다.

08 기관의 윤활장치에서 오일필터가 막힐 경우를 대비하여 여과되지 않은 오일이 윤활부로 직접 들어갈 수 있도록 한 밸브는?

① 바이패스 밸브   ② 릴리프 밸브
③ 스로틀 밸브   ④ 체크 밸브

> 바이패스 밸브는 오일 필터가 막히거나 오일 흐름이 제한될 경우, 여과되지 않은 오일이 윤활부로 직접 들어갈 수 있도록 우회 경로를 제공하는 밸브이다.

09 오염된 엔진오일의 색과 그 원인을 표시한 것으로 틀린 것은?

① 검은색 : 장시간 오일 부교환시
② 우유색 : 냉각수 혼입
③ 붉은색 : 파워스티어링 오일 혼입
④ 회색 : 연소가스 생성물 혼입

| 정답 | 05 ④ 06 ② 07 ④ 08 ① 09 ③

파워스티어링 오일과 엔진오일은 각각 다른 성분으로 이루어져 있어 혼입되지 않는다.
① 검은색 : 장시간 오일 부교환 시 연소가스 생성물, 먼지, 금속 가루 등이 엔진오일에 섞여 검은색을 띠게 된다.
② 우유색 : 엔진의 냉각수 계통과 윤활 계통이 연결되어 냉각수가 엔진오일에 혼입되면 우유색을 띠게 된다.
③ 회색 : 엔진오일이 연소가스 생성물에 의해 오염되면 회색을 띠게 된다.

10 기관의 윤활유를 점검한 결과 검은색을 띨 때의 원인은?

① 냉각수가 유입되었다.
② 경유가 혼입되었다.
③ 심하게 오염되었다.
④ 정상이다.

윤활유가 검은색을 띠는 것은 장시간 오일을 장시간 동안 교환하지 않으면 연소가스 생성물, 먼지, 금속 가루 등이 엔진오일에 섞여 검은색을 띠게 된다.

11 기관오일에 냉각수가 침입되었을 때 오일의 색은 어떻게 변하는가?

① 우유색
② 흑색
③ 적색
④ 갈색

기관오일에 냉각수가 침입되면 물과 오일이 혼합되어 오일의 색은 우유색으로 변한다.

12 윤활유 소비증대의 가장 큰 원인이 되는 것은?

① 비산과 압력
② 비산과 누설
③ 연소와 누설
④ 희석과 혼합

윤활유 소비증대의 가장 큰 원인은 연소와 누설이다.
① 연소 : 윤활유가 엔진의 연소실에서 연소되는 현상을 말한다.
② 누설 : 윤활유가 엔진의 부품 사이의 틈새를 통해 새어나오는 현상을 말한다.

13 기관 윤활유 소비증대 원인 중 틀린 것은?

① 베어링과 핀 저널의 마멸에 의한 틈새 증대
② 기관 연소실에서 연소에 의한 소비 증대
③ 기간 열에 의하여 증발되어 외부로 방출 및 연소
④ 크랭크케이스 혹은 크랭크축 오일실에서의 누유

베어링과 핀 저널의 마멸에 의한 틈새 증대는 기계 부품 간 마찰로 인해 발생하는 문제로 엔진 오일 압력이 낮아지는 원인이다.

14 기관의 윤활유 소비가 많은 원인이 아닌 것은?

① 피스톤 및 실린더의 마멸과 손상
② 오일펌프의 불량
③ 밸브가이드 및 밸브 스템의 마멸
④ 외부로부터의 누설

엔진오일 소비량이 증가하는 원인
① 오일실이나 패킹 등의 불량으로 누유
② 오일 쿨러의 파손
③ 오일링의 손상
④ 실린더 라이너의 마모
⑤ 벌브가이드와 밸브 스템의 마모
⑥ 피스톤 및 실린더의 마멸과 손상

| 정 | 답 | 10 ③ 11 ① 12 ③ 13 ① 14 ②

15 엔진 오일펌프 출구 쪽에 설치된 릴리프 밸브의 설치 목적은?

① 오일을 빨리 압송하기 위하여
② 계통 내의 최대 압력을 조절하기 위하여
③ 윤활계통 내의 오일량을 조절하기 위하여
④ 순환되는 오일을 깨끗이 여과하기 위하여

> 릴리프 밸브는 엔진 오일펌프 출구 쪽에 설치되어, 계통 내의 최대 압력을 조절하기 위해 사용된다. 이는 오일펌프가 오일을 빠르게 압송하면서도, 계통 내의 압력이 너무 높아지지 않도록 조절하는 역할을 한다. 따라서 오일펌프와 윤활계통의 안전한 작동을 보장하기 위해 릴리프 밸브가 설치되어 있다.

16 기관 윤활회로 내의 유압을 높이려면?

① 유압조정기 스프링 장력을 세게 한다.
② 유압조정기 스프링 장력을 약하게 한다.
③ 점도가 낮은 오일을 사용한다.
④ 오일 간극을 크게 한다.

> 유압조정기 스프링 장력을 세게 하면 유압조정기 내부의 압력이 높아진다.

17 유압이 규정압력 이상으로 높아지는 원인이 아닌 것은?

① 유압 조정 밸브 스프링 장력이 높다.
② 윤활회로의 일부가 막혔다.
③ 오일의 점도가 지나치게 높다.
④ 엔진오일이 가솔린에 의해 현저하게 희석되었다.

> 유압이 높아지는 원인
> ① 윤활회로의 일부가 막혔을 때
> ② 엔진오일의 점도가 높은 오일을 사용
> ③ 유압조절 밸브(릴리프밸브) 스프링의 장력이 과다할 때
> ④ 유압조절 밸브가 닫힌 채로 고착되었을 때

18 엔진 오일 압력이 낮아지는 원인과 거리가 먼 것은?

① 크랭크축의 마멸이 클 때
② 유압 조정 밸브의 스프링 장력이 클 때
③ 오일펌프 기어의 마멸이 클 때
④ 엔진 오일의 점도가 낮을 때

> 유압이 낮아지는 원인
> ① 오일 팬 내에 오일이 적을 때
> ② 커넥팅 로드 대단부 베어링과 핀 저널의 간극과 크랭크축 오일틈새가 클 때
> ③ 오일펌프가 불량할 때
> ④ 유압조절 밸브가 열린 상태로 고장났을 때
> ⑤ 엔진 각 마찰부분 윤활간극의 마모가 심할 때
> ⑥ 엔진오일에 경유가 혼입되어 점도가 낮아졌을 때

19 실린더 블록의 윤활유 통로 막힘의 검사방법으로 가장 좋은 것은?

① 철사를 넣어 검사한다.
② 유압에 의하여 검사한다.
③ 압축공기로 검사한다.
④ 물을 넣어가며 검사한다.

> 실린더 블록의 윤활유 통로는 작은 구멍으로 이루어져 있기 때문에 철사나 물 및 유압으로 검사하면 구멍이 막혀있는지 확인하기 어렵고, 압축공기를 이용하면 작은 구멍도 쉽게 확인할 수 있고, 막힌 통로도 뚫을 수 있어 압축공기로 검사하는 것이 가장 적절하다.

|정|답| 15 ② 16 ① 17 ④ 18 ② 19 ③

CHAPTER 07 냉각장치

그림 1-31 수냉식 냉각장치의 구성

01 냉각장치의 필요성

① 엔진의 온도는 실린더 헤드 물재킷 내의 냉각수 온도로 나타내며 약 75~95℃이다.
② 엔진이 과열하면 금속이 빨리 산화되고, 실린더 헤드 등이 변형되기 쉬우며, 엔진오일 점도 저하로 유막이 파괴되고, 각 작동부분이 열팽창으로 고착된다.
③ 엔진이 과냉하면 블로바이 현상이 발생하여 압축압력이 저하하고 연료소비량이 증대되며, 엔진의 회전저항이 증가한다.

02 수냉식 엔진

[1] 수냉식 엔진의 냉각방식

수냉식은 엔진 내부의 연소를 통해 일어나는 열에너지가 기계적 에너지로 바뀌면서 뜨거워진 엔진을 물로 냉각하는 방식이며, 종류는 자연 순환방식, 강제 순환방식, 압력 순환방식, 밀봉 압력방식 등이 있다.

[2] 수냉식의 주요 구조와 그 기능

1) 물재킷(water jacket)

엔진에 온도를 일정하게 유지하기 위해 물재킷은 실린더 헤드 및 블록에 일체 구조로 설치되어 냉각수가 순환하는 물 통로이다.

2) 물 펌프(water pump)

① 팬벨트를 통하여 크랭크축에 의해 구동되며, 실린더 헤드 및 블록의 물재킷 내로 냉각수를 순환시키는 원심력 펌프이다.
② 능력은 송수량으로 표시하며, 효율은 냉각수 온도에 반비례하고 압력에 비례하므로 냉각수에 압력을 가하면 물 펌프의 효율이 증대된다.
③ 물 펌프가 고장나면 냉각수가 순환하지 못하여 엔진 과열의 원인이 된다.

3) 냉각 팬(cooling fan)

① 냉각 팬이 회전할 때 공기가 불어가는 방향은 라디에이터(방열기) 방향이다.
② 전동 팬은 엔진이 과열일 때만 작동하고, 정상온도 이하에서는 작동하지 않는다. 엔진의 시동 여부에 관계없이 냉각수 온도에 따라 작동하고, 팬벨트가 필요 없다.

4) 팬벨트(drive belt or fan belt)

팬벨트는 각 풀리의 양쪽 경사진 부분에 접촉되어야 하며, 크랭크축 풀리, 발전기 풀리,

물 펌프 풀리 등을 연결 구동한다.

(1) 팬벨트 장력 점검
엔진이 정지된 상태에서 벨트의 중심을 엄지손가락으로 눌러서 점검한다.

(2) 팬벨트 장력이 너무 크면(팽팽하면)
물 펌프 및 발전기 풀리의 베어링 마멸이 촉진된다.

(3) 팬벨트 장력이 너무 작으면(유격이 너무 클 때)
① 소음이 발생하며, 팬벨트의 손상이 촉진된다.
② 물 펌프 회전속도가 느려 엔진이 과열되기 쉽다.
③ 발전기의 출력이 저하된다.

5) 라디에이터(radiator : 방열기)
라디에이터는 위 탱크, 냉각수 주입구, 코어(냉각핀과 수관[튜브]), 아래탱크로 구성되며, 재료는 대부분 알루미늄 합금을 사용한다.

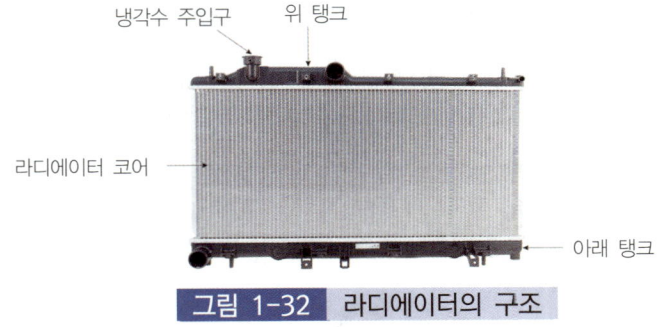

그림 1-32 라디에이터의 구조

(1) 구비조건
① 가볍고 작으며, 강도가 클 것
② 단위면적당 방열량이 클 것
③ 공기 흐름저항이 적을 것
④ 냉각수 흐름저항이 적을 것

(2) 라디에이터 캡(radiator cap)

　냉각장치 내의 비등점(비점)을 높이고, 냉각범위를 넓히기 위하여 압력식 캡을 사용한다. 압력식 캡은 압력 밸브와 진공밸브로 되어있다. 보통 캡의 압력은 0.9~1.1기압(atm) 상태의 범위에서 조절되어 냉각수의 끓는점을 110~120℃로 높아지게 된다.
① 냉각장치 내부압력이 규정보다 높을 때 압력 밸브가 열린다.
② 냉각장치 내부압력이 부압이 되면 진공밸브가 열린다.

그림 1-33　압력식 캡의 구조

6) 수온조절기(정온기 : thermostat)

① 실린더 헤드 물재킷 출구부분에 설치되어 냉각수 온도에 따라 냉각수 통로를 개폐하여 엔진의 온도를 알맞게 유지한다.
② 종류에는 펠릿형, 벨로즈형, 바이메탈형이 있으나 현재는 펠릿형만을 사용한다. 펠릿형은 왁스실에 왁스를 넣어 온도가 높아지면 팽창축을 올려 열리도록 되어있다.
③ 수온조절기가 열린 상태로 고장나면 엔진이 과냉하기 쉽고, 닫힌 상태로 고장나면 과열하고, 열림 온도가 낮으면 엔진의 워밍업(난기운전) 시간이 길어지기 쉽다.

그림 1-34　펠릿형 수온조절기

7) 부동액

　메탄올(알코올), 글리세린, 에틸렌글리콜이 있으며, 에틸렌글리콜을 주로 사용한다. 부동액의 구비조건은 다음과 같다.
① 빙점(응고점)은 물보다 낮을 것
② 비등점이 물보다 높을 것
③ 부식성이 없고, 팽창계수가 적을 것
④ 휘발성이 없고, 순환이 잘될 것
⑤ 물과 혼합이 잘되고, 침전물이 없을 것

03 수냉식 엔진의 과열원인

① 팬벨트의 장력이 적거나 파손되어 물 펌프의 작동이 불량하다.
② 냉각 팬 작동이 불량하다.
③ 라디에이터 호스가 파손되어 냉각수 양이 부족하다.
④ 라디에이터 코어가 파손되었거나 오손되어 코어가 20% 이상 막혔다.
⑤ 수온조절기(정온기)가 닫힌 채 고장이 났거나, 열리는 온도가 너무 높다.
⑥ 물재킷 내에 스케일(물때)이 많이 쌓여 있다.

필기 예상 문제

01 엔진의 온도를 측정하기 위해 냉각수의 수온을 측정하는 곳으로 가장 적절한 곳은?

① 실린더 헤드 물재킷 부분
② 엔진 크랭크케이스 내부
③ 라디에이터 하부
④ 수온조절기 내부

> 엔진의 온도는 실린더 헤드 물재킷 내의 냉각수 온도로 나타낸다.

02 엔진작동에 필요한 냉각수 온도의 최적조건 범위에 해당되는 것은?

① 0~5℃   ② 10~45℃
③ 75~95℃   ④ 110~120℃

> 엔진의 온도는 약 75~95℃이다.

03 냉각장치에 대한 설명이다. 잘못 표현된 것은?

① 방열기는 상부온도가 하부온도보다 낮으면 양호하다.
② 팬벨트의 장력이 약하면 엔진 과열의 원인이 된다.
③ 물 펌프 부싱이 마모되면 물의 누수원인이 된다.
④ 실린더 블록에 물때가 끼면 엔진과열의 원인이 된다.

> 방열기는 냉각수를 보통 상부에서 하부로 흐르게 하여 열을 흡수하여 냉각수를 냉각시키는 역할을 한다. 따라서 방열기의 상부온도가 하부온도보다 높을수록 냉각효율이 떨어지게 된다.

04 엔진의 냉각 팬이 회전할 때 공기가 불어가는 방향은?

① 회전방향   ② 상부방향
③ 하부방향   ④ 방열기 방향

> 냉각 팬이 회전할 때 공기가 불어가는 방향은 라디에이터(방열기) 방향이다.

05 기관에 사용되는 냉각장치 중 라디에이터의 구비조건으로 틀린 것은?

① 단위 면적당 발열량이 적어야 한다.
② 공기저항이 적어야 한다.
③ 냉각수의 흐름저항이 적어야 한다.
④ 가능한 한 가벼운 것이 좋다.

> 라디에이터의 구비조건
> ① 가볍고 작으며, 강도가 클 것
> ② 단위 면적당 방열량이 클 것
> ③ 공기 흐름저항이 적을 것
> ④ 냉각수 흐름저항이 적을 것

| 정답 | 01 ① | 02 ③ | 03 ① | 04 ④ | 05 ① |

06 신품 방열기 용량이 40L이고 사용 중인 방열기 용량이 32L일 때, 코어의 막힘률은?

① 10% ② 20%
③ 30% ④ 40%

> 라디에이터막힘률
> $= \dfrac{\text{신품 방열기용량} - \text{사용중인방열기용량}}{\text{신품방열기용량}} \times 100$
> $= \dfrac{40-32}{40} = 20$

07 라디에이터에서 증기가 분출하는 원인이 될 수 없는 것은?

① 냉각수 부족
② 라디에이터 캡의 패킹불량
③ 연료 부족
④ 라디에이터 핀 막힘

> 라디에이터에서 증기가 분출하는 원인은 냉각수 부족, 라디에이터 캡의 패킹불량, 라디에이터 핀 막힘 등이 있다. 그러나 연료 부족은 냉각 시스템과는 직접적인 연관이 없기 때문에 라디에이터에서 증기가 분출하는 원인이 될 수 없다.

08 냉각장치에서 냉각수의 비등점을 높이기 위한 장치는?

① 진공식 캡
② 방열기
③ 압력식 캡
④ 정온기

> 압력식 캡은 압력 밸브와 진공 밸브로 되어 있다. 보통 캡의 압력은 0.9~1.1 기압(atm) 상태의 범위에서 조절되어 냉각수의 끓는점을 110~120℃로 높아지게 된다.

09 현재 가장 많이 사용되고 있는 수온조절기의 형식은?

① 펠릿형
② 바이메탈형
③ 벨로즈형
④ 블래더형

> 수온조절기의 종류에는 펠릿형, 벨로즈형, 바이메탈형이 있으나 현재는 펠릿형만을 사용한다.

10 왁스실에 왁스를 넣어 온도가 높아지면 팽창 축을 올려 열리는 온도조절기는?

① 벨로즈형 ② 펠릿형
③ 바이패스형 ④ 바이메탈형

> 펠릿형은 왁스실에 왁스를 넣어 온도가 높아지면 팽창 축을 올려 열리도록 되어있다.

11 다음의 V 벨트 중 단면치수가 가장 큰 것은?

① A형 ② B형
③ C형 ④ D형

> 단면치수란 벨트의 폭과 높이를 말한다. 따라서 단면치수가 가장 큰 벨트는 폭과 높이가 모두 큰 D형 벨트이다.
>
> | 형 | 폭(mm) | 높이(mm) | 각도 |
> |---|---|---|---|
> | M | 10.0 | 5.5 | 40° |
> | A | 12.5 | 9.0 | 40° |
> | B | 16.5 | 11.0 | 40° |
> | C | 22.0 | 14.0 | 40° |
> | D | 31.5 | 19.0 | 40° |
> | E | 38.0 | 24.0 | 40° |

| 정 | 답 | 06 ② 07 ③ 08 ③ 09 ① 10 ② 11 ④

12 구동 벨트에 대한 점검사항 중 틀린 것은?

① 구동 벨트 장력은 약 10kgf의 엄지손가락 힘으로 눌렀을 때 헐거움이 약 12~20mm 이어야 한다.
② 장력이 너무 세면 베어링이 조기 마모된다.
③ 장력이 너무 약하면 물 펌프의 회전속도가 느려 엔진이 과열된다.
④ 벨트는 풀리의 홈바닥 면에 닿게 설치한다.

> 벨트는 풀리의 홈 바닥 면에 닿도록 설치하면 벨트 수명 단축 및 슬립 발생 가능성이 높아진다.

13 기관 팬벨트의 점검 사항이 아닌 것은?

① 장력
② 손상
③ 균열
④ 누설

> 기관 팬벨트의 점검 사항은 장력, 손상, 균열이지만, 누설은 일반적으로 유체나 기체가 누출되는 것을 의미하며, 기관 팬벨트와는 직접적인 연관성이 없다.

14 부동액의 필요조건 중 맞지 않는 것은?

① 적당한 열전달을 해야 한다.
② 냉각장치에 녹 등의 형성을 막아야 한다.
③ 냉각장치 호스와 실(seal) 재료에 적합해야 한다.
④ 휘발성이 있고 순환이 잘되어야 한다.

> 부동액의 구비조건은 다음과 같다.
> ① 빙점(응고점)은 물보다 낮을 것
> ② 비등점이 물보다 높을 것
> ③ 부식성이 없고, 팽창계수가 적을 것
> ④ 휘발성이 없고, 순환이 잘될 것
> ⑤ 물과 혼합이 잘되고, 침전물이 없을 것
> ⑥ 냉각장치 호스와 실(seal) 재료에 적합해야 한다.

15 부동액의 성분이 아닌 것은?

① 알코올
② 글리세린
③ 에틸렌글리콜
④ 벤졸

> 부동액은 물과 에틸렌글리콜을 주성분으로 하는 액체이다. 에틸렌글리콜은 물보다 비등점이 높고, 끓는점이 낮아 냉각수의 끓는점을 높이고 어는점을 낮추는 역할을 한다. 또한, 부식방지제, 거품방지제, 산화방지제 등의 첨가제를 함유하고 있다. 따라서 부동액의 성분은 알코올, 글리세린, 에틸렌글리콜이며, 벤졸은 부동액의 성분이 아니다.

16 부동액 사용에 대한 설명으로 틀린 것은?

① 부동액을 주입할 때는 세척제로 냉각계통을 청소해야 한다.
② 부동액의 배합은 그 지방 최저 온도보다 5~10℃가량 낮게 맞춘다.
③ 혼합 부동액의 주입은 기관이 냉각되었을 때 냉각수 용량의 100%를 주입한다.
④ 사용 도중에 냉각수를 보충할 때는 부동액이 에틸렌글리콜인 경우 물만을 보충해서는 안된다.

> 사용 도중에 냉각수를 보충할 때는 부동액이 에틸렌글리콜인 경우 물만을 보충해서는 안되는 이유는, 부동액과 물의 비율이 균형을 이루어야 부동액의 냉각 성능이 유지된다. 에틸렌글리콜은 물과 혼합하여 사용하는 것이 일반적이며, 부동액이 물보다 많이 적어진 경우 물만을 보충하면 부동액의 농도가 떨어져 냉각성능이 감소할 수 있다. 따라서 부동액이 에틸렌글리콜인 경우에는 부동액과 물을 적절한 비율로 혼합하여 보충해야 하며, 기관이 냉각되었을 때 부동액을 혼합한 냉각수를 보충해주되 절대로 F선을 넘지 않아야 한다.

|정|답| 12 ④ 13 ④ 14 ④ 15 ④ 16 ③

17 수냉식 디젤기관에서 기관이 과열되는 원인이 아닌 것은?

① 냉각수의 양이 적을 때
② 온도 조절기의 고장으로 상시 개방된 경우
③ 물 펌프 작용이 불량했을 때
④ 방열기 코어가 50% 이상 막혔을 때

> 수냉식 디젤기관의 과열원인은 다음과 같다.
> ① 팬벨트의 장력이 적거나 파손되어 물 펌프의 작동이 불량하다.
> ② 냉각 팬 작동이 불량하다.
> ③ 라디에이터 호스가 파손되어 냉각수 양이 부족하다.
> ④ 라디에이터 코어가 파손되었거나 오손되어 코어가 20% 이상 막혔다.
> ⑤ 수온조절기(정온기)가 닫힌 채 고장이 났거나, 열리는 온도가 너무 높다.
> ⑥ 물재킷 내에 스케일(물때)이 많이 쌓여 있다.

18 기관이 과열되는 원인과 직접 관계없는 것은?

① 라디에이터 코어의 막힘
② 기관 오일의 부족
③ 라디에이터 캡 소손
④ 발전기의 소손

> 발전기는 기관에서 발생한 기계적 에너지를 전기 에너지로 변환하는 장치이다. 발전기가 고장나더라도 기관의 냉각 시스템에는 영향을 미치지 않는다.

19 디젤기관의 과열 원인으로 틀린 것은?

① PCV 밸브 작동불량
② 수온조절기 작동불량
③ 라디에이터의 막힘
④ 냉각수의 부족

> PCV 밸브는 엔진 내부의 압력을 조절하고, 엔진 오일의 증발 가스를 흡기 매니폴드로 보내어 재연소하는 역할을 한다.

|정|답| 17 ② 18 ④ 19 ①

CHAPTER 08 흡·배기 장치

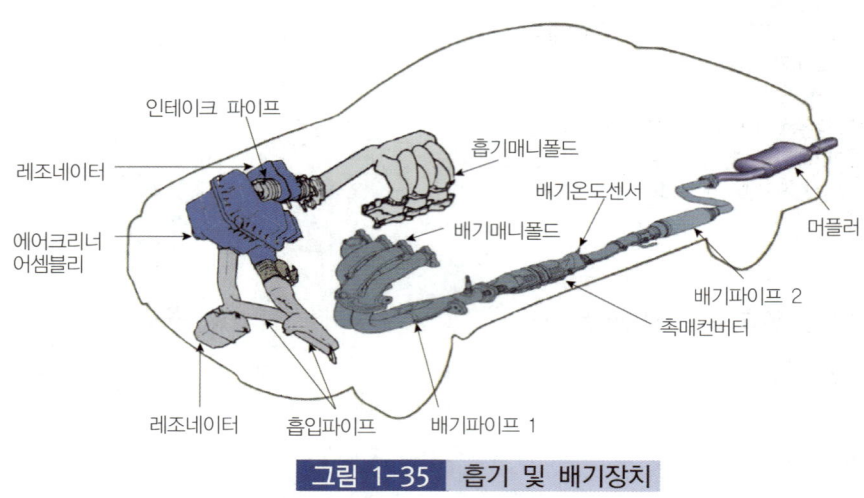

그림 1-35 흡기 및 배기장치

01 흡기장치

[1] 흡기장치의 구비조건

① 각 실린더에 공기가 균일하게 분배되도록 하여야 한다.
② 공기 충돌을 방지하여야 하며, 굴곡이 있어서는 안 된다.
③ 연소가 촉진되도록 공기에 와류를 일으키도록 해야 한다.
④ 흡입부분에는 돌출부가 없어야 하고, 균일한 분배성을 가져야 한다.

⑤ 전체 회전영역에 걸쳐서 흡입효율이 좋아야 한다.
⑥ 연소속도를 빠르게 해야 한다.

[2] 공기청정기(air cleaner)

흡입공기 중의 먼지 등의 여과와 흡입공기의 소음을 감소시키며, 통기저항이 크면 엔진의 출력이 저하되고, 연료소비에 영향을 준다. 공기청정기가 막히면 연소가 나빠져 배기가스 색은 검은색이 배출되며, 출력은 저하되고, 실린더 내로의 공기공급 부족으로 불완전연소가 일어나 실린더 마멸을 촉진한다.

① 건식 공기청정기 : 작은 입자의 먼지나 오물을 여과할 수 있고, 엔진 회전속도의 변동에도 안정된 공기청정 효율을 얻을 수 있다. 구조가 간단하고 여과망(엘리먼트)은 압축공기로 안쪽에서 바깥쪽으로 불어내어 청소한다.

② 습식 공기청정기 : 공기청정기 케이스 밑에는 일정한 양의 엔진오일이 들어 있어 흡입공기는 오일로 적셔진 여과망을 통과시켜 여과시킨다. 청정효율은 공기량이 증가할수록 높아지며, 회전속도가 빠르면 효율이 좋고 낮으면 저하된다. 여과망(엘리먼트)은 스틸 울(steel wool)이므로 세척하여 다시 사용한다.

③ 유조식 공기청정기 : 영구적으로 사용할 수 있으며 먼지가 많은 지역에 적합하다.

④ 원심 분리식 공기청정기 : 흡입공기를 선회시켜 엘리건트 이전에서 이물질을 제거한다.

02 배기장치

배기가스의 온도는 대략 950℃ 정도로 높으며 배기 머니폴드는 400~800℃, 머플러는 50~200℃ 정도로 배기장치를 지나가면서 온도가 낮아진다. 배기장치는 일반적으로 알루미늄을 도금한 스틸 계열을 사용하지만, 크롬/니켈/티타늄 등이 포함된 합금 스틸로 제작하여 내구성을 높이기도 한다.

[1] 배기 매니폴드(Exhaust Manifold)

배기 매니폴드(배기 다기관)는 배기가스를 원활하게 배기장치 및 배기관으로 전달하는 역할을 하며, 내열성이 좋은 주철로 만들지만 스테인리스 소재도 있기도 하다.

[2] 머플러(Muffler : 소음기)

배기가스가 배출될 때 약 3~5bar 정도의 압력과 음속에 가까운 속도로 배출되기 때문에 머플러를 통해 배출시키지 않으면 대기와 충돌이 발생하여 충격음을 발생하게 된다. 배기가스는 머플러에 들어가서 칸막이와 작은 구멍을 통과하면서 서서히 팽창되고 압력과 온도가 낮아지면서 소음이 줄어든다. 머플러 종류에는 팽창식, 공명식, 흡음식 등이 있다.

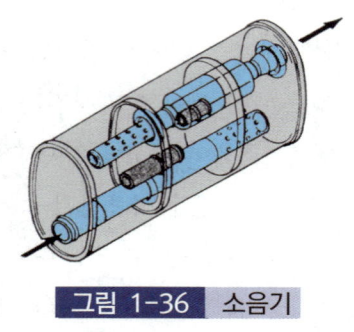

그림 1-36　소음기

03　과급기(터보차저)

[1] 과급기의 개요

과급기(터보차저)는 흡기다기관과 배기다기관 사이에 설치되어 엔진의 실린더 내에 많은 공기를 압축하여 공급하는 장치로 흡입효율(체적효율)을 높인다.
① 구조가 간단하고 설치가 간단하다.
② 엔진의 중량은 10~15% 정도 증가되지만, 출력은 35~45% 정도 증가하여 연료소비율이 감소된다.

③ 연소상태가 좋아지므로 압축온도 상승에 따라 착화 지연 기간이 짧아진다.
④ 연소상태가 양호하기 때문에 비교적 질이 낮은 연료를 사용할 수 있다.
⑤ 고지대에서도 엔진의 출력변화가 적고, 냉각손실이 적다.

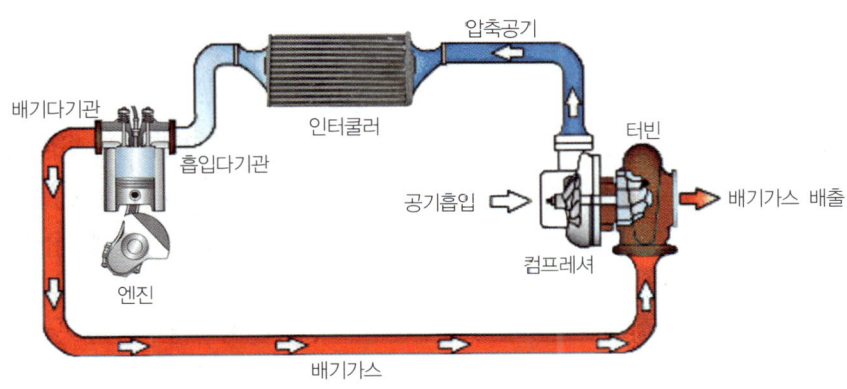

그림 1-37 과급기의 작동도

[2] 과급기의 작동

① 엔진의 배기가스에 의해 구동되며, 엔진오일이 공급되어 베어링 및 축을 냉각시킨다.
② 배기가스가 터빈을 회전시키면 임펠러가 공기를 흡입하여 공기는 디퓨저에 들어간다.
③ 디퓨저에서는 공기의 속도 에너지가 압력 에너지로 바뀌게 된다.
④ 인터쿨러는 압축된 공기 온도를 낮추어 배출가스를 저감시켜 준다.
⑤ 압축공기가 각 실린더의 밸브가 열릴 때마다 들어가 충전효율이 증대된다.

[3] 인터쿨러(Inter Cooler)

터보차저에서 공기를 압축하면 흡입공기의 온도가 상승하는데, 일반적으로 100~150℃ 정도이다. 엔진에서 흡입공기의 온도가 상승하면 밀도 저하로 인하여 흡입 효율이 저하됨과 동시에 혼합기의 온도가 상승하여 노크가 발생한다. 따라서 흡입 공기를 냉각시켜 흡입효율 향상과 노크를 감소시킨다. 인터쿨러는 수냉식과 공랭식이 있다.

그림 1-38 인터쿨러

필기 예상 문제

01 배기가스 중에 매연 함량이 많은 이유는?

① 불완전한 윤활
② 연료공급 과다
③ 기관이 고속일 때
④ 날씨가 덥기 때문에

> 매연은 연료가 완전히 연소되지 않고 불완전하게 연소될 때 발생하는 불순물이다. 연료공급 과다로 인해 연료가 과다하게 공급되면, 연소실 내부에 산소가 부족하여 연료가 완전히 연소되지 못하고 매연이 발생하게 된다.

02 다음 중 공기청정기에 대한 설명이 틀린 것은?

① 흡입공기의 먼지 등을 여과한다.
② 흡입공기의 소음을 감소시킨다.
③ 역화가 발생할 때 불길을 저지하는 역할을 한다.
④ 건식 여과기는 압축공기를 바깥쪽에서 안쪽으로 불어내어 청소한다.

> 공기청정기는 흡입공기 중의 먼지 등의 여과와 흡입공기의 소음을 감소시키고, 역화가 발생할 때 불길을 저지하는 역할을 한다. 공기청정기가 막히면 연소가 나빠져 배기가스 색은 검은색이 배출되며, 출력은 저하되고, 실린더 내로의 공기공급 부족으로 불완전 연소가 일어나 실린더 마멸을 촉진한다. 건식 공기청정기는 구조가 간단하고 여과망(엘리먼트)은 압축공기로 안쪽에서 바깥쪽으로 불어내어 청소한다.

03 건식 공기청정기의 장점 중 틀린 것은?

① 작은 입자의 먼지나 이물질은 여과할 수 없다.
② 설치 또는 분해조립이 간단하다.
③ 장기간 사용할 수 있으며, 청소를 간단히 할 수 있다.
④ 기관의 회전속도 변동에도 안정된 공기 청정효율을 얻을 수 있다.

> 건식 공기청정기는 작은 입자의 먼지나 이물질을 여과할 수 있고, 엔진 회전속도의 변동에도 안정된 공기 청정 효율을 얻을 수 있다. 구조가 간단하고 설치 또는 분해조립이 간단하여 장기간 사용할 수 있으며, 압축공기를 이용하여 청소를 간단하게 할 수 있다.

04 건설기계에서 공기청정기의 에어필터가 막혔을 때의 결과가 아닌 것은?

① 배기가스의 색깔이 검어진다.
② 연료의 소비가 많아진다.
③ 엔진의 출력이 증가한다.
④ 흡입 효율이 감소한다.

> 에어필터가 막히면 다음과 같은 결과가 발생한다.
> ① 배기가스의 색깔이 검어진다. : 엔진 연소가 불완전하게 일어나 검은색 배기가스가 발생한다.
> ② 연료의 소비가 많아진다. : 충분한 공기가 공급되지 않아 연료 연소 효율이 저하되어 연료 소비가 증가한다.
> ③ 흡입 효율이 감소한다. : 막힌 에어필터로 인해 엔진으로 들어가는 공기량이 감소하여 흡입 효율이 저하되어 엔진 출력은 감소한다.

| 정답 | 01 ② | 02 ④ | 03 ① | 04 ③ |

05 건설기계의 머플러나 소음기에 카본이나 찌꺼기가 많이 쌓이면 어떻게 되는가?

① 역화 발생
② 엔진의 과냉
③ 엔진의 과열
④ 폭발압력이 높아진다.

> 카본이나 찌꺼기가 많이 쌓이면 머플러나 소음기의 통로가 막히게 되어 배기가 원활하게 이루어지지 않아 엔진의 과열이 발생할 수 있다.

06 디젤기관 운전 중 검은 연기가 심할 때 원인으로 틀린 것은?

① 공기청정기가 막혀 있을 때
② 분사시기가 어긋나 있을 때
③ 분사압력이 과다하게 낮을 때
④ 연료 중에 공기가 흡입되어 있을 때

> 디젤기관 운전 중 검은 연기가 심할 때 원인은 공기청정기가 막혀 있거나 분사시기가 어긋나 있을 때, 분사압력이 과다하게 낮을 때도 연소가 원활하지 않아 검은 연기가 발생할 수 있다.

07 기관이 공회전할 때 배기가스가 검게 배출되는 것을 정비하고자 한다. 정비 작업 중 잘못된 것은?

① 피스톤링을 교환한다.
② 밸브 및 인젝션 타이밍을 조정한다.
③ 라이너 및 피스톤을 교환한다.
④ 윤활유 펌프를 교환한다.

> 윤활유 펌프는 엔진 내부의 윤활유를 순환시켜 엔진 부품들이 마찰로부터 보호되도록 하는 역할을 한다. 따라서 윤활유 펌프가 고장이 나면 엔진 내부의 부품들이 마찰로 인해 손상될 가능성이 높아지며, 이는 배기가스가 검게 배출되는 원인이 될 수 없다.

08 연소실 내에서 윤활유가 연소될 때 배기가스의 색은?

① 검은색
② 황색
③ 백색
④ 연노랑색

> 윤활유가 연소실 내에서 연소될 때 배기가스의 색은 백색이다.

09 배기가스(gas) 중 검은 연기를 내는 원인이 아닌 것은?

① 압축압력이 낮아 압축온도가 낮을 때
② 노즐에서 관통력과 무화가 강할 때
③ 분사시기가 나쁠 때
④ 노즐로부터 분사상태가 나쁠 때

> 압축압력이 낮아 압축온도가 낮고, 분사시기가 나쁠 때, 노즐로부터 분사상태가 나쁠 때는 연료가 완전히 연소되지 않아서 배기가스 중 검은 연기가 발생한다.

10 배압이 기관에 미치는 영향 중 틀리는 것은?

① 출력이 떨어진다.
② 기관이 과열된다.
③ 피스톤의 운동을 방해한다.
④ 냉각수의 온도가 저하한다.

> 배압이 증가하면 연소실에서 나온 배기가스가 배기밸브, 배기포트, 배기 매니폴드, 배기관, 머플러 등을 통과할 때 저항을 받기 때문에 피스톤 운동을 방해하며, 연소효율이 떨어져 출력이 떨어지고, 기관이 과열된다.

| 정 | 답 | 05 ③ 06 ④ 07 ④ 08 ③ 09 ② 10 ④

11 디젤 엔진의 과급기에 대한 설명 중 틀린 것은?

① 과급기 설치 시 엔진의 무게가 감소된다.
② 터보차저는 배기가스가 터빈을 회전시킨다.
③ 체적효율이 증가하므로 평균유효 압력과 회전력이 상승한다.
④ 과급기 윤활은 엔진 윤활장치에서 보내준 오일로 한다.

> 과급기는 엔진에 추가로 장착되는 장치이기 때문에 엔진의 무게가 증가한다.
> 과급기의 작동은 다음과 같다.
> ① 엔진의 배기가스에 의해 구동되며, 엔진오일이 공급되어 베어링 및 축을 냉각시킨다.
> ② 배기가스가 터빈을 회전시키면 임펠러가 공기를 흡입하여 공기는 디퓨저에 들어간다.
> ③ 디퓨저에서는 공기의 속도 에너지가 압력 에너지로 바뀌게 된다.
> ④ 인터쿨러는 압축된 공기 온도를 낮추어 배출가스를 저감시켜 준다.
> ⑤ 압축공기가 각 실린더의 밸브가 열릴 때마다 들어가 충전효율이 증대된다.

12 과급기에 대한 설명 중 틀린 것은?

① 흡입효율을 높여 출력향상을 도모한다.
② 터보차저는 엔진 압축가스로 구동된다.
③ 구조상 체적형과 유동형으로 나누어진다.
④ 공기를 압축하여 실린더에 공급한다.

> 터보차저는 엔진 배기가스로 구동된다. 배기가스의 힘을 이용하여 터빈을 회전시키고, 터빈과 연결된 압축기를 통해 공기를 압축하여 실린더에 공급한다.

13 건설기계의 디젤기관에 부착된 과급기의 역할 중 맞는 것은?

① 기관의 충전효율을 낮춘다.
② 흡기에 공기를 압축하여 공급한다.
③ 회전력을 저하시킨다.
④ 배기가스를 강제로 배출시킨다.

> 과급기는 디젤기관의 흡기 과정에서 공기를 압축하여 공급함으로써, 엔진 내부에 더 많은 공기를 공급하여 연소 효율을 높이고, 더 많은 연료를 연소시켜 더 많은 동력을 발생시키는 역할을 한다.

14 디젤기관 과급기의 종류가 아닌 것은?

① 콤플렉스(complex)형
② 루츠(roots)형
③ 기어(gear)형
④ 원심(Centrifugal)형

> **과급기의 종류**
> 디젤기관 과급기는 크게 원심형과 터보형으로 나눌 수 있다. 원심형 과급기는 원심펌프의 원리를 이용하여 공기를 압축하는 방식이고, 터보형 과급기는 배기가스의 압력으로 터빈을 구동하여 공기를 압축하는 방식이다.
> ① 콤플렉스(complex)형 과급기 : 원심형과 터보형을 결합한 방식의 과급기이다.
> ② 루츠(roots)형 과급기 : 터보형과 유사한 방식의 과급기이지만, 터빈 대신 로터가 공기를 압축한다.
> ③ 원심(Centrifugal)형 과급기 : 가장 일반적인 방식의 과급기이다.

|정|답| 11 ① 12 ② 13 ② 14 ③

15 건설기계의 디젤기관에서 과급기를 사용하는 목적으로 알맞은 것은?

① 압축비를 높인다.
② 배기효율을 낮춘다.
③ 배압을 높인다.
④ 흡입효율을 높인다.

> 건설기계의 디젤기관에서 과급기를 사용하는 주요 목적은 흡입 공기를 강제로 압축하여 흡입 효율을 높여 엔진 출력을 향상시킨다.

16 과급기의 구성부품에 해당되지 않는 것은?

① 임펠러
② 하우징
③ 터빈
④ 오일 냉각기

> 과급기는 공기를 압축하여 엔진에 공급하는 역할을 하며, 이를 위해 임펠러, 하우징, 터빈 등의 부품으로 구성되어 있다. 오일 냉각기는 엔진 내부의 오일을 냉각하여 엔진의 성능을 유지하고 오일의 수명을 연장하는 역할을 한다.

17 터보차저 터빈 축의 축 방향 유격은 무엇으로 측정하는가?

① 외경 마이크로미터
② 내경 마이크로미터
③ 다이얼 게이지
④ 직각자

> 터보차저 터빈 축의 축방향 유격은 다이얼 게이지로 측정한다. 이는 다이얼 게이지가 축의 중심을 따라 이동하면서 축의 유격을 측정하기 때문이다.

18 왕복형 공기압축기에 설치되어 있는 것으로서 저압 실린더에서 공기를 압축할 때 발생한 열을 냉각시켜 고압실린더로 보내는 역할을 하는 장치는?

① 언르더(unloader)
② 인터 쿨러(inter cooler)
③ 센터 쿨러(center cooler)
④ 애프터 쿨러(after cooler)

> 인터 쿨러는 저압 실린더에서 압축된 공기를 고압실린더로 보내기 전에 열을 냉각시켜 공기의 밀도를 높이는 역할을 한다.

| 정 | 답 | 15 ④ 16 ④ 17 ③ 18 ②

CHAPTER 09 연료와 연소

01 고속디젤 기관의 연료

[1] 연료의 구비조건

① 점도가 적당하고, 점도지수가 높을 것
② 착화점(자연발화점)이 낮을 것
③ 세탄가(Cetane Number)가 높을 것
④ 황분 함량이 적을 것
⑤ 완전혼합과 연소에 의해 매연이 적을 것

[2] 세탄가(cetane number)

① 디젤 연료 착화성을 표시하는 수치
② 착화성이 우수한 세탄을 100으로 하고 착화성이 나쁜 α-메틸나프탈린을 0으로 하여 적당한 비율로 혼합하고 시험 연료와의 착화성을 비교하여 세탄의 백분율로 표시한다.

$$세탄가 = \frac{세탄}{세탄 + \alpha - 메틸나프탈린} \times 100$$

02 디젤 엔진 연소 과정

① 착화지연기간(A~B) : 연소실에 연료가 분사되어 연소를 일으킬 때까지 기간
② 화염전파기간(B~C) : 연료가 착화되어 폭발적으로 연소하는 기간
③ 직접연소기간(C~D) : 화염전파기간에 생긴 화염 때문에 분사된 연료가 분사와 거의 동시에 연소하는 기간
④ 후연소기간(D~E) : 연료 분사가 끝나는 점에서 연소되지 못한 연료가 연소하는 기간

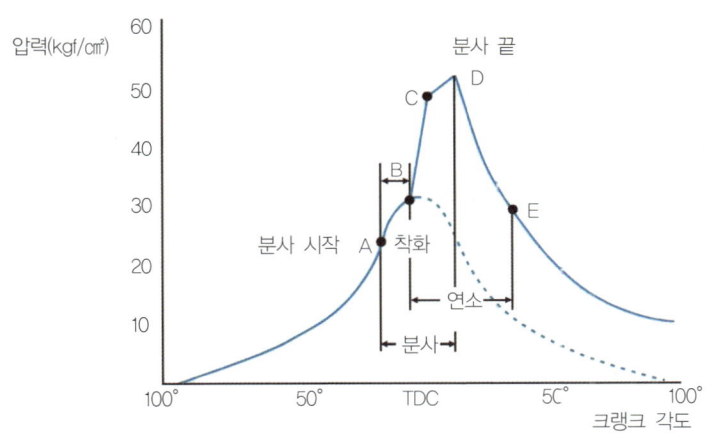

그림 1-39 디젤 엔진의 연소과정

03 디젤 노크(Diesel Knock)

착화지연기간(1/1000~4/1000초)이 길면 분사된 다량의 연료가 착화전파기간 중에 일시적으로 연소하여 압력 급상승의 원인이며, 기관에 충격을 주는 현상으로 디젤 엔진 노크 방지방법은 다음과 같다.
① 압축압력, 압축비, 흡기온도를 높인다.
② 분사 초기에 분사량을 적게 한다.

③ 흡입 공기에 와류가 일어나도록 한다.
④ 연료분사시기를 알맞게 조정한다.
⑤ 착화성이 좋은 연료(세탄가가 높은 연료)를 사용하여 착화지연기간을 짧게 한다.
⑥ 연료분사개시 때 입자를 무화시키고 관통력이 크도록 한다.

04 디젤기관의 진동 원인

① 분사압력, 분사량, 분사시기가 틀릴 때
② 다기통 기관에서 어느 한 개의 분사 노즐이 막힐 때
③ 연료 공급계통에 공기 침입 시
④ 피스톤 커넥팅 로드 조립품의 중량차가 클 때
⑤ 크랭크축의 회전 불 평형
⑥ 실린더 상호간의 내경차가 클 때

필기 예상 문제

01 디젤 엔진의 노크를 방지하기 위한 방법으로 틀린 것은?

① 세탄가가 높은 연료를 사용한다.
② 실린더 벽의 온도를 높게 유지한다.
③ 압축비를 낮게 한다.
④ 연료의 착화성을 좋게 한다.

> 디젤 엔진의 노크는 착화지연기간(1/1000~4/1000초)이 길면 분사된 다량의 연료가 착화전파기간 중에 일시적으로 연소하여 압력 급상승의 원인이며, 기관에 충격을 주는 현상으로 압축비를 낮추면 연료가 완전히 연소되지 못하여 출력과 연비가 저하될 수 있다. 따라서 압축비를 너무 낮게 하는 것은 노크를 방지하기 위한 좋은 방법이 아니다.

02 디젤기관 연료 입자의 크기에 대한 설명 중 틀린 것은?

① 노즐의 지름이 작으면 입자는 작아진다.
② 공기의 온도가 높으면 입자는 작아진다.
③ 공기의 유동은 입자를 작게 한다.
④ 배압이 낮으면 입자는 작아진다.

> 디젤기관 연료 입자의 크기는 다음 요인에 영향을 받는다.
> ① 노즐 지름 : 노즐 지름이 작을수록 연료 입자는 작아진다.
> ② 공기 온도 : 공기 온도가 높으면 연료 입자는 커진다.
> ③ 공기 유동 : 공기 유동이 증가하면 연료 입자는 작아진다.
> ④ 배압 : 배압이 낮으면 연료 입자는 작아진다.

03 디젤기관의 연소 과정에서 연료가 분사됨과 동시에 연소가 일어나며 비교적 느리게 압력이 상승되는 연소구간은?

① 착화지연기간
② 폭발연소(직접 연소)기간
③ 제어연소(직접 연소)기간
④ 후기연소(팽창)기간

> ① 착화지연기간 : 연료 분사 후 실제 연소가 시작되기까지의 지연 시간이며, 압력 변화는 거의 없다.
> ② 폭발연소(직접 연소)기간 : 연료 분사된 연료가 빠르게 연소하여 압력이 급격히 상승하는 기간이다.
> ③ 제어연소(직접 연소)기간 : 폭발 연소 후 연료가 분사됨과 동시에 연소가 일어나는 기간이며, 압력이 비교적 느리게 상승한다.
> ④ 후기연소(팽창)기간 : 연소가 완료된 후 남은 열에 의해 기체가 팽창하는 기간이다.

04 디젤기관에서 연료 분사시기가 빠를 때 일어나는 현상은?

① 발화지연기간이 길어진다.
② 노크가 발생한다.
③ 배기가스의 색이 백색이 된다.
④ 출력이 증가한다.

> 디젤기관에서 연료 분사시기가 빠르면 연료가 압축된 공기와 충분히 혼합되지 않고 폭발적으로 연소될 가능성이 높아진다. 이러한 폭발적인 연소는 엔진 내부에 급격한 압력 상승을 일으키고, 이는 노크라는 금속성 소리를 내는 현상을 발생시킨다.

|정|답| 01 ③ 02 ② 03 ③ 04 ②

05 디젤 노크를 일으키기 쉬운 회전 범위는?

① 저속   ② 중속
③ 고속   ④ 중속 이상

> 저속에서는 엔진 부품의 마찰이 증가하고, 연소실 내부의 온도가 상승한다. 이러한 조건은 연료의 자연발화를 촉진하여 디젤 노크를 발생시키기 쉽다.

06 디젤기관의 노크를 방지하는 대책으로 틀린 것은?

① 착화성이 좋은 연료를 사용한다.
② 압축비를 낮게 한다.
③ 압축온도를 높인다.
④ 착화지연기간 중의 연료 분사량을 알맞게 조정한다.

> 노크 방지방법은 다음과 같다.
> ① 압축압력, 압축비, 흡기온도를 높인다.
> ② 분사초기에 분사량을 적게 한다.
> ③ 흡입 공기에 와류가 일어나도록 한다.
> ④ 연료분사시기를 알맞게 조정한다.
> ⑤ 착화성이 좋은 연료(세탄가가 높은 연료)를 사용하여 착화지연기간을 짧게 한다.
> ⑥ 연료분사개시 때 입자를 무화시키고 관통력이 크도록 한다.

07 건설기계의 디젤 기관 노킹 방지책은?

① 실린더 내부를 냉각시킨다.
② 착화지연을 짧게 한다.
③ 압축비를 낮춘다.
④ 흡기온도를 낮춘다.

> 디젤 기관에서 노킹은 연소가 일어나는 시점에서 연소가 과도하게 빠르게 일어나서 발생하는 현상이다. 이를 방지하기 위해서는 착화지연을 짧게 해야 한다.

08 디젤기관의 출력부족 원인과 가장 관계가 먼 것은?

① 연료의 세탄가가 낮다.
② 연료의 필터가 막혀 있다.
③ 윤활유의 점도지수(粘度指數)가 낮다.
④ 압축압력이 낮다.

> 윤활유의 점도지수(粘度指數)는 윤활유의 점도를 온도 변화에 따라 얼마나 변화하는지를 나타내는 지표이다.

09 디젤기관의 분사노즐 시험에 가장 알맞은 연료 온도는?

① 60℃
② 40℃
③ 20℃
④ 10℃

> 20℃는 대부분 디젤기관 연료의 표준 점도 범위로 정확한 분사 시험 결과를 도출 가능하다.

10 연료파이프 내에 베이퍼록이 일어나면 어떤 현상이 발생 되는가?

① 엔진출력이 저하된다.
② 연료의 송출량이 많아진다.
③ 기관 압축압력이 저하된다.
④ 기관 출력과는 관계없다.

> 연료파이프 내에 베이퍼록이 발생하면 엔진 출력이 저하된다.

|정|답| 05 ① 06 ② 07 ② 08 ③ 09 ③ 10 ①

CHAPTER 10

연료장치

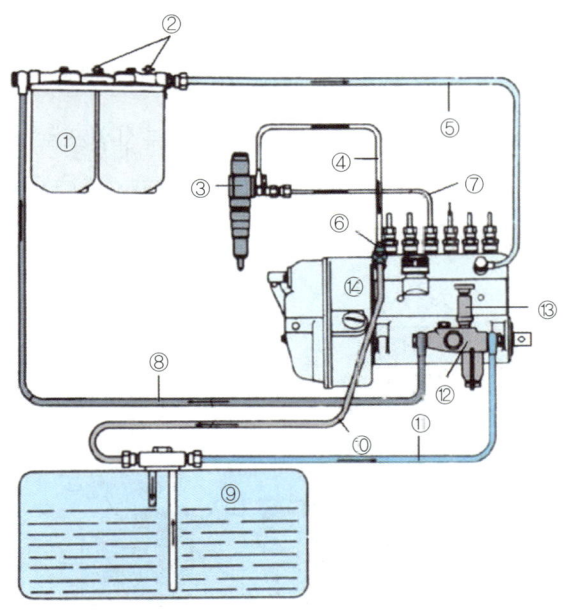

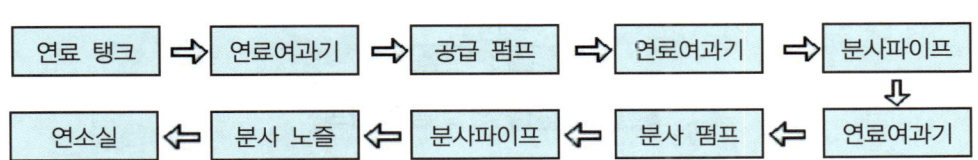

① 연료필터
④ 리턴파이프
⑦ 연료분사 파이프
⑩ 리턴 파이프
⑬ 플라이밍 펌프

② 공기빼기나사
⑤ 연료 공급 파이프
⑧ 연료공급 파이프
⑪ 흡입 파이프
⑭ 분사펌프

③ 분사노즐
⑥ 오버플로우 밸브
⑨ 연료 탱크
⑫ 연료공급 펌프

그림 1-40 디젤 엔진 연료공급장치

01 연료 탱크(Fuel Tank)

연료를 저장하는 용기이며, 겨울철에는 공기 중의 수증기가 응축되어 탱크 내로 들어가므로 연료 탱크 내에 연료를 가득 채워 두어야 한다.

02 연료 공급 펌프(Fuel Pump)

연료탱크 내의 연료를 흡입 가압($2~3kg/cm^2$)하여 분사펌프로 공급해 주는 기능과 연료 장치 내의 공기빼기 작업 시 사용하는 프라이밍 펌프(Priming Pump)가 있으며, 연료 공급 펌프는 분사펌프의 캠축에 의해 구동된다.

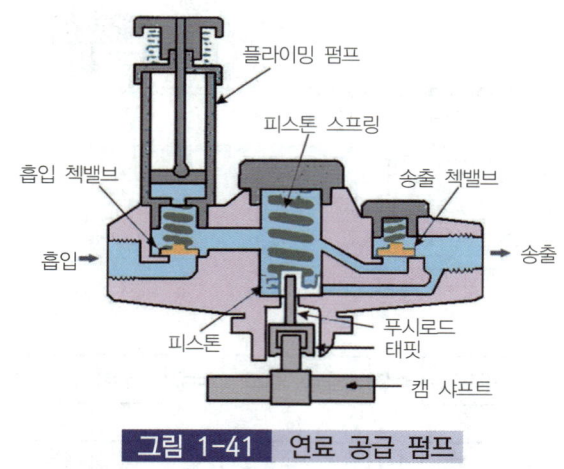

그림 1-41 연료 공급 펌프

03 연료 여과기(Fuel Filter)

연료 속의 먼지나 수분을 제거 분리하며, 여과 성능은 0.01mm 이상 되어야 한다.

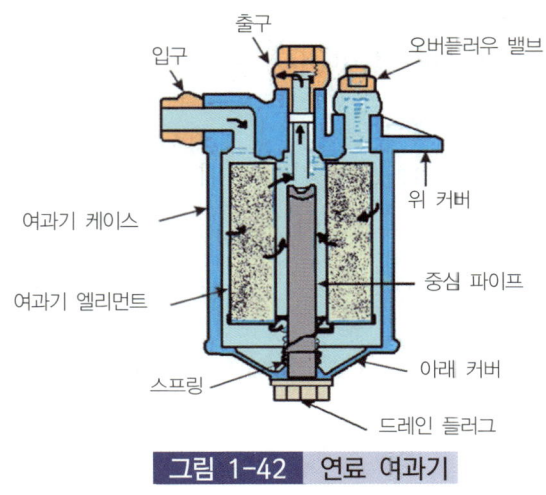

그림 1-42 연료 여과기

[1] 오버 플로 밸브(Over Flow Valve)의 기능

① 여과기 각 부분 보호
② 공급 펌프의 소음 발생 방지
③ 운전 중 공기빼기 작용

[2] 디젤 연료 계통 공기빼기

수동펌프를 작동하면서 벤트 플러그를 열고 연료가 빠-질 때 벤트 플러그를 닫고 수동펌프를 고정한다. 공기빼기 순서는 공급 펌프 → 연료여과기 → 분사 펌프 순이다.

[3] 연료 계통에 공기가 있을 경우

① 기관의 회전이 불량하고 정지된다.
② 기동이 잘 안 된다.

③ 분사노즐의 분사 상태가 불량하다.
④ 분사 펌프의 플런저와 배럴의 연료 압송이 불량하다.

04 분사 펌프(Injection Pump)

분사 펌프는 펌프 하우징, 캠축, 태핏, 플런저와 배럴, 딜리버리 밸브, 분사시기 조정용 타이머, 분사량 조정용 조속기 등이 부착되어 있다.

[1] 캠축

크랭크축 기어에 의해 구동되며 4행정 사이클 기관의 경우는 크랭크축 회전의 1/2로 회전한다.

[2] 태핏(Tappet)

캠의 회전운동을 상하운동으로 바꾸어서 플런저를 작동시킨다. 태핏 간극은 플런저가 캠에 의해 최고 위치까지 밀어 올려졌을 때 플런저 헤드부와 배럴 윗면과의 간극이며, 0.5mm 정도이다.

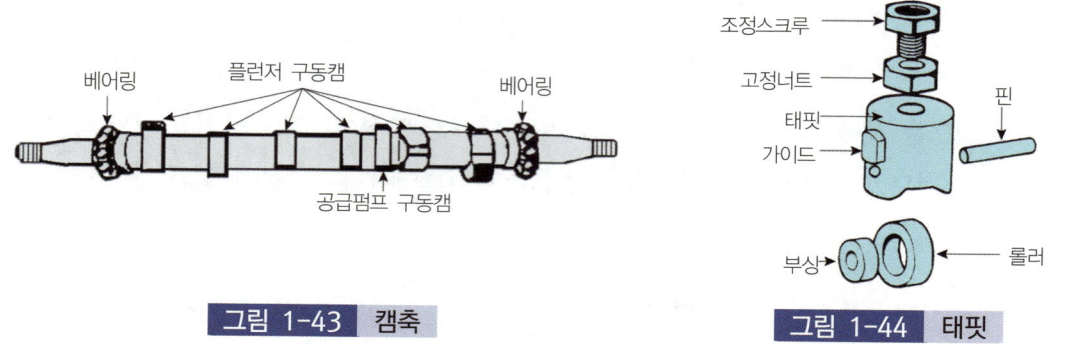

그림 1-43 캠축   그림 1-44 태핏

[3] 플런저와 배럴

플런저 배럴 내를 플런저가 섭동하여 연료를 고압으로 압축하여 분사노즐로 보내준다.
① 플런저 예 행정 : 플런저가 하사점에서 상승하여 플런저 윗면이 흡·배출 구멍을 닫는 송출 전까지의 행정
② 플런저 유효행정 : 플런저가 상승하면서 흡입 구멍을 닫은 위치에서 플런저 리드가 배출 구멍을 만날 때까지 플런저가 움직인 거리이며, 유효행정을 크게 하면 연료의 송출량이 많아진다.

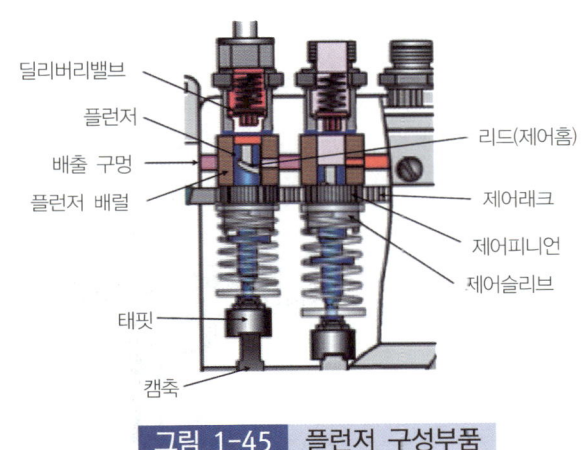

그림 1-45 플런저 구성부품

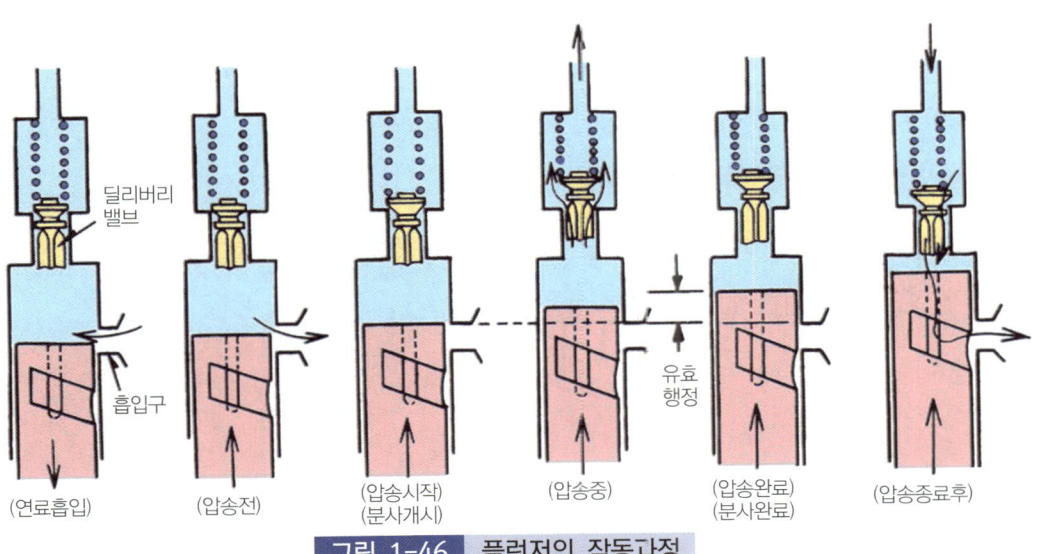

그림 1-46 플런저의 작동과정

[4] 리드와 분사시기와의 관계

① 정리드형 : 분사 초기에 분사시기가 일정하고, 분사 말기가 변화하는 형식
② 역리드형 : 분사 초기에 분사시기가 변화하고, 분사 말기가 일정한 형식
③ 양리드형 : 분사 초기와 말기가 모두 변화하는 형식

[5] 분사량 조절 기구

분사펌프의 분사량 조절은 제어 슬리브와 제어 피니언의 관계 위치를 변경하여 조정하며 제어래크를 움직이면 분사량이 변한다.

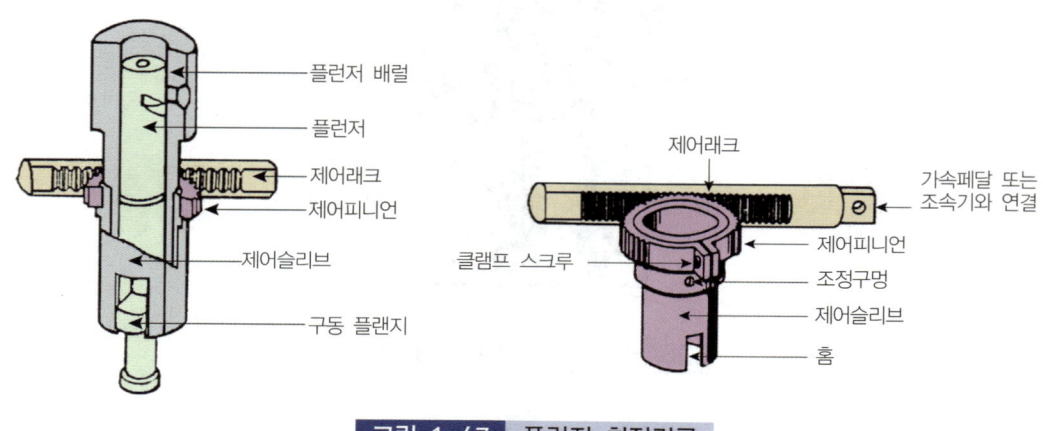

그림 1-47 플런저 회전기구

[6] 딜리버리 밸브(Delivery Valve)

플런저의 유효 행정이 끝나고 배럴 내의 압력이 저하되면 스프링에 의해 닫혀서 연료의 역류와 후적을 방지한다.

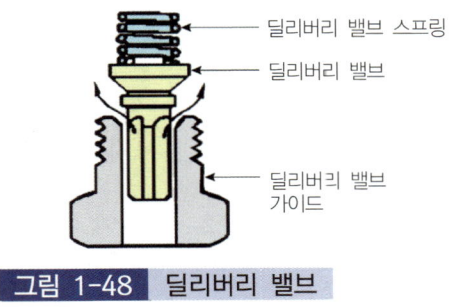

그림 1-48 딜리버리 밸브

[7] 조속기(Governor)

엔진의 회전속도와 부하 변동에 따라 자동적으로 제어래크를 움직여 연료의 분사량을 조절한다.
① 기계식 : 원심추에 의해 작동되는 원심력으로 분사량을 조정한다.
② 공기식 : 흡기다기관의 부압(부분 진공)에 따라 분사량을 조정한다.

[8] 앵글라이히 장치

기관의 모든 속도 범위에서 공기와 연료의 비율을 알맞게 유지해 주는 장치

[9] 분사량 불균율

각 실린더마다 분사량의 차이가 있으면 연소압력에 차가 생겨 진동을 일으킨다. 불균율의 허용 범위는 전부하 운전에서 3~4%이며, 무부하 운전에서 10~15% 이내로 한다.

$$분사량\ 평균값 = \frac{각실린더\ 분사량의합}{실린더수}$$

$$(+)불균율 = \frac{최대분사량 - 평균분사량}{평균분사량} \times 100$$

$$(-)불균율 = \frac{평균분사량 - 최소분사량}{평균분사량} \times 100$$

$$불균율\ 수정값 = 분사량\ 평균값 \times 0.03$$

[10] 타이머(분사시기 조정기)

연료가 분사되어 발화 연소하여 피스톤에 유효한 일을 시킬 때까지는 어느 정도 시간이 필요하다. 따라서 엔진 회전속도에 따라 분사시기를 변화시키는 장치이다.
① 분사시기가 빠르면 배기색이 흑색
② 분사시기가 지나치게 늦으면 배기색이 백색

05 분사 노즐(Injection Nozzle)

분사펌프에서 보내준 고압의 연료를 미세한 안개 모양으로 연소실 내에 분사한다.

[1] 구비조건

① 고온, 고압의 가혹한 조건에서 장시간 사용할 수 있을 것
② 분무를 연소실 구석구석까지 뿌려지게 할 것
③ 연료의 분무 끝에서 완전 차단하여 후적이 일어나지 않을 것
④ 연료를 미세한 안개 모양으로 하여 쉽게 착화(着火)되게 할 것

[2] 분무의 3대 조건

무화가 좋을 것, 관통도가 있을 것, 분포가 좋을 것

[3] 노즐의 종류

1) 개방형 노즐(Open Type Nozzle)

노즐 끝에 밸브 없이 항상 열려 있는 노즐로서 연료분사가 완료되었을 때 연료가 조금씩 흘러나와 엔진 회전수에 약간의 변동을 일으키는 결점이 있으므로 현재는 사용하지 않는다.

2) 밀폐형 노즐(Closed Type Nozzle)

노즐에 니들 밸브(Needle Valve)가 스프링으로 밀착되어 있고 연료 압력이 높아지면 니들 밸브 면에 작용하는 압력으로 밸브가 자동적으로 열려 연료가 분사된다.

(1) 구멍형 노즐

분사구멍의 지름은 0.2~0.4mm이고, 분사개시 압력은 200~300kg/cm^{2}이며, 직접분사실식 연소실에서 사용한다.
① 단공 노즐 : 분공이 하나이며 분사각도는 4~5°
② 다공 노즐 : 분공이 2~10개이며 분사각도는 90~120°

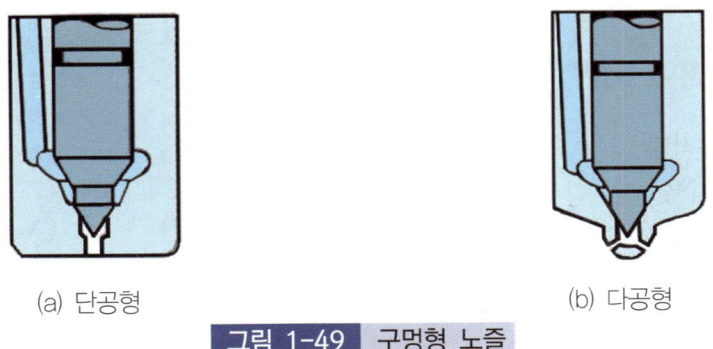

(a) 단공형   (b) 다공형

그림 1-49 구멍형 노즐

(2) 핀틀형 노즐

분공지름이 1~2mm이고 분사각도는 4~5°이며, 분사개시 압력은 80~150kg/cm^{2}이다.

(3) 스로틀형 노즐

분공지름이 1mm이고 분사각도는 45~60°이며, 분사개시 압력은 80~150kg/cm^{2}이다.

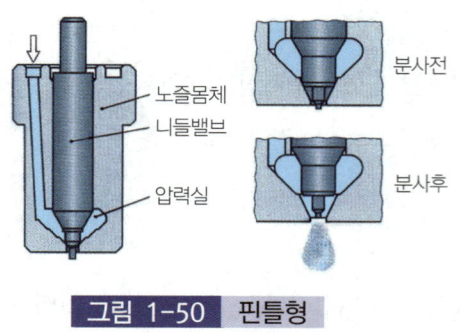
그림 1-50 핀틀형

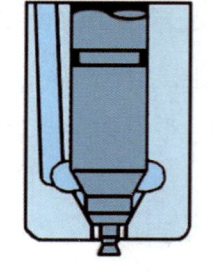
그림 1-51 스로틀형

[4] 분사노즐 세척

노즐에 붙은 카본은 경유가 스며있는 나무 조각으로 떼어낸다.

[5] 분사노즐 과열 원인

① 분사시기 부적당
② 분사량의 과다
③ 과부하에서 연속 운전

[6] 분사노즐 시험과 분사압력 조정 방법

① 분사노즐 점검 항목 : 분사개시 압력, 분사각도, 분무 상태, 후적 유무
② 분사압력 조정 : 분사노즐 압력 스프링 위에 있는 조정 스크류를 조이면 스프링의 압축 길이가 짧게 되면서 분사압력이 높아진다.

[7] 분사노즐 기능이 불량하면

① 연소 불량
② 디젤노크 발생
③ 출력 감소
④ 연소실 내의 카본 달라붙음

06 디젤기관의 시동 보조장치

[1] 감압장치(De-Compression Device)

　기관의 캠축 운동에 관계없이 흡기 또는 배기 밸브를 강제로 열어서 실린더 내의 압축압력을 낮추어 기관의 회전을 쉽게 해 주는 장치로 기능은 다음과 같다.
① 한냉 시 시동할 때 시동을 보조해 준다.
② 기관 시동 정지 때 사용한다.
③ 기동 전동기에 무리가 가는 것을 예방할 수 있다.

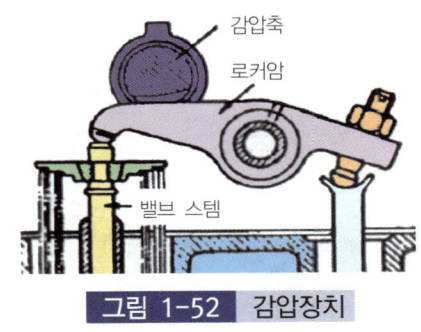

그림 1-52　감압장치

건설기계정비기능사 필기 예상 문제

01 디젤기관에서 연료장치의 구성을 순서대로 바르게 나타낸 것은?

① 연료탱크-분사노즐-분사 펌프-연료필터-엔진
② 연료탱크-분사 펌프-연료필터-분사노즐-엔진
③ 연료탱크-분사 펌프-분사노즐-연료필터-엔진
④ 연료탱크-연료필터-분사 펌프-분사노즐-엔진

> 디젤기관에서는 연료가 연료탱크에서 시작하여 연료필터를 거쳐 분사펌프로 이동하고, 분사펌프에서 압력을 받아 분사노즐을 통해 실린더 내부로 분사된다. 따라서 연료탱크-연료필터-분사펌프-분사노즐-엔진 순서이다.

02 디젤기관의 연료장치 내에 공기 빼기순서로 가장 알 맞는 것은?

① 연료공급 펌프 – 연료 여과기 – 분사펌프
② 분사펌프 – 연료공급 펌프 – 연료 여과기
③ 연료 여과기 – 분사펌프 – 연료공급 펌프
④ 연료공급 펌프 – 분사관 – 분사 펌프

> 연료장치 내에 공기를 빼기 위해서는 연료공급 펌프에서부터 시작하여 연료 여과기를 거쳐 분사펌프까지 연료 공급 순서대로 공기를 배출해야 한다. 따라서 정답은 연료공급 펌프 – 연료 여과기 – 분사펌프이다.

03 연료 여과기 내의 연료압력이 규정 이상이 되면?

① 오버플로 밸브가 열려 연료를 연료탱크로 되돌아가게 한다.
② 바이패스 밸브가 열려 직접 분사펌프로 보낸다.
③ 공급 펌프의 작동을 중지시킨다.
④ 어떤 작동도 하지 않으며, 이때 여과 성능이 가장 좋게 된다.

> 연료압력이 규정 이상으로 상승하면 오버플로 밸브가 열려 과도한 연료를 연료탱크로 되돌려 보낸다.

04 디젤 연료 계통에 공기 빼기 작업이 불량 시 발생될 수 있는 사항으로 가장 거리가 먼 것은?

① 변속이 잘 안 된다.
② 엔진 기동이 잘 안 된다.
③ 분사펌프의 연료 압송이 불량해진다.
④ 분사노즐의 분사 상태가 불량해진다.

> 디젤 연료 계통에 공기 빼기 작업이 불량하면, 연료가 원활하게 공급되지 못하여 엔진 기동이 잘 안되거나, 분사 펌프의 연료 압송이 불량해지거나, 분사노즐의 분사 상태가 불량해질 수 있다. 변속은 변속기의 작동에 의해 이루어지므로, 연료 계통의 공기 빼기 작업 불량과는 직접적인 관계가 없다.

| 정답 | 01 ④ | 02 ① | 03 ① | 04 ① |

05 디젤기관의 연료 계통 속에 공기가 들어 있을 때 발생되는 현상으로 틀린 것은?

① 연료의 소비가 2배로 증가한다.
② 노즐로부터의 연료분사가 불량해진다.
③ 엔진의 운전상태가 고르지 못하고 심할 때에는 정지된다.
④ 연료 분사 펌프에서 연료의 압송이 불량하게 된다.

> **연료 계통에 공기가 있을 경우**
> ① 기관의 회전이 불량하고 정지된다.
> ② 기동이 잘 안 된다.
> ③ 분사노즐의 분사 상태가 불량하다.
> ④ 분사 펌프의 플런저와 배럴의 연료 압송이 불량하다.

06 다음 중 프라이밍 펌프의 기능을 설명한 것으로 가장 적당한 것은?

① 공급 펌프로부터 연료를 다시 가압하는 일을 한다.
② 엔진이 작동하고 있을 때 연료 공급을 보조한다.
③ 엔진이 고속회전을 하고 있을 때 분사펌프를 돕는다.
④ 엔진 정지 시 연료장치 회로 내의 공기빼기 등을 위하여 수동으로 작동시킨다.

> 프라이밍 펌프는 엔진 정지 시 연료장치 회로 내의 공기빼기 등을 위하여 수동으로 작동시킨다. 즉, 연료 시스템 내부의 공기를 제거하여 다음 시동 시에 원활한 연료 공급을 돕는 역할을 한다.

07 프라이밍 펌프(Priming pump)의 작용 및 작동원리가 아닌 것은?

① 연료 공급 펌프의 소음 작용을 방지한다.
② 연료 장치 내 공기빼기 작용을 할 때 사용한다.
③ 손으로 작동시키며, 연료 공급 펌프에 설치한다.
④ 정지상태에서 연료를 분사 펌프까지 보낸다.

> 프라이밍 펌프는 연료 공급 펌프에 설치되어 있지만, 연료 공급 펌프와는 별개로 작동하며, 연료 장치 내부의 공기를 손으로 작동시켜 제거하여 정지상태에서 연료를 분사 펌프까지 연료 공급을 원활하게 하는 역할을 한다.

08 독립식 분사펌프가 부착된 건설기계 디젤기관에서 공기빼기 작업을 하고자 할 때 바르지 못한 방법은?

① 공급 밸브 입구 파이프 피팅을 조금 열고 플라이밍 펌프를 작동시켜 기포가 나오지 않을 때까지 작업을 한 후 피팅을 조인다.
② 연료필터 입구 파이프 피팅을 조금 풀고 플라이밍 펌프를 작동시켜 기포가 나오지 않을 때까지 작업을 한 후 피팅을 조인다.
③ 연료필터 출구 파이프 피팅을 조금 풀고 플라이밍 펌프를 작동시켜 기포가 나오지 않을 때까지 작업을 한 후 피팅을 조인다.
④ 분사펌프 입구 파이프 피팅을 조금 풀고 플라이밍 펌프를 작동시켜 기포가 나오지 않을 때까지 작업을 한 후 피팅을 조인다.

> 공급 밸브 입구 파이프 피팅을 조금 열고 플라이밍 펌프를 작동시키면 플라이밍 펌프가 연료를 연료탱크에서 빨아올리지 못한다.

| 정 | 답 | 05 ① 06 ④ 07 ① 08 ①

09 분사 펌프 연료 차단 솔레노이드 밸브 단품 점검 방법으로 적합한 것은?

① 작동음과 저항값 점검
② 진동음과 절연값 점검
③ 저항값과 절연값 점검
④ 작동음과 듀티율 점검

> 작동음을 듣는 것은 밸브가 열리고 닫히는 소리를 듣는 것으로, 밸브가 움직이는지 여부를 확인할 수 있다. 저항값을 측정하는 것은 밸브의 내부 전기 회로를 점검하는 것으로, 밸브의 전기적인 문제를 파악할 수 있다.

10 디젤기관의 연료 분사 계통에 널리 쓰이는 펌프는?

① 터빈 펌프
② 기어 펌프
③ 다이어프램 펌프
④ 플런저 펌프

> 플런저 펌프는 디젤기관 연료 분사 계통에 널리 사용되는 분사펌프이다. 플런저 분사펌프의 장점은 다음과 같다.
> ① 높은 압력 생성 가능
> ② 정밀한 연료 분사 제어
> ③ 내구성이 뛰어남
> ④ 다양한 연료에 적용 가능

11 공기 분사식에 비교한 무기 분사식의 장점으로 맞지 않는 것은?

① 공기압축기가 필요하지 않다.
② 고속 운전을 할 수 있다.
③ 압축압력이 낮아도 시동이 용이하다.
④ 고압 펌프가 아니어도 된다.

> 무기 분사식은 고속 운전을 할 수 없다. 이는 무기 분사식이 고압 펌프를 사용하지 않기 때문에 압력이 낮아 고속 운전이 어렵다.

12 디젤 연료분사펌프에서 분사량을 제어하는 기구가 아닌 것은?

① 제어 허브
② 제어 래크
③ 제어 슬리브
④ 제어 피니언

> 제어 허브는 디젤 연료분사 펌프에서 분사량을 제어하는 기구가 아니다. 제어 허브는 항공기 조종석에서 조종판을 움직여 비행기의 방향, 고도, 속도 등을 제어하는 기구이다.

13 분사펌프에서 분사개시와 종결 모두가 변화되는 형식의 플런저는 어느 것인가?

① 양리드 플런저
② 정리드 플런저
③ 역리드 플런저
④ 중리드 플런저

> **리드와 분사시기와의 관계**
> ① 정리드형 : 분사 초기에 분사시기가 일정하고, 분사 말기가 변화하는 형식
> ② 역리드형 : 분사 초기에 분사시기가 변화하고, 분사 말기가 일정한 형식
> ③ 양리드형 : 분사 초기와 말기가 모두 변화하는 형식

|정|답| 09 ① 10 ④ 11 ② 12 ① 13 ①

14 분사노즐 플런저의 리드 형식을 설명한 것 중 틀리는 것은?

① 역리드 : 분사 시작점이 변화하고, 종료점이 일정함
② 양리드 : 분사 시작과 종료 동시 변화함
③ 정리드 : 분사 시작점은 일정하나, 종료점이 변화함
④ 순리드 : 분사 시작과 종료 모두 일정함

15 디젤기관에서 연료분사 펌프의 플런저 유효행정을 크게 하면 어떤 현상이 일어나는가?

① 연료 송출량이 감소한다.
② 연료 송출량은 변함없다.
③ 연료 분사 압력이 낮아진다.
④ 연료 분사량이 증가한다.

> 플런저의 유효행정을 크게 하면 연료 분사 압력이 증가하게 되어 연료 분사량이 증가하게 된다.

16 니들 밸브와 노즐보디 사이의 간극을 맞게 나타낸 것은 어느 것인가?

① 0.1~0.15mm
② 0.01~0.015mm
③ 0.001~0.0015mm
④ 0.0001~0.00015mm

17 디젤기관에서 가속페달을 밟으면 직접 연결되어 작용하는 것은?

① 스로틀 밸브
② 연료 분사펌프의 래크와 피니언
③ 노즐
④ 플라이밍 펌프

> 디젤기관에서 가속페달을 밟으면 직접 연결되어 작용하는 것은 연료 분사펌프의 래크와 피니언이다.

18 연료분사 펌프에서 연료의 분사량을 조정하는 것은?

① 딜리버리 밸브
② 태핏 간극
③ 제어 슬리브
④ 노즐

> 연료분사 펌프에서 연료의 분사량을 조정하는 것은 제어 슬리브이다. 제어 슬리브는 연료분사 펌프에서 연료의 유량을 조절하는 부품으로, 슬리브의 위치를 변경하여 연료의 유량을 조절할 수 있다.

19 타이머에 대한 설명으로 틀린 것은?

① 구동 방식에 따라 내장형과 외장형으로 나누어진다.
② 엔진의 회전속도 부하에 따라 분사시기를 변화시키기 위해 필요하다.
③ 타이머는 회전 방향에 따라 우회전용과 좌회전용이 있으며, 서로의 기능은 어느 것이나 같다.
④ 캠 축(구동축)간의 위상을 바꾸어 회전 속도가 빨라지면 분사시기를 늦게 하고 속도가 떨어지면 분사시기를 빠르게 한다.

> 타이머는 엔진의 회전 속도와 부하에 따라 분사시기를 변화시키기 위해 사용된다. 엔진의 회전 속도가 빨라지면 연료가 분사되는 시기가 늦어져야 하고, 회전 속도가 떨어지면 연료가 분사되는 시기가 빨라져야 한다.

| 정 | 답 | 14 ④ 15 ④ 16 ③ 17 ② 18 ③ 19 ④

20 디젤기관의 조속기(governor)는 무슨 작용을 하는가?

① 자동적으로 디젤노크를 막는다.
② 자동적으로 엔진의 회전을 조정한다.
③ 자동적으로 노즐의 분사방향을 조정한다.
④ 자동적으로 분사펌프 방향을 조정한다.

> 조속기는 엔진의 회전수를 일정하게 유지하기 위해 작동한다. 따라서 엔진 부하가 변화하거나 속도가 변할 때 자동적으로 엔진의 회전을 조정하여 일정한 성능을 유지합니다.

21 디젤기관 조속기의 종류가 아닌 것은?

① 속도 제한형
② 가변 속도형
③ 최고 속도형
④ 정 속도형

> 최고 속도형은 디젤기관 조속기의 종류가 아니다. 이유는 디젤기관 조속기는 일정한 속도로 회전하는 것이 일반적이기 때문이다. 최고 속도형은 가변 속도형과 달리 최대 속도를 유지하는 것이 목적이며, 속도 제한형은 일정한 속도 이하로만 작동하는 것이다.

22 디젤 분사펌프의 각 플런저 분사량 오차는 일반적으로 얼마 이내이어야 하는가?

① ±0%   ② ±1%
③ ±3%   ④ ±5%

> 각 플런저의 분사량 오차는 엔진의 성능과 연료 효율성에 큰 영향을 미칠 수 있으므로 전부하 시 ±3% 이내이어야 한다.

23 디젤기관에서 연료분사에 대한 요건으로 적합하지 않은 것은?

① 관통력(penetration)
② 조정(adjustment)
③ 분포(distribution)
④ 무화(atomization)

> 디젤기관 연료분사는 다음과 같은 요건을 충족해야 한다.
> ① 관통력(penetration) : 연료분사가 충분히 미세하고 강력하여 공기와 잘 섞일 수 있어야 한다.
> ② 분포(distribution) : 실린더에 분사되는 분포가 균일해야 한다.
> ③ 무화(atomization) : 연료가 미세한 입자로 분사되어 공기와 잘 섞일 수 있어야 한다.
> ④ 시기(timing) : 연료가 적절한 시기에 분사되어야 한다.

24 분사노즐의 기능이 불량할 때 일어나는 현상 설명으로 틀린 것은?

① 연소 상태가 불량하다.
② 노크의 발생으로 기관 출력이 떨어진다.
③ 연소실에 탄소가 쌓이며 매연이 발생된다.
④ 회전폭발이 고르지 못하나 출력은 증대된다.

> 분사노즐 기능이 불량하면
> ① 연소 불량
> ② 디젤노크 발생
> ③ 출력 감소
> ④ 연소실 내의 카본 달라붙음

| 정 | 답 | 20 ② | 21 ③ | 22 ③ | 23 ② | 24 ④ |

25 노즐의 압력이 떨어지는 것과 관계가 있는 것은?

① 노즐에 카본 부착
② 니들 밸브의 더러워짐
③ 노즐 스프링의 절손
④ 노즐 구멍의 막힘

> 노즐 스프링은 노즐의 압력을 조절하는 역할을 한다. 따라서 노즐 스프링이 절손되면 압력이 떨어지게 되어 노즐의 작동이 원활하지 않게 된다.

26 디젤기관에서 분사노즐이 과열되는 원인 중 틀린 것은?

① 분사시기의 틀림
② 분사량의 과다
③ 과부하에서의 연속운전
④ 노즐 냉각기의 불량

> 분사노즐 과열 원인
> ① 분사시기 부적당
> ② 분사량의 과다
> ③ 과부하에서 연속 운전

27 저속 상태가 나쁘고 회전이 일정하지 않을 때의 원인으로 틀린 것은?

① 노즐 분사압력이 일정치 않다.
② 노즐의 무화상태가 불량하다.
③ 거버너(조속기) 스프링의 장력이 정상이다.
④ 플런저의 송유량이 일정치 못하다.

> 저속 상태가 나쁘고 회전이 일정하지 않을 때, 이는 플런저의 송유량이 일정치 못하기 때문에 연료 공급이 부족하거나 과다하여 노즐 분사압력이 일정치 않고, 노즐의 무화상태가 불량해지기 때문이다.

28 분사 펌프의 테스트 결과가 아래와 같을 때 수정을 요하는 실린더는?(단, 불균율 한계는 ±4(%)이다.)

실린더 번호	1	2	3	4	5	6
분사량(cc)	31	33	28	29	29	30

① 1, 2번 실린더
② 2, 3번 실린더
③ 3, 4번 실린더
④ 5, 6번 실린더

> 분사량 평균값
> $= \dfrac{\text{각실린더 분사량의합}}{\text{실린더수}}$
> $= \dfrac{31+33+28+29+29+30}{6} = 30$
> 불균율 수정값 = 분사량 평균값 × 0.04
> = 1.2cc, (+)불균율 한계는 30+1.2=31.2cc, (−)불균율 한계는 30−1.2=28.8cc이므로 28.8~31.2cc까지는 수정이 불필요하다.

29 연료 분사관을 보관할 때 주의할 점은?

① 분사관 입구 양쪽에 나무 또는 고무마개를 한다.
② 분사관을 경유 속에 담가 둔다.
③ 분사관내 방청유를 채우고 나무 또는 고무마개를 한다.
④ 분사관을 석유 속에 담가 둔다.

> 연료 분사관은 연료를 정확하게 분사하기 위해 매우 민감한 부품이다. 따라서 보관할 때는 분사관 내부에 먼지나 이물질이 들어가지 않도록 방청유를 채우고, 입구를 나무 또는 고무마개로 막아야 한다.

| 정 | 답 | 25 ③ 26 ④ 27 ③ 28 ② 29 ③

30 디젤 엔진 인젝션 펌프에서 딜리버리 밸브의 기능으로 틀린 것은?

① 역류방지
② 후적방지
③ 잔압 유지
④ 유량조정

> 딜리버리 밸브는 플런저에 의한 연료 송출이 끝났을 때 닫혀서, 분사 파이프에서 펌프가 연료가 역류하는 것을 방지 함과 동시에 딜리버리 밸브 자체의 흡입 작동에 의하여 분사 노즐에서의 후적을 방지하는 작용을 한다.

31 연료 파이프 피팅을 풀 때 가장 알맞은 렌치는?

① 탭렌치
② 복스렌치
③ 소켓렌치
④ 오픈 엔드렌치

> 연료 파이프 피팅은 일반적으로 볼트와 너트가 아닌 플랜지 형태로 구성되어 있으며, 이러한 플랜지를 풀 때는 오픈 엔드렌치가 가장 적합하다. 오픈 엔드렌치는 두 개의 평면이 열려 있어 플랜지와 같은 넓은 표면을 감싸고 회전시킬 수 있다.

32 기관의 시동을 쉽게 해주기 위하여 사용되는 보조기구 및 방법이 아닌 것은?

① 감압장치
② 예열장치
③ 연속촉진제 공급
④ 과급장치

> 과급장치는 기관의 출력을 높이기 위해 사용되는 부가장치로, 시동을 쉽게 해주는 것이 아니라 기관의 성능을 향상시키기 위해 사용된다. 따라서 시동을 쉽게 해주기 위한 보조기구나 방법이 아니다. 감압장치는 연료 공급을 안정화시켜 시동을 쉽게 해주는 역할을 하고, 예열장치는 차가운 기온에서 시동을 쉽게 하기 위해 엔진 내부를 가열시켜 주는 역할을 한다. 연속촉진제 공급은 시동을 쉽게 하기 위해 연속적으로 점화를 유지시켜 주는 역할을 한다.

| 정답 | 30 ④ 31 ④ 32 ④

CHAPTER 11 전자제어 센서

01 컴퓨터(ECU)의 입력요소

① **공기유량센서(AFS)** : 열막(hot film)방식을 사용한다. 주 기능은 기본 연료 분사량 결정 및 EGR(배기가스 재순환) 피드백 제어이며, 또 다른 기능은 스모그 제한 부스트 압력제어(매연 발생을 감소시키는 제어)이다.

② **흡기온도센서(ATS)** : 부특성 서미스터를 사용한다. 연료 분사량, 분사시기, 시동할 때 연료 분사량 제어 등의 보정신호로 사용된다.

③ **연료온도센서(FTS)** : 부특성 서미스터를 사용한다. 연료온도에 따른 연료 분사량 보정신호로 사용된다.

④ **수온센서(WTS)** : 부특성 서미스터를 사용한다. 엔진온도에 따른 연료 분사량을 증감하는 보정신호로 사용되며, 엔진의 온도에 따른 냉각팬 제어신호로도 사용된다.

⑤ **크랭크축 위치센서(CPS)** : 크랭크축과 일체로 되어 있는 센서 휠의 돌기를 검출하여 크랭크축의 각도 및 피스톤의 위치, 엔진 회전속도 등을 검출하여 기본 연료 분사량 및 분사순서와 분사시기를 결정한다.

⑥ **캠 샤프트 포지션 센서(CMPS)** : 캠 샤프트의 위치를 검출하여 각 실린더의 정확한 행정을 알 수 있어 연료 분사를 순차적으로 제어한다.

⑦ **가속페달 위치센서(APS)** : 운전자가 가속페달을 밟은 정도를 컴퓨터로 전달하는 센서이며, 센서 1에 의해 연료 분사량과 분사시기가 결정되고, 센서 2는 센서 1을 감시하는 기능으로 차량의 급출발을 방지하기 위한 것이다.

⑧ **연료압력센서(RPS)** : 반도체 피에조소자를 사용한다. 이 센서의 신호를 받아 컴퓨터는 연료 분사량 및 분사시기 조정신호로 사용한다. 고장이 발생하면 림프 홈 모드(페일 세이프)로 진입하여 연료압력을 400bar로 고정시킨다.
⑨ 축전지 전압

02 컴퓨터(ECU)의 출력요소

① **인젝터** : 고압 연료 펌프로부터 송출된 연료가 커먼레일을 통하여 인젝터로 공급되며, 연료를 연소실에 직접 분사한다.
② **EGR밸브** : 엔진에서 배출되는 가스 중 질소산화물(NOx) 배출을 억제한다.

필기 예상 문제

01 전자제어 연료분사 장치에서 컴퓨터는 무엇에 근거하여 기본 연료분사량을 결정하는가?

① 엔진회전 신호와 차량 속도
② 흡입 공기량과 엔진회전수
③ 냉각수 온도와 흡입 공기량
④ 차량 속도와 흡입 공기량

> 컴퓨터는 다양한 센서로부터 받은 정보를 바탕으로 기본 연료 분사량을 결정한다. 기본 연료분사량은 흡입 공기량과 엔진회전수로 결정한다.

02 다음 중 전자제어 연료분사장치의 온도 센서로 가장 많이 사용되는 것은?

① 저항
② 다이오드
③ TR
④ NTC 서미스터

> NTC 서미스터는 온도가 올라감에 따라 저항값이 감소하는 특성을 가지고 있기 때문에, 전자제어 연료분사장치에서 온도 측정에 많이 사용된다.

03 디젤 전자제어 분배형 분사펌프에서 TPS(타이머 피스톤 센서)의 기능은?

① 타이머 피스톤 위치 검출
② 타이머 피스톤 속도 검출
③ 펌프 회전수 검출
④ 타이머 피스톤의 회전수 검출

> TPS(타이머 피스톤 센서)는 디젤 전자제어 분배형 분사펌프에서 타이머 피스톤 위치를 검출하는 역할을 한다. 이는 분사 시점을 정확히 파악하여 연료를 정확하게 분사하기 위함이다.

04 전자제어 엔진에 구성되어 있는 센서의 설명으로 틀린 것은?

① 공기유량센서(AFS)는 엔진으로 흡입되는 공기량에 비례하는 신호를 보낸다.
② 크랭크각 센서는 크랭크축의 위치를 판별하여 준다.
③ 산소 센서는 냉각 시 폐회로 상태로 온간시는 개회로 상태로 작동한다.
④ 수온센서(WTS)는 냉각수 온도를 감지하여 신호를 보낸다.

> 산소 센서는 엔진 내부에서 연소가 일어날 때 발생하는 산소량을 감지하여 신호를 보내는 센서이다. 따라서 냉각시 폐회로나 개회로 상태와는 무관하다.

| 정답 | 01 ② 02 ④ 03 ① 04 ③

05 커먼레일 디젤 엔진의 공기유량 센서(AFS)에 대한 설명 중 맞지 않는 것은?

① EGR 피드백제어 기능을 주로 한다.
② 열막방식을 사용한다.
③ 연료량 제어기능을 주로 한다.
④ 스모그 제한 부스터 압력제어용으로 사용한다.

06 커먼레일 디젤 엔진의 흡기온도센서(ATS)에 대한 설명으로 틀린 것은?

① 주로 냉각팬 제어신호로 사용된다.
② 연료량 제어 보정신호로 사용된다.
③ 분사시기 제어 보정신호로 사용된다.
④ 부특성 서미스터이다.

07 21톤급 굴삭기 엔진에 부착된 RPM센서의 부착 위치는?

① 타이밍 기어
② 크랭크 샤프트 기어
③ 플라이휠 링 기어
④ 캠 샤프트 기어

> 21톤급 굴삭기 엔진의 RPM 센서는 플라이휠 링 기어에 부착된다. 이는 엔진의 회전을 감지하기 위해 사용되는데, 플라이휠 링 기어는 엔진의 회전과 함께 회전하므로 RPM센서를 부착하기에 적합한 위치이다.

08 유닛 분사펌프 시스템에서 페달센서의 설치 위치는?

① 페달 근처   ② 분사 펌프
③ 인젝터   ④ 조향핸들

> 페달센서는 운전자가 가속을 조절하는 역할을 하기 때문에, 분사펌프 시스템에서는 페달 근처에 설치된다. 이렇게 설치함으로써 운전자의 발에 가까운 위치에서 가속을 조절할 수 있으며, 운전 중에도 쉽게 조작할 수 있다.

09 커먼레일 디젤 엔진의 가속페달 포지션 센서에 대한 설명 중 맞지 않는 것은?

① 가속페달 포지션센서는 운전자의 의지를 전달하는 센서이다.
② 가속페달 포지션센서 2는 센서 1을 검사하는 센서이다.
③ 가속페달 포지션센서 3은 연료 온도에 따른 연료량 보정신호를 한다.
④ 가속페달 포지션센서 1은 연료량과 분사시기를 결정한다.

10 다음 중 전자제어 엔진에 쓰이는 압력센서에서의 압력 형식이 아닌 것은?

① 대기압력
② EGR 압력
③ 연료압력
④ 배기가스압력

> 전자제어 엔진에서 사용되는 압력센서는 대개 게이지 압력센서로, 측정 대상의 압력을 대기압력을 기준으로 측정한다. 따라서 대기압력은 측정 대상의 압력이 아니라, 기준이 되는 압력이다.

| 정 | 답 | 05 ③ 06 ① 07 ③ 08 ① 09 ③ 10 ①

11 냉각수 온도센서를 점검하는 방법으로 바른 것은?

① 압력을 저하시킨 후 통전시험을 해 본다.
② 압력을 가하면서 통전 테스트를 해 본다.
③ 출력부분과 접지부분의 전압을 측정해 본다.
④ 온도에 따른 저항값을 측정하여 비교해 본다.

> 냉각수 온도센서는 온도에 따라 저항값이 변화하기 때문에, 온도에 따른 저항값을 측정하여 비교해 보는 것이 가장 정확한 방법이다.

12 엔진의 운전 상태를 감시하고 고장진단 할 수 있는 기능은?

① 윤활 기능
② 제동 기능
③ 조향 기능
④ 자기진단 기능

> 자기진단 기능이란 엔진의 운전 상태를 감시하고 고장진단 할 수 있는 기능이다.

| 정 | 답 | 11 ④ 12 ④

CHAPTER 12 엔진제어 장치

01 커먼레일(CRDI : Common Rail Direct Injection) 디젤 분사장치

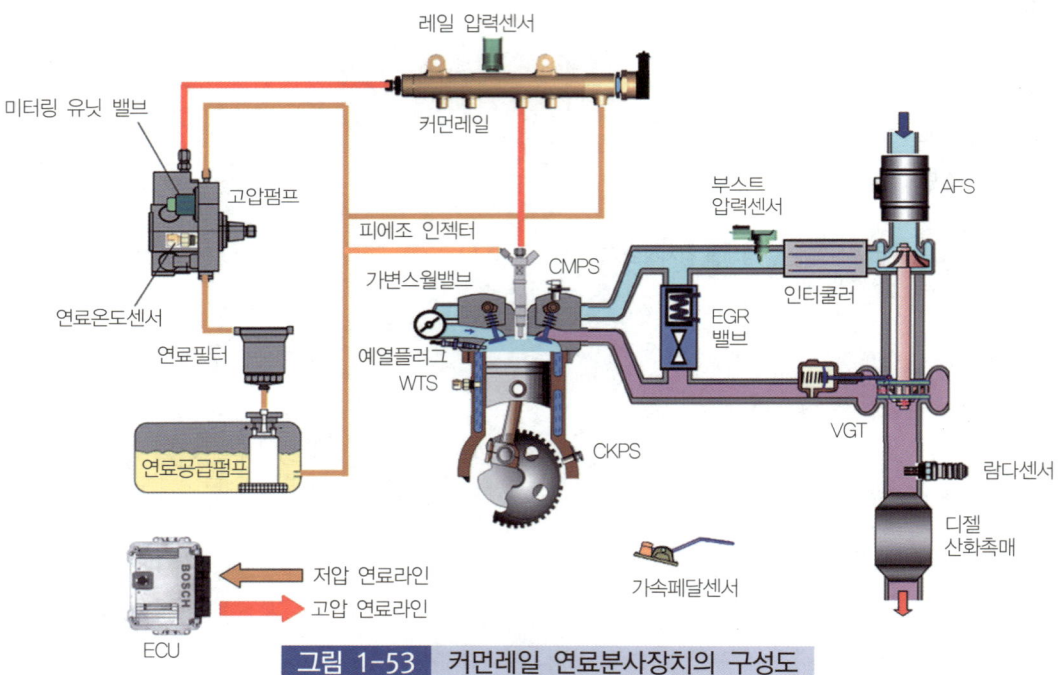

그림 1-53 커먼레일 연료분사장치의 구성도

02 특징

커먼레일(CRDI : Common Rail Direct Injection) 디젤 분사장치는 고압 펌프와 커먼레일을 이용한 초고압분사 방식의 디젤연료 분사장치이다. 또한, 기존 인젝션 펌프 디젤 엔진에 비하여 약 20%의 출력 향상과 약 15%의 연비 향상을 얻어냈으며, 유해 배출가스의 감소 및 디젤 엔진에서의 차량 응답성 또한 많은 향상을 가져왔으나, 커먼레일 디젤 엔진은 주요 구성부품들이 정밀도가 높기 때문에 부품의 수리나 교체어 드는 비용이 값이 비싸며 또한 연료품질에 민감하다.

03 커먼레일 연료분사장치 엔진의 연소과정

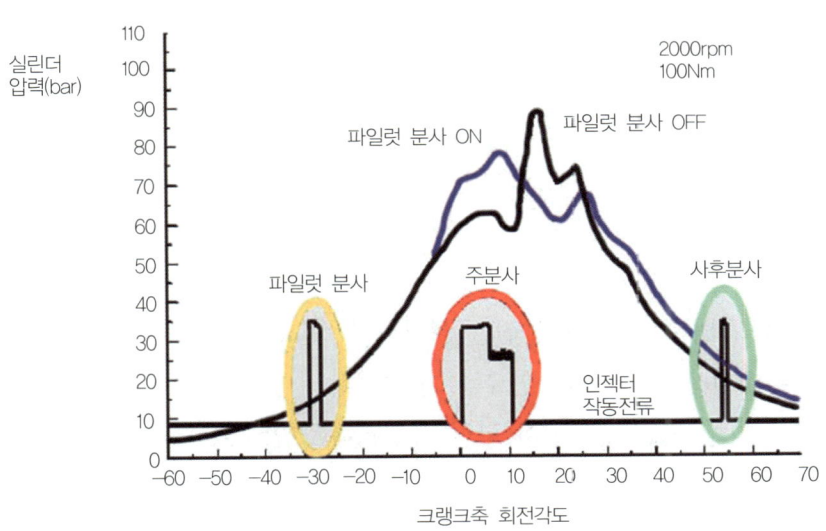

그림 1-54 커먼레일 연료분사장치 엔진의 연소과정

[1] 파일럿 분사(Pilot Injection, 착화 분사)

점화 분사란 주 분사가 이루어지기 전에 연료를 분사하여 연소가 원활히 되도록 하기 위한 것이며, 점화 분사 실시 여부에 따라 엔진의 소음과 진동을 줄일 수 있다.

[2] 주 분사(Main Injection)

주 분사는 점화 분사가 실행되었는지 여부를 고려하여 연료 분사량을 계산한다. 주 분사의 기본값으로 사용되는 것은 엔진 회전력의 양(가속페달 센서값), 엔진 회전속도, 냉각수 온도, 흡입공기 온도, 대기압력 등이다.

[3] 사후 분사(Post Injection)

사후 분사는 배기가스 규제의 강화에 의해 사용되는 것이며, 이것은 연소가 끝난 후 인젝터를 작동시켜 배기 행정에서 연료를 연소실로 공급하여 배기가스를 통해 촉매변환기에 공급하기 위한 것이다.

04 전자제어 디젤 엔진의 연료장치

커먼레일 디젤 엔진의 연료공급 과정은 연료탱크 → 연료 여과기 → 저압 연료 펌프 → 고압 연료 펌프 → 커먼레일 → 인젝터 순서이다.
① **저압 연료 펌프** : 연료 펌프 릴레이로부터 전원을 공급받아 고압 연료 펌프로 연료를 압송한다.
② **연료여과기** : 연료 속의 수분 및 이물질을 여과하며, 연료가열 장치가 설치되어 있어 겨울철에 냉각된 엔진을 시동할 때 연료를 가열한다.
③ **고압 연료 펌프** : 저압 연료 펌프에서 공급된 연료를 고압으로 압축하여 커먼레일로 공급한다.
④ **커먼레일** : 고압 연료 펌프에서 공급된 연료를 각 실린더의 인젝터로 분배한다.
⑤ **연료압력 제어 밸브** : 커먼레일 내의 연료압력이 규정값보다 높아지면 열려 연료의 일부를 연료탱크로 복귀시킨다.
⑥ **인젝터** : 고압의 연료를 컴퓨터의 전류제어를 통하여 연소실에 미립 형태로 분사한다. 인젝터의 점검항목은 저항, 연료분사량, 작동음이다.

필기 예상 문제

01 전자제어 디젤분사장치의 장점이 아닌 것은?

① 배출가스 규제수준의 충족
② 기관 소음의 감소
③ 연료소비율 증대
④ 최적화된 정숙운전

> 전자제어 디젤분사장치는 기관의 운전 상태에 따라 연료 분사량과 분사시기를 최적화하여 연료 소비율을 감소시키고 배출가스 규제 수준을 충족하고, 기관 소음을 감소시키며, 정숙운전을 실현하는 장점이 있다.

02 커먼레일 디젤 엔진의 연료장치 구성부품이 아닌 것은?

① 분사 펌프 ② 커먼레일
③ 고압 펌프 ④ 인젝터

> 분사 펌프는 기계식 디젤 엔진의 연료장치이다.

03 커먼레일 연료분사장치의 저압 계통이 아닌 것은?

① 1차 연료공급 펌프
② 연료 스트레이너
③ 연료 여과기
④ 커먼레일

> 커먼레일은 커먼레일, 고압 펌프, 인젝터와 함께 고압 계통이다.

04 전자제어식 디젤분사장치의 고압 영역은 압력 형성, 압력저장 및 연료계량의 영역으로 구분한다. 압력 형성을 하는 것은?

① 고압 펌프
② 레일압력센서
③ 커먼레일
④ 스피드센서

> ① 고압 펌프 : 압력 형성 역할을 담당한다.
> ② 레일압력센서 : 압력 저장 영역의 압력을 측정하여 ECU에 전달한다.
> ③ 커먼레일 : 압력 저장 영역이다. 고압 펌프로부터 공급된 고압 연료를 저장한다.
> ④ 스피드센서 : 엔진 속도를 측정하여 ECU에 전달한다.

05 커먼레일식 디젤기관에 부착되지 않는 센서는?

① 공기 중량센서
② 연료 온도센서
③ 레일 압력센서
④ 가속도센서

> 커먼레일식 디젤기관은 연료를 고압으로 분사하여 연소시키는데, 이때 레일 압력센서는 연료의 압력을 감지하여 제어에 활용된다. 또한 공기 중량센서는 공기의 유입량을 감지하여 연료 분사량을 조절하고, 연료 온도센서는 연료의 온도를 감지하여 연소 효율을 높이는 역할을 한다.

| 정 | 답 | 01 ③   02 ①   03 ④   04 ①   05 ④

06 전자제어 디젤 분사장치의 수행 기능이 아닌 것은?

① 전 부하 분사량 제한
② 최고속도 제한
③ 시동 분사량 제어
④ 무부하 분사량 제한

07 전자제어식 분사펌프장치의 특성과 가장 거리가 먼 것은?

① 동력성능 향상
② 가속 시 스모크 증가
③ 쾌적성 향상
④ 분사펌프에 보조장치 불필요

> 전자제어식 분사펌프장치는 동력성능을 향상시키고 쾌적성을 높이는 장점이 있지만, 가속 시 스모크가 증가하는 단점이 있다. 이는 분사펌프가 가속할 때 연료의 양이 증가하면서 과다한 연료가 분사되어 발생하는 것으로, 보조장치 없이는 이를 해결하기 어렵다.

| 정 답 | 06 ④ 07 ④

CHAPTER 13 유해 배기가스 처리장치

01 배기가스 후처리장치

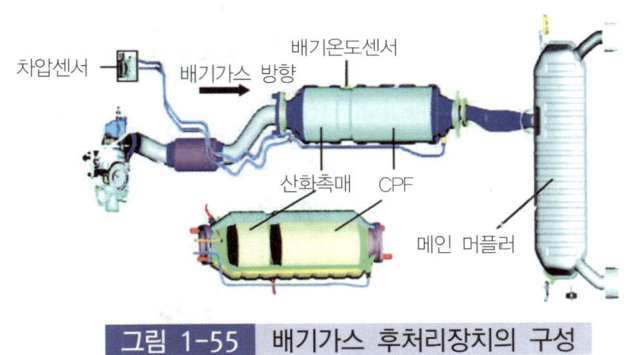

그림 1-55 배기가스 후처리장치의 구성

기존의 산화촉매와 함께 배기 통로에 배기가스 후처리장치(CPF : Catalyzed Particulate Filter or DPF : Diesel Particulate Filter)를 설치하여 매연을 포집하여 연소시켜 매연을 현저하게 감소시키는 장치이다.

배기가스 후처리장치는 CPF(Catalyzed Particulate Filter)를 비롯하여 산화촉매, 차압센서, 배기 온도센서 1, 2로 구성되어 있다.

① CPF(Catalyzed Particulate Filter) : CPF는 산화촉매 뒤쪽에 설치되어 있으며, 엔진에서 발생한 고체의 입자상물질을 포집 및 재생하는 장치이다.
② 산화촉매 : 산화촉매는 CPF 앞쪽에 설치되어 있으며, 엔진에서 발생한 일산화탄소와 탄화수소를 산화작용을 통해 이산화탄소와 물로 변환시키는 역할을 하고, 또 CPF가 재생할 때 촉매의 온도를 높이기 위한 발열작용을 한다.

③ 차압센서 : 차압센서는 촉매 앞뒤의 압력 차이를 검출하는 센서이며, 엔진 연소과정에서 발생한 입자상물질이 CPF에 축적된 정도를 측정한다.

④ 배기 온도센서 1과 2 : 배기 온도센서 1과 2는 센서가 설치된 부분의 배기가스 온도를 측정하여 엔진 ECM으로 입력시킨다. 센서 1은 VGT(가변용량 터보차저)에 설치되고, 센서 2는 CPF와 산화촉매 사이에 설치되어 CPF가 재생할 때 온도를 피드백 제어한다.

02 SCR(Selective Catalytic Reduction)

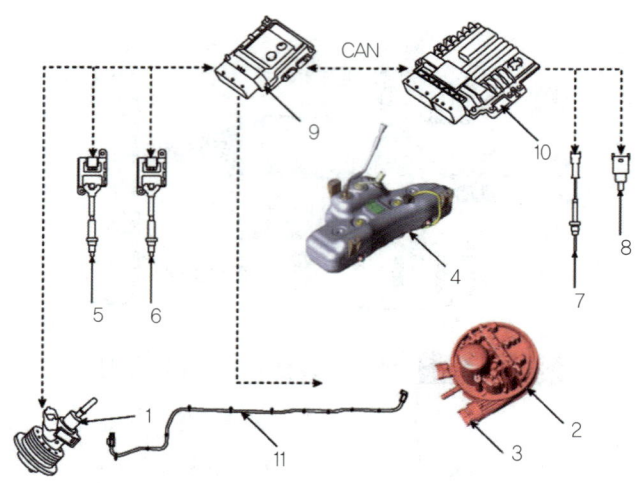

1. 도징 인젝터 2. 서플라이 모듈 3. 요소수 온도 센서 4. 요소수 탱크 5. PM 센서(프론트)
6. NOx 센서(리어) 7. 배기가스 온도 센서 8. 실외 온도 센서 9. 도징 컨트롤 유닛(DCU)
10. ECM 11. 열선 튜브

그림 1-56 | SCR 구성부품

[1] SCR 시스템 개요 및 작동원리

SCR은 질소산화물에 요소수로 부르기도 하는 NH_3(암모니아)수 또는 우레아(Urea : $NH_2(2CO)$) 수용액을 전용 분사 제어장치를 통해 분사한 후 질소산화물(NOx)과 반응을 일으켜 물과 질소로 변환시키는 촉매장치이다. SCR 구성은 다음과 같다.

엔진 → DOC(디젤산화촉매) → DPF(디젤매연필터) → DM(도징모듈) → SCR(선택적 환원촉매)

[2] SCR 시스템 구성

도징 컨트롤 유닛(DCU)은 SCR 시스템에서 필요한 양의 요소수를 분사하기 위해 도징 인젝터를 제어한다. 도징 컨트롤 유닛의 기능은 도징 인젝터 제어, 열선 튜브 제어, 외부 센서의 측정, 모니터링 기능, OBD 기능 등이 있다.

03 희박 질소 촉매(LNT : Lean NOx Trap)

LNT 방식은 NOx의 일부를 내보내지 않고 필터에 묶어두는 방식이다. 이후 연료를 과잉으로 내보내 필터에 쌓인 NOx를 다시 태워 필터를 환원한다. LNT은 질소산화물을 정화하기 위한 촉매로 주행 중 백금, 팔라듐, 바륨 등의 귀금속으로 코팅된 필터에 NOx를 흡장(Occlusion)하고, 정화 시에는 DPF 재생 때와 마찬가지로 후 분사를 통해 NOx를 탈장한다. 연소시켜서 없애는 방식이어서 연료효율이 떨어지는 단점이 있다.

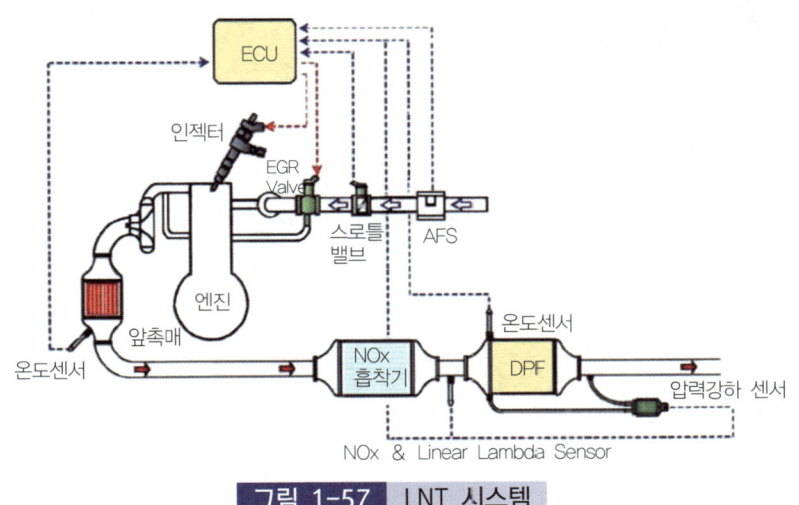

그림 1-57 LNT 시스템

04 배기가스 재순환 제어(EGR)

일반적으로 배기가스 재순환율은 5~15% 정도의 소량 배기가스 재순환을 하는 경우에는 기계적인 방식을 채용하고, 배기가스 재순환율이 15~35% 정도의 대량 배기가스 재순환을 하는 경우에는 전자제어 방식을 사용한다.

디젤기관은 공기유량센서(AFS)로 EGR(배기가스 재순환) 피드백 제어한다. EGR을 하게 되면 NOx는 저감되나 착화성이나 엔진의 출력이 저하되므로 차속이나 엔진의 부하상태에 따라 적절한 EGR량을 제어할 필요가 있다.

EGR제어량의 지표로써 EGR율(EGR rate)이 사용되며 다음과 같이 정의된다.

$$EGR율 = \frac{EGR량}{흡입공기량 + EGR량} \times 100(\%)$$

[1] EGR(Exhaust Gas Recirculation) 밸브

EGR 밸브는 배기가스 중의 일부분을 다시 흡기 매니폴드로 유입 재연소시켜 엔진에서 배출되는 가스 중 질소산화물(NOx) 배출을 억제하기 위한 밸브이다.

(a) 진공식 EGR 밸브   (b) 전자식 EGR 밸브

그림 1-58 EGR 밸브

[2] EGR 솔레노이드 밸브

EGR 솔레노이드 밸브는 ECU에서 계산된 값을 PWM 방식으로 제어하며, 제어값에 따라 EGR 밸브 작동량이 결정되는데, 각종 입력되는 값과 흡입 공기량을 계산하여 실제 제어값을 출력하도록 되어있다.

필기 예상 문제

01 기관의 크랭크케이스 환기에 대한 대기 오염 방지를 위한 장치는?

① 강제 환기장치(P.C.V)
② 증발 제어장치(E.C.S)
③ 증발 물질 제어장치(E.E.C)
④ 공기 분사장치(A.R.S)

> 강제 환기장치(P.C.V)는 Positive Crankcase Ventilation의 약자로, 엔진 내부에서 발생하는 가스를 외부로 배출하여 대기 오염을 방지하는 장치이다.

02 크랭크 케이스에 환기장치를 두는 이유는?

① 윤활유의 청결을 위하여
② 과열과 배압을 막기 위하여
③ 엔진 과냉을 방지해 주기 위하여
④ 엔진 작용 온도를 올리기 위하여

> 크랭크 케이스에 환기장치를 두는 이유는 과열과 배압을 막기 위해서이다. 엔진 작동 중에 발생하는 열과 압력은 크랭크 케이스 내부에서 쌓이게 되는데, 이를 환기장치를 통해 배출함으로써 엔진 내부의 과열과 배압을 막아주고 안정적인 작동을 유지할 수 있다.

03 가솔린 차량의 배출가스 중 NOx의 배출을 감소시키기 위한 방법으로 적당한 것은?

① 캐니스터 설치
② EGR장치 채택
③ DPF 시스템 채택
④ 간접연료 분사방식 채택

> 질소산화물의 감소는 배기가스 재순환장치(EGR)를 사용한다.

04 배기가스 재순환장치(EGR)의 설명으로 틀린 것은?

① 가속성능을 향상시키기 위해 급가속 시에는 차단된다.
② 연소온도가 낮아지게 된다.
③ 질소산화물(NOx)이 증가한다.
④ 탄화수소와 일산화탄소량은 저감되지 않는다.

> 질소산화물을 감소시키는 역할을 하는 장치이다.

05 전자제어기관에서 배기가스가 재순환되는 EGR장치의 EGR율(%)을 바르게 나타낸 것은?

① $EGR율 = \dfrac{EGR가스량}{배기공기량 + EGR가스량} \times 100$
② $EGR율 = \dfrac{EGR가스량}{EGR가스량 + 흡입공기량} \times 100$
③ $EGR율 = \dfrac{흡입공기량}{흡입공기량 + EGR가스량} \times 100$
④ $EGR율 = \dfrac{배기공기량}{EGR공기량 + 흡입공기량} \times 100$

| 정 | 답 | 01 ① 02 ② 03 ② 04 ③ 05 ②

02

PART

차체정비

CHAPTER 01 클러치(Clutch)

클러치(clutch)는 엔진 플라이휠과 변속기 입력축 사이에 설치되며, 엔진의 동력을 변속기에 전달하거나 차단하는 역할을 한다.

01 필요성

① 기관 시동 시 기관을 무부하 상태로 유지하기 위해
② 기관의 동력을 차단하여 관성운전이 되도록 하기 위해
③ 기어 변속 시 기관의 동력을 일시적으로 차단하여 변속이 원활하게 하기 위해

02 구비조건

① 방열이 잘 되고 과열되지 않을 것
② 클러치 작용이 원활하고 단속이 확실하고 쉬울 것
③ 구조가 간단하고 취급이 용이하며 고장이 적을 것
④ 회전부분은 동적 및 정적 평형이 좋고, 회전관성이 작을 것
⑤ 동력전달은 미끄러지면서 접속하고 접속된 후에는 미끄러짐이 없을 것

03 클러치의 구조

[1] 클러치판(Clutch Plate or Clutch Disc)

클러치판은 플라이휠과 압력판 사이에 끼워져 있으며 기관의 동력을 변속기 입력축을 통하여 변속기로 전달하는 마찰판이다.

① 페이싱(Facing) : 클러치판의 마찰면이며, 마찰계수는 0.3 ~0.5μ 정도로 내마멸성, 내열성이 크며 온도변화에 따른 마찰계수 변화가 적어야 한다.

② 비틀림 코일 스프링(Torsional Coil Spring or Damper Spring) : 클러치판이 플라이휠에 접촉되어 동력전달이 시작될 때 회전충격을 흡수한다.

③ 쿠션 스프링(Cushion Spring) : 클러치가 급격히 접촉될 때 변형되어 동력전달을 원활히 하고 클러치판의 변형, 편마멸, 파손 등을 방지한다.

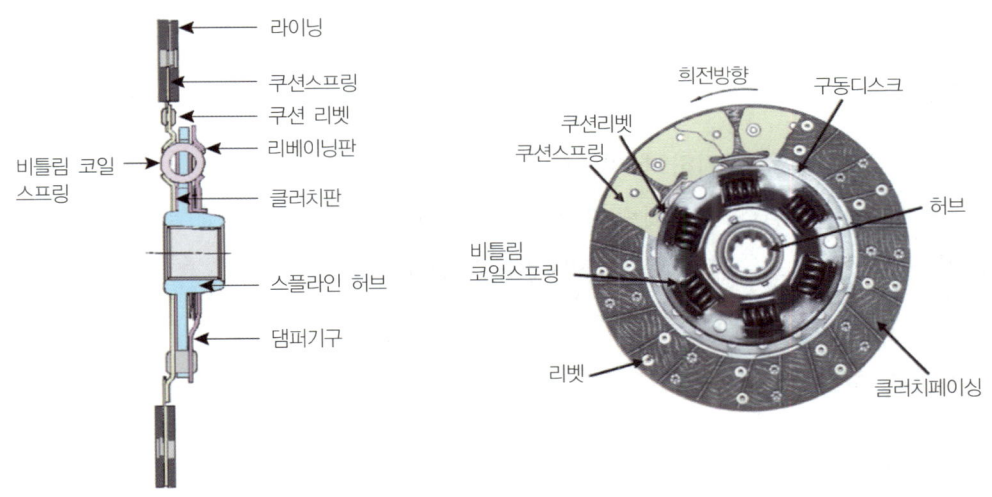

그림 2-1 클러치판의 구조

[2] 클러치축(변속기 입력축)

변속기 입력축은 클러치판이 받은 엔진의 동력을 변속기로 전달하며, 축의 스플라인 부분에 클러치판 허브의 스플라인이 끼워져 길이 방향으로 미끄럼운동을 한다.

[3] 릴리스 베어링(Release Bearing)

릴리스 포크에 의해 클러치 축 방향으로 움직이며 클러치 페달을 밟으면 릴리스 레버를 눌러 클러치를 차단한다. 종류에는 앵귤러 접속형(Angular Contact Type), 볼 베어링형(Ball Bearing Type), 카본형(Carbon Type)이 있고 영구 주유식이므로 솔벤트 등의 세척제로 세척해서는 안 된다.

04 클러치 페달 자유간극

자유간극(또는 유격)이란 클러치 페달을 밟은 후부터 릴리스 베어링이 다이어프램 스프링(또는 릴리스 레버)에 닿을 때까지 페달이 이동한 거리를 말하며, 클러치의 미끄러짐을 방지할 목적으로 자유간극은 25~30mm 정도 둔다.

[1] 유격을 두는 이유

① 클러치의 미끄러짐을 방지하기 위해서
② 클러치 페이싱 및 릴리스 베어링 마멸을 적게 하기 위해서
③ 클러치가 잘 끊기도록 해서 변속기의 물림을 쉽게 하기 위해서

[2] 유격이 크면

① 클러치 끌림 발생
② 클러치 차단 불량으로 변속 시 소음이 나고 변속 조작이 불량

[3] 유격이 작으면

① 클러치 과열 발생
② 클러치가 미끄러져 동력전달 불량
③ 페이싱(Facing) 및 릴리스 베어링의 조기 마모

05 클러치 용량

클러치 용량이란 클러치가 전달할 수 있는 회전력의 크기이며, 일반적으로 사용 엔진 회전력의 1.5~2.5배 정도이다. 클러치 용량은 압력판 스프링의 세기, 클러치판의 마찰계수, 클러치판의 직경에 따라 결정된다. 클러치의 차단 속도는 빠르게 하고, 접속 속도는 서서히 조작한다.
① 용량이 크면 : 충격 과대, 기관 정지, 조작력 증대
② 용량이 작으면 : 동력전달 불량, 슬립(Slip) 발생

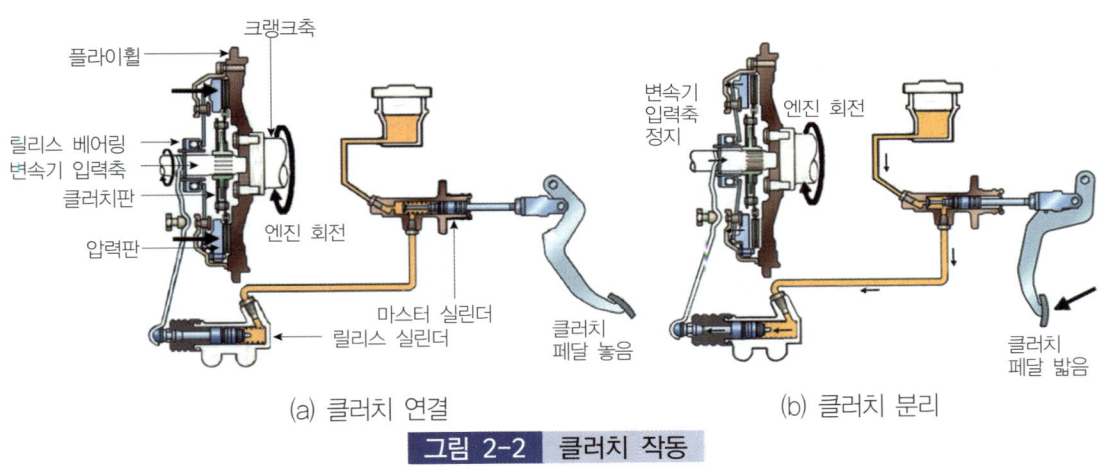

(a) 클러치 연결   (b) 클러치 분리

그림 2-2 클러치 작동

[1] 클러치가 미끄러지지 않을 조건

$$P\mu r(클러치\ 용량) \geq T$$

P : 클러치 스프링 장력(kgf)　　μ : 클러치판과 압력판 사이의 마찰계수
r : 클러치판의 평균 반지름(m)　T : 엔진 회전력(kgf·m)

[2] 클러치의 전달효율

$$전달효율 = \frac{클러치에서\ 나온\ 동력}{클러치로\ 들어간\ 동력} \times 100[\%]$$

또, 회전 동력은 회전속도의 곱에 비례하기 때문에 위 공식은 다음과 같이 된다.

$$\eta = \frac{T_2 \times N_2}{T_1 \times N_1}$$

T_1 : 엔진의 발생 회전력(kgf·m) T_2 : 클러치의 출력 회전력(kgf·m)
N_1 : 엔진의 회전속도(rpm) N_2 : 클러치의 출력 회전속도(rpm)

06 클러치 고장진단

[1] 클러치가 미끄러지는 원인

① 페이싱에 오일 부착
② 페이싱의 과다한 마모 및 경화
③ 클러치 페달의 자유간극 과소
④ 클러치 스프링의 장력 자유고 감소
⑤ 플라이휠 및 압력판의 손상 또는 마모

[2] 클러치 차단 불량 원인

① 클러치 페달의 자유간극 과다
② 릴리스 베어링의 마모 및 파손
③ 클러치판의 런 아웃(Run Out) 과다
④ 오일 라인에서 공기 혼입 또는 오일 누출

[3] 클러치 소음 발생원인

① 릴리스 베어링(Release Bearing) 마멸
② 비틀림 코일 스프링(Torsional Coil Spring) 파손

필기 예상 문제

01 엔진과 변속기 사이에 설치되어 동력의 차단 및 전달의 기능을 하는 것은?

① 변속기
② 클러치
③ 추진축
④ 차축

> 클러치(clutch)는 엔진 플라이휠과 변속기 입력축 사이에 설치되며, 엔진의 동력을 변속기에 전달하거나 차단하는 역할을 한다.

02 클러치의 필요성으로 틀린 것은?

① 전·후진을 위해
② 관성운동을 하기 위해
③ 기어변속 시 엔진의 동력을 차단하기 위해
④ 엔진시동 시 엔진을 무부하 상태로 하기 위해

> **클러치의 필요성**
> ① 기관 시동 시 기관을 무부하 상태로 유지하기 위해
> ② 기관의 동력을 차단하여 관성운전이 되도록 하기 위해
> ③ 기어 변속 시 기관의 동력을 일시적으로 차단하여 변속이 원활하게 하기 위해

03 클러치에서 압력판의 역할로 맞는 것은?

① 클러치판을 밀어서 플라이휠에 압착시키는 역할을 한다.
② 제동역할을 위해 설치한다.
③ 릴리스 베어링의 회전을 용이하게 한다.
④ 엔진의 동력을 받아 속도를 조절한다.

> **클러치 압력판의 기능**
> ① 정상 상태에서는 클러치판과 밀착되어 엔진과 함께 회전한다.
> ② 클러치 페달을 밟으면 클러치판에서 분리되어 엔진의 출력을 차단한다.
> ③ 플라이휠에 대해 클러치 구동 플레이트를 누르기에 충분한 힘을 가하여 엔진의 토크를 효과적으로 전달한다.

04 운전 중 회전을 자유로이 단속할 수 있는 축이음은?

① 클러치
② 플랜지 조인트
③ 커플링
④ 유니버설 조인트

> 클러치는 엔진과 변속기 사이에 위치하여, 운전자가 변속기의 기어를 변경할 때 엔진과 변속기의 연결을 끊어주는 역할을 한다. 따라서 운전 중에도 회전을 자유롭게 단속할 수 있게 해주는 축이음이 된다.

|정|답| 01 ② 02 ① 03 ① 04 ①

05 클러치판의 비틀림 코일 스프링이 파손되었을 때 생기는 현상이 아닌 것은?

① 페달 유격이 커진다.
② 소리가 심하게 난다.
③ 클러치 작용 시 충격흡수가 안 된다.
④ 클러치 작용이 원활하지 못하게 한다.

> 클러치판의 비틀림 코일 스프링이 파손되면 클러치 작용 시 충격흡수가 안 되고, 클러치 작용이 원활하지 못하게 하며, 소리가 심하게 나는 현상도 발생할 수 있다.

06 다음 중 클러치 부품을 세척유로 세척을 하고자 한다. 세척해서는 안되는 부품은?

① 클러치 커버
② 릴리스 레버
③ 클러치 스프링
④ 릴리스 베어링

> 릴리스 베어링은 영구 주유식으로 세척하면 안 된다.

07 클러치 용량이 의미하는 것은?

① 클러치 하우징 내에 담겨지는 오일의 양
② 클러치 마찰판의 계수
③ 클러치 수동판 및 압력판의 크기
④ 클러치가 전달할 수 있는 회전력의 세기

> 클러치 용량은 클러치가 전달할 수 있는 회전력의 세기를 의미한다. 클러치는 엔진과 변속기 사이에서 동력을 전달하는 역할을 하며, 클러치 용량이 크면 더 많은 회전력을 전달할 수 있다. 따라서 클러치 용량이 크면 더 강력한 엔진 출력을 전달할 수 있고, 더 빠른 가속성능을 보여줄 수 있다.

08 클러치 용량이란 무엇을 표시하는가?

① 클러치판의 마찰계수
② 클러치 작동 확실성의 표시
③ 클러치가 전달할 수 있는 회전력의 크기
④ 클러치의 크기 및 압력판의 세기

09 클러치를 연결하고 기어 변속을 하면 어떻게 되는가?

① 기어에서 소리가 나고 기어가 마모된다.
② 변속 레버가 마모된다.
③ 기관이 정지된다.
④ 클러치 디스크가 마모된다.

> 클러치를 연결하고 기어 변속을 하면 기어와 기어 사이의 맞물림이 일어나게 되고, 이때 기어에서 마찰과 충격이 발생하여 소리가 나고 기어가 마모될 수 있다.

10 클러치를 정비하여 설치한 후 소음 검사를 할 때 자동차의 운전상태로 가장 적당한 것은?

① 가속 운전 시
② 감속 운전 시
③ 공전 운전 시
④ 등속 운전 시

> 클러치를 정비하여 설치한 후 소음 검사를 할 때는 공전 운전 시가 가장 적당하다.

| 정 | 답 | 05 ① 06 ④ 07 ④ 08 ③ 09 ① 10 ③

11 클러치가 미끄러지는 일과 관계가 없는 것은?

① 클러치 페달의 자유간극
② 스플라인 부의 마멸
③ 클러치 페이싱의 마멸
④ 클러치 페이싱의 오일 부착

> **클러치가 미끄러지는 원인**
> ① 페이싱에 오일 부착
> ② 페이싱의 과다한 마모 및 경화
> ③ 클러치 페달의 자유간극 과소
> ④ 클러치 스프링의 장력 자유고 감소
> ⑤ 플라이휠 및 압력판의 손상 또는 마모

12 클러치 페달의 자유간극 조정은?

① 클러치 페달을 움직여서
② 클러치 스프링의 장력을 조정하여
③ 클러치 페달 리턴 스프링의 장력을 조정하여
④ 클러치 링키지의 길이를 조정하여

> 클러치 페달의 자유간극 조정은 클러치 링키지의 길이를 조정하여 이루어진다.

|정|답| 11 ② 12 ④

CHAPTER 02 토크 컨버터(Torque Converter)

01 유체 클러치(Fluid Clutch)

[1] 구조

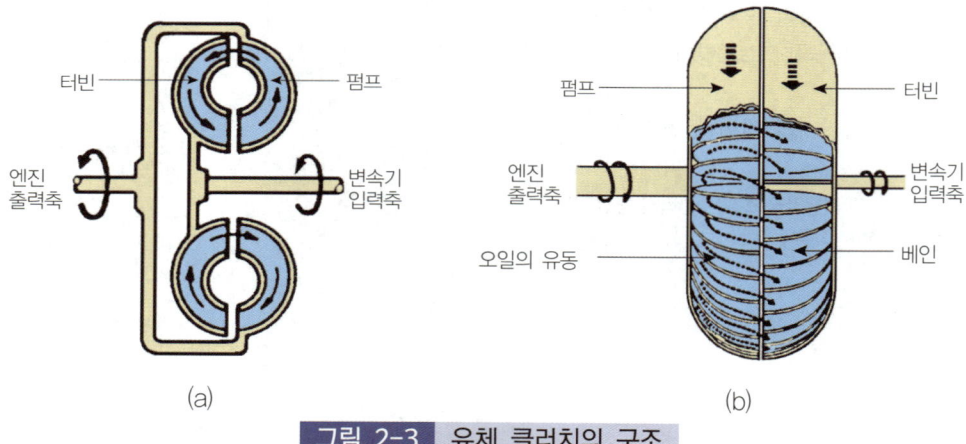

그림 2-3 유체 클러치의 구조

① 펌프, 임펠러(Pump, Impeller) : 크랭크축에 연결
② 터빈, 런너(Turbine, Runner) : 변속기 입력축에 연결
③ 가이드 링(Guide Ring) : 유체 클러치 내부에 일어나는 와류 감소

[2] 성능

① 동력전달 효율 : 97~98%, 슬립율 : 2~3%
② 토크 변환비 : 1 : 1(펌프와 터빈의 회전속도가 같을 때)

[3] 오일의 구비조건

① 점도가 낮을 것
② 비중이 클 것
③ 착화점이 높을 것
④ 내산성이 클 것
⑤ 유성이 좋을 것
⑥ 비등점이 높을 것
⑦ 융점이 낮을 것
⑧ 윤활성이 좋을 것

02 토크 컨버터(Torque Converter)

[1] 구조

그림 2-4 토크 컨버터

① 펌프, 임펠러(Pump, Impeller) : 크랭크축에 연결
② 터빈, 런너(Turbine, Runner) : 변속기 입력축에 연결
③ 스테이터(Stator) : 오일의 흐름방향을 바꾸어서 출력축의 회전력을 증대시켜 준다.
④ 토크 컨버터 베인 형상 : 유체 운동에너지를 이용하여 토크로 변환하며, 3요소(펌프, 터빈, 스테이터) 1단(터빈의 수) 2상형(토크 컨버터 영역, 유체 커플링 영역)이다.

[2] 성능

① 토크 변환비 : 2~3:1
② 건설기계에 부하가 걸리면 속도는 느려지면서 회전력은 증대한다.

[3] 유체 클러치와 토크 컨버터의 비교

토크 컨버터의 터빈과 펌프와의 회전속도 비율[$\frac{터빈의\ 회전속도}{펌프의\ 회전속도}$]에 대하여 그 회전력 변환비율[$\frac{터빈의\ 회전력}{펌프의\ 회전력}$] 및 동력 전달효율[회전속도 비율×회전력 변환비율]을 표시한다. 회전력은 회전속도 비율 0에서 최대가 되며, 이 점을 스톨 포인트(stall point)라 한다. 또 회전력 변환비율은 회전속도 비율이 높아짐에 따라 감소하며 어떤 회전속도 비율에서는 회전력 변환비율이 1이 된다. 이 점을 클러치 점(clutch point)이라 한다. 그 이상의 회전속도 비율에서는 회전력 변환비율이 1 이하가 된다.

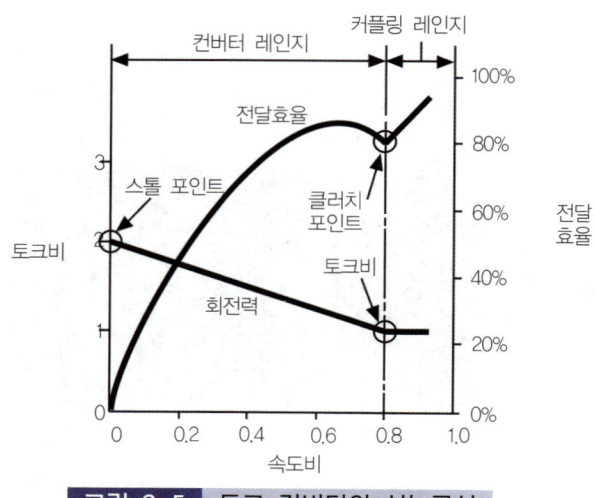

그림 2-5 토크 컨버터의 성능곡선

동력 전달효율은 스톨 포인트에서는 0이 되고 회전속도 비율이 높아짐에 따라 증가하는데, 일반적으로 클러치 점보다 낮은 회전속도 비율에서 최대가 되고 이후에는 급격히 낮아진다. 그 이상에서는 토크 컨버터의 일반적인 특성으로 회전력 변환비율 1의 클러치 점에서는 유체클러치로 변환한다. 따라서 스테이터와 프레임 사이에 원웨이 클러치(one way clutch, 일방향 클러치)를 설치하고 있는데, 이 원웨이 클러치에 의하여 클러치 점에 도달하면 지금까지 작동을 멈추고 있던 스테이터 날개의 뒷면에 오일이 작용하기 때문에 스테이터가 회전하기 시작하여 유체클러치와 같은 작용(동력만 전달)을 한다. 그리고 유체 클러치는 터빈의 회전속도와 관계없이 항상 토크비가 1이고 효율도 0~100% 부근까지 직선적으로 변화한다. 즉, 보통의 마찰 클러치와 같다. 토크 컨버터 토크 변환율은 약 2~3 : 1 정도이다.

03 유성기어장치(Planetary Gear System)

[1] 유성기어장치의 구성

① 포워드 선 기어(forward sun gear) : 전진용 선 기어이며, 리어 클러치 허브를 통하여 구동력이 전달되면 포워드 선 기어는 숏 피니언을 구동한다.
② 리버스 선 기어(reverse sun gear) : 후진용 선 기어이며, 프론트 클러치 리테이너에 설치되어 프론트 클러치가 작동할 때 킥다운 드럼의 중계로 구동력이 리버스 선 기어에 전달되어 롱 피니언을 구동한다.
③ 유성 캐리어(planetary carrier) : 유성 캐리어는 로 & 리버스 브레이크 허브 및 원웨이 클러치 아웃 레이스와 일체로 되어 있다. 4단 자동 변속기에서 엔드 클러치축의 중계로 엔드 클러치와 연결되어 있으며, 엔드 클러치가 작동될 때 구동력을 링 기어로 전달한다.
④ 링 기어(ring gear or annulus gear) : 출력 플랜지와 연결되어 있으며, 출력 플랜지에 설치된 트랜스퍼 구동 기어로 구동력을 전달한다.

그림 2-6 유성기어 구성

[2] 작동

$$N = \frac{A+D}{D} \times n$$

N : 링 기어의 회전,   A : 선 기어 잇수,   D : 링 기어 잇수,   n : 유성 캐리어의 회전수

고정부분	구동축	피동축	상태
선 기어	유성 기어 캐리어	링 기어	증속
	링 기어	유성기어 캐리어	감속
유성 기어 캐리어	선 기어	링 기어	역전 감속
	링 기어	선 기어	역전 증속
링 기어	유성 기어 캐리어	선 기어	증속
	선 기어	유성 기어 캐리어	감속

필기 예상 문제

01 토크 컨버터의 기본 구성품이 아닌 것은?

① 임펠러(펌프) ② 베인
③ 터빈(런너)   ④ 스테이터

> 토크 컨버터는 엔진의 동력을 변속기로 전달하는 장치로, 임펠러, 터빈, 스테이터로 구성되어 있다.

02 유체토크 변환기의 구성 3요소에 해당되지 않는 것은?

① 펌프 임펠러
② 스테이터
③ 사이드 기어
④ 터빈

> 유체토크 변환기의 구성 3요소는 펌프 임펠러, 스테이터, 터빈이다.

03 유체 클러치 오일이 갖추어야 할 조건 중 틀린 것은?

① 비점이 높을 것
② 착화점이 높을 것
③ 점도가 높을 것
④ 비중이 클 것

> 유체 클러치 오일은 엔진의 동력을 변속기 입력축으로 전달하는 역할을 하는 오일이다. 따라서 유체 클러치 오일은 다음과 같은 조건을 갖추어야 한다.
> ① 비점이 높을 것 : 유체 클러치 오일은 고온에서도 굳지 않고 흐를 수 있어야 한다. 따라서 비점이 높아야 한다.
> ② 착화점이 높을 것 : 유체 클러치 오일은 고온에서도 쉽게 연소되지 않아야 한다. 따라서 착화점이 높아야 한다.
> ③ 비중이 클 것 : 유체 클러치 오일은 펌프와 터빈 사이에 순환하면서 토크를 전달해야 한다. 따라서 비중이 커야 한다.

04 토크 컨버터를 바르게 설명한 것은?

① 유체를 사용하여 동력을 전달하는 장치로써 회전력을 증대시킨다.
② 수동변속기에서 동력을 전달하는 장치로써 회전수를 증대시킨다.
③ 수동변속기에서 동력을 전달하는 장치로써 회전력을 증대시킨다.
④ 인히비터 스위치 신호를 받아 컨트롤 밸브를 작동시킨다.

> 토크 컨버터는 자동변속기(A/T)에 사용되는 주요 부품으로 유체를 사용하여 동력을 전달하는 장치이며, 엔진의 회전력을 증대시키는 역할을 한다.

| 정답 | 01 ② 02 ③ 03 ③ 04 ①

05 토크 컨버터에서 회전력을 증대시키고 오일의 흐름방향을 바꿔 주는 것은?

① 펌프
② 터빈
③ 가이드링
④ 스테이터

> 토크 컨버터는 엔진의 회전력을 증폭하고 변속기를 위한 유압 연결을 제공하는 유압 장치이다. 펌프, 터빈, 스테이터, 가이드 링으로 구성되어 있다.
> ① 스테이터 : 회전력 증대 및 오일 흐름 방향 변경
> ② 펌프 : 엔진 동력으로 오일을 회전시켜 터빈으로 보냄
> ③ 터빈 : 펌프로부터 오일의 회전력을 받아 변속기로 전달
> ④ 가이드링 : 오일의 맴돌이 흐름(와류 : 渦流)을 방지

06 토크 변환기의 스테이터 역할은?

① 출력축의 회전속도를 빠르게 한다.
② 발열을 방지한다.
③ 저속, 중속에서 회전력을 크게 한다.
④ 고속에서 회전력을 크게 한다.

> 스테이터는 유압 오일의 흐름 방향을 제어하여 터빈에 작용하는 토크를 증폭시킨다. 이를 통해 엔진의 저속, 중속 영역에서도 필요한 회전력을 확보할 수 있도록 한다.

07 유체 클러치 내에서 맴돌이 흐름으로 유체의 충돌이 일어나 효율을 저하시키고 있다. 이 충돌을 방지하는 것은?

① 가이드링
② 스테이터
③ 임펠러
④ 펌프

> 유체 클러치 내에서 맴돌이 흐름으로 인해 유체의 충돌이 발생하면, 유체의 에너지가 소모되어 효율이 저하된다. 이를 방지하기 위해 가이드 링이 사용된다. 가이드 링은 유체의 흐름을 안내하여 충돌을 방지하고, 유체의 효율적인 이동을 돕는 역할을 한다.

08 유체 클러치에서 와류를 감소시키는 것은?

① 스테이터
② 베인
③ 커플링 케이스
④ 가이드 링

> 유체 클러치에서 와류를 감소시키는 것은 가이드 링이다.

09 다음은 불도저의 토크 변환기에 대하여 설명한 것이다. 맞는 것은 어느 것인가?

① 터빈축은 구동판을 거쳐 기관의 플라이휠과 연결되어 있다.
② 펌프는 커플링을 거쳐 기관의 플라이휠과 연결되어 있다.
③ 펌프는 구동판을 거쳐 기관의 플라이휠과 연결되어 있다.
④ 터빈축은 커플링을 거쳐 기관의 플라이휠과 연결되어 있다.

> 펌프는 구동판을 거쳐 기관의 플라이휠과 연결되어 있다.

|정|답| 05 ④ 06 ③ 07 ① 08 ④ 09 ③

10 유성 기어 장치의 구성품으로 맞는 것은?

① 선 기어, 링 기어, 유성 기어(캐리어)
② 링 기어, 선 기어, 솔레노이드 기어
③ 선 기어, 링 기어, 가이드 링
④ 링 기어, 유성 기어(캐리어), 가이드 링

> 유성 기어장치의 기본적인 구성품은 선 기어, 링 기어, 유성 기어(캐리어)이다.

11 작업 도중 엔진이 정지할 때 토크 변환기에서 오일의 역류를 방지하는 밸브는?

① 압력조정 밸브
② 스로틀 밸브
③ 체크 밸브
④ 매뉴얼 밸브

> ① 압력 조절 밸브 : 토크 변환기 내부의 유압을 조절하는 밸브이다.
> ② 스로틀 밸브 : 엔진으로부터 토크 변환기로 유입되는 오일의 양을 조절하는 밸브이다.
> ③ 체크 밸브 : 토크 변환기에서 오일의 역류를 방지하는 역할을 한다. 엔진이 정지할 때 토크 변환기 쪽 오일이 펌프 쪽으로 역류하는 것을 막아준다.
> ④ 매뉴얼 밸브 : 작업자가 직접 조작하여 유압의 흐름을 제어하는 밸브이다.

12 오버 드라이브 장치에서 선 기어를 고정하고 링 기어를 회전하면 유성 캐리어는 어떻게 되는가?

① 링 기어보다 빨리 회전한다.
② 링 기어보다 천천히 회전한다.
③ 링 기어의 회전속도와 같다.
④ 링 기어 회전수에 대하여 일정치 않다.

> 유성 캐리어는 링 기어보다 천천히 회전한다.

13 유체 클러치에서 구동축과 피동축의 속도에 따라 현저하게 달라지는 것은?

① 클러치 효율
② 열 발생
③ 와류 증대
④ 와류 감소

> 유체 클러치에서 구동축과 피동축의 속도에 따라 현저하게 달라지는 것은 클러치 효율이다. 이는 구동축과 피동축의 속도 차이가 클수록 클러치의 효율이 감소하기 때문이다.

14 토크 디바이더(torque divider)의 특징으로 틀린 것은?

① 최고 효율은 토크 변환기보다 5~6% 상승하나, 스톨 토크비는 감소한다.
② 유체구동의 원활한 특성은 감소한다.
③ 부하토크가 증가됨에 따라 기관의 회전은 저하되지만 저속에서 출력은 증가한다.
④ 입력축 토크 용량이 증대되므로 같은 기관에 대하여 사용하는 토크 변환비는 적어도 된다.

> 토크 디바이더는 변속기 종류로 최고 효율은 토크 변환기 보다 5~6% 상승하나, 스톨 토크비는 감소하고, 유체구동의 원활한 특성도 감소한다. 입력축 토크용량이 증대되므로 같은 기관에 대하여 사용하는 토크 변환비는 적어도 된다.

|정|답| 10 ① 11 ③ 12 ② 13 ① 14 ③

15 토크 컨버터에서 회전력이 최댓값이 될 때를 무엇이라 하는가?

① 토크 변환비
② 회전력
③ 스톨 포인트
④ 유체충돌 손실비

> 스톨 포인트란 토크 컨버터의 터빈이 회전하지 않을 때 펌프에서 전달되는 회전력으로 펌프의 회전수와 터빈의 회전비율이 0으로 회전력이 최대인 점이다.

16 토크 컨버터에 대한 설명으로 맞는 것은?

① 구성부품 중 펌프(임펠러)는 변속기 입력축과 기계적으로 연결되어 있다.
② 펌프, 터빈, 스테이터 등이 상호운동하여 회전력을 변환시킨다.
③ 엔진속도가 일정한 상태에서 건설기계의 속도가 줄어들면 토크는 감소한다.
④ 구성품 중 터빈은 엔진의 크랭크축과 기계적으로 연결되어 구동된다.

> 토크 컨버터(Torque converter)는 자동변속기에서 사용되는 장치로서 엔진과 유성기어(planetary gear) 사이에서 펌프, 터빈, 스테이터 등이 상호운동하여 회전력을 변환시켜 동력을 전달하는 장치이다. 자동차의 주행 저항에 따라 자동적, 연속적으로 구동력을 변화시킬 수 있다.

|정|답| 15 ③ 16 ②

CHAPTER 03 변속기(Transmission)

기관에서 발생된 동력을 주행속도에 알맞도록 회전력과 속도를 바꾸어 구동 바퀴에 전달한다.

01 필요성

① 건설기계 후진을 위해
② 기관의 회전력(Torque)을 증대시키기 위해
③ 기관 기동 시 무부하 상태로 유지하기 위해

02 구비조건

① 조작하기 쉽고 동력전달효율이 좋을 것
② 단계 없이 연속적으로 변속이 이루어질 것
③ 소형 경량이고 고장이 없으며 정비가 용이할 것
④ 변속이 신속하고 확실하며, 정숙하게 이루어질 것

03 변속 조작기구

① 로킹 볼(Locking Ball) : 변속 시에 감각을 느낄 수 있도록 함과 동시에 물려 있는 기어가 빠지는 것을 방지
② 인터 록(inter Lock) : 하나의 기어가 물려 있을 때 다른 기어는 중립에서 이동하지 못하도록 하여 변속 중 기어가 이중으로 물리는 것을 방지

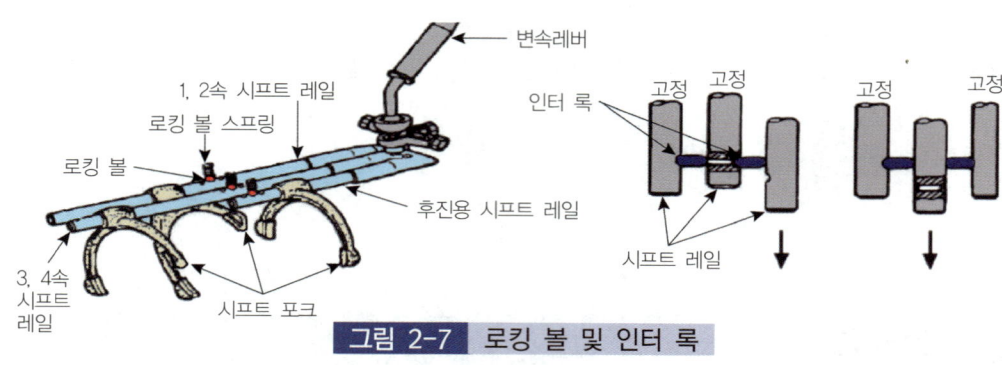

그림 2-7 로킹 볼 및 인터 록

04 변속비와 주행속도

변속비(또는 기어비)는 엔진의 회전수(또는 입력축 구동 기어의 회전수)와 추진축(또는 변속기 주축)의 회전수와의 비를 말한다.

$$변속비 = \frac{카운터\ 기어(부축기어)\ 잇수}{입력축\ 기어\ 잇수} \times \frac{변속단\ 출력축\ 기어\ 잇수}{변속단\ 카운터\ 기어\ 잇수}$$

자동차의 주행속도는 주행 저항을 계산에 넣지 않는다면 엔진의 회전수, 변속비, 종감속비 및 바퀴 크기에 따라 정해진다.

$$주행속도(km/h) = \pi D \frac{N}{r_t\ r_f}(m/min) = \pi D \times \frac{N}{r_t\ r_f} \times \frac{60}{1000}(km/h)$$

N : 엔진회전수(rpm), r_t : 변속기의 변속비, r_f : 종감속비, D : 바퀴직경(m)

05 변속기 고장 진단

[1] 변속 기어가 잘 물리지 않는 원인

① 시프트 레버(Shift Lever)의 휨
② 클러치 유격 과다로 클러치 차단 불량
③ 클러치 디스크 런 아웃(Run Out) 과다
④ 싱크로메시 기구의 접촉 불량 및 키 스프링의 마모

[2] 주행 중 기어가 빠지는 원인

① 기어의 과다한 마모
② 주축이나 부축 베어링의 마모
③ 시프트 포크(Shift Fork)의 마모
④ 클러치 허브 및 슬리브(Hub & Sleeve) 마모
⑤ 로킹 볼의 마모 또는 스프링의 쇠약 및 절손 시

[3] 변속기에서 소리가 나는 원인

① 각 기어의 축 방향 유격 과다
② 기어 및 베어링의 심한 마모
③ 주축 스플라인(Spline)부의 마모
④ 오일량 부족, 오일질 불량, 오일의 점도 저하

[4] 기어 변속시에 소음 발생원인

① 페달 자유유격의 과다
② 클러치 디스크 런 아웃 과다
③ 클러치 유압계통 오일 누출
④ 싱크로나이저 링(Synchronizer Ring) 마멸

[5] 변속기어가 잘 들어가지도 않고 빠지지도 않는 원인

① 클러치 차단 불량
② 인터 록(Inter Lock)의 파손
③ 시프트 레일(Shift Rail)의 휨
④ 싱크로메시 기구의 마멸 또는 파손
⑤ 변속레버 및 시프트 레일 선단부의 마멸

건설기계정비기능사
필기 예상 문제

01 변속기의 필요성과 관계가 없는 것은?

① 시동 시 장비를 무부하 상태로 한다.
② 엔진의 회전력을 증대시킨다.
③ 장비의 후진 시 필요로 한다.
④ 환향을 빠르게 한다.

> **변속기 필요성**
> ① 건설기계 후진을 위해
> ② 기관의 회전력(Torque)을 증대시키기 위해
> ③ 기관 기동 시 무부하 상태로 유지하기 위해

02 변속기의 구비조건으로 틀린 것은?

① 전달효율이 적을 것
② 변속조작이 용이할 것
③ 소형, 경량일 것
④ 단계가 없이 연속적인 변속조작이 가능할 것

> **변속기 구비조건**
> ① 조작하기 쉽고 동력전달효율이 좋을 것
> ② 단계 없이 연속적으로 변속이 이루어질 것
> ③ 소형 경량이고 고장이 없으며 정비가 용이할 것
> ④ 변속이 신속하고 확실하며, 정숙하게 이루어질 것

03 변속기에서 기어 빠짐을 방지하는 것은?

① 셀렉터　　② 인터록 볼
③ 로킹 볼　　④ 싱크로나이저 링

> 로킹 볼(Locking Ball)은 변속 시에 감각을 느낄 수 있도록 함과 동시에 물려 있는 기어가 빠지는 것을 방지한다.

04 수동변속기가 장착된 건설기계에서 기어의 이중 물림을 방지하는 장치는?

① 인젝션장치
② 인터쿨러장치
③ 인터록장치
④ 인터널 기어장치

> 인터 록(inter Lock)은 하나의 기어가 물려 있을 때 다른 기어는 중립에서 이동하지 못하도록 하여 변속 중 기어가 이중으로 물리는 것을 방지한다.

05 로드 롤러 운전 중 변속기가 과열되는 원인이 아닌 것은?

① 기어의 물림이 나쁘다.
② 변속레버가 헐겁다.
③ 오일이 부족하다.
④ 오일의 점도가 지나치게 높다.

> 변속리버가 헐겁다는 것은 변속기를 제어하는 레버가 손잡이 등을 통해 조작하기 어렵거나 움직임이 둔화되어 있다는 것을 의미한다. 이는 변속기의 작동에 직접적인 영향을 미치지 않는다.

|정|답| 01 ④　02 ①　03 ③　04 ③　05 ②

06 변속기 기어(gear)의 육안 점검사항과 무관한 것은?

① 기어의 백래시
② 이 끝의 절손 유무
③ 기어의 강도 점검
④ 기어의 균열 상태

07 건설기계 주행 시 변속기 고장으로 기어가 빠지는 원인 중 틀린 것은?

① GO(기어오일) 부족 시
② 기어 물림이 약할 때
③ 기어 샤프트가 휘었을 때
④ 기어 마모가 심할 때

> 기어오일은 변속기 내부의 기어와 부품들이 움직이는 데 필요한 윤활제 역할을 한다. 따라서 기어오일이 부족하면 기어와 부품들이 마찰하며, 이로 인해 변속기 고장이 발생하여 소음은 발생할 수 있지만 주행 시 변속기 고장으로 기어가 빠지지는 않는다.

08 변속기 부축의 축 방향 놀음(end play)은 무엇으로 측정하는가?

① 마이크로미터
② 필러 게이지
③ 버어니어 캘리퍼스
④ 텔레스코핑 게이지

> 변속기 부축의 축 방향 놀음은 필러 게이지로 측정한다. 이는 필러 게이지가 축과 수직 방향으로 삽입되어 부축의 축 방향 놀음을 측정할 수 있기 때문이다.

09 변속기 케이스에서 입력축을 떼어낼 때 사용되는 플라이어로서 가장 알맞은 것은?

① 니이들 노스 플라이어
② 스냅링 플라이어
③ 브레이크 스프링 플라이어
④ 다이어그널 플라이어

> 스냅링 플라이어는 스냅링을 떼거나 장착할 때 사용되는 도구로, 변속기 케이스에서 입력축을 떼어낼 때 필요한 스냅링을 쉽게 떼어낼 수 있기 때문에 가장 알맞은 도구이다.

10 변속할 때 기어의 물림 소리가 심하게 나는 원인은?

① 윤활유의 부족
② 기어 사이의 백래시 과다
③ 클러치가 끊어지지 않을 때
④ 시프트 포크와 시프트 레일과의 관계 불량

> 클러치가 끊어지지 않으면 클러치가 차단에 되지 않아 기어가 물리는 소리가 크게 발생한다.

11 자동 변속기 유압 제어 회로에 작용하는 유압은 어디서 발생하는가?

① 기관의 오일펌프
② 변속기 내의 오일펌프
③ 흡기 다기관의 부압
④ 배기 다기관의 부압

> 자동 변속기 유압 제어 회로에 작용하는 유압은 변속기 내부에 장착된 오일펌프에 의해 발생된다.

| 정 | 답 | 06 ③ 07 ① 08 ② 09 ② 10 ③ 11 ②

12 다음 중 자동변속기가 과열되는 원인으로 틀린 것은?

① 과부하 운전을 하였다.
② 메인 압력이 높다.
③ 오일 쿨러가 막혔다.
④ 오일량이 너무 많다.

> 오일량이 너무 많으면 자동변속기 내부에서 오일이 과도하게 순환되어 오일 온도가 낮아지기 때문에 과열되지 않는다.

13 자동변속기를 제어하는 것으로 틀린 것은?

① 매뉴얼 시프트
② 토크 변환기 속도
③ 가버너 압력
④ 스로틀 압력

> 자동변속기를 제어하는 요소는 매뉴얼 시프트, 가버너 압력, 스로틀 압력이다.

14 변속기 클러치 오일 압력이 감소되는 원인이 아닌 것은?

① 피스톤 쪽의 실링에서 누유가 있을 때
② 피스톤 바깥쪽의 실링에서 누유가 있을 때
③ 스테이터 서포트의 실링에서 누유가 있을 때
④ 메인 레규레이터 밸브 스프링의 영구 변형에 의한 피스톤의 마모가 있을 때

> 변속기 클러치 오일 압력이 감소되는 원인은 피스톤 쪽의 실링이나 피스톤 바깥쪽의 실링에서 누유가 있을 때 그리고 메인 레규레이터 밸브 스프링의 영구 변형에 의한 피스톤의 마모가 있을 때이다.

| 정답 | 12 ④ 13 ② 14 ③

CHAPTER 04 자재이음 및 종감속장치

01 드라이브 라인(Drive Line)

변속기의 출력을 구동축에 전달하는 부분으로 추진축, 자재이음, 슬립이음으로 구성

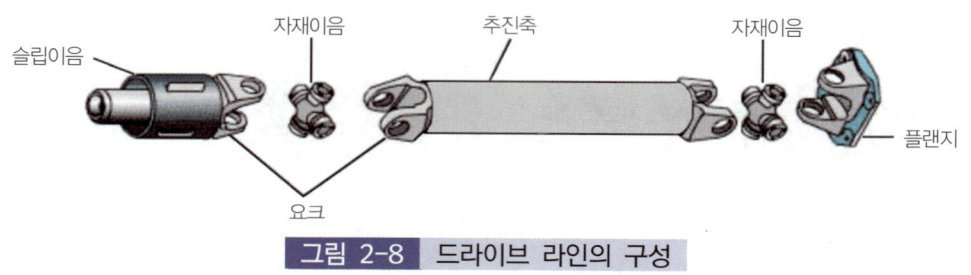

그림 2-8 드라이브 라인의 구성

[1] 추진축(Propeller Shaft)

추진축은 강한 비틀림을 받으면서 고속 회전하므로 이에 견딜 수 있도록 속이 빈 강관 (steel pipe)을 사용한다. 회전평형을 유지하기 위해 평형추가 부착되어 있으며, 그 양쪽에는 자재이음의 요크가 있다. 휠 링은 추진축이 기하학적 중심과 질량적 중심이 일치되지 않을 때 굽음, 진동을 일으키는 것을 말한다.

[2] 슬립이음(Slip Joint)

슬립이음은 변속기 주축 뒤끝에 스플라인을 통하여 설치되며, 뒷차축의 상하운동에 따

라 변속기와 종감속 기어 사이에서 길이 변화를 가능하도록 하기 위해 두고 있다.

[3] 자재이음(Universal Joint)

일정한 각을 이루고 회전력을 전달하기 위해 즉, 동력전달 각도 변화를 가능케 한다.

1) 십자형 자재이음(Cross Type Joint or Hook's Joint)

추진축 앞뒤에 자재이음을 설치하여 회전속도의 변화를 상쇄하도록 하였으며 구조가 비교적 간단하고 큰 동력을 원활히 전달할 수 있어 가장 많이 사용되고 구동 회전각도는 12~20° 정도이다.

2) 플랙시블 이음(Flexible Joint)

요크(Yoke) 사이에 고무(Rubber)로 만든 커플링(Coupling)을 끼우고 볼트로 조인 구조이며 주유를 필요로 하지 않고 회전이 정숙하나 구동 회전각이 3~5° 이상이 되면 진동이 발생되어 동력전달효율이 저하된다.

3) 보올엔드 트러니언 자재이음

중간에 볼이 있는 형식으로 전달각 12~18°이다

4) CV 자재이음(Constant Velocity Ratio Universal Joint)

등속 자재 이음은 FF(앞 엔진 앞바퀴 구동)자동차 또는 RR(뒤 엔진 뒷바퀴 구동)자동차에서는 그 구조상 설치각이 커지므로 피동축의 회전각 속도가 일정치 않아 진동이 발생하는 것을 방지하기 위해 이용되는 자재 이음이다. 설치 경사각은 29~45°이며, 볼과 안내 홈을 이용하여 설치 경사각에 관계없이 구동축과 피동축이 항상 일정하게 회전되도록 하며. 종류는 트랙터형, 벤딕스형, 제파형, 파르빌레형이 있으며, 승용차량에는 파르빌레형이 많이 사용된다.

02 종감속 기어와 차동장치(Final Reduction Gear or Differential System)

[1] 종감속 기어

변속기에서 전달되는 동력을 감속하여 회전력을 증대시킴과 동시에 직각 또는 직각에 가까운 각도로 변화시켜 액슬축에 전달한다.

1) 종류

① 웜과 웜 기어(Worm and Worm Gear) : 감속비를 크게 할 수 있고 차의 높이를 낮게 할 수 있으나 동력전달효율이 낮고 열이 발생되기 때문에 현재는 사용되지 않고 있다.

② 스파이럴 베벨 기어(Spiral Bevel Gear) : 기어 물림률이 크고 회전이 원활하며, 동력 전달효율이 높고 마멸이 적으나 회전할 때 축방향의 측압이 발생되므로 테이퍼 롤러 베어링을 사용하여야 한다.

③ 하이포이드 기어(Hypoid Gear) : 링 기어 회전 중심선과 구동 피니언 기어 회전 중심을 오프셋(링 기어 지름의 10~20%)되어 기어가 맞물려 있는 형식으로 현재 가장 많이 사용된다.

(a) 웜과 웜 기어 (b) 스퍼 베벨 기어 (c) 스파이럴 베벨 기어 (d) 하이포이드 기어

그림 2-9 종감속 기어의 종류

2) 종감속비

종감속비는 링 기어의 잇수와 구동 피니언의 이의 수의 비율로 표시된다.

$$\text{종감속비} = \frac{\text{링기어의 잇수}}{\text{구동피니언의 잇수}}, \quad \text{총감속비} = \text{변속비} \times \text{종감속비}$$

$$\text{바퀴의 회전수} = \text{추진 축회전수} \times \frac{\text{링 기어의 잇수}}{\text{구동 피니언의 잇수}}$$

3) 종감속 기어 이의 접촉과 수정방법

① 힐(Heel) 접촉 : 구동 피니언의 접촉이 링 기어의 대단부(힐)에 치우친 접촉으로 수정방법은 구동 피니언을 안으로, 링 기어는 밖으로
② 토우(Toe) 접촉 : 구동 피니언의 접촉이 링 기어의 소단부(토우)에 치우친 접촉으로 수정방법은 구동 피니언을 밖으로, 링 기어는 안으로
③ 페이스(Face) 접촉 : 구동 피니언의 접촉이 링 기어의 페이스(면)에 치우친 접촉으로 수정방법은 구동 피니언을 안으로, 링 기어는 밖으로
④ 플랭크(Flank) 접촉 : 구동 피니언의 접촉이 링 기어 골짜기(플랭크)에 치우친 접촉으로 수정방법은 구동 피니언을 밖으로, 링 기어는 안으로

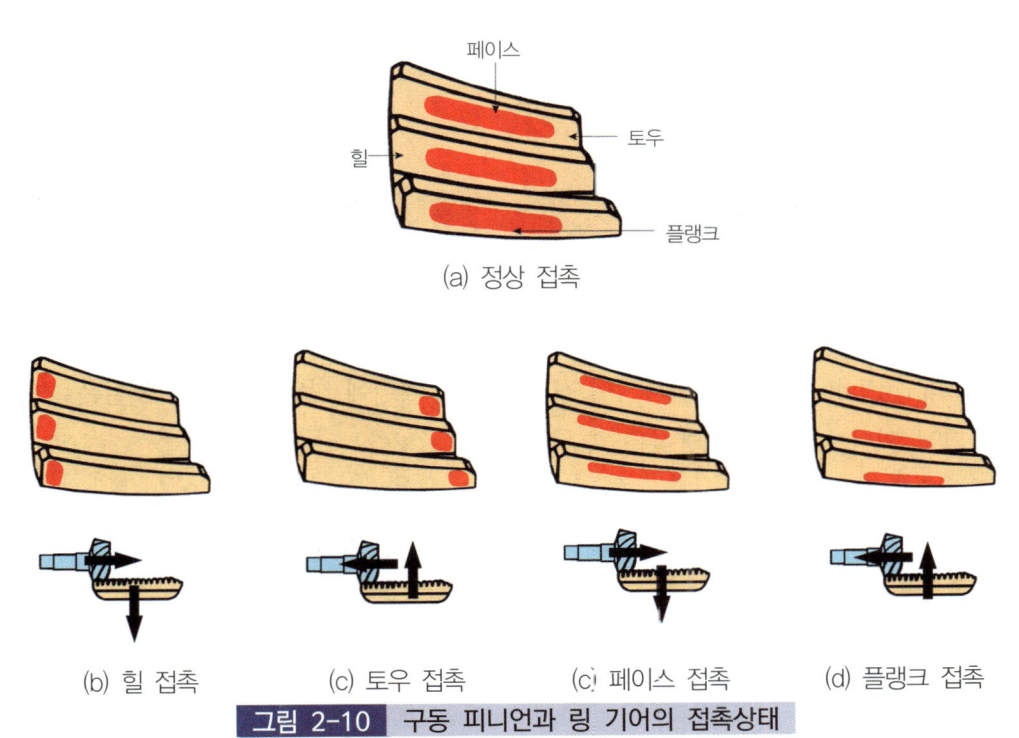

그림 2-10 구동 피니언과 링 기어의 접촉상태

[2] 차동장치

랙과 피니언(Rack & Pinion) 원리를 이용하여 주행 중 선회 시에 양쪽 바퀴가 미끄러지지 않고 원활하게 선회할 수 있도록 하기 위하여 바깥쪽 바퀴의 회전속도를 안쪽 바퀴보다 빠르게 해준다.

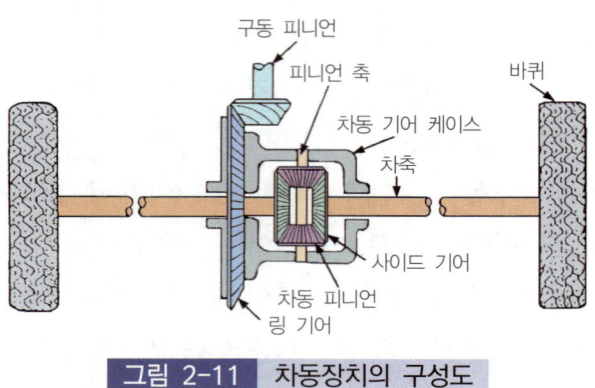

그림 2-11 차동장치의 구성도

03 차축(Axle Shaft)

종감속 기어와 차동기어 장치를 통해 전달된 동력을 구동 바퀴에 전달하는 축이며 그 양쪽 끝은 스플라인(Spline)을 통해 차동기어 장치 사이드 기어에 끼워지고 바깥쪽 끝은 구동바퀴와 연결되어 있다. 차축 지지방식은 다음과 같다.

① 전부동식(Full Floating Type) : 뒤차축 하중의 전체를 뒤차축 하우징(Housing)에 의하여 지지하는 형식으로 액슬축은 동력을 전달하는 일을 하며 바퀴를 빼지 않고 액슬축을 빼낼 수 있다.
② 반부동식(Semi Floating Type) : 액슬축이 동력을 전달함과 동시에 차량 중량도 1/2을 지지하는 형식
③ 3/4부동식(Three Quarter Floating Type) : 액슬축이 동력을 전달함과 동시에 차량 중량도 1/4을 지지하는 형식

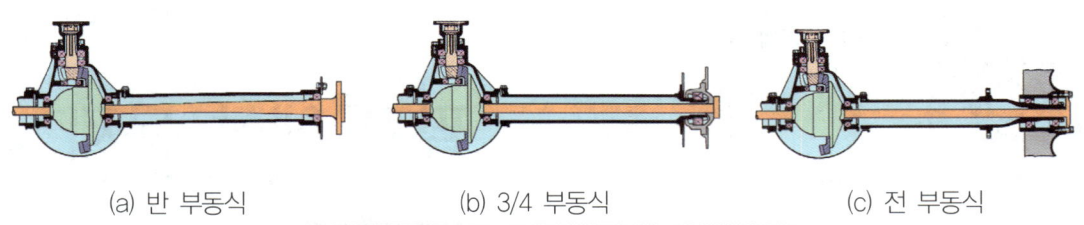

(a) 반 부동식　　　(b) 3/4 부동식　　　(c) 전 부동식

그림 2-12　FR구동방식의 뒷차축 지지방식

필기 예상 문제

01 추진축의 각도변화를 가능하게 하는 이음은?

① 자재이음
② 슬립이음
③ 플랜지이음
④ 등속이음

02 휠 형식 동력전달장치에서 슬립이음이 변화를 가능하게 하는 것은?

① 축의 길이
② 회전속도
③ 드라이브 각
④ 축의 진동

03 베어링이 없이 구조가 간단하고 전달용량이 크기 때문에 4WD형식의 차량에 많이 사용되는 조인트는?

① 트랙터 조인트
② 버필드 조인트
③ 제파 조인트
④ 벤딕스 조인트

> 버필드 조인트는 베어링 없이 구조가 간단하고 전달 용량이 크기 때문에 4WD 차량에 적합하다.

04 유니버셜 조인트의 설치 목적에 대한 설명 중 맞는 것은?

① 추진축의 길이 변화를 가능케 한다.
② 추진축의 회전 속도를 변화해 준다.
③ 추진축의 신축성을 제공한다.
④ 추진축의 각도 변화를 가능케 한다.

> 유니버셜 조인트는 두 개의 축을 연결하여, 한 축의 각도 변화에도 다른 축이 따라 움직일 수 있도록 설치된다. 따라서, 추진축의 각도 변화를 가능케 하여, 자동차 등에서 엔진과 바퀴 사이의 연결을 유지하면서도, 바퀴의 움직임에 따라 변하는 각도를 보완할 수 있다.

05 타이어식 굴삭기 추진축의 스플라인부가 마모되어 나타나는 현상은?

① 미끄럼 현상이 발생한다.
② 굴삭기의 전진이 곤란하다.
③ 차동기어장치의 기어물림이 불량해진다.
④ 주행 중 소음을 내고 추진축이 진동한다.

> 타이어식 굴삭기 추진축의 스플라인부가 마모되면 주행 중 소음이 발생하고, 추진축이 진동한다.

|정답| 01 ① 02 ① 03 ② 04 ④ 05 ④

06 액슬축의 차량 중량지지 방식이 아닌 것은?

① 전부동식
② 1/4 부동식
③ 반부동식
④ 3/4 부동식

액슬축의 차량 중량지지 방식은 다음과 같이 구분된다.
① 전부동식 : 액슬축이 차체에 고정되어 있지 않고 자유롭게 회전하는 방식이다. 따라서 차량의 전체 중량이 액슬축에 전달된다.
② 반부동식 : 액슬축의 한쪽 끝이 차체에 고정되어 있고, 다른 쪽 끝이 자유롭게 회전하는 방식이다. 따라서 차량의 절반의 중량이 액슬축에 전달된다.
③ 3/4 부동식 : 액슬축의 한쪽 끝이 차체에 고정되어 있고, 다른 쪽 끝이 액슬 허브를 통해 차체에 연결되어 있는 방식이다. 따라서 차량의 3/4의 중량이 액슬축에 전달된다.

07 종감속 기어에서 구동 피니언의 물림이 링 기어 잇면의 이뿌리 부분에 접촉하는 것은?

① 플랭크 접촉
② 페이스 접촉
③ 토 접촉
④ 힐 접촉

종감속 기어는 구동 피니언과 링 기어로 구성되어 있다. 구동 피니언의 접촉은 다음과 같다.
① 힐 접촉 : 구동 피니언의 물림은 링 기어의 잇면의 이뿌리 부분에 접촉한다.
② 플랭크 접촉 : 구동 피니언의 물림이 링 기어의 잇면의 플랭크 부분에 접촉하는 경우이다.
③ 페이스 접촉 : 구동 피니언의 물림이 링 기어의 잇면의 페이스 부분에 접촉하는 경우이다.
④ 토 접촉 : 구동 피니언의 물림이 링 기어의 잇면의 토 부분에 접촉하는 경우이다.

08 휠 구동식 건설기계가 주행 중 선회하거나, 노면이 울퉁불퉁하여 좌·우 바퀴에 회전차가 생기는 것을 자동적으로 회전차를 두어 원활한 회전을 할 수 있게 한 것은?

① 종감속장치
② 차동장치
③ 자재 이음
④ 차축

휠 구동식 건설기계는 주행 중에 선회하거나 노면이 울퉁불퉁하여 좌우 바퀴에 회전차가 생길 수 있다. 이때 차동장치는 좌우 바퀴의 회전속도를 자동으로 조절하여 회전차를 두어 원활한 회전을 할 수 있게 한다.

09 엔진으 회전수가 1500rpm이고, 변속비가 1.5, 종감속비가 4.0일 때 총감속비는?

① 4.5
② 5.5
③ 6
④ 12

총감속비 = 변속비 × 종감속비 = 1.5 × 4.0 = 6

10 구동기어 잇수가 10개, 피동 기어 잇수가 25개이고 구동 기어가 100rpm일 때 피동기어는 몇 회전하는가?

① 40rpm
② 80rpm
③ 250rpm
④ 500rpm

피동 기어의 회전수 = 구동 기어의 잇수 ÷ 피동 기어의 잇수 × 구동 기어의 회전수 = 10 ÷ 25 × 100 = 40rpm

|정|답| 06 ② 07 ① 08 ② 09 ③ 10 ①

11 1속기어의 감속비 4:1이고 종 감속비가 5:1인 덤프트럭이 2600rpm으로 기관이 회전하며 1속으로 주행하고 있을 때 바퀴의 회전수는 얼마인가?

① 130rpm
② 260rpm
③ 520rpm
④ 1000rpm

정답 : ①

해설 : 바퀴 회전수 = $\dfrac{\text{엔진회전수}}{\text{1속기어감속비} \times \text{종감속비}} = \dfrac{2600}{4 \times 5} = 130$

12 덤프트럭이 평탄한 도로를 3속으로 주행하고 있을 때 엔진의 회전수가 2800rpm이라면, 현재 이 차량의 주행 속도는?(단, 제3속 변속비 1.5 : 1, 종 감속비 6.2 : 1, 타이어 반경 0.6m이다)

① 약 68km/h
② 약 72km/h
③ 약 78km/h
④ 약 82km/h

엔진 회전수(초당) = 2800rpm ÷ 60 = 46.67rpm
출력축 회전수 = 엔진 회전수(초당) ÷ 변속비 = 46.67 ÷ 1.5 = 31.1
차량속도 = $\dfrac{\text{출력축 회전수}}{\text{종감속비}} \times 2\pi \times \text{타이어반경}$
$\times 3.6 = \dfrac{31.1}{6.2} \times 2\pi \times 0.6 \times 3.6 = 68\text{km/h}$

13 휠 구동식 건설기계가 주행 중 선회하거나 노면이 울퉁불퉁하여 좌·우 바퀴에 회전차가 생기는 것을 자동적으로 조정하여 원활한 회전이 이루어지도록 해주는 장치는?

① 종감속장치   ② 차동장치
③ 자재 이음   ④ 차축

주행 중 선회하거나 노면이 울퉁불퉁하여 좌·우 바퀴에 회전차가 생기는 경우, 차동장치는 좌우 바퀴의 회전속도를 자동으로 조절하여 원활한 회전을 가능하게 해준다.

14 다음 중 감속비를 가장 크게 할 수 있는 기어는?

① 내접 기어   ② 웜 기어
③ 베벨 기어   ④ 헬리컬 기어

웜 기어는 웜 톱니와 웜 휠로 이루어져 있으며, 웜 톱니는 웜 휠의 축선과 직각으로 배치되어 있다. 이 구조로 인해 웜 기어는 다른 기어들과 달리 회전 방향이 수직으로 변화되며, 이로 인해 감속비를 크게 할 수 있다.

15 동력전달장치인 차동장치의 구동 피니언 기어와 링 기어의 백래시 점검에 알맞은 측정기는?

① 마이크로미터
② 버니어 캘리퍼스
③ 다이얼 게이지
④ 플라스틱 게이지

다이얼 게이지는 백래시 측정에 가장 일반적으로 사용되는 정밀 측정 기기이다. 다이얼 게이지를 사용하여 구동 피니언 기어를 일정 방향으로 회전시키면서 발생하는 백래시 양을 측정할 수 있다.

| 정답 | 11 ① 12 ① 13 ② 14 ② 15 ③

16 도로주행 건설기계에서 차동장치의 백래시를 측정하는 방법으로 틀린 것은?

① 다이얼 게이지를 캐리어에 견고하게 고정시킨다.
② 구동 피니언 기어를 고정한 후 링 기어를 움직여 측정한다.
③ 다이얼 게이지 스핀들을 링 기어 잇면에 수직되게 접촉시킨다.
④ 측정값이 규정값 내에 들지 않으면 한쪽 조정나사를 돌려 조정한다.

> 차동장치의 백래시 값을 측정하기 위해서는 다이얼 게이지를 캐리어에 견고하게 고정하고, 다이얼 게이지 스핀들을 링 기어 잇면에 수직되게 접촉시켜 링 기어를 움직여 측정한다.

17 건설기계의 구동축을 분리하고 허브 시일을 점검한 결과 정상인 것은?

① 허브 내의 시일 접촉부가 광이 나고 단계가 진 부분이 보이지 않는다.
② 시일내면의 접촉부가 손톱에 약간 긁힌다.
③ 시일내면의 마모 부위에 0.1mm 미만의 흠집이 보인다.
④ 시일내면은 마모나 변형이 있어도 누유만 없으면 교환할 필요는 없다.

> 허브 내의 시일 접촉부가 광이 나고 단계가 진 부분이 보이지 않는다는 것은 시일내면이 매끄럽고 균일하게 마모되어 있어서 접촉부가 광택을 유지하고 있으며, 단계가 진 부분이 없어서 균일한 마모가 일어나고 있다는 것을 의미한다. 이는 정상적인 상태를 나타내며, 문제가 없음을 나타낸다.

18 탠덤 드라이브장치란?

① 환향장치
② 최종 감속장치
③ 브레이크장치
④ 연속장치

> 탠덤 드라이브 장치는 두 개 이상의 축이 서로 연결되어 회전하는 장치이다. 이 중에서 최종 감속장치는 탠덤 드라이브 장치에서 마지막으로 회전력을 감속시켜서 원하는 속도로 동작시키는 장치이다.

19 도저의 화이널 드라이브 기어장치 구성부품이라고 볼 수 없는 것은?

① 더블 헬리컬 기어
② 아이들 피니언 기어
③ 메인 드라이브 기어
④ 피니언 기어

> 도저의 화이널 드라이브 기어장치는 메인 드라이브 기어와 피니언 기어, 아이들 피니언 기어로 구성되어 있다.

| 정 | 답 | 16 ④　17 ①　18 ②　19 ①

CHAPTER 05 현가장치

현가장치는 주행 중 도로 노면으로부터 오는 끊임없는 충격을 타이어가 1차적으로 받고 현가장치를 통해 차체로 전달된다. 이때 현가장치는 진동이나 충격을 흡수하여 차체 각부의 파손을 방지하며 승차감각과 자동차의 안전성을 향상시키는 중요한 장치이다.

01 현가장치의 구성

① 스프링 : 노면으로부터의 충격을 완화
② 쇽업소버 : 스프링의 진동을 흡수
③ 스태빌라이저 : 롤링 현상 감소 및 차의 평형 유지
④ 판스프링 : 판스프링은 스프링 강을 적당히 구부린 띠 모양으로 된 것을 몇 장 겹쳐서 그 중심에서 센터볼트(center bolt)로 조인 것이다.

02 현가장치의 종류

[1] 일체차축 현가장치

일체로 된 차축에 좌·우 바퀴가 설치되어 있으며, 차축은 스프링을 거쳐 차체(또는 프

레임)에 설치된 형식

1) 장 점
① 부품수가 적어 구조가 간단
② 선회 시 차체 기울기가 적다.

2) 단 점
① 스프링 밑 질량이 커 승차감이 불량
② 앞바퀴에 시미(shimmy)의 발생이 쉽다.
③ 스프링 정수가 너무 적은 것을 사용하기가 곤란하다.

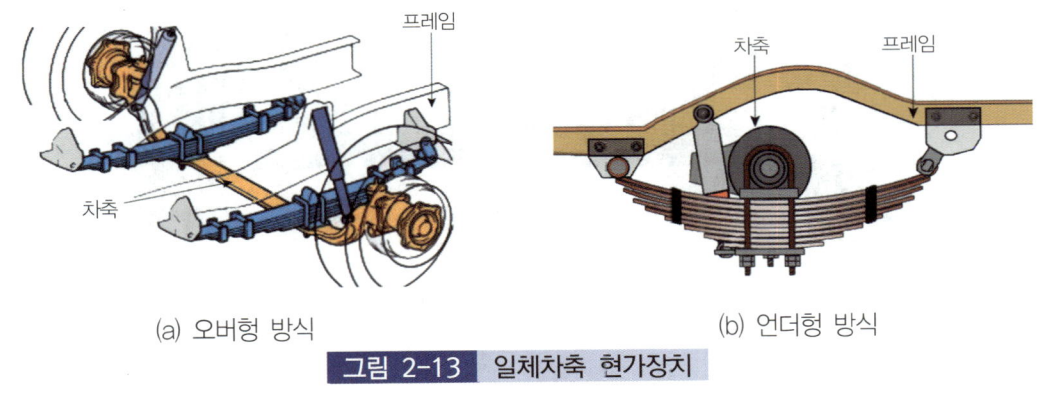

(a) 오버헝 방식 (b) 언더헝 방식

그림 2-13 일체차축 현가장치

[2] 독립 현가장치

차축을 분할하여 양쪽바퀴가 서로 관계없이 움직이도록 한 것으로서 승차감과 안전성이 향상되게 한 것

1) 장점
① 스프링 밑 질량이 작아 승차감이 좋다.
② 바퀴가 시미를 잘 일으키지 않고 로드 홀딩(road holding)이 우수하다.

③ 스프링 정수가 작은 것을 사용할 수 있다.
④ 차고를 낮출 수 있어 안정성이 향상된다.

2) 단점

① 구조가 복잡, 고가, 취급 및 정비 면에서 불리하다.
② 볼 이음부가 많아 그 마멸에 의한 앞바퀴 정렬이 틀려지기 쉽다.
③ 바퀴의 상하운동에 따라 윤거나 앞바퀴 정렬이 틀려지기 쉬워 타이어 마멸이 크다.

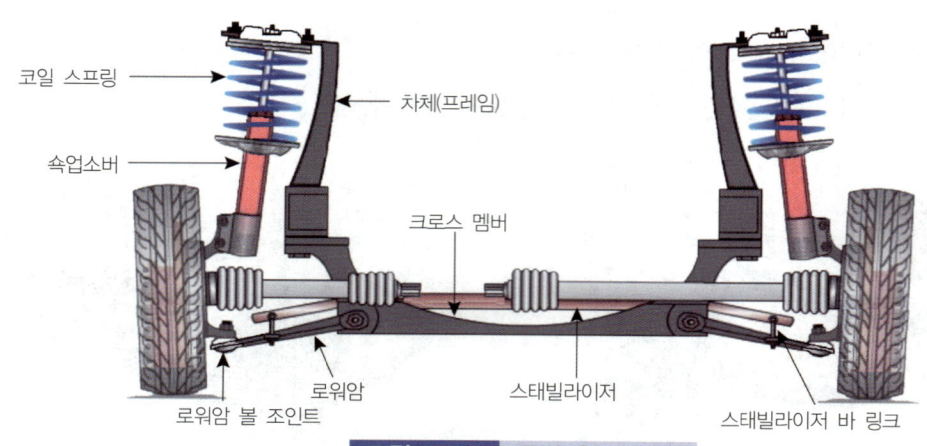

그림 2-14 독립 현가 방식

[3] 위시본 형식(wishbone type)

① **구성** : 위아래 컨트롤 암, 조향 너클, 코일 스프링, 볼 조인트 등
② **작용** : 바퀴가 받는 구동력이나 옆 방향 저항력 등은 컨트롤 암이 지지하고, 스프링은 상하방향의 하중만을 지지

1) 평행사변 형식

① 위, 아래 컨트롤 암을 연결하는 4점이 평행사변형
② 바퀴가 상·하운동 시 윤거가 변화하며 타이어 마모가 촉진된다.
③ 캠버의 변화는 없어 커브 주행 시 안전성 증대된다.

2) SLA(short long arm type) 형식

① 아래 컨트롤 암이 위 컨트롤 암보다 긴 형식으로 캠버가 변화하는 결점이 있다.
② 코일 스프링 설치위치 : 아래 컨트롤 암과 프레임

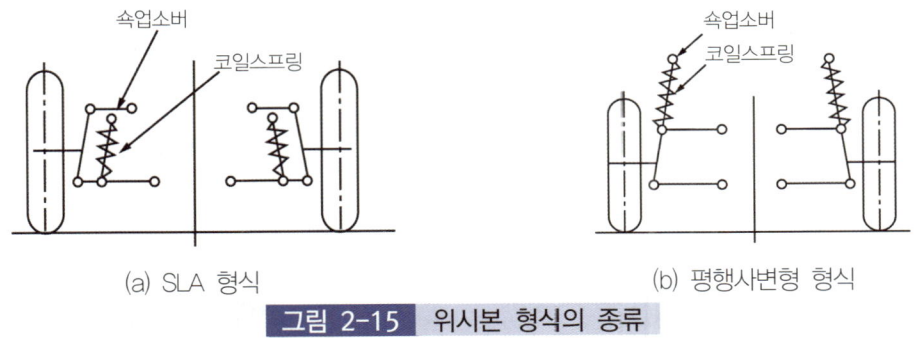

(a) SLA 형식   (b) 평행사변형 형식

그림 2-15 위시본 형식의 종류

[4] 스트럿 형식(strut type 일명 맥퍼슨형)

① 현가장치와 조향 너클이 일체
② 쇽업소버가 내장된 스트럿(strut), 볼 조인트, 컨트롤 암, 스프링 등으로 구성

[5] 트레일링 암 형식

자동차의 뒤쪽으로 향한 1개 또는 2개의 암에 의해 바퀴를 지지하는 방식

03 자동차의 진동과 구동 방식

[1] 자동차의 진동

1) 스프링 위질량의 진동

① 바운싱(bouncing) : 차체가 Z축으로 평행하게 상하운동을 하는 고유진동

② 피칭(pitching) : 차체가 Y축을 중심으로 앞뒤방향으로 회전운동을 하는 고유진동
③ 롤링(rolling) : 차체가 X축을 중심으로 좌우방향으로 회전운동을 하는 고유진동
④ 요잉(yawing) : 차체가 Z축을 중심으로 회전운동을 하는 고유진동

2) 스프링 아래질량의 진동

① 휠 호프(wheel hop) : 액슬 하우징이 Z축으로 평행하게 상하운동을 하는 고유진동
② 휠 트램프(wheel tramp) : 액슬 하우징이 X축을 중심으로 회전운동을 하는 고유진동
③ 와인드 업(wind up) : 액슬 하우징이 Y축을 중심으로 회전운동을 하는 고유진동

(a) 위 질량 (b) 아래 질량

그림 2-16 스프링 질량 진동

[2] 구동방식

1) 호치키스 구동

판 스프링을 사용하며, 구동바퀴에 의한 구동력(추력)은 스프링을 통해 차체에 전달

2) 토크 튜브 구동

① 토크 튜브 내에 추진축이 설치되어 있으며, 코일 스프링을 사용할 때 이용되는 형식
② 구동바퀴의 구동력(추력)이 토크 튜브를 통해 차체에 전달

3) 레디어스 암 구동

① 코일 스프링을 사용할 때 이용되는 방식
② 구동바퀴의 구동력(추력)이 레디어스 암을 통해 차체에 전달

필기 예상 문제

01 덤프트럭의 스프링 센터 볼트가 절손되는 원인은?

① 심한 구동력
② 스프링 탄성
③ U 볼트 풀림
④ 스프링의 압축

U 볼트가 제대로 조여 있지 않으면 스프링 센터 볼트가 흔들리며, 이로 인해 절손되는 경우가 많다.

02 판 스프링에 대한 설명 중 틀린 것은?

① 내구성이 좋다.
② 판 스프링은 강판의 소성 성질을 이용한 것이다.
③ 판 사이의 마찰에 의하여 진동을 억제하는 작용을 한다.
④ 판 사이의 마찰로 인하여 작은 진동의 흡수가 곤란하다.

판 스프링의 특징
① 스프링 자체의 강성에 의해 차축을 정해진 위치에 지지할 수 있어 구조가 간단하다.
② 판간 마찰에 의한 진동 억제 작용이 크다.
③ 내구성이 크다.
④ 판 사이의 마찰로 인하여 작은 진동의 흡수가 곤란하다.
⑤ 소음이 많고, 승차감이 좋지 않다.

03 일반적으로 굽힘 하중을 많이 받는데 사용되는 스프링은?

① 인장 코일 스프링
② 토션 바
③ 공기 스프링
④ 겹판 스프링

겹판 스프링은 여러 개의 판을 겹쳐서 만든 스프링으로, 굽힘 하중을 많이 받을 수 있다. 이는 겹쳐진 판들이 서로 지지하며 하중을 분산시키기 때문이다. 따라서 겹판 스프링은 자동차나 기계 등에서 많이 사용된다.

04 고무 스프링에 대한 설명으로 맞지 않는 것은?

① 인장력에 강하므로 인장하중을 피하는 것이 좋다.
② 감쇠작용이 커서 진동 및 충격흡수가 좋다.
③ 방진효과뿐만 아니라 방음효과도 우수하다.
④ 노화와 변질방지를 위하여 0~70℃ 온도 범위에서 사용하여야 하며, 기름과의 접촉과 직사광선을 피하도록 한다.

고무 스프링은 인장력에 강한 특성이 있기 때문에 인장하중을 견딜 수 있다. 따라서 인장하중을 피하는 것이 아니라 오히려 인장하중을 받을 수 있는 구조물에 사용하는 것이 적합하다.

| 정답 | 01 ③ 02 ② 03 ④ 04 ①

05 스프링 정수가 3kgf/mm인 코일 스프링을 3cm 압축하려면 필요한 힘은?

① 30kgf
② 60kgf
③ 90kgf
④ 120kgf

> 스프링 압축 힘 = 스프링 상수×변위 =
> 30kgf/cm×3cm = 90kgf

06 판 스프링에서 스팬의 길이 변화를 변화시켜 주는 것은?

① 닙
② 섀클
③ 캠버
④ 아이

> 판 스프링에서 스팬의 길이 변화를 변화시켜 주는 것은 섀클이다.

07 자동차 주행 중 바퀴 좌우의 진동을 말하는 것은?

① 시미
② 트램핑
③ 로드 홀딩
④ 스탠딩 웨이브

> 시미(shimmy)는 주행 중 바퀴의 좌우 진동을 말한다.

08 바퀴의 복원력이 핸들에 전달되고 노면의 충격도 완화 시킬 수 있는 환향장치는 어떤 것인가?

① 비가역식 환향장치
② 반가역식 환향장치
③ 가역식 환향장치
④ 배력식 환향장치

> 반가역식 환향장치는 바퀴의 움직임이 핸들로 전달될 때 일어나는 에너지 손실을 최소화하여 바퀴의 복원력을 유지하면서도 노면의 충격을 완화시키는 장치이다. 이는 바퀴의 회전 방향이 바뀔 때 일어나는 에너지 손실을 최소화하여 바퀴의 회전 운동을 유지하면서도 핸들로 전달되는 충격을 완화시키기 때문이다. 따라서 바퀴의 복원력과 노면의 충격 완화에 효과적인 반가역식 환향장치가 정답이다.

|정|답| 05 ③ 06 ② 07 ① 08 ②

CHAPTER 06 조향장치

01 조향장치 원리

[1] 애커먼 장토식(Ackerman Jantoud Type) 원리

조향 각도를 최대로 하고 선회할 때 선회하는 안쪽 바퀴의 조향 각도가 바깥쪽 바퀴의 조향 각도보다 크게 되며, 뒷차축 연장선상의 한 점 E를 중심으로 동심원을 그리면서 선회하여 사이드슬립 방지와 조향 핸들 조작에 따른 저항을 감소시킬 수 있는 방식이다.

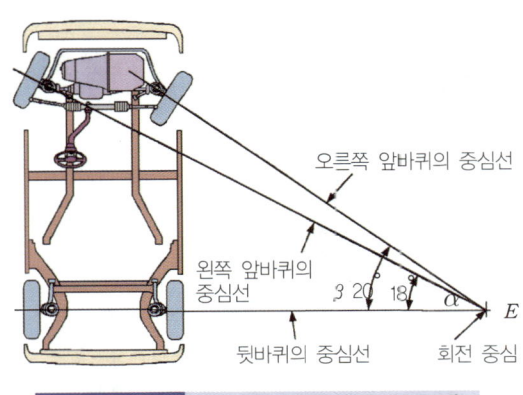

그림 2-17 조향원리(애커먼 장토식)

[2] 최소회전반경

조향각도를 최대로 하고 선회하였을 때 그려지는 동심원 중에서 가장 바깥쪽 바퀴가 그리는 원의 반지름을 말하며 다음의 공식으로 산출된다.

$$R = \frac{L}{\sin\alpha} + r$$

R : 최소 회전반지름,
L : 축간 거리(축거 wheel base),
$\sin\alpha$: 가장 바깥쪽 앞바퀴의 조향각도
r : 바퀴 접지면 중심과 킹핀과의 거리

[3] 조향장치 구비조건

① 조향 조작이 쉽고 방향변환이 원활하게 행해질 것
② 조향 조작이 주행 중 충격에 영향을 받지 않을 것
③ 조향 핸들의 회전과 바퀴 선회 차이가 크지 않을 것
④ 선회 반력을 이겨 조향할 수 있는 조향력을 가질 것
⑤ 선회 시 회전각과 선회반경의 관계를 감각할 수 있을 것
⑥ 회전반경이 작아서 좁은 곳에서도 방향변환을 할 수 있을 것
⑦ 주행 중 노면으로부터의 충격을 운전자가 약간 느낄 수 있을 것

02 조향장치 구조

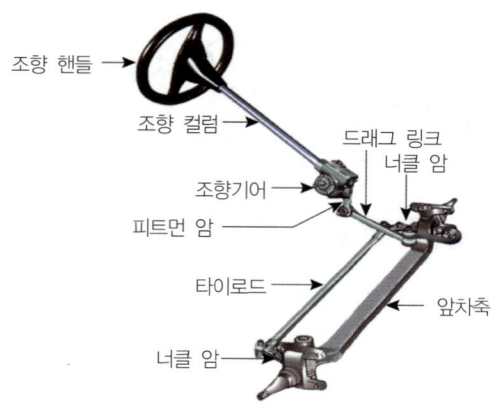

그림 2-18 조향장치 구조

[1] 조향 핸들(Steering Handle)

조향 핸들은 조향축에 테이퍼(taper)나 세레이션(serration) 홈에 끼우고 너트로 고정시킨다. 조향 핸들 유격은 25~30mm 정도가 알맞다.

[2] 조향축(Steering Shaft)

조향축은 조향 핸들의 회전을 조향 기어의 웜(worm)으로 전하는 축이며, 웜과 스플라인을 통하여 자재이음으로 연결되어 있다.

[3] 조향 기어 박스(Steering Gear Box)

조향 핸들의 회전운동을 피트먼 암에 전달함과 동시에 감속하여 조향력을 증대시킨다.

1) 조향 기어비

조향 기어비의 값이 작으면 조향 핸들의 조작은 신속히 되지만 큰 조작력이 필요하게 된다.

$$조향\ 기어비 = \frac{조향핸들이\ 움직인\ 각}{피트먼암이\ 움직인\ 각}$$

2) 조향 기어 방식

① 가역식 : 바퀴를 움직이면 조향 핸들이 움직이는 것으로 각부 마멸이 적고 복원성은 좋으나 핸들을 놓치기 쉽다.
② 비가역식 : 바퀴를 움직여도 조향 핸들이 움직이지 않는 것으로 바퀴의 충격이 핸들에 전달되지 않으나 복원성이 나쁘다.
③ 반가역식 : 가역식과 비가역식의 증간 형식으로 바퀴의 복원력이 핸들에 전달되고 노면으로부터의 충격도 완화시킬 수 있도록 된 것이다.

[4] 피트먼 암(Pitman Arm)

조향 핸들의 움직임을 드래그 링크(일체식)나 센터 링크(독립식)에 전달하여 섹터축(Sector Shaft)에 세레이션(Serration)을 통해 설치된다.

[5] 드래그 링크(Drag Link)

드래그 링크는 피트먼 암과 너클암을 연결하는 것이며, 양끝이 볼 이음을 통하여 피트먼 암과 너클암에 설치하도록 되어 있다. 드래그 링크는 앞바퀴의 상하운동으로 피트먼 암을 중심으로 한 원호운동을 한다.

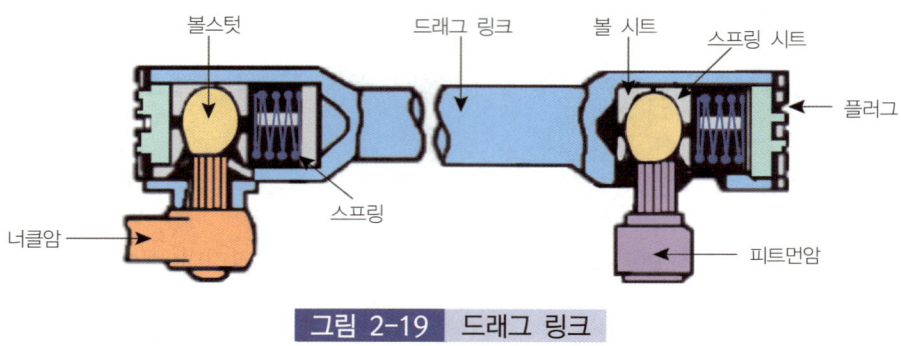

그림 2-19　드래그 링크

[6] 타이로드(Tie-Rod)

일체식에서는 조향 너클암의 움직임을 다른 한쪽의 너클암에 전하며, 독립식은 센터링크의 움직임을 양쪽 너클암에 전해준다. 타이로드의 길이를 조정하여 토인(Toe-In)을 조정한다.

03 동력 조향장치

차량의 대형화 및 저압 타이어의 사용으로 앞바퀴의 접지 압력과 면적이 증가하여 신속하고 경쾌한 조향이 어렵다. 이에 따라 가볍고 원활한 조향 조작을 하기 위해 기관의 동력으로 오일펌프를 구동하여 발생한 유압을 이용하는 동력 조향장치를 설치하여 조향 핸들의 조작력을 경감시키는 장치

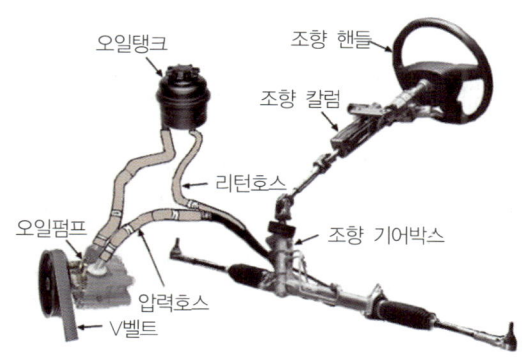

그림 2-20 동력 조향장치의 구조

[1] 동력 조향장치 장·단점

1) 장점

① 조향 조작력이 작아도 된다.
② 조향 조작력에 관계없이 조향 기어비를 선정할 수 있다.
③ 노면으로부터의 충격 및 진동을 흡수한다.
④ 앞바퀴의 시미 현상을 방지할 수 있다.
⑤ 조향 조작이 경쾌하고 신속하다.

2) 단점

① 구조가 복잡하고 값이 비싸다.
② 고장이 발생한 경우에는 정비가 어렵다.
③ 오일펌프 구동에 엔진의 출력이 일부 소비된다.

[2] 동력 조향장치 3 주요부

① 작동부(동력 실린더) : 컨트롤 밸브에서 제어된 유압을 받아서 링키지를 작동하는 부분
② 제어부(제어밸브) : 작동부로 가는 오일의 압력, 방향, 유량 등을 제어하는 부분
③ 동력부(오일펌프) : 동력원이 되는 유압을 발생시키는 부분

> **참고** 안전체크 밸브(Safety Check Valve)
> 제어 밸브 속에 들어 있으며 엔진이 정지된 경우 또는 오일 펌프의 고장, 회로에서의 오일 누출 등의 원인으로 유압이 발생하지 못할 때 조향 핸들 조작을 수동으로 할 수 있도록 해주는 밸브

04 앞바퀴 정렬(Front Wheel Alignment)

[1] 앞바퀴 정렬 역할

① 조향 핸들의 조작력을 경감
② 타이어 마멸을 최소화
③ 조향 핸들에 복원성을 부여
④ 조향 핸들 조작을 확실하게 하며 안전성을 부여

[2] 앞바퀴 정렬 요소

1) 캠버(camber)

앞바퀴를 앞에서 보았을 때 바퀴 중심선이 수직선과 이루는 각

(1) 종류

① 정(+)의 캠버 : 바퀴 윗부분이 바깥쪽으로 기울어진 것

② O의 캠버 : 바퀴 중심선이 수직선과 일치하는 것
③ 부(-)의 캠버 : 바퀴 윗부분이 안쪽으로 기울어진 것

(2) 필요성
① 수직방향 하중에 의한 앞차축의 휨을 방지한다.
② 조향 핸들의 조작을 가볍게 한다.
③ 하중을 받았을 때 앞바퀴의 아래쪽(부의 캠버)이 벌어지는 것을 방지한다.

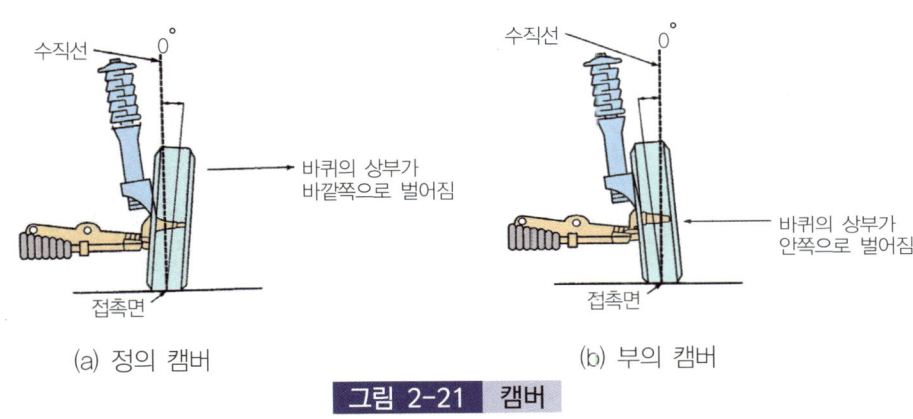

그림 2-21 캠버

2) 캐스터(caster)
앞바퀴를 옆에서 보면 킹핀(Kingpin)의 중심선이 수직선과 이루는 각

(1) 종류
① 정(+)의 캐스터 : 킹핀의 윗부분이 뒤쪽으로 기울어진 것
② O의 캐스터 : 킹핀의 중심선이 수직선과 일치된 것
③ 부(-)의 캐스터 : 킹핀의 윗부분이 앞쪽으로 기울어진 것

(2) 필요성
① 조향 시 조향바퀴에 복원성을 준다.
② 주행 중 조향바퀴에 직진성(방향성)을 준다.

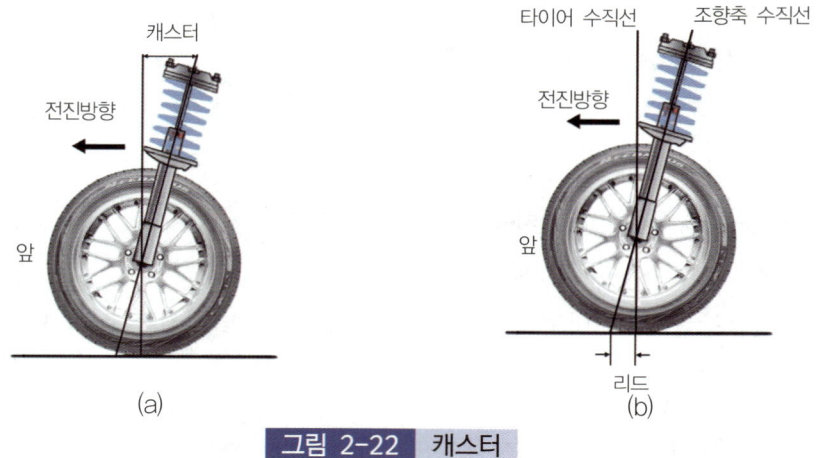

그림 2-22 캐스터

> **참고 리드(lead)**
> 킹핀의 중심선과 바퀴 중심을 지나는 수직선이 노면과 만나는 거리를 리드 또는 트레일(trail)이라 하며, 이것이 캐스터 효과를 얻게 한다.

3) 토인(toe-in)

앞바퀴를 위에서 내려다보았을 때 앞쪽이 뒤쪽보다 좁게 된 상태로 토인의 역할은 다음과 같다.

① 앞바퀴를 평행하게 회전시킨다.
② 앞바퀴의 사이드 슬립(side slip)과 타이어 마멸을 방지한다.
③ 조향 링키지 마멸에 따라 토아웃(toe-out)이 되는 것을 방지한다.

그림 2-23 토인과 토아웃

4) 킹핀 경사각

자동차를 앞에서 보면 일체 차축방식의 킹핀의 중심선이 수직에 대하여 어떤 각도를 두고 설치되는데, 이를 조향축 경사(또는 킹핀 경사)라고 한다. 이 각을 조향축 경사각이라 한다.

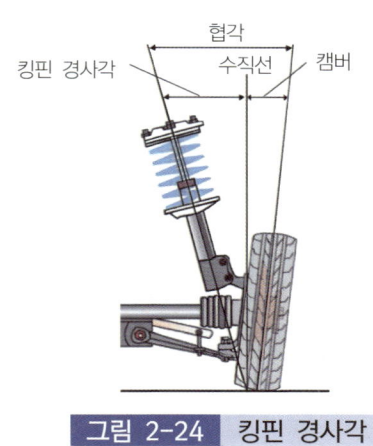

그림 2-24 | 킹핀 경사각

킹핀 경사각의 역할은 다음과 같다.
① 캠버와 함께 조향 핸들의 조작력을 가볍게 한다.
② 캐스터와 함께 앞바퀴에 복원성을 부여한다.
③ 앞바퀴가 시미(shimmy) 현상을 일으키지 않도록 한다.

05 조향장치 점검 정비

[1] 주행 중 조향 핸들이 한쪽으로 쏠리는 원인

① 타이어 공기압이 불균형
② 브레이크 드럼의 간극 불량
③ 앞바퀴 얼라인먼트의 불량

④ 휠 허브 베어링(Wheel Hub Bearing)의 마모
⑤ 쇽업소버(Shock Absorber)의 작동 불량

[2] 조향 핸들 조작이 무거운 원인

① 타이어의 심한 마모
② 타이어 공기압이 저하
③ 조향 링키지 급유 부족
④ 앞바퀴 얼라인먼트의 불량
⑤ 조향기어 백래시(Back Lash) 과소

[3] 조향 핸들 유격이 크게 되는 원인

① 조향 너클 암의 헐거움
② 조향 너클 베어링 마모
③ 조향 링키지 볼 이음 마모
④ 조향 기어 조정 불량 및 마모
⑤ 조향 링키지 볼 이음 접속부 헐거움

[4] 동력식 조향장치 유압이 낮은 원인

① 동력 실린더의 마멸
② 오일펌프의 기능 불량
③ 연결부에서 오일의 누유
④ 오일 펌프 구동벨트의 미끄러짐이나 이완되었을 때
⑤ 유량제어 밸브, 유압 제어 밸브의 고착이나 밸브 스프링 쇠약, 절손 시

필기 예상 문제

01 조향장치의 특성에 관한 설명 중 틀린 것은?

① 조향조작이 경쾌하고 자유로워야 한다.
② 회전반경이 되도록 커야 한다.
③ 타이어 및 조향장치의 내구성이 커야 한다.
④ 노면으로부터의 충격이나 원심력 등의 영향을 받지 않아야 한다.

회전반경이 되도록 적어야 한다.

02 모터 그레이더 조향장치의 부품이 아닌 것은?

① 타이로드
② 너클
③ 드래그 링크
④ 스캐리파이어

모터 그레이더의 조향장치는 다음과 같은 부품으로 구성된다.
① 타이로드 : 조향축과 바퀴를 연결하는 부품이다.
② 너클 : 타이로드와 바퀴를 연결하는 부품이다.
③ 드래그 링크 : 타이로드와 너클을 연결하는 부품이다.
④ 스캐리파이어는 모터 그레이더의 작업장치로, 지면을 고르거나 긁어내는 역할을 한다.

03 휠 구동식 건설기계의 전 차륜 정렬에서 캐스터를 두는 이유는?

① 주행 중 조향 바퀴에 방향성을 부여한다.
② 조향 휠의 조작력을 적게 할 수 있다.
③ 앞바퀴의 시미 현상을 방지할 수 있다.
④ 조향 시에 앞바퀴의 직진성능을 향상시킨다.

캐스터는 주행 중에 조향 바퀴에 방향성을 부여한다.

04 조향장치에서 킹핀이 마모되어 앞바퀴가 좌, 우로 심하게 흔들리는 현상을 무엇이라 하는가?

① 로드 스웨이(Road sway)
② 트램핑(Tramping0
③ 피칭(Piching)
④ 시미(Shimmy)

시미(Shimmy)는 조향 시스템의 고장으로 인해 앞바퀴가 좌우로 심하게 진동하는 현상이다.

05 타이어식 로더의 축간거리가 1620mm이고, 이때 최소 회전반경이 2.1m일 경우 조향륜의 조향각은 약 몇 도인가? (단, $\sin 30° = 0.5$, $\sin 44° = 0.7$, $\sin 50° = 0.77$, $\sin 54° = 0.81$)

① 30°
② 44°
③ 50°
④ 54°

| 정답 | 01 ② 02 ④ 03 ① 04 ④ 05 ③

$$최소\ 회전반경 = \frac{축거}{조향륜\ 조향각},$$
$$조향륜\ 조향각 = \frac{축거}{최소\ 회전반경}$$
$$= \frac{1.620}{2.1} = 0.77 = 50°$$

06 건설기계의 축거가 4.8m, 외측 차륜의 조향각도가 30°, 내측 차륜의 조향각도가 40°, 킹핀과 바퀴 접지면까지의 거리가 0.5m인 경우 최소 회전반경은 얼마인가?

① 8.0m ② 8.5m
③ 9.6m ④ 10.1m

$$최소\ 회전반경 = \frac{축거}{외측조향륜\ 조향각}$$
$$+ 킹핀과\ 바퀴\ 접지면\ 까지의\ 거리 = \frac{4.8}{0.5} + 0.5$$
$$= 10.1 m$$

07 덤프트럭이 주행 중 조향 핸들이 한쪽으로 쏠린다. 원인이 아닌 것은?

① 뒷 차축이 차의 중심선에 대하여 직각이 되지 않는다.
② 좌, 우 타이어의 압력이 같지 않다.
③ 조향 핸들 축 축방향의 유격이 크다.
④ 앞 차축 한쪽의 현가 스프링이 절손되었다.

> 조향 핸들 축 축방향의 유격이 크다는 것은 핸들을 조작했을 때 바퀴가 바로 움직이지 않고 여유가 있는 상태를 말한다.

08 동력 조향장치에 대한 설명 중 틀린 것은?

① 유압 펌프의 고장 시에도 기본 작동은 가능하다.
② 유압 펌프의 고장 시에는 작동이 전혀 불가능하다.
③ 유압 펌프의 유압에 의해 배력 작용이 가능하다.
④ 유압 펌프는 베인식을 주로 사용한다.

09 동력 조향장치가 고장났을 때 수동조작을 가능하게 하는 밸브는?

① 안전체크 밸브 ② 흐름제어 밸브
③ 압력조절 밸브 ④ 밸브스풀

> 안전체크 밸브는 동력 조향장치가 고장났을 때 수동으로 작동하여 유체의 역류를 방지하고 안전한 작동을 유지할 수 있도록 설계된 밸브이다.

10 유압식 조향장치에서 조향 핸들을 돌려도 조향이 불량할 때 내용의 설명 중에서 그 직접 원인이 아닌 것은?

① 배관에서 기름이 새고 있다.
② 체크 밸브 불량 또는 조정 불량에 의함
③ 펌프 구동용 벨트의 마모 또는 조정불량에 의함
④ 조향륜 롤러 면과 로울 스크레이퍼의 사이에 진흙이 지나치게 부착되어 있다.

11 지게차에서 토인 조정방법으로 맞는 것은?

① 앞 차축에서 타이로드 엔드로 조정
② 앞 차축에서 피트먼암으로 조정
③ 뒷 차축에서 벨크랭크로 조정
④ 뒷 차축에서 타이로드 엔드로 조정

| 정답 | 06 ④ 07 ③ 08 ② 09 ① 10 ④ 11 ④

지게차는 뒷 차축에서 조향하기 때문에, 뒷 차축에서
타이로드 엔드로 조정하는 것이 가장 적합하다.

12 덤프트럭의 토인은 무엇으로 조정하는가?

① 타이어 공기압력
② 현가 스프링
③ 타이로드 엔드
④ 조향 핸들

덤프트럭의 토인은 타이로드 엔드로 조정한다.

13 허리꺾기식의 특징으로 옳은 것은?

① 좁은 장소에서의 작업이 어렵다.
② 작업 안정성이 높다.
③ 회전 반경이 작다.
④ 연결부분의 고장이 적다.

허리꺾기식 은 조향축이 중심에서 벗어나기 때문에
회전 반경이 작아 좁은 장소에서의 작업이 용이하다.

14 아티큘레이트 스티어링(articulated steering)
형식의 조향장치가 사용되지 않는 건설기계는?

① 덤프트럭   ② 스크레이퍼
③ 휠로더   ④ 불도저

불도저는 직진 및 후진 운전에 최적화된 건설기계로,
전진 및 후진 방향을 바꾸는 데에는 조향장치가 필요
하지 않다. 따라서 아티큘레이트 스티어링 형식의 조
향장치가 없어도 정상적으로 작동할 수 있다. 반면,
덤프트럭, 스크레이퍼, 휠 로더는 좁은 공간에서의
조향이 필요하므로 아티큘레이트 스티어링 형식의
조향장치가 필수적이다.

15 차체에 부착된 상태에서의 조향장치 점검사항
이 아닌 것은?

① 핸들의 흔들림 유격
② 섹터 샤프트의 흔들림 유격
③ 피트먼 아암의 세레이션 마멸과 손상
④ 기어물림의 중심점

16 타이어식 건설기계에서 주행 중 조향 핸들이
한쪽으로 쏠리는 원인이 아닌 것은?

① 타이어 공기압 불균일
② 브레이크 라이닝 간극 조정불량
③ 베이퍼록 현상 발생
④ 휠 얼라인먼트 조정불량

베이퍼록 현상은 연료장치나 제동장치 등에서 발생
하기 쉽다.

17 유압식 조향장치의 조향 핸들 조작이 무거운
원인으로 틀린 것은?

① 유압이 낮다.
② 오일이 부족하다.
③ 유압계통에 공기가 혼입되었다.
④ 펌프의 회전이 빠르다.

동력 조향 핸들의 조작이 무거운 원인은 유압이 낮을
때, 오일이 부족할 때, 유압 계통에 공기가 혼입되었
을 따, 오일 펌프의 회전이 느릴 때, 오일펌프 벨트파
손, 오일호스 파손 등이다.

| 정 | 답 | 12 ③ 13 ③ 14 ④ 15 ⑤ 16 ③ 17 ④

CHAPTER 07 제동장치

주행 중인 차량을 감속 또는 정지시키고, 주차상태를 유지하기 위하여 사용되는 장치

01 유압식 브레이크

① 원리 : 파스칼(Pascal's Principle)의 원리를 이용
② 유압식 브레이크 장·단점

장점	① 마찰손실이 적다. ② 페달을 밟는 힘을 적게 할 수 있다. ③ 제동력이 모든 바퀴에 동일하고 빠르게 전달된다.
단점	① 유압회로가 파손되면 유압을 전달할 수 없게 되어 제동기능을 상실한다. ② 유압회로 내에 공기가 유입 혹은 발생하면 제동력이 급격히 감소된다.

[1] 구조와 작용

1) 마스터 실린더

브레이크 페달의 조작력에 의하여 유압을 발생시키는 일을 하며, 분해 후 세척은 알코올로 한다.

(1) 피스톤 컵

1차 컵은 실린더 내 기밀 유지, 2차 컵은 오일 누출을 방지한다.

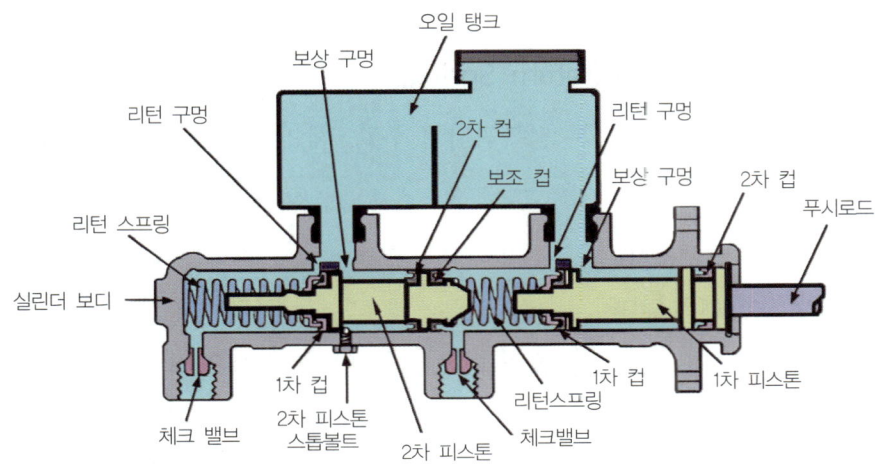

그림 2-25 탠덤 마스터 실린더의 구조

(2) 체크 밸브(Check Valve)

브레이크 파이프(회로) 내에 잔압을 $0.6 \sim 0.8 kg/cm^2$ 정도 유지한다.

① 잔압을 두는 이유
- ㉠ 브레이크 작동 늦음 방지
- ㉡ 휠 실린더 내 오일 누출 방지
- ㉢ 베이퍼록(Vapor Lock) 현상 방지
- ㉣ 회로 내 공기가 침입 되는 것을 방지

② 베이퍼록 현상
유압회로 내 오일이 열을 받으면 기포가 발생하여, 기포(공기 방울)가 압축되어 힘이 전달되지 않는 현상

③ 베이퍼록 원인
- ㉠ 회로 내 잔압 저하

ⓛ 비점이 낮은 브레이크 오일 사용
　　ⓒ 브레이크 드럼과 라이닝 끌림에 의한 과열
　　ⓔ 긴 내리막길에서 과다한 브레이크 사용

(3) 피스톤 리턴 스프링(Piston Return Spring)

브레이크 페달을 놓았을 때 피스톤을 복귀시켜 주고, 첵 밸브와 함께 회로내의 잔압을 유지한다.

2) 브레이크 라인(Brake Line)

강 파이프(Steel Pipe)와 플렉시블 호스(Flexible Hose)를 사용한다.

3) 브레이크 슈(Brake Shoe)

유압의 힘으로 휠 실린더의 피스톤에 의해 드럼과 접촉하여 제동력을 발생하는 부분이며 단면은 보통 T형 테이블에 라이닝(Lining)이 붙어 있다. 라이닝의 구비조건은 다음과 같다.
① 내열성이 좋고 내마멸성이 클 것
② 페이드(Fade) 현상이 잘 일어나지 않을 것
③ 마찰계수가 크고 또한 온도변화에 따른 마찰계수의 변화가 적을 것

4) 브레이크 드럼(Brake Drum)

바퀴와 함께 회전하며 브레이크 슈와의 마찰로 제동력을 발생한다.

(1) 드럼의 구비조건

① 정적, 동적 회전평형이 잡혀 있고 가벼울 것
② 슈와의 마찰면은 충분한 내마모성을 갖고 방열이 잘될 것
③ 충분한 강성을 지니고 있어 슈가 확장되어도 변형되지 말 것

(2) 페이드(Fade) 현상

브레이크 페달 조작을 반복하면 드럼과 슈에 마찰열이 축적되어 드럼과 슈의 열팽창과

라이닝 마찰계수가 저하되어 제동력이 감소되는 현상으로 페이드 현상 방지책은 다음과 같다.

① 드럼은 열팽창률이 적은 재질을 사용한다.
② 온도 상승에 따른 마찰계수 변화가 적은 라이닝을 사용한다.
③ 드럼의 냉각 성능을 크게 하고 열팽창률이 적은 형상으로 한다.

(3) 자기작동 작용(Self-Energizing Action)

회전 중인 브레이크 드럼에 제동을 걸면 슈는 마찰력에 의해 드럼과 함께 회전하려는 경향이 발생하여 확장력이 커지므로 마찰력이 증대되는 작용이다. 한편 드럼의 회전 반대 방향 쪽의 슈는 드럼으로부터 떨어지려는 경향이 생겨 확장력이 감소된다. 이때 자기작동 작용을 하는 슈를 리딩 슈(Leading Shoe), 자기작동 작용을 하지 못하는 슈를 트레일링 슈(Trailing Shoe)라 한다.

[2] 브레이크 액

피마자기름에 알코올 등의 용재를 혼합한 식물성 액으로 브레이크액의 구비조건은 다음과 같다.
① 윤활성이 있을 것
② 금속을 부식하지 말 것
③ 빙점이 낮고 인화점이 높을 것
④ 고무제품에 팽창을 일으키지 않을 것
⑤ 화학적으로 안정되고 침전물이 생기지 않을 것
⑥ 알맞은 점도를 가지고 온도에 대한 점도 변화가 작을 것

[3] 브레이크 페달 점검

1) 페달 자유 간격

페달을 밟기 시작하여 응답이 있을 때까지 페달이 움직인 거리를 말하며, 간격은 보통 20~25mm 정도의 범위에 들면 양호하다.

2) 페달 밑판간격

페달을 힘껏 밟았을 때 밑판과의 간극을 스케일(자)로 측정하며 페달 높이의 25% 이상 있으면 양호하다.

[4] 디스크 브레이크(Disc Brake)

디스크 브레이크는 마스터 실린더에서 발생한 유압을 캘리퍼로 보내어 바퀴와 함께 회전하는 디스크를 양쪽에서 패드(pad : 슈)로 압착시켜 제동을 시킨다. 디스크 브레이크는 디스크가 대기 중에 노출되어 회전하므로 페이드 현상이 작으며 자동 조정 브레이크 형식이다.

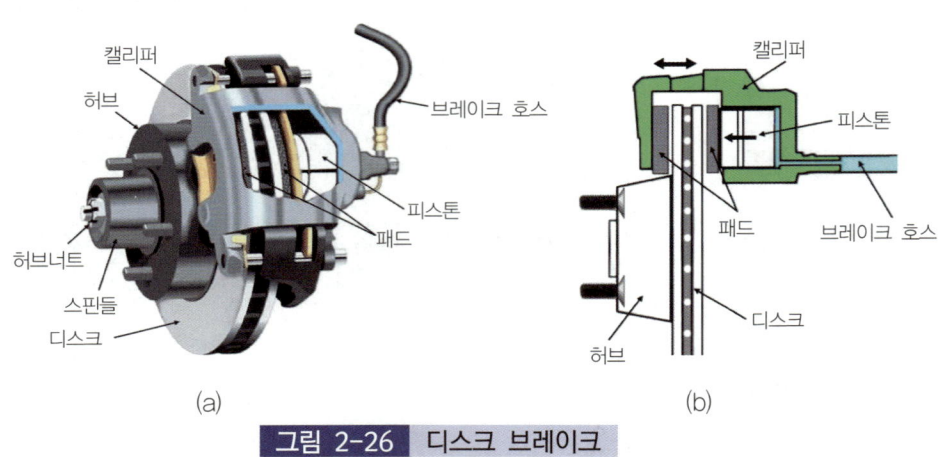

그림 2-26 디스크 브레이크

1) 장점

① 점검 및 조정이 용이하고 간단하다.
② 페이드 현상이 방지되어 제동 성능이 안정된다.
③ 디스크가 대기 중에 노출되어 있어 방열성이 양호하다.
④ 물이나 진흙 등이 묻어도 디스크로부터 이탈이 용이하다.
⑤ 자기작동 작용이 없으므로 제동 시 한쪽만 제동되는 일이 적다.

2) 단점

① 구조상 가격이 비싸다.
② 패드를 강도가 큰 재료로 만들어야 한다.
③ 마찰 면적이 패드를 미는 힘이 커야 한다.
④ 자기작용 작용이 없어 브레이크 페달을 밟는 힘이 커야 한다.

[5] 배력식 브레이크(Servo Brake)

① 진공 배력식(Hydro-Vac) : 유압 브레이크에서 제동력을 증대시키기 위해 엔진의 흡입 행정에서 발생하는 진공(부분)과 대기 압력의 차이를 이용한다.
② 공기 배력식(Hydro Air Pak) : 압축공기의 압력과 대기 압력의 차이를 이용한다.

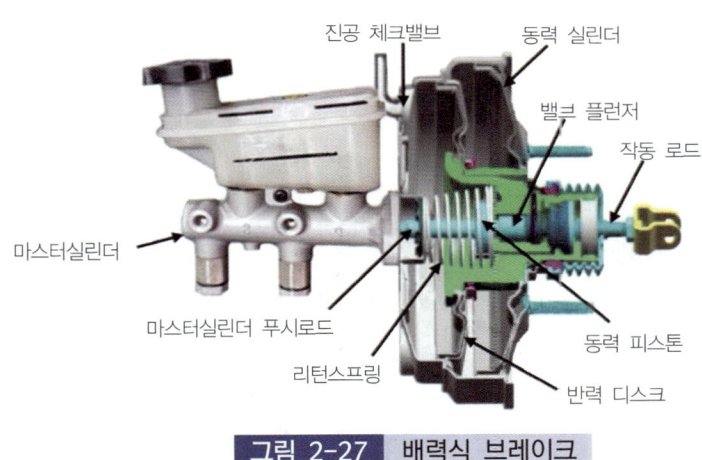

그림 2-27 배력식 브레이크

02 공기 브레이크(Air Brake)

압축공기의 압력을 이용하여 모든 바퀴의 브레이크 슈를 드럼에 압착시켜서 제동 작용을 하는 것이며, 브레이크 페달로 밸브를 개폐시켜 공기량으로 제동력을 조절한다.

[1] 공기 브레이크 장·단점

1) 장점
① 제동력은 페달을 밟는 양에 비례한다.
② 공기가 약간 누출되어도 사용이 가능하다.
③ 베이퍼록(Vapor Lock)이 발생되지 않는다.
④ 차량의 중량이 증가되어도 사용할 수 있다.
⑤ 트레일러(Trailer) 견인 시 사용이 간편하다.
⑥ 공기의 압축압력을 높이면 더 큰 제동력을 얻을 수 있다.

2) 단점
① 제작비가 유압 브레이크보다 비싸다.
② 엔진출력을 사용하여야 하기 때문에 연료소비량이 많다.

[2] 각부 역할

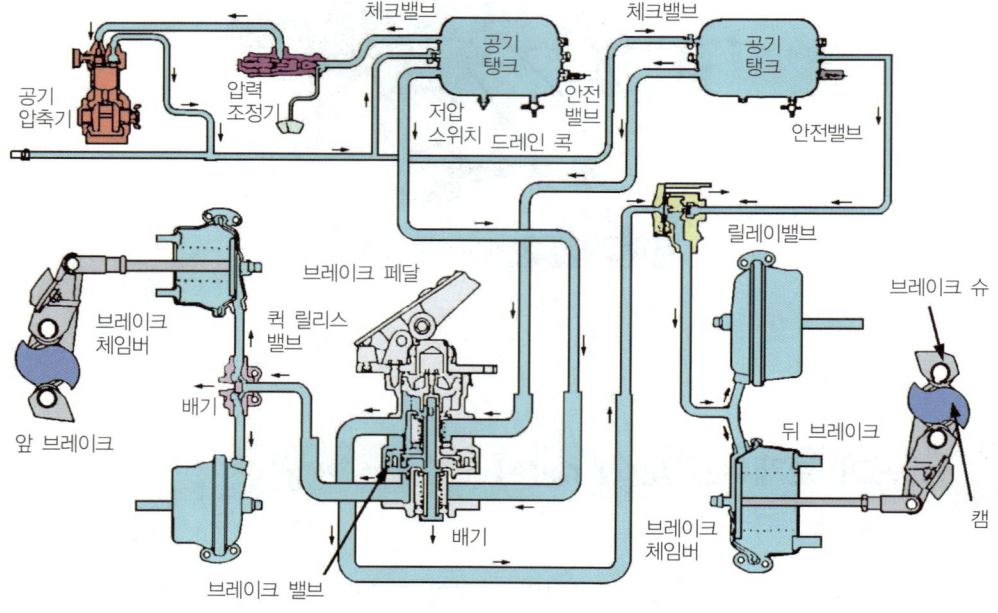

그림 2-28 공기 브레이크의 배관 및 구조

① 브레이크 밸브 : 페달을 밟는 양에 따라 압축공기를 도입하여 제동력을 제어한다.
② 퀵 릴리스 밸브(Quick Release Valve) : 이 밸브는 페달을 밟으면 브레이크 밸브로부터 압축 공기가 입구를 통하여 작동되면 밸브가 열려 앞 브레이크 챔버로 통하는 양쪽 구멍을 연다. 이에 따라 브레이크 챔버에 압축 공기가 작동하여 제동된다. 또 페달을 놓으면 브레이크 밸브로부터 공기가 배출됨에 따라 입구 압력이 낮아진다. 이에 따라 밸브는 스프링 장력에 의해 제자리로 복귀하여 배기 구멍을 열고 앞 브레이크 챔버 내의 공기를 신속히 배출시켜 제동을 푼다.
③ 릴레이 밸브(Relay Valve) : 브레이크 밸브에서 공기를 공급하면 배출 밸브는 닫고 공급 밸브를 열어 뒤 브레이크 챔버에 압축공기를 보낸다.
④ 브레이크 챔버(Brake Chamber) : 각 바퀴마다 설치되어 압축공기의 압력을 받아 기계적 힘으로 바꾸어 푸시로드를 밀어 브레이크 캠을 작동시켜 제동 작용을 한다.
⑤ 캠(Cam) : 브레이크 슈를 직접 작동시킨다.

03 제동장치 고장진단

[1] 브레이크가 풀리지 않는 원인

① 마스터 실린더 리턴 구멍이 막혔다.
② 마스터 실린더 푸시로드 길이가 길게 조정되었다.
③ 마스터 실린더 및 휠 실린더 피스톤 컵이 팽창되었다.
④ 슈 리턴 스프링, 페달 리턴 스프링 장력이 약하거나 절손되었다.

[2] 브레이크 페달의 유격이 크게 되는 원인

① 베이퍼록이 발생하였다.
② 회로 내 잔압이 저하되었다.
③ 브레이크 오일이 부족하거나 누출되었다.

④ 드럼과 슈의 간극이 과다하거나 라이닝이 마멸되었다.

[3] 브레이크가 한쪽으로 쏠리는 원인

① 휠 실린더 컵이 불량하다.
② 브레이크 드럼이 불평형하다.
③ 브레이크 슈 간극이 불량하다.
④ 브레이크 슈 리턴 스프링이 불량하다.

[4] 제동할 때 소리가 나는 원인

① 라이닝이 경화되었다.
② 마찰계수가 저하되었다.
③ 브레이크 드럼의 풀림 및 편심 되었다.
④ 라이닝의 리벳 머리가 돌출(라이닝의 과다한 마모)되었다.

필기 예상 문제

01 브레이크 장치가 갖추어야 할 조건들 중 틀린 것은?

① 작동이 확실하고 효과가 클 것
② 신뢰성과 내구성이 우수할 것
③ 최대 제동거리를 확보할 것
④ 점검이나 조정이 용이할 것

> **제동장치의 구비조건**
> ① 제동이 확실하고 제동효과가 클 것
> ② 신뢰성과 내구성이 뛰어나야 한다.
> ③ 조정과 정비가 용이해야 한다.

02 브레이크 장치의 마스터 실린더에서 피스톤 1차 컵이 하는 일은 무엇인가?

① 오일 누출
② 베이퍼록 생성
③ 유압 발생 시 유밀을 유지
④ 잔압 방지

> 피스톤 1차 컵은 마스터 실린더 내부 공간을 두 개의 밀폐된 공간으로 나누어 유압 발생 시 유체 누출을 방지한다.

03 타이어식 건설기계 제동장치에서 디스크 브레이크의 특징 중 틀린 것은?

① 디스크가 노출되어 회전하기 때문에 방열이 잘 되며, 열 변형에 의한 제동력 저하가 없다.
② 자기배력작용이 거의 없어 고속에서 사용해도 제동력의 변화가 적다.
③ 디스크와 패드의 마찰면적이 크기 때문에 패드의 누르는 힘을 적게 해도 된다.
④ 자기배력작용이 거의 없기 때문에 조작력이 커야 한다.

> 디스크와 패드의 마찰면적이 크다는 것은 제동력이 강하다는 것을 의미하지만, 패드의 누르는 힘은 마찰력과 직접적으로 관련이 있기 때문에 마찰력이 강할수록 패드의 누르는 힘도 강해져야 한다. 따라서 디스크와 패드의 마찰면적이 크더라도 패드의 누르는 힘은 충분해야 한다.

04 마스터 실린더 푸시로드의 길이를 길게 하였을 때 일어나는 현상으로 가장 밀접하게 관련된 것은?

① 라이닝의 팽창이 풀린다.
② 브레이크 페달 높이가 낮아진다.
③ 라이닝이 팽창하여 풀리지 않는다.
④ 브레이크 페달 높이가 높아진다.

> 마스터 실린더 푸시로드의 길이를 길게 하면 브레이크 페달이 더 멀리 내려가게 되어 브레이크 시스템의 작동이 느려지게 된다. 이로 인해 브레이크 라이닝이 더욱 많은 압력을 받게 되어 팽창할 수 있지만, 길게 된 푸시로드로 인해 브레이크 페달이 더 멀리 내려가므로 라이닝이 풀리지 않고 팽창한 상태로 유지된다.

|정|답| 01 ③ 02 ③ 03 ③ 04 ③

05 유압 브레이크 회로 내에서 마스터 실린더 리턴 스프링은 항상 체크 밸브를 밀고 있기 때문에 회로 내에 어느 정도 압력이 남게 되는데 이를 잔압이라 한다. 잔압의 역할이 아닌 것은?

① 브레이크 제동력 증가
② 공기의 침입 방지
③ 오일의 누설 방지
④ 베이퍼록 방지

> 잔압은 유압 브레이크 회로 내에서 마스터 실린더 리턴 스프링이 체크 밸브를 밀고 있어서 회로 내에 일정한 압력이 유지되는 것을 말한다. 공기의 침입 방지, 오일의 누설 방지, 베이퍼록 방지등 모두 잔압의 역할 중 하나이다.

06 일반적인 유압식 브레이크의 잔압으로 맞는 것은?

① $0.1\sim0.2 kgf/cm^2$
② $0.6\sim0.8 kgf/cm^2$
③ $1.6\sim1.8 kgf/cm^2$
④ $2.1\sim2.2 kgf/cm^2$

> 일반적인 유압식 브레이크의 잔압은 $0.6\sim0.8 kgf/cm^2$ 이다.

07 마스터 실린더(MASTER CYLINDER)의 조립 시 맨 나중 세척은 어느 것으로 하는 것이 좋은가?

① 석유   ② 브레이크 오일
③ 광유   ④ 휘발유

> 마스터 실린더 조립 시 맨 나중에는 브레이크 오일로 세척하는 것이 좋다.

08 타이어식 굴삭기 및 기중기는 몇 % 구배의(평탄하고 견고한 건조지면) 제동능력을 갖추어야 되는가?

① 15%
② 25%
③ 35%
④ 45%

> 타이어식 굴삭기 및 기중기는 일반적으로 25% 구배의 제동능력을 갖추어야 한다.

09 하이드로백 릴레이 밸브의 진공 밸브는 무엇에 의해 열리는가?

① 공기 압력
② 스프링의 장력
③ 오일 압력
④ 부압(진공)

> 하이드로백 릴레이 밸브의 진공 밸브는 오일 압력에 의해 열린다. 이는 오일 압력이 밸브 내부의 피스톤을 움직여 밸브를 열게 하기 때문이다. 따라서 오일 압력이 없으면 밸브가 열리지 않는다.

10 하이드로 백의 릴레이 밸브를 작동시키는 것은?

① 릴레이 스프링
② 릴레이 유압
③ 릴레이 막
④ 릴레이 피스톤

> 하이드로 백의 릴레이 밸브를 작동시키는 것은 릴레이 피스톤이다. 이는 밸브의 작동을 제어하는 역할을 하며, 유압력을 이용하여 밸브를 열고 닫는다.

| 정답 | 05 ① 06 ② 07 ② 08 ② 09 ③ 10 ④

11 도로주행 건설기계의 공기 브레이크에서 릴레이 밸브(relay valve)에 관한 설명으로 틀린 것은?

① 브레이크 밸브로부터 공급되는 공기압을 뒤 브레이크 챔버로 보낸다.
② 앞·뒤 바퀴의 제동시기를 일치시킨다.
③ 브레이크 페달을 놓았을 때 신속히 브레이크가 풀리게 한다.
④ 브레이크 챔버와 라이닝 사이에 설치되어 있다.

릴레이 밸브는 브레이크 밸브와 브레이크 챔버 사이에 설치된다. 릴레이 밸브는 브레이크 밸브로부터 공급되는 공기압을 뒤 브레이크 챔버로 보낸다. 또한, 앞·뒤 바퀴의 제동시기를 일치시키고, 브레이크 페달을 놓았을 때 신속히 브레이크가 풀리게 하는 역할을 한다.

12 타이어식 건설기계에서 브레이크 작동 시 조향 핸들이 한쪽으로 쏠릴 때 그 원인이라고 볼 수 없는 것은?

① 마스터 실린더 체크 밸브 작동이 불량할 때
② 타이어 공기압이 고르지 않을 때
③ 브레이크 라이닝 간극의 조정이 불량할 때
④ 브레이크 라이닝의 접촉이 불량할 때

마스터 실린더 체크밸브는 브레이크 시스템의 압력을 유지하는 역할을 하며, 조향 핸들 쏠림과 직접적인 관련이 없다. 타이어식 건설기계 조향 핸들 쏠림 원인은 다음과 같다.
① 브레이크 시스템 문제
② 브레이크 라이닝 간극 불균형
③ 브레이크 라이닝 접촉 불량
④ 브레이크 캘리퍼 문제
⑤ 타이어 공기압 불균형
⑥ 타이어 마모 불균형
⑦ 조향 펌프 문제
⑧ 조향 실린더 문제

13 공기식 제동장치에서 공기 브레이크(Air Brake)의 부품이 아닌 것은?

① 브레이크 체임버
② 브레이크 밸브
③ 릴리이 밸브
④ 마스터 실린더

마스터 실린더는 유압식 제동 장치의 부품이며, 공기식 제동 장치의 주요 부품은 다음과 같다.
① 공기 압축기 : 엔진 동력을 이용하여 공기를 압축하여 저장한다.
② 에어 리저버 : 압축된 공기를 저장하는 용기이다.
③ 브레이크 밸브 : 운전자가 제동 페달을 조작하여 공기의 흐름을 제어한다.
④ 릴레이 밸브 : 브레이크 밸브에서 온 신호를 증폭하여 브레이크 챔버로 전달한다.
⑤ 브레이크 챔버 : 압축된 공기를 이용하여 브레이크 슈를 작동시켜 제동력을 발생시킨다.

14 건설기계의 공기브레이크에서 유압 브레이크의 휠 실린더와 같은 기능을 하는 것은?

① 브레이크 챔버
② 브레이크 밸브
③ 릴레이 밸브
④ 퀵 릴리스 밸브

건설기계의 공기 브레이크에서는 공기를 이용하여 브레이크를 작동시키는데, 이때 브레이크 챔버는 공기를 저장하고 압력을 조절하여 브레이크를 작동시키는 역할을 한다. 따라서 브레이크 챔버가 유압 브레이크의 휠 실린더와 같은 기능을 하게 된다.

|정|답| 11 ④ 12 ① 13 ④ 14 ①

15 휠 구동식 건설기계에서 브레이크 페달을 밟았을 때 브레이크가 잘 작동되지 않는다. 원인이 아닌 것은?

① 브레이크 회로에 누유가 있을 때
② 라이닝에 이물질이 묻어있을 때
③ 브레이크액에 공기가 들어있을 때
④ 브레이크 드럼과 라이닝 간격이 작을 때

> 휠 구동식 건설기계에서 브레이크 페달을 밟았을 때 브레이크가 잘 작동하지 않는 경우
> ① 브레이크 회로에 누유가 있을 때 : 브레이크 회로에 누유가 있으면 브레이크 압력이 감소하여 브레이크 작동이 저하된다.
> ② 라이닝에 이물질이 묻어있을 때 : 라이닝에 이물질이 묻어 있으면 브레이크 드럼과의 마찰력이 감소하여 브레이크 작동이 저하된다.
> ③ 브레이크액에 공기가 들어있을 때 : 브레이크액에 공기가 들어있으면 브레이크 압력이 전달되지 않아 브레이크 작동이 저하된다.

16 지게차 브레이크 드럼을 분해하여 점검하지 않아도 되는 것은?

① 턱 마모 및 균열
② 런 아웃 및 부식
③ 접촉면의 긁힘 및 균열
④ 접촉면의 손상 및 편 마멸

17 유압 클러치의 컷오프 밸브가 하는 역할을 알맞게 설명한 것은?

① 브레이크를 밟으면 전·후륜이 동시에 작동되는 장치이다.
② 브레이크를 밟으면 전륜이 먼저 작동되는 장치이다.
③ 브레이크를 후륜이 먼저 작동되는 장치이다.
④ 브레이크를 밟으면 클러치가 차단되는 장치이다.

> 유압 클러치의 컷오프 밸브는 브레이크를 밟으면 클러치가 차단되는 장치이다. 이는 브레이크와 클러치가 연동되어 작동하도록 설계되어 있기 때문이다. 따라서 브레이크를 밟으면 클러치가 차단되어 차량이 정지하게 된다.

18 도로주행 건설기계의 유압 브레이크에서 20kgf의 힘을 마스터 실린더의 피스톤에 작용했을 때 제동력은 얼마인가?(단, 마스터 실린더 피스톤 단면적 5cm^2, 휠 실린더의 피스톤 단면적은 15cm^{2}이다.)

① 20kgf
② 40kgf
③ 60kgf
④ 80kgf

> 압력 = 힘 ÷ 면적 = 20kgf ÷ 5cm^2 = 4kgf/cm^2
> 이 압력은 휠 실린더로 전달되어 휠 실린더의 피스톤에 작용하게 된다. 휠 실린더의 피스톤 면적은 15cm^{2}이므로, 제동력 = 압력 × 면적 = 4kgf/cm^2 × 15cm^2 = 60kgf

19 덤프트럭 브레이크 파이프 내에 베이퍼록이 생기면?

① 제동력이 강해진다.
② 제동력이 약해진다.
③ 제동력에는 관계없다.
④ 제동이 더욱 잘 된다.

> 덤프트럭 브레이크 파이프 내에 베이퍼록이 생기면, 브레이크 시스템 내부에서 압력을 떨어뜨리기 때문이다. 따라서 브레이크 시스템이 충분한 압력을 유지하지 못하게 되어 제동력이 감소하게 된다.

| 정 | 답 | 15 ④ 16 ② 17 ④ 18 ③ 19 ② |

20 주행속도 70km/h인 자동차에 브레이크를 작용시켰을 때 제동거리는 약 몇 m인가?(단, 마찰계수 μ는 0.3)

① 64
② 72
③ 84
④ 92

$$S = \frac{V^2}{2\mu g} = \frac{19.44^2}{2 \times 0.3 \times 9.8} = 64.2\text{m}$$

S : 제동거리(m), V : 주행속도(m/s², 주행속도가 70km/h이므로 $\frac{70}{3.6} = 19.44$), μ : 마찰계수, g : 중력가속도(9.8m/s²)

| 정 | 답 | 20 ①

CHAPTER 08 타이어식 및 무한궤도 장치

01 타이어(Tire)

[1] 타이어의 분류

1) 사용 공기 압력에 따른 분류

구분	압력	비고
고압 타이어	4.2~6.3kg/cm^2	고 하중에 견디므로 대형트럭이나 버스 등에 사용된다.
저압 타이어	2.0~2.6kg/cm^2	완충효과가 양호하여 소형트럭에 사용된다.
초저압 타이어	1.0~2.0kg/cm^2	승용 자동차에 사용된다.

2) 튜브 유무에 따른 분류
① 튜브 타이어(Tube Tire) : 타이어 속에 튜브가 있는 타이어
② 튜브리스 타이어(Tubeless Tire) : 튜브를 사용하지 않고 타이어 안에 특수 고무층(인너 라이너)이 붙어 있으며, 비드부에도 림과 밀착이 잘 되어 공기가 새지 않도록 특수 설계한 타이어

3) 튜브리스 타이어 특징
① 튜브가 없어 조금 가벼우며, 못 등이 박혀도 공기가 잘 새지 않는다.
② 펑크 수리가 간단하고, 고속으로 주행하여도 발열이 적다.

③ 림의 변형이나 림에 녹이 슬어서 타이어와의 밀착이 불량하면 공기가 새기 쉽다.
④ 유리 조각 등에 의해 타이어가 절상되었을 경우 수리가 어렵다.

[2] 타이어의 구조

1) 트레드(Tread)

노면과 직접 접촉하는 부분으로 내부의 카커스(Carcass)와 브레이크를 보호하기 위해 내마모성이 큰 고무층으로 되어 있으며, 트레드의 필요성은 다음과 같다.
① 타이어의 옆 방향 및 전진방향 미끄러짐을 방지
② 타이어 내부에서 발생한 열을 발산
③ 트레드부에 생긴 절상 등의 확산을 방지
④ 구동력과 선회 성능을 향상

2) 브레이커(Breaker)

트레드와 카커스가 분리되는 것을 방지하고 노면으로부터의 충격을 방지하고 완화시켜 카커스 손상을 방지한다.

3) 카커스(Carcass)

카커스는 타이어의 뼈대가 되는 부분이며, 공기압력을 견디어 일정한 체적을 유지하고 하중이나 충격에 따라 변형하여 완충작용을 한다. 카커스를 구성하는 코드층의 수를 플라이 수(ply rating, PR)라 하고, 플라이 수가 많을수록 큰 하중을 지지할 수 있다.

4) 비드(Bead)

타이어가 림과 접하는 부분으로 중심에 20~30개 정도 피아노선(강선)을 넣어 비드의 늘어남을 방지하고 타이어의 형이 변하거나 림(Rim)에서 탈출을 방지한다.

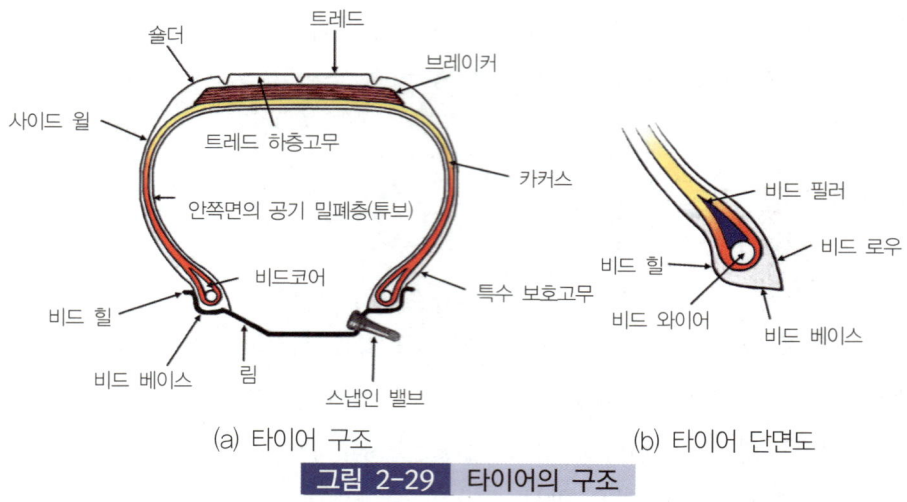

그림 2-29 타이어의 구조

[3] 타이어 호칭 치수

① 저압 타이어 : 타이어 폭(인치) - 타이어 내경(인치) - 플라이 수
② 고압 타이어 : 타이어 외경(인치) × 타이어 폭(인치) - 플라이 수

02 무한궤도

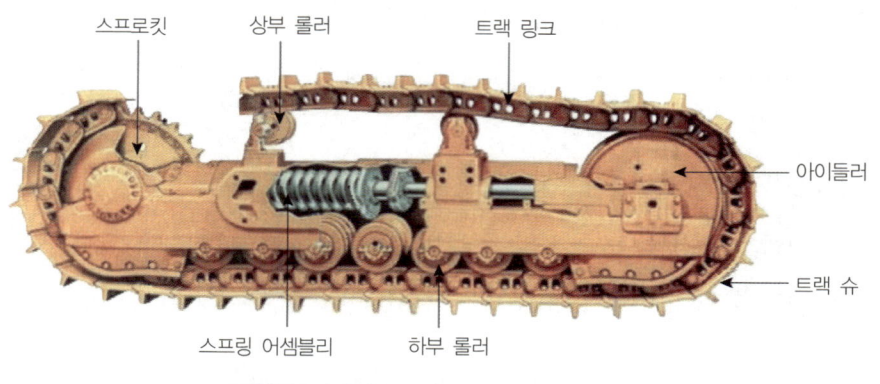

그림 2-30 무한궤도 장치의 구조

[1] 트랙(Track)

트랙은 트랙 슈(Track Shoe), 링크(Link), 핀(Pin), 부싱(Bushing) 등으로 구성되어 있으며, 구동륜, 전부 유동륜, 상·하부 롤러와 접촉하면서 구동륜에서 동력을 받아 트랙이 회전한다.

트랙 링크핀에는 마스터 핀(Master Pin)이 1개씩 있어 트랙을 트랙터로부터 떼어낼 때 이 핀을 뽑아낸다. 일반적으로 트랙 핀을 뽑을 때는 약 100ton 정도의 유압 프레스를 사용하고 핀을 떼어낼 수 있는 스플릿 마스터 링크(Split Master Link)를 사용한 것도 있다.

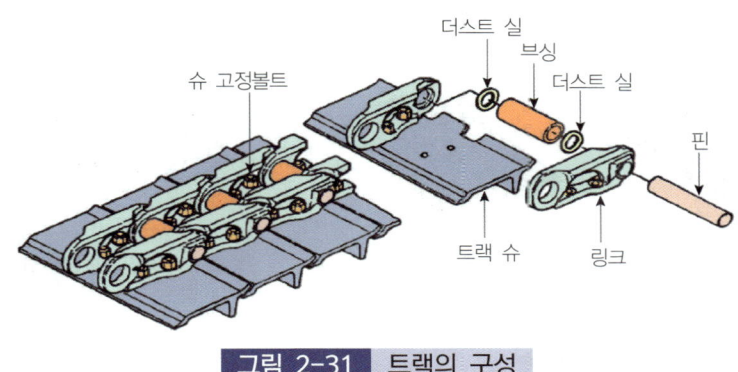

그림 2-31 │ 트랙의 구성

1) 트랙 슈(Track Shoe)

트랙 슈는 링크에 4개의 볼트에 의해 고정되며 장비 전체 하중을 지지하고 견인하면서 회전하고, 지면과 접촉하는 부분에 돌기(Groused)가 설치되며 이 돌기가 견인력을 증대 시켜 준다. 돌기가 2cm 정도 남았을 때 용접하여 재사용할 수 있다.

① 단일 돌기 슈(Single Groused Shoe) : 1열의 돌기를 가지는 슈로서 큰 견인력을 얻을 수 있어 앵글 도저와 스트레이트 도저에 사용된다.
② 2중 돌기 슈(Double Groused Shoe) : 높이가 같은 2열의 돌기를 가지는 슈로서 중하중에 의한 굽힘을 방지할 수 있고, 차체의 회전성이 좋기 때문에 도저 셔블에 사용된다.
③ 3중 돌기 슈(Triple Groused Shoe) : 높이가 같은 3열의 돌기를 가지는 슈로서 조향할 때 회전저항이 적어 선회성이 양호하며 견고한 지반의 작업장에 알맞아 굴삭기에서 많이 사용되고 있다.
④ 습지 슈 : 슈의 단면이 삼각형이며 접지면적이 넓어 연약한 지반 작업에 사용된다.

⑤ 스노우 슈 : 가로 방향에도 돌기가 있어 미끄럼에 강하다.
⑥ 평활 슈 : 돌기가 없어 포장도로에 적합하다.
⑦ 고무 슈 : 노면을 보호하며 진동, 소음이 없다.

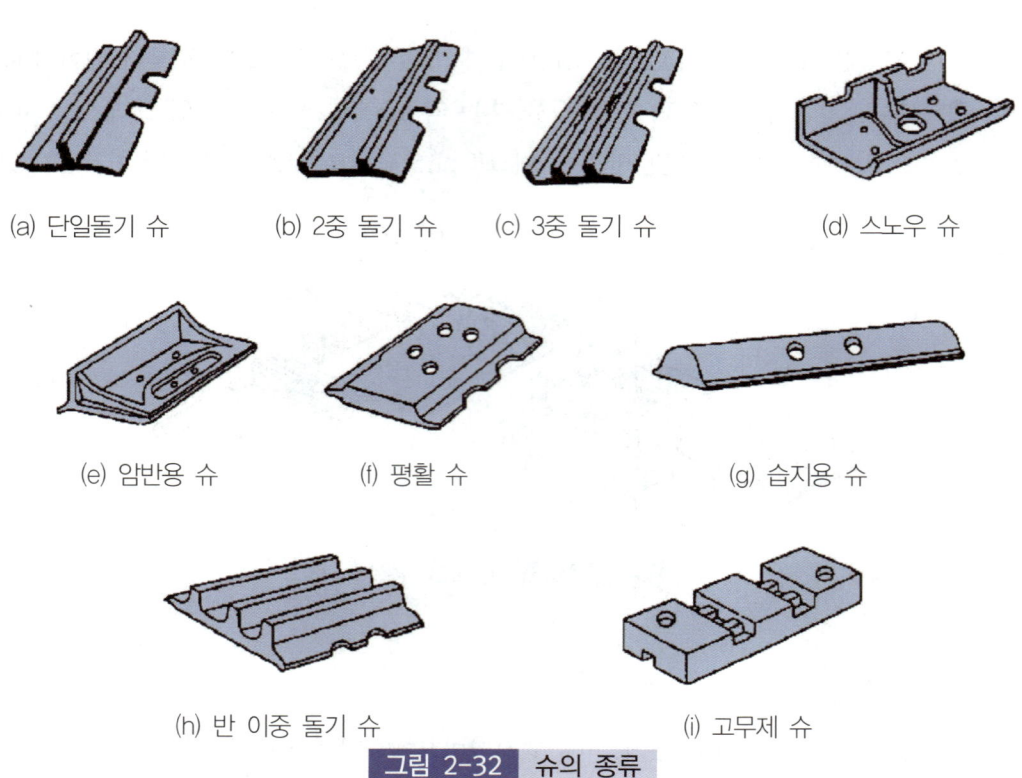

그림 2-32 슈의 종류

2) 트랙 유격 측정방법

① 지렛대를 No.1 상부 롤러와 트랙 링크 사이에 넣고 쳐들었을 때 롤러와 트랙 링트 사이 간극이 38~50mm이면 정상이다.
② 전부 유동륜과 No.1 상부 롤러 사이에 직정규를 대고 트랙의 처짐을 측정했을 때 1′~1.5′(25.4~38.1mm)가 되면 정상이다.
③ 트랙 한쪽 세트를 올렸을 때 하부 롤러와 하강한 트랙 링크 사이를 측정했을 때 40~45mm이면 정상이다.

그림 2-33 트랙 유격 측정

3) 트랙 유격 조정방법

전부 유동륜을 전진 또는 후진시켜서 조정한다. 조정 너트를 렌치로 돌려서 조정하는 방법과 유압 조정식은 전부 유동륜 요크 축에 설치된 그리스 실린더에 그리스(GAA)를 주유하는 방법으로, 그리스를 주유하면 트랙 유격이 적어지고, 그리스를 배출하면 유격이 커진다.

(a) 조정렌치로 조정

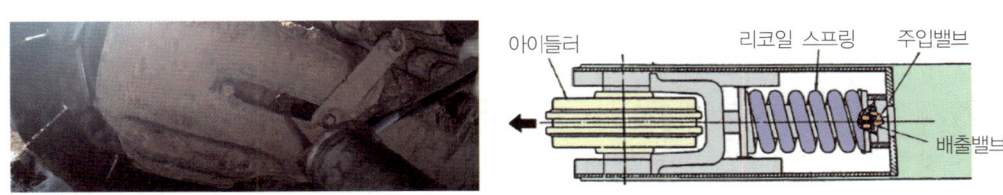

(b) 유압 조정식(그리스 주입)

그림 2-34 트랙 유격 조정

4) 트랙 일반

(1) 트랙을 장비로부터 분리하여야 하는 경우

① 트랙이 벗겨졌을 때
② 트랙을 교환하고자 할 때
③ 핀, 부싱 등을 교환하고자 할 때
④ 전부 유동륜 및 스프로킷을 교환하고자 할 때

(2) 트랙의 장력을 크게 하거나 작게 할 경우

① 장력을 크게 할 경우 : 굳은 지반 또는 암반 통과 시
② 트랙장력을 작게 할 경우 : 사지 통과 시, 습지를 통과할 때, 굴곡이 심한 노면 통과 시

(3) 트랙의 장력을 조정하여야 하는 이유

① 슈의 마모 방지
② 트랙의 이탈 방지
③ 스프로킷의 마모 방지
④ 구성 부품의 수명 연장

(4) 트랙의 정렬에서 아이들러가 중심부에서 바깥쪽으로 밀린 상태로 조립되면

① 상·하부 롤러 안쪽 마모가 심하다.
② 전부 유동륜의 바깥쪽 마모가 심하다.
③ 바깥쪽 링크의 내면이 심하게 마모된다.

(5) 트랙이 주행 중 벗어지는 이유

① 경사지에서 작업할 때
② 상부 롤러 마모 및 파손 시
③ 전부 유동륜이 마모되었을 때
④ 고속주행 중 급회전하였을 때
⑤ 구리 코일 스프링 장력이 부족할 때

⑥ 트랙의 장력이 규정보다 너무 작을 때
⑦ 스프로킷과 트랙 아이들러의 중심이 일치하지 않을 때

(6) 트랙 장력이 너무 강할 때

① 종감속 장치 링 기어 및 구동 스프로킷 기어 마모 촉진
② 전부 유동륜, 상부 롤러, 하부 롤러의 축 및 부싱의 마모
③ 롤러의 전동면, 구동 스프로킷 지면 및 링크의 상면 등의 마모를 촉진한다.
④ 주행저항이 크게 되고 모래, 돌, 눈 등이 끼어 트랙의 장력을 강하게 되어 각부에 무리한 힘이 작용한다.

(7) 트랙 장력이 너무 약할 때

① 트랙이 위쪽에서 상·하로 진동을 일으켜 상부 롤러를 강타하여 종감속장치 케이스에 접촉하기 때문에 이 부분이 마모 손상된다.
② 트랙의 진동 때문에 트랙 부싱의 내면과 핀의 외면이 마모가 촉진되어 트랙 피치(Pitch)가 크게 된다.
③ 조향을 하거나 경사지에서 주행할 때 트랙이 벗겨지기 쉽다.

[2] 하부 구동체(Under Carriage)의 구조와 기능

1) 트랙 프레임(Track Frame)

섀시(Chassis)를 구성하는 각 장치와 차체를 설치하는 부분이며 앞부분에는 엔진, 클러치, 변속기 등을 설치하여 중량과 평형을 유지하고 이곳에는 균형 스프링(Equalizer Spring)이 설치되어 완충작용을 하며, 뒷부분에는 대각지주(Diagonal Brace)가 설치되어 구동륜 축을 지지하여 준다.

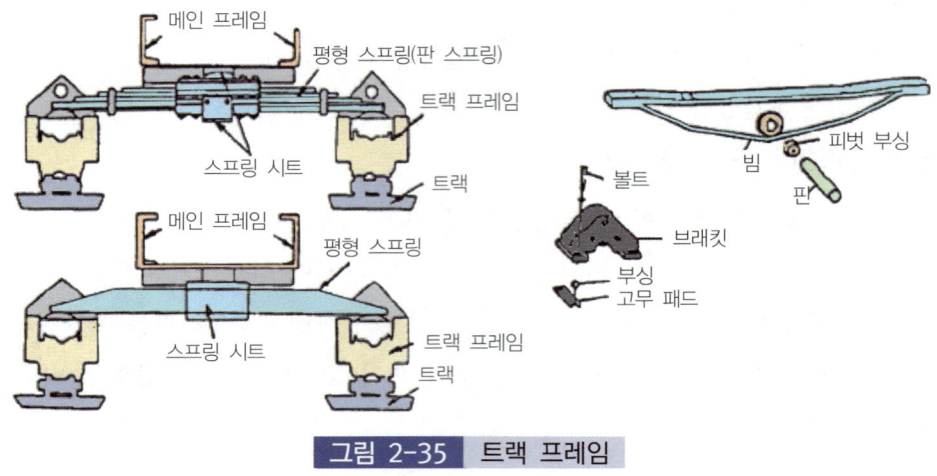

그림 2-35 트랙 프레임

2) 균형 스프링(Equalizer Spring)

강판을 겹친 리프 스프링(Leaf Spring)으로 양쪽 끝은 트랙 프레임에 얹혀 있고 중앙에 트랙터 앞부분의 중량을 받는다.

3) 하부 롤러(Track Roller)

트랙 프레임(Track Frame) 아래에 좌·우 각각 3~7개 설치되며 트랙터의 전 중량을 균등하게 트랙 위에 분배하면서 전달하고 트랙의 회전 위치를 정확히 유지한다. 단일 플랜지형과 2중 플랜지형이 있고 스러스트(Thrust) 방향의 하중은 플랜지가 받는다. 싱글 플랜지형은 트랙이 외부로 벗어나는 것을 방지하고, 2중 플랜지(Double Flange)형은 트랙의 정렬을 바르게 하고 외부로 벗어나는 것을 방지한다.

5개의 하부 롤러가 있는 경우 2번과 4번이 2중 플랜지형 롤러가 사용되며 그 외는 싱글 플랜지(Single Flange)형이 설치되어 있다.

롤러, 부싱(Bush, Bushing), 플로팅 실, 축, 칼라(Collar) 등으로 구성되어 있으며, 플로팅 실(Floating Seal)은 그리스의 누설을 방지하고 흙, 물, 먼지 등의 침입 방지한다.

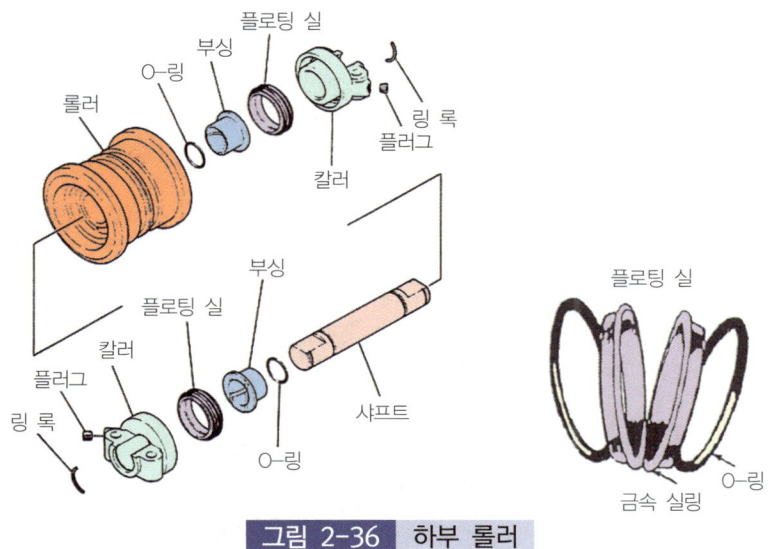

그림 2-36 하부 롤러

4) 상부 롤러(Carrier Roller)

트랙 프레임 위에 한쪽만을 지지하거나 양쪽을 지지하는 브래킷(Bracket)에 1~2개 설치되어 트랙 아이들러와 구동륜 사이에서 트랙이 쳐지는 것을 방지함과 동시에 트랙의 회전 위치를 정확하게 유지하는 일을 한다.

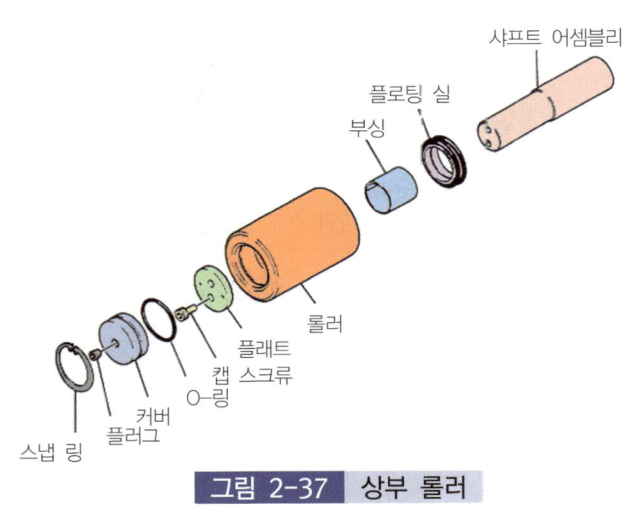

그림 2-37 상부 롤러

5) 전부 유동륜(Track Idler)

트랙 앞부분에서 트랙 프레임 위를 전·후로 섭동할 수 있는 요크(Yoke)에 설치되어 있으며, 구동륜에 의해 회전하는 앞바퀴이며 트랙의 진행방향을 유도해 주는 역할을 한다. 중앙부에는 트랙을 유지하는 돌기부가 있고 트랙 프레임의 가이드(Guide)에 따라 전·후로 이동하고 요크가 그 안내 역할을 하도록 되어 있다.

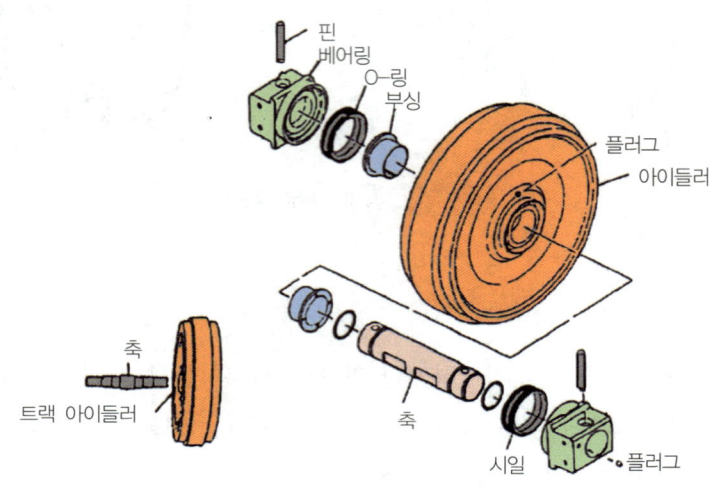

그림 2-38 전부 유동륜

> **참고**
>
> 1. 트랙 아이들러가 트랙 프레임 위를 전·후로 움직이는 구조로 된 이유
>   ① 트랙장력(긴도)을 조정하기 위하여
>   ② 주행 중 지면으로부터 받은 충격을 완화하기 위하여
>
> 2. 트랙 정열에서 아이들 롤러가 중심부에서 바깥쪽으로 밀린 상태로 조립되었을 때 일어나는 현상
>   ① 아이들러 바깥쪽 마모가 심하다.
>   ② 롤러 안쪽 플랜지(Flange) 마모가 심하다.
>   ③ 바깥쪽 링크(Link)의 내면이 심하게 마모된다.

6) 리코일 스프링(Recoil Spring)

주행 중 트랙 전면에서 오는 충격을 완화하여 차체의 파손을 방지하고 트랙이 원활하게 회전하도록 해준다. 서징(Surging) 현상을 방지하기 위해서 인너 스프링(Inner Spring)과 아우터 스프링(Outer Spring)으로 된 이중 스프링을 사용한다. 리코일 스프링을 분해해야 할 경우는 스프링이나 축이 절손 시이며 종류는 다음과 같다.

① 리코일 스프링식(Recoil Spring Type)
② 접시 스프링식(Jaw Spring Type)
③ 질소 가스 스프링식(Gas Spring Type)

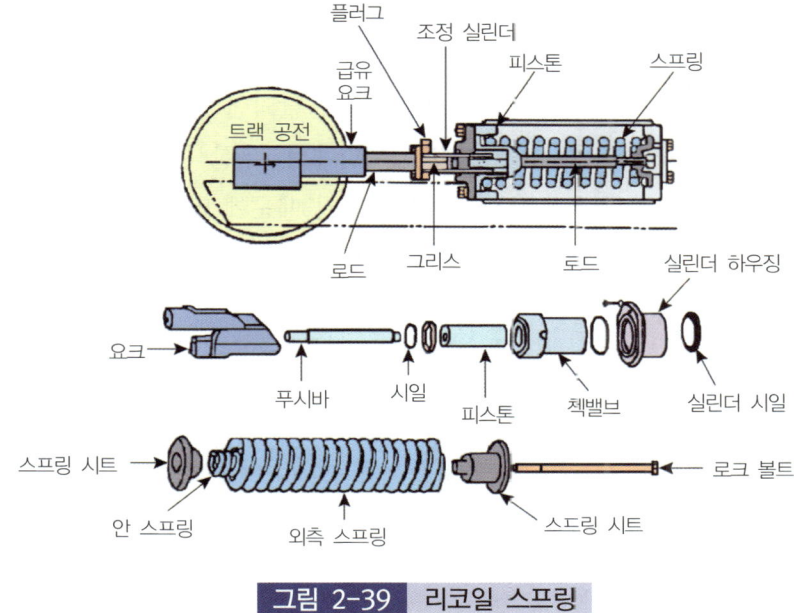

그림 2-39 리코일 스프링

7) 구동륜(Sprocket)

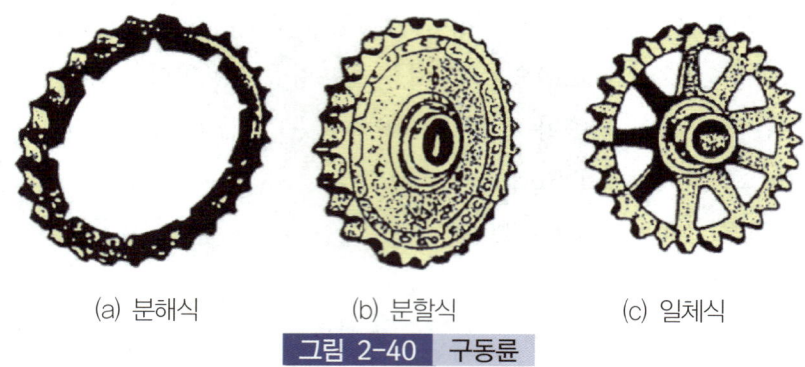

(a) 분해식   (b) 분할식   (c) 일체식

그림 2-40 구동륜

　기관의 동력이 최종감속 기어를 거쳐 스프로킷에 전달되면 스프로킷은 최종적으로 트랙에 동력을 전달해 주는 역할을 한다. 스프로킷은 일체식, 분할식, 분해식이 있으며 분할식과 분해식은 신품과 교환하거나 용접하기가 편리하기 때문에 많이 이용되고 있다. 스프로킷은 특수강을 단조하여 만들며 이빨은 열처리되어 있으므로 내마모성 및 내구력을 갖는다.

필기 예상 문제

01 타이어의 규격을 나타낸 것이다. 표기되지 않은 것은?

[규격]
7.50×20×8P

① 타이어 폭
② 타이어 외경
③ 타이어 내경
④ 플라이 수

이 그림에서는 타이어의 폭, 내경 그리고 플라이 수가 모두 표기되어 있다. 따라서 타이어 외경은 타이어의 바깥지름을 나타내는데, 이 그림에서는 표기되어 있지 않다.

02 고압 타이어에서 32×6-10PR이란 표시 중 32는 무엇을 뜻하는가?

① 타이어의 지름을 인치로 표시한 값이다.
② 타이어의 폭을 센치로 표시한 것이다.
③ 림의 지름을 인치로 표시한 것이다.
④ 림의 지름을 센치로 표시한 것이다.

32는 타이어의 지름을 인치로 표시한 값이다. 이는 타이어의 외부 지름을 의미하며, 타이어의 크기를 나타내는 중요한 요소 중 하나이다. PR은 타이어의 플라이어 수를 나타내며, 6은 타이어의 폭을 인치로 표시한 값이다.

03 트랙의 주요 구성품으로 맞는 것은?

① 핀, 부시, 롤러, 링크
② 슈, 링크, 부싱, 동판
③ 핀, 부시, 링크, 슈
④ 슈, 링크, 동판, 롤러

트랙은 핀, 부시, 링크, 슈로 구성되어 있다. 핀은 링크와 부시를 연결하는 역할을 하며, 부시는 핀과 링크를 연결하고 롤러가 움직이는 곳에 위치한다. 링크는 핀과 부시, 슈를 연결하며, 슈는 롤러가 움직이는 방향을 유지하고 트랙의 안정성을 유지한다.

04 리코일 스프링의 완충방식이 아닌 것은?

① 코일 스프링식
② 다이어프램 스프링식
③ 질소가스 스프링식
④ 토션바 스프링식

리코일 스프링은 충격을 완화하는 역할을 하는 스프링으로, 일반적으로 코일 스프링식, 다이어프램 스프링식, 질소가스 스프링식으로 구분된다.
① 코일 스프링식 : 코일 모양의 스프링을 사용하여 충격을 완화하는 방식이다.
② 다이어프램 스프링식 : 원형의 다이어프램을 사용하여 충격을 완화하는 방식이다.
③ 질소가스 스프링식 : 질소가스를 사용하여 충격을 완화하는 방식이다.

| 정답 | 01 ② 02 ① 03 ③ 04 ④

05 트랙이 밑으로 처지지 않도록 받쳐주는 역할을 하는 것은?

① 상부 롤러
② 하부 롤러
③ 프런트 아이들러
④ 롤러 가드

> 트랙은 하부 롤러와 상부 롤러에 의해 받쳐진다. 하부 롤러는 트랙의 하부를 받쳐주는 역할을 하고, 상부 롤러는 트랙의 상부를 받쳐주는 역할을 한다. 따라서 상부 롤러는 트랙이 밑으로 처지지 않도록 받쳐주는 역할을 한다.

06 건설기계에서 트랙의 캐리어 롤러(carrier roller)는 무슨 일을 하는가?

① 전부 유동륜을 고정한다.
② 트랙을 지지한다.
③ 가동륜을 지지한다.
④ 스프링을 지지한다.

> 트랙의 캐리어 롤러는 트랙을 지지하여 건설기계가 움직일 때 트랙이 바닥에 닿아 지지력을 유지하고 움직일 수 있도록 도와준다.

07 무한 궤도식에서 트랙 아이들러 완충장치인 리코일 스프링의 설치목적 중 틀린 것은?

① 트랙 전면의 충격 흡수
② 트랙 장력과 긴장도 유지
③ 트랙의 마모방지 및 평행 유지
④ 차체 파손 방지와 원활한 운전

> 리코일 스프링의 역할
> ① 트랙 전면의 충격 흡수 : 리코일 스프링은 트랙의 충격을 흡수하여 차체와 트랙의 손상을 방지한다.
> ② 트랙 장력과 긴장도 유지 : 리코일 스프링은 트랙의 장력과 긴장도를 유지하여 트랙의 이탈과 주행 불안정성을 방지한다.
> ③ 차체 파손 방지와 원활한 운전 : 리코일 스프링은 트랙의 충격을 흡수하고 트랙 장력과 긴장도를 유지하여 차체 파손을 방지하고 원활한 운전을 가능하게 한다.

08 불도저에서 트랙에 오는 충격을 완화시켜 주는 기능을 하는 것은 무엇인가?

① 쇽업소버
② 리코일 스프링
③ 스프로킷
④ 아이들러

> 리코일 스프링은 충격을 흡수하여 불도저의 트랙에 오는 충격을 완화시켜 주는 기능을 한다.

09 주행 중 트랙 전면에서 오는 충격을 완화하지 못할 때 점검 부품은 어느 것인가?

① 리코일 스프링
② 센터 스프링
③ 대각지지 스프링
④ 롤러 스프링

> 주행 중 트랙 전면에서 오는 충격을 완화하지 못할 때 점검 부품은 리코일 스프링이다. 리코일 스프링은 주행 중 땅과의 접촉을 유지하기 위해 서스펜션 시스템에서 사용되는 스프링으로, 충격을 흡수하여 차량의 안정성을 유지하는 역할을 한다.

|정|답| 05 ① 06 ② 07 ③ 08 ② 09 ①

10 무한궤도식 건설기계용 트랙 프레임의 종류가 아닌 것은?

① 박스형
② 모노코크형
③ 솔리드 스틸형
④ 오픈 채널형

> **무한궤도식 건설기계용 트랙 프레임**
> 무한궤도식 건설기계는 굴착기, 불도저, 크레인 등 다양한 기계에 사용된다. 트랙 프레임은 무한궤도를 지지하고 기계의 무게를 지탱하는 중요한 부품이다. 트랙 프레임 종류는 다음과 같다.
> ① 박스형 : 가장 일반적인 형태이며, 높은 강성과 내구성을 가지고 있다.
> ② 모노코크형 : 박스형보다 가볍고 강성이 높지만, 제작 과정이 복잡하다.
> ③ 솔리드 스틸형 : 단단한 강철로 만들어져 매우 강하고 내구성이 뛰어나지만, 무겁고 가격이 비싸다.
> ④ 오픈 채널형은 트랙 프레임의 한쪽 면이 개방된 형태로 주로 농업용 트랙터나 소형 건설기계에 사용된다. 무한궤도식 건설기계용 트랙 프레임은 높은 강도와 내구성이 요구되므로 오픈 채널형은 사용되지 않는다.

11 하부 추진체의 아이들러의 역할과 맞는 것은?

① 트랙의 장력조정과 진행방향을 유도한다.
② 동력을 발생시켜 트랙에 전달한다.
③ 상부 회전체에서 하부회전체로 유압을 전달한다.
④ 트랙의 회전력을 증대시킨다.

> **프런트 아이들러 역할**
> 조정 실린더와 연결되어 트랙의 장력을 조정하면서 트랙을 유도하여 주행 방향을 유도하는 역할을 한다.

12 트랙과 아이들러가 정확한 정열 상태에서 일어나는 ㅁ-모현상이 아닌 것은?

① 아이들러 플랜지의 양면이 마모된다.
② 양쪽 링크의 양면이 같이 마모된다.
③ 트랙 롤러의 플랜지 4개가 같이 마모된다.
④ 아이들러의 바깥 플랜지만 마모된다.

> 아이들러는 트랙을 지지하고 회전시키는 역할을 하며, 양쪽 플랜지가 트랙과 맞물려 회전한다. 정확한 정렬 상태에서도 양쪽 플랜지 모두 마모가 발생한다. 바깥 플랜지만 마모된다면 이는 정렬 불량 또는 기타 문제를 의미한다.

13 트랙식 굴삭기에서 트랙의 장력을 조정하기 위하여 트랙 프레임 위를 전·후로 움직이는 구조로 되어 있는 것은?

① 캐리어 롤러   ② 트랙 아이들러
③ 리코일 스프링   ④ 스프로킷

> 트랙 아이들러는 트랙 프레임 위를 전·후로 움직이는 구조로 되어 있어서 트랙의 장력을 조정할 수 있다.

14 트랙 아이들러가 트랙프레임 위를 전, 후로 움직이는 구조로 된 이유는?

① 트랙장력(긴도)를 조정하기 위하여
② 상부 롤러를 보호하기 위하여
③ 트랙 롤러를 보호하기 위하여
④ 트랙이 잘 벗겨지게 하기 위하여

> 트랙 아이들러가 트랙프레임 위를 전, 후로 움직이는 구조로 된 이유는 트랙장력(긴도)을 조정하기 위해서이다. 랙장력(긴도)을 조정하여 트랙의 장력을 유지하고, 트랙이 미끄러지지 않도록 하기 위함이다.

| 정답 | 10 ④ 11 ① 12 ④ 13 ② 14 ①

15 무한 궤도식에서 도로를 주행할 때 보통 슈는 포장 노면을 파손시키는데 이를 방지하기 위한 슈는?

① 단일 돌기 슈
② 이중 돌기 슈
③ 암반용 슈
④ 평활 슈

> 슈 종류
> ① 단일 돌기 슈 : 접지 면적 감소, 높은 접지 응력, 노면 파손 가능성 높음, 일반 지형에 사용
> ② 이중 돌기 슈 : 단일 돌기 슈보다 접지 면적 증가, 파손 가능성 감소, 일반 지형에 사용
> ③ 암반용 슈 : 날카로운 돌기, 높은 접지력, 암반 파쇄 용이, 도로 주행 시 노면 파손 가능성 높음, 암반 지형에 사용
> ④ 평활 슈 : 돌기가 없어 도로 표면에 미치는 응력 분산, 마찰 감소, 노면 파손 방지, 도로 주행 시 소음 감소, 도로 주행에 사용

16 무한궤도식에서 트랙 구동 스프로킷이 한쪽 면으로만 마모되는 원인은?

① 트랙 링크가 과도 마모되었을 때
② 환향 조향을 너무 심하게 했기 때문에
③ 트랙 긴도가 이완되었기 때문에
④ 롤러 및 아이들러의 정열이 틀렸기 때문에

> 무한궤도식에서 트랙 구동 스프로킷이 한쪽 면만 마모되는 주요 원인은 환향 조향의 과도한 사용, 트랙 긴도의 이완, 롤러 및 아이들러의 정렬 문제, 트랙 링크의 과도한 마모

17 무한궤도식 건설기계 트랙에서 스프로킷이 이상 마모되는 원인으로 가장 적합한 것은?

① 유압이 높다.
② 트랙이 이완되어 있다.
③ 댐퍼 스프링의 장력이 약하다.
④ 유압유가 부족하다.

> 트랙이 이완되어 있으면 스프로킷과 체인이 올바르게 맞지 않아 마모가 발생할 수 있다. 이완은 트랙의 길이가 늘어나거나 굽어지는 것을 의미한다.

18 무한궤도식에서 하부 롤러 베어링은 일반적으로 무엇을 많이 사용하는가?

① 테이퍼 베어링
② 부싱
③ 오일레스 베어링
④ 실(seal)

> 하부 롤러 베어링은 부싱을 많이 사용한다. 이는 부싱이 비교적 저렴하고 내구성이 높기 때문이다. 또한 부싱은 오일레스 베어링과 달리 윤활유를 필요로 하지 않아 윤활유 유지보수 비용을 절감할 수 있다.

19 무한궤도식 장비에서 트랙 프레임 앞에 설치되어서 트랙 진행방향을 유도하여 주는 것은?

① 스프로킷(sprocket)
② 상부 롤러(upper roller)
③ 하부 롤러(lower roller)
④ 전부 유동륜(idle roller)

> 1. 무한궤도식 장비 : 크롤러(crawler) 또는 트랙(track)이라고도 불리는 추진 시스템을 사용하는 장비

|정|답| 15 ④ 16 ④ 17 ② 18 ② 19 ④

2. 장점
   ① 부드러운 지형, 습지, 경사지 등 다양한 지형에서 작업 가능하다.
   ② 높은 접지 면적으로 접지력이 뛰어나다.
3. 단점:
   ① 바퀴식 장비에 비해 속도가 느리다.
   ② 구조가 복잡하고 유지보수가 어렵다.
4. 무한궤도식 장비의 주요 구성 요소
   ① 트랙 프레임 : 무한궤도를 지지하는 프레임
   ② 트랙(크롤러) : 무한궤도라고도 불리는 벨트
   ③ 스프로킷 : 트랙을 구동하는 톱니바퀴
   ④ 상부 롤러 : 트랙 상부를 지지하는 롤러
   ⑤ 하부 롤러 : 트랙 하부를 지지하는 롤러
   ⑥ 유동륜 : 트랙의 장력을 유지하고 진행 방향을 조절하는 롤러
5. 트랙 진행 방향 유도
   ① 스프로킷 : 트랙을 구동하여 회전시키지만 직접 방향을 유도하지 않음
   ② 상부 롤러, 하부 롤러 : 트랙을 지지하는 역할만 수행
   ③ 유동륜 : 트랙과 접촉하여 방향을 조절하고 장력을 유지
   ④ 트랙 프레임 앞쪽에 설치된 유동륜은 트랙 진행 방향을 유도하는 주요 역할 수행

20 건설기계의 트랙 유격은 일반적으로 25~40mm 정도이다. 측정한 트랙 유격이 15mm라면 정비 방법은?

① 조정 실린더에서 그리스를 배출시킨다.
② 조정 실린더에 그리스를 주입시킨다.
③ 장력조정 스프링 장력을 조정한다.
④ 장력조정 스프링을 교환한다.

트랙 체인이 너무 조여서 트랙 유격이 좁아졌을 가능성이 높다. 트랙 체인이 너무 조여지면 트랙 체인, 롤러, 스프로킷 등에 과도한 부하가 걸려 부품 손상 및 파손으로 이어질 수 있으므로 조정 실린더에서 그리스를 배출하여 트랙 체인의 장력을 완화시킨다.

21 건설기계의 하부 롤러축 부위에서 누유가 있을 때 어느 부품을 교환해야 하는가?

① 부싱(bushing)
② 더스트 실(dust seal)
③ 백업 링(back up ring)
④ 플로팅 실(floating seal)

건설기계의 하부 롤러 축 부위에서 누유가 발생하는 경우, 가장 먼저 의심해야 할 부품은 플로팅 실이다. 플로팅 실은 롤러 축과 베어링 사이에 위치하여 윤활유가 누출되는 것을 방지하는 역할을 한다.

22 트랙 정렬에서 아이들 롤러가 중심부에서 바깥쪽으로 밀린 상태로 조립되었을 때 일어나는 현상이 아닌 것은?

① 아이들 롤러의 바깥쪽 마모가 심하다.
② 아이들 롤러의 안쪽 마모가 심하다.
③ 롤러의 안쪽 플랜지 마모가 심하다.
④ 바깥쪽 링크의 내면이 심하게 마모된다.

중심부에서 바깥쪽으로 밀린 상태로 조립되면서 아이들 롤러가 바깥쪽으로 이동하면서 바깥쪽 마모가 심해진다.

23 트랙 장력이 너무 팽팽하거나 느슨할 때 어느 부분의 마모가 가장 촉진되는가?

① 언더 캐리지   ② 배토판
③ 틸트 실린더   ④ 리퍼

트랙 장력이 너무 팽팽하면 언더 캐리지 부분의 마모가 촉진되고, 너무 느슨하면 배토판 부분의 마모가 촉진된다. 하지만 언더 캐리지는 트랙의 하부에 위치하여 지면과 직접적인 접촉이 있기 때문에 마모가 더욱 심해진다.

| 정 | 답 | 20 ① 21 ④ 22 ② 23 ①

24 트랙장력을 조정해야 할 이유가 아닌 것은?

① 트랙의 이탈 방지
② 스윙 모터의 과부하 방지
③ 트랙 구성품의 수명 연장
④ 스프로킷의 마모 방지

> 트랙장력은 스윙 모터의 과부하 방지와는 직접적인 연관이 없다.

25 트랙의 장력이 너무 세게 조정되었을 때 마모가 가속되는 부분으로 가장 거리가 먼 것은?

① 트랙 핀과 부싱
② 트랙 링크
③ 스프로킷
④ 슈우 판

> 트랙 슈우 판은 무한궤도를 구성하는 판 모양의 부품으로 판 모양의 트랙 슈우를 링크로 연결해 체인 모양으로 만든다. 이 체인을 바퀴에 벨트처럼 걸어 동력으로 회전시킨다.

26 트랙 장력이 약해지는 것과 관계없는 것은?

① 트랙 핀의 마모
② 트랙 슈의 마모
③ 스프로킷의 마모
④ 부시의 마모

> 트랙 장력이 약해지는 것은 트랙 핀의 마모, 스프로킷의 마모, 부시의 마모 등과 관련이 있지만, 트랙 슈의 마모는 트랙 장력과는 직접적인 관련이 없다. 트랙 슈는 트랙과 지면 사이에서 마찰을 줄이고 트랙의 수명을 연장하는 역할을 하기 때문에 마모가 발생하면 오히려 트랙 장력을 유지하는 데에 영향을 미칠 수 있다.

27 건설기계 하부 구동체 스프로킷의 중심위치를 맞추려면?

① 베어링 간극 조정으로
② 베어링을 교환
③ 축을 교환
④ 베어링 뒤 시임으로 조정

> 스프로킷의 중심위치는 하부 구동체의 베어링에 의해 결정된다. 따라서 베어링 간극 조정으로 중심위치를 맞출 수 있다. 베어링을 교환하거나 축을 교환하는 것도 가능하지만, 베어링 뒤 시임으로 조정하는 것이 효율적이다.

28 트랙이 벗겨지는 원인이 아닌 것은?

① 급선회 시
② 트랙의 유격이 너무 클 때
③ 전후부 트랙의 중심 거리가 같을 때
④ 트랙 정렬이 잘 되어 있지 않을 때

> 트랙이 벗겨지는 원인
> ① 트랙의 유격이 너무 클 때
> ② 트랙의 정렬이 불량할 때(프런트 아이들러와 스프로킷의 중심이 일치하지 않을 때)
> ③ 고속 주행 중 급선회를 하였을 때
> ④ 프런트 아이들러, 상하부 롤러 및 스프로킷의 마멸이 클 때
> ⑤ 리코일 스프링의 장력이 부족할 때
> ⑥ 경사지에서 작업할 때

29 불도저의 트랙 조정방법(기계식) 중 틀린 것은?

① 트랙조정 고정 스크류를 늦춘다.
② 렌치로 트랙조정 스크류를 좌우로 돌린다.
③ 상부 1번 롤러 트랙링크 상부에 바아를 끼워 들어 올린다.
④ 트랙링크와 롤러 사이가 38~50mm가 되게 조정한다.

> 트랙링크와 롤러 사이 60kgf 힘으로 눌러 38~50mm로 조정

|정답| 24 ② 25 ④ 26 ② 27 ④ 28 ③ 29 ③

CHAPTER 09 작업장치

01 토공용 건설기계

[1] 도저(Dozer)

도저는 크롤러 트랙터(Crawler Tractor) 앞쪽에 블레이드(토공판, Blade)를 부착하고 100m 이내의 작업거리에서 송토(흙 밀기), 굴토(흙 파기), 확토(흙 넓히기), 삭토 등을 할 수 있는 건설기계이다.

그림 2-41 도저

1) 도저의 분류

(1) 용도에 따른 분류

① 불도저(스트레이트 도저, Bull Dozer or Straight Dozer) : 트랙터 앞쪽에 블레이드를 90°로 설치한 것으로 블레이드를 상하로 조종할 수 있고, 앞뒤로 10° 정도의 경사각을 변화시켜 굴토력을 조절할 수 있다. 절토, 송토, 성토, 굴토, 배수로 매몰 작업 등에 적합하다.

② 앵글 도저(Angle Dozer) : 트랙터 중심선에 대하여 블레이드 양단을 앞뒤로 20~30° 정도 바꿀 수 있으며 블레이드 길이가 길고 폭이 좁아 토사를 한쪽 방향으로 배토할 수 있으며 파이프 매몰 작업, 측능 절단(산허리 깎기) 작업, 지균 작업 등에 적합하다.

③ 틸트 도저(Tilt Dozer) : 트랙터 수평면을 기준으로 하여 블레이드의 우 또는 좌단을 운전석에서 상하로 20~30°(15~30cm) 정도 기울일 수 있어 배수로 구축 작업, 나무뿌리 제거 작업, 바위 굴리기, 제방 경사 작업 등에 적합하다.

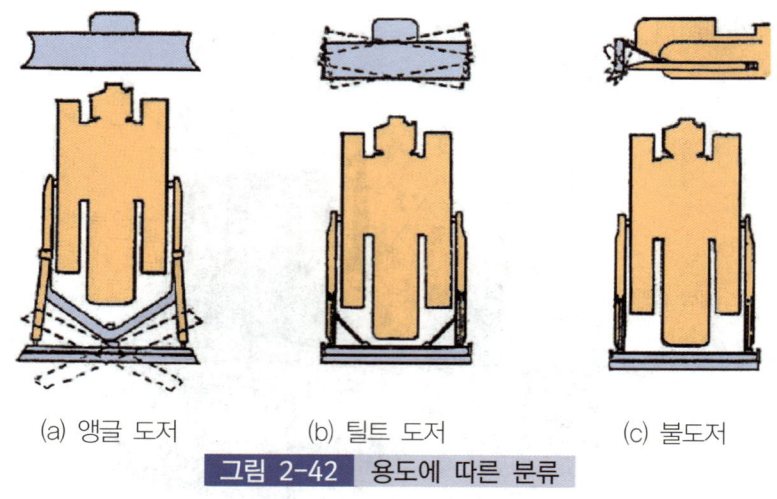

(a) 앵글 도저   (b) 틸트 도저   (c) 불도저

그림 2-42 용도에 따른 분류

(2) 작업장치에 따른 분류

① U형 도저(U Type Dozer) : 블레이드 양쪽 가장자리 부분에 앞쪽으로 굽은 블레이드를 장착한 도저로서, 1회에 대용량을 작업할 수 있어 석탄, 나무 조각, 부드러운

흙 등 비교적 비중이 적은 것의 운반 처리에 적합하다.

② 습지 도저 : 일반적인 도저보다 접지압을 낮게 하여 습지나 연약한 지반에서 작업할 수 있도록 한 것이며 접지압력이 0.1~0.3kg/cm² 정도이다.

③ 레이크 도저(Rake Dozer) : 블레이드 대신에 레이크(쇠스랑)의 부수장치를 부착한 도저로 잡목이나 나무뿌리 뽑기, 농지 개간 및 도로공사 시 암석 골라내기 등에 적합하다.

(3) 주행 장치에 따른 분류

① 무한궤도식(Crawler Type or Track Type)
  ㉠ 견인력, 등판능력이 커 험지 작업이 가능하다.
  ㉡ 수중 작업 시 상부 롤러(Upper Roller)까지 작업이 가능하다.
  ㉢ 기동성이 낮아 장거리 이동 시 트레일러(Trailer)를 이용해야 한다.
  ㉣ 접지면적이 넓고, 접지압력(0.5kg/cm²)이 낮아 습지, 사지 작업이 가능하다.

② 타이어식(Wheel Type or Tire Type)
  ㉠ 포장된 도로주행이 가능하다.
  ㉡ 주행속도가 30~40km/h 정도로 기동성이 좋다.
  ㉢ 견인력이 적고, 접지압력(2.5~3.0kg/cm²)이 커 습지, 사지, 험지 작업이 곤란하다.

2) 도저의 동력전달 계통

① 클러치 부착 방식 : 기관 → 메인 클러치 → 변속기 → 베벨 기어 → 조향클러치 → 조향 브레이크

② 토크 컨버터 부착 방식 : 기관 → 토크 컨버터 → 자재이음 → 변속기 → 베벨 기어 → 조향 클러치 → 조향 브레이크 → 스프로킷 → 트랙

3) 각부 구조와 역할

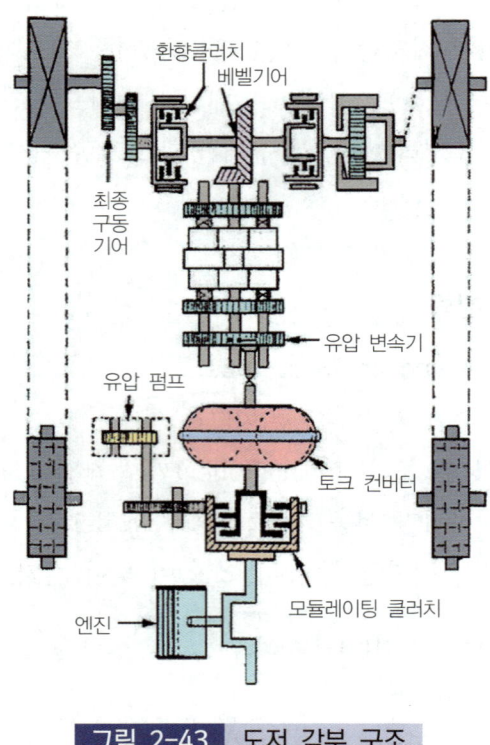

그림 2-43 도저 각부 구조

(1) 피니언 및 베벨 기어(Pinion & Bevel Gear)

변속기 출력축 끝에 붙어 있는 피니언 기어는 큰 베벨 기어와 물려 동력을 직각 좌우방향으로 바꾸며, 회전 동력을 좌우의 베벨 축에 전달함과 동시에 회전속도를 18~28:1 정도로 감속하여 회전력을 증대시켜 준다.

(2) 조향 클러치(환향 클러치, Steering Clutch)

베벨 기어의 하우징에 부착되어 베벨 기어의 동력을 스프로킷으로 전달 및 차단하여 도저의 방향을 바꾸어 준다. 조향 클러치는 양쪽 베벨 기어 축 끝의 좌우에 모두 설치되어 조향하고자 하는 쪽 클러치 레버를 당기면 클러치가 분리되어 동력이 차단되므로 스프로킷으로 들어가는 동력도 차단되면서 도저는 차단된 쪽으로 조향을 한다. 조작방법은 다음과 같다.

① 조향하는 쪽의 레버를 당긴다. 그리고 급선회할 때에는 레버를 당긴 후 브레이크 페달을 밟는다. 조향을 한 후에는 먼저 브레이크 페달을 놓고 레버를 놓는다.
② 경사지를 내려갈 때에는 먼저 브레이크 페달을 놓고 레버를 놓는다.
③ 작업 중에는 환향 클러치로 회전하고 주행 중 급커브를 회전할 때에는 커브에 알맞게 브레이크를 가볍게 사용하여 전복을 방지하여야 한다.

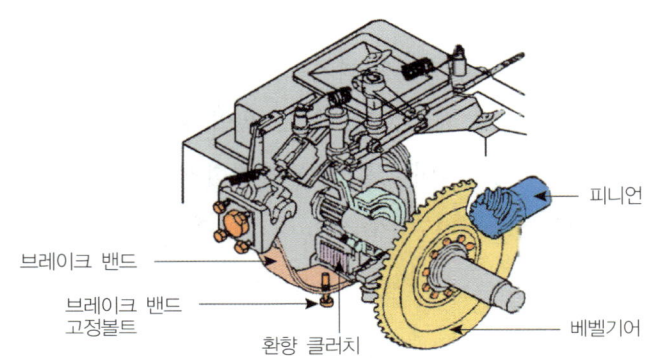

그림 2-44 베벨 기어·환향클러치 및 브레이크 구조

(3) 조향 브레이크(Steering Brake)

조향 클러치 수동 드럼 외부에 부착되어 조향 클러치 작용을 도와 회전반경을 줄여주며 정차 및 주차 상태를 유지하여 주는 외부 수축식 브레이크이다.

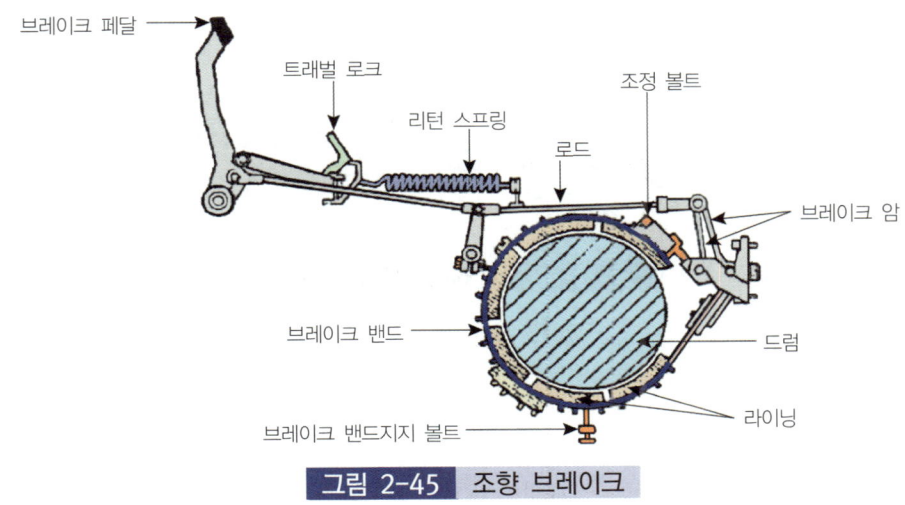

그림 2-45 조향 브레이크

(4) 최종 구동 기어(Final Drive Gear)

조향 클러치로부터 동력을 받아 최종적으로 감속(약 7~10:1)하여 구동력을 증대시켜 구동륜(Sprocket)을 구동하는 기어이다.

4) 도저의 작업장치
(1) 블레이드(Blade)

블레이드는 용접으로 가공한 부품으로 길이가 약 2~4m 정도로 2중 철판으로 되어 있으며, 토사 작업 시 토사의 굴착과 배출이 잘 되고 흙의 저항을 감소시키기 위하여 곡면 모양으로 만들고, 아래쪽 끝에는 마멸이나 파손을 방지하기 위하여 강인한 특수강의 장삽날(Cutting Edge)은 볼트로 체결되어 있어 2cm 정도 남았을 때 상하로 뒤집어서 사용하고 그 양쪽에는 더욱 내마멸성 있는 귀삽날(End Blt)이 부착되어 있다.

> **참고**
> ① 블레이드 원 철판의 두께는 14mm, 덧붙임 철판의 두께는 8mm이다.
> ② 블레이드는 몰드보드(Mold Board), 토공, 배토판, 삽날이라고도 한다.
> ③ 블레이드 용량(Q) = BH^2
>   Q : 블레이드 용량(m^3), B : 블레이드 폭(m), H : 블레이드 높이(m)

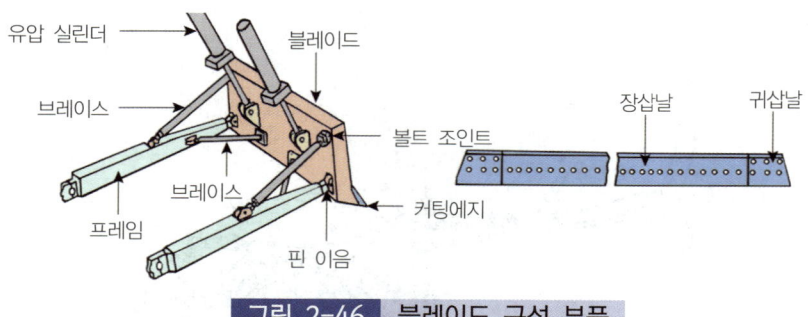

그림 2-46 블레이드 구성 부품

(2) 리퍼(Ripper)

굳은 지면, 나무뿌리, 암석 등을 파헤치는데 사용하며, 15° 이상 선회할 때에는 섕크를 지면에서 들어야 한다. 그리고 섕크(Shank)가 땅속으로 침투가 잘 안되면 가운데 것을 제거하고, 단단한 바위를 제거할 때에는 가운데 것 1개만 사용한다.

(3) 토잉 윈치(Towing Winch)

도저의 뒤쪽에 설치되며 어떤 물체 등을 끌어당길 때 사용하는 기구로 작동은 변속기 상부측에서 동력을 받아 클러치를 통하여 케이블 드럼을 구동함으로써 케이블이 감기거나 풀리도록 되어 있다.

(4) 드로우 바(Draw Bar)

트랙터 뒤쪽에 부착되어 있으며 견인용 장비를 끌기 위한 고리를 말한다.

> **참고**
>
> ① 도저의 작업량 산출식
> $$Q = \frac{q \times f \times 60 \times E}{Cm}(m^3/h)$$
> q : 브레이드 용량(m³), f : 토량 환산계수, E : 작업효율,
> Cm : 사이클 시간(sec)
>
> ② 사이클 시간(Cm)
> $$Cm = \frac{D}{V_1} \times \frac{D}{V_2} + t$$
> D : 흙의 운반거리(m), V_1 : 전진속도(m/min), V_2 : 후진속도(m/min),
> t : 기어변환 시간(min)
>
> 견인마력(kg · m/sec) = $\dfrac{\text{견인력} \times \text{주행속도}(m/s)}{75}$

[2] 로더(Loader)

트랙터 앞에 셔블 전부장치를 가진 것으로 각종 토사, 골재, 자갈 등을 퍼서 다른 곳으로 운반하거나 덤프차에 적재하는 장비이며 규격은 버킷의 평적용량(m³)으로 표시하고 버킷 전경각은 45°와 후경각은 35°이다.

그림 2-47 로더

1) 로더의 종류

(1) 주행장치에 의한 분류

① 휠 로더(Wheel Loader) : 트랙터의 주행 장치가 대형 저압 타이어이며, 보통 튜브가 없는 튜브리스가 사용되며, 무한궤도 방식에 비하여 이동성이 좋아 고소작업이 용이하며, 도로 포장 노면을 해치지 않는 장점이 있다.

② 크로울러 로더(Crawler Loader) : 타이어 대신에 무한궤도를 설치한 것으로 강력한 견인력과 접지압이 낮아 습지, 사지에서의 작업이 용이하나 기동성이 낮아 장거리 작업에 불리하다.

③ 쿠션형 로더(Cushion Loader) : 튜브리스 타이어(Tubeless Tire)에 강철제 트랙을 감은 것으로 무한궤도 형과 휠 형의 단점을 보완한 것이다.

(2) 적하방식에 의한 분류

① 프런트 앤드형(Front End Type) : 트랙터 앞부분에 버킷이 부착되어 있어 앞으로 적하하거나 차체의 전방으로 굴삭 등을 하는 로더이다.

② 사이드 덤프형(Side Dump Type) : 버킷을 좌·우 어느 쪽으로나 기울일 수 있으므로 터널이나 협소한 장소에서 트럭에 적재할 수 있는 것으로 운반기계와 병렬 작업을 할 수 있는 특징이 있다.

③ 스윙형(Swing Type) : 프런트 앤드형과 오버 헤드형이 조합된 것으로 4륜 조향 하체의 상부에 굴삭기처럼 스윙이 가능한 로더 버킷이 장착되어 전후 양쪽에서 덤프할

수 있는 로더이다.
④ 오버 헤드형(Over Head Type) : 앞부분에서 굴삭하여 장비 위를 넘어 후면에 덤프할 수 있는 것으로 터널 공사 등에 효과적이다.

2) 로더의 구조와 작용

(1) 동력전달 순서

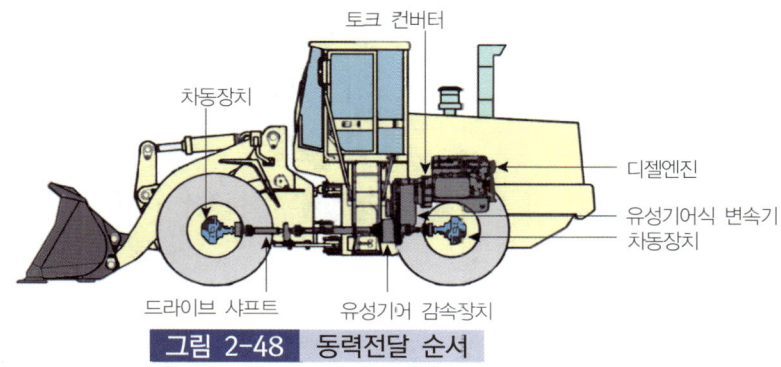

그림 2-48 동력전달 순서

① 휠형 일체식 : 기관 – 토크 컨버터 – 변속기 – 트랜스퍼 기어 – 프로펠러축과 유니버설 조인트 – 차동장치 – 파이널 드라이브 장치 – 바퀴
② 휠형 관절식 : 기관 – 토크 컨버터 – 제1축 – 변속기 – 제2축 – 액슬 – 바퀴 – 제3축 – 액슬 – 바퀴

(2) 조향장치

로더의 조향은 핸들에 의하거나 페달로 이루어지지만 크로울러식은 페달로 조향되는 조향 클러치식 조향장치이고, 휠 식은 핸들에 의한 동력 조향방식으로 후륜 조향과 허리꺾기 조향 방식이 사용되고 있다.

① 후륜 조향식 : 후륜을 조향시키는 형식으로 동력 조향방식이 사용되며 안정성은 좋으나 선회반경이 커서 좁은 장소의 작업이 불리하다.
② 허리꺾기 조향식 : 전부 몸체와 후부 몸체를 핀으로 연결하고 유압 실린더에 의해 굴절시키는 형식으로, 회전반경이 적어 좁은 장소에서의 작업에 유리하고 작업능률을 향상시킬 수 있다.

③ 조향 클러치식 : 크로울러형 로더에 사용되며 조향 클러치와 브레이크가 설치되어 조향작용을 돕고, 도저는 레버로 조향 클러치를 조작하지만 로더는 페달로 조작한다.

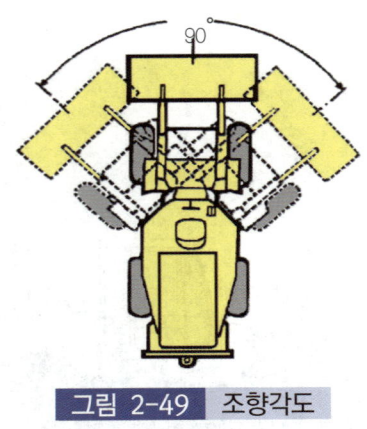

그림 2-49 조향각도

(3) 브레이크장치

2중 공기, 유압 브레이크 계통으로 되어 있고 브레이크 계통은 공기압축기를 조정하는 조속기, 공기탱크, 공기압축 동력 클러스터 및 휠 브레이크용 유압실린더로 구성되어 있다.

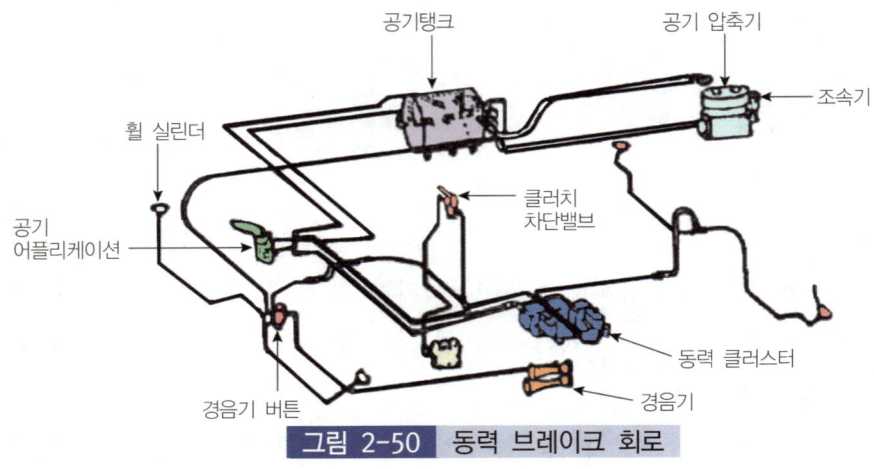

그림 2-50 동력 브레이크 회로

(4) 로더의 작업장치

① 붐의 상승 및 하강 : 붐은 리프트 레버(Lift Lever)로 조작되며, 붐 실린더는 상승, 유지, 하강, 부동의 위치가 있고, 붐 실린더에는 붐이 원하는 위치까지 상승되면 자

동적으로 상승 위치에서 유지 위치로 돌아가도록 하는 퀵 아웃(Quick Out) 장치가 있다.

② 버킷의 후경 및 전경각 : 버킷은 틸트 레버(Tilt Lever)로 조작하며, 전경(버킷을 앞쪽으로 기울림), 후경(버킷을 뒤쪽으로 기울림), 유지, 3가지 위치가 있고 틸트 레버에는 버킷을 지면에 내려놓았을 때 굴착 각도가 적당히 되게 미리 설정해 주는 포지션(Position)장치가 있다.

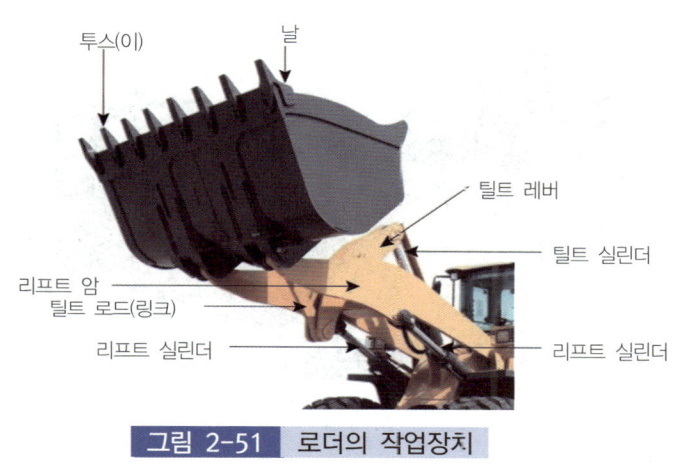

그림 2-51 로더의 작업장치

(5) 상차 적재방법

① 직·후진법 : 로더가 토사 더미로 직진하여 토사를 퍼서 후진하면 덤프트럭이 로더 버킷 전방에 전진하고, 로더가 전진하여 덤프트럭(Dump Truck)에 접근하여 적재함에 토사를 덤프(Dump)해준다.

② V형 상차법 : 덤프트럭은 고정되어 있고 로더가 흙을 퍼서 후진한 후 덤프트럭이 있는 쪽으로 방향을 바꾸어 전진하여 적재함에 흙을 덤프해준다.

③ 90° 회전법 : 좁은 장소에서 작업을 할 때 쓰이는 방법으로 덤프트럭과 로더가 나란히 서서 로더가 흙을 퍼서 후진했다가 90° 방향을 돌려서 트럭 적재함에 흙을 덤프해준다.

[3] 스크레이퍼(Scraper)

채굴(Digging), 적재(Loading), 운반(Hauling), 하역(Dumping), 확장(Spreading) 등의 작업을 하는 장비로 규격은 볼(Bowl)의 평적용량(m^3)으로 표시한다. 특히 비행장이나 도로의 신설 등과 같은 대규모 정지작업에 적합하며, 또 얇게 깎으면서 흙을 싣거나 주어진 거리에서 높은 속도비로 큰 하중의 중량물을 운반하거나 일정한 두께로 얇게 깔기도 한다.

그림 2-52 스크레이퍼

1) 구조와 작용

(1) 동력 전달장치

기관 – 토크 컨버터 – 자재이음 – 변속기 – 베벨 기어 및 차동 기어 – 액슬축 – 유성 기어 감속기 – 휠

(2) 제동장치(Brake System)

유압식과 공기압력을 이용한 하이드로 에어백(Hydro Air Pak)이 주로 사용되고 있으며, 대부분 구동력을 전달받는 바퀴만을 제동하게 되는 경우가 많다.

(3) 유압장치

모터 스크레이퍼는 볼 상·하 장치, 에이프런 상·하 장치, 이젝터 전·후 장치로 구성되어 있으며, 구조 및 작용은 다른 장비와 거의 같으나 유압 컨트롤 밸브가 압축공기에 의해 작동되는 것이 다르다. 압축공기는 기관의 벨트나 기어에 의해 구동되는 공기 압축기에 의해 얻는다.

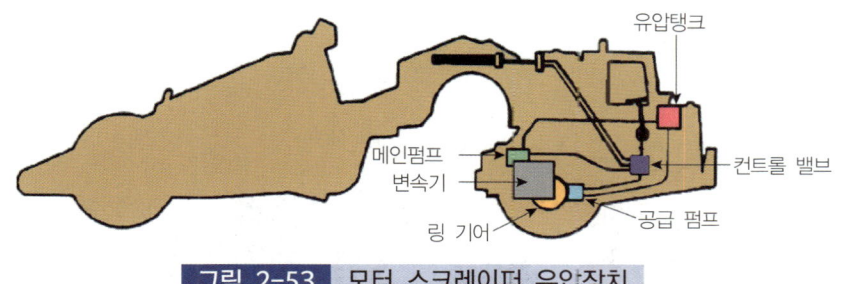

그림 2-53 모터 스크레이퍼 유압장치

(4) 작업장치

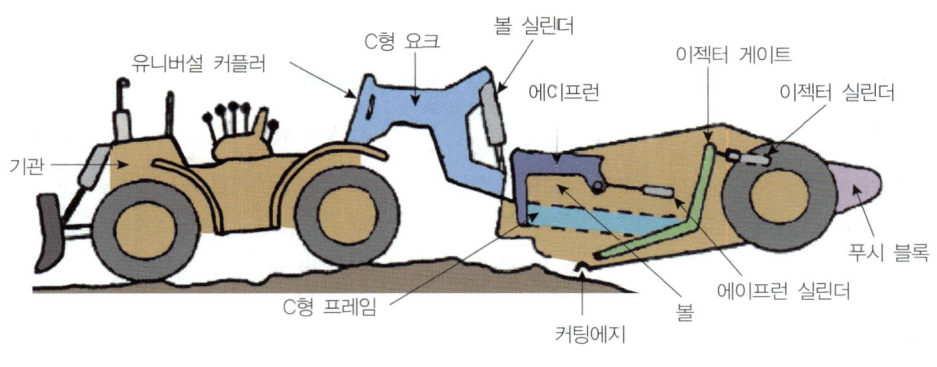

그림 2-54 작업장치

① 볼(Bowl)과 커팅에지(Cutting Edge) : 볼은 흙을 파서 실을 수 있는 상자를 말하는데, 이 볼은 유압 혹은 케이블에 의하여 상·하 운동하게 되어 있다. 볼 앞부분에 커팅 에지가 설치되어 마모가 일어나는 것을 방지하고 굴토력을 증가시킨다.

② 에이프런(Apron) : 메인 보디에 고정되어 상·하 운동할 수 있게 되어 있는데 흙을 적재할 때와 내릴 때는 열리게 되어 있고, 유압식 뜨는 케이블식에 의하여 개폐한다.

③ 이젝터(Ejector) : 볼 뒷부분에 설치되어 케이블이나 유압에 의하여 볼 내에서 전·후진하게 되어 있으며, 흙을 부릴 때 에이프런을 열고 이젝터 레버를 당기면 앞으로 전진하면서 볼 내에 흙을 밀어낸다.

[4] 굴삭기(Excavator)

그림 2-55 굴삭기

굴삭기는 일명 포크레인, 엑스카베이터라고도 하며 주로 굴삭작업을 하는 장비이다. 굴삭기의 작업으로는 택지조성 작업, 건물기초 작업, 토사 적재, 화물 적재, 말목박기, 고철 적재, 원목 적재, 도랑파기, 교량·암반·건축물 파괴 작업, 도로 및 상하수도 공사 등 다양한 작업을 한다.

1) 주행 장치별 분류

① 무한궤도형(Crawler Type) : 접지면적이 넓어 견인력이 크고, 습지, 사지에서 작업이 용이하며, 속도는 약 2.5~3.5km/h 정도로 장거리 이동이 곤란하여 2km 이상 이동할 때에는 트레일러(Trailer)에 실어서 이동하여야 한다.

장점	① 수중작업(상부 롤러까지)이 가능하다. ② 견인력, 등판능력이 커 험악지 작업이 가능하다. ③ 접지면적이 넓고 접지압력이 낮아 습지, 사지 작업이 가능하다.
단점	① 주행저항이 크고 승차기분이 나쁘다. ② 기동성이 낮아 장거리 이동 시 트레일러를 이용해야 한다.

② 트럭 탑재형(Truck Type) : 화물 자동차의 적재함 부분에 전부장치가 부착되어서 굴삭작업을 하는 식으로, 작업 장치를 조종하기 위한 조종석이 별도로 있으며 소형으로만 사용된다.

③ 타이어형(Wheel Type) : 주행 장치가 고무타이어로 된 형식으로 이동성은 좋으나 안전성 도모를 위해 아우트리거(Outrigger)를 사용하며, 연약지반에서 작업은 불가능하다.

장점	① 기동성이 좋다. ② 이동 시 자주에 의해 이동한다. ③ 승차기분이 좋고 주행저항이 적다.
단점	① 견인력이 약하다. ② 암석, 암반 작업 시 타이어가 손상된다. ③ 평탄하지 않은 작업 장소나 진흙땅 작업이 어렵다.

2) 구조와 작용

(1) 작업장치(Front Attachment)

붐(Boom), 암(Arm), 버킷(Bucket) 등으로 구성되어 있으며 3~4개의 유압 실린더(Hydraulic Cylinder)에 의해 작동된다.

① **붐(Boom, One Boom, Main Boom)**

고장력 강판을 용접한 상자형으로 상부 회전체의 프레임에 푸트 핀(Foot Pin)을 통하여 설치되어 있으며, 상부 회전체 프레임에 1~2개의 유압 실린더와 함께 설치된다.

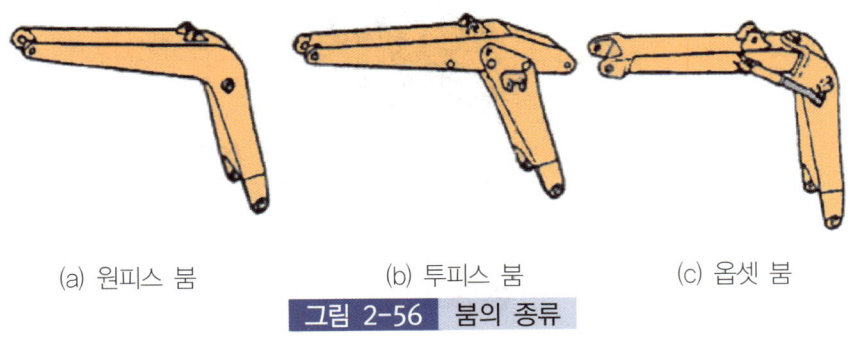

(a) 원피스 붐   (b) 투피스 붐   (c) 옵셋 붐

그림 2-56 붐의 종류

㉠ 원 피스 붐(One Piece Boom) : 일반작업에 사용하는 것으로 백호우 버킷을 달아 174~177°의 굴삭 작업과 정지 작업에 알맞은 붐이다.

㉡ 투피스 붐(Two Piece Boom) : 다용도 붐으로 굴삭 깊이를 깊게 할 수 있고 토사 이동, 적재, 클램셀(Clamshell) 작업이 용이하다.

㉢ 옵셋 붐(Offset Boom) : 좁은 도로 양쪽의 배수로 구축 등 특수조건 작업에 용이하다.

② 암(Arm, Two Boom, Dipper Boom)

붐과 버킷 사이에 설치되어, 버킷이 굴착 작용을 하게 하는 부분으로 일반적으로 1~2개 유압 실린더에 의해 작동한다. 붐과 암의 각도가 80°~110°일 때 굴착력이 가장 크다.

그림 2-57 굴착력이 가장 클 때 붐과 암의 각도

③ 버킷(Bucket)

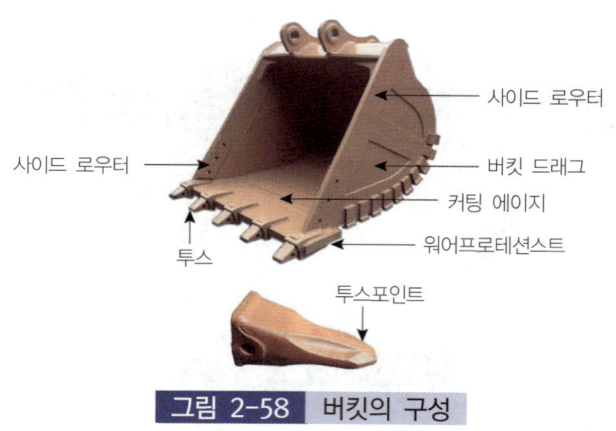

그림 2-58 버킷의 구성

직접작업을 하는 부분으로 고강력의 강철판으로 제작되어 있고, 용량은 1회 담을 수 있는 용량을 m^3(루베) 표시하며, 굴착력을 높이기 위해 이(Tooth, Tip)을 부착한다.

(2) 상부 회전체(Upper Machinery)

엔진, 유압 펌프, 조종석, 선회 장치, 작동유 탱크, 제어 밸브 등이 설치되어 있으며 앞쪽에는 푸트 핀을 통하여 붐이 설치되고, 아래쪽에는 스윙 볼 레이스(Swing Ball Race)에 연결되어 360° 선회가 가능한 프레임이다.

① 선회(Swing)장치

스윙 모터, 스윙 피니언, 스윙 링 기어, 스윙 볼 레이스 등으로 구성되어 있으며, 선회 모터가 회전하면 피니언이 링 기어를 회전시켜 상부 회전체가 360° 회전한다. 스윙 링 기어는 하부 주행체 프레임에 볼트로 고정되며, 스윙 볼 레이스는 상부 회전체 프레임에 볼트로 고정되어 있다. 스윙 볼 레이스란 상부 회전체와 하부 주행체를 연결하는 부문을 말한다.

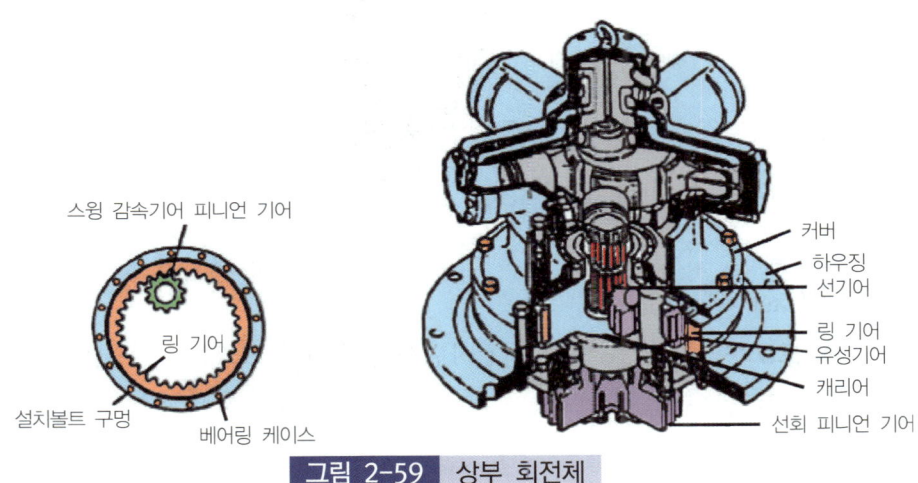

그림 2-59 상부 회전체

② 평형추(Counter Weight)

주철제로 주조되어 상부 회전체 뒷부분의 터인 프레임에 볼트로 고정되며, 상부 회전체에 무게를 제공함으로써 임계하중을 높여 버킷이 흙을 풀 때 굴삭기의 뒷부분이 들리는 것을 방지한다.

(3) 하부 주행체(Under Carriage)

무한궤도식과 타이어식이 있으며, 무한궤도식은 도저와 비슷하나 센터 조인트와 주행 모터를 사용하는 방법이 다르다.

① 센터 조인트(Center Joint)

상부 회전체의 중심부에 설치되어 있으며, 상부 회전체의 오일을 하부 주행체로 공급

(주행 모터)해 주는 부품으로 상부 회전체가 회전하더라도 호스, 파이프 등이 꼬이지 않고 원활히 오일을 송유하는 일을 한다.

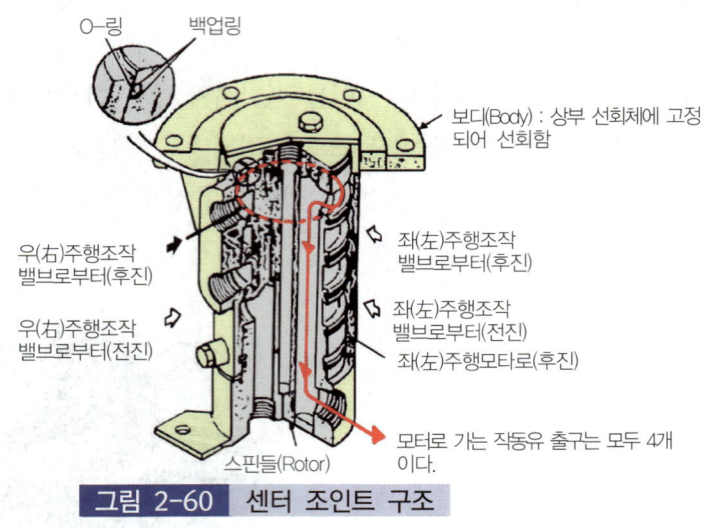

그림 2-60 센터 조인트 구조

② 주행모터(Track Motor)

센터 조인트로부터 유압을 받아 회전하면서 감속기어, 스프로킷, 트랙을 회전시켜 주행하도록 하는 일을 하고, 양쪽 트랙을 회전시키기 위해 한쪽에 1개씩 설치되어 있다.

> **참고**
> ① 주행할 때 동력 전달순서
>   기관 → 유압 펌프 → 컨트롤 밸브 → 센터 조인트 → 주행모터 → 트랙
> ② 스윙할 때 동력 전달순서
>   기관 → 유압 펌프 → 컨트롤 밸브 → 스윙 브레이크 밸브 → 스윙 모터 → 스윙 감속 기어 → 스윙 피니언 → 스윙 링 기어 → 상부 회전체

3) 작업장치의 종류

유압식 셔블의 작업장치는 여러 가지가 있으나 기계의 본체는 거의 바꾸지 않고 용도에 따라 작업 장치를 바꾸어 사용한다.

(a) 셔블 (b) 백 호우 (c) 브레이커 (d) 어스 오거 (e) 파일 드라이버

그림 2-61 굴삭기 작업장치의 종류

① 셔블(Shovel) : 장비가 있는 곳보다 지면보다 높은 곳을 굴삭하는데 알맞은 것으로서 보통 페이스 셔블(Face Shovel)이라고도 하며 산지에서 토사, 암반, 점토질까지 굴삭하여 트럭에 싣기가 편리하다(일반적으로 백 호우 버킷을 뒤집어 사용하기도 한다).

② 백 호우(Back Hoe) : 장비가 있는 곳보다 지면보다 낮은 곳의 땅을 파는데 적합하여 수중 굴삭도 가능하다.

③ 브레이커(Breaker) : 암석, 콘크리트, 아스팔트 파괴, 말뚝 박기 등에 사용되는 것으로 유압식과 압축 공기식이 있다.

④ 어스 오거(Earth auger) : 땅속을 천공할 때 쓰이는 기계. 나사형의 긴축을 모터 등에 의해 땅속에 돌려 박아 구멍을 뚫는 기계이다.

⑤ 파일 드라이버(Pile Driver) : 파일 드라이브장치를 붐 앞에 설치하여 주로 말뚝(Pile)을 땅에 박는 기계다.

굴삭기의 작업량(Q) = $\dfrac{q \times f \times 3{,}600 \times E \times k}{Cm}$ (m³/h)

q : 버킷의 용량(m³), k : 버킷 계수, f : 토량 환산계수, E : 작업효율, Cm : 사이클 시간(sec)

[5] 모터 그레이더(Motor Grader)

지균 작업, 정지 작업, 제설 작업, 파이프 매설 작업, 배수로 작업, 제방 작업 등에 효과적인 작업을 할 수 있다. 규격은 블레이드 길이(m)로 표시하며, 하중분포는 전부 30%, 후부 70%로 분배되고, 주행은 4개의 뒤 차륜 구동식이며, 작업 특징상 직행시키기 위해 차동 기어장치가 사용되지 않으며, 뒤 차륜은 차체의 안전성을 기하기 위하여 탠덤 드라이브(Tandem Drive System)라는 특수 장치가 설치되어 있다.

그림 2-62 | 모터 그레이더

1) 동력전달장치

① 기계식 모터 그레이더 : 기관 – 주 클러치 – 변속기 – 구동장치 – 탠덤 드라이브 – 뒷바퀴

② 유압식 모터 그레이더 : 기관 – 토크 컨버터 – 전·후진 클러치 – 파워시프트 변속기 – 차동 기어 – 최종 구동 기어 – 탠덤 드라이브 – 바퀴

2) 탠덤 드라이브장치(Tandem Drive System)

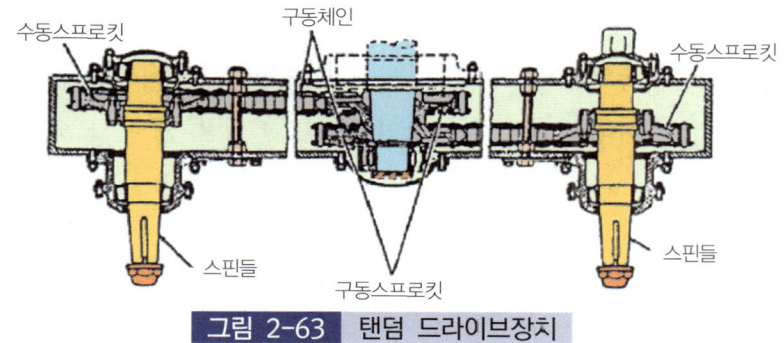

그림 2-63 탠덤 드라이브장치

4개의 뒷바퀴를 구동시켜서 최대 견인력을 주며 최종 감속작용을 하고 상하로 움직여서 모터 그레이더의 균형을 유지한다. 즉, 모터 그레이더 본체의 상·하, 좌·우 움직임에도 블레이드의 수평 작업이 가능하도록 해준다. 또한 모터 그레이더가 주행할 때 직진성을 주며 완충 작용을 도와준다. 기어오일(G.O)을 주유하며 기어식과 체인식이 있다.

체인식 탠덤 드라이브의 동력전달 순서는 구동 스프로킷 – 체인 – 수동 스프로킷 – 스핀들 순이며 체인 유격은 2.5~10cm 정도이다.

3) 타이어(Tire)

타이어는 슈퍼 트랙션 패턴(Super Traction Pattern)의 저압과 고압 타이어가 사용되며 저압은 후륜에 사용하고 고압은 전륜에 일반적으로 사용된다. 전륜에 고압 타이어를 설치하는 이유는 전륜은 피동륜이므로 지면과의 접촉저항과 조향력을 감소시키기 위함이며, 전륜이 받는 하중은 차체 중량의 30%이다. 후륜에 저압 타이어를 사용하는 이유는 노면의 충격을 완화하고 슬립 현상을 방지함과 큰 견인력을 얻기 위함이며 전체 중량의 70%를 받고 있다.

4) 제동장치

주 제동장치는 뒷바퀴 4개만 제동되며, 주차 브레이크는 변속기 제3축 앞 끝의 드럼을 제동하는 외부 수축식이 있다.

5) 조향장치

(1) 앞바퀴 경사장치(Leaning System)

모터 그레이더는 차동기어장치가 없어 선회할 때 회전반경이 커지는 결점을 보완하기 위하여 앞바퀴를 선회하려는 쪽으로 기울여(20~30°) 작은 반지름으로 회전을 용이하게 하도록 만든 것이다.

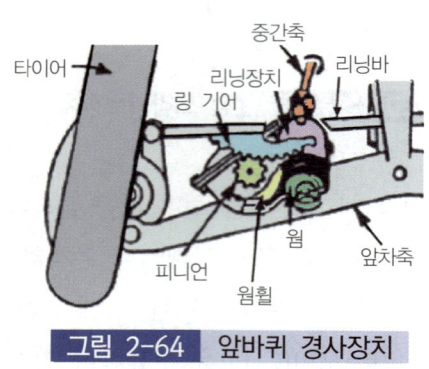

그림 2-64 앞바퀴 경사장치

(2) 스너버 바(Snubber Bar)

앞바퀴와 조향 핸들 사이에 설치되어 주행 중 앞바퀴가 받는 충격이 조향 핸들로 전달되지 않도록 하여 조종인의 피로를 적게 한다.

6) 작업장치

① 블레이드(Blade) : 드로바 아래쪽에 서클을 사이에 두고 틸트 블록에 부착되어 있다.
② 서클 장치 : 블레이드를 좌우 회전, 측동을 할 수 있게 하고 스캐리파이어를 제거하면 360° 회전이 가능하며, 그렇지 않으면 150°까지 회전이 가능하다.

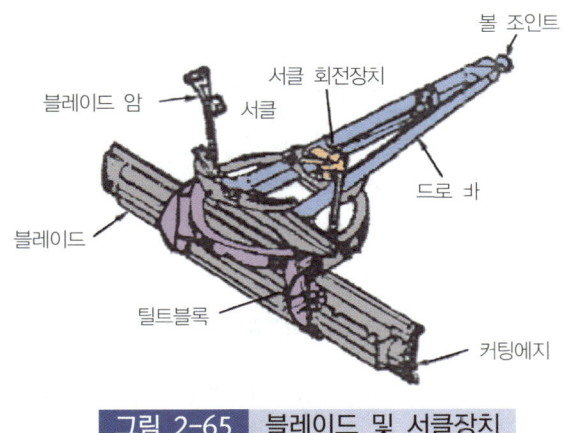

그림 2-65 블레이드 및 서클장치

③ 쇠스랑(Scarifier) : 굳은 땅 파헤치기, 나무뿌리 뽑기 등을 할 수 있는 작업장치이며, 섕크(Shank)는 모두 11개이나 작업조건에 따라 5개까지 빼내고 작업할 수 있으며 지균 작업을 할 때에는 떼어낸다.

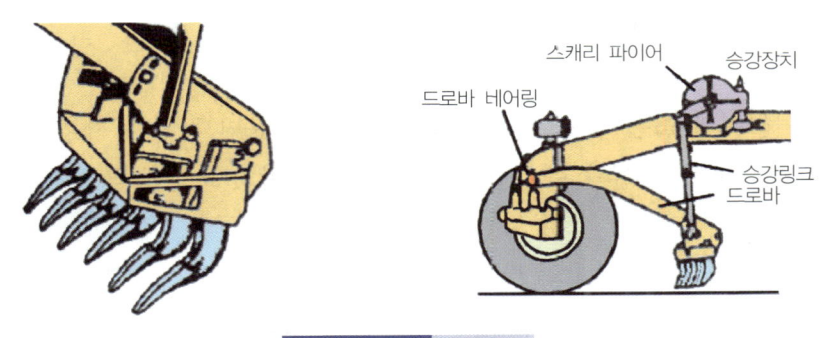

그림 2-66 쇠스랑

7) 안전장치

(1) 시어핀(Shear Pin)

작업조정 장치와 변속기 후부 수직축에 설치되어 작업 중과 하중이 걸리면 스스로 절단되어 작업조정 장치의 파손을 방지한다. 유압식 모터 그레이더에는 없으며, 재질은 특수 연철로 엔진의 작동을 정지시킨 상태에서 끼워야 한다.

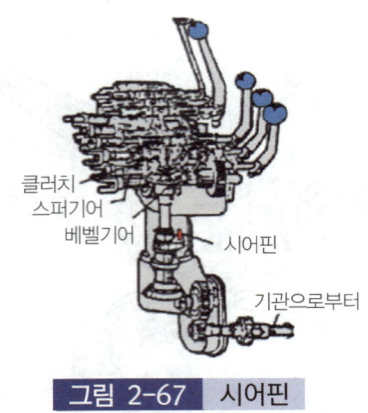

그림 2-67 시어핀

02 적하용 건설기계

[1] 지게차(Fork Lift)

산업용 화물 적재 또는 적하 및 선박 화물 적재 및 운반 작업에 사용되는 건설장비로 대부분 타이어식으로, 후륜 조향, 전륜 구동식으로 되어 있으며 규격은 적하 용량(ton)으로 나타낸다.

그림 2-68 지게차 구조

1) 분류

(1) 동력원 형식에 의한 분류

① 기관식 : 디젤 기관 및 LPG 기관 등 내연기관을 동력원으로 하는 일반적인 지게차이며, 특징은 기동성이 좋고 중량물 적재작업에 대부분 사용되고 있다.
② 전동식 : 축전지를 동력원으로 하며 무소음, 무공해를 요하는 장소에서 사용한다.

(2) 구동륜 형식에 의한 분류

① 단륜식 : 앞 타이어가 좌·우 1개 있는 것으로 기동성을 목적으로 하는 곳에 사용되고 있다.
② 복륜식 : 앞 타이어가 좌·우 2개 겹쳐서 있는 형식으로 무거운 물건을 들어 올릴 때 바퀴에 접하는 하중의 변화에 견디는 구조로 되어 있으며, 안쪽 바퀴에 브레이크 장치가 설치되어 있다.

(3) 타이어에 의한 분류

① 공기 주입식 : 튜브를 설치하여 공기를 주입하는 것으로 접지압이 매우 향상적이다.
② 솔리드 타이어식 : 통타이어라고도 하며 튜브를 설치하지 않는 타이어이다.

(4) 작업용도에 의한 분류

① 로드 스태빌라이저(Road Stabilizer) : 위쪽에 달린 압착판으로 화물을 위에서 포크 쪽을 향하여 눌러 요철이 심한 지면이나 경사진 노면에서도 안전하게 화물을 운반하여 적재하는데 적합하다.
② 힌지드 포크(Hinged Fork) : 원목 및 파이프 같은 원주형 화물을 운반하거나 적재하는데 편리하며, 포크 행거 부분이 상하로 움직이므로 팔레트(Pallet) 작업도 병행할 수 있다.
③ 사이드 시프트(Side Shift) : 차체를 이동시키지 않고 블록 레스트(Block Rest)만 좌·우로 움직일 수 있으므로 화차, 선박, 컨테이너 및 랙(Rack) 창고 등 좁은 공간에서 작업이 용이하다.
④ 힌지드 버킷(Hinged Bucket) : 포크 자리에 버킷을 끼워 흘러내리기 쉬운 물건,

즉 석탄, 소금, 비료 외에도 화학제품을 다량으로 취급, 운반하는 공장 및 하치장에서 사용하기에 적합하다.

⑤ 블록 클램프(Block Clamp) : 지면에 직접 쌓는 블록이나 콘크리트 벽돌, 돌더미 등 받침대를 사용하지 않고 일시에 20~30개를 조여 운반한다.

⑥ 로테이팅 클램프(Rotating Clamp) : 긴 암 끝이 롤 형태의 화물을 취급할 수 있도록 클램프 암이 설치된 것으로, 컨테이너 안쪽 또는 지게차가 닿지 않는 작업 범위에 있는 둥근 형태 화물을 취급한다.

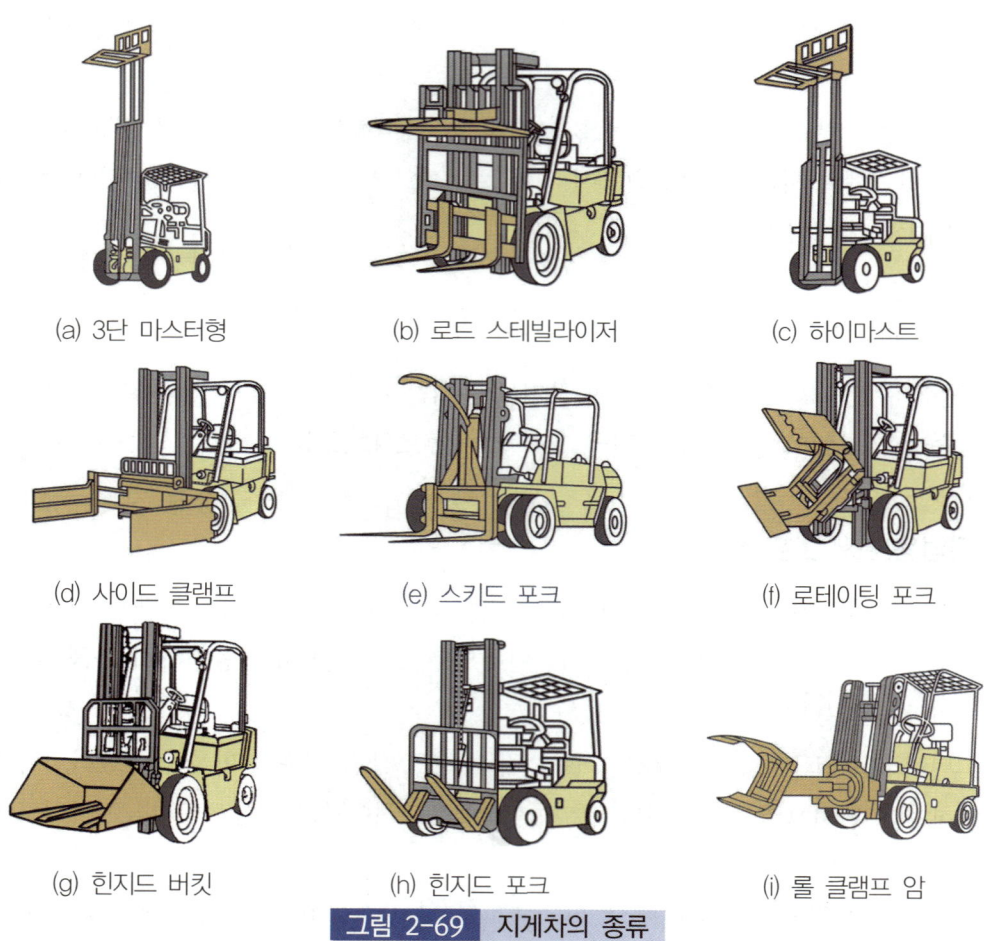

(a) 3단 마스터형　　(b) 로드 스테빌라이저　　(c) 하이마스트
(d) 사이드 클램프　　(e) 스키드 포크　　(f) 로테이팅 포크
(g) 힌지드 버킷　　(h) 힌지드 포크　　(i) 롤 클램프 암

그림 2-69　지게차의 종류

2) 동력전달장치

(1) 동력전달 순서

① 마찰 클러치식 : 기관 → 클러치 → 변속기 → 종감속 기어 및 차동장치 → 앞 구동축 → 앞바퀴

② 토크 컨버터식 : 기관 → 토크 컨버터 → 변속기 → 종감속 기어 및 차동장치 → 앞 구동축 → 최종 구동 기어 → 앞바퀴

③ 전동식 : 축전지 → 조정기 → 구동 모터 → 종감속 기어 및 차동장치 → 앞 구동축 → 앞바퀴

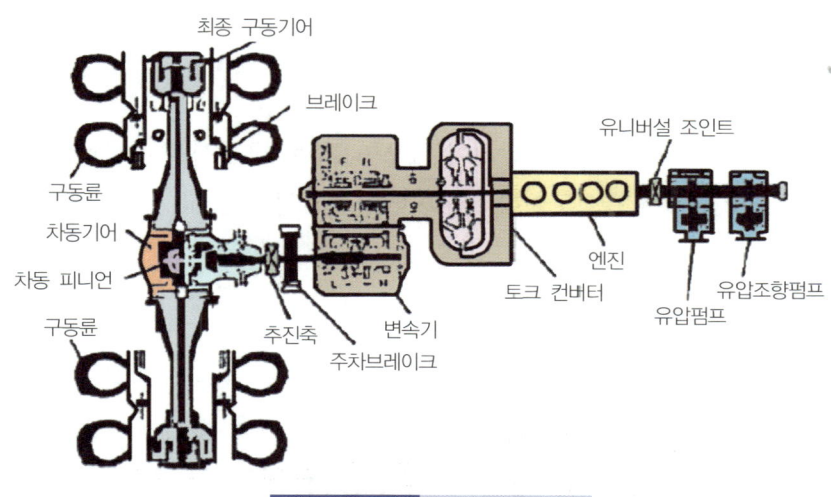

그림 2-70 동력전달장치

(2) 차축(Axle Shaft)

앞 차축 하우징 속에 종감속 기어 및 차동장치와 연결되어 하중 지지와 구동을 한다. 뒤 차축은 센터 핀(Center Pin)을 통하여 지지되며 벨 크랭크(Bell Crank)를 통해 조향장치의 일부가 구성된다. 양끝에는 조향 너클과 조향 바퀴가 설치되고, 하중 지지와 조향 기능을 한다.

(3) 타이어(Tire)

현가 스프링이 없어 주로 저압 타이어를 사용하며 공기압은 $7 \sim 8 kg/cm^2$ 정도이다.

3) 조향장치(Steering System)

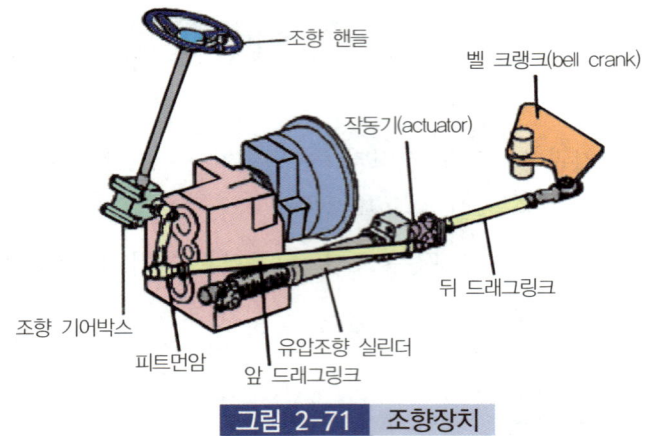

그림 2-71   조향장치

뒷바퀴 조향형식으로 기계식과 유압식이 있으며, 주로 유압식을 사용하고 있다. 최소회전반경은 1,800~2,750mm 정도이다. 왼쪽바퀴의 조향각은 65°~75° 정도이다.

4) 유압장치

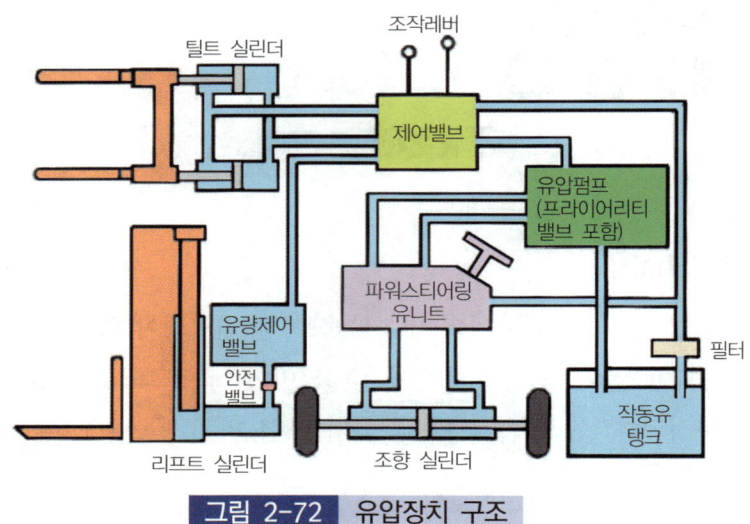

그림 2-72   유압장치 구조

오일탱크 내 작동유가 오일파이프를 통해 오일펌프로 들어가면 오일펌프에서 압력이 상승되어 유압실린더로 들어가 포크를 움직이게 한다. 유압펌프 압력은 70~130kg/cm² 정도가 대부분이고 최고 210kg/cm²까지 되는 것도 있다.

5) 제동장치(Brake System)

최근에는 진공 서보형식(Hydro Vac)이며, 앞바퀴만 주로 제동 작용이 이루어진다. 주차브레이크는 기계식 방법의 센터 브레이크(Center Brake)가 사용되고 있다.

6) 작업장치

작업장치는 마스트(Mast)를 비롯하여 핑거보드(Finger Board), 백레스트(Back Rest), 포크(Fork), 리프트 체인(Lift Chain), 틸트 실린더(Tilt Cylinder), 리프트 실린더(Lift Cylinder) 등으로 구성되어 있다.

① 마스트(Mast) : 마스트는 백레스트가 가이드 롤러(또는 리프트 롤러)를 통하여 상·하 미끄럼 운동을 할 수 있는 레일이며, 바깥쪽 마스트(Out Mast)와 안쪽 마스트(Inner Mast)로 구성되어 있다. 바깥쪽 마스트와 안쪽 마스트는 롤러 베어링에 의해 움직이며 이들의 오버랩(Over Lap)은 500±5mm이다.

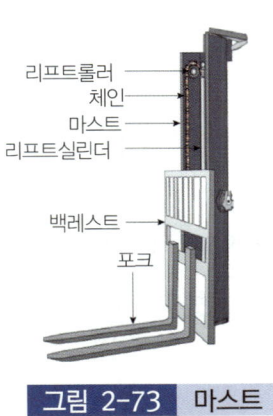

그림 2-73 마스트

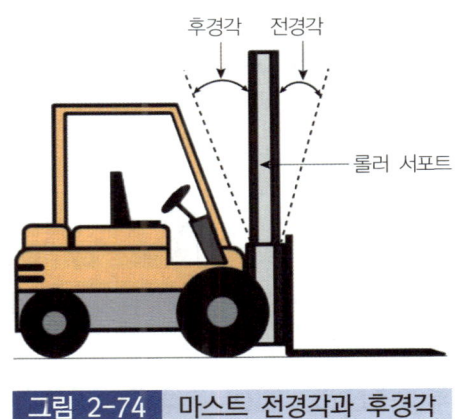

그림 2-74 마스트 전경각과 후경각

> **참고** 마스트 경사각
> 무부하 상태에서 마스트를 앞·뒤로 기울였을 경우 수직면에 대하여 이루는 경사각
> ① 전경각 : 마스트의 수직위치에서 앞으로 기울인 경우의 최대 경사각(5~6° 범위)
> ② 후경각 : 마스트의 수직위치에서 뒤로 기울인 경우의 최대 경사각(10~12° 범위)

② 백레스트(Back Rest) : 포크의 화물 뒤쪽을 받쳐주는 부분이다.
③ 핑거 보드(Finger Board) : 포크가 설치되어 백레스트에 지지되어 있으며, 리프트 체인 한쪽 끝이 부착되어 있다.
④ 리프트 체인(Lift Chain, 트랜스퍼 체인) : 포크의 좌우 수평 높이 조정 및 리프트 실린더와 함께 포크의 상하 작용을 도와주며, 리프트 체인의 한쪽은 바깥쪽 마스터 스트랩에 고정되고 다른 한쪽은 로드의 상단 가로축의 스프로킷을 지나서 핑거 보드에 고정된다. 리프트 체인의 길이는 핑거보드 롤러의 위치로 조정한다.
⑤ 포크(Fork) : L자형의 2개이며 핑거 보드에 체결되어 화물을 받쳐 드는 부분으로 화물의 크기에 따라 포크 간극을 조정할 수 있게 되어 있으며, 포크 폭은 팔레트 폭의 1/2~3/4 정도가 좋다.
⑥ 틸트 실린더(Tilt Cylinder) : 틸트 레버 조작에 의해 마스트를 전경 또는 후경시키는 작용을 하며, 좌·우 각각 1개씩 복동 실린더(Double Acting Cylinder)를 사용한다.
⑦ 리프트 실린더(Lift Cylinder) : 포크를 상승 및 하강시키는 작용을 하며, 포크를 상승시킬 때에만 유압이 가해지고, 하강할 때에는 포크 및 적재물의 자체 중량에 의하는 좌·우 각각 1개씩 단동 실린더(Single Acting Cylinder)를 사용한다.
⑧ 평형추(Counter Weight) : 지게차 맨 뒤쪽에 설치되어 차체 앞쪽에 화물을 실었을 때 쏠리는 것을 방지해 준다.

[2] 기중기(Crane)

중하물의 적재 및 적하작업, 기중작업, 토사 굴토 및 굴착작업, 수직 굴토, 항타 및 항발작업 등을 수행하는 건설기계이며 규격은 기중능력(ton)으로 표시한다.

1) 주행장치에 의한 분류(탑재별 분류)

① 트럭식(Truck Crane) : 트럭의 차대 또는 트럭 기중기의 전용차대로 제작된 캐리어(Carrier) 위에 기중작업을 위한 상부 회전체와 작업 장치를 설치한 것으로 트럭 운전실과 기중기 조종실이 별도로 설치되며, 기동성이 좋고 기중작업을 할 때 안전성이 좋으나 습지, 사지 협소지 등에서는 작업이 곤란하다.
② 타이어식(Wheel Crane) : 고무 타이어용의 견고한 차대에 기중작업을 위한 상부 회전체와 작업 장치를 설치한 것으로, 1개의 기관으로서 주행과 작업을 함께 할 수 있고

조종자 1명이 한곳에서 운전 조작이 가능하므로 매우 편리하다.
③ 무한궤도(Crawler Crane) : 무한궤도 트랙 위에 기중작업을 위한 상부 회전체와 작업 장치를 설치한 것으로 접지 폭이 넓어 안전성이 좋으며, 지반이 고르지 않거나 연약한 지반에서도 작업할 수 있다.

(a) 트럭 탑재형　　　　　　　　(b) 휠형

(c) 무한궤도형

그림 2-75　주행 장치에 의한 분류(탑재별 분류)

2) 기중기의 구조

상부 회전체, 하부 주행체, 작업장치 등의 3주요부로 구성되어 있다.

(1) 상부 회전체(Upper Machinery)

선회 프레임(Turning Frame)에 작업 장치를 설치하고 선회 지지체를 하부 주행체 위에 설치한 것이며 전체가 360° 스윙 작동을 한다.

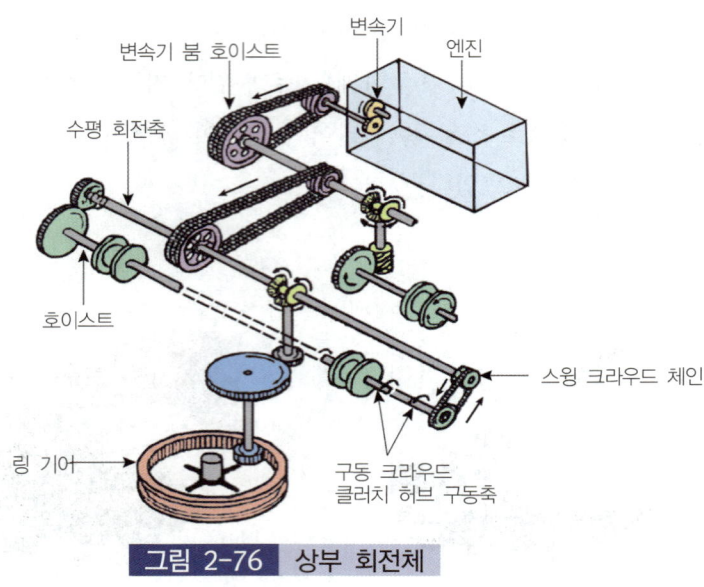

그림 2-76 상부 회전체

(2) 하부 주행체(Lower Machinery)

상부 회전체의 동력을 전달받아 주행하는 기구로(트럭 탑재식은 전달되지 않음) 타이어식의 경우는 변속장치 및 추진축, 종감속 및 차동기어 등이 작동되고, 무한궤도식은 수직과 수평 프로펠러축의 동력을 구동체인(트라벨 체인)까지 전달한다. 동력전달 순서는 수직 스윙축 – 수직 트라벨 축 기어 – 수평 트라벨 축 – 트라벨 축 클러치 – 트랙

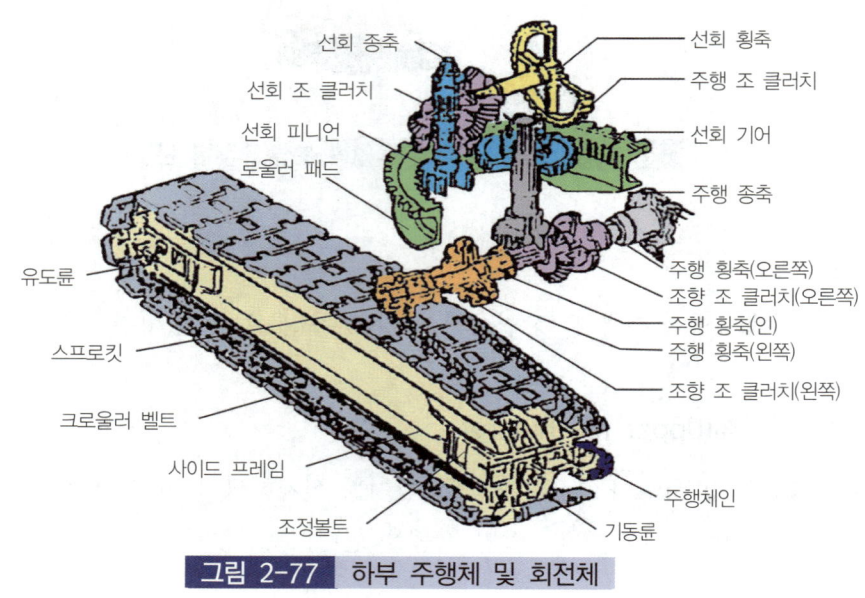

그림 2-77 하부 주행체 및 회전체

(3) 작업장치(전부장치)

이동식 기중기의 본체에 설치되어 작업을 하기 위한 장치이다.

① 붐의 종류

- ㉠ 마스터 붐(Master Boom) : 기중기 붐 중에서 가장 기본이 되는 붐으로 상자형의 셔블 붐, 파이프형의 트랜치 붐, 격자형 붐, 유압에 의해 신축되는 텔레스코핑형 붐이 있다.
- ㉡ 보조 붐(Auxiliary Boom) : 파이프형 트랜치 붐에서 길이를 연장하기 위해 중간에 삽입하는 붐으로 마스터 붐의 1/2 길이가 가장 이상적이다.
- ㉢ 지브 붐(Jib Boom) : 붐의 끝단에 전장(길이)을 연장하는 붐으로 길이는 붐 포인트 핀 중심에서 지브 붐 포인트 핀까지의 거리를 말한다. 지브 붐은 훅 작업에서만 사용되며 지브 붐의 길이가 길수록 힘은 감소한다.

② 작업장치의 종류

작업장치 종류에는 훅(Hook, 갈고리), 셔블(Shovel, 삽), 드래그 라인(Drag Line, 긁어 파기), 백호(Back Hoe, 도랑파기), 클램셸(Clam Shell, 조개), 파일 드라이버(Pile Driver, 기둥박기) 등이 있다.

- ㉠ 훅(Hook) : 일반 기중용으로 사용되는 작업 장치이며, 화물 적재 및 적하작업 등에 많이 사용된다.
- ㉡ 셔블(Shovel) : 디퍼 버킷을 사용하여 장비보다 높은 곳의 토사굴착, 경사 굴토, 차량에 토사적재 등의 작업을 한다.
- ㉢ 드래그 라인(Drag Line) : 수중 굴착작업이나 큰 작업반경을 요구하는 지대에서의 평면 굴토 작업에 사용한다. 3개의 활차(Sheeve)로 되어 던져졌던 케이블이 드럼에 잘 감기도록 안내를 해 주는 페어리드(Fair Lead)를 두고 있다.
- ㉣ 백호(Back Hoe & Trench Hoe) : 도랑 파기작업에 적합하여 버킷작업은 권상(Hoisting)과 리트랙팅(Retracting) 작업을 병행하며 붐의 하중을 이용하여 지면보다 낮은 곳을 주로 채굴하고 드래그라인, 클램셸의 작업물보다 더 단단한 작업물을 채굴할 수 있다.
- ㉤ 클램셸(ClamShell) : 수직 굴토작업, 토사 상차작업에 주로 사용하며, 선회나 지브 기복을 행할 때 버킷이 흔들리거나 스윙할 때 케이블이 꼬이는 것을 방지하기 위해

와이어로 가볍게 당겨주는 태그 라인(Tag Line)을 두고 있다.
ⓑ 파일 드라이버(Pile Driver) : 교량건설 및 건물을 신축할 때 기초를 튼튼히 하기 위해 파일을 박는데 많이 사용된다. 파일 드라이버의 종류는 다음과 같다.
㉮ 드롭 해머(Drop Hammer)
㉯ 증기 해머(Steam Hammer)
㉰ 공기 해머(Pneumatic Hammer, Air Power Hammer)
㉱ 디젤 해머(Diesel Hammer)

(a) 훅(갈고리)

(b) 셔블(삽)

(c) 드래그라인(긁어파기)

(d) 백 호우

(e) 크램셸

(f) 파일드라이버

그림 2-78 기중기 작업장치의 종류

> **참고 바운싱(Bouncing)**
> 항타 작업을 할 때 해머가 튀어 오르는 현상으로 일어나는 원인은 다음과 같다.
> ① 이중 작동 해머를 사용할 때
> ② 경량 해머를 사용할 때
> ③ 고체 푸팅(Footing)이 침투할 때
> ④ 파일이 장애물과 접촉될 때
> ⑤ 압축 공기량이나 증기가 과다할 때
> ※ 드롭 해머는 6타수, 공기 또는 증기 해머를 20타수 정도로 파일이 바운싱을 계속하면 파일이 장애물과 접촉되었거나 박히지 않는 것이다.

> **참고 스프링잉(Springing)**
> 파일이 측면 진동을 일으키는 현상으로 일어나는 원인은 다음과 같다.
> ① 파일이 굽어 있을 때
> ② 직각으로 박히지 않을 때
> ③ 파일이 해머와 일직선이 되지 않았을 때
>   ㉮ 디젤해머는 같은 크기의 진공 해머 보다 약 2배의 속도가 빠르다.
>   ㉯ 이중 작용 해머의 타격은 단 작용 해머보다 가벼우며 속도가 빠르다.

(4) 안전장치

① 붐 전도 방지장치 : 붐의 제한각도인 70~80°를 벗어나면 전도를 방지하기 위한 안전장치로서 텔레스코픽식 붐 스토퍼(Telescopic Type Boom Stopper)와 와이어 로프식 붐 스토퍼(Wire Rope Type Stopper) 등이 있다.

② 권과 방지장치 : 와이어로프의 지나친 감김을 방지하기 위해서 자동적으로 동력을 차단하거나 작동을 제한하여 정지시키는 장치이다.

③ 권과 경보장치 : 와이어로프가 지나치게 감기지 않도록 규정 위치를 지나면 경보가 울리는 장치이다.

④ 아우트리거(Outrigger) : 타이어식 기중기에 있어서 작업 중 타이어가 진동을 일으킴으로 인해 생기는 차체의 전복 위험 및 작업상태 불안정을 방지하기 위하여 차체를 지지함으로써 안정성을 유지해 차체의 전도를 방지한다.

⑤ 과부하 방지장치(Over load limiter, 로드셀) : 크레인으로 하물을 권상 시 최대 허용하중(정격하중의 110%) 이상이 되면 과적재를 알리면서 자동으로 운반 작업을 중

단시켜 과적에 의한 사고 예방장치이다.

⑥ 훅 해지장치(Hook safety latch) : 줄걸이 용구인 와이어로프 슬링 또는 체인, 섬유 벨트 슬링 등을 훅에 걸고 작업 시 이탈하지 않도록 방지하는 장치이다.

(a) 권과 방지장치

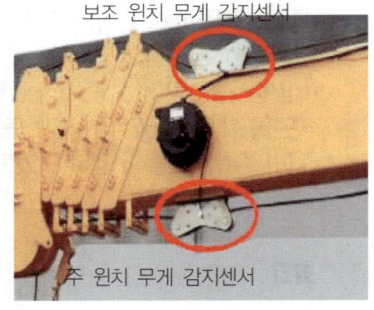

(b) 과부하 방지장치

(c) 훅 해지장치

(d) 아우트리거

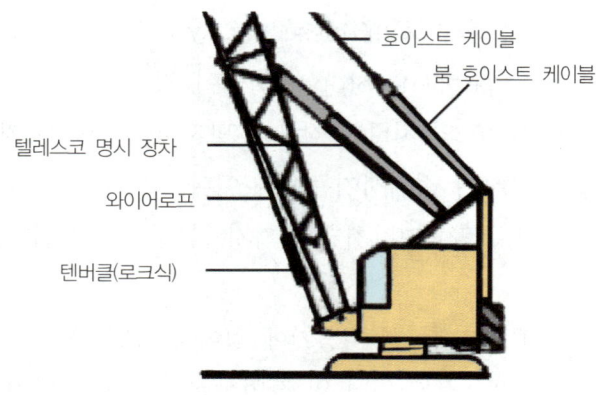

(e) 붐 전도 방지장치

그림 2-79 안전장치

3) 와이어로프(Wire Rope)

탄소강 경강 선재의 소선을 여러 개 꼬아서 스트랜드(Strand: 자승)를 만들고, 가운데에 심강을 넣고 스트랜드를 다시 꼬아서 합친 것이다.

(1) 와이어로프의 구성

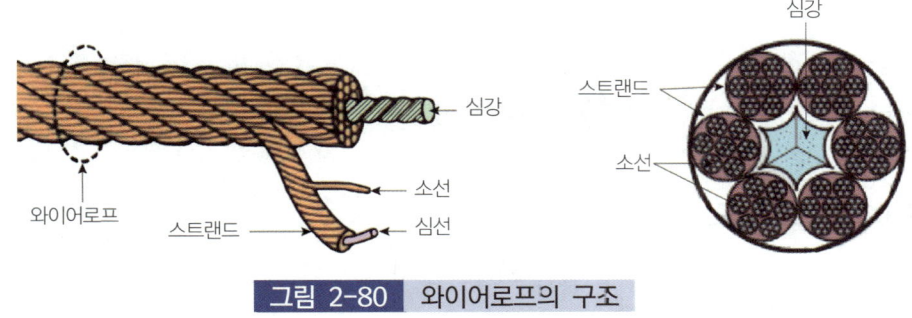

그림 2-80 와이어로프의 구조

① 소선(wire) : 와이어로프의 스트랜드를 만들기 위하여 여러 개의 철사를 꼬아서 만든 것
② 스트랜드(strand) : 소선을 꼬아서 합친 것이며 스트랜드 줄 수에는 3줄에서 18줄까지 있으나 일반적으로 사용되는 것은 6줄이다.
③ 심강(core, 중심선) : 섬유심, 공심, 와이어심 등이 있으며 심강의 사용 목적은 충격 하중 흡수, 부식 방지, 소선 사이의 마찰에 의한 마멸 방지, 스트랜드 위치를 올바르게 유지하는데 있다.

(2) 와이어로프 꼬임방법

와이어로프 꼬임 방향은 Z꼬임, S꼬임의 2종류가 있는데, 이것과 꼬임의 모양이 조합되어 보통 Z꼬임, 보통 S꼬임, 랑그 Z꼬임, 랑그 S꼬임 나누어진다. 일반적으로 많이 사용되는 것은 보통 Z꼬임이다.

(a) 보통 Z꼬임　　(b) 보통 S꼬임　　(c) 랑그 Z꼬임　　(d) 랑그 S꼬임

그림 2-81　와이어로프 꼬임방법

(3) 와이어로프 강도

안전하게 작업을 유지시킬 수 있는 하중으로서 직경에 따라 다르나 공식은 다음과 같다.

$$ST = D^2 \times 4,$$

ST : 안전강도,　D : 직경(inch)

Ex) 직경이 3"인 경우 안전작업 하중은 얼마인가?
　　 $ST = 3^2 \times 4 = 36$, 즉, 36ton까지 안전하게 작업할 수 있다.

(4) 와이어로프 규격

보통 직경, 가닥수(Strand), 철선 수(소선), 길이 등으로 표시한다.

$$1.5'' \times 6 \times 21 \times 100$$

1.5 : 직경(inch), 6 : 가닥수, 21 : 철선 수, 100 : 길이(m)

(5) 와이어로프 끝단 고정법

① 클립(Clip) 고정법
② 쐐기(Wedge) 고정법
③ 합금(Alloy) 고정법
④ 심블(thimble) 붙임 스플라이스(Splice) 고정법

(6) 와이어로프 교환기준

① 킹크(Kink)가 발생한 경우
② 심한 부식 또는 변형이 발생된 경우
③ 마모로 직경의 감소가 공칭직경의 7% 이상인 경우
④ 로프의 한 꼬임 사이에서 소선 수(필러 와이어는 제외)의 10% 이상 소선이 절단된 경우

(7) 와이어로프 조기 마모 원인

① 오염된 로프 사용 시
② 계속적인 심한 과부하
③ 급유의 부족 및 부적합
④ 킹크(Kink)된 것을 사용 시
⑤ 규격에 맞지 않는 것을 사용 시
⑥ 과대한 플리트 각(Fleet Angle)
⑦ 활차(Sheave)의 크기 부적당
⑧ 활차위로 오르며 작동될 때

(8) 와이어로프 취급 및 정비

① 킹크(Kink)가 되지 않도록 조심해서 사용하며 오물이 묻지 않도록 한다.
② 한끝과 다른 한끝을 주기적으로 서로 교환해서 사용한다.
③ 케이블의 고정은 확실히 하고 규격에 맞는 것을 사용한다.
④ 킹크(Kink)가 된 것을 보수하지 않은 와이어로프는 사용하지 않는다.
⑤ 지금이 본래 로프 지름의 75% 이하가 되면 교환한다.
⑥ 플리트 각(Fleet Angle)은 $1\frac{1}{2} \sim 2°$ 정도를 유지한다.
⑦ 보통 사용 시에는 EO 또는 묽은 GO를 주유하며 보관 시에는 CW를 사용한다.
⑧ 휘발유를 주입하여서는 안 된다.
⑨ CG 또는 GAA를 사용하지 않는다.

필기 예상 문제

1. 불도저

01 무한궤도식 도저가 일직선으로 운행이 되지 않으면 그 원인은?

① 메인 클러치가 나쁘다.
② 변속기가 나쁘다.
③ 스티어링 클러치가 나쁘다.
④ 스파이럴 드라이브 기어가 나쁘다.

> 무한궤도식 도저는 일직선으로 운행하는 것이 중요한데, 스티어링 클러치가 나쁘면 방향을 제어할 수 없어서 일직선으로 운행할 수 없게 된다.

02 불도저의 스프로켓에 대한 설명이다. 이 중 옳지 않은 것은?

① 이빨의 취부상태에 따라 일체형과 분할형이 있다.
② 경제적인 면에서 분할형이 유리하다.
③ 정밀 연마되었으며 열처리되어 있다.
④ 이빨 수는 대부분 짝수개로 되어있다.

> 스프라켓 잇수는 모터, 감속기 등의 비율과 연산하여 요구하는 체인 속도에 맞도록 잇수를 결정한다.

03 불도저의 최종 감속장치에서 감속비가 제일 클 때 사용하는 감속 기구는?

① 1단 감속 기구
② 2단 감속 기구
③ 유성기어 기구
④ 베벨기어 기구

> 불도저의 최종 감속장치는 유성기어 기구를 사용하여 감속비를 조절한다. 유성기어 기구는 기어의 회전방향을 바꾸는 역할을 하며, 감속비가 가장 큰 감속기구이다. 따라서 불도저의 최종 감속장치에서 감속비가 제일 클 때 사용하는 감속 기구는 유성기어 기구이다. 불도저의 최종 감속장치는 다음과 같은 구성 요소로 이루어진다.
> ① 1단 감속 기구 : 변속기 출력축에서 회전력을 받아 토크를 증대시킨다.
> ② 2단 감속 기구 : 1단 감속 기구에서 증대된 회전력을 받아 토크를 더욱 증대시킨다.
> ③ 유성기어 기구 : 2단 감속 기구에서 증대된 회전력을 받아 토크를 최종적으로 증대시킨다.

04 불도저의 유압부스터 레버가 무거운 원인으로 틀린 것은?

① 유격조정이 불량하다.
② 유량이 충만하여 공기를 흡입하지 않고 있다.
③ 기어펌프 흡입구 스트레이너가 막혀 있다.
④ 오일 통로에 유압의 누출이 있다.

|정|답| 1-01 ③ 1-02 ④ 1-03 ③ 1-04 ②

유압부스터 레버가 무거운 원인
① 유격조정 불량
② 유압 오일 유량 부족 및 스트레이너가 막혔다.
③ 유압 오일 공기 흡입
④ 유압 오일 누출
⑤ 유압 시스템 부품 마모 또는 손상

05 블레이드 용량이 0845m²이고 블레이드 높이가 650mm일 때 블레이드 길이는 얼마인가?

① 600mm
② 720mm
③ 1440mm
④ 2000mm

블레이드 용량(m³)
= (블레이드 길이)×(블레이드 높이)²,
블레이드 길이 = $\dfrac{\text{블레이드 용량}}{\text{블레이드 높이}^2}$
= $\dfrac{0.85}{0.65^2}$ = 2m = 2000㎜

06 브레이드 폭이 2m, 높이가 0.7m인 불도저의 블레이드 용량은?

① 1.78m²
② 1.58m2
③ 1.15m²
④ 0.98m²

불도저의 블레이드 용량은 블레이드의 면적과 높이를 곱한 값이다. 따라서 블레이드의 면적은 2m×0.7m = 1.4m²이다. 이를 높이인 0.7m를 곱하면 1.4m²×0.7m = 0.98m²이다.

07 불도저의 1회 작업 사이클 시간(Cm)을 구하는 공식이 맞는 것은?(단, L = 평균 운반거리(m), V₁ = 전진속도 (m/분), V₂ = 후진속도(m/분), t = gear 변속시간(분))

① Cm = L/V₁ + L/V₂ × t
② Cm = L/V₁ + L/V₂ ÷ t
③ Cm = L/V₁ + L/V₂ − t
④ Cm = L/V₁ + L/V₂ + t

08 불도저의 귀삽날(end bit)의 정비 방법으로 옳은 것은?

① 한쪽이 마모되면 반대쪽과 교환한다.
② 마모된 쪽만 교환한다.
③ 용접하여 사용한다.
④ 한쪽이라도 마모되면 모두 교환한다.

불도저의 귀삽날은 고르지 않은 지형을 평평하게 고르거나 미는 용도로 사용된다. 귀삽날은 마찰과 충격으로 인해 점차 마모되므로, 정기적인 검사와 교환이 필요하다. 귀삽날 정비 방법은 다음과 같다.
① 마모 검사 : 귀삽날의 두께를 측정하여 마모 정도를 확인한다. 제조업체에서 지정한 마모 허용 한계를 초과한 경우 교환해야 한다.
② 교환 : 마모된 쪽만 교환한다. 양쪽 귀삽날을 모두 교환하면 불필요한 비용이 발생하며, 불균형한 마모로 인해 불도저의 성능 저하를 초래할 수 있다.
③ 용접 : 심하게 마모된 경우 용접하여 사용할 수도 있지만, 용접 부위의 강도가 약해질 수 있으므로 최후의 방법으로 고려해야 한다.

| 정 | 답 | 1-05 ④ 1-06 ④ 1-07 ④ 1-08 ②

09 불도저 유압장치에서 일일점검 정비사항 중 틀린 것은?

① 펌프, 밸브, 유압실린더의 오일 누유점검
② 작동유의 교환, 스트레이너 세척 또는 필터 교환
③ 이음부분과 탱크 급유구 등의 풀림상태 점검
④ 실린더로드 손상과 호스의 손상 및 접촉면 점검

> 작동유의 교환, 스트레이너 세척 또는 필터 교환은 일일점검 정비사항이 아니다.

10 불도저 파워시프트 변속기에서 원활한 변속 및 발진을 위해 사용되는 것은?

① 모듈레이팅 밸브
② 스피드 밸브
③ 방향 선택 밸브
④ 안전 밸브

> 불도저 파워시프트 변속기에서는 모듈레이팅 밸브가 원활한 변속 및 발진을 위해 사용된다. 이는 변속기 내부의 유압압력을 조절하여 변속 시 충격을 완화하고, 원활한 동작을 돕는 역할을 한다.

11 불도저의 화이널 드라이브 기어장치 구성부품이라고 볼 수 없는 것은?

① 더블 헬리컬 기어
② 아이들 피니언 기어
③ 메인 드라이브 기어
④ 피니언 기어

> 더블 헬리컬 기어는 일반적으로 고속 회전을 필요로 하는 기계나 장비에서 사용되는 기어로, 불도저의 화이널 드라이브 기어장치에 사용되지 않는다.

12 불도저의 평균운반거리 : 50m이고 전진 평균속도 : 40m/min 후진 평균속도 : 100m/min일 때 1사이클에서 변속을 요하는 기어변환 총 시간은 0.25min이다. 도저 블레이드의 사이클 시간은?

① 1min
② 2min
③ 3min
④ 4min

> 도저의 기어변환 총 시간은 0.25분이므로, 전진 1회와 후진 1회를 합한 사이클 시간은
> $\frac{50m}{40m/min} + \frac{50m}{100m/min} + 0.25 = 2분이다.$

13 20톤급 불도저가 전진 2단에서 견인력이 7500kgf이고 이때 작업속도가 3.6km/h라고 하면 견인출력은?

① 85PS
② 100PS
③ 125PS
④ 150PS

> 견인출력 = $\frac{견인력(kgf) \times 작업속도(m/s)}{75}$
> $= \frac{7500 \times 1}{75} = 100PS$

14 불도저 뒷면에 있는 유압 리퍼는 일반적으로 몇 개의 섕크(shank)로 구성되는가?

① 1~5개
② 6~10개
③ 10~15개
④ 8~12개

| 정 | 답 | 1-09 ② | 1-10 ① | 1-11 ① | 1-12 ② | 1-13 ② | 1-14 ① |

불도저 뒷면에 있는 유압 리퍼는 일반적으로 지형을 파내거나 균열을 만들기 위해 사용되는 장비이다. 이때 리퍼의 섕크는 지형을 파내는 데 사용되는 날의 역할을 한다. 일반적으로 불도저 뒷면에 있는 유압 리퍼는 1~5개의 섕크로 구성되며, 이는 파내는 깊이와 파내는 지형의 경도에 따라 다양하게 조절될 수 있다.

15 불도저의 동력계통에서 기관 회전속도가 일정하면 변속기를 조작해도 회전속도가 변하지 않는 것은?

① 조향 클러치
② 변속기 출력축
③ 작업동력의 배출축(P.T.O)
④ 가로축 베벨기어

작업동력의 배출축(P.T.O)은 불도저의 동력계통에서 작업기구를 구동하는 축으로, 기관 회전속도와 상관없이 일정한 회전속도를 유지한다. 따라서 변속기를 조작해도 작업동력의 배출축(P.T.O)의 회전속도는 변하지 않는다. 이는 작업기구를 안정적으로 구동시키기 위해 필요한 기능이다.

16 다음 불도저의 클러치 정비에 대한 설명 중 틀린 것은?

① 주 압력 안전밸브가 열린 채 고착되어 있으면 압력이 낮다.
② 주 압력 안전밸브의 스프링이 약해져 있으면 압력이 낮다.
③ 변속기 케이스의 흡입 스크린이 막혀 있으면 압력이 높다.
④ 모듈레이팅 밸브커버 밑의 심이 두꺼우면 압력이 높다.

변속기 케이스의 흡입 스크린이 막히면 유체가 자유롭게 흐르지 못하고, 흡입 압력이 낮아지게 된다.

17 크로울러식 불도저에서 레버를 당겨도 환향이 잘 안 되는 원인이 아닌 것은?

① 유압 부스터용 오일펌프의 흡입구가 막혔다.
② 유압 부스터용 작동유에 공기가 들어있다.
③ 링케이지의 조정불량
④ 베벨 및 피니언 기어의 파손

베벨 및 피니언 기어는 변속기 출력축 끝에 붙어 동력을 직각 좌우방향으로 바꾸며, 회전동력을 좌우의 베벨축에 전달함과 동시에 감속하여 회전력을 증대시켜 준다.

18 불도저의 블레이드(삽날)가 상승하지 않거나 올라가는 힘이 약할 때의 원인으로서 부적당한 것은?

① 유압실린더의 내부 누설
② 컨트롤 밸브 스풀의 고착
③ 흡입 필터의 막힘
④ 밸런스 밸브의 불량

컨트롤 밸브 작동불량, 펌프의 토출압력 부족, 릴리프 밸브 압력조정(압력조절 밸브) 불량, 유압 작동유 부족

19 불도저의 이동 및 작업 시 지켜야 할 사항으로 틀린 것은?

① 100m 이상의 토사 운반 작업은 하지 않는다.
② 무한궤도식 불도저의 자주 이동거리는 4~6km가 적당하다.
③ 이동 시에는 토공판(blade)을 40cm 정도 들고 주행한다.
④ 운반거리는 최소가 되도록 작업하고 불필요한 전진과 후진을 하지 않는다.

불도저는 토사를 절삭 및 상차하는 건설기계이며, 근거리 토사는 운반 작업하나, 먼 거리 운반 작업에는 적합하지 않다.

| 정 | 답 | 1-15 ③　1-16 ③　1-17 ④　1-18 ④　1-19 ②

20 도우저의 삽날이 깊이 박혀서 기관에 과부하가 걸렸을 때 먼저 해야 할 일은?

① 삽날을 들어 올림
② 장비를 멈춤
③ 브레이크 페달 작동
④ 계속 전진

> 삽날이 깊이 박혀서 기관에 과부하가 걸렸을 때는 삽날을 들어올려야 한다. 이는 삽날이 땅에 박혀서 회전하지 못하고 기관에 과부하가 걸리는 것을 방지하기 위함이다. 따라서 삽날을 들어 올리고 다시 작업을 시작해야 한다.

21 도저의 트랙을 분리해서 정비해야 할 곳은?

① 상부 롤러 교환 시
② 스프로켓 교환 시
③ 트랙 긴도 조정 실린더 시일 교환 시
④ 트랙 롤러 교환 시

> 스프로켓은 트랙과 연결되어 회전하며, 트랙의 움직임을 제어한다. 따라서 스프로켓을 교환할 때는 트랙과의 연결이 중단되어야 하며, 이를 위해 트랙을 분리해야 한다.

2. 굴삭기

01 주어진 조건을 가진 굴삭기의 작업량은 얼마인가? (단, 버킷용량 : 600m², 사이클시간 : 0.5min, 버킷 계수 : 1, 토량 환산계수 : 1.2, 작업효율 : 85%이다.)

① $73.44 m^2/h$
② $93.44 m^2/h$
③ $2204 m^2/h$
④ $4406 m^2/h$

> $$Q = \frac{3.6 \times q \times K \times f \times E}{Cm}$$
> $$= \frac{3.6 \times 600 \times 1 \times 1.2 \times 0.85}{30} = 73.44$$
> Q : 시간당 작업량(㎥/hr)→1시간은 3,600초, q : 버킷용량(㎥), K : 버킷계수, f : 토량 환산계수, E : 작업효율

02 굴삭기의 버킷 용량이 0.8m²이고 1회 작업시간이 20초인 경우 1시간당 이론 작업량은?

① $124 m^2$
② $134 m^2$
③ $144 m^2$
④ $154 m^2$

> 1시간은 60분이므로, 1시간에 작업할 수 있는 시간은 60분/20초 = 180회이다. 따라서 1시간에 작업할 수 있는 이론적인 용량은 $0.8 m^2 \times 180회 = 144 m^2$이다.

|정|답| 1-20 ① 1-21 ② 2-01 ① 2-02 ③

03 굴삭기의 전부장치에서 좁은 도로의 배수로 구축 등 특수 조건의 작업에 용이한 붐은?

① 원 피스 붐(one piece boom)
② 투 피스 붐(two piece boom)
③ 오프셋 붐(offset boom)
④ 로터리 붐(rotary boom)

> 오프셋 붐은 굴삭기의 전부장치를 좁은 공간에서도 자유롭게 움직일 수 있도록 하며, 좁은 도로의 배수로 구축 등 특수 조건에서 작업하기 용이하다. 이는 붐의 일부분이 좌우로 이동할 수 있기 때문이다.

04 유압식 굴삭기에서 주행 및 선회력이 약할 경우 그 원인으로 적합한 것은?

① 흡입 스트레이너가 막혔다.
② 릴리프 밸브의 설정압이 높다.
③ 유압펌프의 토출유량이 많다.
④ 축압기가 파손되었다.

> 흡입 스트레이너는 유압 펌프가 유압 오일을 흡입하는 부분에 설치된 필터이다. 흡입 스트레이너가 막히면 유압 펌프가 충분한 유압 오일을 흡입하지 못하여 주행 및 선회력이 약해진다.

05 유압 셔블의 주행 및 선회의 힘이 약하다. 그 원인으로 다음 중 가장 적합한 것은?

① 흡입 스트레이너가 막혔다.
② 릴리프 밸브의 설정압이 높다.
③ 작동유의 온도가 높다.
④ 축압기가 파손되었다.

> 유압 셔블의 주행 및 선회의 힘이 약한 원인은 스트레이너가 먼지나 오염물질로 막혀 유체의 유입량이 감소하여 약한 힘을 발생시키기 때문이다.

06 굴삭기 붐 실린더의 외부 누유 원인이 아닌 것은?

① 실린더 튜브 용접부의 결함
② 피스톤 로드의 휨
③ 실린더 헤드 패킹의 마모
④ 피스톤의 패킹 마모

> 굴삭기 붐 실린더의 외부 누유 원인은 실린더 튜브 용접부의 결함, 실린더 튜브에 균열, 피스톤 로드의 휨, 실린더 헤드 패킹의 마모 등이 원인이다.

07 무한궤도(크롤러)형 굴삭기 주행속도가 정상보다 느릴 경우의 원인을 열거하였다. 옳지 않은 것은?

① 피스톤펌프의 사판 경사각이 작게 조정되어 있다.
② 릴리프밸브의 압력이 낮게 조정되어 있다.
③ 유압유 점도가 너무 낮다.
④ 교축밸브의 출구가 작게 열려 있다.

08 유압식 굴삭기의 특징이 아닌 것은?

① 구조가 간단하다.
② 운전조작이 용이하다.
③ 작업장치의 교환이 쉽다.
④ 상부회전체 용량이 크다.

> 유압식 굴삭기는 엔진, 유압 시스템, 작업 장치 등으로 구성된 복잡한 기계이다. 다른 기계에 비해 구조가 다소 복잡하지만, 다음과 같은 장점을 가지고 있어 건설 현장에서 널리 사용되고 있다.
> ① 운전 조작이 용이하다. : 유압 시스템을 사용하여 작업 장치를 조작하기 때문에, 운전 조작이 비교적 용이하다.
> ② 작업장치의 교환이 쉽다. : 다양한 작업 장치를 쉽게 교환하여 작업에 적합하도록 구성할 수 있다.
> ③ 상부 회전체 용량이 크다. : 상부 회전체가 360도 회전할 수 있어 작업 범위가 넓다.
> ④ 파워와 정밀성을 겸비하고 있다. : 강력한 엔진과 정밀한 유압 제어 시스템을 통해 강력한 파워와 정밀한 작업이 가능하다.

| 정 | 답 | 2-03 ③ 2-04 ① 2-05 ① 2-06 ④ 2-07 ② 2-08 ①

09 굴삭기 버킷을 지면에서 1m 들어 놓고 잠시 후에 보았더니 버킷이 지면에 닿아 있을 때 점검해야 할 것은?

① 암 실린더 웨어링
② 암 실린더 백업 링
③ 버킷 실린더 더스트 실
④ 붐 실린더 피스톤 패킹

> 버킷이 지면에 닿아 있을 때는 붐 실린더 피스톤 패킹을 점검해야 한다. 이는 굴삭기의 붐을 움직이는 실린더에서 윤활유가 누출될 수 있는 부분으로, 이 부분이 파손되거나 마모되면 윤활유가 누출되어 실린더의 작동에 문제가 생길 수 있기 때문이다.

10 유압식 굴삭기의 작업장치, 주행, 선회 등에서 힘이 약할 때의 고장 원인 중 틀린 것은?

① 작동유량이 부족하거나 흡입필터가 막혀 있다.
② 릴리프 밸브(레귤레이터 밸브)의 설정압이 낮다.
③ 구션 밸브(스윙 브레이크 밸브) 스프링이 절손되었다.
④ 유압펌프 기능이 저하되거나 공기가 혼입되었다.

> 굴삭기의 구션밸브(스윙 브레이크 밸브)에는 스프링이 없고, 유압라인을 차단하여 선회 모터의 관성력을 막는 역할을 한다.

11 굴삭기 전부 작업장치인 브레이커 설치로 암반 파쇄작업을 수행하였으나 타격(작동)이 되지 않는 경우 그 원인이 될 수 없는 것은?

① 호스 및 파이프의 배관 결함
② 컨트롤 밸브의 결함
③ 착암기(accumulator)의 압력 부족
④ 메인 펌프의 결함

> 굴삭기 어큐뮬레이터(accumulator)는 제어오일 회로의 압력을 저장하는 장치로 압력을 안정적으로 유지하는 역할을 한다.

12 굴삭기에서 운전석의 레버를 움직여도 작업장치가 동작하지 않을 때 점검사항 중 틀린 것은?

① 유압 탱크의 오일량을 점검한다.
② 유압 펌프 흡입구로 공기가 유입되는지 점검한다.
③ 파일럿 펌프의 압력이 정상인지 확인한다.
④ 방향 제어 밸브의 오일 누유 여부를 확인한다.

13 굴삭기의 아이들러 시일 조정이 잘못되었을 경우 제일 먼저 파손되는 부분은?

① 아이들러 샤프트
② 아이들러 베어링
③ 아이들러 요크
④ 아이들러 프레임

> 굴삭기의 아이들러 시일 조정이 잘못되었을 경우, 베어링에 과도한 하중이 가해지고, 베어링이 마모되어 아이들러 베어링이 제일 먼저 파손된다.

|정|답| 2-09 ④ 2-10 ③ 2-11 ③ 2-12 ④ 2-13 ②

14 타이어형 중형 굴삭기에서 주행이 되지 않아 관련 부품을 점검하고자 한다. 점검사항과 가장 거리가 먼 것은?

① 파일럿 오일이 주행 페달로 공급되는가 점검한다.
② 메인 펌프에서 소리가 나는지 점검한다.
③ 주행모터로 메인 펌프 압력이 전달되는지 점검한다.
④ 메인 릴리프 압력이 규정대로 설정되어 있는지 점검한다.

> 메인 펌프는 중형 굴삭기에서 유압 시스템을 구동하는 핵심 부품 중 하나이기 때문에, 이 부품에서 소리가 나지 않는다면 유압 시스템 전체가 작동하지 않을 가능성이 높다.

15 29톤급 굴삭기 엔진에 부착되는 스탭핑 모터의 기능을 바르게 기술한 것은?

① 콘트롤러로부터 신호를 받아 인젝션 펌프를 미세 동작시킨다.
② 콘트롤러로부터 신호를 받아 엔진의 회전 속도를 제어한다.
③ 스피드센서로부터 신호를 받아 인젝션 펌프를 미세 동작시킨다.
④ 스피드센서로부터 신호를 받아 엔진의 회전 속도를 제어한다.

> 굴삭기 스탭핑 모터는 굴삭기의 가속기, 거버너, 연료 스트롭 등에 사용되는 모터로 콘트롤러로부터 신호를 받아 인젝션 펌프를 미세하게 동작시키는 역할을 한다.

16 굴삭기에 장착된 콘트롤러의 기능으로 맞는 것은?

① 운전 상황에 맞는 엔진 속도제어, 고장진단 등을 하는 장치이다.
② 운전자가 편리하도록 작업장치를 자동적으로 조작시켜 주는 장치이다.
③ 조디스틱의 작동을 전자화한 장치이다.
④ 콘트롤 밸브의 조작을 용이하게 하기 위해 전자화한 장치이다.

> 굴삭기에 장착된 콘트롤러는 운전 상황에 맞는 엔진 속도저어, 고장진단 등을 하는 장치이다.

17 굴삭기의 하부 구동체 주유 개소와 유종(油種)이 틀리게 짝지어진 것은?

① 트랙 – 주유하지 않는다.
② 아이들러 – 기어오일
③ 트랙 롤러 – 그리스
④ 트랙 텐션 실린더 – 그리스

18 유압식 굴삭기에 사용되는 회전이음(Swivel Joint)의 작용은?

① 엔진에 연결되어 상부 회전체에 동력을 전달한다.
② 상부 회전체와 하부를 기계적으로 연결한다.
③ 상부 회전체가 어떤 방향에서 작업을 하여도 유압유를 공급한다.
④ 상부 회전체의 중심 역할을 한다.

> 회전이음(센터조인트 라고도 함) – 상부 회전체가 어떤 방향에서 작업을 하여도 유압유를 공급한다.

|정|답| 2-14 ② 2-15 ① 2-16 ① 2-17 ② 2-18 ③

19 굴삭기가 가장 큰 굴삭력을 내기 위하여 붐과 암의 각도는 얼마가 가장 좋은가?

① 45~75°
② 60~90°
③ 80~110°
④ 100~130°

20 굴삭기에서 브레이커 작동 시 타격이 불규칙한 현상이 일어날 때의 원인이 아닌 것은?

① 펌프 유량이 과다하고 작동온도가 높을 때
② 릴리프 밸브의 작동압력 조정이 낮을 때
③ 로드의 파손이 있는 때
④ 메인 보디(main body) 실린더와 피스톤이 협착되지 않은 때

> 굴삭기 브레이커 – 실린더 내에 질소가스가 압축될 시 가스의 폭발로 인해 정이 순간적으로 앞으로 튀어 나가 바위와 콘크리트 등을 파쇄

3. 기중기

01 기중기에서 붐 각을 크게 하면?

① 운전 반경이 작아진다.
② 기중 능력이 작아진다.
③ 임계 하중이 작아진다.
④ 붐의 길이가 짧아진다.

> 기중기의 운전 반경은 훅 중심에서 작업물의 중심까지의 거리를 말한다. 붐 각을 크게 하면 붐의 길이가 길어지므로, 운전 반경이 작아진다.

02 기중기 작업 시 붐의 최대 제한 각도는?

① 55°   ② 65°
③ 70°   ④ 78°

> 기중기 작업 시 붐의 최대 제한 각도는 78°이다. 이는 안전을 위한 제한 각도로, 붐이 너무 높게 올라가면 안정성이 떨어지고 무게 중심이 불안정해져서 기중기가 넘어질 수 있다.

03 기중기의 3가지 주요 작동체에 해당되지 않는 것은?

① 하부 주행장치
② 상부 회전체
③ 작업장치
④ 굴삭장치

> 기중기의 3가지 주요 작동체는 하부 주행장치, 상부 회전체, 작업 장치이다. 굴삭장치는 기중기의 작동체 중 하나이지만, 주요 작동체에 해당되지 않는다. 이는 굴삭장치가 기중기의 주요 기능 중 하나인 땅을 파는 작업을 수행하는 작업장치의 일부분으로 간주되기 때문이다.

| 정답 | 2-19 ③ 2-20 ④ 3-01 ① 3-02 ④ 3-03 ④

04 기중기의 붐 작업을 할 때 운전반경이 작아지면 기중능력은?

① 감소한다.
② 증가한다.
③ 변하지 않는다.
④ 수시로 변한다.

> 기중기의 붐 작업을 할 때 운전반경이 작아지면 기중능력은 증가한다. 이는 작업 반경이 작아질수록 붐의 기울기가 커져서 물체를 더 높이 들어 올릴 수 있기 때문이다. 따라서 작업 반경이 작아질수록 기중능력이 증가한다.

05 기중기에서 와이어로프의 조기 마모원인이 아닌 것은?

① 활차의 크기 부적당
② 규격이 맞지 않는 것 사용
③ 계속적인 심한 과부하
④ 원치모터의 작동불량

> ① 활차의 크기 부적당 : 활차의 크기가 부적당하면 와이어로프에 과도한 응력이 발생하여 조기 마모를 유발할 수 있다.
> ② 규격이 맞지 않는 것 사용 : 규격이 맞지 않는 와이어로프는 기중기의 부품과 맞지 않아 마찰이 증가하고 조기 마모를 유발할 수 있다.
> ③ 계속적인 심한 과부하 : 와이어로프에 지속적인 심한 과부하가 가해지면 와이어로프 내부의 와이어가 끊어지고 조기 마모가 발생할 수 있다.
> 원치모터는 와이어로프를 감거나 풀어주는 장치이며, 와이어로프에 직접적인 영향을 미치지 않는다.

06 기중기 장치 중 붐이 어떤 규정각도가 되면 붐이 스토퍼에 닿아서 각 레버와 로드를 경유해서 핸들을 중립위치로 복귀시켜 리프팅을 자동정지시키는 장치는?

① 붐 과권 방지장치
② 아우트리거
③ 셔블 붐
④ 트렌치호 붐

> 붐 과권 방지장치는 붐이 어떤 규정각도가 되면 붐이 스토퍼에 닿아서 각 레버와 로드를 경유해서 핸들을 중립위치로 복귀시켜 리프팅을 자동정지시키는 장치이다.

07 기중기 크람셸(clam shell)의 구성품이 아닌 것은?

① 드릴링 버킷
② 크람셸 버킷
③ 태그라인 로프
④ 호이스트 드럼

> 기중기 크람셸은 크랜트럭의 무게 중심을 유지하면서 물체를 들어 올리고 내리는데 사용되는 장비이다. 따라서 크람셸의 구성품으로는 크람셸 버킷, 태그라인 로프, 호이스트 드럼이 포함되어 있다. 하지만 드릴링 버킷은 기중기 크람셸과는 관련이 없는 드릴링 작업에 사용되는 버킷이다.

| 정 답 | 3-04 ② 3-05 ④ 3-06 ① 3-07 ①

08 타이어식 기중기에서 전·후, 좌·우 방향에 안전성을 주어 기중 작업 시 전도되는 것을 방지해주는 것은?

① 평형추
② 아우트리거
③ 바퀴
④ 작업장치

> 타이어식 기중기는 기중 작업 시 전방으로 기울어지는 경향이 있다. 이때 아우트리거는 기계의 전방과 후방에 뻗어져 있는 다리로, 기계의 안정성을 높여 전도되는 것을 방지해준다. 따라서 전·후, 좌·우 방향에 안전성을 주어 기중 작업 시 안전을 보장해주는 역할을 한다.

09 트럭 탑재식 기중기에서 아우트리거가 불량일 경우 일어날 수 있는 고장은?

① 선회가 되지 않는다.
② 작업 선회 시 차체가 기울어진다.
③ 축이 올라가지 않는다.
④ 붐이 올라가지 않는다.

> 트럭 탑재식 기중기에서 아우트리거가 불량일 경우 작업 선회 시 차체가 기울어질 수 있다. 이는 아우트리거가 작동하지 않아 기중기의 균형이 맞지 않기 때문이다.

10 크람셀 작업장치의 작업능률을 향상시키기 위한 기본적인 사항으로 틀린 것은?

① 작업장 주변의 장애물에 유의하여 붐을 선회시킨다.
② 굴착 대상물의 종류와 크기에 적합한 버킷을 선정한다.
③ 경토질을 굴착할 때는 버킷에 투스를 설치한다.
④ 덤프트럭에 적재할 때는 붐 끝에서 되도록 멀리 설치한다.

> 크람셀 버킷은 용도에 따라 굴삭기, 호이스트, 크레인 등에 장착하여 석탄, 곡물, 모래, 사료, 비료, 광물, 원자재 투입 등 다양한 산업체에서 취급 가능한 장비이다. 그러므로 작업장 주변의 장애물에 유의하여 붐을 선회시키고, 굴착 대상물의 종류와 크기에 적합한 버킷을 선정해야 하며, 경토질을 굴착할 때는 버킷에 투스를 설치하고, 붐은 최대한 짧게 하고, 세워서 사용한다.

11 기중기 하중에 대한 용어 설명으로 틀린 것은?

① 정격 총 하중 : 각 붐의 길이와 작업 반경에 허용되는 훅, 그래브, 버킷 등 달아올림 기구를 포함한 최대하중
② 정격하중 : 정격 총 하중에서 훅, 그래브, 버킷 등 달아 올림 기구의 무게에 상당하는 하중을 뺀 하중
③ 호칭하중 : 기중기의 최대 작업하중
④ 작업하중 : 기중기로 화물을 최대로 들 수 있는 하중과 들 수 없는 하중과의 한계점에 놓인 하중

> **기중기 하중**
> ① 정격 총하중: 크레인 지브의 경사각 및 길이 또는 지브에 따라 훅, 슬링(인양로프 또는 인양용구) 등의 달기구 중량을 포함하여 인양할 수 있는 최대하중
> ② 정격하중: 크레인의 권상(호이스팅) 하중에서 훅, 크래브 또는 버킷 등 달기기구의 중량에 상당하는 하중을 뺀 하중을 말한다. 다만, 지브가 있는 크레인 등으로서 경사각, 길이 등 위치에 따라 권상 능력이 달라지는 것은 그 위치에서의 권상하중에서 달기기구의 중량을 뺀 하중을 말하며 최대의 정격하중을 해당 크레인의 정격하중으로 표시한다.
> ③ 호칭하중: 기중기의 최대 작업하중을 의미한다. 이는 제조사에서 기중기에 부여한 최대 하중으로, 실제로는 작업하중과 다를 수 있다.
> ④ 전도하중: 인양할 수 있는 하중 또는 적재할 수 있는 하중이 초과되어서 장비가 전도될 수 있는 하중

| 정 | 답 | 3-08 ② 3-09 ② 3-10 ④ 3-11 ④

12 다음 중 기중기의 안전장치로 와이어로프를 너무 감으면 와이어로프가 절단되거나 훅 블록이 시브와 충돌하는 것을 방지하는 것은 무엇인가?

① 과부하 경보장치
② 과권 경보장치
③ 전도 방지장치
④ 붐 각도지시장치

기중기의 안전장치로 와이어 로프를 너무 감으면 와이어로프가 절단되거나 훅 블록이 시브와 충돌하는 것을 방지하는 것은 과권 경보장치이다. 이는 와이어 로프의 과권(과도한 굽힘)을 감지하여 경보를 울리고, 작업자가 조치를 취할 수 있도록 해주기 때문이다.

13 기중기의 안전하중에 대한 설명 중 맞는 것은?

① 회전하며 작업할 수 있는 하중
② 기중기가 최대로 들어 올릴 수 있는 하중
③ 붐 각도에 따라 안전하게 들어 올릴 수 있는 하중
④ 붐의 최대제한 각도에서 안전하게 권상할 수 있는 하중

기중기의 안전하중은 붐의 각도에 따라 안전하게 들어 올릴 수 있는 하중을 의미한다.

14 기중기 작업장치 중 붐 기복 시 버킷이 심하게 흔들리거나 로프가 꼬이면 어느 작업 안전장치가 고장이고 볼 수 있는가?

① 크람셀
② 태그라인
③ 훅 블록
④ 페이리드

태그라인은 기중기 작업 중 버킷이나 로프의 움직임을 안전하게 제어하기 위한 안전장치이다. 따라서 붐 기복 시 버킷이 흔들리거나 로프가 꼬였을 때, 태그라인이 고장이 난 것으로 추정할 수 있다.

15 기중기 작업 방법으로 틀린 것은?

① 수직으로 달아 올린다.
② 신호인의 신호에 따라 작업한다.
③ 제한하중 이상의 것은 담아 올리지 않는다.
④ 항상 옆으로 달아 올려야 안전하다.

기중기 작업에서는 물건의 무게와 크기, 작업 환경 등에 다라 다양한 방법으로 작업을 수행해야 한다. 따라서 항상 옆으로 달아 올리는 것이 안전한 방법은 아니다. 작업 환경과 물건의 특성에 맞게 적절한 방법을 선택해야 한다.

16 크레인에서 새들 블록은 무엇을 하는 것인가?

① 디퍼 핸들을 유도해 준다.
② 디퍼에 흙을 제거시킨다.
③ 굴토력을 증가시킨다.
④ 쉬크붐을 올려준다.

크레인에서 새들 블록은 디퍼 핸들을 유도해 준다. 이는 크레인의 디퍼 핸들을 조작하여 물체를 들어올리거나 내릴 때 안정성을 높여주는 역할을 한다.

17 크레인 와이어의 지름이 3cm, 들어 올릴 하중이 100kgf일 때의 인장강도(cmf/cm^2)는?

① 14.2   ② 15.2
③ 16.2   ④ 17.2

|정|답| 3-12 ② 3-13 ③ 3-14 ② 3-15 ④ 3-16 ① 3-17 ①

인장강도 = $\dfrac{\text{하중}}{\text{와이어 단면적}} = \dfrac{100}{7.06} = 14.16$

크레인 와이어의 지름이 3cm이므로 반지름은 1.5cm이다. 이때 와이어의 단면적은 $\pi \times 1.5^2 = 7.06 cm^2$이다.

크레인에서 지브 붐을 설치할 때 필요한 것은 지브 붐을 들어 올릴 수 있는 장치인데 이 중에서 갈구리는 크레인의 훅에 걸어서 지브 붐을 들어 올릴 수 있는 장치로 가장 일반적으로 사용된다.

18 크레인용 와이어로프 꼬임 중 스트랜드를 왼쪽 방향으로 꼰 것은?

① Z 꼬임
② 랭 꼬임
③ S 꼬임
④ 보통 꼬임

와이어로프를 꼴 때, 스트랜드를 왼쪽 방향으로 꼬이면 Z 모양이 형성된다. 반대로 오른쪽 방향으로 꼬이면 S 모양이 형성된다.

19 크레인의 붐은 상부 회전체에 무엇으로 연결되어 있는가?

① 볼이음　② 체인
③ 세레이션　④ 핀

크레인의 붐은 상부 회전체에 핀으로 연결되어 있다. 핀은 붐과 상부 회전체를 연결하는 역할을 하며, 붐의 회전을 가능하게 한다.

20 크레인에서 지브 붐(연장형지브붐)을 설치할 수 있는 전부 장치는?

① 조개
② 쉬브
③ 갈구리
④ 트렌치호(파이프형)

21 트럭 크레인에서 액추에이터가 작동하지 않는 원인으로 틀린 것은?

① 유압펌프의 고장
② 유량부족
③ 흡입파이프 호스의 막힘 또는 파손
④ 릴리프 밸브의 설정압 과대

22 크레인의 엔진이 100ps을 낼 수 있는 출력이면 최대 몇 톤의 짐을 들어 올릴 수 있나?(단, 견인 마찰계수는 0.2이며 견인속도는 5m/s이다.)

① 4.5톤
② 5톤
③ 7.5톤
④ 8톤

100PS = 7500kgf,
$x = \dfrac{7500}{5 \times 0.2} = 7500 kgf = 7.5$톤

23 기중기에서 와이어 케이블의 규격이 1/3" × 6 × 21이다. 6의 숫자는 무엇을 가리키는가?

① 케이블 직경
② 케이블 선수
③ 케이블 가닥수
④ 케이블 강도

1/3"(직경) × 6(가닥수) × 21(소선수)

| 정 답 | 3-18 ① | 3-19 ④ | 3-20 ③ | 3-21 ④ | 3-22 ③ | 3-23 ③ |

24 로프의 전단, 마모는 규정치 이내이어야 하는데 소선 수의 절단은 몇 % 이내이어야 하는가?

① 5
② 7
③ 10
④ 15

> 와이어로프가 한 가닥 내 10% 이상 절단된 경우(길이 30cm당)

① 밸런스 웨이트 : 차체 후방에 장착하여 쏠림을 방지한다.
② 아퀄라이저 : 포크 리프트의 마스트에 장착하여 짐의 무게에 따라 자동으로 포크 각도를 조절한다.
③ 리닝장치 : 포크 리프트의 포크에 장착하여 화물의 미끄러짐을 방지한다.
④ 마스트 : 포크 리프트의 일부이다.

4. 지게차

01 지게차에서 리프트 실린더의 상승력이 부족한 원인과 거리가 먼 것은?

① 유압펌프의 불량
② 오일필터의 막힘
③ 리프트 실린더의 피스톤실부 손상
④ 틸트 컨트롤 제어부 손상

> 틸트 컨트롤 제어부는 틸트 실린더의 작동을 제어하는 장치이다. 리프트 실린더의 상승력이 부족한 원인은 다음과 같다.
> ① 유압펌프의 불량
> ② 오일필터의 막힘
> ③ 리프트 실린더의 피스톤실부 손상

02 포크 리프트나 기중기의 최 후단에 붙여서 차체 앞쪽에 화물을 실었을 때 쏠리는 것을 방지하기 위한 것은?

① 아퀄라이저
② 밸런스 웨이트
③ 리닝장치
④ 마스트

03 지게차의 포크 상승속도가 규정보다 느린 원인이 아닌 것은?

① 작동유량 부족
② 피스톤 패킹의 손상
③ 배압이 규정보다 낮음
④ 조작 밸브의 손상 및 마모

> 지게차 포크 상승 속도는 유압 시스템의 작동유량, 피스톤 상태, 조작 밸브 상태 등 여러 요인에 의해 영향을 받는다.

04 지게차 포크 리프트 상승 속도가 규정보다 늦을 때 점검하는 사항과 거리가 가장 먼 것은?

① 실린더의 누유 상태
② 여과기의 막힘 상태
③ 펌프의 토출량 상태
④ 작동유의 오염도 상태

05 지게차의 전·후방 안전 경사각도는 무엇으로 조정하는가?

① 리프트 실린더 브라켓
② 리프트 실린더 로드
③ 틸트 실린더 브라켓
④ 틸트 실린더 로드

|정답| 3-24 ③ 4-01 ④ 4-02 ② 4-03 ③ 4-04 ④ 4-05 ④

지게차의 전·후방 안전 경사각도는 틸트 실린더 로드로 조정한다. 이는 지게차의 전방이나 후방으로 기울어질 때, 틸트 실린더 로드를 조절하여 차체를 수평 상태로 유지하기 위함이다.

06 지게차의 조향 핸들 직경이 360mm인 경우 건설기계 검사기준상 핸들의 유격은 얼마를 넘지 말아야 하는가?

① 약 45mm
② 약 55mm
③ 약 35mm
④ 약 25mm

건설기계 검사기준에 따르면, 지게차의 조향 핸들 유격은 다음과 같이 규정되어 있다.
① 조향 핸들 직경 300mm 이하 : 약 35mm 이하
② 조향 핸들 직경 300mm 초과 400mm 이하 : 약 45mm 이하
③ 조향 핸들 직경 400mm 초과 : 약 55mm 이하

07 지게차의 작업용도에 의한 분류가 아닌 것은?

① 프리 리프트 마스트형
② 로테이팅 클램프형
③ 하이 마스트형
④ 크롤러 마스트형

지게차 작업용도에 의한 분류
① 프리 리프트 마스트형(Free lift mast type) : 프리 리프트량이 아주 커서 마스트상승이 불가능한 장소인 선내의 하역작업이나 천정이 낮은 장소 등의 작업에 편리하다.
② 하이 마스트형(High mast type) : 마스트가 2단으로 늘어나게 되어있어 표준차로는 작업이 불가능한 높이 위치에 물건을 쌓거나 내리는데 적합하다. 저장공간을 최대한으로 활용할 수 있으며, 포크 상승도 신속하여 매우 능률적이다.

③ 힌지드 버킷형(Hinged bucket type) : 힌지드 포크에 버킷을 끼워서 흘러내리기 쉬운 물건인 석탄, 코크스, 소금 및 비료 외에 화학제품을 대량 취급, 운반하는 화학제품 공장 및 집하장에서 사용하기에 적합하다.
④ 드럼 클램프형(Drum clamp type) : 각종 드럼을 운반 또는 적재하는 작업을 안전하고 신속하게 하여준다. 석유, 화학, 도료, 식품 운송 및 주류 등을 취급하는 업체에서 많이 사용한다.
⑤ 로테이팅 클램프형(Rotating Clamp type) : 압착판으로 화물을 위에서 강하게 눌러 거치른 지면이나 경사진 곳에서도 안전하게 운반 및 적재할 수 있다. 특히 유리제품이나 깨지기 쉬운 화물의 취급에 가장 적합하다.

08 지게차의 제원에 대한 설명으로 틀린 것은?

① 전경각 : 마스트의 수직위치에서 앞으로 기울인 경우의 최대 경사각을 말하며 5~6° 정도이다.
② 최대 올림높이 : 마스트를 수직으로 하고 기준하중의 중심에 최대하중을 적재한 상태에서 포크를 최고 위치로 올렸을 때 지면에서 포크의 윗면까지 높이
③ 기준 부하상태 : 기준하중의 중심에 최대하중을 적재하고 마스트를 수직으로 하여 포크를 지상 300mm까지 올린 상태
④ 최소회전 반경 : 무부하 상태에서 최대 조향각으로 서행한 경우 차체의 가장 안부분이 그리는 원의 반지름

최소회전 반경은 무부하 상태에서 최소의 회전을 할 때 후륜(뒷타이어)이 그리는 원의 반경

|정|답| 4-06 ① 4-07 ④ 4-08 ④

09 지게차의 현가장치는 어떤 방식을 사용하는가?

① 판 스프링식이다.
② 코일 스프링식이다.
③ 공기 스프링식이다.
④ 스프링이 없는 일체식 구조이다.

> 지게차의 현가장치는 스프링이 없는 일체식 구조이다.

10 지게차 마스트 경사각을 조정할 때 마스트를 어느 상태로 하면 가장 효과적으로 조정할 수 있는가?

① 수평 상태
② 앞으로 기울인 상태
③ 뒤로 기울인 상태
④ 수직 상태

> 지게차 마스트를 조정할 때는 수직 상태로 유지하는 것이 가장 안전하고 효과적이다.

11 지게차의 차체를 이동시키지 않고도 포크를 좌·우로 움직여 적재 또는 하역하는 지게차 전부 장치 형식은?

① 블록 클램프형
② 힌지드 포크형
③ 사이드 시프트형
④ 드럼 클램프형

> 사이드 시프트형은 지게차의 차체를 이동시키지 않고도 포크를 좌·우로 움직일 수 있는 장치를 갖춘 형태이다. 따라서 적재물의 위치를 정확하게 조절할 수 있어 작업 효율성이 높아지며, 작업 중에도 안전하게 적재물을 다룰 수 있다.

12 지게차의 체인 길이는 다음 중 무엇으로 조정하는가?

① 핑거보드 인너레일을 이용하여
② 틸트 실린더 조정 로드를 이용하여
③ 핑거보드 롤러의 위치를 이용하여
④ 리프트 실린더 조정 로드를 이용하여

> 지게차의 체인 길이는 핑거보드 롤러의 위치를 이용하여 조정한다. 이는 핑거보드 롤러가 체인을 지지하고 있기 때문에 롤러의 위치를 조정함으로써 체인의 길이를 조절할 수 있다.

13 지게차 틸트 실린더의 구성품 중 더스트 실(Dust seal)의 기능은?

① 로드(Rod) 측으로 오일이 누설되지 않도록 밀봉작용을 한다.
② 헤드(Head) 측으로 오일이 누설되지 않도록 밀봉작용을 한다.
③ 실린더 내부 누유가 되지 않도록 밀봉 작용을 한다.
④ 외부로부터 먼지 등의 이물질이 실린더 내로 들어가지 않도록 한다.

> 더스트 실은 외부로부터 먼지 등의 이물질이 실린더 내부로 들어가지 않도록 밀봉 작용을 한다.

14 지게차의 마스트가 완전히 신장되었을 때, 인너레일과 아웃레일이 겹쳐있는 부분의 길이를 무엇이라 하는가?

① 옵셋트   ② 오버항
③ 오버랩   ④ 자유간극

> 지게차의 마스트가 완전히 신장되면 인너레일과 아웃레일이 서로 겹쳐지게 되는데, 이때 겹쳐진 부분의 길이를 오버랩(overlap)이라고 한다.

| 정 | 답 | 4-09 ④   4-10 ④   4-11 ③   4-12 ③   4-13 ④   4-14 ③

15 지게차의 유압장치 중 조향 실린더로 사용되는 형식은?

① 단동실린더 피스톤형
② 단동실린더 램형
③ 복동 실린더 싱글 로드형
④ 복동 실린더 더블 로드형

> 지게차는 후륜 조향장치이며, 복동 실린더 더블 로드형 유압장치를 사용한다.

16 지게차의 차축에 대한 설명으로 맞는 것은?

① 지게차는 앞바퀴로 조향한다.
② 뒷차축은 화물의 하중을 지지한다.
③ 종감속장치는 뒷차축에 연결되어 있다.
④ 앞차축은 엔진의 회전력을 앞바퀴에 전달하는 역할을 한다.

> 앞차축은 엔진의 회전력을 앞바퀴에 전달하는 역할을 한다. 후륜 조향장치로 회전반경이 작음.

5. 스크레이퍼

01 스크레이퍼의 작업장치 중 에이프런(apron)에 대한 설명으로 맞는 것은?

① 트랙터와 볼(bowl)을 연결해 주는 부분이다.
② 볼(bowl) 앞에 설치된 토사의 배출구를 닫아주는 문이다.
③ 토사를 적재할 때 볼(bowl)의 뒷벽을 구성한다.
④ 배토 시에는 아래로 내려 토사가 배출되도록 한다.

> ① 트랙션 링크 : 트랙터와 볼(bowl)을 연결해 주는 부분
> ② 에이프런(apron) : 볼(bowl) 앞에 설치된 토사의 배출구를 닫아주는 문
> ③ 볼(bowl) : 토사를 적재할 때 볼(bowl)의 뒷벽을 구성하는 부분
> ④ 토사 배출구 : 배토 시에는 아래로 내려 토사가 배출되도록 하는 부분

02 스크레이퍼의 성능과 관계없는 것은?

① 주행속도
② 사이클 타임
③ 보울의 용량
④ 장비의 중량

> 스크레이퍼의 성능은 주행속도, 보울의 용량, 장비의 중량에 따라 결정된다. 주행속도는 스크레이퍼의 작업 범위와 생산성을 결정한다. 보울의 용량은 스크레이퍼가 한 번에 운반할 수 있는 토량을 결정한다. 장비의 중량은 스크레이퍼의 작업 효율을 결정한다. 사이클 타임은 스크레이퍼가 한 번의 작업을 완료하는 데 걸리는 시간을 나타낸다. 사이클 타임은 스크레이퍼 자체의 성능이 아니라 작업 환경에 따라 결정되는 요소이다.

03 스크레이퍼의 주요 구성장치로 알맞은 것은?

① 볼(boll)-에이프런-이젝터
② 에이프런-이젝터-리퍼
③ 이젝터-리퍼-볼(boll)
④ 리퍼-볼(boll)-에이프런

> **스크레이퍼 주요 구성장치**
> ① 에이프런 : 스크레이퍼 앞부분에 위치, 흙을 파고 긁어모으는 역할, 강철판으로 제작
> ② 이젝터 : 에이프런 뒤에 위치, 흙을 밀어내는 역할, 유압 실린더로 작동
> ③ 리퍼 : 스크레이퍼 뒤쪽에 위치, 땅을 파고 흙을 에이프런으로 긁어모으는 역할, 강철로 제작

|정|답| 4-15 ④ 4-16 ④ 5-01 ② 5-02 ② 5-03 ②

04 모터 스크레이퍼(motor scraper)에 대한 설명으로 틀린 것은?

① 동력원은 주로 디젤엔진이다.
② 비교적 단거리용으로 사용된다.
③ 견인식에 비하여 운반속도가 빠르다.
④ 주행장치, 토사적재장치 및 요크로 구성된다.

> 모터 스크레이퍼는 토양, 모래, 자갈 등을 굴착, 운반, 매립하는 데 사용되는 건설기계이다. 동력원은 주로 디젤엔진이며 주행장치, 토사적재장치 및 요크로 구성된다. 단거리 운반에 적합한 견인식 스크레이퍼와 달리, 모터 스크레이퍼는 높은 운반 속도와 효율성을 제공하여 장거리 운반에도 적합하다.

05 모터 스크레이퍼 릴리프 밸브의 설정 압력이 낮거나 유압 펌프의 토출량이 적을 때 고장은?

① 스티어링이 흔들린다.
② 작업장치의 작동이 힘이 없거나 느리다.
③ 스팅어링 핸들의 조작이 무겁다.
④ 보울, 에이프런의 자연 하강량이 크다.

> 모터 스크레이퍼 릴리프 밸브의 설정 압력이 낮거나 유압 펌프의 토출량이 적을 때 작업장치에 충분한 유압 압력이 전달되지 않아 작동이 힘이 없거나 느리게 된다.

06 스크레이퍼에서 메인 바디에 고정되어 상하 운동하며 흙을 적재할 때와 내릴 때 열리게 되어 있는 것은?

① 볼(bowl)
② 커팅 에지(cutting edge)
③ 에이프런(apron)
④ 이젝터(ejector)

> ① 에이프런 – 흙을 적재할 때 열림
> ② 이젝터 – 적재한 흙을 밀어낼 때 사용

6. 모터 그레이더

01 모터 그레이더에서 앞바퀴 경사장치의 경사각은 어느 정도인가?

① 0~10°
② 20~30°
③ 30~40°
④ 40~50°

> 모터 그레이더의 앞바퀴 경사장치의 경사각은 20~30° 정도이다. 이는 도로의 경사를 적절하게 조절하기 위한 최적의 범위이다.

02 건설기계의 범위에서 「정지장치를 가진 자주식인 것」으로 정의하는 건설기계는?

① 모터 그레이더
② 지게차
③ 불도저
④ 로더

> 자주식 건설기계는 자체 동력으로 이동할 수 있는 건설기계를 의미한다. 크레인, 굴삭기, 로더, 불도저 등이 자주식 건설기계에 속하며, 정지장치는 건설기계가 작업 중에 안전하게 정지할 수 있도록 하는 장치이다. 브레이크, 클러치, 기어 등이 정지장치에 속한다.
> ① 모터 그레이더 : 자주식 건설기계이며, 브레이크, 클러치, 기어 등의 정지장치를 갖추고 있다.
> ② 지게차 : 자주식 건설기계이지만, 작업 중에 안전하게 정지할 수 있는 정지장치를 갖추고 있지 않다.
> ③ 불도저 : 자주식 건설기계이지만, 작업 중에 안전하게 정지할 수 있는 정지장치를 갖추고 있지 않다.
> ④ 로더 : 자주식 건설기계이지만, 작업 중에 안전하게 정지할 수 있는 정지장치를 갖추고 있지 않다.

| 정답 | 5-04 ④ | 5-05 ② | 5-06 ③ | 6-01 ② | 6-02 ① |

03 기계식 모터 그레이더에서 작업 중 과다한 하중이 걸리면 스스로 절단되어 작업조정장치의 파손을 방지하는 것은?

① 시어 핀
② 스냅버 바
③ 탠덤
④ 머캐덤

> ① 시어 핀 : 작업조정장치에 연결된 볼트 또는 핀으로, 과다한 하중이 걸리면 시어 핀이 먼저 파단되어 작업조정장치는 무사하게 유지된다.
> ② 스냅버 바 : 블레이드 각도 조절에 사용된다.
> ③ 탠덤 : 두 대의 모터 그레이더를 연결하여 작업 효율을 높이는 장치이다.
> ④ 머캐덤 : 쇄석 생산에 사용되는 장비이다.

04 모터 그레이더의 시어핀이 끊어지는 원인으로 옳은 것은?

① 고속주행을 할 때
② 펴 늘임 작업을 오랜 시간 할 때
③ 수동 브레이크를 작동시킨 채로 장비를 출발할 때
④ 급커브를 돌기 위하여 리닝 레버를 눕힌 채 강하게 누르고 운전할 때

> 급커브를 돌기 위하여 리닝 레버를 눕힌 채 강하게 누르고 운전할 때는 모터 그레이더의 시어핀이 끊어질 가능성이 높다. 이는 리닝 레버를 눕히면서 강하게 누르면 모터 그레이더의 타이어와 지면 사이의 마찰력 때문에 시어핀이 끊어져서 모터 그레이더가 제어를 잃을 수 있다.

05 모터 그레이더가 수행할 수 있는 작업이 아닌 것은?

① 지균 작업
② 적재 작업
③ 경사면 작업
④ 제설 작업

> 모터 그레이더는 주로 다음과 같은 작업을 수행한다.
> ① 지균 작업 : 도로나 운동장 등의 흙 표면을 평탄하게 다듬는 작업이다.
> ② 경사면 작업 : 경사면을 정형하고 다듬는 작업이다.
> ③ 제설 작업 : 눈을 제거하는 작업이다.

06 동절기 제설작업에 적합한 건설기계는?

① 도로보수트럭
② 로울러
③ 노상안정기
④ 모터 그레이더

> 동절기 제설작업은 눈이나 얼음을 제거하는 작업이므로, 노면을 평탄하게 만들어주는 기계가 필요하다. 이 중에서도 모터 그레이더는 노면을 정밀하게 다듬어주는 기능이 있어 동절기 제설작업에 적합하다.

07 모터 그레이더 탠덤 드라이브에 들어가는 오일은?

① 그리스
② 엔진 오일
③ 유압유
④ 기어 오일

> 모터 그레이더 탠덤 드라이브는 기어로 구성되어 있으며, 기어는 움직이는 부분이기 때문에 마찰이 발생한다. 이를 줄이기 위해 기어오일이 사용된다.

| 정 답 | 6-03 ① 6-04 ④ 6-05 ② 6-06 ④ 6-07 ④

08 모터 그레이더로 삭토 작업을 할 때 가장 알맞은 것은?

① 72~81도
② 61~70도
③ 36~38도
④ 28~32도

> 해삭토 작업을 할 때는 지형의 경사를 고려하여 모터 그레이더의 블레이드 각도를 조절해야 한다. 36~38도는 삭토 작업에 가장 적합한 각도로, 이 각도에서는 삭토 작업이 더욱 효율적으로 이루어질 수 있다. 또한, 이 각도에서는 지형의 경사를 고려하여 적절한 경사면을 형성할 수 있어 안정적인 도로나 지형을 만들 수 있다.

09 모터 그레이더의 탠덤 드라이브장치의 역할은?

① 견인력을 크게 한다.
② 차의 속도를 빠르게 한다.
③ 차체의 안정을 유지한다.
④ 핸들의 충격을 흡수한다.

> 모터 그레이더의 탠덤 드라이브장치는 차체의 뒷부분에 있는 두 개의 바퀴를 연결하여 하나의 축으로 동작하도록 만들어준다. 이는 차체의 안정을 유지하는 역할을 한다.

10 모터 그레이더의 장치 중 기관의 동력을 뒷바퀴에 전달시켜 주는 장치는 어느 것인가?

① 스케리파이어
② 리이닝 장치
③ 탠덤드라이브장치
④ 서클 드로바

> 탠덤 드라이브장치는 모터 그레이더의 뒷바퀴에 동력을 전달하는 장치이다.

11 모터 그레이더의 동력전달장치와 관계없는 것은?

① 클러치
② 변속장치
③ 차동장치
④ 구동장치

> 차동장치는 모터 그레이더의 동력전달장치와 관련이 없다. 차동장치는 주로 자동차의 주행 안정성을 높이기 위해 사용되는 장치로, 모터 그레이더와 같은 공사용 차량에서는 사용되지 않는다.

12 모터 그레이더의 조향 핸들이 무겁게 되는 원인이 아닌 것은?

① 펌프의 배출량이 부족하다.
② 설정압이 낮다.
③ 제어 밸브가 고착되었다.
④ 파일럿 체크 밸브가 누설된다.

> 유압 파일럿 체크 밸브란 어느 조건하에서 역류를 가능하게 하는 유압 제어 밸브이다. 역류 방지 기능이 있으면서 외부에서 파일럿 압력을 가하면 역류가 가능해진다. 액추에이터나 리프트, 크레인 등에서 많이 사용한다.

13 모터 그레이더에서 기어가 잘 안들어 가는 원인에 대한 설명이다. 해당되지 않는 것은?

① 디스크 페이싱 마모
② 클러치 브레이크의 작동 불량
③ 클러치 스프링의 이완
④ 피달의 유격과다

> 클러치 브레이크는 시동, 정지 및 조향에 사용한다.

| 정 | 답 | 6-08 ③ 6-09 ③ 6-10 ③ 6-11 ③ 6-12 ④ 6-13 ②

14 모터 그레이더의 동력전달 순서로 옳은 것은?

① 주클러치-변속기-차동장치-구동장치-뒤차륜
② 주클러치-변속기-구동장치-탠덤장치-뒤차륜
③ 변속기-주클러치-차동장치-구동장치-뒤차륜
④ 변속기-주클러치-구동장치-탠덤장치-뒤차륜

> 모터 그레이더의 동력전달 순서는 주 클러치에서 엔진의 동력을 받아 변속기를 통해 속도를 조절하고, 구동장치를 통해 전달된 동력을 탠덤장치를 통해 뒤쪽의 두 개의 차축에 전달하여 뒤차륜을 움직이게 된다.

15 모터 그레이더에서 리이닝장치의 설치 목적은?

① 작업의 직진성을 방지하기 위하여
② 회전방향을 크게 하여 직진을 돕기 위하여
③ 앞바퀴를 회전하려고 하는 쪽으로 기울여서 작은 반지름으로 회전이 가능하게 하기 위하여
④ 작업의 원활성을 유지하여 산포작업을 돕기 위하여

> 리이닝 장치는 앞바퀴를 회전하려고 하는 쪽으로 기울여서 작은 반지름으로 회전이 가능하게 하기 위해서이다.

16 다음 모터 그레이더의 조향장치에서 조향 휠을 좌, 우로 움직이면 무엇을 통하여 유압 실린더 로드를 작동시키는가?

① 미터링 밸브 ② 서클
③ 웨어 스트립 ④ 킥다운 밸브

> 조향 휠을 좌, 우로 움직이면 미터링 밸브가 작동하여 유압 실린더 로드를 작동시킨다. 미터링 밸브는 유압 유체의 유량을 조절하여 실린더 로드를 움직이는 속도를 조절하는 역할을 한다.

17 다음 그레이더에 대한 설명 중 틀린 것은?

① 앞바퀴 경사장치는 회전 반경을 작게 하기 위해 설치되어 있다.
② 리이닝 장치의 앞바퀴를 경사 시킬 수 있는 각도는 20~30°이다.
③ 견인력과 자기 세척작용을 위해 앞바퀴 타이어 트레드 형태 방향을 같게 설치한다.
④ 스티어링 비틀림 각도는 6~7°이다.

> 모터 그레이더 - 땅(지면)을 블레이드로 평활하게 고르는 중장비이며, 앞바퀴의 차동장치가 없어 선회반경이 커지는 결점을 보완하기 위해 전륜이 좌·우로 20~30° 정도 경사될 수 있도록 리이닝장치가 있다.

18 모터 그레이더의 스케리파이어(scarifier)에 대한 설명으로 틀린 것은?

① 절삭지반의 상태에 따라 스케리파이어의 절삭각도를 조정하여야 한다.
② 절삭 깊이를 조정할 수 있도록 스케리파이어 장착위치가 다단으로 되어 있다.
③ 스케리파이어는 전, 후진의 모든 작업에 사용할 수 있다.
④ 스케리파이어는 나무뿌리 파헤치기 작업 시에는 항상 부착해 주어야 한다.

> 스케리파이어(쇠스랑) - 굳은 땅을 파헤치고 나무의 뿌리를 뽑는 작업

|정|답| 6-14 ② 6-15 ③ 6-16 ① 6-17 ③ 6-18 ③

7. 로더

01 차체 굴절식 로더의 조향장치에 필요한 부품이 아닌 것은?

① 유압실린더
② 유압 펌프
③ 제어 밸브
④ 언로더 밸브

> 차체 굴절식 로더의 조향장치는 다음과 같은 주요 부품으로 구성된다.
> ① 유압 펌프 : 엔진 동력으로 유압유를 공급하는 역할을 한다.
> ② 제어 밸브 : 운전자의 조작에 따라 유압유의 흐름 방향과 압력을 제어한다.
> ③ 유압실린더 : 유압유의 힘을 이용하여 로더의 차체를 굴절시키는 역할을 한다.

02 로우더의 토크 컨버터에서 열이 발생되고 있을 때 점검하지 않아도 되는 것은?

① 컨버터 오일쿨러
② 입구 릴리프 밸브
③ 오일 회로 내에 공기 혼입 여부
④ 출구 릴리프 밸브

> 로우더의 토크 컨버터에서 열이 발생되고 있을 때 점검하지 않아도 되는 것은 출구 릴리프 밸브이다. 로우더의 토크 컨버터에서 열이 발생하면 압력이 증가하게 되는데, 출구 릴리프 밸브는 이러한 압력을 안전하게 방출해주는 역할을 한다. 따라서 출구 릴리프 밸브는 열 발생 시에도 정상적으로 작동하므로 점검하지 않아도 된다.

03 18톤급 로우더에서 시동이 걸린 상태에서 버킷을 상승시켜 놓고 잠시 후 확인 결과 붐이 상당량 내려져 있었다. 고장 원인이 아닌 것은?

① 작등압력이 규정치보다 높게 조정
② 실린더 내에서의 내부 누유
③ 컨트롤 밸브 스풀의 마모
④ 릴리프 밸브의 내부 누유

04 휠 로더의 일상정비에 포함되지 않는 것은?

① 냉각수량의 점검
② 변속기 유압의 점검
③ 엔진오일 압력계 점검 확인
④ 각 부분의 오일누설 점검

> 변속기 유압은 휠 로더의 일상 정비에 포함되지 않는다. 변속기 유압은 일반적으로 전문가나 정비공이 수행하는 작업이다.

05 작업 사이클 시간(cycle time)은 무엇에 의해 결정되는가?

① 운반거리 및 작업조건에 따라서 결정된다.
② 토량 환산계수에 의해 정해진다.
③ 흙의 종류에 따라 정해진다.
④ 블레이드의 용량에 따라 정해진다.

> 작업 사이클 시간은 작업을 수행하는 공정에서 원자재나 부품을 이동하는 운반거리와 작업조건에 따라 결정된다.

| 정 | 답 | 7-01 ④ 7-02 ④ 7-03 ① 7-04 ② 7-05 ①

8. 공기 압축기

01 공기압축기의 제원 표에 공기 토출량이 750cfm로 표기되어 있다. m²/min으로 변환한 값은?

① 18.6 ② 20.5
③ 21.2 ④ 23.4

① 1cfm = 0.028317m³/min
② 750cfm×0.028317m³/min = 21.2377m³/min

02 왕복형 공기압축기에 설치되어 있는 것으로서 저압실에서 공기를 압축할 때 발생한 열을 냉각시켜 고압실로 보내는 역할을 하는 장치는?

① 언로더(unloader)
② 인터 쿨러(inter cooler)
③ 센터 쿨러(center cooler)
④ 애프터 쿨러(after cooler)

왕복형 공기 압축기는 공기를 단계적으로 압축하는 기계이다. 압축 과정에서 공기는 상당한 열을 발생시키는데, 이 열은 고압실의 공기 윤활 효율을 저하시키고 압축 효율을 감소시키는 원인이 된다. 따라서, 왕복형 공기 압축기에는 인터 쿨러라는 장치가 설치되어 저압실에서 압축된 공기를 냉각시켜 고압실로 보낸다.

03 공기압축기에서 압축기의 작동방식에 의한 분류로 적당하지 않은 것은?

① 실드형
② 왕복형
③ 베인형
④ 스크루형

실드형은 공기를 압축하는 방식이 아니라, 압축기 내부에 있는 실드를 회전시켜서 공기를 압축하는 방식이기 때문에, 압축기의 작동방식에 의한 분류로는 적당하지 않다.

04 공기압축기에서 압축소요시간이 과다하게 소요될 때의 원인으로 거리가 먼 것은?

① 체크 밸브의 밀착이 불량하여 역류 발생
② V벨트가 느슨하여 구동이 불량
③ 유압 펌프의 결함
④ 압축기 각부의 마모

공기압축기는 전기모터나 터빈 등의 동력발생 장치로 부터 동력을 전달받아 공기나 냉매를 압축시켜 압력을 높여주는 기계이므로, 유압펌프가 없다.

05 공기압축기의 선정 기준 중 공급체적은 압축기가 선정해주는 공기의 양이며, 이를 나타내는 방법에는 두 가지가 있다. 다음 중 이론 공급체적과 다른 또 하나는?

① 유효 공급체적
② 여유 공급체적
③ 비례 공급체적
④ 표준 공급체적

공기압축기의 선정 기준 중 공급체적과 유효 공급체적은 압축기가 선정해주는 공기의 양이다.

|정|답| 8-01 ③ 8-02 ② 8-03 ① 8-04 ③ 8-05 ①

9. 천공기

01 회전식 천공기에 대한 설명으로 틀린 것은?

① 천공 속도가 느리다.
② 보링기계, 어스오거, 어스드릴 등이 이에 속한다.
③ 비트에 강력한 회전력과 압력을 주어 마모, 천공한다.
④ 깊은 천공이나 대구경의 천공은 기술적으로 곤란하다.

> 회전식 천공기는 지면이나 바위 등에 구멍을 뚫을 수 있는 건설기계로 비트에 강력한 회전력과 압력을 주어 다양한 재료를 천공하는 기계이다. 회전식 천공기는 천공 속도가 느리고(깊거나 큰 구멍을 뚫는데 적합) 모래 기반의 땅은 벽이 무너지기 쉽지만, 다양한 크기의 구멍을 뚫을 수 있으며, 보링기계, 어스오거, 어스드릴 등이 이에 속한다. 또한, 회전식 천공기는 깊은 천공이나 대구경의 천공에도 사용할 수 있다.

10. 콘크리트 피니셔

01 콘크리트 피니셔에서 콘크리트의 이동순서를 바르게 표기한 것은?

① 호퍼 - 스프레더 - 1차 스크리드 - 진동기 - 피니싱 스크리드
② 1차 스크리드 - 스프리더 - 진동기 - 호퍼 - 피니싱 스크리드
③ 호퍼 - 1차 스크리드 - 스프리더 - 진동기 - 피니싱 스크리드
④ 스프레더 - 호퍼 - 진동기 - 1차 스크리드 - 피니싱 스크리드

> **콘크리트 피니셔의 작업 순서**
> 콘크리트 피니셔는 콘크리트 슬래브를 다듬고 마무리하는 건설기계이다. 콘크리트 피니셔에서 콘크리트는 다음 순서대로 이동한다.
> ① 호퍼 : 콘크리트 트럭에서 콘크리트를 받아 저장한다.
> ② 스프레더 : 호퍼로부터 받은 콘크리트를 슬래브 전체에 골고루 펼친다.
> ③ 1차 스크리드 : 스프레더로 펼쳐진 콘크리트를 거칠게 다듬고 평탄하게 만든다.
> ④ 진동기 : 1차 스크리드로 다듬어진 콘크리트를 진동시켜 공극을 제거하고 밀도를 높인다.
> ⑤ 피니싱 스크리드 : 마지막으로 콘크리트 표면을 매끄럽고 평탄하게 마무리한다.

11. 아스팔트 믹싱 플렌트

01 아스팔트 믹싱 플랜트 구조장치 중 건조된 가열 골재를 입도 별로 구분하는 장치는 어느 것인가?

① 드라이어 드럼
② 진동 스크린
③ 콜드 빈
④ 핫 엘리베이터

> 아스팔트 믹싱 플랜트 구조장치에서 진동 스크린의 역할은 다음과 같다.
> ① 건조된 가열 골재를 다양한 크기의 체(sieve)를 통해 분류한다.
> ② 분류된 골재는 각각의 골재 저장소(bin)에 저장된다.
> ③ 혼합 과정에서 필요한 골재를 정확하게 계량하여 공급한다.

|정|답| 9-01 ④ 10-01 ① 11-01 ②

02 아스팔트 믹싱 플랜트에서 골재의 수분을 완전히 제거하고 가열하는 장치는?

① 엘리베이터　② 드라이어
③ 믹서　　　　④ 저장통

> 아스팔트 믹싱 플랜트에서 골재는 수분이 적절하게 제거되어야 한다. 이를 위해 골재는 엘리베이터를 통해 드라이어로 이동하게 된다. 드라이어는 골재의 수분을 완전히 제거하고 가열하여 건조한 상태로 만들어주는 장치이다.

03 아스팔트 믹싱 플랜트의 구성장치가 아닌 것은?

① 배기 집진장치
② 건조기 버너
③ 크로싱 로울장치
④ 골재 가열 건조장치

> **아스팔트 믹싱 플랜트의 구성장치**
> 골재 저장통, 피더, 엘리베이터, 드라이어, 건조기 버너, 아스팔트 공급장치, 골재 건조 가열장치, 혼합장치, 배기 집진장치 등

04 아스팔트 믹싱 플랜트 구조장치 중 건조된 가열 골재를 입도 별로 구분하는 장치는 어느 것인가?

① 드라이어 드럼
② 진동 스크린
③ 콜드 변
④ 핫 엘리베이터

> 진동 스크린은 건조된 가열 골재를 입도별로 구분하는 장치이다. 스크린 내부에 있는 진동 장치로 인해 골재가 진동하면서 입도별로 분리된다.

05 아스팔트 믹싱 플랜트의 운전 전에 점검해야 할 것이 아닌 것은?

① 아스팔트 혼합재 온도
② 체인 및 벨트 긴장도
③ 급유상태
④ 각 부분의 볼트 이완상태

> 아스팔트 믹싱 플랜트는 아스팔트 도로공사에 사용되는 포장재료를 혼합·생산하는 기계로서 골재 공급장치, 건조 가열장치, 혼합장치, 아스팔트 공급장치와 원동기를 가진 것을 말하며 트럭식과 정치식이 있으며, 운전 전에 점검해야 할 사항은, 체인 및 벨트 긴장도, 급유상태, 각 부분의 볼트 이완상태 등이 있다.

12. 아스팔트 피니셔

01 다음 중 아스팔트 피니셔의 크라운율을 바르게 설명한 것은?

① 포장 가능한 횡단구배를 백분율로 나타낸 것
② 댐퍼의 다짐압력을 다짐면적으로 나눈 값을 백분율로 나타낸 것
③ 호퍼의 용량을 작업속도로 나눈 값을 백분율로 나타낸 것
④ 슈플레이트의 면적에 피니셔의 중량을 나눈 값을 백분율로 나타낸 것

> 아스팔트 피니셔의 크라운율은 포장 가능한 횡단구배를 백분율로 나타낸 것이다. 이는 아스팔트를 포장할 때 표면의 곡률을 나타내는 지표로 사용되며, 포장 가능한 횡단구배가 높을수록 아스팔트의 표면이 더 평평해지므로 포장 품질이 높아진다. 따라서 아스팔트 피니셔의 크라운율은 포장 작업의 품질을 결정하는 중요한 요소 중 하나이다.

| 정 | 답 |　11-02 ②　11-03 ③　11-04 ②　11-05 ①　12-01 ①

02 아스팔트 피니셔의 구조에서 혼합재를 펴고 다듬는 기능을 가지고 있는 것은?

① 호퍼(hopper)
② 피더(feeder)
③ 댐퍼(damper)
④ 스크리드(screed)

> 스크리드는 스프레터에 의해 균일하게 분포된 아스팔트에 열 및 진동을 이용하여 표면을 고르게 만드는 장치로 포장두께와 폭을 조정한다.

13. 로울러

01 머캐덤 롤러의 축과 바퀴의 배열로 맞는 것은?

① 2축 2륜   ② 2축 3륜
③ 2축 4륜   ④ 3축 3륜

> 1. 머캐덤 롤러
>   ① 도로 포장 공사에 사용되는 건설기계
>   ② 역할 : 흙, 자갈, 암석 등을 다져 단단하게 만들며, 도로 포장층의 밀도를 높이고 안정성을 확보하는 것
> 2. 머캐덤 롤러의 종류
>   ① 축수에 따라 : 2축, 3축
>   ② 바퀴 수에 따라 : 2륜, 3륜, 4륜
> 3. 용도에 따른 분류 : 정밀 롤러, 토양 롤러, 유압 롤러 등
> 4. 머캐덤 롤러의 축과 바퀴 배열
>   ① 2축 2륜 : 주로 정밀 롤러에 사용
>   ② 2축 3륜 : 가장 일반적인 형태로 머캐덤 롤러에서 가장 일반적인 축과 바퀴 배열이다.
>   ③ 2축 4륜 : 주로 토양 롤러에 사용
>   ④ 3축 3륜 : 특수한 작업에 사용
> 5. 2축 3륜의 장점
>   ① 안정성과 견인력이 뛰어나다.
>   ② 다양한 작업에 활용 가능하다.
> 6. 2축 3륜의 단점 : 2축 2륜에 비해 회전 반경이 크다.

02 로드 롤러의 전압이란?

① 전압 = $\dfrac{\text{롤러의폭}}{\text{롤러의접지중량}}$

② 전압 = $\dfrac{\text{롤러의접지면적}}{\text{롤러의접지중량}}$

③ 전압 = $\dfrac{\text{롤러의접지중량}}{\text{롤러의폭}}$

④ 전압 = $\dfrac{\text{롤러의접지중량}}{\text{롤러의접지면적}}$

> 로드 롤러의 전압은 전압 = $\dfrac{\text{롤러의접지중량}}{\text{롤러의폭}}$ 인 이유는, 로드 롤러가 지나가는 지면의 저항에 따라 전압이 변화하기 때문이다. 지면의 저항이 크면 전압이 높아지고, 작으면 전압이 낮아진다. 따라서 로드 롤러의 전압은 지면의 상태를 파악하는데 도움이 된다.

03 암석, 자갈 등이 하부 롤러에 직접 충돌하는 것을 방지하여 롤러를 보호하는 장치는?

① 평형 스프링
② 롤러 가드
③ 프런트 아이들러
④ 리코일 스프링

> 롤러 가드는 롤러를 보호하기 위한 장치로, 암석이나 자갈 등이 하부 롤러에 직접 충돌하는 것을 방지한다.

04 트랙 로울러는 흙탕물, 진창, 토사에 묻혀서 회전한다. 따라서 윤활제의 누설을 방지하고 흙물의 침입을 막기 위하여 사용하는 시일은?

① 파킹 시일
② 플로우팅 시일
③ O 시일
④ 로우 시일

트랙 로울러는 흙탕물, 진창, 토사에 묻혀서 회전하기 때문에 윤활제의 누설을 방지하고 흙물의 침입을 막기 위해 시일이 필요하다. 이때 사용되는 시일은 플로우팅 시일이다.

05 타이어 롤러의 타이어 공기압에 대한 설명 중 맞는 것은?

① 앞타이어보다 뒷타이어의 공기압이 약간 높은 것이 좋다.
② 중앙의 타이어보다 양측의 타이어의 공기압이 약간 높은 것이 좋다.
③ 타이어의 공기압은 되도록 높게 하는 것이 좋다.
④ 타이어의 공기압은 앞·뒤 모두 동일하게 하는 것이 좋다.

타이어의 공기압은 앞·뒤 모두 동일하게 하는 것이 좋다. 이유는 타이어의 공기압이 앞뒤로 다르면 차의 안정성이 떨어지고, 브레이크와 핸들링 성능이 저하될 수 있기 때문이다. 또한, 타이어의 마찰력이 감소하여 주행 안전성이 떨어지고, 타이어의 수명이 단축될 수도 있다. 따라서 타이어의 공기압은 앞뒤 모두 동일하게 유지하는 것이 좋다.

06 아스팔트 포장 롤러(roller) 다짐 작업방법 중 틀린 것은?

① 건조한 노면은 물을 약간 뿌려서 다짐한다.
② 같은 위치에서 정지되지 않도록 작업한다.
③ 다짐작업은 조인트부터 시작한다.
④ 구배노면의 경우 높은 쪽에서 낮은 쪽으로 작업한다.

노면의 경사를 무시하고 작업하기 때문에 다짐이 제대로 되지 않을 수 있다. 올바른 방법은 노면의 경사를 따라 작업하여 다짐을 균일하게 하는 것이다.

07 진동 롤러의 기진기구에 대한 설명 중 틀린 것은?

① 기진력은 불평형추의 무게에 비례한다.
② 기진력은 불평형추의 편심량에 비례한다.
③ 기진력은 불평형추의 회전속도에 비례한다.
④ 기진력은 불평형추의 고유진동수에 비례한다.

기진력은 진동 롤러의 불평형추가 회전할 때 발생하는 힘으로, 불평형추의 무게, 편심량, 회전속도에 비례한다.

08 로울러 유압장치 안에 유압의 과도한 상승을 방지하기 위하여 설치한 것은?

① 스프로킷   ② 붐(Boom)
③ 안전밸브   ④ 댐퍼

안전밸브는 로울러 유압장치 안에서 유압의 과도한 상승을 방지하기 위해 설치된다. 이는 유압장치 내부의 압력이 너무 높아지면 안전에 위험이 있기 때문이다. 안전밸브는 유압압력이 일정 수준 이상 상승하면 자동으로 열려서 압력을 안전 수준으로 유지시켜 준다.

09 건설기계 종류별 용도를 설명한 것 중 틀린 것은?

① 모우터 그레이더 : 제설, 파이프 매설, 배수로 제방작업에 사용
② 기중기 : 중화물 적하 및 운반과 굴토작업에 이용
③ 도저 : 트랙터의 작업능력에 따라 삽을 장치한 것
④ 로울러 : 싣기, 운반, 하역 등의 일반작업을 할 수 있는 기계

로울러는 싣기, 운반, 하역 등의 일반작업을 할 수 있는 기계가 아니라, 지형 평탄화 및 압축 작업을 위해 사용되는 기계이다.

| 정 | 답 | 13-05 ④   13-06 ④   13-07 ④   13-08 ③   13-09 ④

14. 콘크리트 플랜트

01 건설기계로 사용되는 콘크리트 플랜트의 작업능력을 산정하는 요소가 아닌 것은?

① 최대인양 능력
② 재료의 저장용량
③ 믹서의 용량과 대수
④ 단위 시간당 혼합능력

> 콘크리트 플랜트의 최대인양 능력은 건설현장에서 필요한 콘크리트 양을 한 번에 생산할 수 있는 능력을 의미한다. 따라서 반면에 재료의 저장용량, 믹서의 용량과 대수, 단위 시간당 혼합능력은 작업능력을 산정하는 요소이다.

15. 덤프 트럭

01 덤프트럭 주행속도가 36km/h일 때, 초속으로 산출하면?

① 10m/s
② 20m/s
③ 129.6m/s
④ 600m/s

> km/h를 m/s로 환산시 주행속도에 3.6으로 나누어 준다. $\frac{36km/h}{3.6} = 10m/s$

02 덤프트럭이 300m를 통과하는데 15초 걸렸다. 이 트럭의 속도는?

① 45km/h
② 72km/h
③ 85km/h
④ 120km/h

> 속도 = 거리 ÷ 시간, 거리는 300m, 시간은 15초이므로, 속도 = 300 ÷ 15 = 20m/s, 단위 m/s를 km/h로 바꾸기 위해 20 × 3.6 = 72km/h

16. 쇄석기

01 쇄석기의 쇄석과정을 바르게 표시한 것은?

① 투입구→1차 크러셔→전달 컨베이어→선별기→2차 크러셔→컨베이어→선별 산적
② 투입구→1차 크러셔→전달 컨베이어→2차 크러셔→컨베이어→선별기→선별 산적
③ 투입구→1차 크러셔→2차 크러셔→전달 컨베이어→선별기→컨베이어→선별 산적
④ 투입구→1차 크러셔→선별기→전달 컨베이어→2차 크러셔→컨베이어→선별 산적

> 쇄석기의 쇄석과정은 크게 투입구, 크러셔, 컨베이어, 선별기, 산적으로 구성된다. 따라서, 투입구에서 먼저 쇄석 작업을 시작하고, 1차 크러셔를 거쳐 전달 컨베이어로 이동한 후 선별기를 거쳐 2차 크러셔로 이동한다. 그리고 다시 컨베이어를 거쳐 선별 산적으로 나누어지는 과정을 거친다.

|정|답| 14-01 ① 15-01 ① 15-02 ② 16-01 ①

02 정치식 쇄석기(crusher)의 설치 및 기초 작업 방법으로 옳지 않은 것은?

① 운전중 기초부의 손상을 예방하기 위해서는 앵커볼트를 완전하게 결합한다.
② 앵커볼트의 기초가 완전히 굳기 전에 운전해 본 후 위치를 조정한다.
③ 쇄석기는 반드시 수평이 유지되도록 설치한다.
④ 쇄석기의 설치는 기초 작업용 도면에 의하여 기초 작업이 선행되어야 한다.

> 앵커볼트의 기초가 완전히 굳기 전에 쇄석기를 운전하게 되면 기초부의 손상을 유발할 수 있다.

03 쇄석기에 사용되는 골재 이송은 컨베이어 벨트가 쏠리는 경우가 아닌 것은?

① 벨트가 늘어졌을 때
② 각종 롤러가 마모되었을 때
③ 리턴 롤러가 고정되었을 때
④ 흙이나 오물이 끼었을 때

> 쇄석기에서 사용되는 컨베이어 벨트는 움직이는 상태에서 작동해야 하며, 이를 위해 리턴 롤러는 회전해야 한다. 하지만 리턴 롤러가 고정되어 있으면 벨트가 움직일 수 없게 되므로 이송이 불가능해진다. 따라서 리턴 롤러가 고정되었을 때는 골재 이송이 불가능하다.

04 다음의 쇄석기 중 1차 파쇄 작업에 가장 적합한 것은?

① 해머 크라셔
② 로드 밀 크라셔
③ 볼 밀 크라셔
④ 죠오 크러셔

> 1차 파쇄 작업은 큰 덩어리를 작은 조각으로 분쇄하는 작업이다.
> ① 해머 크러셔 : 해머를 이용하여 물체를 강하게 충격시켜 파쇄하는 방식으로, 큰 덩어리를 작은 조각으로 분쇄하기에는 적합하지 않다.
> ② 로드 밀 크라셔 : 돌과 같은 단단한 물체를 분쇄하는데 사용되는 기계로, 쇄석기 중에서 가장 강력한 파쇄력을 가지고 있다. 하지만 1차 파쇄 작업에는 너무 강력하고 비효율적이다.
> ③ 볼 밀 크라셔 : 구슬 모양의 볼을 회전시켜 물체를 파쇄하는 방식으로, 작은 덩어리를 더 작은 조각으로 분쇄하는데 적합하다. 하지만 큰 덩어리를 분쇄하기에는 적합하지 않다.
> ④ 죠오 크러셔 : 큰 덩어리를 작은 조각으로 분쇄하는데 적합한 쇄석기이다. 큰 덩어리를 먼저 작은 조각으로 분쇄한 후, 다시 작은 조각을 더 작은 조각으로 분쇄할 수 있다. 또한 파쇄력이 강하지 않아도 물체를 분쇄할 수 있어, 1차 파쇄 작업에 가장 적합하다.

17. 파쇄기

01 파쇄기의 간격(죠-크러셔의 세팅)을 규정 치수 이하로 줄이면 변형, 균열, 부러짐 등이 생기게 되는 곳을 나열하였다. 해당되지 않는 것은?

① 피더(feeder)
② 주축(main shaft)
③ 토글 플레이트
④ 베어링

> 피더(feeder)는 파쇄기에 원료를 공급하는 장치이므로 간격(죠-크러셔의 세팅)과는 직접적인 연관이 없다.

|정|답| 16-02 ② 16-03 ③ 16-04 ④ 17-01 ①

18. 준설선

01 버킷 준설선의 장점으로 틀린 것은?

① 악천후나 조류 등에 강하다.
② 토질의 질에 영향을 작게 받는다.
③ 준설단가가 저렴하다.
④ 암반준설에 좋다.

> 선수, 선미, 좌우에 앵커를 투묘하여 고정시킨 후 래더를 해저에 내리고 버켓 라인을 회전시켜 준설한다. 버켓에 퍼담은 준설 또는 슈트를 통하여 토운선에 적재하고 토운선을 예인선으로 지정된 투기장에 투기한다.

02 비자항식(非自航式) 준설선의 규격을 바르게 표시하지 못한 것은?

① 디퍼식은 버킷의 용량(m^3)
② 그래브식은 그래브 버킷의 산적 용량(m3)
③ 버킷식은 주기관의 연속 정격 출력(ps)
④ 펌프식은 준설 펌프 구동용 주기관의 정격 출력(ps)

> 그래브 버킷 – 토사를 굴삭하여 움켜 올리는 개폐식 버킷

03 다음은 준설선의 스퍼드를 내릴 때의 조작 방법이다. 아닌 것은?

① 선체가 정지한 후 한다.
② 수심과 토질을 파악한다.
③ 스퍼드의 스위치를 사용한다.
④ 스퍼드의 자중을 이용한다.

> 스퍼드(spud) – 준설선 선체를 고정할 때 사용(앵커)

| 정 | 답 | 18-01 ④   18-02 ②   18-03 ④

03

PART

유압장치정비

CHAPTER 01 유압 원리 및 유압 펌프

01 유압 원리

[1] 액체의 일반적인 성질

① 액체는 압축이 되지 않는다.
② 액체는 운동과 힘을 전달할 수 있다.
③ 액체는 힘(작용력)을 증대시킬 수 있다.
④ 액체는 힘(작용력)을 감소시킬 수 있다.

[2] 파스칼의 원리(Pascal's Principle)

밀폐된 용기 내에 액체를 가득 채우고 그 용기에 힘을 가하면 그 내부의 압력은 용기의 각 면에 수직으로 작용하며, 용기 내의 어느 곳이든 똑같은 압력으로 작용한다. 압력이란 단면적에 작용하는 힘이다. 압력의 단위는 kgf/cm^2, PSI, Pa(kPa, MPa), mmHg, bar, atm, mAq 등을 사용한다.

$$P = \frac{F}{A}$$

P(압력) : kg/cm^2, F(힘) : kg, A(단면적) : cm^2

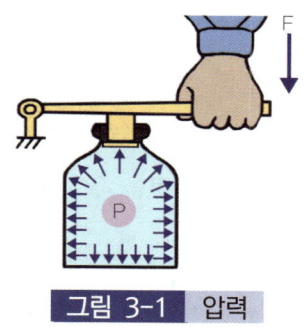

그림 3-1 압력

표준대기압(atm) : 1atm = 1.0332kgf/cm² = 760mmHg = 10.33mAq
= 101.325kpa

[3] 연속의 법칙

작동유의 흐름상태가 정상류일 때 작동유가 흐르는 관(Pipe)의 임의의 단면을 통과하는 작동유의 유량은 질량 불변의 법칙에 의하여 어느 단면에서도 일정하다.
① 정상류 : 작동유가 흐르고 있을 때 작동유 중 임의 점의 압력, 속도 및 밀도 등이 시간의 경과에 대해서 변하지 않는 경우
② 비정상류 : 시간적으로 유동상태가 변화하는 것

$Q = V_1A_1 = V_2A_2$, Q = 유량(m²/s), V = 속도(m/s), A = 단면적(m²)

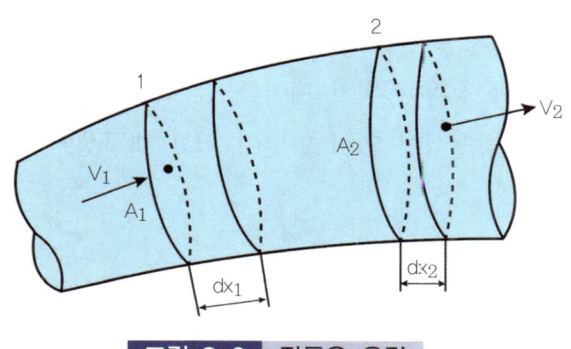

그림 3-2 작동유 유량

[4] 베르누이 정리(Principle Of Bernoulli)

밀도가 같은 정상류의 작동유가 흐를 때 에너지 보존의 법칙에 의하여 속도 수두, 압력 수두, 위치 수두의 합은 일정하다는 법칙이며, 흐름속도가 빠른 곳에서는 압력이 낮고, 흐름 속도가 느린 곳에서는 압력이 크다는 것을 알 수 있다.

$$\frac{V_1^2}{2g} + \frac{P_1}{r} + H_1 = \frac{V_2^2}{2g} + \frac{P_2}{r} + H_2 = 일정$$

V : 흐름속도, g : 중력가속도(9.8m/sec²), P : 압력, r : 작동유의 비중량
H : 유면으로부터의 높이

[5] 유압 장치의 장·단점

1) 장점

① 에너지 저장이 가능하다.
② 동력의 분배와 집중이 쉽다.
③ 진동이 적고 작동이 원활하다.
④ 동력 전달을 원활히 할 수 있다.
⑤ 소형 장치로 큰 출력을 발생한다.
⑥ 저속에서 큰 회전력의 기동이 쉽다.
⑦ 부하의 변화에 대해 안정성이 크다.
⑧ 과부하에 대한 안전장치가 간단하고 정확하다.
⑨ 무단 변속이 가능하고 정확한 위치 제어를 할 수 있다.
⑩ 작동유에는 윤활성·방청성이 있어 마멸이 적고 내구성이 크다.

2) 단점

① 화재의 위험이 있다.
② 공기가 유입되기 쉽다.
③ 배관 작업이 복잡하다.
④ 작동유의 누설 염려가 있다.
⑤ 폐유에 의한 주변 환경이 오염될 수 있다.
⑥ 고장 원인의 발견이 어렵고 구조가 복잡하다.
⑦ 고압 사용으로 인한 위험성 및 이물질에 민감하다.
⑧ 작동유는 온도의 영향에 따라 정밀한 속도와 제어가 곤란하다.

필기 예상 문제

01 유압기기의 작동원리는 어떤 원리를 이용한 것인가?

① 베르누이의 원리
② 파스칼의 원리
③ 보일샤를의 원리
④ 아르키메데스의 원리

> 유압기기는 파스칼의 원리를 이용하여 작동한다. 파스칼의 원리는 압력이 일정한 유체가 닫힌 용기 안에서 전체적으로 일정하게 전달된다는 원리이다. 따라서 유압기기에서는 작은 압력으로 큰 힘을 발생시키기 위해 작은 피스톤에 압력을 가하면, 이 압력이 유체를 통해 큰 피스톤으로 전달되어 큰 힘이 발생한다. 이를 이용하여 유압 실린더, 유압 모터 등 다양한 기계장치를 구현할 수 있다.

02 유압 잭은 무슨 원리를 이용한 것인가?

① 베르누이의 원리
② 파스칼의 원리
③ 상대성 원리
④ 아르키메데스의 원리

> 유압 잭은 파스칼의 원리를 이용한 것이다.

03 액체의 일반적인 성질이 아닌 것은?

① 액체는 힘을 전달할 수 있다.
② 액체는 운동을 전달할 수 있다.
③ 액체는 압축할 수 있다.
④ 액체는 운동방향을 바꿀 수 있다.

> 액체의 일반적인 성질
> ① 액체는 압축이 되지 않는다.
> ② 액체는 운동과 힘을 전달할 수 있다.
> ③ 액체는 힘(작용력)을 증대시킬 수 있다.
> ④ 액체는 힘(작용력)을 감소시킬 수 있다.

04 보기에서 압력의 단위만 나열한 것은?

[보기]
ㄱ. psi   ㄴ. kgf/cm^2
ㄷ. bar   ㄹ. N·m

① ㄱ, ㄴ, ㄷ
② ㄱ, ㄴ, ㄹ
③ ㄴ, ㄷ, ㄹ
④ ㄱ, ㄷ, ㄹ

> 압력의 단위는 kgf/cm^2, PSI, Pa(kPa, MPa), mmHg, bar, atm, mAq 등을 사용한다.

|정답| 01 ② 02 ② 03 ③ 04 ①

05 베르누이 정리를 옳게 나타낸 것은?(단, A : 면적, V : 속도, Q : 유량, P : 압력, F : 힘, r : 비중량)

① $AV = Q$
② $PA = r$
③ $\dfrac{P}{r} + g + \dfrac{V^Q}{2g} = C$
④ $PV = GRT$

06 유압장치의 단점이 아닌 것은?

① 속도를 무단으로 변속할 수 있다.
② 온도에 따라 기계의 속도가 변한다.
③ 배관이 까다롭고 누유가 발생되기 쉽다.
④ 유압유는 연소성이 있어 화재의 위험이 있다.

> **유압장치의 장·단점**
> 1. 장점
>   ① 속도를 무단으로 변속할 수 있다 : 유압유의 흐름을 조절하여 속도를 원하는 만큼 변속할 수 있다.
>   ② 힘이 크다 : 작은 힘으로 큰 힘을 얻을 수 있다.
>   ③ 구조가 간단하다 : 다른 기계에 비해 구조가 간단하고 유지보수가 용이하다.
>   ④ 과부하 보호 기능이 있다 : 과부하가 걸리면 자동으로 압력을 제한하여 기계를 보호한다.
> 2. 단점
>   ① 온도에 따라 기계의 속도가 변한다 : 유압유의 온도가 변하면 점성이 변하여 기계의 속도가 변한다.
>   ② 배관이 까다롭고 누유가 발생되기 쉽다 : 유압배관은 까다롭고 누유가 발생하기 쉽다.
>   ③ 유압유는 연소성이 있어 화재의 위험이 있다 : 유압유는 연소성이 있어 화재의 위험이 있다.

07 유압장치의 특징이 아닌 것은?

① 발생열의 냉각장치가 필요하다.
② 작동이 원활하여 응답성이 좋다.
③ 과부하 안전장치가 매우 복잡하다.
④ 유압 작동유로 인한 화재의 위험이 있다.

> 유압장치는 과부하로부터 시스템을 보호하기 위해 다양한 안전장치를 갖추고 있다. 이러한 안전장치는 비교적 간단하고 작동 원리가 명확하다.

08 유압 계통 설정압이 너무 높을 경우 일어나는 현상은?

① 캐비테이션이 발생한다.
② 엔진 시동이 곤란하다.
③ 유압펌프의 흡입이 불량하다.
④ 유압 작동유의 온도가 상승한다.

> 유압 계통 설정압이 너무 높을 경우 유압 작동유의 온도가 상승하게 된다.

09 펌프에서 토출한 유량이 실린더 내로 들어가 작동할 때 그 압력은?

① 피스톤 헤드에만 같은 압력을 받는다.
② 피스톤 링에만 같은 압력을 받는다.
③ 실린더에만 같은 압력을 받는다.
④ 유체가 가해진 실린더 내의 모든 점에 같은 압력을 받는다.

> 유체는 압축성이 있기 때문에 펌프에서 토출된 유량이 실린더 내로 들어가면 실린더 내의 모든 공간에 압력이 전달된다. 따라서 유체가 가해진 실린더 내의 모든 점에 같은 압력을 받게 된다.

| 정답 | 05 ③ 06 ① 07 ③ 08 ④ 09 ④

10 압력을 표현한 공식으로 옳은 것은?

① 압력 = 힘÷면적
② 압력 = 면적×힘
③ 압력 = 면적÷힘
④ 압력 = 힘−면적

> 압력은 단위 면적당 가해지는 힘을 말한다.

11 유압 계통에서 압력에 영향을 주는 요소로 가장 관계가 적은 것은?

① 유체의 흐름량
② 유체의 점도
③ 관로직경의 크기
④ 관로의 좌·우 방향

> 유압 계통에서 압력에 영향을 주는 요소로는 유체의 점성, 유체의 흐름, 압력 변동, 관로직경의 크기 등이 있다.

12 단위시간에 이동하는 유체의 체적을 무엇이라 하는가?

① 토출압
② 드레인
③ 언더랩
④ 유량

> 유량(Flow rate)이란 유체의 흐름 중 일정 면적의 단면을 통과하는 유체의 체적, 질량 또는 중량을 시간에 대한. 비율로 표현한 것이다.

|정|답| 10 ① 11 ④ 12 ④

02 작동유(Hydraulic Oil(기호 HO))

[1] 작동유의 구비조건

① 강인한 유막을 형성할 수 있을 것
② 적당한 점도와 유동성이 있을 것
③ 비중이 적당할 것
④ 인화점 및 발화점이 높을 것
⑤ 윤활성이 크고, 비압축성일 것
⑥ 점도와 온도와의 관계가 좋을 것(점도지수가 클 것)
⑦ 물리적, 화학적 변화가 없고 안정성이 클 것
⑧ 체적탄성계수가 크고, 밀도가 작을 것
⑨ 유압장치에 사용되는 재료에 대하여 불활성일 것
⑩ 독성과 휘발성이 없을 것
⑪ 물, 먼지, 공기 등의 이물질을 신속히 분리할 수 있을 것

[2] 온도와 점도와의 관계

작동유는 온도가 변화되면 점도가 변화한다. 온도 변화에 대한 점도의 변화 비율을 나타내는 것을 점도지수라 한다. 점도지수가 큰 오일은 온도 변화에 대한 점도의 변화가 적고, 점도지수가 낮은 오일은 저온에서 그 점도가 증가하므로 유압 펌프의 시동이 저하하며, 마찰 손실이 증가하기 때문에 흡입 측에 공동현상(Cavitation)이 발생하기 쉽다.

[3] 작동유에 공기가 유입되었을 때 발생되는 현상

1) 실린더 숨 돌리기 현상

유압이 낮고 작동유의 공급량이 부족할 때 많이 일어난다. 숨 돌리기 현상이 발생하면 피스톤의 작동이 불안정해지며, 작동시간의 지연이 일어나고, 작동유의 공급이 부족해지기 때문에 서지 압력이 발생한다.

2) 작동유의 열화 촉진

유압 회로에 공기가 유입되면 작동유는 비압축성이나 공기는 압축성이므로 압축되면 열이 발생하여 작동유의 온도가 상승하게 된다. 또 압력 상승과 작동유의 공기 흡입량 증가로 온도가 상승으로 인하여 작동유가 산화 작용을 촉진하여 중합이나 분해를 일으켜 고무 같은 물질이 생성되어 유압 펌프, 제어 밸브, 유압 실린더의 작동 불량을 초래한다.

3) 공동현상(Cavitation)

펌프에서 소음과 진동을 발생하고, 양정과 효율이 급격히 저하되며 날개차 등에 부식을 일으키는 등 수명을 단축시키는 것을 말한다. 즉, 유동하고 있는 액체의 압력이 국부적으로 저하되어 포화 증기압 또는 공기 분리압력에 달하여 증기를 발생시키거나 용해 공기 등이 분리되어 기포를 일으키는 현상이다. 이때 유압장치 내부에 국부적인 높은 압력이 발생하여 소음과 진동 등이 발생한다. 작업 중 유압회로에 공동현상이 발생했을 때의 조치방법은 유압회로 내의 압력 변화를 없앤다. 압력 변화를 줄이기 위해 유압 탱크의 용량을 늘리거나, 압력 조절 밸브를 사용할 수 있다.

(1) 발생하였을 때 영향

① 액추에이터(유압 실린더 및 모터)의 효율이 감소한다.
② 유압 펌프 내부에서 국부적으로 매우 높은 압력이 발생한다.
③ 소음과 진동 등이 발생하는 경우도 있다.
④ 유압 모터에서만 발생하는 것이 아니고 유압 모터가 펌프로 작동할 때에도 일어나는 수가 있다.

(2) 공동현상 방지책

① 한냉한 경우에는 작동유의 온도를 최소한 30℃ 이상이 되도록 난기운전을 실시한다.
② 적당한 점도의 작동유를 선택한다.
③ 작동유 중에 수분 등의 이물질 혼입을 방지한다.
④ 흡입구의 양정을 1m 이하로 한다.
⑤ 펌프의 운전속도를 규정 속도 이상으로 하지 않는다.

⑥ 흡입관의 굵기를 유압 본체 연결구의 크기와 같은 것으로 사용한다.

4) 작동유의 관리

(1) 작동유의 오염과 열화 원인
① 사용하는 작동유의 온도가 너무 높다.
② 점도, 제조회사 등이 다른 작동유와 혼합하여 사용하였다.
③ 먼지, 수분 및 공기 등의 이물질이 혼입되었다.

(2) 열화 찾아내는 방법
① 색깔의 변화·수분 및 침전물의 유무를 확인한다.
② 흔들었을 때 거품이 없어지는 양상을 확인한다.
③ 자극적인 악취 유무를 점검한다.

(3) 작동유 온도
① 난기 운전을 할 때는 작동유의 온도가 30℃ 이상 되게 한다.
② 적정 온도는 30~70℃이다.
③ 최고 사용온도는 80℃ 이하이다.
④ 위험 온도는 80~100℃ 이상 되면 열화가 촉진된다.

(4) 작동유의 온도가 상승하는 원인
① 과부하로 연속 작업을 하였다.
② 공동 현상이 발생하고 있다.
③ 작동유가 고열을 지니는 물체와 접촉되어 있다.
④ 오일 냉각기의 작동이 불량하다.
⑤ 작동유의 양이 부족하거나 점도 등이 불량하다.
⑥ 릴리프 밸브의 개방 압력이 너무 높게 조정되어 있다.
⑦ 유압 펌프의 효율이 낮다.

건설기계정비기능사

필기 예상 문제

01 기중기의 유압 작동유로 사용되는 오일의 주성분은?

① 식물성 오일
② 화학성 오일
③ 광물성 오일
④ 동물성 오일

> 기중기의 유압 작동유는 일반적으로 광물성 오일을 사용한다. 광물성 오일은 다음과 같은 장점을 가지고 있다.
> ① 높은 윤활성 : 부품 간의 마찰을 줄여 부드러운 작동을 가능하게 한다.
> ② 높은 열 안정성 : 고온에서도 산화나 분해되지 않아 오랫동안 사용할 수 있다.
> ③ 높은 극압성 : 높은 압력에서도 윤활 성능을 유지한다.
> ④ 낮은 가격 : 다른 오일 종류에 비해 가격이 저렴하다.

02 유압 작동유가 갖추어야 할 조건에 대한 설명으로 틀린 것은?

① 방청성이 좋을 것
② 온도에 대하여 점도변화가 작을 것
③ 인화점이 낮을 것
④ 화학적으로 안정될 것

> 유압 작동유는 압력을 받아 작동하는 유압장치에서 사용되는 윤활유이다. 따라서 유압 작동유는 다음과 같은 조건을 갖추어야 한다.

> ① 방청성이 좋을 것 : 유압 작동유는 금속 부품의 부식을 방지해야 한다.
> ② 온도에 대하여 점도변화가 작을 것 : 유압 작동유는 온도 변화에 따라 점도가 급격히 변화하지 않아야 한다.
> ③ 화학적으로 안정될 것 : 유압 작동유는 장기간 사용해도 화학적 성질이 변하지 않아야 한다.
> ④ 인화점 : 유압 작동유는 인화점이 낮으면 발화의 위험이 있으므로, 인화점이 높아야 한다.

03 유압 작동유에 요구되는 성질로 틀린 것은?

① 온도 변화에 따른 점도 변화가 작을 것
② 강력한 유막을 형성할 수 있을 것
③ 열팽창 계수가 적을 것
④ 인화점과 발화점이 낮을 것

> **작동유의 구비조건**
> ① 강인한 유막을 형성할 수 있을 것
> ② 적당한 점도와 유동성이 있을 것
> ③ 비중이 적당할 것
> ④ 인화점 및 발화점이 높을 것
> ⑤ 윤활성이 크고, 비압축성일 것
> ⑥ 점도와 온도와의 관계가 좋을 것(점도지수가 클 것)
> ⑦ 물리적, 화학적 변화가 없고 안정성이 클 것
> ⑧ 체적탄성계수가 크고, 밀도가 작을 것
> ⑨ 유압장치에 사용되는 재료에 대하여 불활성일 것
> ⑩ 독성과 휘발성이 없을 것
> ⑪ 물, 먼지, 공기 등의 이물질을 신속히 분리할 수 있을 것

| 정답 | 01 ③　02 ③　03 ④

04 작동유의 특성 중 틀린 것은?

① 운전, 온도에 따른 점도변화를 최소로 줄이기 위하여 점도지수는 높아야 한다.
② 겨울철의 낮은 온도에서 충분히 유동을 보장하기 위하여 유동점은 높아야 한다.
③ 마찰손실을 최대로 줄이기 위한 점도가 있어야 한다.
④ 펌프, 실린더, 밸브 등의 누유를 최소로 줄이기 위한 점도가 있어야 한다.

> 작동유는 적당한 유동성이 있어야 한다.

05 일반적으로 작업 중 작동유의 최저, 최고 허용온도는 약 몇 도인가?

① 40~80
② 20~50
③ 40~100
④ 20~90

> 일반적으로 작업 중 작동유의 최저, 최고 허용온도는 40~80도 사이이다.

06 유압회로에서 작동유의 적정 온도를 초과할 때 미치는 영향이 아닌 것은?

① 유막의 단절
② 기계작동의 저해
③ 시일(seal)제의 노화 촉진
④ 점도 상승

> 작동유의 적정 온도를 초과할 때 유막의 단절, 기계작동의 저해, 시일제의 노화촉진 등의 영향이 미치게 된다.

07 유압 회로에 공기가 혼입되어 있을 때 일어나는 현상이 아닌 것은?

① 열화현상
② 유동현상
③ 공동현상
④ 숨돌리기현상

> **유압 회로에 공기가 혼입되어 있을 때 일어나는 현상**
> ① 열화현상 : 공기가 혼입되면 유압 오일의 산화를 촉진하여 오일의 열화를 가속화한다.
> ② 공동현상 : 펌프에서 소음과 진동을 발생하고, 양정과 효율이 급격히 저하되며 날개차 등에 부식을 일으키는 등 수명을 단축시키는 것을 말한다. 즉, 유동하고 있는 액체의 압력이 국부적으로 저하되어 포화 증기압 또는 공기 분리압력에 달하여 증기를 발생시키거나 용해 공기 등이 분리되어 기포를 일으키는 현상이다. 이때 유압장치 내부에 국부적인 높은 압력이 발생하여 소음과 진동 등이 발생한다.
> ③ 숨돌리기현상 : 공기가 혼입되어 있을 때 유압 실린더나 모터의 피스톤이 불규칙하게 움직이는 현상이다. 유압이 낮고 작동유의 공급량이 부족할 때 많이 일어난다. 숨 돌리기 현상이 발생하면 피스톤의 작동이 불안정해지며, 작동시간의 지연이 일어나고, 작동유의 공급이 부족해지기 때문에 서지 압력이 발생한다.

08 유압작동유에 혼압된 공기의 압축 팽창차에 따라 피스톤의 동작이 불안정해지고, 압력이 낮을수록, 공급량이 적을수록, 그 정도가 심한 현상을 무엇이라 하는가?

① 기포 현상
② 캐비테이션 현상
③ 유압유의 열화 촉진
④ 숨돌리기 현상

> 숨돌리기 현상은 유압 작동유에 혼합된 공기가 압축 팽창 차에 따라 피스톤의 동작을 불안정하게 만드는 현상이다. 이는 압력이 낮을수록, 공급량이 적을수록 더욱 심해진다.

| 정 | 답 | 04 ② 05 ① 06 ④ 07 ② 08 ④

09 유압 회로에 공기가 유입되었을 때 일어나는 현상과 가장 관련이 없는 것은?

① 실린더 숨돌리기 현상
② 채터링 현상
③ 캐비테이션 현상
④ 열화촉진 현상

> 유압 채터링 현상은 밸브 사이를 흐르는 유체에 의해 밸브가 진동하는 현상으로, 압력이 상승하여 밸브가 열리는 작동을 반복하는 것이다. 유압 채터링 현상이 발생하면 배관 및 밸브에 부하가 걸려 파손될 수 있고, 작동유의 흐름에 의한 고주파 소리발생 현상이 발생한다.

10 액체가 공기에 아주 작은 기포상태로 섞여지는 현상 또는 섞여 있는 상태를 유압용어로 무엇이라 하는가?

① 다이루션   ② 공기혼입
③ 케비테이션 ④ 채터링

> 액체가 공기에 아주 작은 기포상태로 섞여 있는 현상을 공기혼입이라고 한다.

11 유압 오일 내에 거품이 형성되는 가장 큰 이유는?

① 오일의 누설
② 오일 속의 수분혼입
③ 오일의 열화
④ 오일 속의 공기혼입

> 오일 속에 공기가 혼입되면 유압 시스템의 성능이 저하된다. 이는 오일의 압축성이 공기에 비해 매우 낮기 때문이다. 따라서 오일 속의 공기혼입은 유압 시스템에서 거품이 형성되는 가장 큰 이유이다.

12 작동유에 공기가 유입되었을 때 발생하는 현상이 아닌 것은?

① 유압 실린더의 숨돌리기 현상이 발생된다.
② 작동유의 열화가 촉진된다.
③ 유압장치 내부에 공동현상이 발생한다.
④ 작동유 누출이 심하게 된다.

> 작동유에 공기가 유입되면 유압 실린더의 숨돌리기 현상, 작동유의 열화, 유압 장치 내부에 공동 현상이 발생하지만, 작동유 누출은 일반적으로 유압 시스템 외부로 작동유가 누출되는 현상을 의미하며, 공기 유입과는 직접적인 관련이 없다.

13 유압회로 내에 기포가 발생되고 있을 때 생기는 현상 중 잘못된 것은?

① 소음 증가
② 공동현상
③ 오일탱크의 오버플로
④ 작동유 누설

> 유압회로 내에 기포가 발생되면 작동유의 흐름이 방해되어 소음이 증가하고, 공동현상이 발생하여 작동이 원활하지 않을 수 있다. 또한 오일탱크의 기포로 인하여 오버플로 현상이 발생한다.

14 유동하고 있는 액체의 압력이 국부적으로 저하되어 포화 증기나 기포가 발생하고, 이것들이 터지면서 소음이 발생하는 현상은?

① 디콤프레션   ② 캐비테이션
③ 채터링   ④ 점핑

> 유동 액체의 압력이 국부적으로 저하되면, 액체 내부에서 압력이 낮아져서 포화 증기나 기포가 발생한다. 이러한 기포들이 빠르게 커지면서 터지면, 주변 액체에 대한 충격파가 발생하고 이로 인해 소음이 발생한다. 이러한 현상을 캐비테이션(cavitation)이라고 한다.

|정|답| 09 ②　10 ②　11 ④　12 ④　13 ④　14 ②

15 건설기계가 작업 중 유압회로에 공동현상이 발생했을 때의 조치방법은?

① 과포화 상태를 만든다.
② 작동유의 온도를 높인다.
③ 작동유의 압력을 높인다.
④ 유압회로 내의 압력변화를 없앤다.

> 유압회로 내의 압력 변화를 없애는 것은 공동현상을 방지하는 가장 효과적인 방법이다. 압력 변화를 줄이기 위해 유압 탱크의 용량을 늘리거나, 압력 조절 밸브를 사용할 수 있다.

16 유압 회로에 공동현상이 발생했을 때 유압펌프에서 나타나는 고장현상이 아닌 것은?

① 유압 토출량이 증대한다.
② 유압펌프의 효율이 급격히 저하한다.
③ 유압펌프에서 소음과 진동이 발생한다.
④ 날개차 등에 부식을 일으켜 수명을 단축시킨다.

> 유압 펌프에서 나타나는 일반적인 공동 현상 고장 현상은 다음과 같다.
> ① 유압 토출량 감소 : 공기가 펌프 내부 공간을 차지하면서 유압 토출량이 감소한다.
> ② 유압 펌프 효율 저하 : 공기 혼입으로 인해 펌프 작동 부하가 증가하고 효율이 저하된다.
> ③ 유압 펌프 소음 및 진동 증가 : 공기 혼입으로 인해 펌프 작동 시 소음과 진동이 증가한다.
> ④ 유압 시스템 부품 손상 : 심각한 공동 현상은 유압 시스템 부품에 손상을 입힐 수 있다.

17 캐비테이션(공동현상) 발생원인으로 틀린 것은?

① 흡입 필터가 막혀 있을 경우
② 메인 릴리프 밸브의 설정 압력이 낮은 경우
③ 흡입관의 굵기가 펌프 본체 흡입구보다 가늘 경우
④ 유압 펌프를 규정 속도 이상으로 고속 회전을 시킬 경우

> 캐비테이션 발생원인
> ① 펌프의 흡입양정이 높은 경우
> ② 펌프의 유속이 급변하는 경우
> ③ 흡입관의 굵기가 펌프 본체 흡입구보다 가늘 경우
> ④ 유압 펌프를 규정 속도 이상으로 고속 회전을 시킬 경우
> ⑤ 펌프의 임펠러 속도가 너무 클 경우
> ⑥ 배관 내의 유체가 고온인 경우
> ⑦ 펌프의 흡입 측에서 흡입 필터가 막혔을 경우

18 유압 펌프의 캐비테이션(cavitation) 현상을 방지하기 위하여 주의하여야 할 사항으로 틀린 것은?

① 오일탱크의 오일점도는 적정 점도가 유지되도록 한다.
② 흡입구의 양정을 1m 이상으로 한다.
③ 펌프의 회전속도는 규정 속도 이상으로 해서는 안된다.
④ 흡입관의 굵기는 유압펌프 본체의 연결구 크기와 같은 것을 사용한다.

> 캐비테이션 방지책
> ① 한랭한 경우에는 작동유의 온도를 최소한 30℃ 이상이 되도록 난기운전을 실시한다.
> ② 적당한 점도의 작동유를 선택한다.
> ③ 작동유 중에 수분 등의 이물질 혼입을 방지한다.
> ④ 흡입구의 양정을 1m 이하로 한다.
> ⑤ 펌프의 운전속도를 규정 속도 이상으로 하지 않는다.
> ⑥ 흡입관의 굵기를 유압 본체 연결구의 크기와 같은 것으로 사용한다.

| 정 | 답 | 15 ④　16 ①　17 ②　18 ②

19 유압펌프에서 맥동현상이 발생할 경우의 고장 수리 중 틀린 것은?

① 유압회로 내의 공기빼기를 한다.
② 공동현상(캐비테이션)을 없앤다.
③ 유압조절 밸브 스프링을 교환한다.
④ 작동유를 교환한다.

20 유압 작동유를 교환할 때의 주의사항으로 틀린 것은?

① 장비 가동을 완전히 멈춘 후에 교환한다.
② 화기가 있는 곳에서 교환하지 않는다.
③ 유압 작동유의 온도가 80℃ 이상의 고온일 때 교환한다.
④ 수분이나 먼지 등의 이물질이 유입되지 않도록 한다.

> 유압 작동유는 일반적으로 적정 온도인 30~70℃ 정도의 온도에서 교환하는 것이 안전하다. 최고 사용온도는 80℃ 이하이다. 위험 온도는 80~100℃ 이상 되면 열화가 촉진된다.

21 유압 작동유를 교환하는 판단기준의 요소에 해당되지 않는 것은?

① 점도
② 색
③ 수분
④ 유량

> 유압 작동유를 교환하는 판단 기준의 요소는 점도, 색, 수분 등이 있다.

|정|답| 19 ④ 20 ③ 21 ④

03 유압 펌프(Hydraulic Pump)

유압 펌프의 토출량(배출량)은 유압 펌프 1회전당 토출량은 유량(l/rec 또는 cc/rec)으로 표시하거나 분당 토출량(l/min(LPM) 또는 GPM)으로 표시하며, 크기는 주어진 속도(또는 압력)와 그때의 토출량으로 표시한다.

[1] 유압 펌프의 구비조건

① 흡입력이 커야 한다.
② 동력 손실이 적어야 한다.
③ 소형 경량이고 토출량이 커야 한다.
④ 구조가 간단하고 고장이 적어야 한다.
⑤ 내구성이 커 오랫동안 사용할 수 있어야 한다.

[2] 유압 펌프의 고장 사항

① 오일 토출 압력이 낮다.
② 소음이 크고 잡음이 난다.
③ 오일 흐르는 양이나 압력이 부족하다.
④ 샤프트 실(Shaft Seal)에서 오일이 누출된다.

[3] 유압 펌프의 종류 및 작동원리

기관이나 전동기 등의 기계적 에너지를 받아서 유압 에너지로 변환시키는 것이며, 종류에는 기어 펌프, 플런저 펌프, 베인 펌프 등이 있다.

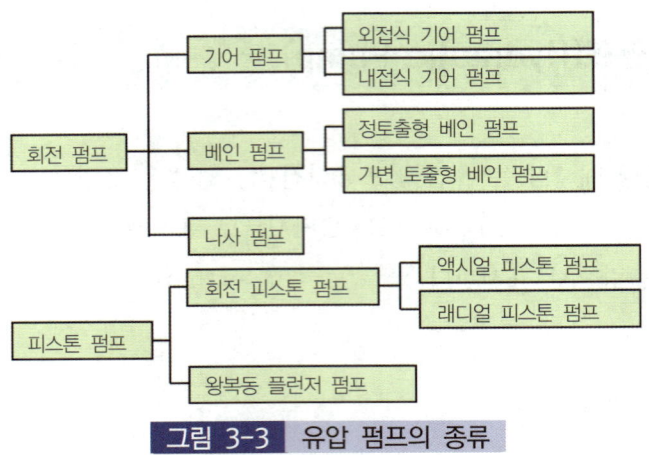

그림 3-3 유압 펌프의 종류

1) 기어 펌프(Gear Pump)

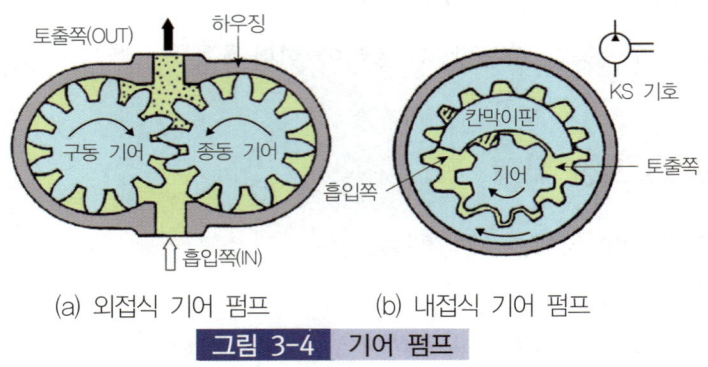

(a) 외접식 기어 펌프   (b) 내접식 기어 펌프

그림 3-4 기어 펌프

(1) 작동원리

구동 기어가 회전하면 이것과 맞물린 피동 기어도 회전을 하며, 이때 펌프실 내에 부압이 생겨 작동유가 흡입되어 기어 이빨 사이에 끼여서 출구 쪽으로 운반되어 토출되는 정용량 펌프이다.

(2) 장·단점

① 장점

㉠ 구조가 간단하여 고장이 적다.

ⓒ 소형이며 경량으로 가격이 싸다.
ⓓ 부하변동 및 회전변동이 많은 가혹한 조건에도 사용이 가능하다.
ⓔ 고속회전이 가능하고 흡입저항이 적기 때문에 캐비테이션 발생이 적다.
ⓕ 흡입력이 좋아서 탱크에 가압을 하지 않아도 타형에 비하여 펌프질이 잘 된다.

② 단점
ⓐ 수명이 짧다.
ⓑ 초고압이 곤란하다.
ⓒ 토출량의 맥동이 다른 형식 펌프에 비해 커서 소음이나 진동이 생기기 쉽다.

2) 피스톤 펌프(Piston Pump)

(1) 작동원리

펌프실 내의 플런저가 실린더 내를 왕복 운동을 하면서 펌프 작용을 하며, 맥동적 출력을 하나 다른 펌프에 비하여 일반적으로 최고 압력의 토출이 가능하고, 펌프 효율에서도 전체 압력 범위가 높아 최근에 많이 사용되고 있다.

(2) 장·단점

① 장점
ⓐ 가변용량이 가능하다.
ⓑ 최고압력이 높고 수명이 길다.
ⓒ 고압에서도 누설이 적어 펌프 효율이 좋다.

② 단점
ⓐ 구조가 복잡하다.
ⓑ 소음이 크고, 최고속도가 약간 낮다.
ⓒ 흡입성능이 좋지 않아 작동유 탱크에 가압 장치가 필요하다.

(3) 종류

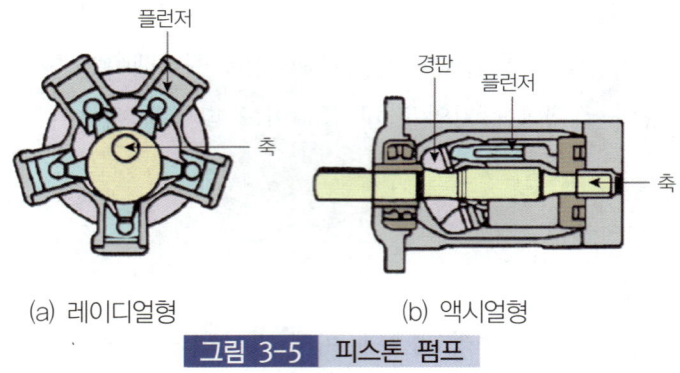

(a) 레이디얼형   (b) 액시얼형

그림 3-5 피스톤 펌프

① 레이디얼형(Radial Type) : 플런저가 회전축에 대하여 직각 방사형으로 배열된 형식
② 액시얼형(Axial Type) : 플런저가 구동축 방향으로 작동하는 형식

3) 베인 펌프(Vane Pump)

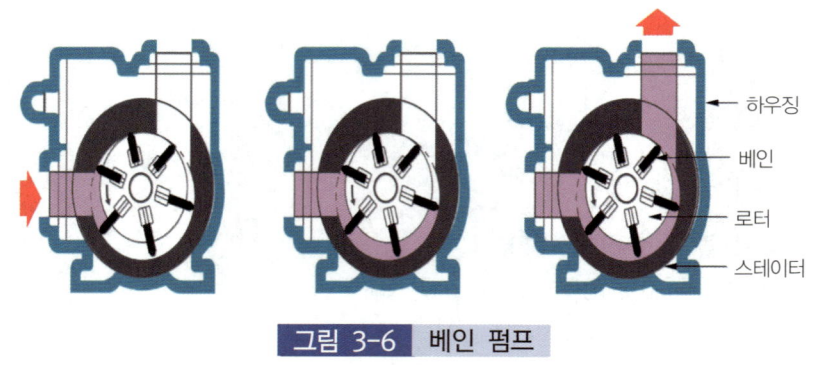

그림 3-6 베인 펌프

(1) 작동원리

펌프축이 회전하면 베인은 펌프실 내면과 접촉을 유지하면서 로터와 함께 회전하며, 이에 따라 오일이 입구를 거쳐 펌프실에 흡입되고 다음 날개에 의해 출구 쪽으로 운반되어 배출된다.

(2) 장·단점

① 장점
  ㉠ 토크(torque)가 안정되어 있다.
  ㉡ 수명은 보통이며 고속회전이 가능하다.
  ㉢ 유압 탱크에 가압을 가하지 않아도 펌프질이 가능하다.
  ㉣ 기어 펌프에 비해 맥동이 적고 소음과 진동이 비교적 적다.

② 단점
  ㉠ 최고압력이 낮다.
  ㉡ 구조가 약간 복잡하고 흡입성능이 기어 펌프에 비해 약간 낮다.

[4] 유압 펌프 성능 비교

구분	기어 펌프	베인 펌프	피스톤 펌프
구조	부품수가 적고 간단하다	밸런스가 잘 잡힌 구조이다	가변용량에 적합하고 구조가 복잡하다
수명	보통	보통	길다
흡입능력	우수하다	보통	약간 나쁘다
최고압력(kg/cm^2)	120~170	140~170	250~2,500
최고회전수(rpm)	2,000~3,000	2,000~3,000	2,000~2,500
전체효율	80~85	80~85	85~90

필기 예상 문제

01 정용량형 유압펌프에서 토출되지 않거나 토출량이 적은 원인으로 틀린 것은?

① 펌프의 회전방향이 틀리다.
② 유압펌프의 회전속도가 빠르다.
③ 작동유가 부족하다.
④ 벨트 구동식에서 V벨트가 헐겁다.

> 정용량형 유압펌프는 일정한 회전속도에서 일정한 토출량을 내도록 설계된 펌프이다. 따라서 유압펌프의 회전속도가 빠르면 토출량이 많아질 수 있지만, 토출되지 않거나 토출량이 적은 현상은 발생하지 않는다.

02 유압 펌프 중 가장 고압용은?

① 기어 펌프   ② 베인 펌프
③ 나사 펌프   ④ 피스톤 펌프

구분	기어 펌프	베인 펌프	피스톤 펌프
구조	부품수가 적고 간단하다	밸런스가 잘 잡힌 구조이다	가변용량에 적합하고 구조가 복잡하다
수명	보통	보통	길다
흡입능력	우수하다	보통	약간 나쁘다
최고압력 (kg/cm²)	120~170	140~170	250~2,500
최고회전수 (rpm)	2,000~3,000	2,000~3,000	2,000~2,500
전체효율	80~85	80~85	85~90

03 강제식 유압 펌프(체적형, 용적형 펌프)에 대한 설명 중 틀린 것은?

① 높은 압력을 낼 수 있다.
② 조건에 따라 효율의 변화가 적다.
③ 크기가 적다.
④ 유량이 많은 경우가 적합하다.

> 강제식 유압 펌프(체적형, 용적형 펌프)는 펌프 내부의 밀폐된 공간에서 유체를 밀어내어 압력을 생성하는 펌프이다.
> ① 높은 압력을 낼 수 있다 : 강제식 유압 펌프는 높은 압력을 생성할 수 있으며, 이는 높은 토크를 필요로 하는 유압 시스템에 적합하다.
> ② 조건에 따라 효율의 변화가 적다 : 강제식 유압 펌프는 회전 속도에 비례하여 유량이 변하며, 효율은 회전 속도에 영향을 받지 않고 일정하게 유지된다.
> ③ 크기가 적다 : 강제식 유압 펌프는 다른 유형의 펌프에 비해 크기가 작고 경량이다.
> ④ 강제식 유압 펌프는 유량이 적고 압력이 높은 경우에 적합하며, 유량이 많은 경우에는 효율이 떨어진다.

04 유압펌프 중 토출유량을 변화시킬 수 있는 것은?

① 가변 토출량형
② 고정 토출량형
③ 회전 토출량형
④ 수평 토출량형

|정답| 01 ② 02 ④ 03 ④ 04 ①

① 가변 토출량형은 유압펌프의 종류로, 토출량이 변화하는 유압펌프를 말한다.
② 고정 토출량형 펌프는 일정한 토출량을 제공하는 펌프를 말한다. 샤프트의 회전에 상관없이 일정한 토출량을 유지할 수 있다.
③ 회전 토출량형은 펌프의 토출량이 회전수에 비례하는 펌프를 말한다. 펌프의 토출량은 회전수에 비례하며, 펌프를 역회전시켜도 액의 흐름방향만 반대로 된다.

05 다음 유압펌프 중 가변 용량에 가장 적합한 펌프는 어느 것인가?

① 기어식
② 로터리식
③ 플런저식
④ 베인식

> 플런저 펌프는 펌프실 내의 플런저가 실린더 내를 왕복 운동을 하면서 펌프 작용을 하며, 맥동적 출력을 하나 다른 펌프에 비하여 일반적으로 최고 압력의 토출이 가능하고, 가변용량이 가능하며 최고압력이 높고 수명이 길다. 고압에서도 누설이 적어 펌프효율이 좋다.

06 유압 펌프의 송출압력이 55kgf/cm², 송출 유량이 30L/min인 경우 펌프 동력은 얼마인가?

① 1.8kW
② 2.69kW
③ 2.04kW
④ 2.97kW

> $L_p = \dfrac{PQ}{7500}\eta(\text{PS}) = \dfrac{PQ}{10200}\eta(\text{kW}) = \dfrac{55 \times 500}{10200} = 2.69$
> 토출량 1L = 1000cm², min = 60s이므로 L/min를 cm²/s로 고치면 30L/min = $\dfrac{30 \times 1000}{60} = 500$ cm²/s이다.
> L_p : 펌프의 동력, P : 펌프의 토출압력(kgf/cm²), Q : 펌프의 토출량(cm²/s), η : 펌프의 효율

07 피스톤 펌프에서 펌프의 토출량을 제어하는 방법이 아닌 것은?

① 유량제어
② 마력제어
③ 압력제어
④ 회전수제어

08 유압펌프에서의 토출량에 대해서 바르게 설명한 것은?

① 단위 시간당 토출해 낼 수 있는 유량이다.
② 단위 체적당 토출해 낼 수 있는 유량이다.
③ 최단 시간당 토출 가능한 최대 유량이다.
④ 최장 시간당 토출 가능한 유량이다.

> 유압 펌프에서의 토출량은 단위 시간당 토출해 낼 수 있는 유량이다. 이는 시간당 얼마나 많은 유체를 펌핑할 수 있는지를 나타내는 지표이다.

09 유압펌프에서 사용되는 GPM의 의미는?

① 계통 내에서 형성되는 압력의 크기
② 복동 실린더의 치수
③ 분당 토출하는 작동유의 양
④ 흐름에 대한 저항

> 유압 펌프의 토출량(배출량)은 유압 펌프 1회전당 토출량은 유량(ℓ/rec 또는 cc/rec)으로 표시하거나 분당 토출량(ℓ/min(LPM) 또는 GPM)으로 표시하며, 크기는 주어진 속도(또는 압력)와 그때의 토출량으로 표시한다.

| 정 | 답 | 05 ③ 06 ② 07 ④ 08 ① 09 ③

10 유압 펌프의 토출량을 표시하는 단위로 옳은 것은?

① L/min
② kgf·m
③ kgf/cm²
④ kW 또는 PS

> L/min는 유압펌프의 분당 토출량이다.

11 유압펌프의 유압이 상승하지 않는 원인을 점검하는 경우 점검 사항이 아닌 것은?

① 유압 회로의 점검
② 릴리프 밸브의 점검
③ 설치면의 충분한 강도 점검
④ 유압 펌프 작동유 토출 점검

> 설치면의 충분한 강도 점검은 유압펌프의 유압이 상승하지 않는 원인과는 직접적인 연관이 없는 사항이기 때문에 점검 사항이 아니다. 유압 회로의 점검, 릴리프 밸브의 점검, 유압 펌프 작동유 토출 점검은 유압펌프의 유압이 상승하지 않는 원인을 찾는데 중요한 요소들이다.

12 유압펌프에서 경사판의 각을 조정하여 토출유량을 변환시키는 펌프는?

① 기어 펌프
② 로터리 펌프
③ 베인 펌프
④ 플런저 펌프

> 플런저 펌프의 경사판은 플런저 접촉면이 상측 면이 되도록 경사진 판으로, 소음과 진동을 줄여주는 역할을 한다.

13 피스톤식 유압 펌프에서 회전경사판의 기능으로 가장 적합한 것은?

① 펌프압력을 조정
② 펌프출구의 개·폐
③ 펌프용량을 조정
④ 펌프 회전속도를 조정

> 피스톤식 유압펌프의 회전경사판은 피스톤 슈와의 사이에서 유체의 흐름을 조절하여 펌프 용량을 조정한다.

14 사판형 액시얼 피스톤펌프에서 사판의 각을 조정하면?

① 토출 유량이 변화한다.
② 압력이 변화한다.
③ 액츄에이터의 작동 방향이 변화한다.
④ 펌프의 회전속도가 변화한다.

> 사판형 액시얼 피스톤펌프에서 사판의 각을 조정하면 펌프의 내부 공간의 부피가 변화하게 되어 토출 유량이 변화한다.

15 다음 중 기어식 유압 펌프에서 두 치형이 서로 접촉하지 않고 회전하므로 소음이 적고 배출량이 많은 펌프는?

① 로브 펌프
② 스크루 펌프
③ 정현 곡선 기어 펌프
④ 내접식 기어 펌프

> 로브 펌프는 두 치형이 서로 접촉하지 않고 회전하므로 소음이 적고, 배출량이 많은 펌프이다.

|정|답| 10 ① 11 ③ 12 ④ 13 ③ 14 ① 15 ①

16 기어펌프(gear pump)에 대한 설명으로 모두 맞는 것은?

[보기]
ㄱ. 정용량 펌프이다.
ㄴ. 가변용량 펌프이다.
ㄷ. 제작이 용이하다.
ㄹ. 다른 펌프에 비해 소음이 크다.

① ㄱ, ㄴ, ㄷ
② ㄱ, ㄴ, ㄹ
③ ㄴ, ㄷ, ㄹ
④ ㄱ, ㄷ, ㄹ

기어 펌프는 고속 회전이 가능한 정용량 펌프로, 구동되는 기어 펌프의 회전속도가 바뀌면 흐름 용량이 바뀐다. 종류에는 외접과 내접기어 방식이 있으며, 구조가 간단하고 경량이며, 제작비가 저렴하고 내구성이 크고, 흡입성이 우수하며, 제작이 용이하다. 그러나 다른 펌프에 비해 소음이 크고 맥동(진동)이 크며, 대용량의 펌프 제작이 곤란하고 초고압이 곤란하다.

CHAPTER 02 유압기기 및 부속장치

01 유압 밸브

[1] 제어 밸브(Control Valve)의 구조와 작용

제어 밸브에는 압력제어 밸브(일의 크기를 결정), 유량제어 밸브(일의 속도를 결정), 방향제어 밸브(일의 방향을 결정) 등 3가지가 있다.

1) 압력제어 밸브(Pressure Control Valve)

유압 회로 내의 작동유 압력을 조절하여 일의 크기를 결정하는 것으로 유압 회로 내의 유압을 일정하게 유지시키고(릴리프 밸브 역할), 적당한 압력으로 감압을 하여(감압 밸브 역할), 회로 내의 유압으로 액추에이터의 작동 순서를 제어하며(시퀀스 밸브 역할), 일정한 토출 유압을 액추에이터에 공급하는 등의 기능을 하는 것으로, 회로 내의 과도한 유압으로부터 회로를 보호하므로 안전 밸브라고도 한다.

(1) 릴리프 밸브(Relief Valve)

유압 회로의 압력을 설정된 압력으로 제어하는 것이며, 과잉 압력이 되면 작동유의 일부 또는 전량을 복귀 측으로 토출시켜 압력을 낮추어 유압장치의 안정과 출력을 조정을 겸하고 있다. 릴리프 밸브는 유압 펌프와 제어 밸브 사이에 병렬로 연결되어 있다.

(2) 감압 밸브(Reducing Valve)

유압 실린더 내의 유압은 동일하여도 각각 다른 압력으로 나눌 수 있는 밸브이며, 분기회로에 사용된다. 즉, 1차 쪽의 압력이 변화하거나 2차 쪽 유량의 변동에 대하여 설정압력의 변동을 억제하는 밸브이다.

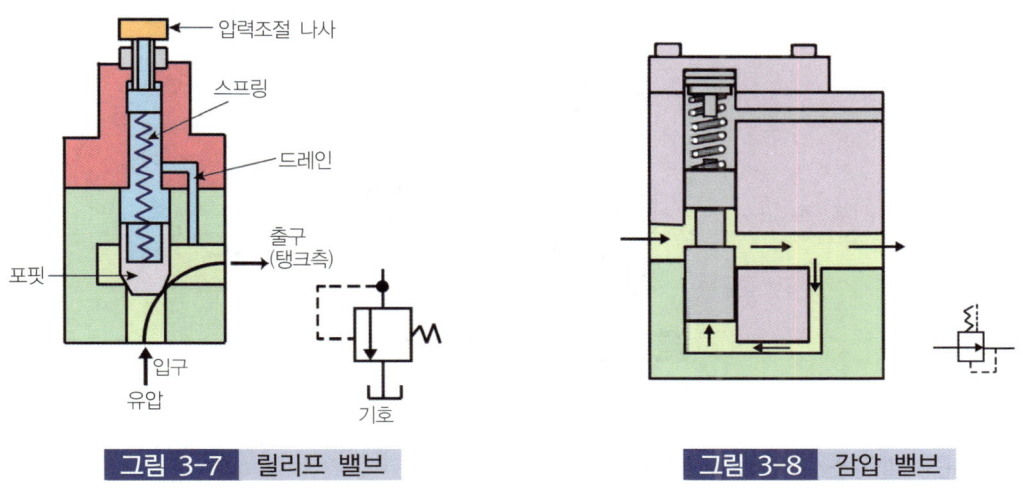

그림 3-7 릴리프 밸브   그림 3-8 감압 밸브

(3) 시퀀스 밸브(Sequence Valve)

순차 작동 밸브라고도 하며, 유압원에서의 주 회로로부터 유압 실린더 등이 둘 이상의 분기회로를 가질 때 각 유압 실린더를 일정한 순서로 순차 작동시키고자 할 때 사용한다.

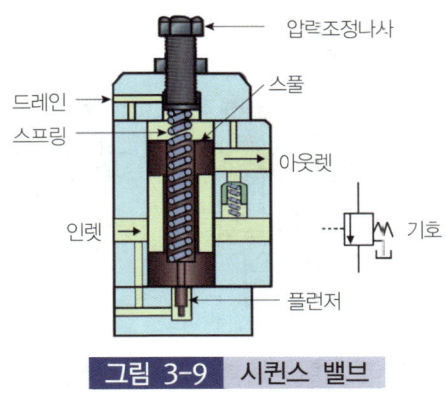

그림 3-9 시퀀스 밸브

(4) 언로더 밸브(Unload Valve)

유압 회로 내의 압력이 설정압력에 이르면 유압 펌프로부터 전 유량을 직접 탱크로 환류하여 펌프를 무부하 운전시킬 목적으로 사용하는 밸브이다.

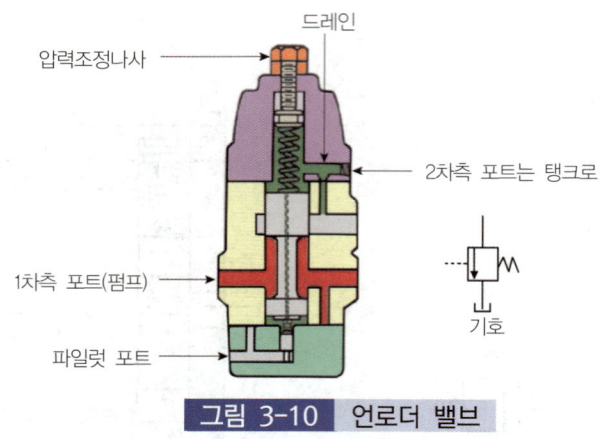

그림 3-10 언로더 밸브

(5) 카운터 밸런스 밸브(Counter Balance Valve)

유압회로의 한쪽 방향의 흐름에 대하여 설정된 배압을 발생시키고, 다른 방향의 흐름은 자유로이 흐르도록 하는 밸브로 여기에는 반드시 체크밸브가 내장되어 있다.

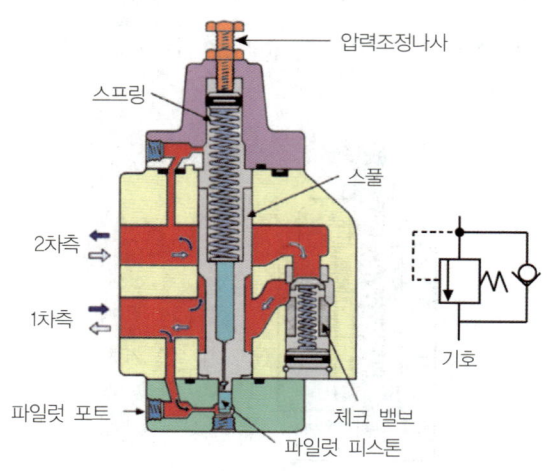

그림 3-11 카운터 밸런스 밸브

2) 방향제어 밸브(Directional Control Valve)

유압 펌프에서 보내진 오일의 흐름 방향을 바꾸거나 정지시켜서 액추에이터가 하는 일의 방향을 변화시키거나 정지시키기 위한 제어 밸브이다.

① 스풀(Spool) 밸브 : 1개의 회로에 여러 개의 밸브 면을 두고 직선운동이나 회전운동으로 작동유의 흐름 방향을 변환시킨다. 스풀 밸브 배열은 텐덤, 병렬, 직렬형이 있다.

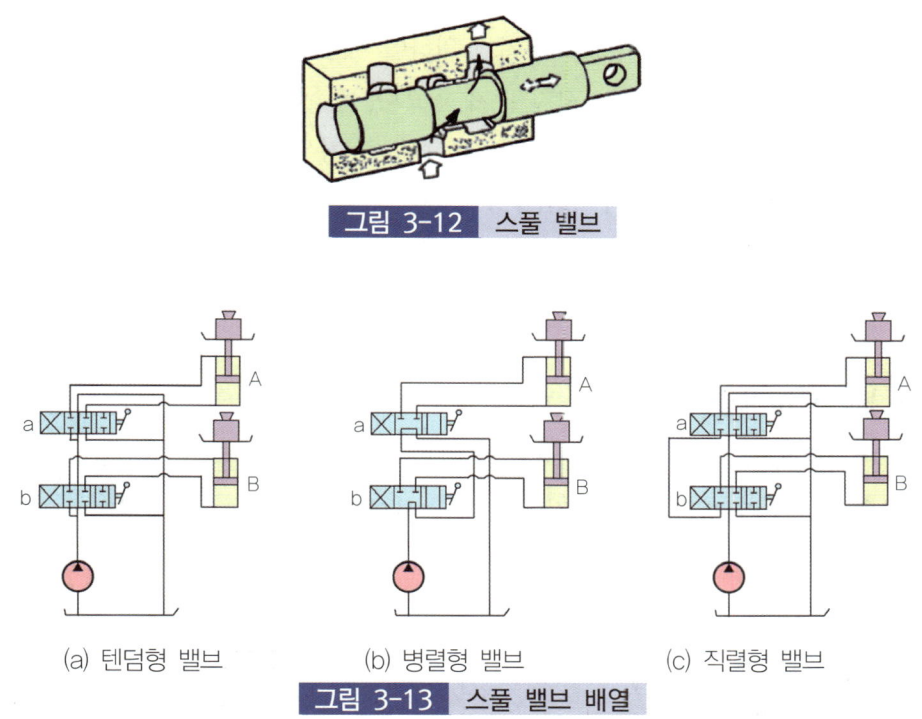

그림 3-12 스풀 밸브

(a) 텐덤형 밸브   (b) 병렬형 밸브   (c) 직렬형 밸브
그림 3-13 스풀 밸브 배열

② 체크 밸브(Check Valve) : 한쪽 방향으로의 흐름은 자유로우나 역방향의 흐름을 허용하지 않는 밸브이다.

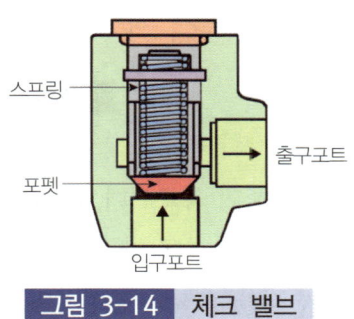

그림 3-14 체크 밸브

③ 디셀러레이션 밸브(Deceleration Valve) : 유압 실린더, 유압 모터의 가속, 감속 및 정지하도록 하는 밸브이며, 감속 밸브라고도 부른다.
④ 셔틀 밸브(Shuttle Valve) : 2개의 입구 중에서 어느 쪽이든 유압이 높은 부분이 토출구와 통하고 낮은 부분은 포펫 밸브(Poppet Valve)에 의해 자동적으로 닫힌다.

3) 유량제어 밸브(Flow Control Valve)

유압 회로 내 작동유의 유량을 변화시키기 위하여 사용되는 밸브이며, 가변 용량형 유압 펌프는 펌프 자체로 토출량이 변화시킬 수가 있으나, 정 용량형 펌프를 사용할 경우는 부하가 변동하여도 토출량은 거의 변화하지 않는다. 이 경우에 유량 제어 밸브를 사용하여 작동유의 유량을 변화시켜 액추에이터(유압 실린더나 유압 모터)의 속도를 임의로 또는 무단계로 조정할 수 있는 밸브이다.

(1) 교축 밸브(Throttle Valve)

점도가 변화하여도 유량이 그다지 변하지 않도록 하기 위해 설치한 밸브이다. 즉, 흐름의 단면적을 감소시키고 관로 또는 작동유 통로 내에 저항을 지니도록 하며, 초크 교축과 오리피스 교축이 있다.

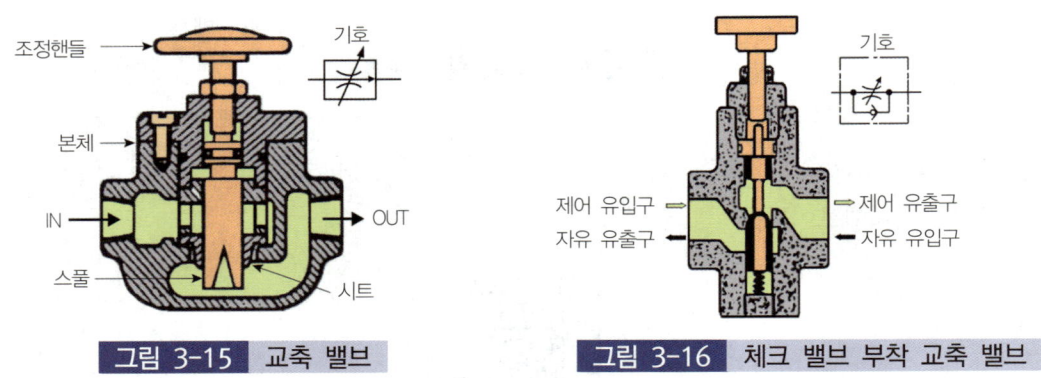

그림 3-15 교축 밸브   그림 3-16 체크 밸브 부착 교축 밸브

① 초크(Choke) 교축 : 단면적을 감소한 통로이며, 그 길이가 단면 치수에 비교하여 비교적 긴 경우에 흐름을 교축하고, 이때 압력 강하는 작동유의 점도로 인해 큰 영향을 준다.
② 오리피스(Orifice) 교축 : 단면적을 감소한 통로이며, 그 길이가 단면 치수에 비교하여

비교적 짧은 경우에서 흐름을 교축하고, 이때 압력 강하는 작동유의 점도로 인해 별로 영향을 받지 않는다.

(2) 속도 제어 밸브

유량을 조절하고 방향에 따라서 교축 작용을 하는 밸브로 교축 밸브와 체크 밸브를 조합시켜 구성한 속도 조절 밸브

① 미터 인 제어 방식 : 액추에이터에 공급되는 유량을 제어하는 방식
② 미터 아웃 제어 방식 : 액추에이터에서 배출되는 유량을 제어하는 방식으로 미터 인 회로보다 미터 아웃 회로가 제어성이 우수하다.
③ 블리드 오프 회로 : 실린더 입구 측의 분기회로에 유량제어 밸브를 설치하여 실린더 입구측의 불필요한 압유를 배출시켜 작동효율을 증진시킨 회로

(3) 급속 배기 밸브(quick exhaust valve)

공압 실린더와 방향 제어 밸브 사이에 속도 제어 밸브를 설치하여 실린더의 속도를 증가할 때 사용한다. 이 밸브는 실린더에 직접 연결하거나 가능한 가깝게 설치해야 한다.

필기 예상 문제

01 유압회로 중 속도제어회로가 아닌 것은?

① 차동 회로
② 로크 회로
③ 감속 회로
④ 동기 회로

> ① 속도제어 회로 : 유압 실린더의 속도를 제어하는 회로이다. 차동 회로, 감속 회로, 동기 회로 모두 속도제어 회로에 해당한다.
>   ㉮ 차동 회로 : 유압 실린더의 양쪽 작동로드에 서로 다른 유량을 공급하여 속도를 제어하는 회로이다.
>   ㉯ 감속 회로 : 유압 실린더에 유량제어 밸브를 사용하여 유량을 제어하여 속도를 제어하는 회로이다.
>   ㉰ 동기 회로 : 유압 실린더의 양쪽 작동로드에 동일한 유량을 공급하여 속도를 동기화하는 회로이다.
> ② 로크 회로 : 유압 실린더의 작동 상태를 고정하는 회로이다. 따라서 로크 회로는 속도제어 회로가 아니라 상태제어 회로에 해당한다.

02 속도 제어 회로가 아닌 것은?

① 미터 인 회로
② 미터 아웃 회로
③ 블리드 인 회로
④ 블리드 오프 회로

> 속도 제어 회로
> ① 미터 인 회로 : 액추에이터에 공급되는 유량을 제어하는 방식
> ② 미터 아웃 회로 : 액추에이터에서 배출되는 유량을 제어하는 방식으로 미터 인 회로보다 미터 아웃 회로가 제어성이 우수하다.
> ③ 블리드 오프 회로 : 실린더 입구 측의 분기회로에 유량제어 밸브를 설치하여 실린더 입구 측의 불필요한 압유를 배출시켜 작동 효율을 증진시킨 회로

03 유압 회로에 사용되는 기본적인 회로가 아닌 것은?

① 오픈 회로
② 압력 제어 회로
③ 속도 제어 회로
④ 밸브 제어 회로

> 밸브 제어 회로는 유압 회로에서 사용되는 기본적인 회로가 아니다. 이는 유압기기에서 유체의 흐름을 제어하기 위해 사용되는 회로로, 유체의 흐름을 조절하는 밸브를 제어하는 회로이다. 다른 회로들은 유압 회로에서 기본적으로 사용되는 회로들이며, 각각은 유체의 오픈/클로즈, 압력 제어, 속도 제어 등을 담당한다.

|정|답| 01 ② 02 ③ 03 ④

04 유압용 제어 밸브는 어느 목적에 사용하는가?

① 압력조정, 유량조정, 방향전환
② 유량조정, 방향조정, 유급조정
③ 압력조정, 유급조정, 역지조정
④ 유량조정, 방향조정, 작동조정

유압용 제어 밸브는 유압 시스템에서 유압 작동액의 흐름을 제어하는 역할을 하며, 주요 목적은 다음과 같다.
① 압력 조정 : 유압 시스템 내부의 압력을 원하는 수준으로 조절한다. 압력 조절 밸브, 안전 밸브, 체크 밸브 등이 이 역할을 수행한다.
② 유량 조정 : 유압 작동액의 유량을 원하는 속도로 조절한다. 유량 조절 밸브, 스피드 컨트롤 밸브 등이 이 역할을 수행한다.
③ 방향 전환 : 유압 작동액의 흐름 방향을 원하는 방향으로 전환한다. 방향 제어 밸브, 선택 밸브 등이 이 역할을 수행한다.

05 유압 회로 안에 있어야 할 3종류의 밸브는?

① 유량조절 밸브, 플로우 밸브, 압력제어 밸브
② 압력제어 밸브, 유량조절 밸브, 방향전환 밸브
③ 방향 밸브, 디력셔널 밸브, 압력제어 밸브
④ 압력조정 밸브, 압력제어 밸브, 유량조정 밸브

압력제어 밸브는 유압 시스템에서 안정적인 압력을 유지하기 위해 필요하며, 유량조절 밸브는 유압 유체의 유량을 조절하여 작동 속도를 조절하는 역할을 합니다. 방향전환 밸브는 유압 유체의 흐름 방향을 바꾸어 작동 방향을 제어한다. 따라서 이 세 가지 밸브는 유압 시스템에서 필수적인 역할을 한다.

06 유압회로의 제어 밸브 종류로 볼 수 없는 것은?

① 방향제어 밸브
② 압력제어 밸브
③ 유량제어 밸브
④ 속도제어 밸브

속도제어 밸브는 유압 회로에서 직접적으로 제어하는 밸브가 아니라, 유압 모터나 유압 실린더 등의 하부 시스템에서 속도를 제어하는 역할을 하기 때문에 제어 밸브 종류로 볼 수 없다.

07 유량 제어 밸브에 해당되는 밸브는?

① 체크 밸브   ② 교축 밸브
③ 포트 밸브   ④ 감압 밸브

유량 제어 밸브는 유압 시스템에서 유량을 조절하는 역할을 하는 밸브로 유량 제어 밸브에는 교축 밸브, 속도 제어 밸브, 급속 배기 밸브 등이 있다.
① 체크 밸브 : 유체의 역류를 방지하는 밸브이다.
② 교축 밸브 : 밸브 스풀의 이동 방향에 따라 유량을 조절하는 밸브이다.
③ 포트 밸브 : 유압 시스템의 포트를 개폐하여 유량을 제어하는 밸브이다.
④ 감압 밸브 : 압력을 감소시키는 역할을 하는 밸브이다.

08 압력 제어 밸브가 아닌 것은?

① 릴리프 밸브
② 카운터 밸런스 밸브
③ 언로더 밸브
④ 스로틀 밸브

압력 제어 밸브는 압력을 조절하여 일정한 수준으로 유지하는 역할을 하며, 종류에는 릴리프 밸브, 감압 밸브 시퀀스 밸브, 언로더 밸브, 카운터 밸런스 밸브가 있다.

|정|답| 04 ① 05 ② 06 ④ 07 ② 08 ④

09 건설기계에서 유압을 조절하는 압력제어 밸브(Pressure Control valve)의 종류에 속하지 않는 것은?

① 릴리프 밸브
② 리듀싱 밸브
③ 시퀀스 밸브
④ 스풀 밸브

> 스풀 밸브는 유압 기계에서 유체의 흐름을 제어하는 역할을 하지만, 압력을 조절하는 기능은 없다.

10 유압 밸브 중 일의 크기를 결정하는 밸브는?

① 압력제어 밸브
② 유량조정 밸브
③ 방향전환 밸브
④ 교축 밸브

> 압력제어 밸브는 유체의 압력을 일정하게 유지하면서 일정한 크기의 유량을 유지할 수 있도록 조절하는 밸브이다. 따라서 일의 크기를 결정하는데 사용된다.

11 유압제어 밸브를 실린더의 입구측에 설치하였으며, 펌프에서 송출되는 여분의 유압은 릴리프 밸브를 통해서 펌프로 방유되는 속도제어 회로는?

① 미터아웃 회로
② 블리드 오프 회로
③ 최대 압력제한 회로
④ 미터인 회로

> 미터인 회로는 유압제어 밸브를 실린더의 입구측에 설치하고, 펌프에서 송출되는 여분의 유압은 릴리프 밸브를 통해 펌프로 방유되는 회로이다.

12 반복 작업 중 일을 하지 않는 동안에 펌프로부터 공급되는 작동유를 기름 탱크에 저압으로 되돌려 보냄으로써 유압펌프를 무부하로 만드는 회로는?

① 중압 회로
② 축압기 회로
③ 언로더 회로
④ 차동실린더 회로

> 언로더 회로는 펌프로부터 공급되는 작동유를 기름 탱크에 저압으로 되돌려 보냄으로써 유압펌프를 무부하로 만드는 회로이다. 반복 작업 중 일을 하지 않는 동안에 언로더 밸브가 작동하여 언로더 라인을 개방하여 작동유를 기름탱크로 되돌려 보내게 된다.

13 유압회로 내의 서지 압력(surge pressure)이란 무엇을 말하는가?

① 정상적으로 발생하는 압력의 최소값
② 과도적으로 발생하는 이상 압력의 최소값
③ 정상적으로 발생하는 압력의 최대값
④ 과도적으로 발생하는 이상 압력의 최대값

> 서지 압력은 유체가 갑작스럽게 움직이거나 멈출 때 발생하는 압력 변화로, 이는 유압회로 내에서 과도한 압력을 초래할 수 있다. 따라서 서지 압력은 과도적으로 발생하는 이상 압력의 최대값이다.

14 유압 회로 중 일을 하는 행정에서는 고압릴리프 밸브로, 일을 하지 않을 때는 저압릴리프 밸브로 압력제어를 하여 작동목적에 알맞은 압력을 얻는 회로는 어느 것인가?

① 클로즈 회로
② 최대 압력제한 회로
③ 미터인 회로
④ 블리드 오프 회로

| 정 | 답 | 09 ④ 10 ① 11 ④ 12 ③ 13 ④ 14 ②

고압릴리프 밸브와 저압릴리프 밸브를 사용하여 압력을 제어하는 회로는 최대 압력제한 회로이다. 이는 회로 내 최대 압력을 설정하고, 그 이상의 압력이 발생하면 고압릴리프 밸브가 열리면서 압력을 제한하고, 최대 압력 이하로 내려가면 저압릴리프 밸브가 열리면서 압력을 유지한다. 이를 통해 안전하고 정확한 압력 제어가 가능하다.

15 유압 주회로 내의 최대압력을 제어하는 밸브는 어떤 것인가?

① 릴레이 밸브
② 릴리프 밸브
③ 리듀싱 밸브
④ 리턴 밸브

릴리프 밸브는 유압 주회로 내의 최대압력을 제어하는 밸브이다.

16 라인 릴리프 밸브와 시스템 릴리프 밸브의 압력 관계를 가장 적합하게 표시한 것은?

① 라인 릴리프밸브 압력 < 시스템 릴리프밸브 압력
② 라인 릴리프밸브 압력 = 시스템 릴리프밸브 압력
③ 라인 릴리프밸브 압력 > 시스템 릴리프밸브 압력
④ 라인 릴리프밸브 압력 ≤ 시스템 릴리프밸브 압력

라인 릴리프 밸브는 시스템 내부의 압력을 제어하는 역할을 하기 때문에, 시스템 릴리프 밸브보다 더 높은 압력을 유지해야 한다. 따라서 라인 릴리프 밸브 압력이 시스템 릴리프 밸브 압력보다 높아야 한다.

17 유압조절 밸브의 스프링 장력을 강하게 조절하면 유압은 어떻게 변화하는가?

① 유압이 약간 낮아진다.
② 유압의 저하가 커진다.
③ 유압은 상승한다.
④ 유압은 변동이 없다.

유압조절 밸브의 스프링 장력을 강하게 조절하면 밸브가 닫히는 압력이 높아지기 때문에 유압의 흐름이 제한되어 유압이 상승하게 된다.

18 건설기계의 유압 회로에서 실린더로 가는 오일 압력을 조정하는 일반적인 밸브는?

① 릴레이 밸브
② 리턴 밸브
③ 릴리프 밸브
④ 시퀀스 밸브

릴리프 밸브는 유압 시스템에서 과부하 상황에서 오일 압력을 제한하고 안전한 수준으로 유지하기 위해 사용되는 밸브이다. 따라서 건설기계의 유압 회로에서 실린더로 가는 오일 압력을 조정하는 일반적인 밸브는 릴리프 밸브이다.

19 유압 회로에서 체크 밸브의 설명 중 맞지 않는 것은?

① 압력 유지용
② 실린더의 낙하방지
③ 위치 유지용
④ 유량 제어용

유압 회로에서 체크 밸브는 유압 유체가 한 방향으로만 흐를 수 있도록 제어하고, 역류를 방지하기 때문에 압력 유지용, 실린더의 낙하방지, 위치 유지용 역할을 한다.

|정답| 15 ② 16 ③ 17 ③ 18 ③ 19 ④

20 유압장치에서 두 개 이상 분기 회로의 실린더나 모터에 작동 순서를 부여하는 밸브는?

① 시퀀스 밸브
② 안전 밸브
③ 릴리프 밸브
④ 감압 밸브

> 시퀀스 밸브는 유압장치에서 두 개 이상 분기 회로의 실린더나 모터에 작동 순서를 부여하는 밸브이다.

21 한쪽 방향의 흐름에 설정된 배압을 부여하고 붐의 낙하방지 등에 사용되는 밸브는?

① 시퀀스 밸브
② 언로드 밸브
③ 카운터밸런스 밸브
④ 감압 밸브

> 카운터밸런스 밸브는 한쪽 방향의 흐름에 설정된 배압을 부여하고, 반대쪽 방향의 흐름에는 낙하방지 등에 사용되는 밸브이다. 붐이 내려갈 때 발생하는 압력을 조절하여 안정적인 작동을 돕는 역할을 한다.

| 정답 | 20 ① 21 ③

02 유압 모터(Hydraulic Motor)

유압을 받아서 회전운동을 하는 액추에이터로 기어식, 베인식, 플런저식이 있으며, 유압 모터의 특징은 다음과 같다.
① 무단변속이 용이하다.
② 출력당 소형 경량이다.
③ 작동할 때 응답이 빠르다.
④ 소음이 적고, 작동이 신속, 정확하다.
⑤ 관성력이 적고, 정 회전 및 역회전에 강하다.

[1] 기어 모터(Gear Motor)

구조가 간단하고 경량이며, 고속 저토크 모터에 적합하다. 기어 펌프와 기본적으로 같은 구조이지만 모터의 경우는 모두 외부 드레인 방식이다.

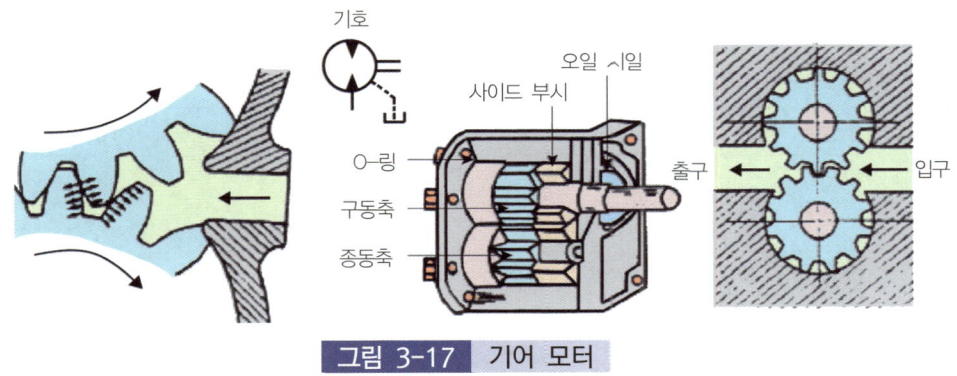

그림 3-17 기어 모터

[2] 플런저 모터

① 액셜 플런저 모터 : 구조가 복잡하고 고가이지만 효율이 높고 큰 출력을 얻을 수 있다.
② 레이디얼 플런저 모터 : 굴삭기 스윙모터(Swing Motor)에 사용된다.

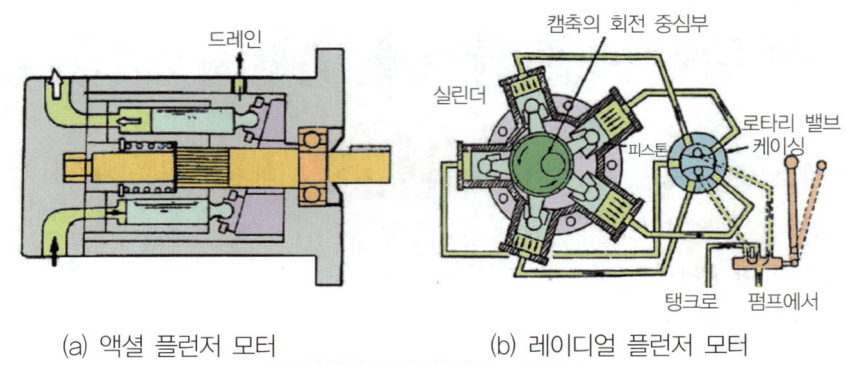

(a) 액셜 플런저 모터　　(b) 레이디얼 플런저 모터

그림 3-18　플런저 모터

건설기계정비기능사

필기 예상 문제

01 유압장치에서 작동유압 에너지에 의해 연속적으로 회전운동 함으로서 기계적인 일을 하는 것은?

① 유압 모터
② 유압 실린더
③ 유압제어 밸브
④ 유압 탱크

> 유압장치에서 작동유압 에너지에 의해 연속적으로 회전운동을 함으로써 기계적인 일을 하는 액추에이터로 기어식, 베인식, 플런저식이 있다.

02 유압장치에서 액추에이터의 종류에 속하지 않는 것은?

① 감압 밸브
② 유압 실린더
③ 유압 모터
④ 플런저 모터

> 액추에이터에는 직선운동을 하는 유압 실린더와 회전운동을 하는 유압 모터 및 플런저 모터가 있다.

03 유압 모터의 장점으로 틀린 것은?

① 시동, 정지, 변속은 쉬우나 역전기속이 어렵다.
② 토크에 대한 관성 모멘트가 적다.
③ 고속에서 추종성이 적다.
④ 소형이면서 출력이 크다.

> **유압 모터의 장·단점**
> 1. 장점
>   ① 시동, 정지, 변속이 쉬움 : 유압 모터는 유압유의 압력과 유량을 조절하여 회전 속도와 토크를 쉽게 제어할 수 있다.
>   ② 토크에 대한 관성 모멘트가 적다 : 유압 모터는 내부 부품의 질량이 작아 토크에 대한 관성 모멘트가 적다. 즉, 가속도와 감속도가 빠르고, 정밀한 제어가 가능하다.
>   ③ 고속에서 추종성이 적다 : 유압 모터는 부하 변동에 대한 반응 속도가 빠르고, 정밀한 추종성을 제공한다.
>   ④ 소형이면서 출력이 크다 : 유압 모터는 동일한 출력의 다른 모터에 비해 크기가 작고 무게가 가벼우면서도 높은 출력을 제공한다.
> 2. 단점
>   ① 역전기속이 어려울 수 있다 : 유압 모터는 일반적으로 역전기속 기능이 내장되어 있지 않아 별도의 회로를 구성해야 한다.
>   ② 유압유 누출 위험이 있다 : 유압 모터는 유압유 누출 위험이 있으며, 유지 관리가 중요하다.
>   ③ 발열량이 많을 수 있다 : 유압 모터는 작동 과정에서 발열량이 많아 열 관리가 중요하다.

|정답| 01 ① 02 ① 03 ①

04 유압 모터의 형식에 따른 분류가 아닌 것은?

① 기어 모터
② 베인 모터
③ 피스톤(플런저) 모터
④ 실린더 모터

> 유압 모터는 유압을 받아서 회전운동을 하는 액추에이터로 기어식, 베인식, 플런저식이 있다.

05 유압 모터의 출력이 낮을 경우 대책으로 옳은 것은?

① 브레이크 밸브를 점검하고 규정된 설정압으로 조정한다.
② 릴리프 밸브를 점검하고 규정된 설정압으로 조정한다.
③ 작동유의 온도를 점검하고 높으면 정지시켜 냉각한다.
④ 밸런스 밸브를 분해 점검하고 규정의 압력으로 조정한다.

> 유압 모터의 출력이 낮을 경우 유압의 설정압이 낮을 수 있으므로 릴리프 밸브를 점검하고 규정된 설정압으로 조정한다.

06 유압 펌프와 비교하여 유압 모터의 가장 큰 특징은?

① 일방향으로 구동되는 것이다.
② 공급되는 유량으로 회전속도가 제어되는 것이다.
③ 펌프 작용을 하지 못하는 것이다.
④ 구조가 훨씬 간단한 것이다.

> 유압 모터는 유압 펌프와 달리 회전 운동을 변환하는 장치이기 때문에, 공급되는 유량으로 회전속도가 제어되는 것이 가장 큰 특징이다. 이는 유압 모터 내부의 회전식 부품들이 유압유의 유량과 압력에 따라 회전속도를 조절할 수 있기 때문이다.

07 트럭 믹서의 드럼이 회전되지 않는다. 그 원인으로 가장 잘 맞는 것은?

① 릴리프 밸브의 설정압이 낮다.
② 조작레버 링크 기구의 불량
③ 유압 모터의 불량
④ 밸런스 밸브의 불량

> 트럭 믹서의 드럼이 회전되지 않는다면, 유압 모터의 불량이다. 유압 모터는 드럼을 회전시키는 역할을 하기 때문에, 유압 모터에 문제가 생기면 드럼이 회전하지 않게 된다.

|정|답| 04 ④ 05 ② 06 ② 07 ③

03 유압 실린더(Hydraulic Cylinder)

유압 펌프의 유압을 왕복 직선운동으로 변환하여 기계적인 일을 한다.

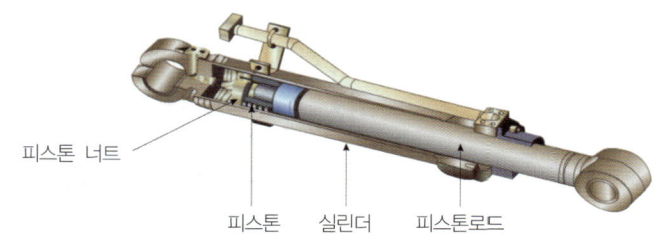

그림 3-19 유압 실린더의 구조

[유압 실린더의 종류]

구분	분류	기호
단동형(單動型)	단동 램형	
	단동 한쪽 로드형	
	단동 양쪽 로드형	
	단동 텔레스코픽형	
복동형(復動型)	복동 한쪽 로드형	
	복동 양쪽 로드형	
	복동 더블형	
	복동 텔레스코픽형	

필기 예상 문제

01 유압 실린더의 종류가 아닌 것은?

① 단동형 실린더
② 복동형 실린더
③ 차동식 실린더
④ 부동식 실린더

> **유압 실린더의 종류**
> ① 단동형 실린더 : 유압 실린더에 유압유를 공급하며 포트가 한 개이며 다른 쪽은 스프링에 의하여 작동되는 실린더
> ② 복동형 실린더 : 유압 실린더에 유압유를 공급하며 포트가 두 개이며 피스톤의 전진 후진 측면이 모두 작동유의 힘에 의하여 작동되는 실린더
> ③ 차동식 실린더 : 유압 실린더의 차동 원리는 양쪽 끝이 동시에 오일 공급 파이프라인에 연결된다는 것이다. 한쪽 끝의 피스톤 로드 동작 영역이 다른 쪽 끝의 피스톤 로드 동작 영역보다 작기 때문에 차동 원리를 사용하여 움직임을 달성한다.
> ④ 피스톤형 실린더 : 실린더의 로드 부분과 피스톤의 단면적이 차이가 있는 실린더
> ⑤ 램형 실린더 : 실린더의 로드 부분이 피스톤과 일체로 램만으로 된 실린더
> ⑥ 다단 실린더 : 짧은 실린더로 긴 작동 행정 스트로크를 얻기 위하여 실린더 내부에 다단의 실린더 혹은 피스톤을 내장한 실린더
> ⑦ 단 로드 실린더 : 피스톤 한쪽에만 로드가 있는 실린더
> ⑧ 양 로드 실린더 : 피스톤 양쪽에 로드가 있는 실린더로써 전진과 후진의 속도를 일정하게 하거나 실린더의 양쪽에서 작업이 이루어지는 경우에 사용되는 실린더

02 유압 실린더의 피스톤 로드가 가하는 힘이 5000kgf, 피스톤 속도가 3.8m/min인 경우 실린더 내경이 8cm라면 소요되는 마력은 약 얼마인가?

① 66.67ps
② 33.78ps
③ 8.89ps
④ 4.22ps

> 유압 실린더의 소요 마력은 다음과 같이 구할 수 있다.
> 마력 = $\dfrac{피스톤\ 작동력 \times 피스톤\ 속도}{750}$
> 피스톤 작동력은 5000kgf로, 1kgf는 9.80665N이므로, 피스톤 작동력은 49033N이다.
> 피스톤 속도는 3.8m/min으로, 1분은 60초이므로, 피스톤 속도는 $\dfrac{3.8}{60}$ = 0.0633m/s이다.
> 따라서 유압 실린더의 소요 마력은 다음과 같다.
> 마력 = $\dfrac{49033\text{N} \times 0.0633\text{m/s}}{750}$ = 4.22ps

03 피스톤 지름이 15mm인 유압실린더에 유압 70kgf/cm²이 작용할 경우 실린더에서 낼 수 있는 힘은?

① 39.6kgf
② 61.9kgf
③ 123.7kgf
④ 1050kgf

| 정 | 답 | 01 ④ 02 ④ 03 ③

① 유압 실린더에서 낼 수 있는 힘 = 유압압력 × 피스톤 면적
② 피스톤 면적 = 반지름 × 반지름 × 3.14 = 7.5 × 7.5 × 3.14 = 176.6mm² = 1.76cm²
③ 유압 실린더에서 낼 수 있는 힘 = 70kgf/cm² × 1.76cm² = 123.7kgf

04 유압 장치에서 액추에이터(Actuator)란?

① 유압 에너지를 기계적 에너지로 변환시키는 작동체의 총칭을 말한다.
② 압력 에너지를 발생시켜 일의 크기를 결정하는 유압원의 총칭을 말한다.
③ 종류로는 압력 제어변, 방향 제어변, 유량 제어변이 있다.
④ 임의 크기와 방향과 속도를 결정하는 총칭을 말한다.

액추에이터는 유압 에너지를 기계적 에너지로 변환시키는 작동체의 총칭을 말한다. 즉, 유압 장치에서 압력을 가해 유체를 움직여 액추에이터를 작동시키면, 액추에이터는 그 에너지를 받아 기계적인 움직임을 만들어낸다.

05 다음 건설기계의 유압장치 구조 중 유압에너지를 기계적 에너지로 변환시켜 주는 일을 하는 것은?

① 오일 제어 밸브
② 유압 액츄에이터
③ 유압 펌프
④ 오일 탱크

유압 액츄에이터는 유압에너지를 받아 기계적인 움직임을 만들어내는 장치이다.

06 유압 실린더의 기름이 새는 원인이 아닌 것은?

① 유압 실린더의 피스톤 로드에 녹이나 있다.
② 유압 실린더의 피스톤 로드가 굴곡 되어 있다.
③ 유압이 높다.
④ 그랜드 실(gland seal)이 손상되어 있다.

유압 실린더의 기름이 새는 원인은 유압 실린더의 피스톤 로드에 녹이 나거나, 유압 실린더의 피스톤 로드가 굴곡 되어 있고, 그랜드 실(gland seal)이 손상되어 있으면 기름이 샌다.

07 유압 실린더의 움직임이 느리거나 불규칙할 때의 원인이 아닌 것은?

① 피스톤 링이 마모되었다.
② 유압유의 점도가 너무 높다.
③ 회로 내에 공기가 혼입되고 있다.
④ 체크 밸브의 방향이 반대로 설치되어 있다.

유압 실린더의 움직임이 느리거나 불규칙한 원인은 피스톤 링이 마모되었을 때, 유압유의 점도가 너무 높을 때, 회로 내에 공기가 혼입되고 있을 때이다.

|정|답| 04 ① 05 ② 06 ③ 07 ④

04 부속 기기

[1] 축압기(Accumulator)

액체 에너지를 일시 저장하여 주는 것으로 용기 내에 고압유를 압입한 것이다.

1) 설치 목적

① 압력을 보상해 준다.
② 충격 압력을 흡수한다.
③ 유압 펌프의 맥동을 제거해 준다.
④ 대 유량의 작동유를 순간적으로 공급해 준다.

2) 어큐뮬레이터의 구조와 작용

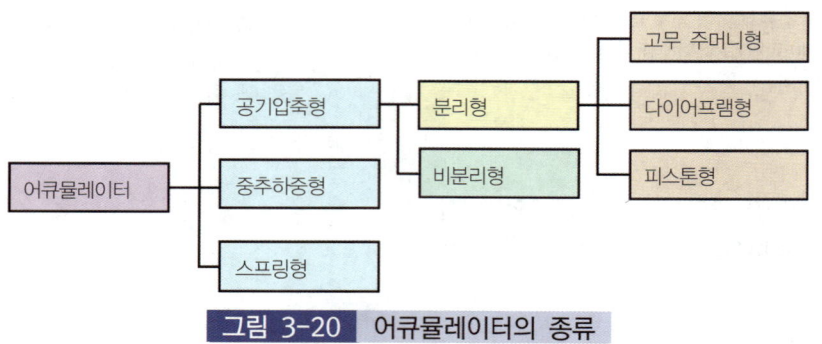

그림 3-20 어큐뮬레이터의 종류

(1) 고무 주머니형(Bladder Type)

기체는 탄성이 큰 특수 합성 고무 주머니에 공기 밸브를 사이에 두고 외부에서 봉입하였다. 아래쪽의 작동유 출입구에는 포펫 밸브(Poppet Valve)가 있어 고무주머니의 팽창에 따라 닫히며, 고무주머니가 용기 속에서 돌출되지 않도록 보호하고 있다. 이 형식은 고무주머니의 관성이 낮아서 응답성이 아주 좋으며, 유지관리가 쉽고 광범위한 용도에 쓸 수 있는 장점이 있다.

(2) 피스톤형(Piston Type)

실린더 내에 피스톤을 끼워서 기체실과 유압실을 구성하는 구조로 되어 있다. 구조가 간단하고 튼튼하나 실린더 내면은 정밀 다듬질 가공하여야 하며, 적당한 패킹으로 밀봉을 완전하게 하여야 하므로 제작비가 비싸다. 또 피스톤 부분의 마찰저항과 작동유 누설 등에 문제가 있다. 사용 온도 범위는 저온 -50℃ 이상, 고온 120℃ 이하 정도이다.

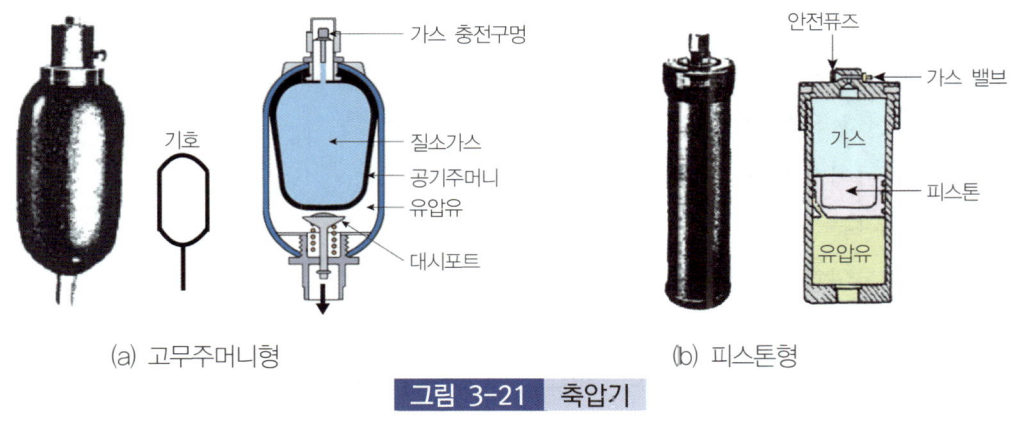

(a) 고무주머니형　　　(b) 피스톤형

그림 3-21　축압기

[2] 작동유 탱크(Hydraulic Oil Tank)

작동유를 회로 내에 공급하거나 되돌아오는 작동유를 저장하는 용기로서 개방식과 가압식이 있다. 개방식은 탱크 안의 공기가 통기용 필터를 통하여 대기와 연결되어 탱크의 작동유는 자유 표면을 유지하기 때문에 압력의 상승 또는 저하를 피할 수 있다. 가압형은 탱크 안을 완전히 밀폐시켜 압축 공기가 항상 일정한 압력을 가하는 형식으로 공동 현상이나 기포 발생을 방지할 수 있다.

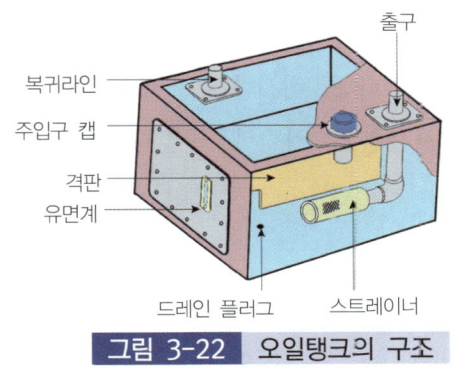

그림 3-22　오일탱크의 구조

1) 작동유 탱크의 역할
① 적정 유량을 확보
② 적정 유온을 유지
③ 작동유 중의 기포발생 방지 및 소멸

2) 구비조건
① 작동유 탱크의 중력에 의하여 복귀되는 장치 내의 모든 오일을 받아들일 수 있는 크기로 해야 한다(유압 펌프 토출량의 2~3배가 표준).
② 이물질이 들어가지 않도록 밀폐되어 있을 것
③ 탱크의 유량을 알 수 있도록 유면계가 있을 것
④ 흡입관과 복귀관 사이에 격리판(칸막이)을 설치할 것
⑤ 탱크 안을 청소할 수 있도록 떼어낼 수 있는 측판을 설치할 것
⑥ 작동유를 빼낼 수 있는 드레인 플러그를 탱크 아래쪽에 설치할 것
⑦ 흡입오일 여과를 위한 스트레이너를 설치할 것

 참고

플러싱은 관로를 새로 설치하거나 유압 장치 내의 이물질이 들어갔을 때 유압장치 내에 슬러지 등이 생겼을 때 이것을 용해하여 장치 내를 깨끗이 하는 작업이다.

[3] 유압 배관(Pipe)

유압장치에서 사용하는 배관은 강관(Steel Pipe)이나 철심 고압 호스를 사용하며, 유니언 이음(Union joint)으로 되어 있다. 플렉시블 호스는 내구성이 강하고 작동 및 움직임이 있는 곳에 사용하기 적합하고, 가장 큰 압력에 견딜 수 있는 것은 나선 와이어 블레이드 호스이다.

1) 고압호스 장착 시 주의사항
① 직선으로 장착을 할 때에는 약간 느슨하게 한다.
② 호스 또는 파이프가 다른 물체와 접촉되지 않도록 한다.
③ 호스의 심한 굴곡이나 직각으로서의 설치는 피한다.
④ 호스가 꼬인 상태로 설치하지 않도록 한다.

2) 호스 노화 판정
① 호스가 굳어 있거나 표면에 크랙(Crack)이 있는 경우
② 코킹(Caulking) 부분에서 오일이 새는 경우
③ 정상적인 압력에도 호스가 파손되는 경우

[4] 오일 실(Oil Seal)

고정 부분에 사용하는 것을 개스킷(Seal Gasket), 은동 부분에 사용하는 것은 패킹(Packing)이라 한다.

1) 오일 실의 구비조건
① 정밀 가공면을 손상시키지 않아야 한다.
② 내마멸성이 적당하고 비중이 적어야 한다.
③ 압축 복원성이 좋고 압축 변형이 작아야 한다.
④ 고온에서의 열화나 저온에서의 탄성 저하가 작아야 한다.
⑤ 작동유의 체적 변화나 열화가 적어야 하며, 내약품성이 양호하여야 한다.

2) 오일 실의 구분
(1) 성형 패킹(Forming Packing)
합성고무나 합성수지 또는 합성고무 속에 천연을 유입한 단면 형상에 압축 성형한 것이며, 단면 형상에 의해 V형, U형, L형, J형 등이 있고 대체로 V형 패킹을 널리 사용한다.

(2) O-링(O-Ring)

원형 단면의 링(Ring) 모양으로 성형된 매우 간단한 구조이며, 재질은 니트릴 고무가 표준이며, 고압(100kg/cm^2)에서 사용할 때는 틈새에 노출되는 현상을 일으켜 균열이 생기기 쉬우므로 디프론의 백업 링(Back Up Ring)을 O-링 바깥쪽에 설치하여야 한다.

(3) 오일 실(Oil Seal)

유압 펌프의 회전축용, 모터의 축용, 변환 밸브의 왕복 축용 등 압력이 가하여지지 않는 부분(4~5kg/cm^2)에서 널리 사용되며, 재료는 주로 합성고무가 사용되고 있다.

[5] 플랜지 이음

① 고압, 저압에 관계없이 대관경의 관로용에 쓰이며 분해, 보수가 용이하다.
② 수개의 볼트에 의하여 조임이 분할되기 때문에 조임이 용이하여 대형관의 이음에 편리한 관이음 방식

[6] 플레어리스 관 이음쇠

관의 끝을 넓히지 않고 관과 슬리브의 먹힘 또는 마찰에 의하여 관을 유지하는 관이음쇠

[7] 스트레이너

작동유 속에 불순물을 제거하기 위하여 사용하는 부품

[8] 버플

오일 탱크로 돌아오는 오일과 펌프로 가는 오일을 분리시키는 역할을 한다.

필기 예상 문제

01 유압작동유의 기포 발생을 방지하거나 저장하는 기능을 하는 것은?

① 유압 밸브
② 유압 탱크
③ 유압 펌프
④ 유압 모터

유압 탱크는 유압 작동유를 저장하고, 유압 작동기 사이에 유압 작동유를 공급하는 역할을 한다. 또한, 유압 작동유의 기포를 제거하거나 저장하는 역할을 한다.

02 유압장치 구성상 필요한 부속기기가 아닌 것은?

① 오일 탱크(oil tank)
② 필터(filter)
③ 오일 냉각기(oil Cooler)
④ 블리드 오프

유압장치의 구성 요소는 오일 탱크, 필터, 오일 냉각기 등과 같은 유압 유체를 저장, 정화, 냉각하는 부속 기기들이다.

03 다음 중 유압회로의 구성 부품이 아닌 것은?

① 유압 배관
② 원심 펌프
③ 유압 펌프
④ 유압제어 밸브

원심 펌프는 유체를 회전시켜 압력을 발생시키는 기계적인 장치로, 유압 회로에서는 유체를 압축하거나 이동시키는 역할을 하는 유압펌프가 사용된다.

04 건설기계에 사용되는 유압기기 중 압력을 보상하거나 맥동제거, 충격완화 등의 역할을 하는 것은?

① 유압필터
② 압력 측정계
③ 어큐물레이터
④ 유압 실린더

어큐물레이터는 유압 시스템에서 압력 보상, 맥동 제거, 충격 완화 등의 역할을 하는 유압 기기이다. 압력 변화를 완화하고, 유압 시스템의 안정적인 작동을 보장한다.

|정답| 01 ② 02 ④ 03 ② 04 ③

05 굴삭기의 유압회로 내에 일어나는 파상적 오일 압력의 변화를 막아주는 장치는?

① 완충 스프링
② 어큐뮬레이터
③ 오일압력 조절 밸브
④ 오일 쿨러

> 굴삭기의 유압 회로에서는 굴삭기의 작동에 따라 파상적인 오일 압력의 변화가 발생할 수 있다. 이러한 파상적인 압력 변화를 막아주기 위해서는 유압 회로 내에 일종의 완충장치가 필요하다. 이때 사용되는 장치가 어큐뮬레이터이다.

06 유압장치에서 축압기(accumulator)의 기능으로 적합하지 않은 것은?

① 펌프 및 유압장치의 파손을 방지할 수 있다.
② 에너지를 절약할 수 있다.
③ 맥동, 충격을 흡수할 수 있다.
④ 압력 에너지를 축적할 수 있다.

> **축압기 기능**
> ① 압력 에너지 축적 : 펌프가 작동하지 않을 때도 일정한 압력을 유지하여 시스템의 안정성을 확보한다.
> ② 맥동, 충격 흡수 : 펌프 작동으로 발생하는 맥동과 충격을 흡수하여 시스템 소음 및 진동을 감소시킨다.
> ③ 용량 감소 보완 : 갑작스러운 유량 증가에 대응하여 압력 강하를 방지하고 시스템 안정성을 유지한다.
> ④ 펌프 작동 횟수 감소 : 순간적인 유량 증가를 흡수하여 펌프 작동 횟수를 줄여 에너지 소비를 일정 부분 절감할 수 있다.

07 어큐뮬레이터(accumulator)의 역할이 아닌 것은?

① 충격파 흡수
② 펌프의 최고 압력 보상
③ 부하 회로의 오일 누설 보상
④ 유체 에너지의 축적

> 어큐뮬레이터는 유체 에너지를 축적하여 부하 회로의 오일 누설 보상과 충격파 흡수를 하는 역할을 한다.

08 유압 실린더에 사용되는 패킹의 재질로서 갖추어야 할 조건이 아닌 것은?

① 운동체의 마모를 적게 할 것
② 마찰 계수가 클 것
③ 탄성력이 클 것
④ 오일 누설을 방지할 수 있을 것

> 유압 실린더에 사용되는 패킹의 재질은 운동체의 마모를 적게 하고, 탄성력이 크고, 오일 누설을 방지할 수 있어야 한다.

09 그림에서 유압호스 설치가 가장 옳은 것은?

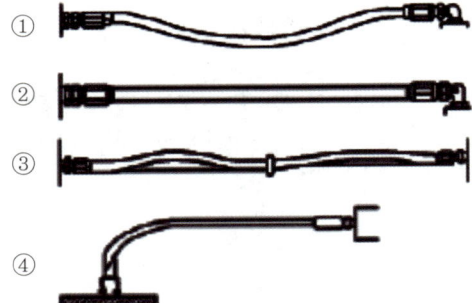

| 정답 | 05 ② 06 ② 07 ② 08 ② 09 ③

③이 답인 이유는 유압호스가 구부러지지 않고 최대한 직선적으로 설치되어 있기 때문에 유압압력이 일정하게 유지될 수 있기 때문이다. 다른 보기들은 호스가 구부러지거나 뾰족한 각도로 설치되어 있어 유압압력이 일정하지 않을 가능성이 있다.

10 유압 호스 설치가 잘못된 것은?

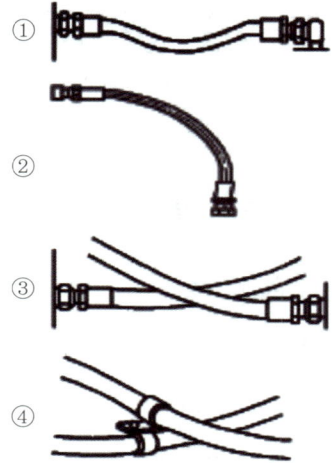

11 건설기계에서 유압 배관을 정비 및 탈거하는 경우 주의 사항 중 틀린 것은?

① 회로의 잔압이 없는 것을 확인하고 작업한다.
② 버킷을 땅 위에 내려놓고 작업한다.
③ 배관은 마찰이 있을 때 직각으로 구부려 조립한다.
④ 복잡한 배관은 꼬리표를 붙인다.

유압 배관을 구부릴 때는 반드시 구부리는 부위에 적당한 각도를 유지해야 한다. 직각으로 구부리면 배관 내부에 마찰이 발생하여 유동성이 떨어지고 유압 성능이 저하될 수 있다. 따라서 적절한 각도로 구부려야 한다.

12 플로팅 실의 실면 처리 방법은 무엇인가?

① 랩 가공으로 다듬질
② 랩 가공으로 담금질
③ 밀링 가공으로 다듬질
④ 밀링 가공으로 담금질

랩 가공은 작은 부분을 정밀하게 다듬는 방법으로, 플로팅 실의 경우에도 작은 부분을 다듬어야 하기 때문에 랩 가공으로 다듬질한다.

13 유압용 고무호스 설명 중 틀린 것은?

① 진동이 있는 곳에는 사용하지 않는다.
② 고무호스는 저압, 중압, 고압용의 3종류가 있다.
③ 고무호스를 조립할 때는 비틀림이 없도록 한다.
④ 고무호스 사용 내압은 적어도 5배의 안전 계수를 가져야 한다.

유압용 고무호스는 주로 움직이는 곳(휘는 성질), 진동이 있는 곳, 상대운동을 하는 장소에 사용한다.

14 유압장치에서 내구성이 강하고 작동 및 움직임이 있는 곳에 사용하기 적합한 호스는?

① 플렉시블 호스
② 구리 파이프
③ PVC 호스
④ 강 파이프

플렉시블 호스는 벤딩, 비틀림, 진동 등에 강한 호스로, 배관의 오차 조정이나 진동을 흡수 완화하는 용도에 사용된다.

| 정 | 답 | 10 ③ 11 ③ 12 ① 13 ① 14 ①

15 유압호스 중 가장 큰 압력에 견딜 수 있는 형식은?

① 고무 형식
② 나선 와이어 블레이드 형식
③ 와이어리스 고무 블레이드 형식
④ 직물 블레이드 형식

> 나선 와이어 블레이드 형식은 초고압 및 높은 임펄스의 유압 응용장치에 사용한다.

16 모든 유압장치가 처음부터 작동이 불량할 때 정비하여야 할 곳이 아닌 것은?

① 유압 펌프
② 메인 릴리프 밸브
③ 오일 냉각기
④ 전류식 여과기

> 오일 냉각기는 장비 작동 중 온도가 올라간 작동유를 냉각시키는 것으로 유압장치가 처음부터 작동이 불량할 때는 작동유도 식은 상태이기 때문에 정비하여야 할 곳이 아니다.

17 오일 쿨러의 점검 항목이 아닌 것은?

① 오일은 누유 여부
② 냉각관의 막힘
③ 파이프 라인의 변색
④ 바이패스 밸브의 작동 확인

> 파이프 라인의 변색은 단지 시간이 지나면서 발생하는 자연스러운 현상으로, 오일 쿨러의 작동에 직접적인 영향을 미치지 않는다.

18 유압라인에서 고압호스가 자주 파열된다. 그 원인으로 가장 타당한 것은?

① 체크 밸브의 고착
② 감압 밸브의 불량
③ 릴리프 밸브의 불량
④ 카운터 밸런스 밸브의 불량

> 릴리프 밸브는 유압 시스템에서 과압을 방지하기 위해 설치되는 밸브로, 과압이 발생하면 밸브가 열리면서 압력을 안전하게 방출시킨다. 만약 릴리프 밸브가 불량하면 과압이 발생하여 고압호스가 파열될 수 있다.

19 유압장치에 사용되는 오일 실이다. 운동용 실은?

① 실 테이프
② 금속 실
③ 메카니컬 실
④ 액체 실

> 유압장치에 사용되는 오일 실은 액체 실이지만, 운동용 실은 메카니컬 실이다. 이는 운동용 실이 기계적인 움직임에 따라 늘어나거나 줄어들어야 하기 때문이다. 따라서 메카니컬 실은 기계적인 움직임에 대응하여 변형되는 성질을 가지고 있다.

20 유압장치에 사용되는 오일 실(seal)의 종류 중 O-링이 갖추어야 할 조건은?

① 체결력이 작을 것
② 압축변형이 적을 것
③ 작동 시 마모가 클 것
④ 오일의 입·출입이 가능할 것

> O-링이 갖추어야 할 조건은 압축변형이 적을 것, 내마모성, 내후성, 내압축 영구 변형, 내열 및 내한성, 내유성, 내약품성이다.

| 정답 | 15 ② 16 ③ 17 ③ 18 ③ 19 ③ 20 ② |

21 다음 중 패킹(packing) 재료의 구비조건이 아닌 것은?

① 유연성이 클 것
② 탄력성이 적을 것
③ 오래 사용하여도 변화가 적을 것
④ 내수성이 클 것

> 패킹 재료는 유연성이 크고 내수성이 높으며 오래 사용해도 변화가 적어야 한다.

22 스트레이너의 용량은 유압 펌프 토출량의 몇 배 이상의 것을 사용하는가?

① 1배 ② 2배
③ 3배 ④ 5배

> 스트레이너는 유체 내부의 불순물을 걸러내는 역할을 한다. 이때 유체가 흐르는 속도가 빠르면 불순물이 걸러지지 않을 수 있다. 따라서 스트레이너의 용량은 유압 펌프 토출량의 2배 이상이 되어야 유체가 충분히 걸러질 수 있다.

23 굴삭기의 오일 스트레이너(Strainer)가 일부 막히거나 너무 조밀하면 어떤 현상이 생기는가?

① 베이퍼록 현상
② 페이드 현상
③ 숨돌리기 현상
④ 공동 현상(Cavitation)

> 굴삭기의 오일 스트레이너가 일부 막히거나 너무 조밀하면 오일 유동이 제한되어 고압이 발생하게 된다. 이 고압은 굴삭기 내부에서 부분적으로 진공이 형성되어 공동 현상(Cavitation)을 일으킨다.

24 유압장치 고장의 주 원인들 중 틀린 것은?

① 온도의 상승으로 인한 것
② 이물, 공기, 물 등의 혼입은 무관하다.
③ 기기의 기계적 고장으로 인한 것
④ 조립과 접속의 불완전으로 인한 것

> 이물, 공기, 물 등의 혼입은 유압장치 내부의 움직이는 부품들과 유체의 움직임을 방해하고, 유체의 압력과 유량을 감소시켜서 유압장치의 작동을 원활하게 하지 못하게 만들기 때문에 유압장치 고장의 주 원인이 될 수 있다.

25 유압기기의 필터 정비 시 조립 불량으로 발생할 수 있는 고장의 유형과 관련되지 않는 것은?

① 누유
② 흡입 손실
③ 공기의 혼입
④ 막힘

> 필터를 정비 시 조립 불량으로 완전히 조이지 않으면 오일이 누유되고, 흡입손실이 있으며, 공기의 혼입이 있다.

26 유압회로의 구성요소 중에서 회로의 파손을 방지하기 위한 기기라고 볼 수 없는 것은?

① 릴리프 밸브
② 스트레이너
③ 필터
④ 피스톤

> 릴리프 밸브는 압력을 조정하여 회로의 파손을 방지하고, 스트레이너나 필터는 이물질을 걸러 회로의 파손을 방지한다. 피스톤은 유압회로에서 유체를 압축하거나 움직이는 역할을 하기 때문에 회로의 파손을 방지하기 위한 기기라고 볼 수 없다.

| 정답 | 21 ② 22 ② 23 ④ 24 ② 25 ④ 26 ④

05 유압 기호

1) 유압장치의 기호 회로도에 사용되는 유압 기호의 표시방법

① 기호에는 흐름의 방향을 표시한다.
② 각 기기의 기호는 정상상태 또는 중립상태를 표시한다.
③ 오해의 위험이 없는 경우에는 기호를 회전하거나 뒤집어도 된다.
④ 기호에는 각 기기의 구조나 작용압력을 표시하지 않는다.
⑤ 기호가 없어도 바르게 이해할 수 있는 경우에는 드레인 관로를 생략해도 된다.

[1] 관로 접속 기호

명칭		기호	비고
관로		———	· 흡입, 공급, 복귀관로 · 파일럿 공급관로
파일럿 관로		- - - - - - -	· 파일럿 관로 · 드레인 관로
관로의 접속		─•─ ─•─	
휨 관로		•‿•	
관로의 교차		─┼─	
축, 레버, 로드		═══	
브리드		─⌒─	주로 유체관로에 사용함
연결구	닫힌 상태	⇥⇥	
	열린 상태	←	
고정 스로틀		─)(─	
회전잇기(터닝 조인트)		─⊗─	
기계식 연결		─←─	1 방향인 경우
회전축 연결부분		─←─	2 방향인 경우
고정점 달린 연결부분		┬ ┬	
신호 전달 라인		─//─//─//─	

[2] 유압 펌프와 모터 기호

명칭	기호		비고
정 용량형 유압펌프	1)	2)	1) 1방향 토출 2) 2방향 토출
가변 용량형 유압펌프	1)	2)	1) 1방향 토출 2) 2방향 토출
진공펌프			
정 용량형 유압 모터	1)	2)	1) 1방향 회전 2) 2방향 회전
가변 용량형 유압 모터	1)	2)	1) 1방향 회전 2) 2방향 회전
정 용량형 공기압 모터	1)	2)	
정 용량형	1)	2)	1) 1방향 펌프 모터 2) 펌프와 모터의 회전방향이 반대
유압 펌프 모터			펌프, 모터 모두 2방향이 반대
가변 용량형	1)	2)	1) 가변형 1방향 펌프 모터 2) 펌프와 모터의 회전방향이 반대
유압 펌프 모터			펌프, 모터 모두 2방향이 반대
요동형 모터	1)		요동형 유압 모터
	2)		요동형 공기압 모터

[3] 압력제어 밸브 기호

명칭	기호	비고
기본 기호	1) 　　 2)	1) 상시 닫힘, 2) 상시 열림
릴리프 밸브	1)	1상 릴리프 밸브/(간략기호)
	2)	2상 릴리프 밸브(상세기호)
	3)	파일럿 있음
업로드 밸브		
시퀀스 밸브		
감압 밸브	1) 　　 2)	1) 스프링 조정 1단 압력 2) 스프링 및 파일럿 조경 2단 압력

[4] 부속기기

명칭	기호	비고
유압오일 탱크	1) 2)	1) 개방형 2) 밀폐형
어큐뮬레이터		내부 가스 주입형
필터(Separator)		
필터		자석 부착형 필터
필터		오염 인디케이터 부착형 필터
필터		배수기 있음(기계식)
필터		배수기 있음(자동식)
루브리케이터		에어라인 윤활기
냉각기(쿨러)		

[5] 유압회로

유압의 기본 회로에는 오픈(개방) 회로, 클로즈(밀폐) 회로, 병렬 회로, 직렬 회로, 탠덤 회로 등이 있다.

1) 언로드 회로

일하던 도중에 유압펌프 유량이 필요하지 않게 되었을 때 유압유를 저압으로 탱크에 귀환시킨다.

2) 속도제어 회로

유압 회로에서 유량제어를 통하여 작업속도를 조절하는 방식에는 미터인 회로, 미터 아웃 회로, 블리드 오프 회로, 카운터밸런스 회로 등이 있다.
① 미터-인 회로(meter-in circuit) : 액추에이터의 입구 쪽 관로에 유량제어 밸브를 직렬로 설치하여 작동유의 유량을 제어함으로써 액추에이터의 속도를 제어한다.
② 미터-아웃 회로(meter-out circuit) : 액추에이터의 출구 쪽 관로에 설치한 유량제어 밸브로 유량을 제어하여 액추에이터의 속도를 제어한다.
③ 블리드 오프 회로 : 유량제어 밸브를 액추에이터와 병렬로 설치하여 유압펌프 토출유량 중 일정한 양을 오일탱크로 되돌리므로 릴리프밸브에서 과잉압력을 줄일 필요가 없는 장점이 있으나 부하변동이 급격한 경우에는 정확한 유량제어가 곤란하다.

[6] 유압장치 회로도

유압 시스템의 구성 요소와 연결 관계를 표현하는 도면이다. 회로도 종류는 표현 방식에 따라 다음과 같이 분류된다.
① 기호 회로도 : 각 구성 요소를 기호로 표현하여 간략하고 추상적으로 나타낸다. 이해하기 쉽고 표현하기 용이하나 실제 구성 요소의 외관 파악에 어려움이 있다.
② 그림 회로도 : 각 구성 요소를 그림으로 표현하여 실제 외관에 가까운 이미지를 제공한다. 실제 구성 요소의 외관 파악이 용이하나 기호 회로도에 비해 복잡하고 이해하기 어려울 수 있다.
③ 조합 회로도 : 기호 회로도와 그림 회로도를 조합하여 사용한다. 기호 회로도의 간결성과 그림 회로도의 직관성을 모두 제공하지만, 표현 방식이 복잡하고 제작에 시간이 많이 소요된다.
④ 단면 회로도 : 유압 시스템의 단면을 보여주는 회로도이다. 유압 시스템의 내부 구조를 직관적으로 파악 가능하지만, 표현 방식이 복잡하고 이해하기 어려울 수 있다.

필기 예상 문제

01 압력제어밸브 중 파일럿 작동형 감압 밸브의 기호는?

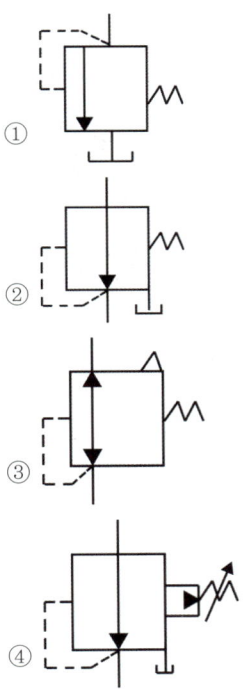

감압밸브에 파일럿 작동을 나타내는 것이 추가된 것이다. 파일럿 작동형 감압밸브는 파일럿 밸브에 의해 작동되며, 파일럿 밸브는 작은 압력차에도 민감하게 반응하여 정확한 압력제어를 가능하게 한다.

02 유압 회로에서 다음 기호가 나타내는 것은?

① 가변 용량형 유압 펌프
② 정용량형 유압 펌프
③ 압축기 및 송풍기
④ 정용량형 유압 모터

위 그림은 1방향 토출하는 정 용량형 유압펌프 기호이다.

03 유압장치에서 구성기기의 외관을 그림으로 표시한 회로도는?

① 기호 회로도
② 그림 회로도
③ 조합 회로도
④ 단면 회로도

유압장치 회로도는 유압 시스템의 구성 요소와 연결 관계를 표현하는 도면이다. 회로도 종류는 표현 방식에 따라 다음과 같이 분류된다.
① 기호 회로도 : 각 구성 요소를 기호로 표현하여 간략하고 추상적으로 나타낸다. 이해하기 쉽고 표현하기 용이하나 실제 구성 요소의 외관 파악에 어려움이 있다.

|정|답| 01 ④ 02 ② 03 ②

② 그림 회로도 : 각 구성 요소를 그림으로 표현하여 실제 외관에 가까운 이미지를 제공한다. 실제 구성 요소의 외관 파악이 용이하나 기호 회로도에 비해 복잡하고 이해하기 어려울 수 있다.
③ 조합 회로도 : 기호 회로도와 그림 회로도를 조합하여 사용한다. 기호 회로도의 간결성과 그림 회로도의 직관성을 모두 제공하지만, 표현 방식이 복잡하고 제작에 시간이 많이 소요된다.
④ 단면 회로도 : 유압 시스템의 단면을 보여주는 회로도이다. 유압 시스템의 내부 구조를 직관적으로 파악 가능하지만, 표현 방식이 복잡하고 이해하기 어려울 수 있다.

04 유압 회로의 일부를 표시한 것이다. A에는 무엇이 연결되어야 하겠는가?

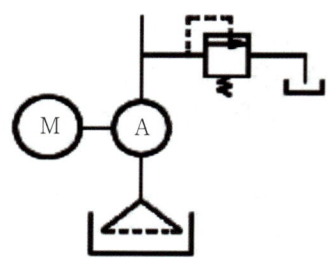

① 유압 실린더
② 오일 여과기
③ 유압 펌프
④ 방향제어 밸브

A에는 유압 펌프가 연결되어야 한다. 유압 펌프는 유압 회로에서 오일 탱크에 있는 스트레이너를 통해 유압을 발생시켜 유압 실린더나 방향제어 밸브 등 다른 부품들을 작동시킨다.

05 유압장치 사용 시 고장의 주원인과 거리가 먼 것은?

① 온도의 상승으로 인한 것이다.
② 기기의 용량선정으로 인한 것이다.
③ 기기의 기계적 고장으로 인한 것이다.
④ 조립과 접속의 불완전으로 인한 것이다.

유압장치 사용 시 고장의 주원인은 온도, 기계적 고장, 조립과 접속의 불완전이 원인이다.

06 다음 중 정용량형 유압펌프의 기호는?

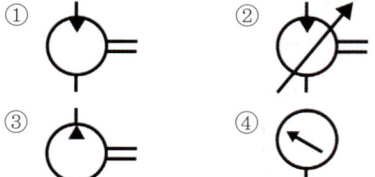

07 다음 중 관로를 새로 설치하거나 유압 장치 내의 이물질이 들어갔을 때 이물질을 제거하는 작업을 무엇이라 하는가?

① 랩핑 작업
② 플러싱 작업
③ 드로잉 작업
④ 호닝 작업

플러싱은 관로를 새로 설치하거나 유압 장치 내의 이물질이 들어갔을 때 유압장치 내에 슬러지 등이 생겼을 때 이것을 용해하여 장치 내를 깨끗이 하는 작업이다.

|정|답| 04 ③ 05 ② 06 ③ 07 ②

PART 04
전기장치정비

CHAPTER 01 기초전기 · 전자

01 전압(Electric Voltage)

① 단위는 V(볼트)이다.
② 전압은 전위차이다.
③ 전압은 전하를 미는 세기 또는 압력이라 할 수 있다.
④ 전압이 높을수록 전류의 흐름은 많아진다.

02 전류(Current)

① 단위는 A(암페어)이다.
② 전류는 전하를 이동하는 양이다.
③ 전류의 3대 작용
  ㉮ 발열 작용 : 전구, 예열플러그, 담배라이터, 전기난로 등
  ㉯ 화학 작용 : 축전지, 전기도금 등
  ㉰ 자기 작용 : 전동기, 발전기, 솔레노이드 기구 등

03 저항(Resistance)

① 단위는 Ω(옴)이다.
② 전류의 흐름을 방해하는 것은 모두 저항이다.
③ 도선의 저항은 고유저항이 적을수록 전류가 잘 흐른다.
④ 도선의 단면적이 클수록 저항은 작다.
⑤ 도선의 길이가 길수록 저항은 크다.

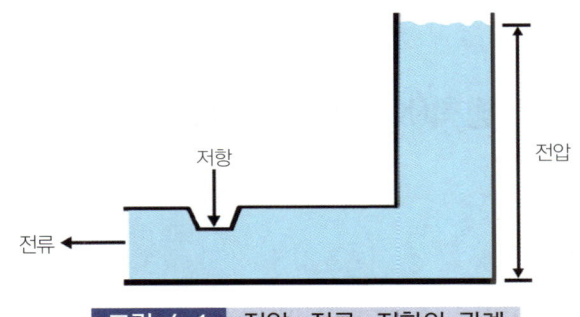

그림 4-1 전압, 전류, 저항의 관계

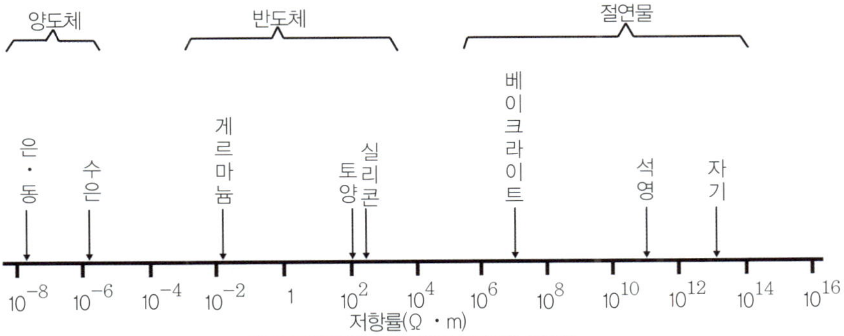

그림 4-2 물질의 저항률

04 옴의 법칙(Ohm's Law)

도체에 흐르는 전류는 도체에 가해진 전압에 비례하고, 저항에 반비례한다.

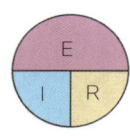

I : 전류(A), E : 전압(V), R : 저항(Ω)

05 키르히호프의 법칙(Kirchhoff's Law)

[1] 키르히호프의 제1법칙

이 법칙은 전류의 법칙으로 회로 내의 "어떤 한 점에 들어온 전류의 총합과 나간 전류의 총합은 같다"는 법칙이다.

$$(I_1 + I_3 + I_4) - (I_2 + I_5) = 0 \quad \therefore \Sigma I = 0$$

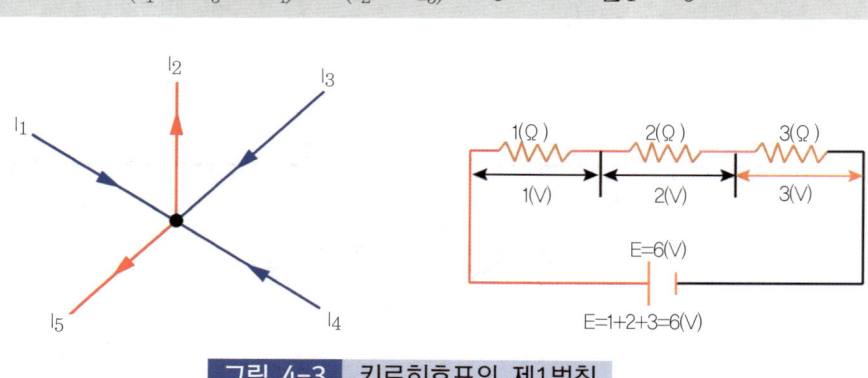

그림 4-3 키르히호프의 제1법칙

[2] 키르히호프의 제2법칙

이 법칙은 전압의 법칙으로 "임의의 폐회로에 있어서 기전력의 총합과 저항에 의한 전압 강하의 총합은 같다." 따라서 키르히호프의 제2법칙은 에너지 보존법칙으로 임의의 한 폐회로에서 소비된 전압강하의 총합과 기전력의 총합과 같다. 즉, 전압강하의 총합은 기전력의 총합이다.

$$V_T - (V_1 + V_2 + V_3) = 0, \quad \therefore \Sigma V = 0$$

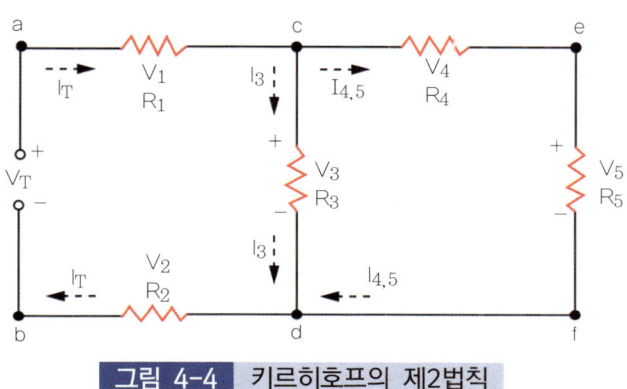

그림 4-4 키르히호프의 제2법칙

06 전력

전기가 하는 일의 크기이며, 전력은 전압이나 전류가 클수록 크게 된다.
① 단위는 와트(Watt, 기호 W)를 사용한다.
② 전력(Power) ∝ 전류(Current)에 비례한다.
③ 전력(Power) ∝ 전압(Voltage)에 비례한다.
④ 1PS = 75kg-m/s = 736W = 0.736kW

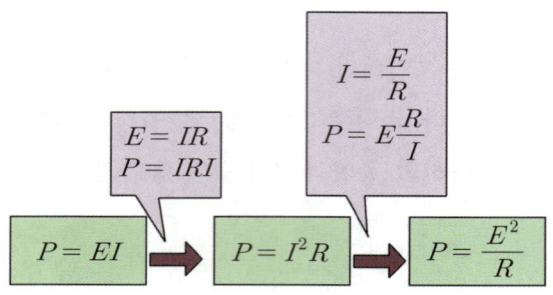

07 전력량

① 어떤 시간 동안 소비한 전력을 전력량(電力量)이라 한다.
② 이는 얼마만큼의 전력을 소비하는가를 알기 위한 것이다.
③ 단위는 WH(Watt Hour), 주울(Joule, 기호 J)

$$1WH = \frac{1J}{\sec} \times 3600\sec = 3600J$$

$$W = Pt = EIt = I^2Rt = \frac{E^2}{R}t$$

08 반도체(semiconductor)

물질을 전기적으로 분류하면 전기가 잘 통하는 양도체와 전기가 잘 통하지 않는 부도체가 있으며, 이들의 중간 성질을 갖는 것이 반도체이다.

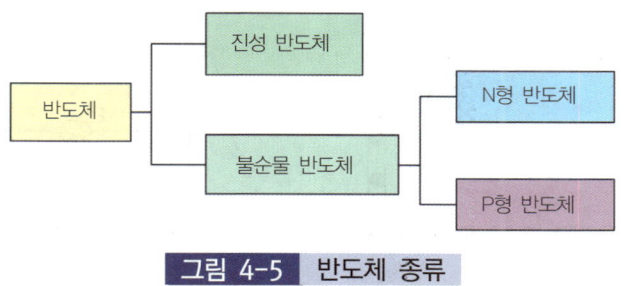

그림 4-5 반도체 종류

[1] 다이오드(Diode)

1) 실리콘 다이오드(Silicone Diode)

P형 반도체와 N형 반도체를 결합한 것으로서 정방향에는 작은 전압으로도 전류가 흐르지만, 역방향으로는 수백 V에서도 전류가 흐르지 않는다. 따라서 정방향에선 저저항으로 되어 전류를 흐르게 하지만 역방향으로는 고저항이 되어 전류가 흐르지 않기 때문에 정류작용과 축전지에서 발전기로 전류가 역류하는 것을 방지하는 역할을 한다.

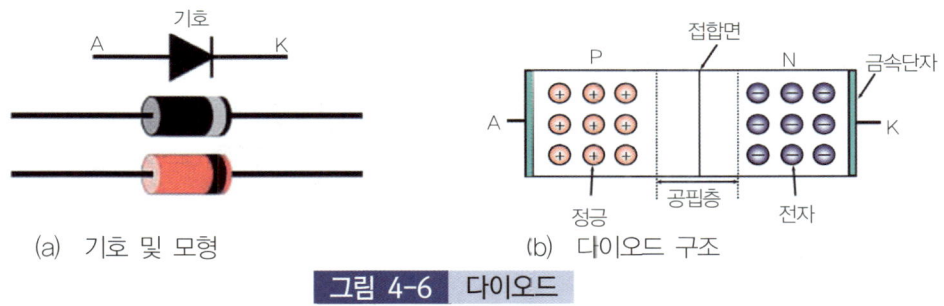

그림 4-6 다이오드

2) 다이오드 성질

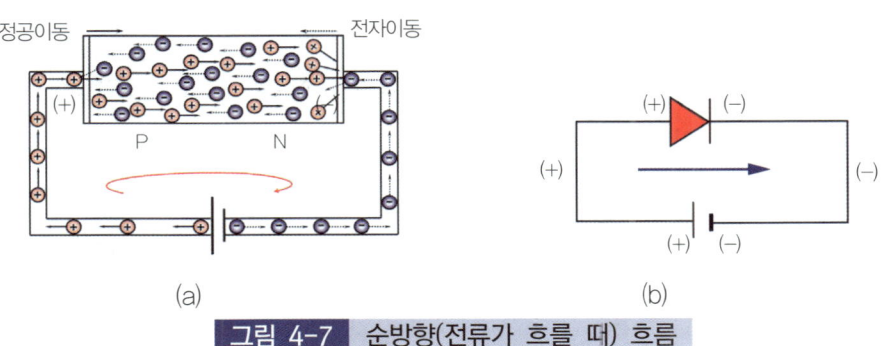

그림 4-7 순방향(전류가 흐를 때) 흐름

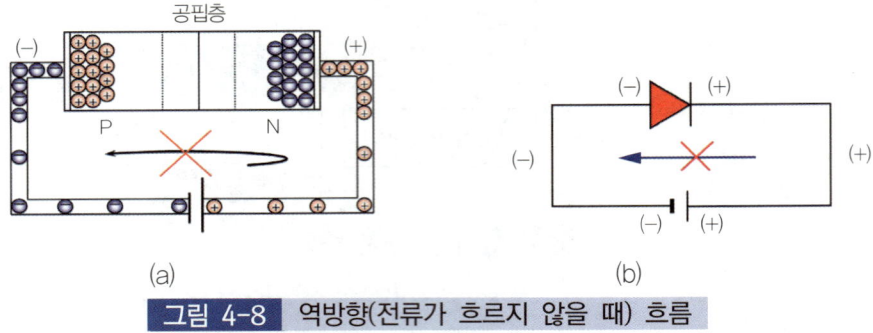

그림 4-8 역방향(전류가 흐르지 않을 때) 흐름

① 정류작용 : 전류가 순방향으로 흐르기 쉽고 역방향으로는 흐르기 어려운 성질
② 역방향으로 급격히 큰 전류가 흐를 때의 전압을 파괴전압(역내전압)이라 하며, 파괴전압 이상의 전압을 가하면 다이오드는 파괴된다.

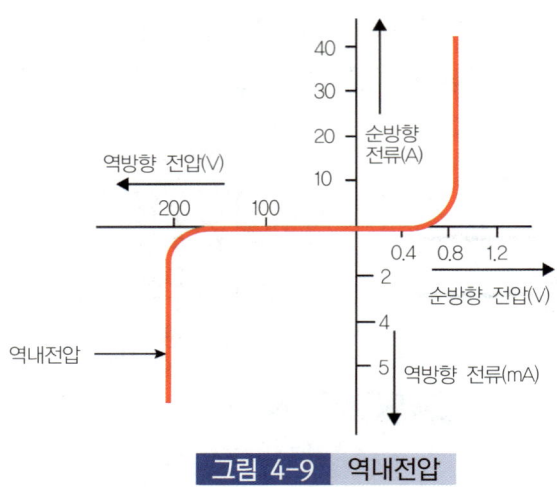

그림 4-9 역내전압

3) 정전압 다이오드(zanier diode)

① PN 접합 다이오드에 역방향 접속을 하면 전류가 흐르지 않지만 역전압이 어떤 값에 이르게 되면 역방향 전류가 급격히 증가하고, 다시 전압을 낮추면 처음 상태로 회복된다.
② 역방향 전류가 급격히 증가하는 점의 전압을 항복전압(제너 전압)이라 하는데, 이러한 항복전압 특성은 각종 정전압 회로와 전압조정기, 전압 검출회로 등에 이용된다.

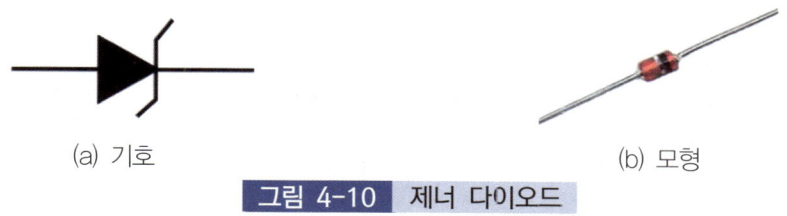

그림 4-10 제너 다이오드

4) 발광 다이오드(Light Emitting Diode, LED)

순방향으로 전류를 보낼 때 빛이 발생되는 다이오드로서 가시광선으로부터 적외선 및 레이저까지 여러 파장의 빛을 발생한다.

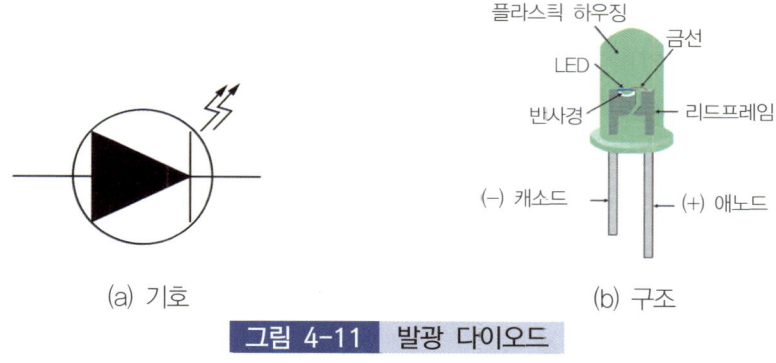

그림 4-11 발광 다이오드

[2] 트랜지스터(transistor)

베이스 전류를 단속하여 컬렉터 전류를 제어하는 스위칭 회로나 적은 베이스 전류를 큰 컬렉터 전류로 만드는 증폭 회로, 전원으로부터 지속적인 전기 진동을 발생하는 발진 회로 등에 사용한다.

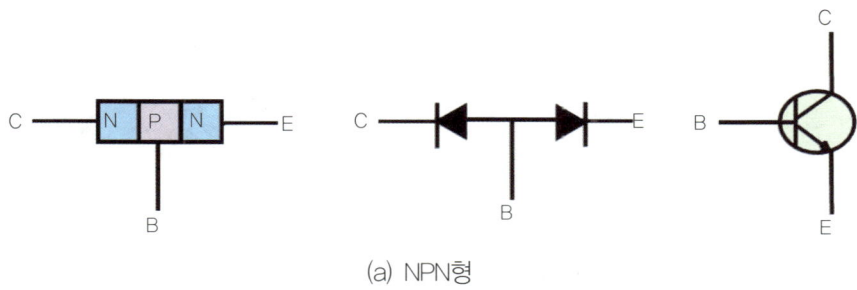

(a) NPN형

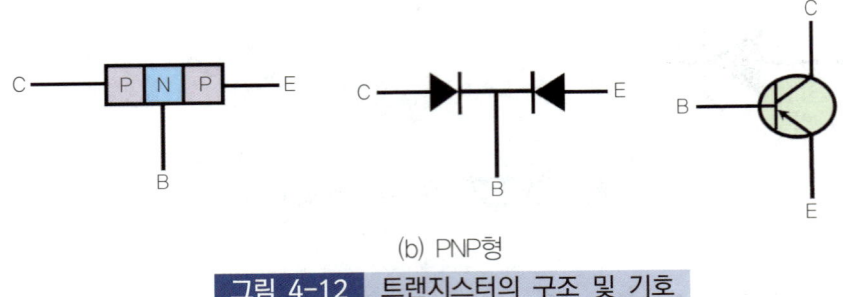

(b) PNP형

그림 4-12 트랜지스터의 구조 및 기호

1) 트랜지스터의 장·단점

(1) 장점

① 전력손실이 적다.
② 극히 소형이고 가볍다.
③ 기계적으로 강하고 수명이 길다.
④ 예열시간을 요하지 않고 곧 작동한다.

(2) 단점

① 열에 약하다(접합부의 온도가 게르마늄은 85°C, 실리콘은 150°C 이상이 되면 파괴될 우려가 있다).
② 정격값을 넘으면 곧 파괴되기 쉽다.
③ 높은 전압이 걸리는 곳에는 사용할 수 없다(역내압이 낮기 때문에).

2) 트랜지스터의 작용

① 스위칭 작용 : 스위치로서의 작용
② 증폭 작용 : 작은 신호를 큰 신호로 증폭하는 작용

(a) 스위칭 작용　　　　(b) 증폭 작용

그림 4-13 트랜지스터의 작용

필기 예상 문제

01 전류에 대한 설명으로 틀린 것은?

① 전기의 흐름이다.
② 단위는 A를 사용한다.
③ 직류와 교류가 있다.
④ 저항과 항상 비례한다.

> 전류는 전압에 비례하고 저항에 반비례한다.

02 전류는 도체에 가해진 전압에 정비례하고, 저항에 반비례하는 법칙을 나타낸 것은?

① 옴의 법칙
② 렌츠의 법칙
③ 달링톤 법칙
④ 패러데이 법칙

> 옴의 법칙은 전류는 도체에 가해진 전압에 정비례하고, 저항에 반비례하는 법칙이다.

03 전류의 3대 작용이 아닌 것은?

① 발열 작용　② 화학 작용
③ 자기 작용　④ 전기 작용

> 전류의 3대 작용은 발열 작용, 화학 작용, 자기 작용이다.

04 다음의 축전기 중 걸리는 전압이 같을 때 전기적 에너지가 가장 큰 것은?

① $5\mu F$
② $25\mu F$
③ $32\mu F$
④ $100\mu F$

> 1F이란 1V의 전압을 가하였을 때 1쿨롱의 전기가 저장되는 축전기의 용량으로 패럿의 단위는 F, μF, pF이 있으나, F은 실용상 너무 크기 때문에 μF을 많이 사용하며, 용량이 큰 것이 전기적 에너지가 가장 크다.

05 도체에 전기가 흐른다는 것은 전자의 움직임을 뜻한다. 전자의 움직임을 방해하는 요소는 무엇인가?

① 전류
② 전압
③ 저항
④ 용량

> 전자의 움직임을 방해하는 요소를 저항이라 한다.

| 정답 | 01 ④　02 ①　03 ④　04 ④　05 ③

06 금속은 열을 받으면 그 저항값이 어떻게 되는가?

① 작아진다.
② 일정하다.
③ 커진다.
④ 커졌다가 나중에는 작아진다.

> 일반적 금속은 온도가 상승되면 저항도 증가한다.

07 옴의 법칙은 다음 중 어느 것인가?

① I = RE
② E = IR
③ I = R/E
④ E = R/I

08 12V의 전압에 20Ω의 저항을 연결하였을 경우 몇 A의 전류가 흐르겠는가?

① 0.6A
② 1A
③ 5A
④ 10A

> $I = \dfrac{E}{R} = \dfrac{12V}{20\Omega} = 0.6A$

09 15Ω의 저항에 전압을 가했더니 전류계에 3A가 지시되었다. 이때 전압은?

① 5V
② 15V
③ 30V
④ 45V

> $E = I \times R = 3A \times 15\Omega = 45V$

10 "회로 내의 어떠 한 점에 유입한 전류의 총합과 유출한 전류의 총합은 같다"에 해당되는 법칙은?

① 뉴턴의 제 1법칙
② 옴의 법칙
③ 키르히호프의 제 1법칙
④ 줄의 법칙

> 키르히호프의 제1 법칙이란 "회로 내의 어떤 한 점에 유입한 전류의 총합과 유출한 전류의 총합은 같다"는 법칙이다.

11 1초간에 반복되는 사이클 수를 교류의 주파수라 하며 기호는 Hz를 사용한다. 다음 중 교류의 주파수를 구하는 식으로 맞는 것은?(단 n은 자석의 회전수, p는 자극수이다.)

① $f = \dfrac{120}{np}$
② $f = \dfrac{np}{120}$
③ $f = \dfrac{np}{180}$
④ $f = \dfrac{180}{np}$

12 반도체를 바르게 설명한 것은?

① 역 내압이 높다.
② 내열성이 좋다(200℃ 이상).
③ 예열 시간을 요한다.
④ 내부 전력 손실이 적다.

|정|답| 06 ③ 07 ② 08 ① 09 ④ 10 ③ 11 ② 12 ④

반도체의 장점
극히 소형이고 가볍다, 내부 전력손실이 적다, 예열을 요하지 않는다, 기계적으로 강하고 수명이 길다.

13 전기장치에 사용되는 반도체의 설명 중 틀린 것은?

① 기계적으로 강하고 수명이 길다.
② 온도가 상승하면 특성이 불량해진다.
③ 역 내압이 높다.
④ 정격값을 넘으면 파괴되기 쉽다.

반도체는 일반적으로 역 내압이 낮아야 한다. 역 내압이 높으면 전자와 양자간 충돌이 많아져 전자의 이동이 어려워 반도체의 전기적 특성을 악화시키고, 성능을 저하시킨다.

14 게르마늄(Ge) 또는 실리콘(Si)에 어떤 불순물을 섞어야 P형 반도체가 되는가?

① 인   ② 비소
③ 인듐 ④ 안티몬

P형 반도체는 게르마늄(Ge) 또는 실리콘(Si)에 인듐이나 알루미늄을 섞으면 되고, N형 반도체는 게르마늄(Ge) 또는 실리콘(Si)에 비소, 인, 안티몬 등을 섞으면 된다.

15 트랜지스터의 3대 구성품은?

① 베이스, 플레이트, 컬렉터
② 이미터, 플레이트, 베이스
③ 이미터, 컬렉터, 베이스
④ 컬렉터, 베이스, 애노드

트랜지스터는 이미터(E), 베이스(B), 켈렉터(C)로 구성된다.

16 트랜지스터의 특징이 아닌 것은?

① 예열 후 작동된다.
② 기계적 강도가 크다.
③ 내부 전력손실과 전압강하가 적다.
④ 소형 경량이다.

트랜지스터의 특징
① 소형, 경량이다.
② 내부에서의 전력손실과 전압강하가 적다.
③ 기계적으로 강하고, 수명이 길다.
④ 예열 없이 작동된다.
⑤ 과대전류 및 전압에 파손되기 쉽다.
⑥ 온도가 상승하면 파손되므로 온도 특성이 나쁘다.

17 가변저항을 가리키는 부호는?

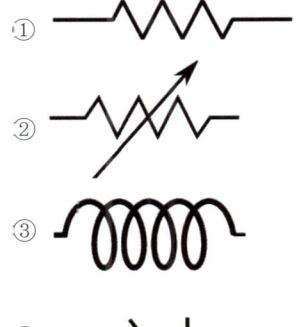

| 정 | 답 | 13 ③ 14 ③ 15 ③ 16 ① 17 ②

18 콘덴서를 이용한 주회로가 아닌 것은?

① 발진 회로
② 스위칭 회로
③ 증폭 회로
④ 정류 회로

> 콘덴서는 전기적인 에너지를 저장하고 방출하는데 사용되는 부품이다. 발진 회로, 증폭 회로, 정류 회로는 모두 콘덴서를 이용한 주회로이다.

19 (−)어스 방식의 장비에서 (+) 케이블은 언제 연결하는 것이 가장 타당한가?

① 먼저 연결한다.
② 나중에 연결한다.
③ (+), (−)를 동시에 연결한다.
④ (+), (−)를 접지시켜 연결한다.

> 어스 방식의 장비에서는 먼저 (+) 케이블을 연결하고 (−) 케이블을 연결한다.

|정답| 18 ② 19 ①

CHAPTER 02 축전지

01 역할

① 기동장치의 전기적 부하를 부담한다.
② 발전기 고장 시 주행을 확보하기 위한 전원으로 작용한다.
③ 운전 상태에 따른 발전기 출력과 부하와의 언밸런스(Unbalance)를 조정한다.

02 납산 축전지의 구조

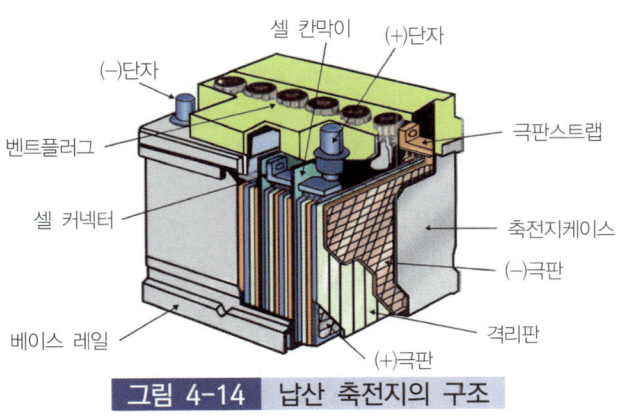

그림 4-14 납산 축전지의 구조

[1] 극판(Plate)

양극판과 음극판이 있으며, 양극판보다 음극판이 1장 더 많다.

[2] 극판군(Plate Group)

① 극판군은 1개의 단전지(1셀)이며, 단전지 1개당 기전력은 2.1V이다.
② 12V 축전지는 6개의 단전지가 직렬로 연결되어 있다.

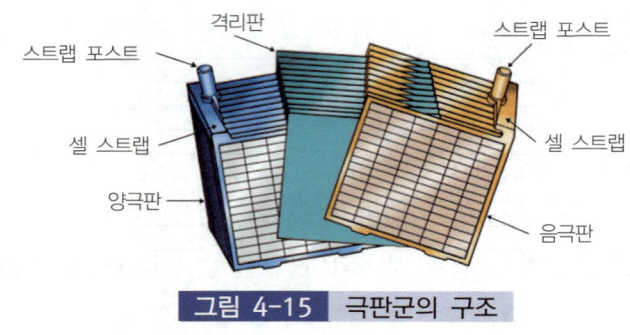

그림 4-15 극판군의 구조

[3] 격리판(Separators)

양극판과 음극판 사이에 끼워져 단락을 방지하며 구비조건은 다음과 같다.
① 기계적 강도가 있을 것
② 전해액의 확산이 잘 될 것
③ 전해액에 부식되지 않을 것
④ 전해액의 확산을 위하여 다공성일 것
⑤ 단락을 방지하기 위하여 비전도성일 것
⑥ 극판에 좋지 않은 이물질을 내뿜지 않을 것

[4] 단자 기둥(Terminal Post)

구 분	양극 터미널	음극 터미널
터미널의 직경	크다	작다
터미널의 색	적갈색	회색
표시 문자	+ 또는 P	- 또는 N
터미널에 발생되는 부식물	많다	적다

※ 양극단자는 부식되기 쉬우므로 그리스(Grease)를 엷게 발라 부식을 방지한다.

[5] 케이스(Case)

합성수지제로 제작하며 커버에는 벤트 플러그(Vent Plug)가 있어 축전지 내부에서 발생한 산소가스와 수소가스를 방출시킨다. 케이스 및 커버의 세척은 탄산소다와 물 또는 암모니아수로 한다.

[6] 전해액(Electrolyte)

양극판(PbO_2), 음극판(Pb)의 작용물질과 전해액(H_2SO_4)의 화학 반응을 일으켜 전기적 에너지를 축적 및 방출하는 작용물질로 무색, 무취의 좋은 양도체이다.

1) 전해액 만드는 방법

① 부도체의 물질, 즉 나무, 유리그릇, 플라스틱그릇, 고무그릇, 질그릇, 사기그릇 등을 이용해서 증류수를 담는다.
② 농후한 황산(1.830~1.840)을 유리봉 또는 나무대롱을 이용해서 한 방울씩 희석시키면서 젓는다.
③ 비중이 1.280~1.300이 되도록 하며 이때 전해액 온도가 45℃ 이상 되지 않도록 한다.

2) 전해액 비중

열대 지방에서는 1.240, 온대 지방에서는 1.260, 한대 지방에서는 1.280을 쓴다. 우리나라는 전해액 온도 20℃에서 1.280을 표준 비중으로 하며, 비중계로 측정한다.

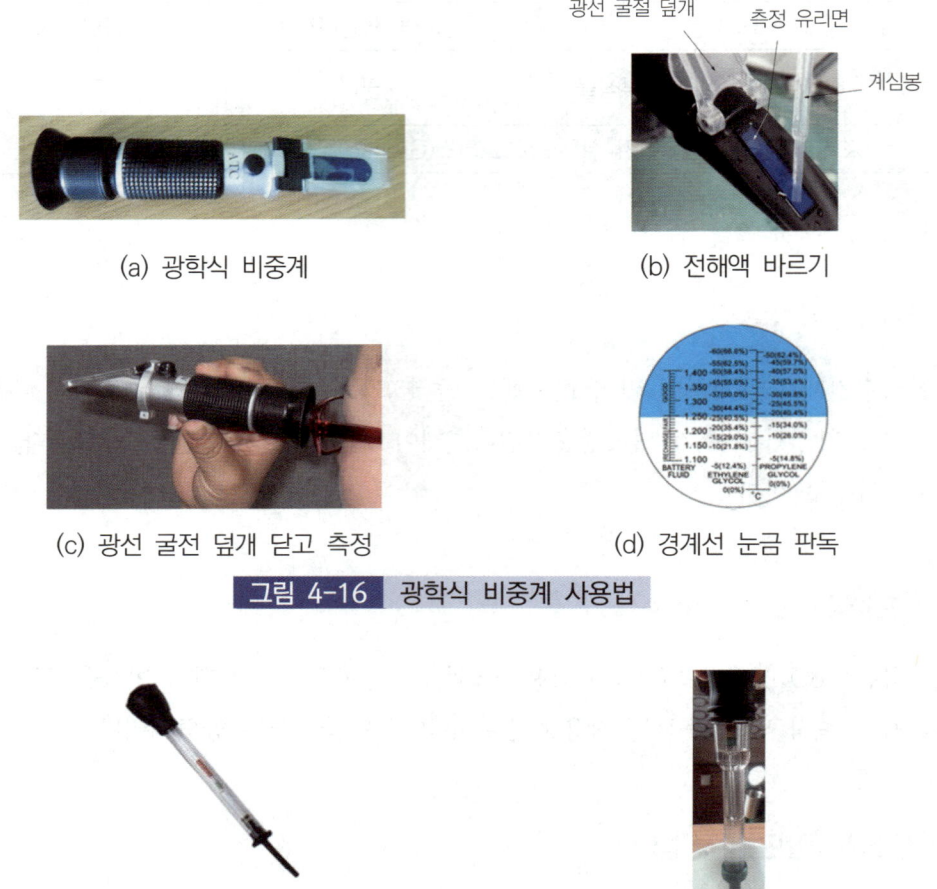

(a) 광학식 비중계 (b) 전해액 바르기

(c) 광선 굴전 덮개 닫고 측정 (d) 경계선 눈금 판독

그림 4-16 광학식 비중계 사용법

(a) 흡입식 비중계 (b) 전해액 흡입 후 뜨개 세우고 눈금 판독

그림 4-17 흡입식 비중계 사용법

3) 전해액 비중과 온도와의 관계

온도가 높으면 비중은 낮아지고, 온도가 낮으면 비중이 높아지며, 온도가 1℃ 변화에 다른 비중의 변화량은 0.0007이다. 축전지가 방전되면 비중이 낮아지고 충전되면 비중이 높아진다. 전해액 양은 극판 위 10~13mm 올라와야 하며, 부족하면 증류수를 보충해준다.

$$S20 = St + 0.0007 \times (t - 20)$$

S20 : 표준온도 20℃로 환산한 전해액의 비중,
St : t(℃)에서의 실축한 전해액의 비중, t : 측정 시 전해액의 온도(℃)

그림 4-18 전해액 높이 측정

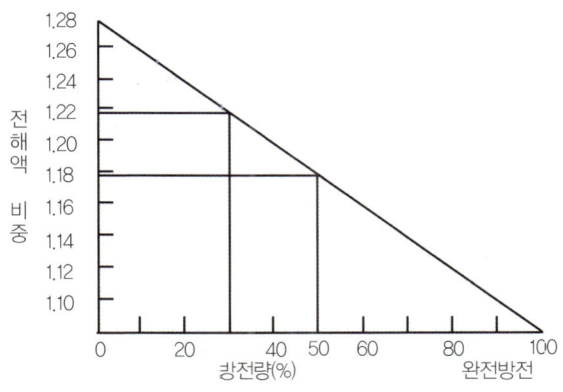

그림 4-19 전해액 비중과 방전량과의 관계

03 축전지 충 방전 작용

방전 시 화학적 에너지를 전기적 에너지로 변환하고, 충전 시 전기적 에너지를 화학적 에너지로 환원한다.

PbO_2	+	$2H_2SO_4$	+	Pb	방전 ⇌ 충전	$PbSO_4$	+	$2H_2O$	+	$PbSO_4$
(과산화납)		(묽은황산)		(해면상납)		(황산납)		(물)		(황산납)
양극		전해액		음극		양극		전해액		음극

04 축전지의 여러 가지 특성

[1] 축전지 용량

완전 충전된 축전지를 일정한 전류로 연속 방전하여 단자 전압이 방전 종지전압에 이를 때까지 사용할 수 있는 전기량으로 축전지 용량을 결정하는 요소는 다음과 같다.
① 극판의 크기(너비), 극판의 형상 및 극판의 수
② 전해액의 비중, 전해액의 온도 및 전해액의 양
③ 격리판의 재질, 격리판의 형상 및 크기

$$\text{축전지 용량(AH)} = \text{방전전류(A)} \times \text{방전시간(H)}$$

[2] 축전지의 방전율

① 20시간율 : 일정한 방전전류로 연속 방전하여 셀당 방전종지전압(1.75V)이 될 때까지 20시간 방전할 수 있는 전류의 총량으로 일반적으로 사용하는 방전율이다.
② 25암페어율 : 80°F(26°C)에서 일정한 방전전류(25A)로 방전하여 셀당 전압이 1.75V에 이를 때까지 방전할 수 있는 전류의 총량을 말한다.
③ 냉간율 : 0°F에서 300A로 방전하여 셀당 전압이 1V 강하하기까지 소요된 시간(분)을 말한다.

[3] 축전지 연결에 따른 용량과 전압의 변화

직렬로 연결하면 축전지 연결개수만큼 전압은 높아지고, 전류는 변하지 않는다. 그리고 병렬로 연결하면 전압은 변하지 않고 축전지 연결개수만큼 전류용량이 증가된다.

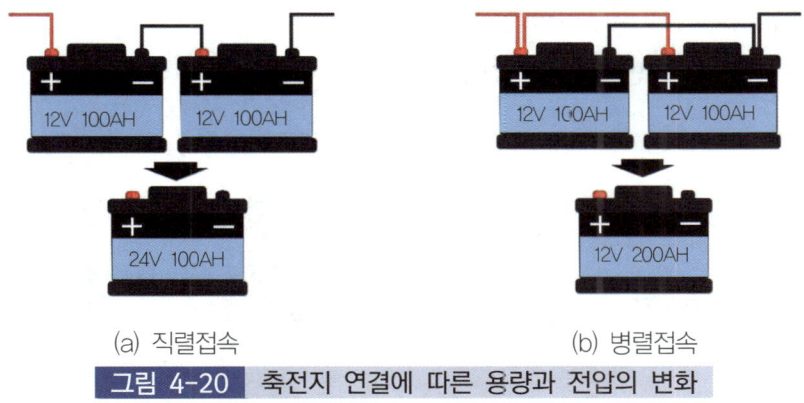

(a) 직렬접속 (b) 병렬접속

그림 4-20 축전지 연결에 따른 용량과 전압의 변화

[4] 자기방전

충전된 축전지를 사용하지 않고 방치해 두면 조금씩 자연 방전하여 용량이 감소되는 현상을 자기방전 또는 내부방전이라 한다. 자기방전의 원인은 다음과 같다.
① 단락에 의한 경우
② 구조상 부득이한 경우
③ 불순물 흡입에 의한 경우
④ 축전지 표면에 전기회로가 생겼을 경우

충전된 축전지를 사용하지 않고 장시간 보관 시 15~30일마다 충전을 요한다. 보통 24시간 동안 자기방전량은 실 용량의 0.3~1.5% 정도이고, 자기방전량은 전해액의 온도가 높을수록, 비중이 클수록 크다.

[5] 극판의 유화(sulfation) 현상

축전지를 장시간 사용하지 않고 놓아두면 자기방전으로 인하여 극판 표면에 우유빛 부도성 황산납의 결정이 생기는 것으로 원인은 다음과 같다.
① 과방전시켰을 때
② 장시간 방전상태로 방치하였을 때
③ 전해액에 불순물이 혼입되었을 때
④ 전해액 비중이 너무 높거나 낮을 때

⑤ 충전 부족 상태에서 사용하였을 때
⑥ 전해액 부족으로 극판이 공기 중에 노출되었을 때

05 축전지 충전

[1] 충전 목적에 따른 충전

1) 초 충전
축전지를 제조 후 처음으로 사용하기 위해 충전시키는 상태

2) 보 충전
사용 중 또는 자기방전에 의하여 부족한 용량을 보충시키기 위한 충전
① 정전류 충전(Constant – Current Charging) : 일정한 전류로 계속 충전하는 방법으로 충전전류는 축전지 용량의 $\frac{1}{10} \sim \frac{1}{20}$ 이다.
② 정전압 충전(Constant – Vol age Charging) : 전압은 일정하고, 전류는 초기에 많게 되고 충전량에 따라 낮아지는 충전 방법
③ 급속 충전(Quick Charging) : 시간적 여유가 없을 때 급속충전기를 이용하여 짧은 시간에 충전하는 방법으로 충전 전류는 축전지 용량의 $\frac{1}{2}$ 정도로 한다.

[정전류 충전과 정전압 충전의 비교]

구분	정전류 충전	정전압 충전
충전	1. 충전시작에서 끝까지 일정전류로 충전한다. 2. 충전전류는 축전지 용량의 1/10 이하로 한다.	1. 충전시작에서 끝까지 일정 전압으로 충전한다. 2. 충전전압은 축전지 단자 전압의 20%를 더한 정도로 행한다.
충전 말기 현상	1. 충전이 진행됨에 따라 전압 비중이 상승하며 충전 최종기는 더욱 심하다. 2. 가스 방출 시작 후의 전해액 비중을 15분마다 3회 정도 측정하여 그 측정값이 동일하게 계속되면 충전이 완료된 것이다.	1. 충전 초기에는 대전류가 흘러 충전이 진행함에 따라 전류는 서서히 감소하여 마지막에는 극히 작은 전류만 흐른다. 2. 정전류 충전과는 달리 가스 발생은 거의 없다.
주의 사항	1. 과충전에 주의한다. 2. 될 수 있는 대로 작은 전류로 장시간 한다.	1. 충전 초기에는 큰 전류가 흐른다.

[2] 충전 시 주의사항

① 충전하는 장소는 반드시 환기장치를 한다.
② 각 셀의 벤트 플러그를 열고, 원칙적으로 직렬접속 충전을 한다.
③ 충전 중 축전지 전해액 온도가 45℃ 이상 올라가지 않도록 주의하여야 한다.
④ 과충전시키지 말아야 한다(양극판 격자의 산화 촉진).
⑤ 건설기계에서 탈착하지 않고 충전 시에는 (+), (−) 양쪽 케이블을 분리해야 한다(발전기 다이오드 파손 방지).
⑥ 축전지에 화기를 가까이하지 말아야 한다(수소가스가 폭발성 가스이기 때문에).

06 축전지 점검 및 정비

[1] 축전지가 충전되는 즉시 방전되는 원인

① 축전지 내부에 불순물이 과다 축적되었을 때
② 방전종지전압까지 된 상태에서 충전되었을 때

③ 격리판 파손으로 양쪽 극판이 단락되었을 때
④ 불순물 혼입으로 국부전지가 구성되었을 때

[2] 축전지 보관 방법

① 어둡고 서늘한 곳에 둔다.
② 완충전 상태를 유지한다.
③ 커버 및 케이스를 세척한다.
④ 2주에 1번씩 보충전한다.

[3] 축전지 시험 시 주의사항

① 부하 시간은 15초 이상으로 하지 않는다.
② 축전지 전해액이 옷에 묻지 않도록 한다.
③ 기름 묻은 손으로 시험기를 조작하지 않는다.
④ 부하 전류는 용량의 3배 이상으로 조정하지 말아야 한다.
⑤ 테스터의 빨간색 리드는 (+) 단자에, 검은색 리드는 (-) 단자에 연결한다.
⑥ 전류계는 부하와 직렬접속하고, 전압계는 부하와 병렬 접속한다.

[4] 축전지 탈·부착 방법

① 건설기계에서 축전지를 떼어낼 때에는 접지 터미널의 케이블을 먼저 푼다.
② 축전지 터미널에 케이블을 연결할 때는 (+) 단자부터 먼저 접속하고, 분리할 때에는 (-) 단자부터 먼저 탈착한다.

필기 예상 문제

01 배터리의 충전은 어떤 작용을 이용한 것인가?

① 전기적 작용
② 화학적 작용
③ 기계적 작용
④ 물리적 작용

> 배터리는 화학적 작용을 이용하여 배터리를 충전한다.

02 납산축전지의 양극판과 음극판의 수는?

① 모두 같다.
② 양극판이 1장 더 많다.
③ 음극판이 1장 더 많다.
④ 양극판이 2장 더 많다.

> 양극판이 음극판보다 더 활성적이기 때문에 화학적 평형을 유지하기 위해서 음극판이 1장 더 많다.

03 격리판의 구비조건이 아닌 것은?

① 전도성일 것
② 다공성일 것
③ 전해액의 확산이 잘될 것
④ 전해액에 부식되지 않을 것

> 격리판은 비전도성이어야 한다.

04 격리판은 홈이 있는 면이 양극판 쪽으로 끼워져 있다. 그 이유로서 적절하지 않은 것은?

① 양극판의 작용물질이 탈락되는 것을 방지하기 위해서
② 양극판에 전해액을 풍부히 통하도록 하기 위해서
③ 전해액의 확산을 좋게 하기 위해서
④ 양극판의 산화에 의하여 격리판이 부식되는 것을 방지하기 위하여

> 격리판은 홈이 있는 면이 양극판 쪽으로 끼워져 있는 이유
> ① 양극판에 전해액을 풍부히 통하도록 하기 위해서
> ② 전해액의 확산을 좋게 하기 위해서
> ③ 양극판의 산화에 의하여 격리판이 부식되는 것을 방지하기 위하여

05 축전지의 단자 기둥에 대한 설명으로 틀린 것은?

① 양극 단자기둥은 부식되기 쉽다.
② 단자기둥은 납합금으로 제작한다.
③ 음극 단자기둥보다 양극 단자기둥의 직경이 크다.
④ 음극 단자기둥이 양극 단자기둥의 직경보다 크다.

|정|답| 01 ② 02 ③ 03 ① 04 ① 05 ④

06 축전지 단자의 부식을 방지하기 위한 방법으로 옳은 것은?

① 경유를 바른다.
② 그리스를 바른다.
③ 엔진오일을 바른다.
④ 탄산나트륨을 바른다.

07 축전지 셀당 기전력은 얼마인가?

① 1.50V
② 1.75V
③ 2.10V
④ 2.30V

> 축전지 셀당 기전력은 2.10V이다.

08 축전지를 충전하면 음극판은 무엇으로 되는가?

① PbO_2
② Pb
③ $PbSO_4$
④ $2H_2O$

> 축전지가 충전하면, 양극판의 과산화납황산납($PbSO_4$)이 (PbO_2)으로 환원되고, 음극판에서 황산납($PbSO_4$)이 납(Pb)으로 환원된다.

09 축전지용 전해액은 어느 것인가?

① $2H_2O$
② H_2O_2
③ $PbSO_4$
④ $2H_2SO_4$

> 축전지의 전해액은 묽은 황산($2H_2SO_4$)을 사용한다.

10 축전지가 완전히 충전되었을 때 전해액의 비중은?

① 1.000
② 1.150
③ 1.200
④ 1.280

> 축전지가 완전히 충전되었을 때 전해액의 비중은 1.260~1.280이다.

11 축전지의 비중과 충전 상태를 표시한 것으로 틀린 것은?

① 1.220~1.240 : 75% 충전
② 1.190~1.210 : 50% 충전
③ 1.140~1.160 : 25% 충전
④ 1.110 이하 : 완전방전

> 축전지의 비중과 충전 상태
> ① 1.260~1.280 : 완전 충전
> ② 1.240~1.260 : 75% 충전
> ③ 1.220~1.240 : 50% 충전
> ④ 1.190~1.220 : 25% 충전
> ⑤ 1.160~1.190 : 10% 충전
> ⑥ 1.110 이하 : 완전 방전

12 배터리의 전해액은 극판 위에서 몇 mm일 때 가장 적당한가?

① 3~7mm
② 10~13mm
③ 15~18mm
④ 20~23mm

> 전해액은 극판 위 10~13mm 정도 유지하는 것이 가장 적당하다.

|정답| 06 ② 07 ③ 08 ② 09 ④ 10 ④ 11 ③ 12 ②

13 배터리에 사용되는 전해액을 만들 때 올바른 방법은?

① 황산을 가열하여야 한다.
② 철재의 용기를 사용한다.
③ 물을 황산에 부어야 한다.
④ 황산을 물에 부어야 한다.

> 배터리 전해액을 만들 때는 황산을 물에 부어야 한다.

14 건설기계의 축전지 충전 상태를 측정할 수 있는 것은?

① 압력계
② 저항시험기
③ 비중계
④ 그로울러 테스터

> 비중계는 전해액의 비중을 측정하여 충전 상태를 간접적으로 측정할 수 있는 도구이다.

15 축전지를 충전할 때 충전 정도를 알기 위하여 사용하는 가장 좋은 방법은?

① 전압 측정
② 전해액 비중측정
③ 전류측정
④ 충전 시간측정

> 축전지의 충전 정도는 전압이나 전류, 충전 시간으로는 정확하게 파악하기 어렵다. 따라서 충전 시에는 전해액 비중측정이 가장 좋은 방법이다.

16 축전지 셀의 극판수가 증가하면?

① 용량이 감소된다.
② 저항이 증가한다.
③ 이용전류가 증가한다.
④ 허용전압이 증가한다.

> 축전지 셀의 극판수가 증가하면 축전지의 표면적이 증가하여 용량이 증가한다.

17 축전지의 용량 단위는?

① Ah
② A
③ W
④ VA

> Ah는 측전지의 용량을 나타내는 단위로 1Ah는 1암페어의 전류를 1시간 동안 방전할 수 있는 용량을 의미한다.

18 축전지의 설페이션(유화)의 원인이 아닌 것은?

① 과방전한 경우
② 장기간 방전상태로 방치하였을 때
③ 전해액의 부족으로 극판이 노출되어 있을 때
④ 전해액에 증류수가 혼입되어 있을 때

> 축전지의 설페이션은 납산 축전지의 양극판 표면에 황산납 결정이 생성되는 현상을 의미하며, 설페이션(유화)의 원인은 과방전, 장기간 방치, 전해액 부족 등이 있다.

| 정 | 답 | 13 ④ 14 ③ 15 ② 16 ③ 17 ① 18 ④

19 두 개의 축전지에 대한 정전류 충전법으로 틀린 것은?

① 용량이 큰 축전지의 충전전류를 기준으로 한다.
② 용량이 같은 경우 직렬접속 충전방법을 사용한다.
③ 충전 예상시간을 넘기면 과충전될 우려도 있다.
④ 병렬접속 충전방법은 축전지 용량이 동일할 때만 가능하다.

두 개의 축전지 용량이 다를 경우, 용량이 작은 축전지의 충전전류를 기준으로 해야 한다.

20 150Ah인 축전지를 급속 충전할 때 충전전류로 가장 적합한 것은?

① 30A ② 55A
③ 75A ④ 100A

150Ah의 축전지를 급속 충전할 때, 일반적으로 충전전류는 축전지 용량의 50%인 75A가 가장 적합하다.

21 120AH의 축전지가 매일 1% 자기방전을 한다. 이것을 보완키 위하여 미전류 충전기의 충전전류는 몇 A로 조정하면 되겠는가?

① 0.05A
② 0.1A
③ 0.12A
④ 0.5A

120AH의 축전지가 매일 1% 자기방전을 하므로, 하루에 1.2AH의 전력이 소모된다. 하루는 24시간이므로, 1.2AH ÷ 24시간 = 0.05A

22 120AH 축전지가 매일 3%의 자기방전을 한다. 이것을 보존하기 위하여 미전류 충전기로 충전할 때 충전전류는 몇 A로 조정하여 두면 되는가?

① 0.05A
② 0.1A
③ 0.15A
④ 0.20A

120AH의 축전지가 매일 3% 자기방전을 하므로, 하루에 3.6AH의 전력이 소모된다. 하루는 24시간이므로, 3.6AH ÷ 24시간 = 0.15A

23 지금 축전지에서 기전력이 13.2V, 방전전류가 80A, 축전지의 내부저항이 0.03Ω일 때, 단자전압은?

① 10.8V
② 9.6V
③ 10.5V
④ 15.6V

단자전압은 축전지의 기전력에서 내부저항으로 인한 전압강하를 고려하여 계산된다. 따라서, 단자전압 = 기전력 − (방전전류 × 내부저항) = 13.2V − (80A × 0.03Ω) = 10.8V

24 200AH인 축전지로는 10A의 전류를 몇 시간 계속 방전시킬 수 있는가?

① 10시간 ② 20시간
③ 30시간 ④ 40시간

$$\frac{200AH}{10A} = 20H$$

| 정답 | 19 ① 20 ③ 21 ① 22 ③ 23 ① 24 ② |

25 12V 100AH의 축전지 2개를 직렬로 접속하면?

① 12V, 100AH가 된다.
② 12V, 200AH가 된다.
③ 24V, 100AH가 된다.
④ 24V, 200AH가 된다.

> 축전지를 직렬로 접속하면 전압은 더해지고 용량은 그대로 유지된다. 따라서 12V 100AH의 축전지 2개를 직렬로 접속하면 전압이 12V+12V=24V가 되고 용량은 100AH로 유지된다.

26 12V 축전지 4개를 병렬로 연결했을 때 전압[V]은?

① 48   ② 36
③ 24   ④ 12

> 축전지의 전압은 각각 12V이므로 병렬연결 시 전압은 변하지 않고 12V로 유지한다.

27 12(V), 100(AH)의 축전지 2개를 병렬로 접속하면?

① 24(V), 100(AH)가 된다.
② 12(V), 100(AH)가 된다.
③ 24(V), 200(AH)가 된다.
④ 12(V), 200(AH)가 된다.

> 축전지의 전압은 병렬접속 시에는 변하지 않고, 용량은 더해진다. 따라서 12V, 100AH의 축전지 2개를 병렬로 접속하면 전압은 12V로 유지되고, 용량은 100AH + 100AH = 200AH가 된다.

28 충전 시 축전지에서 가스 발생이 거의 없고 일정한 전압이 유지되며 충전 효율이 좋으나 충전 초기어 큰 전류가 흘러서 축전지 수명에 크게 영향을 미치는 충전법은?

① 정전압 충전법
② 단결전류 충전법
③ 정전위 충전법
④ 급속저항 충전법

> 정전압 충전법은 충전 시 일정한 전압을 유지하면서 충전하는 방법으로, 충전 초기에 큰 전류가 흐르지 않아 축전지 수명에 큰 영향을 미치지 않는다. 따라서 충전 효율이 좋고 가스 발생이 거의 없다.

29 충전 중 화기를 가까이하면 축전지가 폭발할 수 있는데 무엇 때문인가?

① 산소가스
② 전해액
③ 수소가스
④ 수증기

> 축전지를 충전할 때 양극판에서는 산소가스가 음극판에서는 수소가스가 발생된다. 수소가스가 폭발성이라 화기를 가까이 하면 축전지가 폭발할 수 있다.

30 축전지 취급 시 주의할 사항 중 틀린 것은?

① 충전실은 환기가 잘 되게 한다.
② 전해액의 보충은 비중계를 사용한다.
③ 중화제는 중탄산소오다수를 사용한다.
④ 충전상태는 불꽃 방전시켜서 알아본다.

> 충전상태는 전압계나 전류계를 사용하여 측정한다.

| 정답 | 25 ③ 26 ④ 27 ④ 28 ① 29 ③ 30 ④

CHAPTER 03 예열장치

실린더나 흡기다기관 내의 공기를 예열시켜 기관의 시동을 보조해 주는 장치

01 예열 플러그식

예 연소실식, 와류실식 등에 사용하며 연소실에 설치한다.
① 코일형 : 직렬로 결선되며, 히트 코일이 노출되어 있다.
② 실드형 : 병렬로 결선되며, 히트 코일이 내열성 절연 분말에 충전한 보호 금속관 속에 들어 있다.

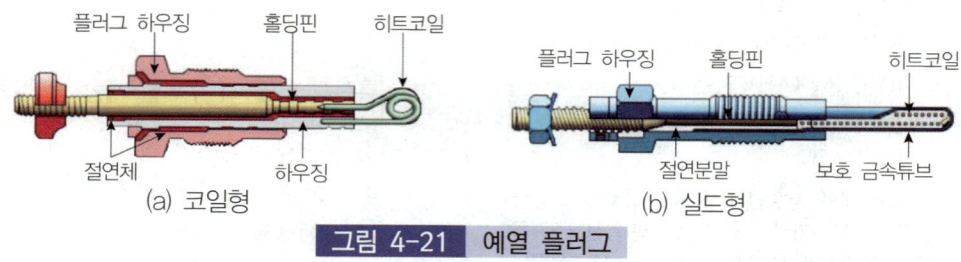

그림 4-21 예열 플러그

구분	코일형 예열 플러그	실드형 예열 플러그
회로연결	직렬접속	병렬접속
예열시간	40~60초	60~90초
소비전력	30~40W	60~110W
전류	30~60A	5~6A
예열온도	950~1050℃	950~1050℃

02 흡기 가열식

직접 분사실식에서 사용하며, 흡기다기관에 부착된다.

① 히트 레인지(Heat Range) : 흡기다기관에 전열식 히터(Heater)를 설치하여 흡입공기를 가열하는 형식이며, 용량은 400~600W이다.

② 흡기 히터(Intake Heater) : 흡기다기관에 이그나이터(Igniter)를 두고, 이것에 의해 착화 연소시켜 흡입 공기를 가열하는 방식

그림 4-22 히트 레인지

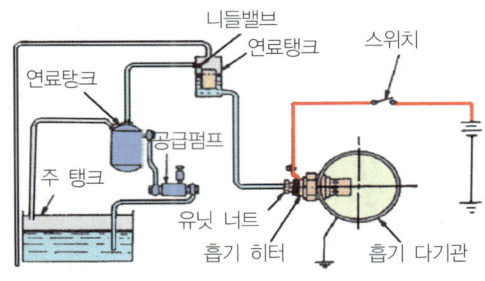

그림 4-23 흡기 히터

필기 예상 문제

01 예열플러그 및 히트레인지에 대한 설명 중 잘못된 것은?

① 코일형(coil type)과 실드형(shield type) 예열 플러그가 있다.
② 예열플러그 발열부의 온도는 약 950~1050℃이다.
③ 히트 레인지(heat range)의 히터 용량은 400~600W 정도이다.
④ 코일형(coil type) 예열 플러그의 예열시간은 5~10초이다.

> 코일형 예열 플러그는 예열시간이 1~2초이며, 실드형 예열 플러그가 5~10초이다.

02 실드형 예열플러그의 설명 중 틀린 것은?

① 병렬로 결선되어 있다.
② 발열부가 가는 열선으로 되어 있다.
③ 저항기가 필요치 않다.
④ 히트 코일이 연소실에 직접 노출되어 있다.

> 히트 코일이 연소실에 직접 노출되어 있지 않다.

03 디젤엔진에서 공기 예열 경고등의 기능이 아닌 것은?

① 흡입공기의 예열상태를 표시한다.
② 예열완료 시 소등된다.
③ 엔진의 온도로 작동된다.
④ 시동이 완료되면 소등된다.

> 디젤엔진에서 공기 예열 경고등은 흡입공기를 예열하여 연소 효율을 높이기 위한 기능을 수행하며, 이를 표시하기 위한 것이다. 따라서 이 경고등은 엔진의 온도와는 무관하게 작동된다.

04 디젤 엔진의 예열장치 점검 사항이 아닌 것은?

① 예열 플러그 단선 점검
② 예열 플러그 양부 점검
③ 접지 전극 점검
④ 예열 플러그 파일럿 및 예열 플러그 저항값 점검

> 접지 전극은 예열장치의 전기적 안전성을 보장하기 위한 것으로, 예열장치의 작동에 직접적인 영향을 미치지 않는다. 따라서 예열장치의 작동에 필수적인 예열 플러그 단선 점검, 예열 플러그 양부 점검, 예열 플러그 파일럿 및 예열 플러그 저항값 점검은 필수적인 사항이다.

| 정답 | 01 ④ 02 ④ 03 ③ 04 ③

CHAPTER 04 시동장치

기관을 시동시키기 위하여 흡입과 압축 행정에 필요한 에너지를 외부로부터 공급하여 기관을 회전시키는 장치

01 작동 원리

기동 전동기의 원리는 플레밍의 왼손법칙(fleming' left hand rule)으로 왼손의 엄지, 인지, 중지를 서로 직각이 되게 펴고 인지를 자력선의 방향으로, 중지를 전류의 방향에 일치시키면 도체에는 엄지의 방향으로 전자력이 작용한다는 법칙이다. 계자 철심 내에 설치된 전기자에 전류를 공급하면 전기자는 플레밍의 왼손법칙에 따르는 방향의 힘을 받는다. 이 원리에 따라 전기자에 전류를 흐르게 하면 전기자 양쪽의 전류 방향이 역으로 되므로 회전력이 작용하여 회전운동을 발생시킨다.

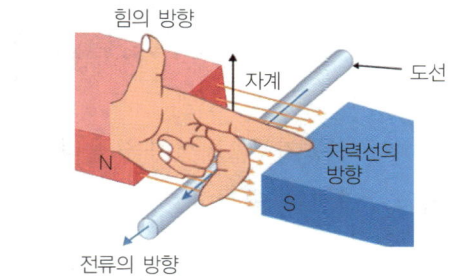

그림 4-24 플레밍의 왼손법칙과 전동기의 원리

02 종류와 특성

직류 전동기는 계자 코일과 전기자 코일의 접속 방법에 따라 직권, 분권, 복권으로 구분되며 건설기계용은 직권전동기가 주로 사용되고 있다.

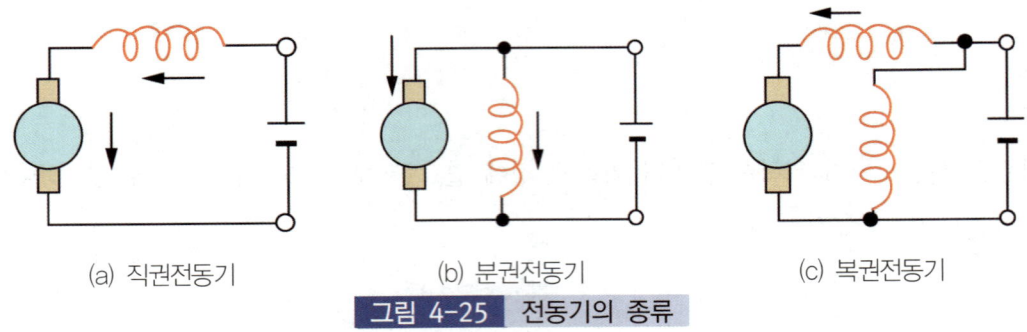

(a) 직권전동기 (b) 분권전동기 (c) 복권전동기

그림 4-25 전동기의 종류

[직권식과 분권식 비교]

구 분	장 점	단 점	사용용도
직권식	1. 기동 회전력이 크다. 2. 부하를 크게 하면 회전속도가 낮아지고 흐르는 전류는 커진다.	회전속도의 변화가 크다.	기동 모터
분권식	1. 회전속도가 거의 일정하다.	회전력이 비교적 작다	전동 팬 모터

03 구조와 작동

기동 전동기는 회전력을 발생하는 전동기부, 회전력을 플라이휠에 전달하는 동력 전달부, 솔레노이드 작동에 의해 B단자와 F단자를 연결하는 스위치부로 크게 3주요부로 구성되어 있다.

그림 4-26 기동전동기의 구조

[1] 전동기부

1) 전기자(Armature)

회전력을 발생하는 부분으로 전기자축, 전기자 철심, 전기자 코일 등으로 구성되어 있다.

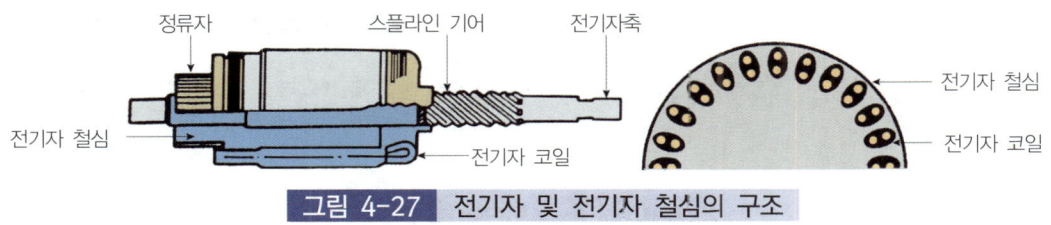

그림 4-27 전기자 및 전기자 철심의 구조

① 전기자 철심 : 전기자 철심은 자력선을 잘 통과시키고 맴돌이 전류를 감소시키기 위해 얇은 규소 철판을 각각 절연하여 성층철심으로 하였으며, 바깥둘레에는 전기자 코일이 들어가는 홈(slot)이 파져 있다.

② 오버러닝 클러치(Over Running Clutch, 원웨이 클러치(One Way Clutch))는 엔진이 시동되면 기동 전동기 피니언과 엔진의 플라이휠 링 기어가 물린 상태이므로 이번엔 반대로 엔진에 의해 기동 전동기가 고속으로 구동되어 전동기가 손상된다. 이를 방지하기 위해 엔진이 시동된 후 피니언이 공전하여 기동전동기가 구동되지 않도록 하는

기구이다. 오버닝 클러치에는 롤러 방식(Roller Type) 오버닝 클러치, 스프래그 방식(Sprag Type) 오버닝 클러치, 다판 클러치 방식(Multi – Plate Clutch Type) 등이 있다.

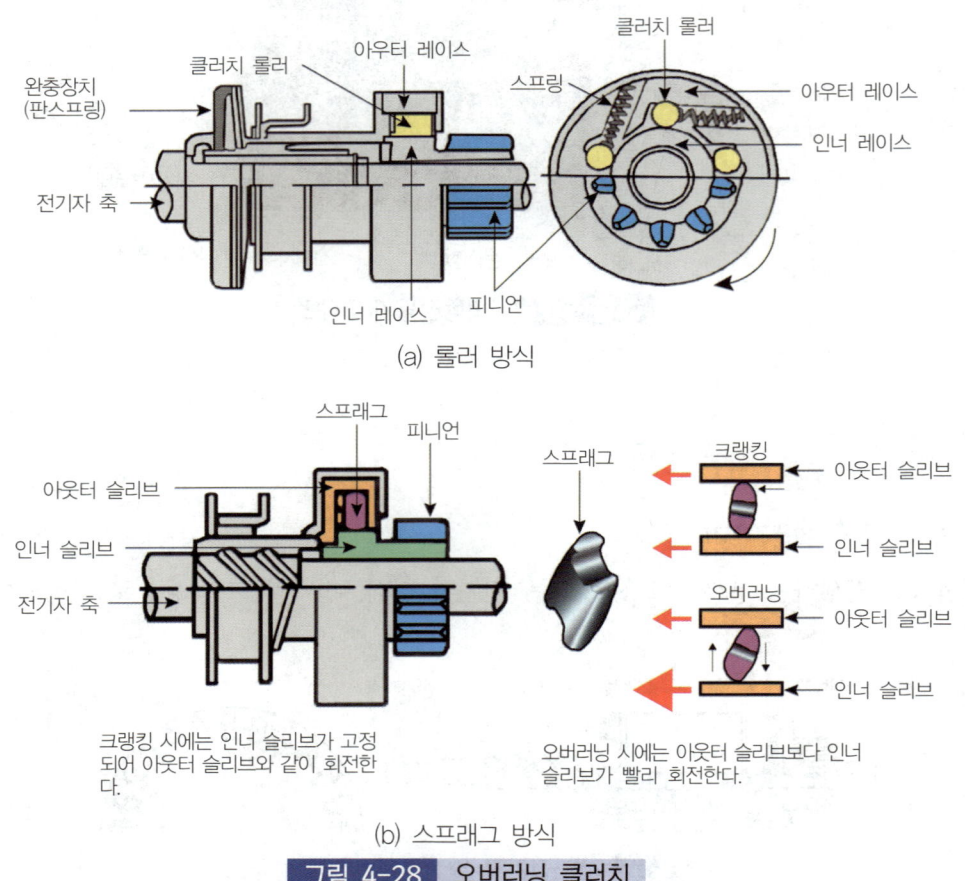

그림 4-28 오버닝 클러치

③ 기동전동기의 전기자를 시험하는데 사용되는 시험기는 그로울러 시험기(Growler Test)이며, 시험 항목은 전기자의 단선(개회로), 단락, 접지 시험이다.

2) 브러시(Brush)

정류자에 접촉되어 전류를 공급하는 금속계 흑연으로 되어 있으며 자극수와 브러시 수는 일반적으로 같고 규정 길이에서 1/3 이상 마모 시 교환한다.

[2] 동력 전달부

전동기에서 발생한 회전력을 엔진 플라이휠에 전달하는 기구로서 링 기어와 피니언 기어의 감속비는 10~15:1이며, 벤딕스식, 피니언 섭동식, 전기자 섭동식이 있다.

1) 관성 섭동식(Bendix Type)

회전 너트의 원리를 이용한 것으로 피니언의 관성과 전동기가 무부하 상태에서 고속 회전하는 성질을 이용하여 동력을 전달한다.

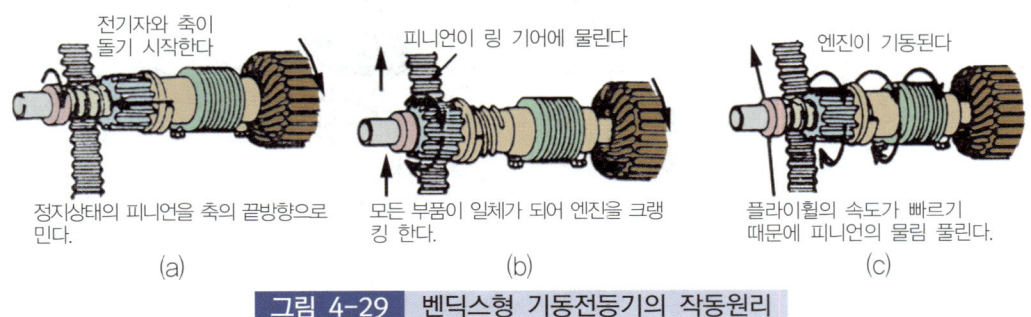

그림 4-29 벤딕스형 기동전동기의 작동원리

2) 피니언 섭동식(Sliding Gear Type)

피니언의 섭동과 기동 전동기 스위치의 개폐를 전자력으로 하며 솔레노이드 스위치(Solenoid Switch)를 사용하며 현재 가장 많이 사용된다.

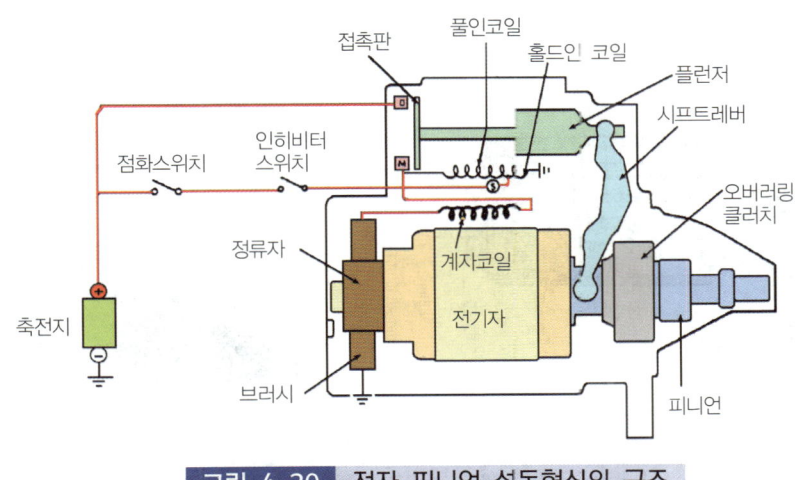

그림 4-30 전자 피니언 섭동형식의 구조

3) 전기자 섭동식(Armature Shift Type)

계자 중심과 전기자 중심이 일치되지 않고 약간의 위치차를 두고 조립되어 있으며, 계자 코일에 전류가 흘러 전자석이 되면 자력선은 가장 가까운 거리를 통과하려는 성질 때문에 전기자가 섭동되어 링 기어와 물려 동력을 전달한다.

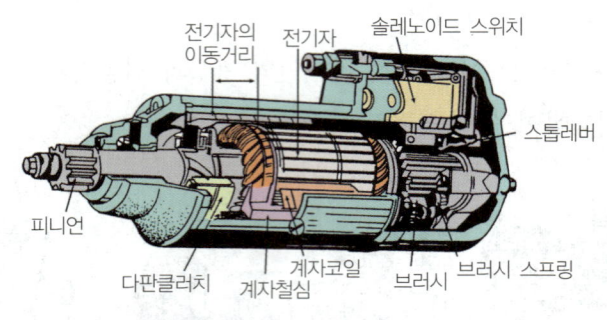

그림 4-31 전기자 섭동방식의 구조

[3] 스위치부

키스위치를 작동하면 기동 전동기로 흘러 들어가는 주 전류를 접속하는 전자석 스위치이며 2개의 코일로 구성되어 있다.

① 풀인 코일(Pull-In Coil) : 플런저(plunger)를 잡아당기는 역할을 한다.
② 홀드인 코일(Hold-In Coil) : 풀인 코일에 의해서 당겨진 플런저를 유지하는 역할을 한다.

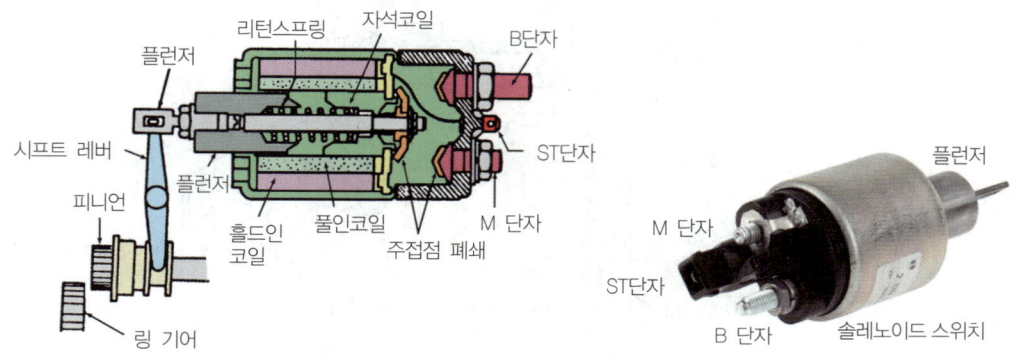

그림 4-32 솔레노이드 스위치의 구조

04 기동 전동기 점검 정비

[1] 기동 전동기 다루기

① 기동 전동기 허용 연속 사용시간은 10~15초 정도로 하고, 최대 연속 운전시간은 30초 이내로 해야 한다.
② 기관이 시동된 후에는 기동 전동기 스위치를 닫아서는 안 된다.

[2] 기동 전동기가 회전하지 않는 원인

① 계자코일 손상
② 축전지 전압 저하
③ 브러시와 정류자 밀착 불량
④ 기동 전동기 자체 손상
⑤ 기동 스위치 접촉 및 배선 불량

> **참고**
>
> 1. 기동 전동기의 필요 회전력 = $\dfrac{\text{피니언의 잇수} \times \text{회전 저항}}{\text{링 기어의 잇수}}$
> 2. 기동 전동기 성능시험 항목 : 무부하 시험, 회전력 시험, 저항 시험
> 3. 기동 전동기 요구 출력
>   ① 디젤 엔진 : 3~10ps(2.2~7.4kW)
>   ② 가솔린 엔진 : 0.5~1.5ps(0.3~1.1kW)

건설기계정비기능사

필기 예상 문제

01 시동전동기의 작동원리는?

① 플레밍의 오른손법칙
② 렌츠의 법칙
③ 플레밍의 왼손법칙
④ 앙페르의 법칙

> 시동전동기는 플레밍의 왼손법칙으로 계자철심 내에 설치된 전기자에 전류를 공급하면 전기자는 플레밍의 왼손법칙에 따르는 방향의 힘을 받는다.

02 최초의 흡입과 압축 행정에 필요한 에너지를 외부로부터 공급하여 엔진을 회전시키는 장치는?

① 충전장치
② 흡입장치
③ 시동장치
④ 폭발장치

> 시동장치는 엔진을 최초로 회전시켜 흡입과 압축 행정에 필요한 에너지를 외부로부터 공급하는 역할을 한다.

03 최근에 많이 사용되는 건설기계 기관의 기동모터는?

① 직류 직권식
② 교류 분권식
③ 교류 복권식
④ 직류 차동 복권식

> 최근에 많이 사용되는 건설기계 기관의 기동모터는 직류 직권식이다. 직류 직권식은 구조가 간단하고 작동 속도와 토크가 안정적이다. 또한, 직류 직권식 모터는 속도 조절이 용이하고, 저전력에서도 높은 효율을 보이기 때문에 에너지 절약에도 효과적이다.

04 다음 중 기동 전동기의 부품이 아닌 것은?

① 계자코일
② 로터코일
③ 전기자
④ 솔레노이드 스위치

> 로터코일은 발전기 부품으로 축전지의 전류를 브러시와 슬립링을 통해 공급받아 강력한 자력선을 형성한다.

| 정답 | 01 ③ 02 ③ 03 ① 04 ②

05 링 기어의 잇수 120, 피니언의 잇수가 12일 때 총배기량이 1500cc이고 기관회전 저항이 7kgf·m이라면 기동전동기가 필요로 하는 최소 회전력은?

① 0.7kgf·m
② 1.0kgf·m
③ 1.2kgf·m
④ 1.5kgf·m

> 기동전동기의 필요 회전력
> $= \dfrac{\text{크랭크축 회전력} \times \text{피니언의 잇수}}{\text{링기어의 잇수}} = \dfrac{7 \times 12}{120}$
> $= 0.7 \text{kgf} \cdot \text{m}$

06 디젤엔진의 시동 전동기에서 정류자를 통하여 전기자코일에 전류를 공급하는 것은?

① 브러시
② 계자철심
③ 전류 조정기
④ 컷 아웃 릴레이

> 디젤엔진의 시동 전동기의 브러시는 정류자를 통해 전기자 코일에 전류를 공급한다.

07 기동 전동기의 마그넷 스위치 작동에 대한 설명 중 틀린 것은?

① 풀인 코일에 흐르는 전류는 전기자에 토크를 발생시킨다.
② 풀인 코일에 전류가 흐르면 피니언이 서서히 회전을 시작한다.
③ 주 스위치가 닫혀 지면 풀인 코일은 단락된다.
④ 풀인 코일은 홀드인 코일보다 저항이 크다.

> 풀인 코일은 플런저를 잡아당기는 역할만 하면 되기 때문에 굵은 선으로 적게 감겨 저항이 적고, 홀드인 코일은 풀인 코일에 의해서 당겨진 플런저를 유지해야 하므로 가는 선으로 많이 감겨 있어 풀인 코일보다 저항이 크다.

08 시동 전동기의 계철의 역할은 무엇인가?

① 전압을 발생시킨다.
② 전기자를 회전시킨다.
③ 전류를 일정한 방향으로 흐르도록 한다.
④ 자력선의 통로로 자력손실을 방지한다.

> 계철은 자력선의 통로로 자력 손실을 방지한다.

09 시동 전동기에서 정류자가 하는 역할은?

① 교류를 직류로 정류한다.
② 전류를 양방향으로 흐르도록 한다.
③ 전류를 역방향으로 흐르도록 한다.
④ 전류를 일정한 방향으로 흐르도록 한다.

> 정류자는 브러시에서 공급되는 전류를 일정한 방향으로 흐르도록 하는 역할을 한다.

10 시동 전동기의 브러시는 얼마 이상 마모 시 교환하는가?

① 1/2
② 1/3
③ 1/4
④ 3/4

> 시동 전동기의 브러시는 1/3 이상 마모되면 교환을 해야 한다.

|정|답| 05 ① 06 ① 07 ④ 08 ④ 09 ④ 10 ②

11 시동전동기 중 오버러닝 클러치를 사용하지 않는 방식은?

① 벤딕스식
② 전기자 섭동식
③ 풀인방식
④ 전기자 섭동식

> 벤딕스식은 피니언의 회전관성을 이용하므로 오버러닝 클러치를 사용하지 않는다.

12 시동 전동기의 솔레노이드 스위치에 대한 설명으로 틀린 것은?

① 전자석을 이용하여 전동기에 전원을 공급한다.
② 풀인 코일은 플런저를 잡아당긴다.
③ 홀드인 코일은 당겨진 플런저를 유지한다.
④ 풀인 코일은 병렬로, 홀드인 코일은 직렬로 연결된다.

> 솔레노이드의 풀인 코일은 직렬로, 홀드인 코일은 병렬로 연결된다.

13 다음 중 시동 전동기의 피니언과 링 기어의 물림 방식에 속하지 않는 것은 어느 것인가?

① 피니언 섭동식
② 벤딕스식
③ 전기자 섭동식
④ 유니버설식

> 시동전동기 피니언과 링 기어의 물림 방식에는 벤딕스식, 전기자 섭동식, 피니언 섭동식이 있다.

14 시동 전동기의 허용 연속 사용시간으로 가장 적당한 것은?

① 2분 이내
② 1분 이내
③ 50초 이내
④ 15초 이내

> 기동 전동기 연속 사용시간은 10~15초 정도로 하고, 기관이 시동되지 않으면 다른 부분을 점검한 후 다시 시동하도록 한다.

15 기동 전동기의 전기자를 시험하는 데 사용되는 시험기는?

① 전압계
② 전류계
③ 저항 시험기
④ 그로울러 시험기

> 그로울러 시험기는 기동 전동기의 전기자의 코일 단락, 단선, 접지 결함을 검사하는 시험기이다.

16 시동 전동기에 전류가 흐르지 않는 원인은 다음 중 어느 것인가?

① 내부 접지
② 전기자 코일의 단락
③ 전기자 코일의 개회로
④ 로터 코일의 단락

> 전기자 코일의 개회로(단선)가 되면 시동전동기에 전류가 흐르지 않는다.

|정|답| 11 ① 12 ④ 13 ④ 14 ④ 15 ④ 16 ③

17 전기자 시험에서 사용되는 그로울러는 전기자의 무엇을 시험하는가?

① 단락, 단선, 접지시험
② 다이오드의 단선시험
③ 저항시험
④ 절연저항시험

그로울러는 전기자의 단락, 단선, 접지 상태를 시험하는데 사용된다.

18 그로울러 시험기로 전기자 위에 철편을 놓고 천천히 회전시켰더니 흡입 또는 진동을 하였을 때는?

① 단선   ② 단락
③ 접지 불량   ④ 고저항 발생

단락이 발생하면 전기자에 철편을 놓고 천천히 회전시키면 철편이 강하게 흡입되거나 진동을 한다.

19 기동모터의 마그넷 스위치 흡인시험을 하기 위해서는 어느 단자와 어느 단자에 전압을 연결하여야 하는가?(단, B : 배터리, St : 콘택트 스위치, M : 무빙 스터드)

① 단자 St와 몸체
② 단자 St와 단자 M
③ 단자 B와 단자 M
④ 단자 M과 몸체

기동모터의 마그넷 스위치는 콘택트 스위치와 무빙 스터드로 이루어져 있다. 이때 콘택트 스위치는 배터리와 연결되어 있으며, 무빙 스터드는 기동모터의 몸체와 연결되어 있다. 따라서 마그넷 스위치의 흡인시험을 하기 위해서는 콘택트 스위치와 무빙 스터드 사이에 전압을 연결해야 한다.

20 기동 전동기 분해점검 사항에 해당되지 않는 것은?

① 정류자 점검
② 브러시 홀더 점검
③ 슬립링 점검
④ 아마추어 단락 점검

슬립링은 회전자와 전기적으로 연결되어 있으며, 전기적인 신호를 전달하는 역할을 한다. 따라서 슬립링은 기동 전동기 분해점검 사항에 해당되지 않는다.

21 기동 전동기에 대한 시험과 관계가 없는 것은?

① 누설 시험
② 부하 시험
③ 무부하 시험
④ 회전력 시험

부하 시험은 기동 전동기의 출력 성능을 확인하기 위한 시험이고, 무부하 시험은 회전체의 회전 특성을 확인하기 위한 시험이며, 회전력 시험은 회전체의 회전 힘을 확인하기 위한 시험이다.

| 정 | 답 | 17 ① 18 ② 19 ② 20 ③ 21 ①

CHAPTER 05 충전장치

운행 중 각종 전기장치에 전력을 공급하는 전원인 동시에 축전지(Battery)의 충전전류를 공급하는 장치

01 원리

[1] 플레밍의 오른손법칙(Fleming's Right Hand Rule)

오른손 엄지손가락, 인지, 장지를 서로 직각이 되게 하고 인지를 자력선의 방향에, 엄지손가락을 도체의 운동 방향에 일치시키면 장지가 유도 기전력 방향을 표시한다. 이 법칙을 플레밍의 오른손법칙이라 한다. 도체에 전류계를 접속한 후 도체를 상하로 움직이면 전류계의 지침은 좌우로 흔들리며, 도체의 움직임이 빠르면 빠를수록 전류계의 지침이 크게 흔들리게 되는데 이것은 기전력이 발생하기 때문이다.

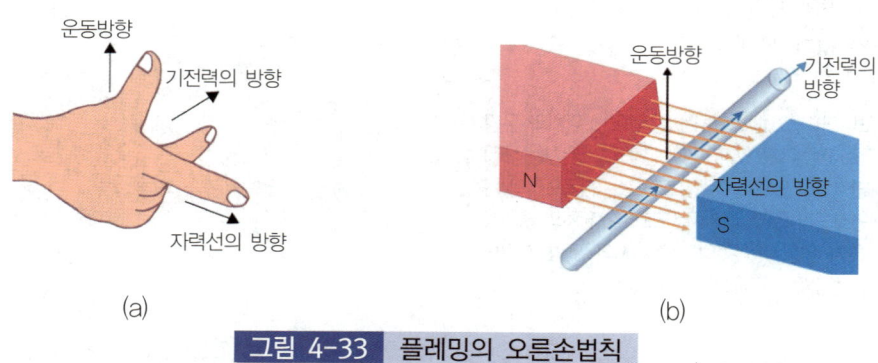

그림 4-33 플레밍의 오른손법칙

02 DC 발전기(Direct Current Generator)

처음 회전할 때는 계자 철심의 잔류 자기에 의하여 발전하는 자려자식 발전기로 전기자 코일과 계자 코일은 병렬로 결선된 분권식이다.

[1] 구조와 기능

① 전기자(Armature) : 계자 내에서 회전하여 교류 전류를 발생한다.
② 계자 철심(Pole Core) : 계자코일에 전류가 흐르면 전자석이 되어 N극과 S극을 형성한다.
③ 정류자(Segment) : 전기자 코일에서 발생된 교류를 직류로 정류하는 작용을 한다.

[2] 발전기 조정기(Regulator)

① 컷 아웃 릴레이(Cut Out Relay) : 발전기가 정지되어 있거나 발생전압이 낮을 때 축전지에서 발전기로 전류가 역류하는 것을 방지한다.
② 전압 조정기(Voltage Regulator) : 계자코일에 흐르는 전류를 조정하여 발생되는 전압을 일정하게 유지한다.
③ 전류 조정기(Current Regulator) : 발전기의 발생 전류를 제어하여 발전기에 규정출력 이상의 전기적 부하가 걸리지 않도록 하여 발전기 소손을 방지한다.

그림 4-34 직류 발전기 조정기

03 AC 발전기(Alternator Current Generator)

축전지 전류를 공급받아 로터를 여자시키며, 코일을 고정하고 자석(로터)을 회전시켜 발전하는 타여자 발전기이다.

[1] 교류 발전기의 특징

① 전압조정기만 있으면 된다.
② 정류자 소손에 의한 고장이 없다.
③ 저속에서도 충전 성능이 우수하다.
④ 가동이 안정되어 있어 브러시 수명이 길다.
⑤ 속도 변화에 따른 적용 범위가 넓고 소형·경량이다.
⑥ 다이오드(Diode)에 의한 정류를 하기 때문에 정류 특성이 좋다.

[2] 구조와 작용

1) 스테이터(Stator)

독립된 3개의 코일이 감겨 있고 3상 교류가 유기된다. 코일의 접속 방식에는 스타결선(Y결선), 델타결선(삼각결선)이 있으며 스타결선이 델타결선에 비해 선간전압이 상전압의 $\sqrt{3}$ 배가 높아 이를 사용한다.

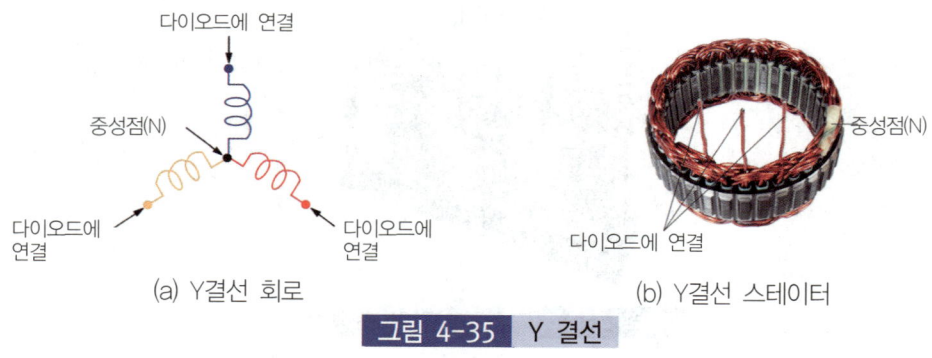

그림 4-35 Y 결선

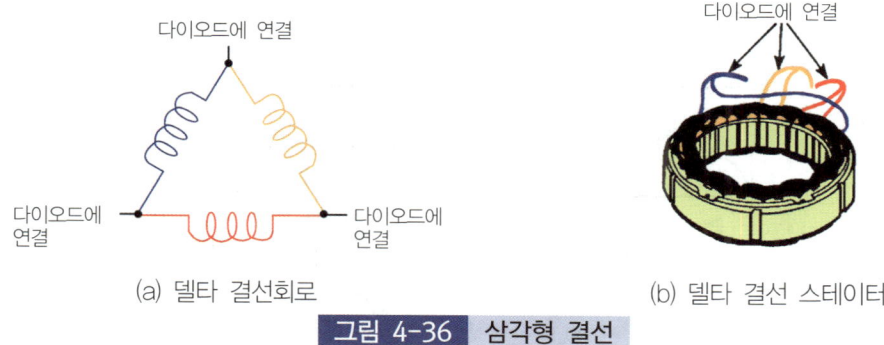

(a) 델타 결선회로   (b) 델타 결선 스테이터

그림 4-36 삼각형 결선

2) 회전자

축전지의 전류를 브러시와 슬립링을 통해 공급받아 강력한 자력선을 형성하게 된다.

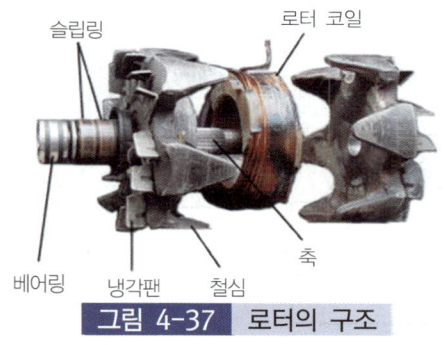

그림 4-37 로터의 구조

3) 정류기(Diode)

스테이터에서 발생한 교류를 직류로 정류하는 작용과 역류를 방지하는 작용을 한다. (+) 3개, (-) 3개 모두 6개를 두고 있다.

04 정류의 종류

[1] 단상 반파정류

반파 정류는 교류전압을 인가하였을 경우 양(+)의 주기는 통과시키고 음(-)의 주기는 차단시킴으로써 양(+)의 파형을 가지는 것을 말한다.

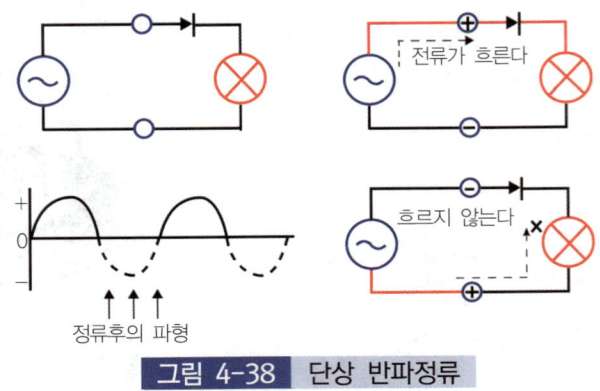

그림 4-38 단상 반파정류

[2] 단상 전파정류

전파정류회로는 브리지 구조로 브리지 구조는 다이오드 4개를 브리지 모양으로 접속하여 정류하는 회로이다.

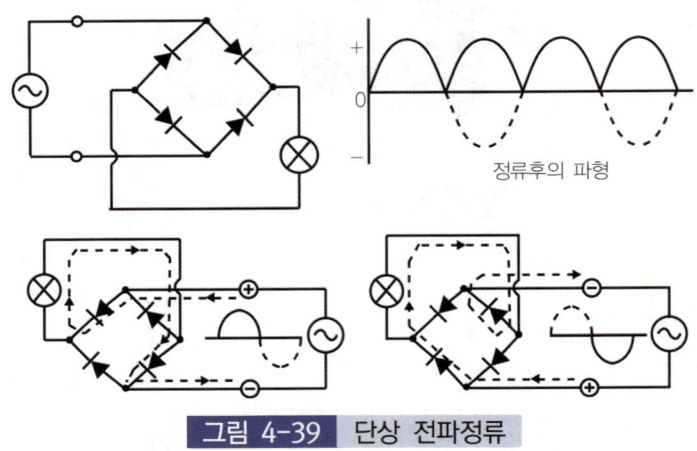

그림 4-39 단상 전파정류

[3] 3상 전파정류

3상 전파 다이오드 정류기는 출력 전압이 선간전압 형태로 나타나기 때문에 입력 전압의 진폭의 폭이 $\sqrt{3}$배 만큼 크다. 또한, 3상 전파 다이오드 정류기의 출력 전압 주파수는 3상 전원 기본 주파수의 6배인 것을 확인할 수 있다.

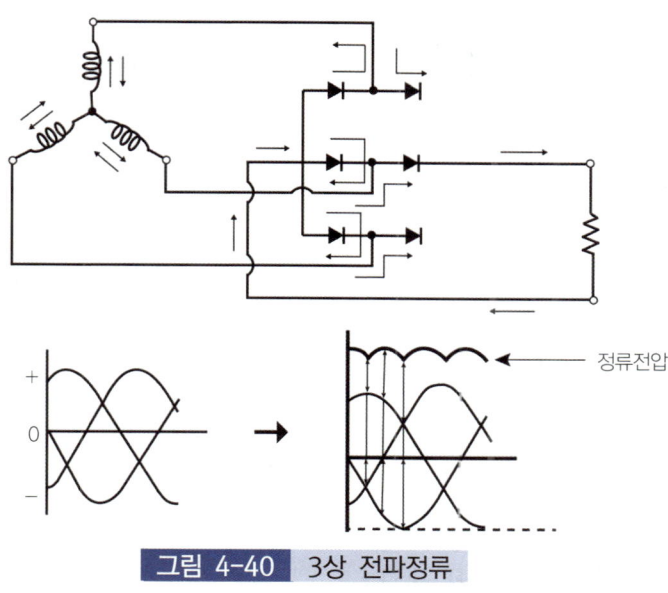

그림 4-40　3상 전파정류

05 교류발전기와 직류발전기 비교

구분	교류발전기	직류발전기
여자 형성	로터	계자
전류 발생	스테이터	전기자
브러시 접촉부	슬립링	정류자
여자 방식	타여자식	자여자식
AC를 DC로 정류	실리콘 다이오드	브러시와 정류자
역류 방지	다이오드	컷아웃 릴레이
브러시 수명	길다	짧다
회전자	슬립링의 손질이 필요 없다	정류자의 손질이 필요하다
조정기	전압조정기만 필요	전압, 전류조정기와 컷아웃 릴레이
중량	작고 가벼우며 출력이 크다	대형으로 중량이 무겁다
적용 법칙	플레밍의 오른손법칙	

06 충전장치 고장점검

[1] 충전이 잘되지 않는 원인

① 충전회로 개회로
② 전압조정기 회로 불량
③ 구동벨트 장력이 약할 때
④ 다이오드(Diode) 개회로
⑤ 브러시와 슬립 링 접촉 불량
⑥ 로터 코일(Rotor Coil) 개회로
⑦ 스테이터 코일(Stator Coil) 개회로
⑧ 부싱(Bushing)및 슬립 링(Slip- Ring) 불량

[2] 발전기에서 소음이 발생되는 원인

① 베어링(Bearing) 불량
② 구동벨트 장력이 약할 때
③ 다이오드 및 스테이터 코일 단선
④ 발전기 설치 볼트가 이완되었을 때

[3] 충전장치 취급시 주의사항

① 접지 극성에 주의할 것
② 급속 충전 시 주의할 것
③ 점화 스위치를 분명히 조작할 것
④ 발전기에 물이 묻지 않도록 할 것
⑤ B단자와 F단자를 접지시키지 말 것
⑥ B단자를 풀어 놓은 채 고속회전하지 말 것

건설기계정비기능사 필기 예상 문제

01 직류발전기의 구성이 아닌 것은?

① 로터
② 계자코일
③ 계자철심
④ 전기자 코일

> 로터는 교류 발전기의 구성으로 자속을 형성하는 곳이다.

02 12V용 직류발전기의 컷인전압으로 알맞은 것은?

① 9~10V
② 11~12V
③ 13~14V
④ 15~16V

> 컷인전압은 발전기로부터 축전지로 충전이 시작되는 전압으로 약 13.8V이다.

03 교류발전기에 관한 설명으로 옳지 않은 것은?

① 교류를 직류로 정류하는데 실리콘 다이오드를 사용한다.
② 브러시는 슬립링과 접촉한다.
③ 스테이터와 로터로 구성된다.
④ 계자 코일은 스테이터에 감고 전기자 코일은 로터에 감긴다.

> 계자 코일은 자속을 발생시키기 위해 로터에 감겨있고, 전기자 코일은 발전기에서 전기를 발생시키기 위해 스테이터에 감겨 있다.

04 AC발전기에 대한 설명 중 틀린 것은?

① AC발전기의 다이오드가 하는 일은 역류 방지와 전압을 조정하는 일이다.
② AC발전기의 부하시험에서 전류값이 기준 전류 이하이면 다이오드의 단락, 스테이터 코일의 단선 또는 단락에 원인이 있다.
③ 축전지의 극성을 역으로 설치하면 발전기의 다이오드가 손상된다.
④ AC발전기의 구성 부품은 스테이터, 회전자, 프레임 등으로 되어 있다.

> AC발전기의 다이오드는 3상 교류를 정류하는 것이다.

05 교류 발전기 발전원리에 응용되는 법칙은?

① 플레밍의 왼손법칙
② 플레밍의 오른손법칙
③ 옴의 법칙
④ 자기포화의 법칙

> 발전기는 플레밍의 오른손법칙, 기동전동기는 플레밍의 왼손법칙을 응용한다.

| 정 | 답 | 01 ① 02 ③ 03 ④ 04 ① 05 ②

06 교류발전기에 대한 설명으로 틀린 것은?

① 컷아웃 릴레이는 필요하고 전류 조정기는 필요 없다.
② 소형 경량이고 출력이 크다.
③ 기계적 내구성이 우수하므로 고속 회전에 견딘다.
④ 저속에 있어서도 충전 성능이 우수하다.

> 컷아웃 릴레이는 직류 발전기에서 과전압이나 과전류가 발생할 경우 발전기를 보호하기 위해 필요한 장치이다. 반면에 전류 조정기는 발전기의 발생 전류를 제어하여 발전기에 규정 출력 이상의 전기적 부하가 걸리지 않도록 하여 발전기 소손을 방지하기 위한 장치이다.

07 교류발전기 조정기에 컷 아웃 릴레이가 없는 이유는?

① 트랜지스터 작용 때문이다.
② 점화 스위치 작용 때문이다.
③ 전류 릴레이 작용 때문이다.
④ 다이오드 작용 때문이다.

> 교류 발전기 조정기에서 다이오드는 정류작용을 하여 양/음의 반파를 구분하고, 양/음의 반파를 각각 다른 회로로 보내 전압을 조절한다. 이때 컷 아웃 릴레이는 필요하지 않다.

08 교류발전기의 구성 요소 중 자계를 발생시키는 부품은?

① 로터   ② 스테이터
③ 슬립링   ④ 다이오드

> 교류발전기에서 자계를 발생시키는 부품은 로터이다. 로터는 코일에 전류를 공급하면 로터 주변에 강력한 자기장이 형성된다.

09 발전기의 기전력 변화를 시킬 수 있는 요소가 아닌 것은?

① 충전 전류의 세기
② 자력의 세기
③ 자계 내에 있는 도체의 길이
④ 기관 회전속도

> 발전기의 기전력은 자력의 세기, 자계 내에 있는 도체의 길이, 기관 회전속도 등과 같은 요소에 의해 결정된다.

10 AC발전기의 출력은 무엇을 변화시켜 조정하는가?

① 로터 전류
② 스테이터 전류
③ 회전속도
④ 다이오드의 용량

> AC발전기의 출력은 로터와 스테이터 사이의 상대적인 회전 운동으로 인해 발생하는 전기력에 의해 결정된다. 이 중에서도 로터는 회전하는 자석으로 구성되어 있으며, 회전 운동에 따라 자기장이 변화하면서 전기력이 발생한다. 이러한 전기력을 로터전류라고 하며, 이를 변화시켜 AC 발전기의 출력을 조정한다.

11 교류발전기에서 유도 전류가 발생하는 것은?

① 전기자
② 스테이터
③ 계자
④ 로터

> 교류발전기에서 유도 전류는 스테이터에서 발생한다. 스테이터는 회전자 주위에 고정되어 있다.

| 정답 | 06 ① 07 ④ 08 ① 09 ① 10 ① 11 ②

12 교류발전기의 스테이터 결선법이 아닌 것은?

① Y결선
② ⊿결선
③ Z결선
④ 스타 결선

> 스테이터 결선법에는 Y결선(스타결선), ⊿결선(델타결선)이 있다.

13 교류발전기의 스테이터 결선법 중 ⊿결선의 선간전류는 얼마인가?

① 각 상전류의 $\sqrt{3}$ 배이다.
② 각 상전류의 $\sqrt{4}$ 배이다.
③ 각 상전류의 $\sqrt{5}$ 배이다.
④ 각 상전류의 $\sqrt{6}$ 배이다.

> ⊿결선은 선간전류가 각 상전류의 $\sqrt{3}$ 배이다.

14 직류발전기 전기자에서 발생되는 전류는?

① 직류
② 교류
③ 맥류
④ 정류

> 직류발전기 전기자에서 발생되는 전류는 회전하는 전기자 코일이 자속을 끊을 때 발생하는 교류이다. 이 교류는 정류기를 통해 직류로 변환되어 사용된다.

15 교류발전기에서 발생된 교류 전류를 직류 전류로 정류하는 것은 어느 것인가?

① 다이오드
② 계자 릴레이
③ 슬립 링
④ 정류 조정기

> 다이오드는 반도체 소자로, 교류 발전기에서 발생된 교류 전류를 한 방향으로만 흐르도록 만들어 직류 전류로 정류한다.

16 히트 싱크(heat sink)는 어디에 설치되어 있는가?

① 엔드 프레임
② 스테이터
③ 로터
④ 슬립링

> 히트 싱크는 발전기의 다이오드 온도상승으로 파괴되는 것을 방지하기 위해 발전기의 엔드 프레임에 설치된다.

17 AC발전기의 정류용 다이오드는 무슨 작용을 하는가?

① 발전기 출력제어를 돕는다.
② 발전기 전압을 높인다.
③ 발전기 전류를 정류한다.
④ 발전기 출력을 증가시킨다.

> AC 발전기에서 정류용 다이오드는 반도체 소자로서, 양방향 전류를 일방향으로 흐르게 만들어 발전기에서 나오는 교류 전류를 직류 전류로 변환한다. 이를 통해 발전기에서 나오는 전류를 일정한 크기로 유지시켜 발전기 전류를 정류한다.

|정답| 12 ③ 13 ① 14 ② 15 ① 16 ① 17 ③

18 교류 발전기에서 전압조정기의 역할이 아닌 것은?

① 축전지와 전기장치를 과부하로부터 보호한다.
② 발전기의 회전속도에 따라 전압을 변화시킨다.
③ 전압맥동에 의한 전기장치의 기능장애를 방지한다.
④ 발전기의 부하에 관계없이 발전기의 전압을 항상 일정하게 유지한다.

> 교류발전기에서 전압조정기의 역할
> ① 발전기의 부하에 관계없이 출력 전압을 일정하게 유지
> ② 전압 맥동에 의한 전기장치의 기능 장애를 방지
> ③ 축전지와 전기장치를 과부하로부터 보호

19 전압조정기는 저항을 어디에 넣어 조정을 하는가?

① 아마추어 코일과 축전지 사이
② 계자코일과 축전지 사이
③ 브러시와 출력축 사이
④ 충전회로

> 전압조정기는 계자코일과 축전지 사이에 저항을 넣어 조정을 한다.

20 과충전되고 있는 교류발전기는 어디를 정비하여야 하는가?

① 배터리
② 다이오드
③ 레귤레이터
④ 스테이터 코일

> 과충전되고 있는 교류발전기는 전압을 조절하는 장치인 레귤레이터를 정비해야 한다.

21 시험램프로 교류발전기 로터의 슬립링과 로터축에 시험 막대를 갖다 대니 불이 켜졌다. 이 로터는?

① 양호하다.
② 단선되었다.
③ 접지되었다.
④ 단락되었다.

> 로터축에 시험 막대를 갖다 대니 불이 켜졌다는 것은 로터 축이 접지되어 있기 때문에 발생한 것이다.

22 교류(AC)발전기 분해 시 필요 없는 기구 및 공구는?

① 바이스　　② 오픈엔드 렌치
③ 토크 렌치　④ 소켓 렌치

> 교류(AC) 발전기 분해 시 필요한 기구 및 공구
> ① 바이스 : 발전기 부품을 고정하는 데 사용
> ② 오픈엔드 렌치 : 볼트와 너트를 조이거나 풀어주는 데 사용
> ③ 소켓 렌치 : 다양한 크기의 볼트와 너트를 조이거나 풀어주는 데 사용
> ④ 토크 렌치 : 볼트와 너트를 정해진 토크로 조이는 데 사용하는 공구이다.

23 충전장치에서 발전기의 극수가 4일 때, 정상 회전수는 얼마인가?(단, 주파수는 70Hz이다.)

① 1200rpm
② 1500rpm
③ 1800rpm
④ 2100rpm

> $Hz = \dfrac{np}{120}$, $70 = \dfrac{n \times 4}{120}$, $n = \dfrac{70 \times 120}{4} = 2100 \text{rpm}$
> Hz : 주파수, n : 회전수, p : 발전기 극수

|정답| 18 ② 19 ② 20 ③ 21 ③ 22 ③ 23 ④

CHAPTER 06 계기장치

　계기장치는 운전 중 차량의 주행 상태를 나타내는 각종 정보를 운전자에게 알려, 자동차의 운전 상황을 쉽게 판단하여 교통의 안전을 도모하고, 쾌적한 운전을 할 수 있도록 유도하는 장치로, 속도계, 수온계, 연료계, 유압계 등이 있다. 계기장치에 의한 정보 표시방법은 아날로그 방식과 디지털 방식이 있다.

01 속도계

　속도계에는 자동차의 주행속도를 1시간당의 주행거리(km/H)로 나타내는 속도 지시계와 전체 주행거리를 표시하는 적산계의 2부분으로 되어 있으며, 수시로 0으로 되돌릴 수 있는 구간거리계를 설치한 것도 있다. 그리고 속도계는 변속기 출력축에서 속도계 구동 케이블을 통하여 구동된다.

02 회전속도계(tachometer)

[1] 발전식 회전속도계

　점화신호를 검출하기 어려운 디젤기관 차량에 사용되며, 기관의 구동축에 의하여 로터가 회전하게 되면 스테이터 코일에는 기관의 회전수에 비례하는 교류전압이 유도 → 출력된 교류전압을 전파 정류하여 가동코일형의 미터부에 보내면 기관의 회전수를 나타낼 수 있게 된다.

[2] 펄스식 회전속도계

점화신호를 펄스신호로 변환하여 기관의 회전수를 나타낸다. 구동케이블 등의 부속품을 필요로 하지 않아 전자제어 점화 방식이 사용되고 있는 가솔린기관용 회전속도계로서 널리 사용되고 있다.

03 유압계 및 유압경고등

유압계는 기관의 윤활회로 내의 유압을 측정하기 위한 계기이며, 유압경고등은 윤활회로에 이상이 있으면 경고등을 점등하는 방식이다. 유압계의 종류에는 부르돈튜브 방식, 평형코일 방식, 바이메탈 방식 등이 있다.

04 온도계(수온계)

온도계는 실린더헤드 물재킷 내의 냉각수 온도를 표시하는 것이다. 온도계의 종류에는 부르돈튜브 방식, 밸런싱코일 방식, 서모스탯 바이메탈 방식, 바이메탈 저항 방식 등이 있다.

05 연료계

연료계는 연료탱크 내의 연료 보유량을 표시하는 계기이며, 일반적으로 전기 방식을 사용한다. 연료계에는 계기 방식인 평형코일 방식, 서모스탯 바이메탈 방식, 바이메탈 저항 방식과 연료면 표시기 방식이 있다.

06 전류계와 충전경고등

전류계는 축전지의 충·방전상태와 크기를 알려주는 계기이며, 영구자석과 전자석으로 조립되어 있다. 충전경고등은 경고등의 점멸상태로 충·방전상태를 표시한다. 충전 계통이 정상이면 소등되고, 이상이 발생하면 점등된다.

필기 예상 문제

01 굴삭기에서 엔진오일 경고등이 점등되어 오일량을 점검했더니 정상이었다. 그 다음 점검해야 할 곳은?

① 오일량이 정상이면 가동에 문제가 없다.
② 오일압력조정 밸브를 점한다.
③ 배기가스의 색을 점검한다.
④ 엔진오일 색, 냄새, 점도를 점검한다.

> 오일량이 정상이었는데도 엔진오일 경고등이 점등되면 오일압력조정 밸브를 점검한다. 오일압력조정 밸브는 엔진 작동 중에 오일 압력을 조절하는 역할을 한다. 오일압력조정 밸브에 문제가 발생하면 엔진오일 경고등이 점등될 수 있다.

02 기관이 정지하고 있을 때, 시동 스위치를 ON 위치에 하여도 오일압력 경고등이 켜지지 않을 때의 원인이 아닌 것은?

① 시동 스위치 고장
② 축전지 릴레이 고장
③ 기관 오일의 누유
④ 경고등 고장

> 기관이 정지 시 시동 스위치를 ON 위치에 하면 오일압력이 형성되지 않아 오일압력 경고등이 켜져야 하나 시동 스위치 고장, 축전지 릴레이 고장, 경고등 고장은 오일압력 경고등이 켜지지 않을 수 있다. 기관이 정지 시 시동 스위치를 ON 위치에 오일압력 경고등과 기관 오일의 누유는 관계가 없다.

03 지게차 조종석의 계기판 사용 중 틀리게 설명한 것은 어떤 것인가?

① 엔진유압 경고 등은 엔진의 윤활유 압력상태를 나타내는 것이다.
② 충전 램프는 발전기의 발전상태를 나타내는 것이다.
③ 연료계의 바늘이 "E"를 가리키면 연료가 거의 없는 것이다.
④ 엔진 수온계의 바늘지침이 녹색(혹은 백색) 범위를 벗어나면 정상이다.

> 엔진 수온계의 바늘지침이 녹색(혹은 백색) 범위를 벗어나면 엔진이 과열되었거나 과냉각되었음을 나타내므로 이는 비정상적인 상황이다.

04 건설기계에 사용되는 유압계, 연료계 등은 대부분 어느 방식을 이용하는가?

① 공기식
② 기계식
③ 유체식
④ 전기식

> 건설기계에 사용되는 유압계, 연료계는 전기식 방식이 사용되고 있다.

| 정 | 답 | 01 ② 02 ③ 03 ④ 04 ④

05 와이퍼 모터의 고장에 의해 나타날 수 있는 현상이 아닌 것은?

① 저속 위치에서 작동하지 않을 때
② 고속 위치에서 작동하지 않을 때
③ 와이퍼가 정 위치에 정지하지 않을 때
④ 와셔액 분무 후 2회만 동작할 때

① 저속 위치에서 작동하지 않을 때 : 와이퍼 모터의 저속 회전 기능 고장을 나타냄
② 고속 위치에서 작동하지 않을 때 : 와이퍼 모터의 고속 회전 기능 고장을 나타냄
③ 와이퍼가 정위치에 정지하지 않을 때 : 와이퍼 모터의 정지 기능 고장을 나타냄
④ 와셔액 분무 후 2회만 동작할 때 : 와셔액 센서 또는 와이퍼 제어 시스템 문제

06 혼을 축전지에 직접 연결하였을 때에는 작동되나 건설기계에 장착하였을 때에는 작동되지 않았을 경우에 그 원인이 아닌 것은?

① 퓨즈의 소손
② 혼 릴레이 작동 불량
③ 혼 스위치 불량
④ 축전지 전압이 낮을 때

축전지 전압이 낮을 경우 충분한 전기 에너지를 공급 받지 못하여 혼이 작동하지 않을 수 있다.

| 정 | 답 | 05 ④ 06 ④

CHAPTER 07 등화장치

01 전기회로

[1] 전선의 피복 색깔 표시

전선을 구분하기 위한 전선의 색깔은 전선 피복의 바탕색, 보조 줄무늬 색깔의 순서로 표시한다.

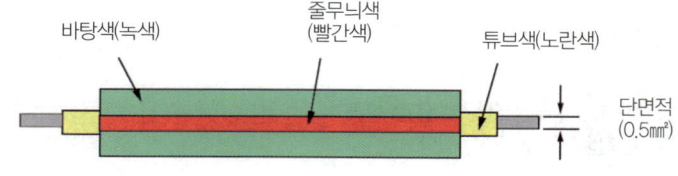

AVX : 내열 자동차용 배선　　0.5 : 전선 단면적(0.5mm^2)
G : 바탕색(녹색)　　R : 줄무늬 색(빨간색)　　Y : 튜브 색(노란색)

그림 4-41　전선의 피복 색깔 표시

[2] 하니스

전선을 배선할 때 한선씩 처리하는 경우도 있지만 대부분 같은 방향으로 설치될 전선을 다발로 묶어 처리하는 경우가 많다. 이런 전선 묶음을 전선 하니스(wiring harness) 또는 간단히 하니스라 한다.

[3] 전선의 배선 방식

배선방법에는 단선 방식과 복선 방식이 있다. 단선 방식은 부하의 한끝을 자동차 차체에 접지하는 것이며, 접지 쪽에서 접촉 불량이 생기거나 큰 전류가 흐르면 전압강하가 발생하므로, 작은 전류가 흐르는 부분에서 사용한다. 복선 방식은 접지 쪽에도 전선을 사용하는 것으로 주로 전조등과 같이 큰 전류가 흐르는 회로에서 사용된다.

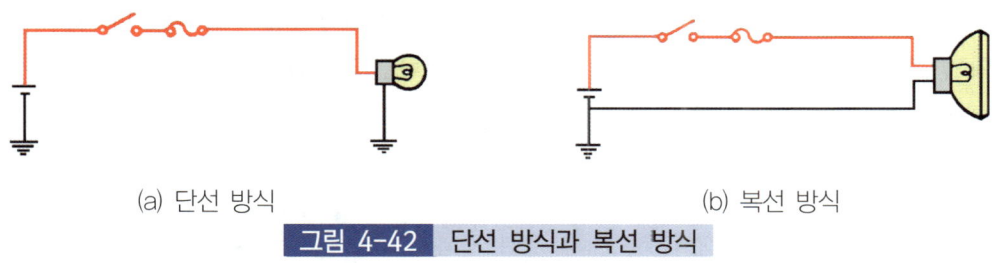

(a) 단선 방식   (b) 복선 방식

그림 4-42 단선 방식과 복선 방식

02 등화장치

[1] 조명의 용어

1) 광원(luminous source)

광원이란 말 그대로 빛(light)의 근원이다(예 : 태양, 전등, 형광등, 자동차의 전조등).

2) 광속(luminous flux)

광속이란 광원에서 공간으로 발산되는 빛의 다발을 의미하며 기호로는 ϕ, 단위는 루멘(Lm)을 사용한다. 자석의 자속과 마찬가지로 광속을 많이 방사하는 광원이 더 밝다.

3) 광도(luminous intensity)

광도는 일정 방향에 대한 광원이 갖는 빛의 세기를 의미하며, 기호로는 I, 단위는 칸델라(cd)를 사용한다. 점광원에서 어떤 방향으로 향하는 광속을 그 광원의 정점으로 하고, 그 방향에 대한 단위 면적당 광속으로 환산한 값을 광도로 정의한다. 따라서 1cd는 광원으로부터 1m 떨어진 $1m^2$의 면에 1Lm의 광속이 통과할 때의 빛의 세기를 의미한다.

4) 조도

조도란 빛을 받는 면의 밝기를 말하며, 단위는 룩스(lux)이다. 빛을 받는 면의 조도는 광원의 광도에 비례하고, 광원의 거리의 2제곱에 반비례한다. 광원으로부터 r(m) 떨어진 빛의 방향에 수직한 빛을 받는 면의 조도를 E(Lux), 그 방향의 광원의 광도를 I(cd)라고 하면 다음과 같이 표시한다.

$$E = \frac{\phi}{A} = \frac{I}{r^2}$$

A : 피조면의 면적[mm^2], r : 광원과 피조면 사이의 수직거리[m]

따라서 1루멘(Lm)의 광속이 균일하게 $1m^2$의 면적을 비출 때 그 면의 조도는 1Lx이며, 1cd의 광원으로부터 1m 떨어진 수직한 피조면의 조도 역시 1Lx이다.

[2] 전조등(Head Light)

전조등의 3요소는 렌즈(Lens), 반사경, 필라멘트(Filament)이다.

1) 형식

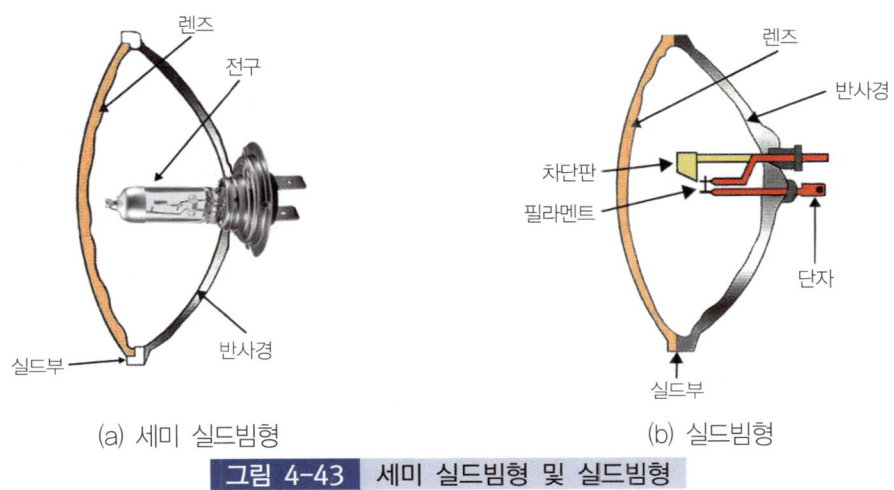

(a) 세미 실드빔형　　　　　　(b) 실드빔형

그림 4-43　세미 실드빔형 및 실드빔형

(1) 실드빔 형식(Sealed Beam Type)

반사경에 필라멘트를 붙이고 여기에 렌즈를 융착시킨 후 내부에 불활성 가스를 넣어 그 자체가 1개의 전구가 되게 한 형식으로 특징은 다음과 같다.
① 사용에 따른 광도의 변화가 적다.
② 필라멘트가 단선되면 등 전체를 교환해야 한다.
③ 대기 조건에 따라 반사경이 흐려지는 일이 없다.
④ 내부에 불활성 가스(Non – Active Gas)가 들어 있다.

(2) 세미 실드빔 형식(Semi Sealed Beam Type)

렌즈와 반사경은 일체이나 전구는 별개로 설치하는 형식으로 램프의 필라멘트가 끊어지면 램프만 교환하면 된다.

2) 배선

복선식이며, 회로는 좌·우 병렬로 연결되어 있다.
① 단선식 : (+) 선만 회로 구성, (-) 선은 직접 차체에 접속
② 복선식 : (+), (-)선 모두를 구성한 것(전류소모 적다)

[3] 방향지시등

방향지시등은 자동차의 진행방향을 바꿀 때 사용하는 것이며, 플래셔 유닛(flasher unit)을 사용하여 전구에 흐르는 전류를 일정한 주기(자동차 안전 기준상 매 분당 60회 이상 120회 이하)로 단속하여 점멸시키거나 광도를 증감시킨다. 플래셔 유닛의 종류에는 전자 열선 방식, 축전기 방식, 수은 방식, 스냅 열선 방식, 바이메탈 방식, 열선 방식 등이 있다.

[4] 미등 및 번호판등

미등 및 번호판등은 라이트 스위치를 1단으로 켰을 때 작동한다. 미등은 좌우측 전조등과 리어 콤비네이션 램프에 설치되어 있으며, 자동차의 후미를 알려주는 역할과 자동차의 폭을 나타내는 역할을 한다. 그리고 번호판등은 야간에 자동차의 번호판을 조명하는 역할을 한다.

[5] 차폭등

야간 주행 시 안전운행을 위하여 미등 또는 전조등 점등 시 자동차의 차폭을 알 수 있도록 점등되는 장치이다.

[6] 후진등

자동차가 후진을 위해 변속레버를 후진으로 이동하면 자동차 후방을 비출 수 있는 등이 점등되어 후방을 밝힐 수 있도록 점등되는 장치이다.

[7] 제동등

차량이 제동하고 있음을 표시하는 등으로 적색의 등이 들어오며, 제동등이 다른 등화와 겸용하는 경우 제동조작 시 그 광도는 다른 등화에 비해 3배 이상 증가해야 한다.

[8] 등화장치 고장원인

1) 전조등 조도가 부족한 원인

① 반사경이 흐려졌을 때
② 전조등 설치부 스프링의 피로
③ 전구의 장기간 사용에 의한 열화
④ 전구의 설치위치가 바르지 않았을 때
⑤ 렌즈 안팎에 물방울이 부착되었을 때

2) 좌·우 방향지시등 점멸 횟수가 다르거나 한쪽만 작동될 때 원인

① 전구 1개가 단선되었을 때
② 접지(Earth, Ground)가 불량할 때
③ 규정 용량의 전구를 사용하지 않을 때

3) 좌·우 방향지시등 점멸이 느린 경우 원인

① 전구의 용량이 규정 용량과 다를 때
② 축전지(Battery) 용량이 저하되었을 때
③ 플레셔 유닛(Flasher Unit)에 결함이 있을 때

필기 예상 문제

01 전선의 배선 방식에서 부하의 한끝을 자동차 차체에 접지시키는 방식은?

① 단선 방식
② 복합 방식
③ 복선 방식
④ 분할 방식

> 전선의 배선 방식에서 부하의 한끝을 자동차 차체에 접지시키는 방식을 단선식이라 한다.

02 배선 회로도에서 표시된 0.85RW의 W는 무엇을 나타내는가?

① 단면적
② 바탕색
③ 줄색
④ 커넥터 수

> 0.85는 배선 단면적을, R은 배선 바탕색을, W는 배선 줄색을 나타낸다.

03 전원측에 연결하는 커넥터는 암 커넥터를 사용한다. 그 이유를 바르게 설명한 것은?

① 커넥터를 분리했을 때 차체에 접촉되지 않게 하기 위하여
② 축전지 연결 시 (−)배선을 차체에 마지막에 연결하므로
③ 커넥터 연결 시 전압 강하가 없도록 하기 위하여
④ 커넥터의 파손을 방지하기 위하여

> 전원측에 연결하는 커넥터에 암 커넥터를 사용하는 이유는 커넥터를 분리했을 때 차체에 접촉되지 않게 하기 위해서이다.

04 광원에서 공간으로 발산되는 빛의 다발을 의미하며, 단위로 루멘(lumen : lm)을 사용하는 것은?

① 번들
② 광도
③ 조도
④ 광속

> 광속이란 광원에서 공간으로 발산되는 빛의 다발을 의미하며 기호로는 ϕ, 단위는 루멘(Lm)을 사용한다. 광속을 많이 방사하는 광원이 더 밝다.

|정|답| 01 ① 02 ③ 03 ① 04 ④

05 등화장치에서 어떤 방향에서의 빛의 세기를 나타내는 것을 무엇이라 하는가?

① 조도
② 럭스(lux)
③ 데시벨(dB)
④ 칸데라(cd)

> 칸데라(cd)는 등화장치에서 빛의 강도를 나타내는 단위이다. 조도는 빛이 특정 면에 비추어진 세기를 나타내는 단위이고, 럭스(lux)는 조도의 단위로, 특정 면에 비추어진 빛의 총량을 나타낸다. 데시벨(dB)은 소리의 크기를 나타내는 단위이다.

06 광원의 광도가 270cd이고, 거리가 3m일 때의 조도는?

① 30Lx
② 60Lx
③ 90Lx
④ 120Lx

> $E = \dfrac{I}{r^2} = \dfrac{270}{3^2} = 30$,
> 조도 E(Lux), 광원 광도 I(cd), r : 광원과 피조면 사이의 수직거리(m)

07 전조등의 조도가 2m의 거리에서 200Lux일 때 광도는?

① 50cd   ② 90cd
③ 100cd ④ 800cd

> 광도 = (광원과 피조면 사이의 수직거리[m])^2 × 조도[Lm] = 2^2 × 200 = 800

08 자동차 2등식 전조등에서 좌측과 우측은 어떤 회로로 연결되어 있는가?

① 병렬회로
② 직렬회로
③ 직·병렬회로
④ 단식회로

> 자동차 2등식 전조등에서 좌측과 우측은 병렬회로로 연결되어 있다. 직렬회로로 연결되어 있다면 한쪽 전구가 고장 나면 다른 쪽 전구도 작동하지 않기 때문에 병렬회로로 연결하여 한쪽 전구가 고장나더라도 다른 쪽 전구는 정상적으로 작동할 수 있도록 병렬회로로 연결되어 있다.

09 다음 중 전조등의 3요소로 맞게 묶인 것은?

① 필라멘트, 반사판, 축전지
② 렌즈, 반사경, 축전지
③ 필라멘트, 반사판, 렌즈
④ 필라멘트, 반사경, 렌즈

> 전조등의 3요소는 필라멘트, 반사경, 렌즈이다.

10 전조등에서 세미 실드빔 형식의 설명으로 맞는 것은?

① 전조등 전체를 교환해야 한다.
② 전구는 별도로 설치된 형식이다.
③ 렌즈와 필라멘트가 일체로 되어 있다.
④ 현재 자동차에 많이 사용되고 있지 않다.

> 세미 실드빔 형식은 렌즈와 반사경은 일체로 되어 있고, 전구는 별도로 설치된 형식이다.

| 정 | 답 | 05 ④ 06 ① 07 ④ 08 ① 09 ④ 10 ②

11 헤드라이트의 형식 중 내부에 불활성 가스가 들어 있고 대기조건에 따라 반사경이 흐려지지 않는 등의 장점이 많은 헤드라이트의 형식은?

① 세미 실드빔식
② 실드빔식
③ 환구식
④ 로우빔식

> 실드빔식은 반사경에 필라멘트를 붙이고 여기에 렌즈를 융착시킨 후 내부에 불활성 가스를 넣어 그 자체가 1개의 전구가 되게 한 형식으로 반사경이 흐려지지 않는 장점이 있다.

12 건설기계의 전조등에서 광도 부족 원인이 아닌 것은?

① 각 배선 단자의 접촉 불량
② 접속부 저항에 의한 전압 강하
③ 장기간 사용으로 인한 전구의 열화
④ 전구의 설치 위치가 올바를 때

> 전구가 정상적으로 작동하고 있지만, 전조등의 설치 위치가 잘못되어 광도가 충분하지 않을 수 있다.

13 정비작업 중 갑자기 전조등이 꺼졌을 경우와 관계가 없는 것은?

① 퓨즈
② 배선의 부착불량
③ 축전지 용량 부족
④ 필라멘트 단선

> 축전지 용량이 부족하면 전조등을 비롯한 차량에 충분한 전기를 공급하지 못하기 때문에 정비작업 전부터 전기시스템이 원활하게 작동하지 못하게 된다. 따라서 축전지 용량 부족은 정비작업 중 갑자기 전조등이 꺼졌을 경우와 관계가 없다.

14 도로를 주행하는 장비에서 차선을 변경하고자 할 때 사용하는 등화장치는?

① 번호판등
② 제동등
③ 방향지시등
④ 전조등

> 방향 지시등은 운전자가 차선을 변경하거나 방향을 전환할 때 사용하는 등화장치이다.

15 자동차의 안전기준에서 제동등이 다른 등화와 겸용하는 경우 제동조작 시 그 광도가 몇 배 이상 증가하여야 하는가?

① 2배
② 3배
③ 4배
④ 5배

> 제동등이 다른 등화와 겸용하는 경우 제동조작 시 그 광도는 다른 등화에 비해 3배 이상 증가해야 한다.

16 건설기계의 제동등에 대한 설명으로 틀린 것은?

① 제동등의 등광색은 적색이다.
② 제동등 스위치는 브레이크 페달을 밟으면 작동된다.
③ 제동등 좌, 우 램프는 병렬로 접속되어 있다.
④ 제동등 전구는 50~60W를 가장 많이 사용한다.

> 건설기계의 제동등 전구는 보통 21W, 24W, 30W 등이 사용된다.

| 정답 | 11 ② 12 ④ 13 ③ 14 ③ 15 ② 16 ④

17 건설기계의 등화장치에 대한 설명 중 틀린 것은?

① 램프용 벌브(bulb)는 전압을 공급하자마자 정격전력에 도달하도록 되어 있다.
② 벌브(bulb)에 사용하는 릴레이는 벌브(bulb)의 정격전력보다 높게 설정한다.
③ 제동등은 직렬로 접속되어 있다.
④ 전조등의 하이와 로우는 병렬로 접속되어 있다.

제동등은 병렬로 접속되어 있다.

|정|답| 17 ③

CHAPTER 08 냉·난방장치

그림 4-44 에어컨 구성품

팽창 밸브까지 고압의 액체로 보내진 냉매가 밸브의 작은 구멍을 통해 증발기 내에 분사시키면 냉매는 증발기의 파이프 주위에서 열을 흡수하여 증발한다. 이때 송풍기로 차실 내 더워진 공기를 증발기의 파이프 주위를 통과시키면 공기가 냉각되어 차실 내가 냉방된다.

01 구성부품

① 압축기(Compressor) : V 벨트(Belt)를 통하여 크랭크축 풀리로 구동되며 증발기에서 열을 흡수하여 기화된 냉매를 압축하여 고온, 고압의 가스(Gas)로 만든다.

② 전자 클러치(Magnetic clutch) : 압축기 구동 풀리에 설치되어 냉방(冷房)이 필요치 않을 때 전기적으로 작용하여 폴리와 압축기를 분리한다.
③ 응축기(Condenser) : 라디에이터 앞에 설치되어 고온, 고압가스 상태의 냉매를 액화시킨다.
④ 리시버 드라이어(Receiver Drier) : 응축기에서 액화된 냉매를 저장하고 냉매를 팽창 밸브로 공급하며, 냉매 중의 습기와 이물질을 제거하는 여과기가 있으며 상부에는 사이트 글래스(Sight Glass)가 있어 냉매 양을 점검할 수 있다.
⑤ 팽창 밸브(Expansion Valve) : 리시버 드라이어와 증발기 사이에 설치되어 냉방의 요구에 따라 증발기로 들어가는 액체 냉매 양을 자동적으로 조절해 준다.
⑥ 증발기(Evaporator) : 냉각 작용을 하는 곳이며, 팽창 밸브, 송풍기와 함께 한 유닛(unit)으로 되어 있다.
⑦ 송풍기(Blower) : 차실 내의 공기를 증발기로 보내 열 교환시켜 차가운 공기로 하여 차실 내에 불어넣는 일을 하며 보통 직류 직권 전동기(60~80W)에 의해 구동한다.

02 냉매의 구비조건

① 독성이 없을 것
② 연소성이 없을 것
③ 임계온도가 가능한 한 높을 것
④ 증발 압력 및 응축압력이 적당할 것
⑤ 화학적으로 안정되고 금속에 대하여 부식성이 없을 것
⑥ 구성 재료를 파괴하지 말 것
⑦ 윤활성과 상용성이 좋을 것

03 신냉매(R-134a)의 장점

① 무색, 무취, 무미하다.
② 독성 및 자극성이 없다.
③ 액화 및 증발이 용이하다.
④ 연소성 및 폭발성이 없다.
⑤ 구성물질을 침해하지 않는다.
⑥ 오존파괴계수(ODP)가 "O"이다.
⑦ R-12보다 지구 온난화계수(OWP)가 낮다.
⑧ 화학적으로 안정적이고 열에 대해서도 용이하게 분해되지 않는다.

04 냉매의 흐름

① 팽창밸브식 : 압축기 → 응축기 → 건조기 → 팽창밸브 → 증발기 → 압축기
② 오리피스식 : 압축기 → 응축기 → 오리피스 → 팽창밸브 → 어큐뮬레이터 → 압축기

건설기계정비기능사

필기 예상 문제

01 냉매의 구비조건으로 틀린 것은?

① 증발압력이 저온에 대기압 이하일 것
② 응축압력이 되도록 낮을 것
③ 응고온도가 낮을 것
④ 냉매증기의 비열비는 작을 것

> **냉매의 구비조건**
> ① 독성이 없을 것
> ② 연소성이 없을 것
> ③ 임계온도가 가능한 한 높을 것
> ④ 증발 압력 및 응축압력이 적당할 것
> ⑤ 화학적으로 안정되고 금속에 대하여 부식성이 없을 것
> ⑥ 구성 재료를 파괴하지 말 것
> ⑦ 윤활성과 상용성이 좋을 것
> ⑧ 저온에서 증발압력이 대기압 이상일 것
> ⑨ 환경에 미치는 영향이 적을 것
> ⑩ 응고온도가 낮고, 냉매증기의 비열비는 작을 것

02 신냉매 R-134a의 특징을 설명한 것으로 틀린 것은?

① 분자구조가 안정되어 있다.
② 다른 물질과 잘 반응한다.
③ 불연성이며, 독성이 없다.
④ 오존을 파괴하는 염소가 없다.

> 신냉매 R-134a는 안정적인 분자 구조를 가지고 있어 다른 물질과 반응하지 않는 것이 특징이다.

03 에어컨시스템의 순환과정으로 맞는 것은?

① 압축기→팽창 밸브→건조기→응축기→증발기
② 압축기→건조기→응축기→팽창 밸브→증발기
③ 압축기→응축기→건조기→팽창 밸브→증발기
④ 압축기→건조기→팽창 밸브→응축기→증발기

> 에어컨 시스템의 순환과정은 냉매가 압축기에서 압축되어 높은 압력과 온도로 변환된 후, 응축기에서 고온, 고압가스 상태의 냉매를 액화시킨다. 건조기를 거쳐 수분이 제거되고, 팽창 밸브에서 냉방의 요구에 따라 증발기로 들어가는 액체 냉매 양을 자동적으로 조절해 냉매가 압력과 온도가 낮아지면서 증발기에서 냉기를 발생시키는 과정을 반복한다.

04 에어컨에서 사용되는 압축기의 종류가 아닌 것은?

① 사판식
② 회전식
③ 크랭크식
④ 기어식

> 에어컨에 사용되는 압축기는 일반적으로 회전식, 크랭크식, 사판식이 주로 사용된다.

| 정 | 답 | 01 ① 02 ② 03 ③ 04 ④

05 에어컨 시스템에서 기화된 냉매를 액화하는 장치는?

① 팽창 밸브
② 압축기
③ 응축기
④ 리시버 드라이버

> 응축기는 라디에이터 앞에 설치되어 압축기의 고온, 고압가스 상태의 냉매를 액화시킨다.

06 냉난방장치에서 사용되고 있는 수동식 송풍기 모터 회전수 제어는 주로 무엇을 이용하는가?

① 저항
② 센서
③ 반도체
④ 릴레이

> 냉난방 장치에서 사용되는 수동식 송풍기 모터 회전수 제어는 전기적인 전류의 양을 제어하여 모터의 회전수를 조절하기 때문에 주로 저항을 이용한다.

07 난방장치의 송풍기에 대한 설명으로 틀린 것은?

① 송풍기의 종류는 분리식과 일체식이 있다.
② 속도 조절을 위해 직류 복권식 전동기를 사용한다.
③ 전동기 축에는 유닛의 열을 강제적으로 방출시키는 팬이 부착되어 있다.
④ 장시간 고속 회전을 위해 특수한 무급유 베어링을 사용한다.

> 송풍기는 보통 직류 직권 전동기(60~80W)에 의해 구동한다.

08 에어컨 장치에서 컴프레서(compressor)의 압축이 불량일 경우 에어컨의 압력(저압축과 고압축)은 어떻게 나타나는가?

① 저압 - 낮다, 고압 - 낮다
② 저압 - 낮다, 고압 - 높다
③ 저압 - 높다, 고압 - 낮다
④ 저압 - 높다, 고압 - 높다

> 에어컨 장치에서 컴프레서의 압축이 불량일 경우 에어컨의 압력은 저압은 높고, 고압은 낮다.

09 냉방회로에서 응축효과를 증대시키는 방법이 아닌 것은?

① 엔진 냉각 팬의 직경을 작게 한다.
② 라디에이터 시라우드를 설치한다.
③ 응축기 외부 표면에 먼지 등의 이물질을 제거한다.
④ 응축기 냉각용 핀이 막히거나 찌그러지지 않게 한다.

> 엔진 냉각 팬의 직경을 작게 한다는 것은 냉각 공기의 유동성을 감소시키는 것이므로, 오히려 응축효과를 감소시키는 결과를 가져온다.

10 에어컨에서 실내·외 온도 및 증발기의 온도를 감지하는 센서는?

① 다이오드   ② 솔레노이드
③ 컨덴서   ④ 서미스터

> 에어컨에서 실내·외 온도 및 증발기의 온도를 감지하는 센서는 서미스터이다. 서미스터는 온도에 따라 저항값이 변하는 센서로, 온도가 높아지면 저항값이 낮아진다. 에어컨에서는 서미스터를 이용하여 실내·외 온도 및 증발기의 온도를 감지하고, 이 정보를 바탕으로 에어컨의 작동 상태를 제어한다.

| 정 답 | 05 ③ 06 ① 07 ② 08 ③ 09 ① 10 ④

11 에어컨장치의 증발기에 설치되어 증발기 출구측의 온도를 감지하여 증발기의 빙결을 예방할 목적으로 설치한 것은?

① 핀 서모센서
② AQS(Air Quality System)
③ 일사량센서
④ 외기온도센서

> ① 핀 서모센서 : 증발기 출구측의 온도를 감지하여 증발기 빙결을 예방하는 장치이다.
> ② AQS(Air Quality System) : 실내 공기 질을 관리하는 장치이며 증발기 빙결 예방에는 사용되지 않는다.
> ③ 일사량센서 : 실외 일사량을 감지하여 실내 온도를 조절하는 데 사용되며 증발기 빙결 예방에는 사용되지 않는다.
> ④ 외기온도센서 : 외기 온도를 감지하여 실내 온도를 조절하는 데 사용되며 증발기 빙결 예방에는 사용되지 않는다.

12 건설기계의 자동 에어컨에서 사용되는 센서에 해당되지 않는 것은?

① 외기센서
② 세핑센서
③ 일사센서
④ 실내온도센서

> 건설기계의 자동 에어컨에서 사용되는 센서들은 모두 외부 환경과 실내 환경을 감지하여 적절한 온도, 습도, 풍량 등을 제어하는 역할을 한다. 그러나 세핑센서는 항상 OFF 상태이나 감속도가 걸리면 ON신호를 보내는 기계식 안전 센서로 속도 센서이다.

13 배터리, 점화코일, 점화플러그 등을 합하여 무슨 장치라 하는가?

① 배전장치
② 발전장치
③ 점화장치
④ 축전장치

> 배터, 점화코일, 점화플러그는 모두 엔진의 점화를 위한 장치이다. 배터리는 점화코일에 전원을 공급하고, 점화코일은 배터리에서 공급받은 전원을 고전압으로 변압하여 점화플러그에 전달한다. 점화플러그는 고전압을 스파크로 방전하여 엔진의 혼합기에 점화한다.

14 점화플러그(plug) 청소기를 사용할 때 보안경을 사용하는 가장 큰 이유는?

① 빛이 너무 세기 때문에
② 빛이 너무 밝기 때문에
③ 빛이 자주 깜박거리기 때문에
④ 모래알이 눈에 들어가기 때문에

> 점화플러그 청소기는 고속으로 회전하는 모터가 있어서 먼지나 모래알이 날아갈 수 있다. 이때 보안경을 사용하는 이유는 모래알이 눈에 들어가지 않도록 보호하기 위해서이다.

| 정답 | 11 ① 12 ② 13 ③ 14 ④

PART 05

주부재 용접 접합

CHAPTER 01 피복 아크 용접

아크를 통한 전류는 약10~500A가 흐르며 금속 증기나 그 주위의 각종 기체분자를 해리하여 양이온과 전자로 해리시켜 양이온은 음극으로 전자는 양극으로 끌려가게 된다. 아크의 전류는 강한 열(약 5000℃)을 발생시키고 용접봉은 녹아서 용적(globule)이 되고 모재도 녹여 용융지를 형성한다. 용접봉의 용적이 용융지에 흡착되어 모재의 일부와 융합하여 용접금속(welding metal)을 형성한다. 온도 분포는 전체의 60~75%의 열량이 양극 쪽에서, 25~40%의 열량이 음극 쪽에서 발생한다.

01 피복 아크 용접의 장·단점

[1] 장점

① 간단한 사용법 및 가격이 저렴하다.
② 작업실, 야외, 물속 용접 가능, 장소에 제한받지 않고, 소음도 적다.
③ 기계적 성질이 양호한 용접부를 얻을 수 있다.
④ 슬래그로 용접 비드를 보호한다.
⑤ 산화, 기름, 그리스와 같이 불순물에 많이 예민하지 않다.
⑥ 거의 모든 금속 용접 가능

[2] 단점

① 용접 속도가 느리다.
② 아크가 쏠리고 금속물질을 녹이는 과정에서 발생하는 분진인 용접 흄(fume)이 많이 발생한다.
③ 엔드크레이터와 가접부에 결함이 많다.
④ 용접봉 직경이 모재 두께와 용접 자세에 따라 다르다.
⑤ 슬래그, 스패터 등으로 인한 준비와 후공정 작업이 많다.
⑥ 적격의 위험이 있다.
⑦ 아크 광선에 의한 피해를 줄 수 있다.

02 피복 아크 용접의 전원

피복 아크 용접에서 사용하는 전원은 교류와 직류가 모두 사용되며, 아크를 발생하는 전압은 교류의 경우 75~135V, 직류의 경우는 50~80V이다. 아크가 발생된 후에 아크를 지속하는데 필요한 전압은 20~30V이며, 아크를 발생하는데 소비된 전류의 60%는 금속의 녹임, 25%는 금속의 증발 15%는 방산열로 소비된다.

03 용접기의 종류

아크 용접의 모재와 용접봉이 전극의 역할을 하게 되며 고재와 용접봉의 극성에 따라 용접의 성능이 변화하게 된다.

[1] 교류 아크 용접

교류전원을 사용시 교류용접(AC arc welding)이라 하며 일종의 변압기이다. 아크가 다소 불안정하지만 값이 싸서 많이 사용된다. 양극과 음극이 주파수에 의해 변동되어 열량은 비슷하다. 종류에는 가동 코일형, 가동 철심형, 탭 전환형 등이 있다.

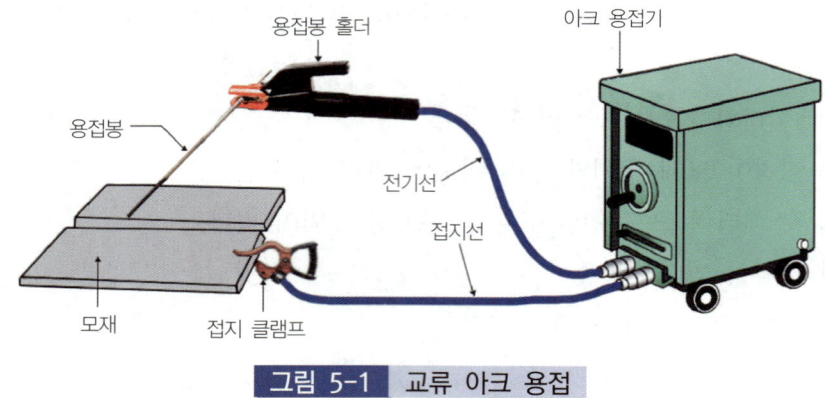

그림 5-1 교류 아크 용접

[2] 직류 아크 용접

직류전원을 사용시 직류용접(DC arc welding)이라 하고 양극(+)에 발생하는 열량이 음극(-)보다 많으며 용접봉을 연결할 때 전원을 고려하여야 한다.

① 정극성(DCSP : direct current straight polarity) : 직류(DC)전원을 사용하는 경우 용접봉을 음극에, 모재를 양극에 연결한 경우를 직류 정극성이라 하는데, 이 경우는 용접봉의 용융이 늦고 모재의 용입(penetration)이 깊어진다.

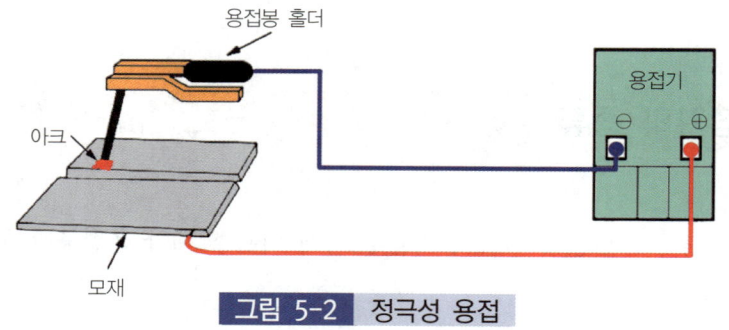

그림 5-2 정극성 용접

② 역극성(DCRP : direct current reverse polarity) : 용접봉을 양극에, 모재를 음극에 연결한 경우를 역극성이라 하며, 용접봉이 전자의 충격이 더 강하여 용접봉의 용융속도가 빠르고 모재의 용입이 얕아지며 극성이 유해물질 발생에 영향을 미친다. 전극,

플럭스(flux), 피복가스, 기타 장비에 의해 여러 가지 종류로 구분되며 전극은 비피복선을 사용하거나 flux 물질로 약하게 또는 강하게 피복된 것을 사용한다.

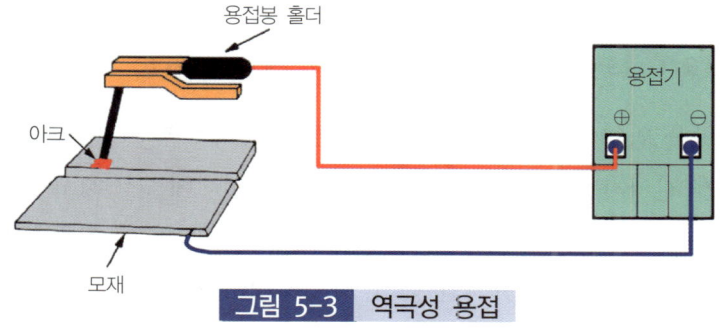

그림 5-3 역극성 용접

04 용접기의 용접 전원 특성

① 아크의 발생이 용이하고 안정하게 유지할 수 있을 것
② 아크의 길이가 변화하여도 전류의 변화가 적을 것
③ 부하 전류가 변하여여도 단자 전압이 변하지 않을 것
④ 단락이 되었을 때 흐르는 전류는 적어야 한다.
⑤ 무부하 전압을 유지하여야 한다.

05 아크 전류와 아크 길이

[1] 아크 전류(arc current)

용접 전류라고도 하며, 이 값은 피용접물의 재질, 모양, 크기, 이음의 형식, 예열, 용접봉의 크기와 종류, 용접 속도, 용접공의 숙련도 등에 따라 결정된다. 후판 용접은 물론 특히 필릿 용접에서는 열의 분산이 크므로 전류의 소모가 많다. 그러나 수직 및 위보기,

수평에서는 아래보기 자세보다 다소 낮은 전류값이 소모된다. 아크 전류는 용접봉의 단면적 $1mm^2$에 대해 10~11A의 정도가 표준으로 되어 있다.

[2] 아크 길이(arc length)

모재와 전극봉을 임의의 간격으로 두고 아크를 발생시키면 그 간격이 바로 아크의 길이가 된다. 아크가 길어지면 아크 전압은 아크 길이에 비례해 증가하고 용접전류는 반대로 감소된다. 즉, 용접전류는 수동 용접의 범위 내에서 아크 전압이 감소하면 증대되는 관계가 있다. 이와 같은 현상은 일반적인 전기 회로에 반대되는 현상으로 용접 작업에서 볼 수 있는 특징의 하나이며 부저항 특성(아크 부특성)이라고 한다.

06 용융 속도(melting rate)

용접봉의 용융 속도는 단위 시간당 소비되는 용접봉의 길이 또는 무게로서 표시된다. 용융 속도는 아크전류, 용접봉쪽 전압 강하로 결정되고 아크 전압과는 관계가 없다.
① 단락형(short circuiting transfer) : 용접봉과 모재의 용융 금속이 용융지에 접촉하여 단락되고 표면장력의 작용으로 모재에 이행하는 방법으로 연강 나체 용접봉, 박피복봉을 사용할 때 많이 볼 수 있다. 단락의 발생은 용융 금속의 일산화탄소(CO가스)가 중요한 역할을 하고 있다.
② 스프레이형(spray transfer) : 피복제 일부가 가스화하여 맹렬하게 분출되어 용융금속을 소립자로 불어내는 이행형식
③ 글로불러형(globular transfer) : 비교적 큰 용적이 단락되지 않고 이행하는 형식

07 용융 속도(melting rate) 아크 쏠림(아크 블로)과 방지책

도체에 전류가 흐르면 그 주위에 자장이 생기게 된다. 아크 쏠림(arc blow) 현상은 모재,

아크, 용접봉과 흐르는 전류에 따라 그 주위에 자계가 생기면, 이 자계가 용접물의 형상과 아크 위치에 따라 아크에 대해 비대칭이 되고, 아크가 한 방향으로 강하게 불리어 아크의 방향이 흔들려 불안정하게 된다. 이 현상은 주로 직류에서 발생되며 교류에서는 파장(cycle)이 있으므로 거의 생기지 않는다.

[1] 아크 쏠림 발생 시

① 아크가 불안정하다.
② 용착 금속 재질 변화.
③ 슬래그 섞임 및 기공이 발생된다.

[2] 아크 쏠림 방지책

① 직류 용접을 하지 말고, 교류 용접을 할 것.
② 모재와 같은 재료 조각을 용접선에 연장하도록 가용접할 것.
③ 접지점을 용접부보다 멀리 할 것.
④ 긴 용접에는 후퇴법(back step welding)으로 용접할 것.
⑤ 짧은 아크를 사용할 것

08 용접 속도

모재에 대한 용접선 방향의 아크 속도를 용접속도라 한다. 용접속도를 산출하는 공식은 용접비드길이(cm)/아크타임(min)으로 구하고 있으며 용접속도는 보통 15~18cm/min 정도 되며 용접전류, 용접봉의 종류, 이음의 모양, 모재의 재질, 위빙의 유무에 따라 용접 속도가 다소 차이가 있을 수 있다.

09 전기 아크 용접용 기구

[1] 아크 용접장치

① 용접기 : 아크 용접의 열원으로 직류와 교류용접기가 있다.

그림 5-4 아크 용접기(소형)

② 용접용 전선(welding cable) : 전원에서 용접기까지 연결하는 1차전선(교류인 경우)과 용접기에서 홀더나 모재까지 연결하는 2차 전선이 있다.
③ 접지 클램프(ground clamp)와 커넥터(connector) : 접지 클램프는 용접기와 모재를 접속하는 것으로 저항열을 발생시키지 않도록 해야 하며, 커넥터의 길이가 긴 용접용 전선을 이어서 사용할 때 연결하는 장치이다.

그림 5-5 용접 홀더선과 접지클램프 및 커넥터

④ 용접봉 홀더(electrode holder) : 용접전류를 케이블에서 용접봉으로 전하는 기구로 용접봉 끝부분을 물게 되어 있다.

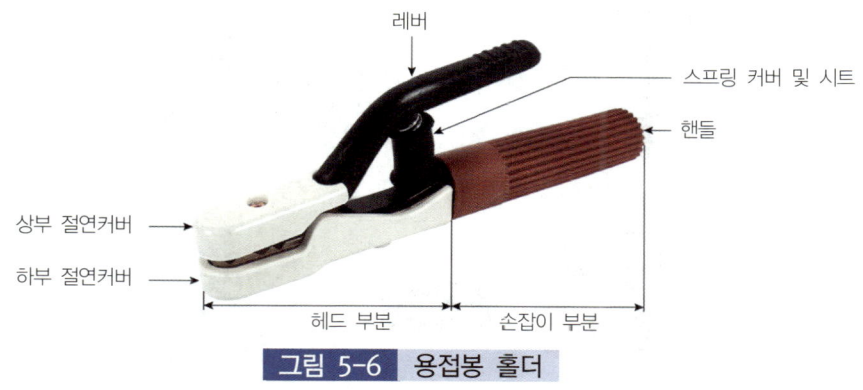

그림 5-6 용접봉 홀더

[2] 용접기 부속물 및 보호구

① 핸드 시일드와 헬멧 : 용접 작업 중 발생하는 자외선·적외선 및 스패터로부터 눈, 얼굴, 머리를 보호하는 장비로 손잡이가 달려있는 것을 핸드 시일드(hand shield)라 하고 머리에 착용하는 것을 헬멧이라 한다.

② 차광렌즈(filter lens) : 용접 중 자외선·적외선으로부터 작업자의 눈을 보호하기 위한 것으로 렌즈의 번호가 높을수록 차광량이 많다. 일반적으로 2번은 연납 땜에, 3~4번은 경납 땜 작업 시, 4~6번은 가스용접 및 절단에, 전기용접에는 10~12번이 사용되고, 차광렌즈 바깥쪽에는 차광유리가 스페터에 의해 손상되지 않도록 유리가 끼워져 있다.

③ 용접보조 장비 : 슬랙을 제거하기 위한 슬랙해머, 와이어 브러쉬, 치수를 재는 용접지그(welding jig) 등이 있다. 작업자를 보호하기 위한 용접장갑, 발 덮개, 앞치마 등을 사용하며 인근 작업자를 보호하기 위한 차광막과 환기장치가 필요하다.

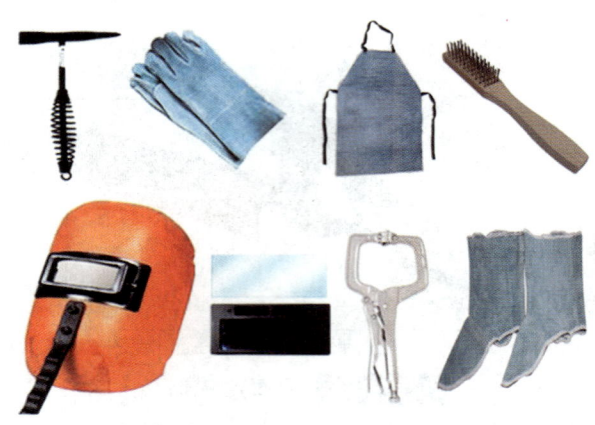

그림 5-7 용접기 부속물 및 보호구

[3] 피복 아크 용접봉

용접봉의 심선은 불순물 함유량이 적은 것이 바람직하며, 용접봉과 모재의 재질에 따라 연강용(탄소강), 저합금강용(고장력강), 스테인리스강용, 구리합금용, 주철용, 특수용도(내마모성용, 내균열성용, 표면경화용)로 구분되며 용접부 부식발생에 대한 보호방식에 따라 가스 발생식(피복제 성분이 주로 셀룰루스이며 연소하여 가스를 발생하여 용접부를 보호), 슬랙 생성식(피복제 성분이 주로규사, 석회석등 무기물로 슬랙을 형성해 용접부를 보호), 반 가스 발생식(가스발생식과 슬랙 생성식의 중간방식)으로 구분한다. 심선의 지름은 1.0mm, 1.4mm, 2.0mm, 2.6mm, 3.2mm, 4.0mm, 5.0mm, 6.0mm, 7.0mm, 8.0mm의 10가지가 있으며 일반적으로 3.2~6.0mm를 많이 사용한다.

[4] 용접봉 피복제

피복 용접봉은 금속심선의 주위에 여러 가지 기능을 가진 유기물, 무기물 또는 그 혼합물을 피복한 것으로, 피복제는 적당한 고착제를 사용하여 심선에 도포한다. 피복제는 아크열에 의해 분해되어 아크를 안정하게 하고, 가스(CO_2, CO) 또는 슬랙을 발생시켜 용융금속이 대기 중의 산소나 질소와 접촉하는 것을 막아 산화 및 질화를 방지하며(중성 또는 환원성 분위기를 만듦), 적당한 화학반응에 의하여 용접 금속은 정련된다. 용접부의 차폐 분위기(shielding atmosphere, 시일드)는 용제(flux)라고 불리는 피복제의 분해로 인해 생성되며 용가제는 금속심선(metal core wire) 또는 피복제에 포함된 금속 입자에 의해 공급된다.

[5] 용접봉 취급 시 주의사항

① 용접봉의 용제(flux)는 건조한 장소에 보관하여야 하며, 용접봉은 건조된 것을 사용해야 한다.
② 용접 목적과 사용조건을 감안하여 선택해야 한다.
③ 용접봉은 모재의 재질과 비슷한 것을 선택해야 한다.
④ 용접자세 및 사용전류의 극성과 이음의 모양을 감안하여 선택해야 한다.

건설기계정비기능사 필기 예상 문제

01 용접의 특징을 설명한 것으로 틀린 것은?

① 리벳 이음에 비해 기밀 및 수밀성이 우수하다.
② 용접부의 이음 강도는 주조물에 비해 신뢰도가 낮다.
③ 이음 형상을 임의대로 선택할 수 있다.
④ 재료의 두께에 거의 영향을 받지 않는다.

> **용접의 장점**
> ① 재료가 절약되고 중량이 가벼워진다.
> ② 작업 공정이 단축되며 경제적이다.
> ③ 재료의 두께에 제한이 없다.
> ④ 기밀, 수밀, 유밀성이 우수하며 이음 효율이 높다.
> ⑤ 제품의 성능과 수명이 향상되며 이종 재료도 접합할 수 있다.
> ⑥ 용접 준비 및 작업이 비교적 간단하고 용접의 자동화가 용이하다.
> ⑦ 소음이 적어 실내에서의 작업이 가능하며 복잡한 구조물 제작이 쉽다.
> ⑧ 보수와 수리가 용이하다.
> ⑨ 제품의 가공 형상을 자유롭게 할 수 있다.

02 용접의 단점이 아닌 것은?

① 기계적인 성질이 변화하기 쉽다.
② 내부 응력이 발생되어 균열이 발생되기 쉽다.
③ 리벳이음에 비해 기밀성과 수밀성이 우수하다.
④ 작업자의 기능에 의해 영향을 받기 쉽다.

> **용접의 단점**
> ① 재질의 변형 및 잔류 응력이 발생한다.
> ② 저온 취성이 생길 우려가 있다.
> ③ 품질 검사가 곤란하고 변형과 수축이 생긴다.
> ④ 용접사의 기량에 따라 용접부의 품질이 좌우된다.
> ⑤ 응력 집중에 민감하다.

03 최대정격 2차 전류가 160A, 허용 사용률이 30%, 실제의 용접 전류가 140A일 때 정격 사용률은 약 몇 %인가?

① 23   ② 33
③ 43   ④ 53

> 정격사용률 = 허용사용률 × $\dfrac{(실제\ 용접전류)^2}{(정격\ 2차전류)^2}$
> $= 30 \times \dfrac{140^2}{160^2} = 30 \times 0.7656625 = 22.96$

04 용접 이음부의 홈 형상 중 틀린 것은?

① I형   ② V형
③ W형   ④ X형

> **1. 용접 이음부 홈 형상**
> ① 용접부를 만들기 위해 두 개의 모재를 맞붙인 형태
> ② 다양한 홈 형상 사용 가능
> ③ 각 홈 형상은 장단점 가지고 있다.

|정|답| 01 ② 02 ③ 03 ① 04 ③

2. 주요 홈 형상
   ① I형 : 단순하고 경제적이지만 용접량이 많음
   ② V형 : 용접량이 적고 깊은 침투 능력을 가짐
   ③ X형 : V형 홈의 양쪽에 앵글을 추가하여 용접량을 줄임
   ④ U형 : 두꺼운 판재 용접에 적합

아크 용접에서 발생하는 일반적인 용접 결함은 다음과 같다.
① 오버랩 : 용접부의 겹침 부분이 너무 크거나 불균일한 경우
② 언더 컷 : 용접부의 모재가 충분히 용융되지 않아 발생하는 홈
③ 용입 불량 : 용접부가 모재에 충분히 침투하지 않은 경우
④ 크랙 : 용접부에 발생하는 균열
⑤ 포러스 : 용접부에 발생하는 기공
⑥ slag inclusion : 용접부에 갇힌 슬래그

05 차체 이음방법이 아닌 것은?

① 기계적 이음방법
② 화학적 이음방법
③ 야금적 이음방법
④ 접촉식 이음방법

접합방법은 기계적인 접합, 화학적 접합, 야금적 접합방법으로 구분된다.
① 기계적인 접합방법 : 볼트나 너트를 사용하여 간단한 수공구를 이용하고 외장부품 및 패널, 전장부품 등에 접합방법
② 화학적 접합방법 : 일반적으로 접착제를 이용하여 제품을 접합한다.
③ 야금적 접합방법 : 각종 용접이 여기에 포함되며 강도는 원재료에 가까우며 보디패널 등에 사용되며 수밀성, 작업성이 양호하나 용접기기 및 초기 투자비는 고가이다.

07 용접에서 모재와 용착금속의 경계 부분에 오목하게 파여 들어간 것을 무엇이라 하는가?

① 스패터(spatter)
② 슬래그(slag)
③ 오버랩(overlap)
④ 언더컷(undercut)

용접에서 모재와 용착금속의 경계부분에 오목하게 파여 들어간 것을 언더컷(undercut)이라고 한다. 이는 용접 과정에서 용접기의 전류나 속도 등이 적절하지 않거나, 용접 부위의 청소가 제대로 이루어지지 않아 발생할 수 있다. 이러한 언더컷은 용접 부위의 강도를 감소시키고, 균열이 발생할 가능성이 높다.

06 아크 용접에서 발생하는 용접 결함의 종류가 아닌 것은?

① 오버랩
② 언더 컷
③ 용입 불량
④ 이면비드

08 피복제에 습기가 있을 때 용접을 하면 어떤 결과를 가져오는가?

① 기공이 생긴다.
② 언더컷이 일어난다.
③ 크레이터가 생긴다.
④ 오버랩 현상이 생긴다.

피복제에 습기가 있을 때 용접을 하면 용접 부위에서 물기가 증발하여 기공이 생기게 된다.

| 정 | 답 | 05 ④   06 ④   07 ④   08 ①

09 점용접의 3대 요소가 아닌 것은?

① 가압력
② 전압의 세기
③ 통전시간
④ 전류의 세기

> 점용접의 3대 요소는 가압력, 통전시간, 전류의 세기이다.

10 다음 중 용접을 융접과 압접으로 구분할 때 융접법은?

① 초음파 용접
② 저항 용접
③ 아크 용접
④ 마찰 용접

> 융접은 접합하고자 하는 두 개 이상의 재료를 높은 온도로 가열하여 부분적으로 또는 완전히 녹인 후 용가재(Filler Metal)를 첨가하여 접합하는 방법이고, 압접은 접합부를 특정 온도로 가열하거나 또는 상온에서 높은 압력을 가하여 접합하는 방식으로 융접은 아크, 가스, 특수로 구분한다.

11 용접법의 분류 중 융접(fusion welding)의 설명으로 틀린 것은?

① 용접하려는 두 금속을 국부 가열 용융시킨다.
② 용가재를 용융시켜 용접이 이루어진다.
③ 용접금속 표면에 산화막이 형성되어 접합을 촉진시킨다.
④ 용제(flux)를 사용하므로 슬래그(slag)가 형성된다.

> **용접의 종류**
> ① 융접 : 융접은 접합하고자 하는 2개 이상의 재료(금속)의 열에 의해 접합부분을 용융 또는 반 용융 상태로 만들어 용가재(용접봉)를 넣어 접합한다.
> ② 압접 : 접합부분을 적당한 온도로 가열하거나 냉간 상태에서 압력을 주어 접합시키는 방법
> ③ 납접 : 접합하려고 하는 금속을 용융시키지 않고 이들 금속 사이에 모재보다 용융점이 낮은 땜납(solder)을 용융 첨가하여 접합하는 방법이다.

12 다음 용접법의 분류 중 융접(fusion welding)이 아닌 것은?

① 저항 용접
② 피복금속 아크 용접
③ 이산화탄소 아크 용접
④ 가스 용접

> 저항용접은 융점을 이용하지 않고 전기 저항열로 금속을 연결하는 용접법이다.

13 교류아크 용접기와 비교한 직류아크 용접기의 특징 설명중 잘못된 것은?

① 아크의 안정성이 우수하다.
② 역률이 양호하다.
③ 비피복봉의 사용이 가능하다.
④ 전격의 위험이 많다.

> 직류아크 용접기는 교류아크 용접기보다 전격의 위험이 적다. 직류아크 용접기는 전류가 일정하게 유지되기 때문에 전기적 안정성이 높아 전격 사고가 발생할 확률이 적다. 하지만 교류아크 용접기는 전류가 불안정하게 유지되기 때문에 전기적 안정성이 낮아 전격 사고가 발생할 확률이 높다.

|정|답| 09 ② 10 ③ 11 ③ 12 ① 13 ④

14 다음 중 직류 정극성의 표시 기호는?

① ACSP
② ACRP
③ DCSP
④ DCRP

> 직류는 전류의 방향이 항상 일정하므로 DC(Direct Current)로 표시하며, 정극성은 전압이 양극과 음극으로 나뉘어져 있으므로 SP(Single Polarity)로 표시한다. 따라서 직류 정극성의 표시 기호는 DCSP이다.

15 다음 중 압접에 해당하는 용접 방식은?

① 스터드 용접
② 전자빔 용접
③ 테르밋 용접
④ 초음파 용접

> 압접은 두 개 이상의 부품을 압축하여 결합시키는 용접 방식을 말한다. 이 중에서 초음파 용접은 초음파를 이용하여 부품을 압축하여 결합시키는 방식이다.

16 용접봉의 피복제 역할로 맞는 것은?

① 스패터의 발생을 많게 한다.
② 용착 금속의 냉각 속도를 빠르게 하여 급랭시킨다.
③ 슬래그 생성을 돕고, 파형이 고운 비드를 만든다.
④ 대기 중으로부터 산화, 질화 등을 방지하여 용융 금속을 보호한다.

> 피복제는 용접봉의 핵심적인 요소이며, 다음과 같은 역할을 한다.
> ① 대기 중의 산소와 질소로부터 용융 금속을 보호하여 산화 및 질화를 방지한다.
> ② 용접부의 품질을 향상시키고, 용접 작업을 용이하게 한다.
> ③ 용접 작업 시 발생하는 스패터를 감소시킨다.
> ④ 용접부의 냉각 속도를 조절하여 결정립의 성장을 억제한다.
> ⑤ 슬래그 형성을 돕고, 용접부 표면을 매끄럽게 만든다.

17 연강용 피복 아크 용접봉 중 일미나이트계(ilmenite type)에 대한 설명으로 맞는 것은?

① 용접봉의 기호는 E4313이고 슬래그의 유동성이 나쁘다.
② 산화티탄을 30% 이상 포함한 루틸(rutite type)계다.
③ 산화티탄을 45% 이상 포함한 루틸(rutite type)계다.
④ 용접봉의 기호는 E4301이고 슬래그의 유동성이 좋다.

> **일미나이트계 용접봉의 특징**
> ① 용접봉 기호 : E4301
> ② 주요 성분 : 일미나이트(Ilmenite)
> ③ 산화티타늄 함량 : 약 10~20%
> ④ 슬래그 특징 : 유동성이 좋고 용이하게 제거 가능
> ⑤ 용접 특징 : 뛰어난 용입성과 비드 모양, 낮은 튀김 현상
> ⑥ 적용 분야 : 일반 구조용 강재, 배관, 기계 제작 등

| 정 | 답 | 14 ③   15 ④   16 ④   17 ④

18 아크 용접봉의 종류 중 E4301의 피복제 계통은?

① 고셀룰로스계
② 고산화티탄계
③ 일미나이트계
④ 저수소계

> **피복제의 주성분에 따른 아크 용접봉의 종류**
> ① 일미나이트계(E4301)
> ② 라임티탄계(E4303)
> ③ 고셀룰로스계(E4311)
> ④ 고산화티탄계(E4313)
> ⑤ 저수소계(E4316)
> ⑥ 철분계(산화티탄, 조수소, 산화철)

19 다음 피복 아크 용접봉 표시기호 중 고산화티탄계 용접봉에 해당되는 것은?

① E4301
② E4303
③ E4311
④ E4313

> 고산화티탄계 용접봉은 E4313에 해당된다. 이는 E43 시리즈 중에서 1은 저탄소, 3은 저수소를 나타내며, 13은 고산화티탄계를 의미한다.

20 다음중 교류아크 용접기의 종류가 아닌 것은?

① 정류기형
② 가동 철심형
③ 가동 코일형
④ 탭 전환형

> 교류용접기는 일종의 변압기로서 용접전류로 사용되는 2차 전류를 얻을 때 2차 전압이 떨어지도록 설계되어 있다. 교류용접기의 종류에는 가동철심형, 가동코일형, 가포화 리액터형, 탭 전환형 등이 있다.

21 모재를 (+)극에 용접봉을 (-)극에 연결하는 직류 아크용접의 극성은?

① 역극성
② 정극성
③ 용극성
④ 비용극성

> 직류 아크용접에서 모재를 (+)극에 용접봉을 (-)극에 연결하는 것을 정극성이라고 한다. 이는 모재가 양극성을 가지고 있기 때문이다. 모재가 양극성을 가지고 있으면, 양극성과 반대극성을 가진 용접봉을 연결하여 전류를 흐르게 하면 더욱 강한 아크가 발생하고, 용접이 더욱 효과적으로 이루어진다. 따라서 모재를 (+)극에 용접봉을 (-)극에 연결하는 것이 가장 효과적인 정극성 방법이다.

22 교류 아크용접기의 종류별 특성으로 맞는 것은?

① 가동 철심형은 미세한 전류조정이 가능하다.
② 가동 코일형은 코일의 감긴 수에 따라 전류를 조정한다.
③ 탭 전환형은 탭 철심으로 누설 지속을 가감하여 전류를 조정한다.
④ 가포화 리액터형은 가변 전압 변화로 전류를 조정한다.

> **교류 아크 용접기의 종류별 특성**
> ① 가동 철심형 : 우리나라에서 가장 많이 사용하는 용접기로, 미세한 전류 조정이 가능하다.
> ② 가동 코일형 : 1차 코일의 거리 조정으로 전류를 조정한다. 하지만 가격이 고가여서 현재는 거의 사용되지 않는다.
> ③ 탭 전환형 : 미세한 전류 조정이 불가능하다. 주로 소형에 쓰이고 있으며 전격에 위험이 있으며 탭으로 정해진 전류만 발생한다.
> ④ 가포화 리액터형 : 가변 저항의 변화로 용접 전류를 조정하며 원격 조정이 가능한 용접기이다. 유선, 무선 가능하다.

| 정답 | 18 ③ 19 ④ 20 ① 21 ② 22 ① |

23 아크가 발생하는 초기에 용접봉과 모재가 냉각되어 있어 입열이 부족하여 아크가 불안정하기 때문에 아크 초기만 용접 전류를 특별히 크게 하는 것을 무엇이라 하는가?

① 원격 제어장치
② 핫 스타트장치
③ 전격 방지장치
④ 탭 전환장치

> 아크 초기에는 입열이 부족하여 아크가 불안정하게 발생하기 때문에 용접 전류를 특별히 크게 주어 아크를 안정적으로 발생시키는 것이 필요하다. 이를 위해 사용되는 장치가 핫 스타트 장치이다. 핫 스타트 장치는 용접봉과 모재를 빠르게 가열하여 아크 발생을 안정화시키는 역할을 한다. 따라서 아크 초기에만 사용되는 장치로, 용접 후에는 필요하지 않다.

24 용접 시 외부에서 주어지는 용접입열을 계산하는 공식으로 맞는 것은? (단, H : 용접입열(J/cm), I : 아크전류(A), E : 아크전압(V), V : 용접속도 (cm/min) 이다.)

① $H = V/60EI$
② $H = 60EI/V$
③ $H = 60EV/I$
④ $H = 60VI/E$

> 용접입열은 용접 시 발생하는 열의 양을 나타내는 값으로, 아크전류, 아크전압, 용접속도 등의 요소에 따라 결정된다. 이 중에서도 용접속도는 용접시간과 직접적으로 관련이 있으므로, 공식은 $H = 60EI/V$이다.

25 연강을 0℃ 이하에서 용접 시 예열 온도로 알맞은 것은?

① 10~40℃
② 40~75℃
③ 75~105℃
④ 105℃~135℃

> 연강을 0℃ 이하에서 용접할 경우, 용접부 주변에 수소 깨짐 현상이 발생할 가능성이 높아진다. 수소 깨짐은 용접부에 미세한 균열을 발생시켜, 용접 강도 저하 및 취성 파괴를 유발할 수 있는 심각한 결함이다. 따라서, 연강을 0℃ 이하에서 용접하기 전에 용접부 주변을 적절한 온도까지 예열하여 수소 깨짐 현상을 방지하는 것이 중요한데 일반적으로 연강의 예열 온도는 40~75℃ 범위로 권장한다.

26 피복 아크 용접 시 용접봉과 용접선이 이루는 각도를 무엇이라 하는가?

① 작업 각도
② 용접 각도
③ 진행 각도
④ 자세 각도

> 피복 아크 용접 시 용접봉과 용접선이 이루는 각도를 진행 각도라고 한다. 이는 용접 작업을 진행하는 방향과 관련이 있다. 즉, 용접 작업을 수행하는 방향에 따라 용접봉과 용접선이 이루는 각도가 결정되며, 이 각도를 진행 각도라고 부른다.

|정|답| 23 ② 24 ② 25 ② 26 ③

27 측면 필릿이음 용접 비드에서 실제 목 두께를 바르게 설명한 것은?

① 용입을 고려한 용접의 루트부터 필릿 용접의 표면까지의 최대거리
② 용입을 고려한 용접의 루트부터 필릿 용접의 중심부까지의 중심거리
③ 용입을 고려한 용접의 루트부터 필릿 용접의 표면까지의 최단거리
④ 용입을 고려한 용접의 루트부터 필릿 용접의 중심부까지의 최단거리

> 측면 필릿이음 용접 비드에서 실제 목 두께는 용입을 고려한 용접의 루트부터 필릿 용접의 표면까지의 최단거리이다. 용접 과정에서 용접재가 용입부터 시작하여 필릿 용접의 표면까지 최단거리로 이어지기 때문에, 실제 목 두께를 측정할 때에는 이 최단거리를 고려해야 정확한 값을 얻을 수 있기 때문이다.

28 피복 아크 용접 시 아크 쏠림(Arc blow) 방지 대책 중 틀린 것은?

① 긴 용접선의 경우 엔드 탭(End tap)을 사용한다.
② 접지점의 위치를 용접부로부터 멀리한다.
③ 아크 길이를 짧게 유지한다.
④ 교류용접을 직류용접으로 한다.

> **아크 쏠림의 피해를 줄이는 방법**
> ① 모재에 연결된 접지점을 용접부에서 최대한 멀리 놓는다.
> ② 용접이 끝난 용접부 또는 큰 가용접부(Tag Weld)를 향하여 용접한다.
> ③ 아크의 길이를 용접에 지장이 없는 범위에서 최대한 짧게 한다.
> ④ 긴 용접선의 경우 엔드 탭(End tap)을 사용한다.

29 용접자세에 관한 기호와 뜻으로 잘못 짝지어진 것은?

① 아래보기 자세 : F
② 수평 자세 : H
③ 수직 자세 : V
④ 위보기 자세 : H-Fil

> **용접자세에 관한 기호**
> ① 아래보기 자세(Flat Position : F) : 용접하려는 자재를 수평으로 놓고 용접봉을 아래로 향하여 용접하는 자세
> ② 수직 자세(Vertical Position : V) : 모재가 수평면과 90도 또는 45도 이상의 경사를 가지며, 용접방향은 수직면에 대하여 45도 이하의 경사를 가지고 상하로 용접하는 자세
> ③ 수평 자세(Horizontal Position : H) : 모재가 수평면과 90도 또는 45도 이상의 경사를 가지며, 용접선이 수평이 되게 하는 용접자세
> ④ 위보기 자세(Overhead Position : OH) : 모재가 눈위로 들려있는 수평면의 아래쪽에서 용접봉을 위로 향하여 용접하는 자세

|정|답| 27 ③ 28 ④ 29 ④

CHAPTER 02 가스 및 탄산가스 용접

01 가스 용접

　가스 용접은 가연성 가스의 연소열(약 3,000℃)을 이용하여, 금속을 가열하여 용접하는 방법으로 지연성 가스로 산소를 사용하고 가연성 가스로 아세틸렌, 수소, 프로판, 메탄 등이 사용되며, 산소-아세틸렌 용접이 대부분을 차지한다. 가스 용접은 아크 용접과 같이 용접의 일종이며 산소-아세틸렌 불꽃의 성질은 토치 내에서의 아세틸렌과 산소의 혼합비에 의해 환원성 불꽃, 산화성 불꽃, 중성불꽃으로 되며, 산소-아세틸렌 가스 용접은 산화염이 되기 쉬우며 공기 중 산소를 흡수하여 용융금속이 산화되는 경우가 많다. 용착금속에 산화물을 포함되는 것을 방지하기 위하여 중성불꽃, 환원불꽃을 사용하며, 플럭스는 용접 중에 생기는 금속의 산화물을 용제와 결합시켜 용융온도가 낮은 슬랙을 만들어 용융금속의 표면에 떠오르게 하여 용착금속의 성질을 좋게 하는 것이다. 플럭스는 건조된 가루, 페이스트 또는 용접봉 표면에 피복한 것 등이 있으며, 보통 고체가루를 물이나 알코올에 섞어 용접 전 브러시로 용접 흠이나 용접봉에 칠하여 사용한다.

그림 5-8　산소-아세틸렌가스 용접

[1] 가스 용접의 특징

산소와 아세틸렌의 봄베, 호스, 가스의 유량을 조절하는 레귤레이터와 산소와 아세틸렌가스를 혼합하여 불꽃을 조절하는 토치로 구성된다. 가스 용접은 구조가 간단하고 가격이 저렴하여 다양한 분야에서 이용되고 있다.

용도 및 대상물에 따라서 가스의 혼합비율과 불꽃의 크기를 조정하고 용접봉의 굵기와 토치의 움직임에 따라 용접 성능이 달라지며, 가스 용접, 재료절단 등 작업방법에 따라 패널의 절단, 도막의 제거, 수축, 이완 등 열을 가하여 여러 공정에 사용된다. 가스 용접의 장단점은 다음과 같다.

1) 가스 용접의 장점
① 전기가 필요 없다.
② 응용 범위가 넓다.
③ 가열할 때 열량 조절이 비교적 자유로운 편이다.
④ 용접 장치를 쉽게 설비할 수 있다.
⑤ 박판 용접에 적당하다.
⑥ 유해 광선 발생률이 적다.

2) 가스 용접의 단점
① 고압가스를 사용하므로 폭발, 화재의 위험이 크다.
② 열효율이 낮아서 용접 속도가 느리다.
③ 금속의 탄화 및 산화될 우려가 많다.
④ 열의 집중성이 나쁘므로 효율적인 용접이 어렵다.
⑤ 열을 받는 부위가 넓어서 용접 후 심하게 변형이 생긴다.
⑥ 일반적으로 신뢰성이 적다.
⑦ 용접부의 기계적인 강도가 떨어진다.
⑧ 가열 범위가 커서 용접 능력이 크고 가열 시간이 오래 걸린다.

[2] 가스 용접의 구성

1) 산소 봄베

산소 봄베(통)는 산소를 35℃에서 약 150기압으로 압축하여 충전되며, 호스와 통은 녹색으로 구분되며 봄베의 코크는 오른나사로 왼쪽으로 돌리면 열리고 고압게이지에 봄베의 압력이 표시된다. 저압 레귤레이터는 오른나사로 오른쪽으로 돌려 잠그면 토치의 사용압력을 조정되어 표시되며, 보통 레귤레이터의 고압게이지는 0~25kg/cm²이며, 저압게이지는 0~2.5kg/cm²이다.

산소 봄베에는 봄베 제조자의 명칭 또는 상호, 충전 가스의 명칭, 봄베 제작자의 봄베 기호 및 제조 번호, 내용적(L), 제조 연월일, 내압시험 압력(숫자만), 최고 충전압력, 봄베의 중량(밸브 및 캡을 포함하지 않음) 등이 각인되어 있다.

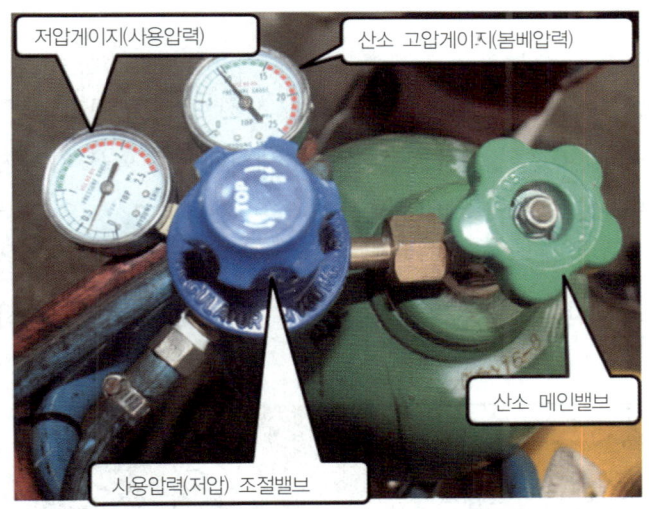

그림 5-9 산소봄베 및 게이지

(1) 산소(Oxygen)의 특징

산소는 화학 원소의 하나로, 일반적으로 산소원자 두 개가 결합하여 무색, 무미, 무취인 기체 상태로 존재한다. 공기 중 78%가량 포함된 질소에 이어 2번째로 많은 21%가량 포함되어 있다. 산소아세틸렌 용접은 산소와 아세틸렌의 반응 시 발생하는 열을 이용하여 금속의 용접을 행하는 것을 의미한다. 절삭 역시 산소아세틸렌을 이용하여 행해질 수 있다.

(2) 산소의 화학 및 물리적 성질

① 비점은 -183℃, 융점은 -219℃이다.
② 주기율표는 16족 2주기(6A족 2주기)이다.
③ -119℃에서 50기압 이상으로 압축하면 담황색의 액체로 변한다.
④ 원소 기호는 O이고 원자 번호는 8이다.
⑤ 원자가전자는 4개 또는 4가이다.
⑥ 1L의 중량은 0℃ 1기압에서 1.429g이고 공기의 1.105배의 중량이다.
⑦ 물질의 연소를 도와주는 지연성 가스이다.
⑧ 대부분 원소와 직접 화합하여 산화물을 만든다.
⑨ 물에 약간 용해된다.
⑩ 연소되기 쉬운 기체에 산소를 혼합하여 점화하면 폭발적으로 연소한다.

2) 아세틸렌 봄베

아세틸렌의 안전을 위해서 석면, 규조토, 숯, 석회 등의 구멍이 많은 물질을 넣고 이것에 아세톤을 포화될 때까지 흡수시켜 정제된 아세틸렌에 압력을 가하여 15℃에서 15기압으로 봄베에 충전되어 있다. 봄베(통)와 호스는 황색이며, 고압 레귤레이터의 압력은 0~3kg/cm²이고, 저압 레귤레이터의 압력은 0.3~0.5kg/cm²이다. 토치에 점화할 때는 먼저 아세틸렌의 밸브만 열고 전용의 점화용 라이터를 이용하여 점화시킨 후 산소 밸브를

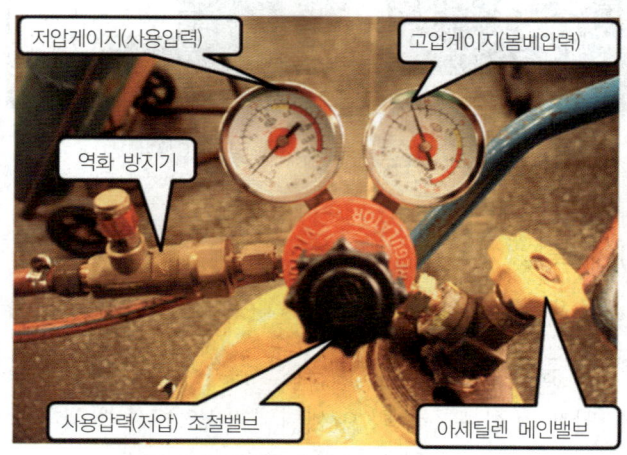

그림 5-10 아세틸렌 봄베 및 게이지

조금씩 열면서 불꽃을 조절하며, 소화할 땐 먼저 아세틸렌 밸브를 닫고 산소 밸브를 나중에 닫아 소화시킨다.

(1) 아세틸렌(용해아세틸렌) 특징

대기압-상온에서 기체이며, 대기압하에서는 액체로 만들 수 없다. $-84°C$ 이하의 온도에서 고체로 존재하다가 그 이상에서 바로 기체로 변한다. 즉, 승화한다. 따라서 액화하려면 온도만 낮춰서는 소용이 없고, 압력을 더 가해야 한다. 1.27기압은 되어야 하며, 이때의 끓는점은 $-80.8\ °C$이다.

무색, 무취이며, 원래는 냄새가 없지만 상용으로 팔리는 것은 불순물 때문에 특유의 냄새가 있다. 아세틸렌은 연소할 때 고열을 내므로, 가스 용접이나 절단에 사용되기도 한다. 순수 산소와 섞어서 태우면 약 $3300°C$ 이상의 온도의 열을 낸다. 산소-아세틸렌은 일반적인 연료용 기체 중에서 제일 고온의 열을 내며 연소하는 기체다.

운반이 편리하며 순도가 높아 높은 온도의 불꽃을 얻을 수 있으며, 폭발 위험성이 적고 불순물에 의한 용접 부분의 강도 저하가 없다.

(2) 아세틸렌가스 용도

① 금속용접 및 절단에 이용된다.
② 금속제조 및 가열에 이용된다.
③ 금속표면 처리에 이용된다.
④ 담금질에 이용된다.
⑤ 염화비닐 제조에 이용된다.
⑥ 염화비닐수지 제조에 이용된다.
⑦ 합성섬유 및 합성고무 제조에 이용된다.
⑧ 타이어 제조에 이용된다.
⑨ 알코올 제조에 이용된다.

(3) 아세틸렌가스 위험성

① 아세틸렌가스(용해아세틸렌)는 무색의 기체이지만 약간 독성이 있는 가스여서 고농도의 아세틸렌가스가 누출되어 흡입하면 마취효과가 발생할 수 있다. 이로 인하여

산소부족으로 정신착란, 숨 가쁨, 판단능력 저하, 근육조정 파괴, 기면증이 발생하게 되며, 지속적으로 흡입하게 되면 구토, 구역질, 코피, 발작 등이 발생하여 사망하게 된다.

② 아세틸렌은 공기 중에서 가열하면 405~480℃ 부근에서 자연 발화하고 505~515℃에서 폭발한다.

③ 아세틸렌가스는 극인화성 가스로써 열, 불꽃, 스파크, 정전기, 화염이 발생하게 된다면 폭발할 수 있으며, 공기 또는 산소가 2.0%~85%로 혼합되면 폭발로 이어져 화재가 발생한다.

④ 아세틸렌은 충격, 진동, 마찰 등에 의해 폭발하는 경우가 있으며, 특히 1기압 이하에서는 폭발 위험성은 없으나, 1.5기압 이상으로 압력이 높을수록 위험성이 크다.

⑤ 아세틸렌은 구리(Cu), 은(Ag), 수은(Hg)과 접촉되어 발생된 화합물은 건조 상태의 120℃ 부근에서 폭발성을 갖는다.

⑥ 아세틸렌가스는 용해가스이므로 용기 재검사를 반드시 하셔야 하며 반드시 밸브 개방 후 충전 전 충전량을 확인하고 충전을 해야 한다.

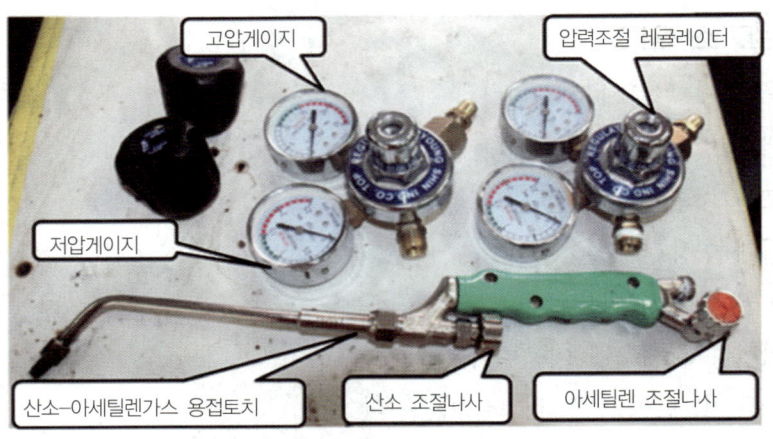

그림 5-11 가스 용접기의 구성

3) 토치

가스 용접기의 토치는 절단용과 용접용 2가지 있다. 목적에 따라 사용하며, 차량사고의 손상 등으로 인하여 복잡한 패널이나 부품을 절단하여 분리시 가스 용접기가 편리하나 정밀한 절단은 어렵고, 절단면이 찌그러짐이 발생하여 재사용할 패널이나 부품에는 사용할 수 없으며, 실링재나 도막, 배선 등 화재가 발생할 수 있으므로 내장 부품은 미리 탈거해야 한다.

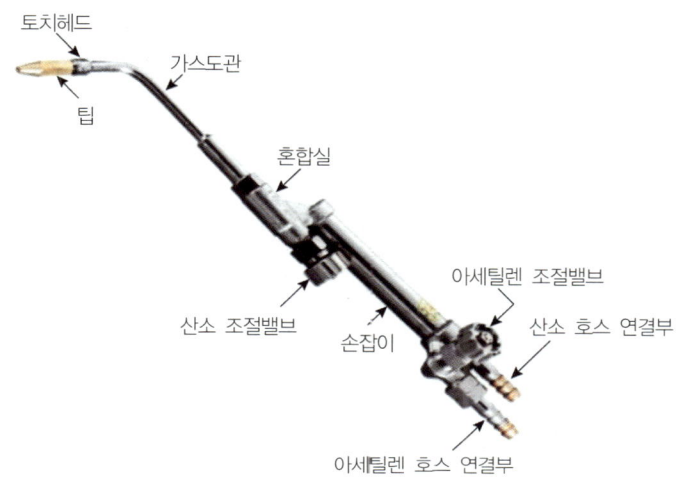

그림 5-12 가스 용접용 토치

사용 압력으로 불꽃을 조절하여 절단 부위를 가열한다. 절단부가 적열되었을 때 토치의 절단용 산소 밸브를 사용압력보다 높게 열어 산소에 제트기류가(고압) 발생되어 용융된 쇳물을 고압산소에 의해 불어서(blow) 절단한다.

토치의 용량은 1시간에 소비하는 혼합가스 양으로 표시되며, 토치 용량의 크기에 따라 저압식($0.07kg/cm^2$ 이하), 중압식($0.07 \sim 1.3kg/cm^2$), 고압식($1.3kg/cm^2$ 이상) 토치로 구분한다.

4) 토치 팁

저압식 토치는 팁의 능력에 따라 불변압식(A형)과 가변압식(B형)이 있다.
① 불변압식(독일식 A형) : 팁의 능력을 연강판 용접일 경우 용접할 수 있는 판 두께를 기준으로 한다. 팁 번호 1은 판 두께 1mm를 의미한다.
② 가변압식(프랑스식 B형) : 중성 불꽃으로 용접할 때 시간당 소비되는 아세틸렌가스량을 리터[ℓ]로 나타낸다. 팁 번호 100은 아세틸렌 소비량이 100L를 의미한다.

5) 용접용 호스

① 호스의 크기는 6.3mm, 7.9mm, 9.5mm의 3종이 있다. 7.9mm를 일반적으로 많이 사용한다.
② 사용 압력에 충분히 견디는 구조여야 한다. 산소는 90kg/cm^2, 아세틸렌은 10kg/cm^{2}의 내압 시험에 합격하여야 한다.
③ 호스의 색은 산소의 경우 녹색 또는 검정색을 사용하고, 아세틸렌의 경우는 적색을 사용한다.
④ 호스 내부의 청소는 압축 공기를 사용한다.
⑤ 호스의 길이는 필요 이상 길게 하지 말고 5m 정도로 한다.
⑥ 호스의 연결은 고압 조임 밴드를 사용한다.
⑦ 충격이나 압력을 주지 말아야 한다.
⑧ 가스 누설 검사는 비눗물을 사용하고, 빙결된 호스는 더운물로 사용하여 녹인다.

[3] 불꽃의 종류

1) 가스 용접 불꽃

① 불꽃심(flame core, 백심) : 팁에서 나오는 혼합가스가 연소하여 형성된 환원성의 백색 불꽃이다.
② 속불꽃(inner flame, 내염) : 불꽃심 부분에서 생성된 일산화탄소와 수소가 공기 중의 산소와 결합 연소하여 3,200~3,500℃의 높은 열을 발생하는 부분으로 약간의 환원성을 띠게 된다. 따라서 이 부분에서 용접하면 산화를 방지할 수 있다.
③ 겉불꽃(outer flame, 외염) : 연소가스가 다시 공기 중의 산소와 결합하여 완전 연소되는 부분으로 불꽃의 가장자리를 이루며 약 2,000℃의 열을 내게 된다.

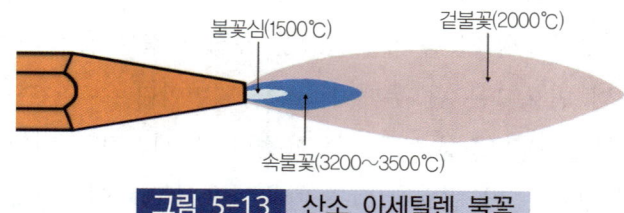

그림 5-13 산소 아세틸렌 불꽃

2) 가스 용접 불꽃의 종류

① 중성불꽃(표준 불꽃) : 산소와 아세틸렌의 용적비가 약 1:1의 비율로 혼합될 때 얻어지며, 이론상의 혼합비는 산소 2.5에 아세틸렌 1로서 모든 일반 용접에 이용된다.
② 탄화불꽃(아세틸렌 과잉 불꽃) : 이 불꽃은 아세틸렌의 양이 산소보다 많을 때 생기는 불꽃으로 백심과 겉불꽃과의 사이에 연한 백심의 제3의 불꽃, 즉 아세틸렌 깃이 존재하는 과잉 불꽃으로 알루미늄, 스테인리스 강의 용접에 이용된다.
③ 산화불꽃(산소 과잉 불꽃) : 산소의 양이 아세틸렌의 양보다 많은 불꽃인데, 금속을 산화시키는 성질이 있으므로 구리, 황동 등의 용접에 이용된다.

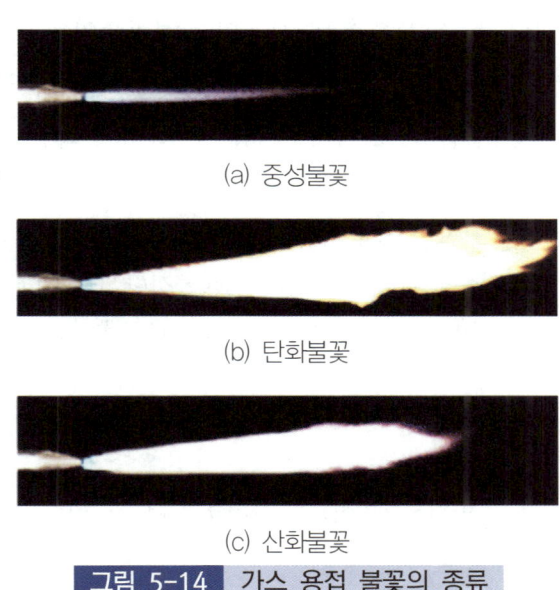

(a) 중성불꽃

(b) 탄화불꽃

(c) 산화불꽃

그림 5-14 가스 용접 불꽃의 종류

[4] 역류, 역화, 인화 현상

① 역류 : 토치 내부의 청소 상태가 불량하면 토치 내부 기관에 막힘 현상이 일어나게 된다. 역류는 고압의 산소가 밖으로 나가지 못해 산소보다 압력이 낮은 아세틸렌을 밀어내면서 아세틸렌 호스 쪽으로 거꾸로 흐르는 것을 말한다.
② 역화 : 용접 도중에 모재에 팁 끝이 닿아 불꽃이 순간적으로 팁 끝에 흡입되어 폭발음이 나며, 불꽃이 꺼졌다가 다시 나타나는 것을 말한다. 팁이 과열되었거나 가스 압력과

유량이 부적당할 때 일어난다.
③ 인화 : 인화란 팁 끝이 순간적으로 막히면 가스의 분출이 나빠지고 혼합실까지 불꽃이 들어가는 현상을 말한다.

[5] 가스 절단

1) 가스 절단의 원리

보통의 가스 절단은 산소를 이용한 산소절단을 말한다. 이때 이용되는 불꽃은 산소 아세틸렌 불꽃이나 산소 프로판 가스불꽃이며 최근에는 값싼 산소 프로판 가스불꽃이 널리 이용되고 있다. 가스 절단(산소 절단)은 철과 산소의 화학반응열을 이용하는 절단법이다. 고온으로 가열된 철사를 산소 중에 넣어보면 쉽게 연소하는 현상이 일어난다. 이와 같이 절단을 하려는 재료(강 또는 합금강)에 미리 예열(850도~900도)을 행한 후에 고압의 산소를 불어내면 예열부위가 연소되면서 산화철이 된다. 이때의 산화철은 용융점이 모재보다 낮아지기 때문에 계속되는 고압산소의 기류에 의하여 불려 날려지게 되면서 그 자리가 파지게 되는데 이로써 절단이 이루어지는 것이다. 일단 절단이 개시된 후에는 강의 연소열과 예열불꽃의 가열로 인하여 연속적인 절단이 가능해지는 것이다.

2) 가스 절단의 조건

일반적으로 가스 절단이 원활하게 이루어지려면 다음과 같은 조건을 갖추어야 한다.
① 산화반응이 격렬하고 다량의 열을 발생할 것.
② 모재 중에 불연소물이 적을 것.
③ 모재의 연소온도가 그 용융온도보다 낮을 것(철의 연소온도 1,350도, 용융온도 1,530도)
④ 산화물 또는 슬래그의 유동성이 좋고 모재에서 쉽게 이탈할 것.
⑤ 산화물 또는 슬래그의 용융온도가 모재의 용융온도보다 낮을 것.

3) 양호한 절단면을 얻기 위한 조건

① 드래그는 가능한 작을 것
② 절단 모재의 표면 각이 예리할 것

③ 절단면이 평활할 것
④ 슬래그의 이탈이 양호할 것
⑤ 경제적인 절단이 이루어질 것

> **참고** 드래그선
> 절단 홈의 하부일수록 슬래그의 방해와 산소의 오염, 산소의 속도저하로 인하여 산화작용이 늦어지기 때문에 드래그선이 발생한다.

4) 절단속도

① 절단산소의 압력이 높아 산소의 소비량이 많을수록 절단속도는 거의 비례적으로 증가한다.
② 절단재의 온도가 높을수록 고속절단이 가능하다.
③ 팁 형상 : 다이버젠트 노즐은 같은 산소 소비량에 20~30% 증가.
④ 산소의 순도 : 절단 작업에 사용되는 산소는 99.5% 이상의 순도를 가져야 한다.
⑤ 산소의 순도가 99.5%보다 낮을 때 현상은 다음과 같다.
  ㉮ 절단작업의 능률이 급격히 저하한다.
  ㉯ 산소의 소비량이 많아진다.
  ㉰ 절단면이 거칠어지며 절단 개시까지 시간이 길어진다.
  ㉱ 슬래그의 박리성이 나빠진다.

5) 절단에 영향을 주는 요소

① 팁의 모양 및 크기
② 산소의 순도(99.5%)와 압력
③ 사용 가스
④ 팁의 거리 및 각도
⑤ 예열불꽃의 세기
⑥ 절단 속도
⑦ 절단재의 재질 및 두께 및 표면 상태

6) 산소 아세틸렌가스 절단

① 산소압력 조정기 압력을 3~5kg/cm^{2}로 설정한다.
② 아세틸렌 압력 조정기 압력을 0.3~0.4kg/cm^{2}로 설정한다.
③ 토치 각도는 팁이 진행하는 방향과 90~105° 정도로 유지한다.
④ 토치 팁 거리는 백심 끝에서 1.5~2.0mm 정도로 유지한다.
⑤ 예열온도는 약 850~900℃ 정도로 예열한 후 절단 산소 밸브를 열어 강판을 절단한다.

[6] 가스 용접 장치의 취급상 주의사항

1) 가스 용접 작업 시 주의사항

① 반드시 보호안경을 착용한다.
② 불필요한 긴 호스를 사용하지 않는다.
③ 용기 가까운 곳에서는 인화물질의 사용을 금한다.

2) 압력 조절기 취급 시 주의사항

① 압력조절기 설치 시 먼지를 털고 견고하고 정확하게 연결해야 한다.
② 기름이 묻은 장갑은 사용하지 말아야 한다.
③ 압력 용기의 설치구 방향에는 장애물을 제거해야 한다.

3) 가스용접 토치(취관) 취급 시 주의사항

① 토치에 과한 충격이 가지 않도록 주의해야 한다.
② 토치를 사용 전에 점검하고 역화 등의 원인을 일으키지 않도록 청소한다.
③ 토치를 함부로 분해하지 말고 소중히 다루어야 한다.
④ 점화되어 있는 상태의 토치를 산소 봄베나 아세틸렌 봄베 등에 가까이 방치하지 않도록 한다.
⑤ 토치를 흙이나 바닥에 함부로 방치하지 않도록 한다.
⑥ 토치의 각 밸브에서 가스의 누설이 없는지 비눗물을 이용하여 확인하고 사용한다.
⑦ 사용 중 토치 팁이 과열된 경우에는 산소만 분출시키면서 물속에 넣어 냉각시킨 후 물

을 제거하여 다시 사용한다.
⑧ 토치에 기름, 그리스 등을 바르지 말 것
⑨ 역류, 역화, 인화에 주의하여 작업해야 한다.

4) 산소용기 취급 시 주의사항

① 통풍 또는 환기가 불충한 장소나 화기를 사용하는 장소 및 부근에서는 사용하면 안 된다.
② 용기의 온도를 40℃ 이하로 유지해야 한다.
③ 용기에 충격이 가지 않도록 조심해야 한다.
④ 운반 시 전용 캡을 씌우고 운반해야 한다.
⑤ 밸브 개폐 시 천천히 개폐해야 한다.
⑥ 직사광선, 화기가 있는 고온의 장소를 피한다.
⑦ 용기 내의 압력이 너무 상승($170kg/cm^2$)되지 않도록 한다.
⑧ 용기 및 밸브 조정기 등에 기름이 부착되지 않도록 한다.
⑨ 밸브가 동결되었을 때 더운물 또는 증기를 이용하여 녹여야 한다.
⑩ 누설검사는 비눗물을 사용한다.
⑪ 저장실에 가스를 보관 시 다른 가연성 가스와 함께 보관하지 않는다.

5) 용해 아세틸렌 취급 시 주의사항

① 저장장소의 통풍이 양호해야 한다.
② 저장장소에 화기를 가까이하지 않는다.
③ 운반시 용기의 온도는 40℃ 이하로 유지하며 반드시 캡을 씌워야 한다.
④ 용기는 전락, 전도, 진동, 충격을 가하지 말고 신중히 취급한다.
⑤ 옆으로 눕히면 아세톤이 아세틸렌과 같이 분출하므로 반드시 세워서 사용한다.
⑥ 누설시험은 비눗물로 한다.
⑦ 저장실의 전기 스위치 전등 등은 방폭 구조여야 한다.
⑧ 화기가 가깝거나 온도가 높은 곳에 설치하면 안 된다.
⑨ 아세틸렌 충전구가 동결 시 35℃ 이하의 온수로 녹여야 한다.
⑩ 용기 밸브를 열 때는 전용 핸들로 1/4~1/2 정도만 회전시키고 핸들을 밸브에 끼워놓

은 상태에서 작업한다.
⑪ 가스사용 후에도 반드시 약간의 잔압 0.1kg/cm^{2}을 남겨두어야 한다.
⑫ 가스 사용을 중지할 때는 토치 밸브뿐만 아니라 용기 밸브도 닫아야 한다.

02 탄산가스(CO_2) 용접(MAG(마그), MIG(미그) 용접)

불활성 가스금속 아크 용접(MIG : inert gas metal arc welding)은 용가재인 전극와이어를 연속적으로 송급하여 아크를 발생시키는 방법이다. TIG에 비해 용착률이 빠르며 전원은 직류식이며 와이어를 양극으로 하는 역극성으로 작업한다. MIG 용접의 보호가스로는 순수 Ar(아르곤), Ar+He(아르곤+헬륨), Ar+O_2(아르곤+산소), Ar+CO_2(아르곤+이산화탄소)가 사용된다. 건(gun)은 전극와이어, 용접전류와 보호가스를 와이어 송급기로부터 아크 영역으로 이송되며, 불활성 가스금속 아크 용접은 제거할 슬래그가 없으므로 피복아크용접에 비해 작업속도가 빠르다.

그림 5-15　MAG(CO_2) 용접기

탄산가스아크 용접은 불활성가스 대신에 경제적인 탄산가스를 이용하는 용접방법으로 역시 전극은 소모성(용극식)을 주로 사용하며, 탄산가스 아크 용접은 산화성이므로 알루미늄, 마그네슘, 티타늄 등에 용융표면에 산화막이 형성되어 용착을 방해하기 때문 사용하지 않는다. 일반적으로 탄산가스를 사용하는 것을 'MAG 용접기'(탄산가스 실드 반자동 직류 아크 용접기), 아르곤 가스를 사용하는 것을 'MIG 용접기'라 한다.

탄산가스 용접의 특징은 용착금속의 기계적 성질 및 금속학적 성질이 양호하며 가는 와이어를 자동이나 반자동으로 고속 용접이 가능하며, 용접 전류 밀도가 커 용입이 깊고 용접 속도가 빠르며 용접 자세의 제한이 적다. 용착금속에 기공 발생이 적으며 서브머지드 아크 용접에 비해 모재 표면의 녹, 기타 표면 상태에 둔감하다. 용제를 사용하지 않아도 되고, 스패터가 적고 아크가 안정하며, 크레이터 균열 발생 염려가 없으며 작업자의 숙련을 요하지 않으며, 저 탄소강, 연강의 용접에 적합하다.

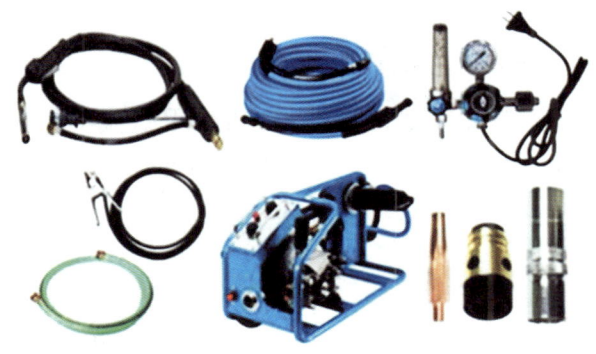

그림 5-16　MAG(CO_2) 용접기 부속물

기본적인 구조는 같으며, 실드(shield)에 사용하는 가스의 종류가 다르고 용접 시 패널의 고온 부분은 산소와 결합하여 녹이 발생되기 쉬운 용접부를 탄산가스(CO_2)로 보호하면서 전기의 아크 불꽃으로 금속을 녹여서 용접한다. 용접(봉)와이어는 용접기에 내장되어 자동적으로 이송되며 용접 토치는 손으로 움직이며 용접한다. 가스 용접기와 비교하여 취급이 간단하고, 안정된 용접의 품질을 얻을 수 있으며, 용접부를 탄산가스로 보호하고 있으므로 녹의 발생을 억제하고 용접 시 필요 이상의 고온으로 되지 않기 열 변형이 적어, 자동차의 패널과 같은 얇은 강판의 용접에 적합하다. 탄산가스 대신에 불활성 아르곤(Ar)가스를 사용하며 마그 용접기는 전기의 불꽃 방전(아크)에 의해서 열을 발생시키는데, 마그 용접기에서 자동적으로 내보내는 용접봉이 전극을 겸하고 있다. 플러스 극으로 된 전극(용접 와이어)과 마이너스 보디와의 사이에 불꽃 방전이 일어나고, 이때의 고열로 패널을 녹이고 와이어도 녹아 용접한다.

[1] CO_2 가스 용접의 장·단점

1) 장점
① 용착 속도가 크고 용입이 깊어서 고능률적이다.
② SPATTER(스파타)가 적고 FLUX(플럭스) 성분이 없어서 용착 효율이 높다.
③ SLAG(슬래그)가 거의 발생치 않아 용접시간이 대폭 단축된다.
④ 보호가스의 값이 저렴해 경제적이다.
⑤ 저수소의 용접이 행해지므로 써 양질의 용접부가 얻어진다.
⑥ 숙련 정도에 따라 박판의 용접이나 전 자세 용접이 가능하다.
⑦ 용접의 자동화가 가능하다.
⑧ 스테인리스 강의 용접도 가능하다.
⑨ 수용접에 비하여 평균 3배의 생산성과 50%의 비용절감이 가능하다.
⑩ 자동차 차체의 얇은 강판에 용접부분 주변에 열 변형을 일으키지 않고 용접할 수 있다.

2) 단점
① 바람이 있는 옥외 작업에는 보호가스의 효과 감소로 바람직하지 못하다.
② 이산화탄소 가스를 사용하므로 작업량 및 환기에 유의해야 한다.
③ 비드 외관이 다른 용접에 비해 거칠다.
④ 고온 상태의 아크 중에서는 산화성이 크고 용착금속의 산화가 심하여 기공 및 그 밖의 결함이 생기기 쉽다.

[2] 탄산가스(이산화탄소) 역할 및 이산화탄소 아크 용접의 종류

탄소나 그 화합물이 완전 연소할 때, 생물이 호흡할 때, 발효할 때 생기는 기체로 무색, 무취의 불연성 가스로서 탄산가스 또는 탄산 무수물(Carbonic Anhydride)로 불린다.

1) 역할
① 알루미늄, 스테인리스 용접 및 절단에 이용된다.
② 제철소, 자동차, 특장차, 트레일러, 철도차량 용접에 이용된다(자동차 용접을 할 때는

스폿 용접(전기 용접)과 같이 이용한다).
③ 탄산가스는 용융부를 대기로부터 차단하여 산화와 질화를 방지한다.
④ 보호가스에 의해 대기 중의 산소와 접촉을 차단하여 연소를 억제한다.
⑤ 탄산가스는 순도가 99.5% 이상이어야 한다.

2) 이산화탄소 아크 용접의 종류
(1) 보호가스와 용극 방식에 의한 분류
① 용극식
  ㉮ 솔리드 와이어 방식(solid wire process) : 공급가스 - CO_2, 충진제 - 찰찰산성 원소를 함유한 솔리드 와이어
  ㉯ 솔리드 와이어 혼합 가스법 : $CO_2 + O_2$법, $CC_2 + CO$법, CO_2+Ar법, $CO_2 + Ar + CO_2$법
  ㉰ 용제가 들어있는 와이어 CO_2법 : 아코스 아크법, 퓨즈 아크법, NCG법, 유니언 아크법
② 비용극식
  ㉮ 탄소 아크법 : 텅스텐 아크법(이중 노즐식)

(2) 토치의 작동 형식에 의한 분류
① 수동식(비용극식에서 토치를 수동)
② 반자동식(용극식, 와이어의 송급 자동, 토치 수동)
③ 전자동식(용극식, 와이어의 송급 자동, 토치 자동)

(3) 용접부의 형식에 의한 분류
① 연속 아크 용접법 : 용극식, 비용극식
② 아크 스폿 용접 : 용극식, 비용극식

3) 와이어에 의한 분류

(1) 솔리드 와이어 방식

적당한 화학 성분을 포함한 솔리드 와이어를 사용하는 방법으로 단락이행(short circuiting transfer)방법으로 박판 용접이나 전자세 용접에서부터 고전류에 의한 후판 용접까지 가장 널리 사용되고 있다. 일반 강재용용 와이어에서는 단락 이행용, 고전류 영역용 등 2가지가 있다. 보호 가스는 CO_2 가스에 아르곤 가스를 혼합하며 아크가 안정되고 스패터가 감소하며 작업성 등 용접 품질이 향상되나, 후판 용접에서는 그다지 사용되지 않고 박판 용접의 이면 비드 용접, 전자세 용접 등의 단락이행 용접에 사용이 된다. 아르곤 가스의 혼합비를 30% 정도로 하면 그 효과를 안정시킬 수 있으며 75~85%로 혼합할 경우 가장 좋은 상태가 된다.

(2) 복합 와이어 방식

① 이중 굽힙형(double folded type)

박판의 강밸 대를 절곡해서 그 속에 탈산제, 합금 원소 및 용제를 말아 넣은 것으로서 아코스 와이어, Y관상 와이어, S관상 와이어, NCG 와이어 등 구조상 여러 가지가 있다. 강대는 가공이 용이한 연강으로 하고, 합금 원소 및 탈산제는 분말의 형태로 첨가하는 것이 보통이다. 이 분말 조성은 용이하게 변하기 때문에 연강, 고장력강은 물론 저합금강, 표면경화 덧붙이용까지 여러 종류가 제조되고 있다.

용제에는 슬래그 형성제, 아크 안정제 등이 배합되어 있으며 와이어 굵기는 2.4~3.2mm로 되어있다. 불말상 물질은 와이어 전 중량의 20~25%로써 그 대부분은 슬래그로 되어, 잔무늬의 깨끗한 비드를 형성시킨다. 또, 아크 안정제가 첨가되어 있기 때문에 교류 전원에서도 안정된 아크를 유지할 수 있으나, 와이어 지름이 굵고 전류밀도가 낮아, 용착속도가 용착효율 등에서는 솔리드 와이어에 뒤지며, 전자세 용접이 불가능하고 와이어가 흡습, 또는 녹슬기 쉬운 것이 단점으로 되어있다.

② 단일 인접형(single abutting type)

비교적 두께가 큰 강대를 단순한 원통 모양으로 하여 그 속에 주로 탈산제 및 합금용 원소를 충전한 1.2~2.4mm 굵기의 복합 와이어도 제조 시판되고 있다. 능률성과 복합 와이어의 작업성을 겸비한 와이어라고 할 수 있다.

[3] 탄산가스의 용접의 원리

와이어가 녹은 금속은 패널 쪽에 단락되어 큰 전류가 흐르고 전류에 의해서 형성된 자력으로 녹은 와이어를 잡아당겨 불꽃 방전이 시작된다. 이와 같은 사이클을 반복하여 용접이 진행되고 용접부의 온도가 필요 이상으로 높지 않아 자동차 차체의 얇은 강판에 용접부분 주변에 열 변형을 일으키지 않고 용접할 수 있다. 용접부에 기름, 녹, 수분 등이 없어야 하며, 용접부에 이물질이 있는 경우는 걸레 등으로 제거한 후 용접하여야 한다. 또한 Zinck(방청 목적의 아연)는 용접을 방해하므로 도포되어 있는 경우는 완전히 제거한 후 용접하여야 한다.

1) 용접하는 판 두께

직류용접법의 일종으로 용접 Wire는 +극, 모재는 -극을 갖고, 비교적 취급이 간단하고 안정된 용접이 가능한 마그 용접기는 매뉴얼에 따라 세팅한다. 자동차 차체 수리에서 용접하는 판 두께는 외판(外板)에서 0.6~0.8mm, 멤버류에서는 1.0~1.5mm 정도이며, 용접 와이어의 지름이 0.6mm로 설정하여 일반적으로 사용이 가능하다.

2) 실드 가스의 양

① 실드 가스의 유량은 매분 와이어 「지름×10 정도」가 표준으로 설정한다.
② 실드 가스의 양이 많으면 오히려 실드 효과를 얻지 못한다.
③ 노즐과 모재간의 거리, 용접 전류, 용접 장소(바람의 발생 유무) 등에 따라 조정한다.

[솔리드 와이어 지름에 따른 용접 적정 전류]

와이어 지름	용접 전류	와이어 지름	용접 전류
0.6mm	40~90A	1.0mm	70~180A
0.8mm	50~120A	1.2mm	80~350A
0.9mm	60~150A	1.6mm	300~500A

④ 실드 가스가 부족하면 용접부가 타게 되고 식은 후에는 표면이 파이게 되고, 용접면 주위는 부식이 발생하고 적색으로 변색되는 일이 많다.

3) 토치의 각도 및 모재간의 거리

토치의 이동은 작업자의 숙련이 필요하며 토치는 용접하는 패널에 대하여 60~75°를 유지하고(토치의 노즐은 수직선에서 15°~30°) 용접부분과 팁과 간격은 팁에서부터 6~10mm 정도이며, 토치의 이동속도는 1분에 1m 정도이다. 용접부분과 토치의 간격과 이동속도를 균일하게 하는 것이 안정된 용접의 포인트이다. 팁과 모재간의 거리가 멀게 되면 와이어의 용융속도가 빠르고, 전류가 감소하며, 용입 깊이도 감소한다.

4) 아크 전압

아크의 길이를 나타내며, 아크 전압은 비드 형상을 결정하는 가장 중요한 요인으로 아크 전압을 높이면 비드가 넓고 납작해지며, 지나치게 전압이 높으면 기포가 발생한다. 또한 너무 낮은 아크 전압은 볼록하고 좁은 비드를 형성하며, 와이어가 녹지 않고 모재 바닥을 밀며 토치를 들고 일어나는 현상이 발생한다.

5) 용접 전류

① 용접 전류는 공급되는 와이어 및 모재를 녹이는 능력으로 모재의 용입 깊이 및 와이어 용융속도에 영향을 미친다.
② 용접 전류는 깊이에 따라 용입 깊이, 비드의 높이, 비드의 폭 등이 커진다.
③ 용접 전류는 아크의 안전성과 스파크의 발생량에도 영향을 주기 쉽다.
④ 침투를 결정하는 가장 큰 요인이다.

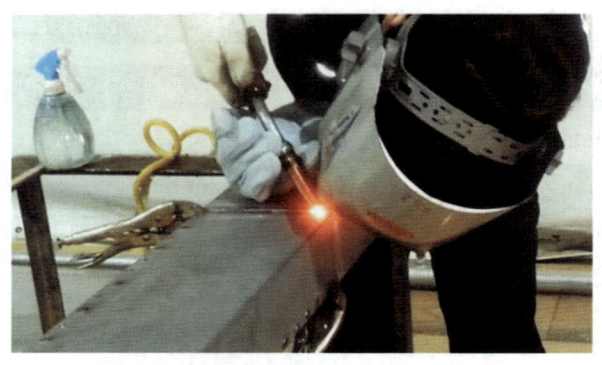

그림 5-17 마그 용접

[4] CO_2 용접 결함과 원인

1) 기공(Blow Hole)이 발생한다.

① 가스 유량이 부족하다.
② 바람에 의해 가스가 날린다.
③ 노즐에 스패터가 많이 부착되어 있다.
④ 가스의 품질이 나쁘다.
⑤ 용접부위가 지저분하다.
⑥ 노즐과 모재간 거리가 멀다.

2) 아크가 불안정하다.

① 팁의 치수가 부적합하다.
② 팁이 마모되어 있다.
③ 와이어 공급이 불안정하다.
④ 전원 전압의 불안정
⑤ 팁과 모재간 거리가 길다.
⑥ 용접전류가 낮다.
⑦ 접지 접속이 불안정하다.

3) 와이어가 팁에 용착된다.

① 팁과 모재간 거리가 짧다.
② 아크 스타트하는 방식이 나쁘다.
③ 팁이 불량하다.

4) 스패터가 많다.

① 용접조건의 부적합
② 1차 입력전압의 불균형

5) 아크가 주기적으로 변동한다.
① 와이어 공급이 원할하지 못하다.
② 팁 모양
③ 1차 입력전압 변동이 크다.

6) 용입이 불량하다.
① 용접조건이 맞지 않는다.
② 이음 형상의 불량
③ 용접 전류가 낮다.
④ 아크의 길이가 길다.
⑤ 와이어의 끝이 용접부에 접촉되었다.
⑥ 와이어 공급이 너무 빠르다.
⑦ 용접 겹침이 너무 좁다.

7) 비드 형상이 나쁘다.
① 용접조건이 맞지 않는다.
② 겨냥하는 위치가 불량하다.

[5] 패널 맞대기 용접

패널을 맞대기 용접 시 용접부위는 약 1mm 정도의 틈새(루트)를 두고 그 사이를 메우도록 용접하며, 얇은 판의 용접에 적합한 마그 용접기는 연속하여 용접 시 패널이 열 변형을 일으키기 쉽다. 용접 작업에서는 맞대어진 패널을 한 번에 연속 용접작업보다 20~30mm 정도의 사이를 두고 점 모양으로 가접한 후 다시 점과 점 사이를 메우는 방식으로 용접한다.

끝에서부터 차례로 용접하는 것이 아니라 동일한 장소에 연속 용접 시 열 변형이 일어나며 용접 열이 집중되지 않도록 건너뛰는 방식으로 용접을 실시한다.

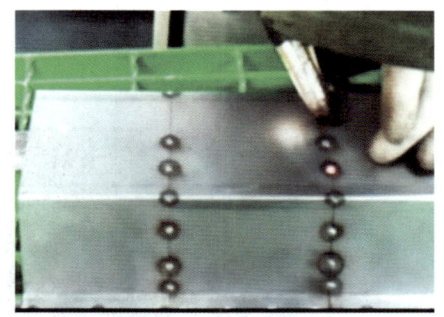 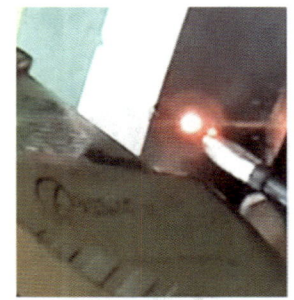

그림 5-18 점 용접

[6] 플러그 용접

패널의 앞뒤에 스폿 용접기가 접근할 수 없는 장소는 가그 용접기로 스폿 용접 형태로 용접하는 것을 '플러그 용접'이라 한다. 플러그 용접은 서로 겹치는 외측 패널에 6~8mm 정도의 구멍을 뚫어 용접기의 토치를 구멍 내부에서 원을 그리며, 구멍을 매우는 방법으로 용접하며, 맞대기 용접과 연속하여 플러그 용접을 하지 않고 건너뛰는 방법으로 용접하여 패널이 열 변형이 일어나지 않도록 용접한다.

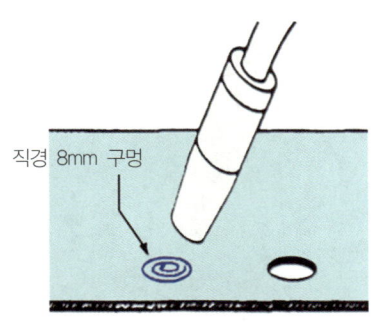 

직경 8mm 구멍

가장 자리에서 중심으로 돌려가며 용접한다.

그림 5-19 플러그 용접

전류가 잘 흐를 수 있도록 용접 부위는 깨끗한 맨 철판 상태로 도막을 벗겨내고 이물질을 제거한다. 차체 보디 쪽은 마이너스 극이 되도록 어스 클램프를 용접부와 가까운 곳에 설치하며, 도막을 제거하여 접지를 시켜야 한다. 마그 용접기에서 발생되는 불꽃은 매우 강렬하여 눈에 화상 및 충혈을 일으킬 수 있으며 차광 우리가 설치된 전용의 보호기(헬멧 또는 핸드실드)를 사용하며, 불꽃(spatter)이 방사되는(스패터) 주변의 패널이나 유리면의 난연성 시트 등으로 보호 후 용접작업을 실시한다.

그림 5-20 마그 용접용 안면 보호기

안정된 용접의 품질을 위하여 용접기 사용 전, 사용 후 토치의 팁을 점검하여 오염물이나 스패터를 제거하고 필요에 따라서 와이어 브러시로 청소 관리해야 하며, 용접 와이어가 돌출되는 양은 적절한지 점검해야 한다.

건설기계정비기능사

필기 예상 문제

01 가스 용접에 관한 설명 중 틀린 것은?

① 가연성 가스와 공기 및 산소를 혼합 연소시켜 연소열을 이용, 금속을 녹여 접합하는 방법이다.
② 가스 용접의 가연성 가스로는 아세틸렌, 프로판, 수소가스 등이 있다.
③ 일반적으로 산소 아세틸렌 용접을 가장 많이 사용한다.
④ 자기 스스로 연소할 수 있는 지연성 가연성 가스를 사용하여 금속과 금속을 접합한다.

> 자기 스스로 연소할 수 있는 가스는 가연성 가스이다. 이 가연성 가스의 열을 이용하여 용접봉과 모재를 녹여서 접합한다.

02 산소에 대한 설명이다. 틀린 것은?

① 산소는 그 비중이 공기보다 크며, 대개의 원소와 직접 화학반응을 일으켜 산화한다.
② 산소는 다른 원소와 급격히 산화하면 빛과 열을 발하여 연소상태가 된다.
③ 산소는 다른 원소와 화합하지 않아도 자체의 폭발력을 가지고 있다.
④ 산소는 무색, 무취, 무미의 기체이다.

> 산소는 대부분 원소와 화합하여 산화물을 만들며, 연소되기 쉬운 기체에 산소를 혼합하여 점화하면 폭발적으로 연소한다.

03 산소는 산소병에 몇 도에서 150기압으로 충전하는가?

① 35℃
② 45℃
③ 55℃
④ 65℃

> 산소 봄베(통)는 순도 99.5% 이상의 산소를 35℃에서 약 150기압으로 압축하여 충전된다.

04 용해 아세틸렌 가스충전 압력으로 가장 알맞은 것은?

① 160kgf/cm²
② 150kgf/cm²
③ 30kgf/cm²
④ 15kgf/cm²

> 한국산업안전보건공단의 「용접용 가스 사용 및 관리에 관한 안전규칙」에 따르면, 용해 아세틸렌의 충전 압력은 15kgf/cm² 이하로 해야 한다.

| 정 | 답 | 01 ④ 02 ③ 03 ① 04 ④

05 산소-아세틸렌가스 용접 시 가스의 압력은 얼마로 조정하는가?

① 산소 : 0.5~1kg/cm², 아세틸렌 : 0.5~1kg/cm²
② 산소 : 1~2kg/cm², 아세틸렌 : 0.5~1kg/cm²
③ 산소 : 2~5kg/cm², 아세틸렌 : 0.2~0.5kg/cm²
④ 산소 : 5~10kg/cm², 아세틸렌 : 0.2~0.5kg/cm²

> 아세틸렌 사용 압력은 0.2~0.5kg/cm²이며, 산소 사용 가스 압력은 2~5kg/cm²이다.

06 고압가스 용기의 도색 중 옳게 표시된 것은?

① 산소-적색
② 수소-흰색
③ 아세틸렌-노란색
④ 액화암모니아-파란색

> 고압가스 용기의 도색 중 산소는 녹색, 수소는 주황색, 아세틸렌은 노랑색(황색), 액화암모니아는 백색이다.

07 가스 절단 시 양호한 절단면을 얻기 위한 품질 기준과 거리가 먼 것은?

① 슬래그 이탈이 양호할 것
② 절단면의 표면각이 예리할 것
③ 절단면이 평활하며 노치 등이 없을 것
④ 드래그의 홈이 높고 가능한 클 것

> 가스 절단 시 양호한 절단면을 얻기 위한 품질 기준은 다음과 같다.
> ① 슬래그 이탈이 양호할 것 : 슬래그가 잘 떨어지지 않으면 절단면이 거칠고 불량해진다. 따라서, 양호한 절단면을 얻기 위해서는 슬래그 이탈이 양호해야 한다.
> ② 절단면의 표면각이 예리할 것 : 절단면의 표면각이 예리해야 절단면이 튼튼하다. 따라서, 양호한 절단면을 얻기 위해서는 절단면의 표면각이 예리해야 한다.
> ③ 절단면이 평활하며 노치 등이 없을 것 : 절단면이 평활하고 노치 등이 없으면 절단면이 미려하고 안전하다. 따라서, 양호한 절단면을 얻기 위해서는 절단면이 평활하고 노치 등이 없어야 한다.

08 탄산가스 용접기의 토치 부품에 해당되지 않는 것은?

① 노즐　　② 인슐레이터
③ 팁　　　④ 유량계

> 토치 부품
> ① 노즐 : 탄산가스와 용융제를 혼합하여 용접부에 집중 분사
> ② 인슐레이터 : 토치 손잡이를 열로부터 보호
> ③ 팁 : 용접 와이어를 용융시키고 용접부에 공급
> ④ 가스 호스 : 탄산가스를 토치에 공급
> ⑤ 레귤레이터 : 탄산가스의 유량을 조절

09 산소 용접기의 윗부분에 각인되어 있는 TP는 무엇을 의미하는가?

① 안전 시험 압력
② 정격 시험 압력
③ 최고 충전 시험 압력
④ 내압 시험 압력

> 산소 용접기의 윗부분에 각인되어 있는 TP는 내압 시험압력을 의미한다. 단위는 MPa이다.

| 정답 | 05 ③　06 ③　07 ④　08 ④　09 ④

10 가스 용접에서 용제를 사용하는 이유는?

① 용접봉의 용융속도를 느리게 하기 위하여
② 침탄이나 질화 작용을 돕기 위하여
③ 용접 중 산화물 등의 유해물을 제거하기 위하여
④ 모재의 용융온도를 낮게 하기 위하여

> 가스 용접 중에는 공기 중의 산소와 반응하여 산화물이 발생할 수 있다. 이러한 산화물은 용접 부위의 강도를 약화시키고, 용접 후에는 부식이나 균열 등의 문제를 일으킬 수 있다. 따라서 용접 중 산화물 등의 유해물을 제거하기 위해 용제를 사용한다.

11 가스 용접기의 단점으로 틀린 것은?

① 열효율이 낮다.
② 열의 집중성이 어렵다.
③ 금속이 탄화 또는 산화될 우려가 많다.
④ 열량 조절이 자유롭다.

> 가스 용접의 장·단점은 다음과 같다.
> 1. 장점
>   ① 간편한 휴대 및 취급 : 용접 장비가 가볍고 휴대성이 좋아 현장 이동 및 작업이 용이하다.
>   ② 다양한 금속 용접 가능 : 철강, 스테인리스강, 주철, 구리, 알루미늄 등 다양한 금속 용접에 적용 가능하다.
>   ③ 얇은 판금 용접에 적합 : 얇은 판금 용접 시 변형이 적고 깨끗한 용접선을 얻을 수 있다.
>   ④ 저렴한 운영비용 : 다른 용접 방식에 비해 소모품 비용이 저렴하고 운영비용이 적게 드는 편이다.
> 2. 단점
>   ① 낮은 열효율 : 연소 과정에서 발생하는 열 손실이 많아 열효율이 낮다.
>   ② 열의 집중성이 어려움 : 불꽃의 크기와 방향 조절이 어려워 열의 집중성이 떨어진다.
>   ③ 금속 탄화 또는 산화 우려 : 불꽃 조절이 잘못되면 금속이 탄화되거나 산화될 수 있다.
>   ④ 불안정한 화염 : 아세틸렌가스는 불안정한 화합물로서 불꽃이 불안정하고 균일하지 않을 수 있다.

12 탄산가스 아크 용접의 장점이 아닌 것은?

① 전류밀도가 대단히 높으므로 용입이 깊고 용접속도를 빠르게 할 수 있다.
② 전 자세 용접도 가능하다.
③ 용접진행의 양부 판단이 가능하고 사용이 편리하다.
④ 적용 재질이 다양하다.

> 탄산가스 아크 용접의 장·단점
> 1. 장점
>   ① 깊은 용입과 빠른 용접 속도 : 높은 전류밀도를 사용하기 때문에 용입 깊이가 깊고 용접 속도가 빠르다.
>   ② 뛰어난 용접 품질 : 불활성 가스가 용접부를 보호하여 산화, 질소 침투를 방지하고, 높은 용접 품질을 얻을 수 있다.
>   ③ 다양한 자세 용접 가능 : 모든 자세에서 용접이 가능하며, 특히 난접부 용접에 유리하다.
>   ④ 용접 진행 관찰용이 : 용접 진행 상황을 쉽게 관찰할 수 있어 용접 작업의 편리성이 높다.
> 2. 단점
>   ① 높은 비용 : 불활성 가스 사용으로 인해 다른 용접 방식에 비해 비용이 높다.
>   ② 숙련된 기술 필요 : 용접 작업에 숙련된 기술이 필요하다.
>   ③ 용접 후 잔류 응력 발생 : 다른 용접 방식에 비해 용접 후 잔류 응력이 다소 높다.

13 탄산가스 아크용접 장치에서 보호가스 설비에 해당되지 않는 것은?

① 컨텍트 튜브   ② 히터
③ 조정기   ④ 유량계

> ① 히터 : 보호가스를 예열하여 용접 작업 효율을 높이는 역할을 한다. 예열된 보호가스는 용접 부위의 습기를 제거하고 용접 침투력을 향상시킨다.
> ② 조정기 : 보호가스의 유량을 조절하는 역할을 한다.
> ③ 유량계 : 보호가스의 유량을 측정하는 역할을 한다.

| 정답 | 10 ③ 11 ④ 12 ④ 13 ① |

14 이산화탄소 아크용접에서 발생하는 용접결함의 종류가 아닌 것은?

① 오버랩　　② 용입 부족
③ 언더 컷　　④ 이면 비드

> 이면 비드는 이산화탄소 아크용접에서 발생하는 용접결함의 종류가 아니다. 이면 비드는 한쪽 용접을 할 때 전극의 반대 측에서 나오는 물결 모양의 비드이다.

15 이산화탄소 아크용접에서 반자동 용접의 용접속도(위빙 및 토치 이동)로 가장 적합한 것은?

① 10~20cm/min
② 30~50cm/min
③ 60~70cm/min
④ 70~80cm/min

> 이산화탄소 아크용접에서는 용접속도가 너무 빠르면 용접부위가 충분히 녹지 않아 용접결함이 발생할 수 있고, 반대로 너무 느리면 용접부위가 과열되어 용접부위의 불안정성이 증가할 수 있다. 따라서 적절한 용접속도는 중요하다. 이에 따라 이산화탄소 아크용접에서는 보통 30~50cm/min의 용접속도가 적합하다고 알려져 있다.

16 가스 절단 중 예열불꽃이 강할 때 절단 결과에 미치는 영향은?

① 모서리가 용융되어 둥글게 된다.
② 드래그가 증가한다.
③ 슬래그 성분 중 철 성분의 박리가 쉬워진다.
④ 절단속도가 늦어지고 절단이 중단되기 쉽다.

> 예열불꽃이 강할 때, 가스 절단기로 절단하면 모서리 부분이 높은 온도로 노출되어 용융되기 쉽다. 이로 인해 모서리가 둥글게 된다.

17 가스 자동 절단 시 팁과 강판과의 간격은 예열불꽃의 백심으로부터 얼마의 거리가 가장 적당한가?

① 1.5~2.5mm
② 3.5~4.5mm
③ 5.5~6.5mm
④ 7.5~8.5mm

> 가스 자동 절단 시에는 예열불꽃으로 강판을 예열시키고, 가스 절단기로 강판을 절단한다. 이때 강판과 예열불꽃 사이의 간격이 너무 가까우면 강판이 과열되어 변형될 수 있고, 너무 멀면 절단이 불완전해질 수 있다. 따라서 적당한 간격 1.5~2.5mm 정도로 설정한다.

18 테르밋 용접의 테르밋은 무엇의 혼합물인가?

① 산화납과 산화철 분말
② 알루미늄 분말과 마그네슘 분말
③ 규소분말과 알루미늄 분말
④ 알루미늄 분말과 산화철 분말

> 테르밋 용접은 화학 반응을 이용한 용접 방법으로, 알루미늄 분말과 산화철 분말을 혼합하여 사용한다. 이 두 가지 분말이 반응하여 열과 빛을 발생시키며, 이로 인해 용접이 이루어진다.

19 MIG 용접과 TIG 용접의 공통적인 특징이 아닌 것은?

① 아르곤 또는 헬륨과 같은 가스를 써서 산화를 방지한다.
② 아크(arc)를 이용한 용접법이다.
③ 알루미늄, 구리합금과 같은 특수금속을 용접할 수 있다.
④ 비용극식 용접법이다.

|정답| 14 ④　15 ②　16 ①　17 ①　18 ④　19 ④

MIG 용접과 TIG 용접은 모두 아르곤 또는 헬륨과 같은 가스를 써서 산화를 방지하고, 아크(arc)를 이용한 용접법이며, 알루미늄, 구리합금과 같은 특수금속을 용접할 수 있다는 공통점이 있다. 하지만 비용극식 용접법은 탄소아크 용접법을 비롯해 텅스텐 아크 용접법 등을 말한다. 전극이 탄소봉으로 되어 있고 용가재가 별도로 있는 용접법이다.

20 토치 작업 시 발생하는 역화의 원인으로 거리가 먼 것은?

① 가스의 압력이 부적합하다.
② 팁 끝이 과냉되어 있다.
③ 팁의 조임이 완전하지 않다.
④ 팁 끝에 오물이 묻어 있다.

토치 작업 시 발생하는 역화는 가스와 공기가 혼합되어 연소할 때 발생하는데, 이때 가스의 압력이 부적합하거나 팁의 조임이 완전하지 않거나 팁 끝에 오물이 묻어있을 때 발생할 수 있다.

21 산소 아세틸렌 용접에서의 역류역화의 원인이 아닌 것은?

① 토치의 팁이 과열되었을 때
② 토치의 팁이 석회분에 끼었을 때
③ 아세틸렌 가스공급이 안전할 때
④ 토치의 성능이 불량할 때

역류역화의 원인
① 토치의 팁이 과열되었을 때
② 토치의 팁이 석회분에 끼었을 때
③ 아세틸렌 가스공급이 불량할 때
④ 토치 입구가 막혀 토치의 성능이 불량할 때

22 불꽃심고-겉불꽃 사이에 있는 백색의 불꽃으로 O-세틸렌가스의 양이 많을 때 생기며, 스테인리스강, 니켈강 등의 용접에 이용되는 것은?

① 탄화 불꽃
② 중성 불꽃
③ 산화 불꽃
④ 수소 불꽃

탄화 불꽃은 아세틸렌가스의 양이 많을 때 생기는 백색의 불꽃으로, 스테인리스강, 니켈강 등의 용접에 이용된다.

23 탄산가스 성질에 관한 사항으로 가장 거리가 먼 것은?

① 대기 중에서 기체로 존재하며 비중은 1.53으로 공기보다 무겁다.
② 공기 중 농도가 크면 눈, 코, 입 등에 자극이 느껴진다.
③ 무색, 무취, 무미이다.
④ 저장, 운반이 불편하며 비교적 값이 비싸다.

탄산가스는 무색, 무취, 무미의 불연성 기체이다. 비중은 1.53으로 공기보다 무겁기 때문에, 공기 중 농도가 높아지면 눈, 코, 입 등에 자극을 느낄 수 있다. 탄산가스는 압축하여 저장할 수 있으며, 가격도 비교적 저렴하다.

| 정 | 답 | 20 ② 21 ③ 22 ① 23 ④

24 이산화탄소 아크용접과 관련이 없는 것은?

① 탄산가스 용기
② 용접기
③ 산소
④ 와이어 송급장치

> 이산화탄소 아크 용접은 탄산가스를 보호가스로 사용하는 용접 방법이다. 따라서 용접에 산소가 사용되지 않는다.
> ① 탄산가스 용기 : 이산화탄소 아크 용접에 사용되는 보호가스를 저장하는 용기이다.
> ② 용접기 : 이산화탄소 아크 용접을 수행하는 장치이다.
> ③ 와이어 송급장치 : 용접봉을 용접부에 공급하는 장치이다.
> ④ 이산화탄소 아크 용접 공정
>   ㉮ 용접기에서 고전압 전류가 발생한다.
>   ㉯ 고전압 전류가 용접봉과 모재 사이에 아크를 발생시킨다.
>   ㉰ 아크의 열로 용접봉과 모재가 녹아 융합된다.
>   ㉱ 녹은 용접봉과 모재는 보호가스인 이산화탄소에 의해 산화되지 않고 융합된다.

25 산소가 적고 아세틸렌이 많을 때의 불꽃은?

① 중성 불꽃
② 탄화 불꽃
③ 표준 불꽃
④ 프로판 불꽃

> 아세틸렌가스 용접은 아세틸렌가스와 산소를 혼합하여 발생하는 고온의 불꽃을 이용하여 금속을 용융하고 접합하는 기술이다. 아세틸렌가스 용접 불꽃은 산소와 아세틸렌가스의 비율에 따라 다음과 같은 세 가지 종류로 나눌 수 있다.
> ① 중성 불꽃 : 산소와 아세틸렌가스의 비율이 적절하여 밝고 안정적인 불꽃이다. 용접 작업에 가장 많이 사용된다.
> ② 탄화 불꽃 : 아세틸렌가스가 많아 불꽃이 붉고 연기가 많다. 저탄소강 용접에 적합하다.
> ③ 산화 불꽃 : 산소가 많아 불꽃이 푸르고 날카롭다. 고탄소강 용접에 적합하다.

26 아세틸렌 용기 내의 아세틸렌은 게이지 압력이 얼마 이상 되면 폭발할 위험이 있는가?

① $0.2kgf/cm^2$
② $0.6kgf/cm^2$
③ $0.8kgf/cm^2$
④ $1.5kgf/cm^2$

> 아세틸렌은 게이지 압력이 $1.5kgf/cm^2$ 이상 되면 폭발할 위험이 크다.

27 용해 아세틸렌은 몇 기압 이하에서 사용하여야 하는가?

① 약 1.3기압
② 약 1.5기압
③ 약 2기압
④ 약 2.5기압

28 아세틸렌 발생기의 종류와 관계가 없는 것은?

① 투입식
② 주수식
③ 확장식
④ 침지식

> 아세틸렌 제조방법 분류
> ① 주수식 : 카바이드에 물을 주입하는 방식(불순가스 발생량이 많다.)
> ② 침지식 : 물과 카바이드를 소량식 접촉하는 방식(위험성이 크다.)
> ③ 투입식 : 물에 카바이드를 넣는 방식(대량 생산에 적합)

| 정답 | 24 ③ 25 ② 26 ④ 27 ① 28 ③

PART 06

작업장 안전관리

CHAPTER 01 산업안전 보건

01 안전기준 및 재해

[1] 안전

위험 원인이 없는 상태 또는 위험 원인이 있어도 사람이 위해를 받는 일이 없도록 대책이 세워져 있고, 그런 사실이 확인된 상태를 뜻한다.

[2] 안전관리

1) 안전관리의 목표

안전관리의 목표는 일반적으로 크게 3가지, 즉 인간존중(안전제일 이념), 경영의 합리화(생산손실 예방), 사회적 신뢰성 확보(기업 이미지 실추 예방)로 선정하고 있다.

2) 안전관리의 순서

① 1단계(계획) : 안전관리 계획의 수립
② 2단계(실시) : 안전관리 활동의 실시
③ 3단계(검토) : 안전관리 활동에 대한 검사 확인
④ 4단계(조치) : 검토된 안전관리 계획에 대한 수정조치

3) 관리 감독자의 업무 내용

① 기계·기구·설비의 안전보건 점검 및 이상 유무 확인
② 근로자의 작업복, 보호구 및 방호장치의 점검과 그 착용 및 사용에 관한 교육 및 지도
③ 산업재해에 관한 보고 및 이에 대한 응급조치(사후조치)
④ 작업장의 정리정돈 및 안전통로 확보의 확인 및 감독
⑤ 당해 근로자들에 대한 안전보건 교육 및 교육일지 작성

[3] 산업재해

근로자가 업무에 관계되는 건설물·설비·원재료·가스·증기·분진 등에 의해 작업, 기타 업무에 기인하여 사망 또는 부상하거나 질병에 이환되는 것으로, 노동 능력을 상실하는 현상으로 천재지변에 의한 재해가 1%, 물리적인 재해가 10%, 불안전한 행동에 의한 재해가 89%이다.

[4] 재해 발생의 직접적인 원인

1) 불안전한 상태

① 물자체의 결함 : 설계불량, 재료불량, 노후, 피로, 사용한계, 고장 미수리, 정비 불량
② 방호조치의 결함 : 방호장치 없음, 방호불충분, 접지, 절연불량, 차폐 미흡, 방호장치 재료결함
③ 물의 배치 및 작업장소 불량 : 통로확보 미흡, 작업장소, 공간부족, 기계설비계기 등 배치 결함, 재료적재 방법 미흡, 지정장소 표시 미흡
④ 보호구 등 결함 : 비치 장소 지정, 목장갑 착용 등 금지(선삭작업 등), 복장 및 보호구 착용방법 미흡
⑤ 작업환경 결함 : 환·배기 결함, 정전기 발생, 유해 위험물질 관리 미흡
⑥ 작업방법의 결함 : 부적절한 기계장치 사용, 부적당한 공구사용, 작업순서 미정, 작업순서 착오, 기술적 및 육체적으로 무리한 방법 계속 등

2) 불안전한 행동

① 안전장치를 무효화
 ㉮ 안전장치를 없애거나 무효화시킴
 ㉯ 안전장치의 조정 착오

② 안전조치의 불이행
 ㉮ 불의의 위험에 대한 조치 불이행
 ㉯ 기계장치를 무의식중에 작동함
 ㉰ 주위 확인 없이 기계 작동함

③ 불안전한 상태 방치
 ㉮ 기계장치 등을 운전시켜 놓고 자리 이탈함
 ㉯ 기계장치를 불안전한 상태로 방치함
 ㉰ 공구, 치구, 재료 등을 불안전한 장소에 방치

④ 위험한 상태로 동작
 ㉮ 화물을 과도하게 적재
 ㉯ 위험한 것을 혼합하여 운반기계

⑤ 기계장치 및 공구 등 잘못 사용
 ㉮ 결함 있는 기계장치 공구를 사용
 ㉯ 기계장치 공구를 용도 외 사용
 ㉰ 제한속도 위반 운전, 정해진 방법대로 운전 안함

⑥ 운전 중 주유, 점검 등 실시
 ㉮ 운전 중, 통전 중 전기장치, 구동장치
 ㉯ 가압 중 가압장치, 가열 중 가열부분
 ㉰ 위험물을 위험하게 취급

⑦ 보호구 및 복장결함 : 보호구 선택, 사용방법 불량 및 보호구 미착용

⑧ 위험장소에의 접근 : 위험기계 구동장치, 위험물, 추락장소에 접근

⑨ 불필요한 행위
 ㉮ 도구 대신 손으로 가격, 확인 없이 작업
 ㉯ 불필요하게 뜀, 잘못된 자세로 운반 등
 ㉰ 작업자의 불안전한 자세 및 행동, 잡담, 장난 등

[5] 재해발생의 기본원인

1) 인적 요인(Man Factor)
① 심리적 원인 : 망각, 고민, 집착, 착오, 억측판단, 생략행위
② 생리적 원인 : 피로, 수면부족, 음주, 고령, 신체기능 저하
③ 직장내 원인 : 직장의 인간관계, 리더십 부족, 대화 부족, 팀워크 결여

2) 설비적 요인(Machine Factor)
① 기계설비의 설계상 결함(안전개념 미흡)
② 방호장치의 불량(인간공학적 배려 부족)
③ 표준화 미흡
④ 정비 점검 미흡

3) 작업적 요인(Media Factor)
① 작업정보의 부적절
② 작업자세, 작업방법의 부적절, 작업동작의 결함
③ 작업공간 부족, 작업환경 부적합

4) 관리적 요인(Management Factor)
① 관리 조직의 결함
② 규정, 매뉴얼, 미비치 불철저
③ 교육 훈련 부족
④ 적성배치 불충분, 건강관리의 불량
⑤ 부하 직원에 대한 지도 감독 결여

[6] 재해조사의 목적

재해조사는 발생된 재해를 과학적 방법으로 조사, 분석하여 재해의 발생 원인을 규명하

고, 안전대책을 수립함으로써 동종 및 유사재해의 재발을 방지하고 안전한 작업상태의 확보, 쾌적한 작업환경을 조성하기 위해 실시하는 조사이다.

[7] 재해율의 정의

① 재해율 : 근로자 100명당 1년간에 발생한 재해자수

$$\frac{\text{재해자수}}{\text{연 평균 근로자수}} \times 100$$

② 연 천인율 : 1000명의 근로자가 1년을 작업하는 동안에 발생한 재해자수

$$\frac{\text{재해자수}}{\text{연 평균 근로자수}} \times 1000$$

③ 천인율 : 천인률은 일정기간 동안 근로자 1,000명당 재해자수를 나타내는 지표로서 여기서 재해자수에는 사망, 중상, 경상, 부상, 직업병 등 모든 재해자가 포함된다.

$$\frac{\text{재해자수}}{\text{평균 근로자수}} \times 1000$$

④ 사망 만인율 : 근로자 1만 명당 1년간에 발생한 사망자수

$$\frac{\text{사망건수}}{\text{연 평균 근로자수}} \times 10000$$

⑤ 강도율 : 연 근로시간 1000시간당 발생한 근로 손실일수를 나타내는 것으로 산업재해로 인한 근로손실을 나타내는 통계이다. 사망 및 영구, 전 노동 불능(등급 1~3)의 경우 7500일, 영구 일부 노동 불능(등급 4~14급)의 경우 5,500일~50일

$$\frac{\text{근로 손실일수}}{\text{연 근로 시간}} \times 1000$$

⑥ 도수율 : 1,000,000 근로시간당 요양재해발생 건수

$$\frac{재해\ 발생건수}{연\ 근로\ 시간} \times 1000000$$

[8] 재해 발생의 형태별 분류

① 추락 : 사람이 건축물, 비계, 기계, 사다리, 계단, 경사면 등에서 떨어지는 것
② 전도 : 사람이 평면상으로 넘어졌을 때를 말함(과속, 미끄러짐 포함)
③ 충돌 : 사람이 정지물체에 부딪힌 경우
④ 낙하 : 물건이 주체가 되어 사람이 수직방향으로 맞은 경우
⑤ 비래 : 물건이 주체가 되어 사람이 수평방향으로 맞은 경우
⑥ 붕괴, 도괴 : 적재물, 비계, 건축물이 무너진 경우
⑦ 협착(끼임) : 물건에 끼인 상태, 말려든 상태
⑧ 감전 : 전기 접촉이나 방전에 의해 사람이 충격을 받은 경우
⑨ 폭발 : 압력의 급격한 발생 또는 개방으로 폭음을 수반한 팽창이 일어난 경우
⑩ 파열 : 용기 또는 장치가 물리적인 압력에 의해 파열한 경우
⑪ 화재 : 연소로 인한 경우를 말하며 관련 물체는 발화물을 기재
⑫ 무리한 동작 : 무거운 물건을 들다 허리를 삐거나 부자연스러운 자세 또는 동작의 반동으로 상해를 입은 경우
⑬ 접착 : 중량물을 들어 올리거나 내릴 때 손이나 발이 중량물과 지면 등에 끼어 발생하는 재해

[9] 화재 안전

1) 작업장의 하기에 대한 주의 사항

① 정해진 장소 이외에서는 절대로 흡연하지 않는다.
② 금연 표시가 있는 장소에서는 절대로 흡연하지 않는다.
③ 담배꽁초는 반드시 지정된 용기에 버리고 바닥에 떨어뜨리지 않는다.

④ 흡연 장소에 가연물을 놓거나 부근에 인화성 물질을 놓거나 운반하여서는 안 된다.
⑤ 인화성 물품이나 폭발물을 취급하는 작업장에서는 성냥이나 라이터를 지참하지 않는다.

2) 소화 작업의 기본 요소

소화란 연소의 3요소인 공기(산소), 가연물(연료), 점화원 중 하나 이상을 제거하여 연소를 중단시키는 것이다.

① 제거소화 : 가연물을 연소구역으로부터 제거하는 방법. 예) 산림 화재 시 불이 진행하는 방향을 앞질러 벌목하여 진화하는 방법
② 질식소화 : 산소를 공급하는 산소 공급원을 연소계로부터 차단시켜 연소에 필요한 산소의 양을 16% 이하로 하여 연소를 억제시켜 진화하는 방법. 예) 무거운 불연성 기체(CO_2)로 가연물을 덮는 방법
③ 냉각소화 : 점화원을 냉각시킴으로써 가연물을 발화점(착화점) 이하로 낮추어 연소진행을 막는 소화방법. 예) 물을 뿌려서 진화하는 방법
④ 희석소화 : 가연성 가스의 산소농도, 가연물의 조성을 연소 한계점 이하로 소화하는 방법. 예) 공기 중의 산소 농도를 CO_2 가스로 희석하는 방법
⑤ 부촉매소화 : 가연물의 순조로운 연쇄반응이 진행되지 않도록 연소반응의 억제제인 부촉매약제를 사용하는 방법. 예) 하론 소화기를 사용하는 방법

3) 화재의 종류 및 소화기 표식

(1) A급 화재(일반화재)

① 개념 : 연소 후 재를 남기는 종류의 화재로서 가장 일반적인 화재이며 나무, 종이 섬유 등의 가연물 화재가 이에 속한다.
② 소화 : A급 화재는 보통 물을 함유한 용액으로 냉각, 질식소화의 효과를 이용한다. 소화기에 표시된 원형 표식은 백색으로 되어 있다.

(2) B급 화재(유류화재)

① 개념 : 연소 후 재를 남기지 않는 종류의 화재로서 유류, 가스 등의 가연성 액체나 기체 등의 화재가 이에 속한다.

② 소화 : B급 화재는 포말, 분말약재를 사용하여 주로 질식소화의 효과를 이용한다. 소화기에 표시된 원형 표식은 황색으로 되어 있다.

(3) C급 화재(전기화재)
① 개념 : 전기설비 등에서 발생하는 화재로서 수변전 설비, 전선로(電線路)의 화재가 이에 속한다.
② 소화 : C급 화재는 금수성(禁水性) 화재이며 전기적 절연성을 갖는 CO_2, 할론(Halon), 분말 등의 소화 약제를 이용하여 질식, 냉각, 억제 소화의 효과를 이용한다. 소화기에 표시된 원형 표식은 청색으로 되어 있다.

(4) D급 화재(금속화재)
① 개념 : 금속 또는 금속분에서 발생하는 화재로서 이는 다른 화재에 비해 발생빈도는 높지 않으며, 단체(單體)금속의 자연발화, 금속분에 의한 분진폭발 등의 화재가 이에 속한다.
② 소화 : D급 화재는 화재 시 높은 온도가 발생하며 냉각 시 장시간이 소요되기 때문에 일반적으로 소화 작업이 어려운 것이 특징이다. 또한 주수(注水)소화는 물에 의해 발열하므로 적응성이 없으며 건조사, 건조 규조토 등으로 소화한다.

[10] 인력운반 시 안전대책

① 작업 전·후 스트레칭 실시
② 물건의 무게에 따라 단독 또는 공동작업을 판단
③ 운반은 될 수 있는 한 수평 또는 직선거리로 운반
④ 물건을 들어 올리거나 내리는 높이는 가능한 한 짧게 함
⑤ 운반자의 시야를 충분히 확보함
⑥ 물건 위를 걷거나 겹쳐 쌓은 물건 위에 올라가는 일이 없도록 함
⑦ 긴 물건이나 구르기 쉬운 물건의 인력운반은 가능한 한 피함
⑧ 긴 물건(나무, 파이프 등)을 혼자서 어깨에 메고 운반할 경우에는 앞쪽을 신장보다 약간 높이 올려서 메고, 양옆으로 휘두르지 않도록 함

⑨ 공동 운반작업 시에는 물건의 무게가 작업자에게 균등하게 분배되도록 작업
⑩ 유해・위험물 취급 시에는 작업지휘자를 정하여 작업자 전원이 이에 대한 지식을 갖도록 하고 비산, 누설 등의 우려가 있을 시에는 안전보호구를 착용함
⑪ 능률적인 운반을 위한 보조기구인 갈고리, 훅(Hook), 레버(Lever), 롤러(Roller) 등은 항상 점검, 정비하고 작업자에게 이에 대한 올바른 사용법을 교육해야 함
⑫ 중량물 취급 시에는 반드시 안전모, 안전화 등 안전보호구를 착용

[11] 작업장에서 통행 규칙

① 모든 통행은 우측통행을 원칙으로 한다.
② 통로가 좁아 쌍방이 함께 통행하는데 불편을 초래할 경우에는 아래와 같은 사람에게 먼저 통행하도록 양보한다.
　㉮ 손에 물건을 들고 있는 경우
　㉯ 노약자나 임산부
　㉰ 더 바쁜 일로 이동하는 경우
　㉱ 먼저 도착한 경우 등
③ 출입문의 반대편이 보이지 않는 경우에는 반대편에 다른 사람이 있는지 확인하면서 천천히 문을 열고 통행한다.
④ 사내에서 통행할 경우 이어폰을 착용하여서는 아니 된다
⑤ 작업장으로 통행할 경우에는 지정된 통로를 따라 통행하여야 한다.
⑥ 허가 또는 승인이 필요한 장소에 임의로 통행하여서는 아니 된다.
⑦ 케이블 트레이(cable tray) 위를 구명줄이나 안전대를 착용하지 않고 걸어 다니거나 올라가서는 아니 된다.
⑧ 배관 트랙 위를 통행할 경우에는 적절한 추락방지 조치를 하여야 한다.
⑨ 플라스틱 배관은 부러질 위험이 있으므로 절대로 그 위로 걸어 다녀서는 아니 되며, 만약 작업을 위해 배관 위로 걸어 다녀야 할 경우에는 반드시 관련 부서의 허가를 받아 미끄러지거나 떨어지거나 화상을 입지 않도록 필요한 조치를 하여야 한다.
⑩ 자재 위에 앉거나 자재 위를 걷지 않도록 한다.
⑪ 보행 중에는 발밑이나 주위의 상황 또는 작업에 주의한다.
⑫ 주머니에 손을 넣지 말고 두 손을 자연스럽게 하고 걷는다.

[12] 보호구

1) 보호구의 구비조건
① 착용이 간편할 것
② 작업에 방해를 주지 않을 것
③ 유해 위험 요소에 대한 방호가 완전할 것
④ 재료의 품질이 우수할 것
⑤ 구조 및 표면 가공이 우수할 것
⑥ 외관상 보기가 좋을 것

2) 보호구 선택 시 유의사항
① 보호구는 사용 목적에 적합하여야 한다.
② 한국산업표준에 적합해야 한다.
③ 작업행동에 방해되지 않아야 한다.
④ 사용하는 방법이 간편하고 손질하기 쉬워야 한다.
⑤ 무게가 가볍고 크기가 사용자에게 알맞아야 한다.

3) 안전 보호구의 종류

(1) 안전모
작업 중에 위에서 물건이 떨어지거나 추락, 전도 또는 충돌하였을 때 머리를 보호하기 위한 것으로, 머리의 맨 윗부분과 안전모 내의 최저부 사이의 간격이 25mm 정도 되도록 해모크를 조정한다.

(2) 안전화
물체의 낙하·충격, 물체에의 끼임, 감전 또는 정전기의 대전에 의한 위험이 있는 작업으로부터 발을 보호한다.

① 안전화의 구비조건
㉮ 발이 편하고 기분이 좋으며 작업이 쉬울 것

㉯ 사이즈가 맞고 안전화 앞쪽 끝에 발가락이 닿지 않을 것
㉰ 잘 구부러지고 튼튼하여야 할 것
㉱ 기능이 편하고 가벼울 것

② 안전화의 종류
㉮ 가죽제 안전화 : 떨어지는 물체에 맞거나 부딪히거나 날카로운 물체에 찔리지 않도록 발을 보호한다.
㉯ 정전기 안전화 : 떨어지는 물체에 맞거나 부딪히거나 날카로운 물체에 찔리지 않도록 발을 보호하고 정전기의 인체 대전을 방지한다.
㉰ 절연화 : 떨어지는 물체에 맞거나 부딪히거나 날카로운 물체에 찔리지 않도록 발을 보호하고 저압감전을 방지한다.
㉱ 절연장화 : 고압감전 방지와 방수를 겸한다. 고압용과 저압용으로 나뉘지는데, 국내에는 안전보건공단의 인증을 받은 절연장화는 7000V급에만 사용할 수 있다.
㉲ 고무제안전화(안전장화) : 떨어지는 물체에 맞거나 부딪히거나 날카로운 물체에 찔리지 않도록 발을 보호하며 내수성과 내화학성을 갖춘 장화로 나누어진다.

(3) 방음 보호구

소음이 많은 작업장에서 청력을 보호하기 위한 것으로 귀마개와 귀덮개로 분류한다. 귀마개의 선정 조건은 귀(외이도)에 잘 맞을 것, 사용 중 심한 불쾌감이 없을 것, 사용 중 쉽게 빠지지 않을 것 등이다.

(4) 장갑

장갑은 감겨들 위험이 있는 작업에는 착용하지 않는다. 착용 금지 작업은 선반작업, 드릴 작업, 목공기계 작업, 연삭 작업, 해머작업, 정밀기계 작업 등이다.

(5) 안전대

안전대는 높은 곳에서 작업하는 근로자의 떨어짐을 방지하기 위한 것이나 안전대만으로는 근로자를 보호하지 못하므로 현장에는 반드시 안전대 걸이를 설치해야 한다.

(6) 보안경

보안경은 유해광선이나 비산물, 분진 등으로부터 눈을 보호하기 위한 것으로 자외선, 적외선 및 강렬한 가시광선 등으로부터 눈을 보호하기 위한 차광보 안경, 작업 중 발생되는 비산물로부터 눈을 보호하기 위한 일반보안경으로 분류한다.

건설기계정비기능사 필기 예상 문제

01 사고의 원인으로서 불안전한 행위는?

① 안전 조치의 불이행
② 고용자의 능력부족
③ 물적 위험상태
④ 기계의 결함상태

> 불안전한 행위는 안전조치를 지키지 않거나 위험한 장소로 접근하는 등의 인간의 행동으로 인해 사고가 발생하는 원인을 말한다.

02 연 근로시간 1000시간 중에 발생한 재해로 인하여 손실된 일수로 나타내는 것은?

① 연 천인율
② 강도율
③ 도수율
④ 손실률

> ① 연천인율 : 연천인율은 1년간 평균 근로자수에 대하여 1,000명당 발생하는 재해건수를 의미한다.
> ② 강도율 : 연근로시간 1,000시간에 대한 근로손실일수의 비율
> ③ 도수율 : 산업재해의 발생 빈도를 나타내는 단위이다. 도수율은 연근로시간 합계 100만 시간당 재해발생 건수를 의미한다.

03 산업재해 분석을 위한 다음 식은 어떤 재해율을 나타낸 것인가?

$$\frac{재해자수}{평균근로자수} \times 1000$$

① 연천인율
② 도수율
③ 강도율
④ 하인리히율

> ① 연천인율 $= \dfrac{재해자수}{평균근로자수} \times 1000$
> ② 도수율 $= \dfrac{재해발생건수}{연 근로자시간수} \times 10^6$
> ③ 강도율 $= \dfrac{근로손실일수}{연 근로시간수} \times 1000$

04 다음 중 재해 예방의 4원칙에 해당되지 않는 것은?

① 예방가능의 원칙
② 사고발생의 원칙
③ 손실우연의 원칙
④ 원인계기의 원칙

> **재해예방 4원칙**
> ① 손실우연의 원칙 : 재해손실의 크기는 우연히 발생
> ② 원인계기의 원칙 : 사고에는 반드시 원인이 존재
> ③ 예방가능의 원칙 : 사고 원인을 제거하면 예방 가능
> ④ 대책선정의 원칙 : 재해예방을 위한 대책은 반드시 존재

|정답| 01 ① 02 ② 03 ① 04 ②

05 다음 중 사고예방 대책의 5단계 중 그 대상이 아닌 것은?

① 사실의 발견
② 분석평가
③ 시정방법의 선정
④ 엄격한 규율의 책정

> **사고예방 대책의 5단계**
> ① 안전조직
> ② 사실의 발견
> ③ 분석평가
> ④ 시정방법의 선정
> ⑤ 시정책의 선정(기술적 대책, 교육적 대책, 규제적 대책)

06 안전점검 실시 시의 유의사항 중 맞지 않는 것은?

① 점검한 내용은 상호 이해하고 협조하여 시정책을 강구할 것
② 안전 점검이 끝나면 강평을 실시하고 사소한 사항은 묵인할 것
③ 과거에 재해가 발생한 곳에는 그 요인이 없어졌는지 확인할 것
④ 점검자의 능력에 적응하는 점검내용을 활용할 것

> 안전 점검 후에도 모든 사항은 신중하게 검토되어야 하며, 사소한 문제라도 무시하면 재해 발생 가능성이 있다. 따라서 모든 문제는 적극적으로 대처되어야 한다.

07 산업재해는 직접 원인과 간접 원인으로 구분되는데 다음 직접 원인 중에서 인적 불안전 행위가 아닌 것은?

① 작업 태도 불안전
② 위험한 장소의 출입
③ 기계공구의 결함
④ 작업복의 부적당

> 직접 원인 중에서 인적 불안전 행위는 위험장소의 출입, 안전장치의 기능제거, 복장·보호구의 잘못 사용, 불안전한 자세 또는 동작, 위험물 취급 부주의 등이 있다.

08 다음 중 인화성 물질이 아닌 것은?

① 아세틸렌가스
② 가솔린
③ 프로판가스
④ 산소

> 산소는 인화성 물질이 아니다. 인화성 물질은 불에 노출되면 불이 붙어 폭발하거나 화재를 일으키는 물질을 말하는데, 산소는 그 자체로는 불을 일으키지 않는다. 오히려 불이 타는데 필요한 산소를 제공하는 역할을 한다.

09 전기로 인한 화재 시 부적합한 소화기는?

① 하론소화기
② CO_2소화기
③ 포갈소화기
④ 분말소화기

> **전기 화재에 적합한 소화기**
> ① 하론 소화기 : 전기 화재 진압에 가장 효과적인 소화기이다.
> ② CO_2 소화기 : 전기 화재 진압에 효과적이며, 전기 기기에 피해를 주지 않는다.
> ③ 분말 소화기 : 다양한 화재에 사용할 수 있지만, 전기 화재 진압에는 하론이나 CO_2 소화기만큼 효과적이지 않다.

| 정 | 답 | 05 ④ 06 ② 07 ③ 08 ④ 09 ③

10 가솔린 연료 화재는 어느 화재에 속하는가?

① A급 화재
② B급 화재
③ C급 화재
④ D급 화재

> 화재는 연소 물질의 종류에 따라 다음과 같이 분류된다.
> ① A급 화재 : 일반적인 연료 물질(목재, 종이, 섬유 등)의 화재
> ② B급 화재 : 가연성 액체(휘발유, 가솔린, 기름 등) 또는 가스의 화재
> ③ C급 화재 : 가스 기기(전기기기, 변압기 등)의 화재
> ④ D급 화재 : 가연성 금속(마그네슘, 나트륨, 알루미늄 등)의 화재

11 작업장 내에서의 화재분류로 알맞은 것은?

① A급 화재 – 전기화재
② B급 화재 – 휘발유, 벤젠 등의 화재
③ C급 화재 – 금속화재
④ D급 화재 – 목재, 종이, 석탄화재

> B급 화재는 휘발성이 높은 물질로 인한 화재로, 휘발유나 벤젠과 같은 유류나 화학물질이 해당된다.

12 화재를 분류하는 표시는 A. B. C. D급으로 분류한다. 유류 화재는?

① A급
② B급
③ C급
④ D급

> 유류 화재는 B급으로 분류된다.

13 화재의 분류 기준에서 휘발유(액상 또는 기체상의 연료 성화재)로 인해 발생한 화재는?

① A급 화재
② B급 화재
③ C급 화재
④ D급 화재

> 휘발유는 액체나 기체로 쉽게 증발하며, 공기 중에서도 확산성이 높아 불순물과 혼합되어 인화성이 높아지는 특징이 있다. 따라서 휘발유로 인한 화재는 B급 화재로 분류된다.

14 소화작업에 대한 설명 중 틀린 것은?

① 산소의 공급을 차단한다.
② 유류 화재 시 표면에 물을 붓는다.
③ 가연 물질의 공급을 차단한다.
④ 점화원을 발화점 이하의 온도로 낮춘다.

> 유류 화재시 표면에 물을 붓는 것은 오히려 화재를 더 심각하게 만들 수 있다. 유류는 물과 섞이지 않기 때문에 물을 부으면 유류가 물위로 떠오르면서 불을 더 크게 일으키기 때문이다.

15 소화 설비에 적용하여야 할 사항이 아닌 것은?

① 작업의 성질
② 작업장의 환경
③ 화재의 성질
④ 작업자의 성격

> 소화 설비는 화재 발생 시 자동으로 작동하거나 수동으로 작동하여 화재를 진압하는 장치이다. 작업자의 성격은 화재 예방 및 대처에 있어서 중요한 역할을 하지만, 소화 설비에 직접적으로 적용되는 사항은 아니다.

|정|답| 10 ② 11 ② 12 ② 13 ② 14 ② 15 ④

16 기관 가동 시 화재가 발생하였다. 다음 중 소화 작업으로 가장 안전한 방법은?

① 기관을 가속하여 팬의 바람으로 끈다.
② 물을 붓는다.
③ 자연적으로 모두 연소될 때까지 기다린다.
④ 점화원을 차단한 후 소화기를 사용한다.

> 점화원을 차단하는 것은 화재의 원인을 제거하는 것 이므로, 화재가 재발할 가능성을 줄일 수 있다. 이후 소화기를 사용하여 화재를 직접적으로 진압할 수 있 으므로, 가장 안전한 방법이다.

17 적외선 전구에 의한 화재 및 폭발할 위험성이 있는 경우와 거리가 먼 것은?

① 용제가 묻은 헝겊이나 마스킹 용지가 접촉한 경우
② 적외선 전구와 도장면이 필요 이상으로 가까운 경우
③ 상당한 고온으로 열량이 커진 경우
④ 상온의 온도가 유지되는 장소에서의 사용 경우

> 적외선 전구는 산업용 열 처리, 의료용 치료, 조명 등 다양한 용도로 사용 되고 있으며, 상온의 온도가 유지되는 장소에서의 사용해도 화재 및 폭발할 위험 성이 없다.

18 LPG 충전 사업의 시설에서 저장 탱크와 가스 충전 장소의 사이에 설치해야 되는 것은?

① 역화방지 장치
② 역류방지 장치
③ 방호벽
④ 경계표시 라인

> LPG 충전 사업의 시설에서 가스 유출 사고 발생 시 인명과 재산 피해를 최소화하기 위해 저장 탱크와 가스충전 장소 사이에는 방호벽을 설치해야 한다.

19 감전되거나 전기화상을 입을 위험이 있는 작업 시 작업자가 착용해야 할 것은?

① 구명구
② 보호구
③ 구명조끼
④ 비상벨

> 보호구는 근로자의 신체를 유해·위험요소로부터 보 호하기 위한 장구로, 안전모, 안전화, 방진마스크, 호 흡용 보호구, 보호복, 보호장갑, 청력보호구 등이 있 으며, 감전되거나 전기화상을 입을 위험이 있는 작업 시 작업자가 착용해야 한다.

20 보호구는 반드시 한국산업안전보건공단으로부 터 보호구 검정을 받아야 한다. 검정을 받지 않아도 되는 것은?

① 안전모
② 방한복
③ 안전장갑
④ 보안경

> 산업안전보건법에서 정하고 있는 보호구에는 안전 모, 안전화, 청력보호구, 방진마스크, 방독마스크, 호 흡용 보호구, 안전대, 안전장갑, 보안경, 보안면 같은 것들이 있다.

| 정 | 답 | 16 ④ 17 ④ 18 ③ 19 ② 20 ②

21 안전한 작업을 하기 위하여 작업복장을 선정할 때의 유의사항 중 맞지 않는 것은?

① 화기사용 직장에서는 방염성, 불연성의 것을 사용하도록 한다.
② 착용자의 취미, 기호 등을 감안하여 적절한 스타일을 선정한다.
③ 작업복의 몸에 맞고 동작이 편하도록 제작한다.
④ 상의 끝이나 바지 자락 등이 기계에 말려 들어갈 위험이 없도록 한다.

작업복장을 선정할 때의 유의사항
① 작업장의 온도, 습도 등을 고려하여 적절한 소재를 선택한다.
② 화기사용 장소에서는 방염성, 불연성의 작업복을 착용한다.
③ 작업 특성에 따라 장갑 등의 보호구를 착용한다.
④ 상의 끝이나 바지자락 등이 기계에 말려 들어갈 위험이 없도록 한다.
⑤ 감전 등 전리로 인한 사고의 위험이 있는 장소에서는 전기 절연 작업복을 착용한다.
⑥ 추락 및 낙반 등의 위험이 있는 장소에서는 안전 작업복을 착용한다.
⑦ 작업복은 몸에 맞고 동작이 편하도록 선택한다.

22 다음 중 보안경을 반드시 착용하여야 하는 작업은?

① 기관 탈착 작업
② 납땜 작업
③ 변속기 탈착 작업
④ 전기배선 작업

건설기계 밑에서 변속기 탈착 작업할 때는 탈착 과정에서 부품이나 이물질이 떨어질 수 있기 때문에 반드시 보안경을 착용하여 눈을 보호해야 한다.

23 건설기계 및 자동차 정비 작업장에 준비해야 될 것 중 안전과 관계가 먼 것은?

① 응급용 의약품
② 붕산수
③ 소화기 및 소화용구
④ 방청용 오일

방청용 오일은 건설기계나 자동차 정비 작업 시에 사용되는 윤활유로, 안전과 직접적인 관련이 없다.

24 기계와 기계 사이 또는 기계와 다른 설비와의 사이에 설치하는 통로는 최소 몇 cm 이상이어야 하는가?

① 40cm
② 60cm
③ 80cm
④ 100cm

기계와 기계 사이 또는 기계와 다른 설비와의 사이에 설치하는 통로는 충분한 공간을 확보하기 위해 최소 80cm 이상이어야 한다.

25 다음 중 사고로 인한 재해가 가장 많이 발생하는 기계장치는?

① 기관
② 벨트풀리
③ 래크
④ 동력전달장치

|정답| 21 ② 22 ③ 23 ④ 24 ③ 25 ②

26 다음 중 재해가 가장 많이 일어날 수 있는 작업은?

① 선반작업
② 용접작업
③ 운반작업
④ 전기작업

> 운반작업은 물건을 이동시키는 작업으로, 무거운 물건을 들고 이동하거나 차량을 운전하여 이동하는 등의 작업이 포함된다. 이 작업에서는 물건이 떨어지거나 미끄러져 다칠 수 있으며, 무거운 물건을 들고 이동하다가 근육통이나 부상을 입을 수도 있다. 또한, 차량 운전 중에는 교통사고가 발생할 가능성도 있다.

27 운반기계를 이용하여 운반 작업을 할 경우 틀린 사항은?

① 무거운 것은 밑에, 가벼운 것은 위에 쌓는다.
② 긴 물건을 쌓을 때는 끝에 위험 표시를 한다.
③ 긴 물건이나 높은 화물을 실을 경우 보조자가 편승한다.
④ 구르기 쉬운 짐은 로프로 반드시 묶는다.

> 긴 물건이나 높은 화물을 실을 경우 보조자가 편승하면 안 된다.

28 운반차를 이용한 운반작업에 대한 사항 중 잘못 설명한 것은?

① 여러 가지 물건을 쌓을 때는 가벼운 물건을 위에 올린다.
② 차의 동요로 안정이 파괴되기 쉬울 때는 비교적 무거운 물건을 위에 쌓는다.
③ 하물 위나 운반차에 사람의 탑승은 절대 금한다.
④ 긴 물건을 실을 때는 맨끝 부분에 위험 표시를 해야 한다.

> 무거운 물건은 아래쪽에 놓고 가벼운 물건을 위에 올리는 것이 안전하다. 무거운 물건이 아래쪽에 있으면 차의 중심이 낮아져 안정성이 높아진다.

29 옷에 묻은 먼지를 털 때 사용해서는 안 되는 것은?

① 털이개
② 손수건
③ 솔
④ 압축공기

> 압축공기는 옷에 묻은 먼지를 털 때 사용해서는 안 된다. 압축공기를 사용하면 먼지가 옷 안쪽으로 밀려 들어가게 되어 오히려 먼지가 더 깊이 박히게 되기 때문이다.

30 차량의 적재함 뒤로 나오는 긴 물건을 운반 시 위험을 표시하는 방법으로 가장 적절한 방법은?

① 뒷부분에 깃대를 꽂고 운반한다.
② 물건 끝부분에 진한 청색을 칠하고 운반한다.
③ 긴 물건 뒷부분에 적색으로 표시하고 운반한다.
④ 적재함에 회색으로 위험표시를 한다.

> 긴 물건을 운반할 때는 뒷부분이 다른 차량이나 보행자에게 위험을 일으킬 수 있으므로, 뒷부분에 적색으로 표시하여 주변인들이 주의할 수 있도록 해야 한다.

| 정답 | 26 ③ 27 ③ 28 ② 29 ④ 30 ③

31 운반작업을 할 때 틀리는 것은?

① 드럼통, 봄베 등을 굴려서 운반한다.
② 공동운반에서는 서로 협조를 하여 작업한다.
③ 긴 물건은 앞쪽을 위로 올린다.
④ 무리한 몸가짐으로 물건을 들지 않는다.

> LPG 봄베, 드럼통은 둥글고 무거운 물체로, 굴려서 운반할 경우 넘어지거나 미끄러져 부상을 입을 위험이 있다. 따라서, 이러한 물건은 반드시 들거나 밀어서 운반해야 한다.

32 실내 작업장에서 정밀작업의 표준(KS기준) 조명은?

① 1500룩스 이상
② 1000룩스 이상
③ 600룩스 이상
④ 300룩스 이상

> 정밀작업을 수행하는 실내 작업장에서는 작업물의 세부사항을 명확하게 파악하고, 안전하게 작업하기 위해 충분한 조명이 필요하다. 이를 위해 KS기준에서는 최소 1000룩스 이상의 조명이 필요하다고 규정하고 있다.

| 정답 | 31 ① 32 ②

02 안전보건 표지

[1] 안전 색체

① 색의 종류 : 빨강·주황·노랑·녹색·파랑·보라·흰색·검정색의 8가지이다.
② 빨강색은 방화·정지·금지에 대해 표시하고 빨강색을 돋보이게 하는 색으로는 흰색을 사용한다.
③ 주황색은 위험, 노랑색은 주의, 녹색은 안전·진행·구급·구호, 파랑색은 조심, 보라색은 방사능, 흰색은 통로·정리
④ 검정색은 보라·노랑·흰색을 돋보이게 하기 위한 보조로 사용한다.

[2] 금지 표지(8종)

바탕은 흰색, 기본 모형은 빨강색, 관련 부호 및 그림은 검은색

출입금지	보행금지	차량통행금지	사용금지	탑승금지
금연	화기금지	물체이동금지		

[3] 경고 표지(6종)

바탕은 무색, 기본 모형은 빨간색(검은색도 가능), 관련 부호 및 그림은 검은색

인화성물질 경고	산화성물질경고	폭발성물질경고	급성독성물질경고	부식성물질경고

발암성 · 변이원성 · 생식독성 · 전신독성 · 호흡기 과민성 물질 경고			

[4] 경고 표지(9종)

바탕은 노란색, 기본 모형은 검은색, 관련 부호 및 그림은 검은색

방사성물질경고	고압전기경고	매달린물체경고	낙하물경고	고온경고

저온경고	몸균형상실경고	레이저광선경고	위험장소경고	

[5] 지시 표시(9종)

바탕은 파란색, 관련 그림은 흰색

보안경착용	방독마스크착용	방진마스크착용	보안면착용	안전모착용
귀마개착용	안전화착용	안전장갑착용	안전복착용	

[6] 안내 표지(8종)

바탕은 흰색, 기본 모형 및 관련 부호는 녹색(바탕은 녹색, 기본 모형 및 관련 부호는 흰색)

녹십자표지	응급구표지	들것	세안장치	비상용기구
비상구	좌측비상구	우측비상구		

필기 예상 문제

01 산업안전보건법상 작업현장 안전·보건표지 색채에서 화학물질 취급 장소에서의 유해 위험 경고 용도로 사용되는 색채는?

① 빨간색   ② 노란색
③ 녹색   ④ 검은색

> **경고 표지(6종)**
> ① 색채 : 바탕은 무색, 기본 모형은 빨간색(검은색도 가능), 관련 부호 및 그림은 검은색
> ② 종류 : 인화성물질 경고, 산화성물질 경고, 폭발성 물질 경고, 급성독성물질 경고, 부식성물질 경고, 발암성·변이원성·생식독성·전신독성·호흡기 과민성 물질 경고

02 안전 보건표지의 종류에서 담배를 피워서는 안 될 장소에 맞는 금지표지는?

① 바탕은 노란색, 모형은 검정색, 그림은 빨간색
② 바탕은 파란색, 모형은 흰색, 그림은 검정색
③ 바탕은 흰색, 모형은 빨간색, 그림은 검정색
④ 바탕은 녹색, 모형은 흰색, 그림은 빨간색

> **금지 표지(8종)**
> ① 색채 : 바탕은 흰색, 기본 모형은 빨강색, 관련부호 및 그림은 검은색
> ② 종류 : 출입금지, 보행금지, 차량통행금지, 사용금지, 탑승금지, 금연, 화기금지, 물체이동금지

03 제3종 유기용제 취급 장소의 색 표시는?

① 빨강
② 노랑
③ 파랑
④ 녹색

> **유기용제의 종류**
> ① 제1종 유기용제 : 표시 색상은 빨강, 최대 허용 농도는 25ppm이다.
> ② 제2종 유기용제 : 표시 색상은 노랑, 최대 허용 농도는 200ppm이다.
> ③ 제3종 유기용제 : 표시 색상은 파랑, 최대 허용 농도는 500ppm이다.

04 제1종 유기용제의 색상 표시 기준은?

① 빨강
② 파랑
③ 노랑
④ 흰색

> 산업안전보건법 시행규칙 제66조에 따르면, 유기용제는 그 성질과 위험성에 따라 1종, 2종, 3종으로 구분되며, 1종은 빨강, 2종은 파랑, 3종은 노랑으로 색상 표시가 되어야 한다.

|정|답| 01 ① 02 ③ 03 ③ 04 ①

05 안전표시에 사용되는 색채에서 보라색은 주로 어느 용도에 사용하는가?

① 방화표시
② 주의표시
③ 방향표시
④ 방사능표시

> **안전 색채**
> ① 색의 종류 : 빨강·주황·노랑·녹색·파랑·보라·흰색·검정색의 8가지이다.
> ② 빨강색은 방화·정지·금지에 대해 표시하고 빨강색을 돋보이게 하는 색으로는 흰색을 사용한다.
> ③ 주황색은 위험, 노랑색은 주의, 녹색은 안전·진행·구급·구호, 파랑색은 조심, 보라색은 방사능, 흰색은 통로·정리
> ④ 검정색은 보라·노랑·흰색을 돋보이게 하기 위한 보조로 사용한다.

06 안전·보건표지의 종류와 형태에서 그림이 나타내는 것은?

① 출입금지
② 보행금지
③ 차량통행금지
④ 사용금지

07 안전·보건표지의 종류와 형태에서 그림의 표지로 맞는 것은?

① 차량통행금지
② 사용금지
③ 탑승금지
④ 물체이동금지

08 산업안전보건표지에서 그림이 표시하는 것으로 맞는 것은?

① 독극물 경고
② 폭발물 경고
③ 고압전기 경고
④ 낙하물 경고

09 산업안전 보건표지의 종류와 형태에서 그림이 나타내는 표시는?

① 접촉금지   ② 출입금지
③ 탑승금지   ④ 보행금지

| 정 | 답 | 05 ④ 06 ④ 07 ① 08 ③ 09 ④

11 응급 치료센터 안전표시등에 사용되는 색으로, 맞는 것은?

① 흑색과 백색
② 적색
③ 황색과 흑색
④ 녹색

녹색은 안전을 나타내는 색으로 인식되어 있다. 따라서 응급 치료센터 안전표시등에서도 녹색이 사용되는 것이다.

10 안전·보건표지의 종류별 용도·사용장소·형태 및 색체에서 바탕은 노란색, 기본모형 관련 부호 및 그림은 검정색으로 된 것은?

① 금지표지
② 지시표지
③ 경고표지
④ 안내표지

① 금지표지(8종) : 바탕은 흰색, 기본 모형은 빨강색, 관련 부호 및 그림은 검은색
② 경고표지(6종) : 바탕은 무색, 기본 모형은 빨간색(검은색도 가능), 관련 부호 및 그림은 검은색
③ 경고표지(9종) : 바탕은 노란색, 기본 모형은 검은색, 관련 부호 및 그림은 검은색
④ 지시표시(9종) : 바탕은 파란색, 관련 그림은 흰색
⑤ 안내표지(8종) : 바탕은 흰색, 기본 모형 및 관련 부호는 녹색(바탕은 녹색, 기본 모형 및 관련 부호는 흰색)

12 안전 표식에서 주의 표식은 다음 중 어느 것인가?

① 녹색
② 황색
③ 오렌지색
④ 흑색

주의 표식은 위험한 상황을 알리는 표식으로, 보통 황색으로 표시된다.

|정답| 10 ③ 11 ④ 12 ②

03 기계 및 기기 취급

[1] 드릴 작업 시 주의사항

① 머리카락이나 작업복 등이 회전 중인 드릴에 감겨들지 않도록 주의해야 한다.
② 드릴 끝이 가공물을 관통하였는가를 손으로 확인하지 말아야 한다.
③ 드릴이 회전 중에 칩을 치우는 것을 엄금하여야 하고, 칩은 회전을 중지시킨 후 솔로 제거한다.
④ 가공물을 옮길 때에는 드릴 끝이 가공물이나 손을 접촉시키지 않도록 드릴을 안전한 위치에 올려두고 실시하여야 한다.
⑤ 주물의 칩은 입으로 불어내면 눈에 들어갈 위험이 있으므로 하지 말아야 한다.
⑥ 드릴을 꽂은 경사 부분을 충분히 조사하여 경사가 잘 맞도록 사용하여야 한다.
⑦ 큰 드릴을 빼어낼 때는 아래를 주의하고 필요시에는 목재로서 확실하게 받도록 해야 한다.
⑧ 장갑을 착용하고 작업하지 말아야 한다.
⑨ 드릴 작업 중 바이스나 고정 장치에서 재료가 회전하지 않도록 단단히 고정해야 한다.
⑩ 드릴은 좋은 것을 골라서 바르게 연마하여 사용하여야 하며, 싱크에 상처가 있는 것이나 균열이 생긴 드릴은 사용하면 안 된다.
⑪ 보오링 작업 시에 바이트를 길게 내밀지 말아야 한다.
⑫ 가공물의 설치 또는 제거 시에 특별한 지그를 사용하는 경우를 제외하고는 회전을 멈추고 한다.
⑬ 브러시로 절삭제를 바를 경우에는 파쇄 철에 감기지 않도록 위에서 바른다.
⑭ 철가루가 날리기 쉬운 작업은 보안경을 쓴다.
⑮ 이동식 드릴은 작업위치와 작업자세에 유의하고, 대형은 아암에 록(lock)장치를 한다.
⑯ 전기드릴은 반드시 접지를 시키고 작업한다.
⑰ 얇은 판이나 드릴 날이 공작물의 뒷면으로 나올 경우에는 고무판이나 각목을 밑에 대고 적당한 공구로 고정한 후 작업한다.

[2] 선반 작업 시 주의사항

① 기어, 벨트 등이 직접 노출되어 있는지 점검한다.
② 벨트의 연결 상태를 점검한다.
③ 브레이크 작동상태를 점검한다.
④ 척 커버의 설치상태를 점검한다.
⑤ 시일드(칩비산 방지판)의 설치 및 관리상태를 점검한다.
⑥ 시동(ON), 정지(OFF)장치의 기능상태를 점검한다.
⑦ 절삭 칩의 제거는 회전을 중지시키고 전용 수공구(솔)로 제거(손 접근 금지)한다.
⑧ 가공물을 확실히 고정되었는지 점검한다.
⑨ 타력 회전을 손으로 정지시키지 않는다.
⑩ 선반 위에 공구, 재료, 제품 등을 올려놓지 않는다.
⑪ 바이트를 갈아 끼울 때는 기계를 정지시키고 작업한다.
⑫ 긴 공작물을 가공 시 방진구를 사용한다.
⑬ 바이트는 짧고 단단하게 고정한다.
⑭ 샌드 페이퍼 작업 시 면장갑을 착용 금지한다.
⑮ 척 핸들을 척에 꼽은 채 자리를 이탈을 금지한다.
⑯ 복장을 단정히 한다.
⑰ 목이 긴 안전화, 보안경을 착용한다.
⑱ 면장갑 착용을 금지한다.

[3] 기계 작업 시 주의사항

① 원동기의 기동 및 정지는 서로 신호와 연락을 확실하게 한다.
② 치수 측정은 기계 회전 중에 하지 않는다.
③ 자기 담당기계 이외의 기계는 움직이거나 손을 대지 않는다.
④ 원동기와 기계의 가동은 각 직원의 위치와 안전장치의 적정 여부를 확인한 다음 행한다.
⑤ 움직이는 기계를 방치한 채 다른 일을 하면 위험하므로 기계가 완전히 정지한 다음 자리를 뜬다.
⑥ 기계의 가동 중에는 정비, 청소를 하지 않는다.
⑦ 기계 회전 중에는 다듬면 검사를 하지 않는다.

⑧ 급유 시 기계는 운전을 정지시키고 지정된 오일을 사용한다.
⑨ 정전이 되면 우선 스위치를 즉시 끈다.
⑩ 기계의 조정이나 청소 시 필요하면 원동기를 끄고 완전 정지할 때까지 기다려야 하며 손이나 막대기로 강제로 정지시키지 않아야 한다.
⑪ 기계는 깨끗이 청소해야 한다. 청소할 때에는 브러시나 막대기를 사용하고 손으로 청소하지 않는다.
⑫ 안전방호장치는 이상이 없는지 확인한다.
⑬ 기계가동 시에는 소매가 긴 옷, 넥타이, 장갑 또는 반지를 착용하지 않는다.
⑭ 고장중인 기계는 고장·사용금지 등의 표지를 붙여 둔다.
⑮ 기계는 일일이 점검하고 사용 전에 반드시 점검하여 이상 유무를 확인한다.

[4] 다이얼 게이지 사용 시 주의사항

① 다이얼게이지는 사용목적에 적합한 게이지를 선택한다. 크기, 눈금, 측정범위를 잘 확인한다.
② 게이지를 떨어뜨리거나 부딪치지 않도록 유의하여야 한다.
③ 스핀들에 충격을 가해서는 안 된다.
④ 용도에 적합한 측정자를 사용하고, 마모된 측정자는 교환 한다.
⑤ 게이지가 마그네틱 스탠드(베이스)에 잘 고정되어 있는지를 확인하여야 한다.
⑥ 분해 소제나 조정을 해서는 안 된다.
⑦ 반드시 정해진 지지대에 설치하고 사용한다.
⑧ 부착할 때에는 경사각이 작게 되도록 한다.
⑨ 게이지를 사용하기 전에 지시 안정도를 검사 확인하여야 한다.
⑩ 보조구는 가능한 짧게 하여 중심이 베이스 위에 있도록 부착한다.
⑪ 지시값은 정 위치에서 읽도록 한다.
⑫ 사용 후 각부에 묻은 오물과 지문 등은 건조한 헝겊으로 잘 닦도록 한다.
⑬ 장기 보관 시에는 방청유를 헝겊에 묻혀서 각부를 골고루 방청한다. 단, 본체내부, 스핀들, 초경금속구부의 측정자 등은 일체 기름이 유입되는 일이 없도록 한다.
⑭ 보관 및 관리 시에는 직사광선에 노출되지 않게 하고, 습기가 적고 통풍이 잘 되는 곳에 보관하고, 먼지가 적게 발생하고 자성이 있는 물질이 없는 곳에 보관하며, 가능한 전용 박스에 보관한다.

필기 예상 문제

01 자동차 정비공장에서 폭발의 우려가 있는 가스, 증기, 또는 분진을 발산하는 장소에서 금지해야 할 사항에 속하지 않는 것은?

① 화기의 사용
② 과열함으로써 점화의 원인이 될 우려가 있는 기계의 사용
③ 사용 도중 불꽃이 발생하는 공구의 사용
④ 불연성 재료의 사용

> 불연성 재료는 화재를 일으키지 않는 재료이므로, 폭발의 위험을 증가시키지 않는다. 따라서 폭발의 우려가 있는 장소에서 불연성 재료의 사용을 금지할 필요는 없다.

02 전기로 작동되는 기계운전 중 기계에서 이상한 소음, 진동, 냄새 등이 날 경우 가장 먼저 취해야 할 조치는?

① 즉시 전원을 내린다.
② 상급자에게 보고한다.
③ 기계를 가동하면서 고장 여부를 파악한다.
④ 기계 수리공이 올 때까지 기다린다.

> 전기로 작동되는 기계에서 이상한 소음, 진동, 냄새 등이 날 경우, 가장 먼저 취해야 할 조치는 즉시 전원을 내린다. 이는 기계의 이상으로 인해 화재, 폭발, 감전 등과 같은 사고가 발생할 위험이 있기 때문이다.

03 기계가공 중 기계에서 이상한 소리가 날 때 조치하여야 할 사항으로 가장 적합한 것은?

① 가공을 계속하여 작업을 완료한 후 점검한다.
② 기계 가공 중에 손으로 점검한다.
③ 속도를 낮추어 계속 작업한다.
④ 즉시 기계를 멈추고 점검한다.

> 이상 소리가 발생하면 즉시 기계를 멈추고 점검하여 위험성을 예방해야 한다. 계속 작업하면 위험성이 증가하고 피해가 확대될 수 있다. 점검을 통해 이상 소리의 원인을 파악하고 적절한 조치를 취해야 한다.

04 다음 중 작업안전 준수사항으로 적합하지 않은 것은?

① 스패너의 크기가 너트에 맞는 것이 없을 때는 끼움판을 사용한다.
② 스패너로 너트를 조일 때는 몸 안쪽으로 당기면서 조인다.
③ 연료 파이프라인의 피팅을 풀고 조일 때는 오픈엔드렌치로 한다.
④ 가스 용접 시 먼저 아세틸렌 밸브를 열고 불을 붙인 후 산소 밸브를 연다.

| 정답 | 01 ④   02 ①   03 ④   04 ①

작업 안전을 준수하기 위해 주의해야 할 사항
① 적절한 공구 사용 : 작업에 맞는 크기와 종류의 공구를 사용해야 한다. 스패너의 크기가 너트에 맞지 않으면 적절한 크기의 스패너를 사용해야 한다. 끼움판을 사용하면 공구가 미끄러지거나 손상될 위험이 있으며, 이는 작업자에게 부상을 입힐 수 있다.
② 안전한 작업 자세 : 스패너로 너트를 조일 때는 몸 안쪽으로 당기면서 조이는 것이 안전하다. 몸 밖으로 밀어서 조이면 균형을 잃거나 공구가 미끄러져 부상을 입을 수 있다.
③ 적절한 렌치 사용 : 연료 파이프라인의 피팅을 풀고 조일 때는 오픈엔드렌치를 사용해야 한다. 파이프렌치를 사용하면 피팅을 손상시킬 수 있다.
④ 가스 용접 안전 절차 준수 : 아세틸렌 가스 용접을 할 때에는 먼저 토치의 아세틸렌 밸브를 열고, 그 다음에 산소 밸브를 열어 점화시킨다. 작업이 끝나면 산소 밸브를 먼저 닫고, 그 다음에 아세틸렌 밸브를 닫는다.

05 작업 시 지켜야 할 안전 사항으로 틀린 것은?

① 기계 주유 시에는 동력을 정지한다.
② 해머 사용 시 무거우므로 장갑을 끼고 작업해야 한다.
③ 안전모는 반드시 착용해야 한다.
④ 유해 가스 등은 적색 표지판을 부착한다.

해머 사용 시에는 장갑을 착용하지 말아야 한다.

06 기계작업에 대한 설명 중 적당하지 않은 것은?

① 치수측정은 기계 회전 중에 하지 않는다.
② 구멍깎기 작업 시에는 기계운전 중에도 구멍 속을 청소해야 한다.
③ 기계의 회전 중에는 다듬면 검사를 하지 않는다.
④ 베드 및 테이블(BED & TABLE)의 면을 공구대 대용으로 쓰지 않는다.

구멍깎기 작업 시 기계운전 중에 구멍 속을 청소하면 위험하므로 청소를 하면 안 된다.

07 기계작업에서 적당치 않은 것은?

① 구멍깎기 작업 시 운전도중 구멍 속을 청소한다.
② 치수측정은 운전을 멈춘 후 측정토록 한다.
③ 운전 중에는 다듬면 검사를 절대로 금한다.
④ 베드 및 테이블의 면을 공구대 대용으로 쓰지 않는다.

운전 중에 구멍 속을 청소하면 작업 도중에 손상될 수 있으며, 안전사고가 발생할 수 있다.

08 정비작업 시 벨트로 풀리에 걸 때는 어떤 상태에서 거는 것이 좋은가?

① 고속상태 ② 중속상태
③ 저속상태 ④ 정지상태

정비작업 시 벨트로 풀리에 걸 때는 정지상태에서 거는 것이 좋다. 회전 중에 벨트를 걸면 벨트에 손이나 옷자락이 말려들어갈 수 있어 안전에 위험하다.

09 일반기기를 사용하여 작업 시 준수해야 할 사항 중 틀린 것은?

① 원동기의 기동 및 정지는 서로 신호에 의거한다.
② 고장 중의 기기에는 반드시 표식을 한다.
③ 정전 시는 반드시 스위치를 off한다.
④ 다른 볼일이 있을 때는 기기작동을 자동으로 조정하고 자리를 비워도 좋다.

작업 중인 기기가 예기치 않게 문제가 생길 수 있기 때문에 작업자가 항상 기기를 감시하고 있어야 하며, 자리를 비우는 경우에는 기기를 꺼놓고 나가야 한다.

| 정 | 답 | 05 ② 06 ② 07 ① 08 ④ 09 ④

10 동력 전달장치인 치차(gear)가 통행 또는 작업 시에 접촉할 위험이 있는 곳의 안전 조치로 가장 옳은 것은?

① 덮게 판을 덮는다.
② 통행을 금지한다.
③ 조심해서 통행한다.
④ 작업을 중지하고 방치한다.

> 치차가 접촉할 위험이 있는 곳에는 덮게 판을 덮는 것이 가장 적절하다. 또한, 덮개가 치차의 움직임을 방해하지 않도록 충분한 간격을 두어야 한다.

11 다음 중 옳은 작업방법이 아닌 것은?

① 전해액을 다룰 때는 고무장갑을 껴야 한다.
② 배터리는 그늘진 곳에 보관해야 한다.
③ 공구손잡이가 짧을 때는 파이프를 연결하여 사용한다.
④ 무거운 것은 혼자 옮기지 않는다.

> 공구손잡이가 짧을 때 파이프를 연결하면 공구의 균형이 맞지 않아서 작업 중에 공구가 떨어질 가능성이 높아진다.

12 연삭숫돌 원주면과 받침대의 간격은 몇 mm 정도가 양호한가?

① 2~3   ② 5~7
③ 7~10 ④ 10~15

> 연삭숫돌과 받침대 간격이 너무 멀면 연삭숫돌이 흔들리거나 떨어질 수 있고, 반대로 간격이 너무 가까우면 연삭숫돌과 받침대가 마찰을 일으켜 작업이 원활하지 않을 수 있다. 따라서 연삭숫돌 원주면과 받침대의 간격은 2~3mm 정도가 적당하다.

13 드릴기계에서 탭 작업을 할 때 탭이 부러지는 원인이 아닌 것은?

① 탭의 경도가 소재보다 높을 때
② 구멍이 똑바르지 아니할 때
③ 구멍 밑바닥에 탭 끝이 닿을 때
④ 레버에 과도한 힘을 주어 이동할 때

> 탭의 경도가 소재보다 높을 때는 탭이 너무 단단해서 소재를 파괴하거나 부러지기 쉽기 때문에 탭이 부러지는 원인이 아니다.

14 노즐로부터 압축공기를 분출시켜 부품 등을 세척할 때 사용하는 공구는?

① 폴리셔
② 에어건
③ 샌더
④ 다이스

> 압축공기를 분출시켜 부품 등을 세척할 때 사용하는 공구는 에어건이다.

15 다이얼 게이지의 사용 시 가장 올바른 사용방법은?

① 반드시 정해진 지지대에 설치하고 사용한다.
② 가끔 분해 소제나 조정을 한다.
③ 스핀들에는 가끔 주유해야 한다.
④ 스핀들이 움직이지 않으면 충격을 가해 움직이게 한다.

> 다이얼 게이지는 정밀 측정 도구로, 정확한 측정을 위해서는 다음과 같은 주의 사항을 따라야 한다.
> ① 지지대 사용 : 다이얼 게이지는 반드시 평평하고 안정적인 지지대에 설치해야 한다. 지지대가 불안정하면 측정값에 오차가 발생할 수 있다.

|정|답| 10 ① 11 ③ 12 ① 13 ① 14 ② 15 ①

② 측정 대상 고정 : 측정 대상은 단단하고 움직이지 않도록 고정해야 한다. 측정 대상이 움직이면 측정값에 오차가 발생할 수 있다.
③ 측정 압력 조절 : 다이얼 게이지의 측정 압력은 적절하게 조절해야 합니다. 압력이 너무 약하면 측정값이 정확하지 않고, 압력이 너무 강하면 측정 대상을 손상시킬 수 있다.
④ 손접촉 금지 : 측정 중에는 다이얼 게이지나 측정 대상을 손으로 만지지 않도록 한다. 손의 온도가 측정값에 영향을 미칠 수 있다.
⑤ 정기적인 검사 및 관리 : 다이얼 게이지는 정기적으로 검사 및 관리해야 합니다. 먼지나 오일 등으로 인해 측정값에 오차가 발생할 수 있기 때문이다.

16 다이얼 게이지로 휨을 측정할 때 올바른 설치방법은?

① 스핀들의 앞 끝을 보기 좋은 위치에 설치한다.
② 스핀들의 앞 끝을 기준면인 축(shaft)에 수직으로 설치한다.
③ 스핀들의 앞 끝을 공작물의 우측으로 기울게 설치한다.
④ 스핀들의 앞 끝을 공작물의 좌측으로 기울게 설치한다.

> 다이얼 게이지로 휨을 측정할 때는 스핀들의 앞 끝을 기준면인 축(shaft)에 수직으로 설치해야 한다. 그래야만 휨의 양을 정확하게 측정할 수 있다

17 다이얼 게이지 사용 시 유의사항을 설명하였다. 틀린 것은?

① 스핀들에 주유하거나 그리스를 발라서 보관하는 것이 좋다.
② 분해 청소나 조정을 함부로 하지 않는다.
③ 게이지에 어떤 충격이라도 가해서는 안된다.
④ 게이지를 설치할 때에는 지지대의 팔을 될 수 있는 대로 짧게 하고 확실하게 고정해야 한다.

> 사용 후 각부에 묻은 오물과 지문 등은 건조한 헝겊으로 잘 닦도록 하고, 장기 보관 시에는 방청유를 헝겊에 묻혀서 가부를 골고루 항청한다. 단, 본체내부, 스핀들, 초경금속구부의 측정자 등은 일체 기름이 유입되는 일이 없도록 한다.

18 게이지 블록 사용 후 보관방법으로 가장 옳은 것은?

① 깨끗이 닦은 후 겹쳐 보관한다.
② 먼지, 칩 등을 깨끗이 닦고 방청유를 발라 보관함에 보관한다.
③ 철저 공구 상자에 블록을 하나씩 보관한다.
④ 기름이나 먼지를 깨끗이 닦고 헝겊에 싸서 보관한다.

> 게이즈 블록은 민감한 부품이기 때문에 먼지나 칩 등이 묻어있으면 작동에 영향을 미칠 수 있다. 따라서 먼지, 칩 등을 깨끗이 닦고 방청유를 발라 보관함에 보관하는 것이 가장 적절하다.

19 리머가공에 관한 설명으로 옳은 것은?

① 직경 10mm 이상의 리머는 없다.
② 드릴 구멍보다 먼저 작업한다.
③ 드릴 구멍보다 더 정밀도가 높은 구멍을 가공하는데 필요하다.
④ 드릴 구멍보다 더 작게 하는데 사용한다.

> 리머는 드릴 구멍보다 더 정밀한 가공이 가능하며, 특히 직경이 큰 구멍을 가공할 때 필요하다. 이는 리머가 회전하는 동안 접촉면이 작아지기 때문에 더 정밀한 가공이 가능하다는 것이다.

| 정 | 답 | 16 ② 17 ① 18 ② 19 ③

20 줄 작업 시 주의사항이 아닌 것은?

① 뒤로 당길 때만 힘을 가한다.
② 공작물을 바이스에 확실히 고정한다.
③ 날이 메꾸어 지면 와이어 브러시로 털어낸다.
④ 절삭가루는 솔로 쓸어낸다.

> 줄을 밀 때, 체중을 몸에 가하여 줄을 민다.

21 마이크로미터의 취급 시 안전사항이 아닌 것은?

① 사용 중 떨어뜨리거나 큰 충격을 주지 않도록 한다.
② 온도변화가 심하지 않은 곳에 보관한다.
③ 앤빌과 스핀들을 접촉되어 있는 상태로 보관한다.
④ 눈금은 시차를 작게 하기 위해서 수직위치에서 읽는다.

> 마이크로미터 사용 시 주의사항
> ① 측정면의 먼지 등에 의한 오차를 줄이기 위해 측정면 사이(앤빌과 스핀들 면 사이)에 깨끗하고 얇은 종이를 끼웠다 빼는 방법으로 측정면의 청결함을 확보한다.
> ② 피측정물 또한 깨끗이 닦은 후 측정하여야 한다.
> ③ 측정전 0점 확인을 하여야 하고 0점이 맞지 않을 경우에는 0점 조정을 하여야 한다.
> ④ 시차(視差)에 의한 오차를 제거하기 위해 눈금자와 일치하는 방향에서 측정한다.
> ⑤ 보관 시에는 앤빌 면과 스핀들 면을 약간 떨어뜨려 놓아야 한다. 만약 붙은 상태로 보관하게 되면 열 팽창에 의한 스핀들의 변형이 일어난다.
> ⑥ 사용 중 떨어뜨리거나 큰 충격을 주어서는 안 되며 만약 이러한 경우에는 반드시 재교정을 실시하여야 한다.

22 측정계기의 보관방법 중 가장 좋은 것은?

① 캐비넷에 넣어 둔다.
② 책상 서랍 속에 넣어 둔다.
③ 작업대에 놓아둔다.
④ 오물을 닦아내고 공구실에 둔다.

> 측정계기는 정확한 측정을 위해 깨끗하고 안전한 상태로 보관되어야 한다. 따라서 오물을 닦아내고 공구실에 둔다.

23 측정기(마이크로미터)의 보관방법 설명으로 옳지 않은 것은?

① 직사광선 및 진동이 없는 장소에 보관한다.
② 방청유를 바르고 나무상자에 보관한다.
③ 스톱 레칫을 회전시켜 적당한 압력으로 앤빌과 스핀들 측정면을 밀착시켜 둔다.
④ 습기나 먼지가 없는 장소에 둔다.

> 측정기의 보관방법은 직사광선 및 진동이 없는 장소에 보관한다. 방청유를 바르고 나무상자에 보관한다. 습기나 먼지가 없는 장소에 둔다.

24 실린더 보어 게이지 취급 시 안전사항과 관련이 없는 것은?

① 스핀들이 잘 움직이지 않을 때 휘발유로 세척한다.
② 스핀들은 공작물에 가만히 접촉하도록 한다.
③ 보관 시는 건조된 헝겊으로 닦아서 보관한다.
④ 스핀들이 잘 움직이지 않으면 고급 스핀들유를 바른다.

|정답| 20 ① 21 ③ 22 ④ 23 ③ 24 ①

실린더 보어 게이지 취급 시 스핀들은 공작물에 가만히 접촉하도록 하고, 충격을 주지 않도록 하고, 떨어뜨리거나 부딪히지 않도록 한다. 스핀들이 잘 움직이지 않으면 고급 스핀들유를 발라주고 사용 후에 로드, 와셔 등은 방청유로 청소를 하고 건조된 헝겊으로 닦아서 습기에 주의하여 저장박스에 보관한다.

25 차량 시험기기에 대한 설명으로 틀린 것은?

① 시험기기 전원의 종류와 용량을 확인한 후 전원 플러그를 연결할 것
② 시험기기의 보관은 깨끗한 곳이면 아무 곳이나 좋다.
③ 눈금의 정확도는 수시로 점거해서 0점을 조정해 준다.
④ 시험기기의 누전 여부를 확인한다.

시험기기는 보관 환경이 중요하며, 먼지나 습기, 진동 등이 영향을 미칠 수 있으므로 깨끗하고 안정적인 곳에 보관해야 한다.

26 헤드 볼트를 조일 때 토크 렌치를 사용하는 이유로 가장 옳은 것은?

① 신속하게 조이기 위해서
② 작업상 편리하기 위해서
③ 강하게 조이기 위해서
④ 규정값으로 조이기 위해서

토크 렌치를 사용하는 이유는 헤드 볼트를 규정값으로 조이기 위해서이다. 토크 렌치는 정해진 토크값을 설정하여 해당 값으로 볼트를 조이는 도구이기 때문에, 정확한 토크 값을 유지하면서 볼트를 조이는 것이 가능하다.

27 엔진의 각부 조립 작업 시 토크렌치를 사용하는 가장 큰 이유는?

① 동일한 힘으로 각부를 서로 안착시키기 위해서
② 볼트의 인장강도를 고려하여 절단되지 않게 하기 위하여
③ 토크를 적절하게 함으로써 유막 간극이 맞게 되므로
④ 조립 작업이 끝난 후 풀리는 현상이 없도록 하기 위하여

엔진의 각부를 조립할 때 토크렌치를 사용하는 가장 큰 이유는 동일한 힘으로 각부를 서로 안착시키기 위해서이다.

28 드릴 프레스로 얇은 판에 구멍을 뚫을 때 얇은 판 밑에 무엇을 받치면 가장 좋은가?

① 나무판
② 무쇠판
③ 강판
④ 동판

드릴 프레스로 얇은 판에 구멍을 뚫을 때는 나무판을 받침판으로 사용하는 것이 가장 적합하다.

29 숫돌바퀴의 3요소에 해당하지 않는 것은?

① 숫돌입자
② 기공
③ 결합제
④ 결합도

숫돌바퀴의 3요소는 숫돌입자, 기공, 결합제이다.

| 정 | 답 | 25 ② 26 ④ 27 ① 28 ① 29 ④

04 전동 및 공기구

[1] 연삭 작업 시 주의사항

① 연삭기의 커버 노출각도는 90°이거나 전체 원주의 1/4을 초과하지 말아야 한다.
② 연삭숫돌의 교체 시는 3분 이상 시운전을 해야 한다.
③ 사용 전에 연삭숫돌을 점검하여 균열이 있는 것은 사용하지 말아야 한다.
④ 연삭숫돌과 받침대 간격은 3mm 이내로 유지해야 한다.
⑤ 작업 시는 연삭숫돌 정면에서 작업하지 말고 정면으로부터 150° 정도 비켜서 작업해야 한다.
⑥ 가공물은 급격한 충격을 피하고 점진적으로 접촉시킨다.
⑦ 연삭 작업 시 연삭숫돌의 원주면을 이용하여 연삭작업을 하고, 측면을 사용하여 연삭작업을 하지 말아야 한다.
⑧ 연삭 작업 중에는 반드시 보안경을 착용해야 한다.
⑨ 날이 있는 공구를 다룰 때에는 다치지 않도록 주의한다.
⑩ 소음이나 진동이 심하면 즉시 점검해야 한다.

[2] 이동식 및 휴대용 전동기기의 안전작업

① 전동기의 코드 선은 접지선이 설치된 것을 사용한다.
② 회로 시험기로 절연상태를 점검한다.
③ 감전 방지용 누전 차단기를 접속하고 동작 상태를 점검한다.
④ 감전사고 위험이 높은 곳에서는 2중 절연구조의 전기기기를 사용한다.

[3] 전동 공구의 안전 수칙 및 안전대책

① 관리감독자는 아래 각 호의 수칙을 준수하도록 지도, 관리를 해야 한다.
② 전동공구는 작업 목적에 적합한 것을 사용해야 한다.
③ 작업 시작 전 전동공구 상태 및 전선 연결 상태를 점검해야 한다.

④ 전동공구의 ON, OFF를 확실히 한다.
⑤ 전동공구 작업 시 안전모, 보안경, 귀마개, 안전화를 착용해야 한다.
⑥ 전동공구의 작업 시에는 느슨한 복장이나 면장갑 착용을 해서는 안 된다.
⑦ 전기톱으로 패널을 자를 때는 톱의 작동 방향을 확실히 알고 작동시킨다.
⑧ 운전, 보수 등을 위한 충분한 공간이 확보되어야 한다.
⑨ 젖은 손이나 젖은 신발을 신은 상태에서는 전기기기에 접촉하지 않도록 해야 한다.
⑩ 리드 선은 기계 진동에 견딜 수 있어야 한다.
⑪ 조작부는 작업자의 위치에서 쉽게 조작이 가능한 위치이어야 한다.
⑫ 전동 공구는 사용 후 전원을 끄고 플러그를 뽑는다.

[4] 작업 중 정전 시 조치사항

① 기계의 스위치를 OFF시킨다.
② 절삭 공구는 가공물에서 떼어낸다.
③ 경우에 따라서는 메인스위치도 내린다.
④ 퓨즈를 점검한다.

필기 예상 문제

01 전동공구 및 전기기계의 안전 대책으로 잘못된 것은?

① 전기 기계류는 사용 장소와 환경에 적합한 형식을 사용하여야 한다.
② 운전, 보수 등을 위한 충분한 공간이 확보되어야 한다.
③ 리드선은 기계진동이 있을 시 쉽게 끊어질 수 있어야 한다.
④ 조작부는 작업자의 위치에서 쉽게 조작이 가능한 위치여야 한다.

> 리드선이 쉽게 끊어지면 안전사고 발생 가능성이 높아진다.

02 드릴 작업의 안전사항 중 틀린 것은?

① 장갑을 끼고 작업하였다.
② 머리가 긴 경우 단정하게 하여 작업모를 착용하였다.
③ 작업 중 쇳가루를 입으로 불어서는 안 된다.
④ 공작물은 단단히 고정시켜 따라 돌지 않게 한다.

> 드릴 작업 시 장갑을 끼면 작업 도구를 제대로 잡을 수 없어서 안전사고가 발생할 가능성이 높아진다.

03 드릴 작업 때 칩의 제거는 어느 방법이 가장 좋은가?

① 회전시키면서 솔로 제거
② 회전시키면서 막대로 제거
③ 회전을 중지시킨 후 손으로 제거
④ 회전을 중지시킨 후 솔로 제거

> 회전을 중지시킨 후 솔로 제거가 가장 좋은 방법이다. 회전 중에 솔로를 제거하면 칩이 날아갈 수 있고, 작업자의 손에 부상을 입을 수 있다.

04 연삭작업상 안전지침을 설명하였다. 적당치 않는 것은?

① 숫돌차의 회전은 규정 이상을 초월해서는 안 된다.
② 방진안경을 반드시 써야 한다.
③ 스위치를 넣은 다음 약 3분 공전상태를 확인 후 작업해야 한다.
④ 숫돌차의 정면에 서서 연삭하는 것이 안전하다.

> 숫돌차의 측면에 서서 연삭하는 것이 안전하다.

|정|답| 01 ③ 02 ① 03 ④ 04 ④

05 연삭 작업 시 지켜야 할 안전수칙 중 잘못된 것은?

① 보안경을 반드시 착용한다.
② 숫돌의 측면을 사용한다.
③ 숫돌차와 연삭대 간격은 3mm 이하로 한다.
④ 정상 회전속도에서 연삭을 시작한다.

> 숫돌의 측면은 사용하지 않는 것이 안전하다. 숫돌의 측면을 사용하면 숫돌이 깨질 가능성이 있으며, 연삭 작업 중 다칠 가능성도 높아진다. 따라서 숫돌의 정해진 사용면을 사용해야 한다.

06 그라인더 작업 시의 주의사항 중 부적합한 것은?

① 숫돌 받침대는 3mm 이상 간극을 벌려줘야 한다.
② 작업전 숫돌을 나무 해머로 두들겨 보고 균열 여부를 점검한다.
③ 작업 중에는 반드시 보안경을 착용해야 한다.
④ 작업 시 정면을 피해서 작업하도록 한다.

> 숫돌차와 연삭대 간격은 3mm 이하로 한다.

07 연삭 작업 시 안전사항이 아닌 것은?

① 연삭숫돌 설치전 해머로 가볍게 두들겨 본다.
② 연삭숫돌의 측면에 서서 연삭한다.
③ 연삭기의 카버를 벗긴 채 사용하지 않는다.
④ 연삭숫돌의 주위와 연삭지지대 간의 간격은 5mm 이상으로 한다.

> 숫돌차와 연삭대 간격은 3mm 이하로 한다.

08 동력식 호이스트 사용 시 주의사항 중 틀린 것은?

① 부하가 과도하게 걸리면 위험하므로 과권 방지 장치를 부착한다.
② 공기 호이스트는 진동과 충격으로 인한 너트의 풀림방지에 유의한다.
③ 조정장치에 연결하는 전기코드는 전도성 코드를 사용한다.
④ 조작 장치에는 상, 하향 스위치의 식별이 용이하게 화살표 등으로 표시한다.

> 1. 동력식 호이스트 사용 시 주의해야 할 사항
>   ① 과부하 방지 : 부하가 과도하게 걸리면 위험하므로 과부하 방지 장치를 부착하여 안전하게 사용해야 한다.
>   ② 전기 안전 : 조정장치에 연결하는 전기 코드는 절연 상태가 양호하고, 감전 위험을 방지하기 위해 접지가 되어 있어야 한다.
>   ③ 조작 안전 : 조작 장치에는 상, 하향 스위치를 명확하게 표시하고, 오작동을 방지하기 위한 안전장치를 갖추어야 한다.
>   ④ 정기 검사 및 관리 : 동력식 호이스트는 정기적으로 검사 및 관리를 수행하여 안전성을 유지해야 한다.
> 2. 공기 호이스트는 동력원으로 압축 공기를 사용하는 호이스트이다. 전기 호이스트와 달리 전기 시스템이 없기 때문에 감전 위험이 적지만, 진동과 충격으로 인해 너트가 풀릴 위험이 있으므로 주의해야 한다. 따라서 공기 호이스트 사용 시에는 너트가 풀리지 않도록 정기적으로 점검하고, 필요시 잠금 장치를 사용해야 한다.

|정|답| 05 ② 06 ① 07 ④ 08 ③

09 동력 공구 사용 시 주의사항 중 틀린 것은?

① 간편한 사용을 위하여 보호구는 사용하지 않는다.
② 에어 그라인더는 회전수를 점검한 후 사용한다.
③ 규정 공기압력을 유지한다.
④ 압축공기 중의 수분을 제거하여 준다.

> 동력 공구를 사용할 때는 안전을 위해 반드시 보호구를 착용해야 한다. 간편함보다는 안전이 우선시되어야 한다. 보호구를 착용하지 않으면 사고 발생 시 큰 부상을 입을 수 있다.

10 공기압축기 안전수칙에 알맞지 않는 것은?

① 전기배선, 터미널 및 전선 등에 접촉될 경우 전기 쇼크의 위험이 있으므로 주의하여야 한다.
② 분해 시 공기압축기, 공기탱크 및 관로안의 압축공기를 완전히 배출한 뒤에 실시한다.
③ 하루에 한 번씩 공기탱크에 고여 있는 응축수를 제거한다.
④ 작업 중 작업자의 땀이나 열을 식히기 위해 압축공기를 호흡하면 작업 효율이 좋아진다.

11 공기압축기 운전 시 점검사항으로 적합하지 않은 것은?

① 압력계, 안전밸브 등의 이상 유무
② 이상 소음 및 진동
③ 이상 온도 상승
④ 공기 탱크 내의 청결 여부

> 공기 탱크 내의 청결 여부는 정기적인 유지보수와 청소에 따라 달라지기 때문에 일시적인 운전 중에 확인할 수 없다. 따라서 이것은 예방적인 유지보수에 해당한다.

|정|답| 09 ① 10 ④ 11 ④

05 수공구

[1] 수공구 사용 시 안전수칙

① 수공구는 쓰기 전에 깨끗이 청소하고 점검한 다음 사용할 것
② 수공으로 만든 공구는 사용하지 않는다.
③ 작업에 알맞은 공구를 선택하여 사용할 것
④ 공구는 사용 전에 기름 등을 닦은 후 사용한다.
⑤ 정이나 끌과 같은 기구는 때리는 부분이 버섯모양 같이 되면 반드시 교체하여야 하며, 자루가 망가지거나 헐거우면 바꾸어 끼울 것
⑥ 수공구는 쓴 후에 반드시 지정된 보관함에 넣어둘 것
⑦ 수공구를 취급할 때에는 올바른 방법으로 사용할 것
⑧ 끝이 예리한 수공구는 반드시 덮개나 칼집에 넣어서 보관 이동할 것
⑨ 파편이 튈 위험이 있는 작업에는 보안경을 착용할 것
⑩ 각 수공구는 일정한 용도 이외에는 사용하지 말 것

[2] 스패너 사용 시 주의사항

① 스패너의 입이 볼트나 너트의 치수에 맞는 것을 사용한다.
② 스패너를 해머로 두드리거나 스패너를 해머 대신 사용해서는 안 된다.
③ 스패너에 연장대를 끼워 사용하여서는 안 된다.
④ 작업 자세는 발을 약간 벌리고 두 다리에 힘을 준다.
⑤ 볼트나 너트에 스패너를 깊이 물리고 조금씩 몸쪽으로 당겨 풀거나 조인다.
⑥ 높거나 좁은 장소에서는 몸의 일부를 충분히 기대고 스패너가 빠져도 몸의 균형을 잃지 않도록 한다.

[3] 렌치 사용 시 주의사항

① 미끄러지지 않도록 정확히 조(jaw)를 조인 후 사용한다.
② 조임부를 앞으로 향하게 하고, 밀지 말고 당겨야 한다.
③ 렌치가 미끄러졌을 경우 위험하지 않도록 렌치를 잘 잡는다.
④ 렌치는 큰 힘(지레작용)을 얻기 위해 손잡이에 파이프 등을 끼워 공구 길이를 연장하거나 망치 등 다른 공구로 두드리지 않는다.
⑤ 망치 등 타격공구를 대신하여 렌치를 사용하지 않는다.
⑥ 렌치를 돌릴 때 압력이 고정조와 반대가 되게 한다.
⑦ 올바른 자세를 잡고 스패너는 조금씩 돌리며 사용한다.
⑧ 조, 너얼, 핀 등 마모 여부 점검하여 마모된 헐거운 렌치를 사용하지 않는다.
⑨ 너트에 맞는 것을 사용한다.
⑩ 렌치를 머리 위로 올릴 때는 옆에 서서 한다(렌치 낙하에 의한 위험 방지).
⑪ 모든 지레작용 공구들은 사용 중 정확히 조정된 상태로 있어야 한다.
⑫ 너트나 볼트에는 파이프 렌치를 사용하지 않는다.
⑬ 파이프 렌치의 주 용도는 둥근 물체 조립용이다.
⑭ 렌치는 제 규격의 것을 정확하게 사용한다.

[4] 탭 작업 시 주의사항

① 탭은 공작물의 표면과 수직이 되도록 작업한다.
② 한쪽이 막힌 구멍의 탭 작업은 쇳밥 처리를 잘 해야 한다.
③ 주물에 암나사를 내는 경우에는 절삭유를 급유하지 않는다.
④ 탭 핸들은 탭 머리 부분과 사각이 맞는 것을 사용한다.
⑤ 손 다듬질용 탭 작업 시 1번 탭부터 작업한다.
⑥ 탭 구멍은 드릴로 나사의 골 지름보다 조금 크게 뚫는다.
⑦ 탭의 절삭 날은 항상 바르고 날카롭게 연삭된 것을 사용해야 한다.
⑧ 조절 탭 렌치는 양손으로 돌린다.

[5] 줄 작업 시 주의사항

① 줄의 균열을 점검한 후 작업한다.
② 줄 작업을 할 때 오일을 발라서는 안 된다.
③ 줄의 손잡이는 정해진 크기로 구금(口金)을 끼운 것이 좋다.
④ 줄 작업한 면에는 손을 대어서는 안 된다.
⑤ 새 줄은 연한 재료부터 단단한 재료의 순으로 사용한다.
⑥ 주물 등을 다듬질 할 때에는 표면의 흑피를 벗기고 작업해야 한다.
⑦ 작업 할 때는 반드시 손잡이를 끼워서 사용해야 한다.

[6] 해머 사용 시 주의사항

① 추락 위험개소에서 작업 시 작업발판 설치 및 안전대를 착용한다.
② 2인 공동 작업 시 가공물 지지자는 손이 다치지 않도록 집게나 고정구를 이용한다.
③ 사용 시 헛치지 않도록 대상물의 표면보다 더 큰 직경의 해머머리를 선택한다.
④ 대형 해머의 경우 작업 전 신체를 충분히 이완시키고 균형을 잃지 않도록 편평한 바닥 위에서 안정된 자세로 작업한다.
⑤ 작업에 맞는 무게의 해머를 사용하고, 처음부터 큰 힘을 주어 작업하지 않고 한두 번 가볍게 친 다음에 사용한다.
⑥ 미끄러짐 방지를 위하여 장갑을 끼거나 기름 묻은 손으로 손잡이를 잡지 않도록 하고, 장갑을 착용하는 경우에는 미끄러짐이 없는 장갑을 착용한다.
⑦ 협소한 장소, 발 딛는 장소가 나쁠 때, 작업이 끝나기 직전에 특히 유의하여 작업한다.
⑧ 눈이나 신체 일부에 파편이 튀는 것을 방지하기 위혀 돌, 벽돌 등 단단한 물질을 타격하지 않도록 한다.
⑨ 금이 가고, 부러지고, 쪼개지고, 모서리가 날카롭거나 해머머리에 헐겁게 끼워진 불안전한 손잡이는 폐기하고, 손잡이가 흔들림이 없도록 고정하여 사용한다.
⑩ 타격하는 해머의 표면이 맞는 물체의 표면에 평행하도록 수직으로 내리치고 물체를 주시해야 한다.
⑪ 해머 머리가 패인부분이 있거나 금이 간 것, 이가 빠진 자리, 버섯 모양으로 퍼진 상태 또는 지나치게 마모된 해머머리는 사용하지 말고 교체한다.

[7] 정 작업 시 주의사항

① 날 끝이 결손된 것이나 둥글어진 것은 사용하지 않는다.
② 정은 기름을 깨끗이 닦은 후에 사용한다.
③ 따내기 작업 시에는 보호안경을 착용한다.
④ 작업 중의 시선을 항상 정 끝을 주시하고, 절단 시 조각의 비산에 주의한다.
⑤ 정을 잡은 손의 힘을 빼고 작업한다.
⑥ 담금질한 재료를 정으로 치지 말아야 한다.
⑦ 절삭면을 손가락으로 만지거나 절삭 칩을 손으로 제거하지 말아야 한다.
⑧ 정 작업은 처음에는 가볍게 두들기고 목표가 정해진 후에 차츰 세게 두들기며, 작업이 끝날 때는 타격을 약하게 한다.
⑨ 정의 날 끝은 항상 날카롭고 정확한 각도를 유지해야 한다.
⑩ 정의 날을 몸 바깥쪽으로 하고 해머로 타격한다.

필기 예상 문제

01 해머 작업 시 주의사항이 아닌 것은?

① 해머를 휘두르기 전에 반드시 주위를 살핀다.
② 해머머리가 손상된 것은 사용하지 않는다.
③ 오래 작업하면 손바닥에 물집이 생기므로 장갑을 끼고 있다.
④ 해머로 녹슨 것을 때릴 때에는 반드시 보안경을 쓴다.

해머 작업 시에는 다음과 같은 주의사항을 준수해야 한다.
① 해머를 휘두르기 전에 반드시 주위를 살펴 안전한지 확인한다.
② 해머머리가 손상된 것은 사용하지 않는다.
③ 해머로 녹슨 것을 때릴 때에는 반드시 보안경을 쓴다.
④ 장갑을 착용하는 경우에는 미끄러짐이 없는 장갑을 착용한다.
⑤ 기름 묻은 손으로 작업하지 않는다.
⑥ 자루 부분을 확인한다.
⑦ 타격면이 찌그러진 해머는 사용하지 않는다.
⑧ 쐐기를 박아서 손잡이가 튼튼히 박힌 해머를 사용한다.
⑨ 연결대나 파이프에 끼워서 작업하지 않는다.

02 해머 작업방법으로 안전상 가장 옳은 것은?

① 해머로 타격 시에 처음과 마지막에 힘을 특히 많이 가해야 한다.
② 타격하려는 곳에 시선을 고정시킨다.
③ 해머의 타격면에 기름을 발라서 사용한다.
④ 해머로 녹슨 것을 때릴 때에는 반드시 안전모만 착용한다.

해머 작업 시에는 안전을 위해 다음과 같은 수칙을 준수해야 한다.
① 보호 장비 착용 : 안전모, 안전화, 안전 장갑, 안면 보호 장비 등을 착용해야 한다.
② 작업 환경 확인 : 작업 공간이 깨끗하고 정돈되어 있으며, 주변에 위험 요소가 없는지 확인해야 한다.
③ 올바른 자세 유지 : 안정적인 자세를 유지하고, 허리를 곧게 펴고 작업해야 한다.
④ 타격하려는 곳에 시선 고정 : 타격하려는 곳에 시선을 집중하여 정확하게 타격해야 한다.
⑤ 적절한 힘 사용 : 과도한 힘을 사용하지 않고, 필요한 만큼의 힘을 사용해야 한다.
⑥ 주변 사람 주의 : 주변 사람들에게 해를 끼치지 않도록 주의해야 한다.

03 헤머작업 시 안전사항에 맞지 않은 것은?

① 반드시 장갑을 끼고 작업을 한다.
② 열처리된 재료는 해머 작업을 하지 않는다.
③ 공동으로 해머 작업 시 호흡을 맞춘다.
④ 작업 전에 주위를 살핀다.

헤머작업 시 장갑을 끼면 손이 민감하지 않아서 작업 도중에 도구를 제대로 잡지 못하거나, 장갑이 미끄러워서 도구를 놓치거나, 장갑이 불량하면 부식성 물질에 노출될 수 있기 때문이다.

| 정 답 | 01 ③   02 ②   03 ①

04 구멍 뚫기 작업 시 드릴이 파손되는 원인이 아닌 것은?

① 드릴의 작업 속도가 느릴 때
② 드릴의 여유각이 작을 때
③ 공작물의 고정이 불량할 때
④ 스핀들에 진동이 많을 때

> 드릴 파손을 방지하기 위해서는 다음과 같은 주의사항을 따라야 한다.
> ① 적절한 속도로 작업한다.
> ② 5도 이상의 여유각을 유지한다.
> ③ 공작물을 단단하게 고정한다.
> ④ 스핀들 진동을 최소화한다.

05 작업안전상 드라이버 사용 시 유의사항이 아닌 것은?

① 날끝이 홈의 폭과 길이가 같은 것을 사용한다.
② 날끝이 수평이어야 한다.
③ 작은 부품은 한손으로 잡고 사용한다.
④ 전기 작업 시 금속부분이 자루 밖으로 나와 있지 않도록 한다.

> 작은 부품은 한손으로 잡고 사용하면 손이 미끄러져 부상을 입을 수 있기 때문에 유의해야 한다.

06 부품이나 재료 등을 잡은 상태로 고정할 수 있는 구조의 공구는?

① 콤비네이션 플라이어
② 롱노즈 플라이어
③ 스냅링 플라이어
④ 바이스 플라이어

> 바이스 플라이어는 부품이나 재료를 잡은 상태로 고정할 수 있는 구조의 공구로, 다른 플라이어와는 달리 특수한 모양의 톱니로 이루어져 있어서 더욱 견고하게 잡을 수 있다.

07 렌치 사용 시 주의사항으로서 틀린 것은?

① 녹이 생긴 볼트나 너트에 오일을 스며들게 한 다음 돌린다.
② 조정 조(jaw)에 잡아당기는 힘이 가해져서는 안된다.
③ 장시간 보관할 때에는 방청제를 바르고 건조한 곳에 보관한다.
④ 힘겨울 때는 파이프 등의 연장대를 끼워서 사용하여야 한다.

> 연장대를 사용하면 렌치의 힘을 더 크게 전달할 수 있어서 볼트나 너트를 더 쉽게 돌릴 수 있지만, 이는 렌치나 볼트에 큰 힘을 가해 파손의 위험이 있다.

08 렌치를 사용한 작업 설명으로 틀린 것은?

① 스패너의 자루가 짧다고 느낄 때는 긴 파이프를 연결하여 사용할 것
② 스패너를 사용할 때는 앞으로 당길 것
③ 스패너는 조금씩 돌리며 사용할 것
④ 파이프 렌치는 반드시 둥근 물체에만 사용할 것

09 정 작업에 대한 주의사항으로 틀린 것은?

① 정 작업을 할 때는 서로 마주보고 작업하지 말 것.
② 정 작업은 반드시 열처리한 재료에만 사용할 것.
③ 정 작업은 시작과 끝에 조심할 것.
④ 정 작업에서 버섯 머리는 그라인더로 갈아서 사용할 것.

|정|답| 04 ① 05 ③ 06 ④ 07 ④ 08 ① 09 ②

정 작업 시 주의사항
① 보호안경을 착용한다.
② 철재를 절단할 때는 철편이 튀는 방향에 주의한다.
③ 시작할 때와 끝에 조심한다.
④ 정 작업은 반드시 열처리한 재료에는 사용하지 말 것.
⑤ 가공 면을 손으로 문지르면 손에 부상을 입을 수 있으므로 주의한다.
⑥ 정 작업에서 버섯 머리는 그라인더로 갈아서 사용할 것.
⑦ 정 작업을 할 때는 서로 마주보고 작업하지 말 것.

10 정 작업 시 주의할 사항이 아닌 것은?

① 금속 깎기를 할 때는 보안경을 착용한다.
② 정의 날을 몸 안쪽으로 하고 해머로 타격한다.
③ 정의 생크나 해머에 오일이 묻지 않도록 한다.
④ 보관 시는 날이 부딪쳐서 무디어지지 않도록 한다.

정의 날을 몸 안쪽으로 하고 해머로 타격하는 것은 올바른 방법이 아니며, 이는 사고를 유발할 수 있기 때문이다. 정의 날은 항상 바깥쪽으로 향하도록 해야 한다.

11 다음은 정(chisel)을 사용할 때의 주의사항들이다. 안전에 어긋나는 점은?

① 정 머리가 찌그러진 것은 수정해서 사용한다.
② 쪼아내기(chipping)작업 때는 방진안경을 착용한다.
③ 정의 공구날은 중심부에 닿게 사용한다.
④ 까낸 자리를 손으로 더듬어 가며 정확히 작업한다.

정작업 중에 까낸 자리를 손으로 더듬어 가면 까낸 자리가 날카로울 경우 날카로운 부분이 손에 닿을 수 있기 때문에 위험하다.

12 복스 렌치가 오픈 엔드 렌치보다 더 사용되는 가장 중요한 이유는?

① 볼트, 너트 주위를 완전히 싸게 되어 있어서 사용 중에 미끄러지지 않는다.
② 여러 가지 크기의 볼트, 너트에 사용할 수 있다.
③ 값이 싸며, 적은 힘으로 작업할 수 있다.
④ 가볍고, 사용하는데 양손으로도 사용할 수 있다.

복스 렌치는 오픈 엔드 렌치보다 볼트, 너트 주위를 완전히 싸게 되어 있어서 사용 중에 미끄러지지 않아 더 많이 사용된다.

13 일반 공구 사용에서 안전한 사용법이 아닌 것은?

① 조정 조우에 잡아당기는 힘이 가해져야 한다.
② 렌치에 파이프 등의 연장대를 끼워서 사용해서는 안 된다.
③ 언제나 깨끗한 상태로 보관한다.
④ 녹이 생긴 볼트나 너트에는 오일을 넣어 스며들게 한 다음 돌린다.

볼트 또는 너트를 조이거나 풀 때 고정 조에 힘이 가해지도록 사용하여야 한다.

| 정 | 답 | 10 ② 11 ④ 12 ① 13 ①

14 오픈 렌치 작업 중 가장 옳은 방법은?

① 힘의 전달을 크게 하기 위하여 한쪽 오픈 렌치 죠에 파이프 등을 끼워서 사용한다.
② 가동 죠에 힘이 많이 걸리도록 작업한다.
③ 사용 방법은 작업자 쪽으로 당기면서 작업한다.
④ 볼트 머리보다 약간 큰 오픈 렌치를 사용한다.

> 오픈 렌치는 작업자 쪽으로 당기면서 작업하는 것이 가장 옳은 방법이다. 이는 작업자가 더 많은 힘을 가할 수 있기 때문이다.

15 스패너 사용에 관한 설명 중 가장 옳은 것은?

① 스패너와 너트 사이에 쐐기를 넣어 사용한다.
② 스패너는 너트보다 약간 큰 것을 사용한다.
③ 스패너가 너트에서 벗겨지더라도 넘어지지 않도록 몸의 균형을 잡는다.
④ 스패너 자루에 파이프 등을 끼워서 힘이 덜 들도록 사용한다.

> 스패너가 너트에서 벗겨지면, 스패너와 너트 사이에 작용하는 힘이 사라지기 때문에 넘어질 가능성이 있으므로 사용자는 스패너를 잡고 몸의 균형을 잡아야 한다.

16 기계 가공 후 일감에 생기는 거스름을 가장 안전하게 제거하는 것?

① 정
② 바이트
③ 줄
④ 스크레이퍼

> 기계 가공 후 생기는 거스름은 매우 날카로우므로 안전한 제거 방법이 필요하다. 이때 가장 안전한 방법은 줄을 사용하여 거스름을 안전하게 제거할 수 있다.

| 정 | 답 | 14 ③　15 ③　16 ③ |

CHAPTER 02 작업현장의 안전

01 기관 및 전기 작업안전

[1] 기관

① 경사가 없는 평탄한 장소에서 실시한다.
② 시동 "OFF" 또는 "ACC" 상태에서 자동변속기 장착차량은 "P"(주차)에 위치시킨 후 주차 브레이크를 작동시켜 놓는다.
③ 엔진 시동 상태에서 점검을 해야 할 때가 아니면 반드시 엔진 시동을 끈다.
④ 점검 정비는 환기가 잘 되는 장소에서 실시한다.
⑤ 차량 밑에서 작업할 때는 반드시 리프터를 사용한다.
⑥ 배터리의 "-"단자를 분리하고 점검 정비한다.
⑦ 엔진룸을 점검할 때는 반드시 엔진을 정지시키고 엔진이 식은 후에 실시한다. 그렇지 않으면 화상을 입을 수 있다.
⑧ 엔진을 시동시키고 밀폐된 장소에서 점검 정비할 경우 배기가스에 중독될 수 있으니 반드시 환기를 시킨다.
⑨ 잭으로 차량을 받친 상태에서 차량 밑으로 들어가지 말아야 한다. 잭으로부터 차량이 미끄러지면 심각한 부상을 당할 수 있다.
⑩ 연료장치나 배터리 근처에서는 불꽃을 멀리 해야 한다. 화재의 위험이 있다.
⑪ 엔진 시동상태에서 작업을 해야 할 경우에는 옷자락, 시계, 반지 등은 제거하여 위험을 사전에 방지한다. 구동벨트, 냉각팬에 손, 옷자락, 머리카락, 공구 등이 닿지 않도록 해야 한다.
⑫ 배터리의 "-"단자를 연결할 때는 주의해야 한다. "-"단자에 "+"케이블을 연결하거

나 "+"단자에 "-"케이블을 연결하지 말아야 한다. 화재의 위험이 있다.
⑬ 엔진룸 점검 시 주변에 화기를 가까이하지 말아야 한다. 연료와 와셔액, 각종 오일류 증발가스 인화로 화재 위험이 있다.
⑭ 배터리, 점화 케이블, 전기 배선을 다룰 때는 미리 배터리의 "-"단자를 분리해야 한다. 전류가 흐르고 있어 감전될 수 있다.
⑮ 냉각팬이 전기적으로 제어되는 차량은 엔진이 작동하지 않은 상태에서도 냉각팬이 작동할 수 있다. 냉각팬의 작동은 심각한 부상의 원인이 될 수 있으므로 엔진 시동 상태에서 점검 정비해야 하는 예외적인 경우를 제외하고 반드시 시동을 꺼야 한다. 배터리 "-"단자를 분리하지 않으면 냉각팬이 작동할 수도 있으니 주의해야 한다.
⑯ 엔진은 중량이 많이 나가므로 체인 블록이나 호이스트를 사용하여 이동시킨다.
⑰ 노즐 시험기로 노즐의 분사상태 및 분사 개시압력을 측정할 때 고압의 연료가 분무되므로 손이 닿으면 손에 손상을 줄 수 있으므로 연료 분무에 손이 닿지 않도록 한다.
⑱ 라디에이터 코어 핀 부분의 이물질을 청소할 때는 압축공기로 엔진 쪽에서 불어낸다.

[2] 전기

① 배선을 제거하기 전에 접지선을 먼저 제거한다.
② 장비를 점검하기 전에 전원 차단, 플러그가 있는 장비는 플러그를 뽑는다.
③ 전원차단 시 가급적 절연장갑을 착용하고 얼굴을 스위치 상자로 향하지 않게 하고 손잡이를 내린다.
④ 전기 설비를 작업할 때 공구나 비품의 손잡이는 절연체로 된 것을 사용한다.
⑤ 전기기계·기구의 충전부(전기가 흐르는 부분)는 절연을 한다.
⑥ 전원에 연결된 회로배선은 임의로 변경하지 않는다.
⑦ 작업공간은 충분히 확보하고 항상 청결하게 유지한다.
⑧ 젖은 손이나 물건으로 회로에 접촉하면 안 된다.
⑨ 모든 전기장치는 지하선 어스를 묻고 이동식 전기기구는 방호장치를 한다.
⑩ 축전지를 급속 충전할 때 축전지의 양쪽 단자를 탈거한다.
⑪ 전압계는 병렬접속하고, 전류계는 직렬 접속한다.
⑫ 축전지 케이블은 전장용 스위치를 모두 OFF 상태에서 분리한다.
⑬ 배선 연결 시에는 부하축으로부터 전원 축으로 접속하고 스위치는 OFF로 한다.

필기 예상 문제

01 건설기계 엔진의 공회전 상태에서 점검사항과 가장 거리가 먼 것은?

① 에어 크리너 청소
② 각 접속부의 누유
③ 유압계통 이상 유무
④ 이상음 및 배기가스 색

> 건설기계 엔진의 공회전 상태에서 점검사항은 다음과 같다.
> ① 엔진의 이상음 및 배기가스 색
> ② 각 접속부의 누유
> ③ 유압계통 이상 유무

02 건설기계 점검사항 중 기관 시동을 걸고 할 수 있는 작업은?

① 밸브 간극 점검
② 엔진 오일량 점검
③ 팬벨트 장력 점검 중전
④ 충전 경고등 점검

> 기관 시동을 걸고 할 수 있는 작업은 충전 경고등 점검이다. 시동이 걸려야 충전 시스템이 작동하는데 충전 시스템에 문제가 발생하면 충전 경고등이 켜진다. 따라서 충전 경고등 점검은 충전 시스템의 정상 작동 여부를 확인하는 중요한 작업이다.

03 다음 설명 중 잘못된 것은?

① 부등액은 차체의 도색 부분을 손상시킬 수 있다.
② 전해액은 차체를 부식시킨다.
③ 냉각수는 경수를 사용하는 것이 좋다.
④ 자동변속기 오일은 제작회사의 추천 오일을 사용한다.

> 냉각수는 연수를 사용해야 한다.

04 실린더 헤드 볼트 풀기와 조이기에 대한 안전사항 중 바르지 못한 것은?

① 한 번에 조이지 않고 2~3회 나누어 조이는 것이 좋다.
② 토크렌치는 최종적으로 규정 토크로 조일 때 사용한다.
③ 헤드의 바깥쪽에서 중앙을 향하여 일직선 방향으로 조이는 것이 가장 좋은 방법이다.
④ 조이고 풀 때는 렌치를 작업자의 몸쪽으로 잡아당기면서 작업한다.

> 실린더 헤드 볼트를 조일 때는 안쪽에서 바깥쪽으로 2~3회 나누어 조이고 최종적으로 토크렌치를 이용하여 규정 토크로 조인다.

| 정 | 답 | 01 ① 02 ④ 03 ③ 04 ③

05 자동차 점검 시 엔진이 정지된 상태에서 점검하기 곤란한 사항은?

① 냉각수 양
② 엔진오일 양
③ 클러치 미끄러짐
④ 실린더 헤드 볼트 이완 상태

> 클러치는 엔진 동력을 변속기로 연결 및 분리하는 부품으로 엔진 정지 시 클러치 작동 확인이 불가능하다.

06 디젤기관 연료 분사펌프의 플런저, 송출밸브, 노즐 등의 분해 조립 시 주의사항 중 틀린 것은?

① 먼지, 오물 등이 묻지 않도록 할 것
② 노즐버디와 니들밸브 등 각각의 조합을 바꾸지 않을 것
③ O-링 및 개스킷은 신품으로 교환할 것
④ 닦아내기는 가솔린으로 할 것

> 닦아낼 때는 깨끗한 디젤 연료를 사용해야 한다.

07 기관의 정비작업에서 안전이 필요한 이유로 가장 적합한 것은?

① 공구의 관리를 철저히 할 수 있다.
② 부품 손실을 감소시킬 수 있다.
③ 인명 피해를 예방할 수 있다.
④ 작업비용을 적게 들일 수 있다.

> 기관의 정비작업에서 안전이 필요한 이유는 인명 피해를 예방할 수 있기 때문이다.

08 차량 정비공장의 안전수칙 중 잘못 표시한 것은?

① 그리스대 및 주유대를 사용치 않을 때 실족하지 않게 보호한다.
② 흡연은 때에 따라 하고 차량에 연료를 넣어서는 안 된다.
③ 엔진에서 배출되는 일산화탄소에 주의하여 통풍장치를 설치한다.
④ 모든 전기장치는 지하선 어스를 묻고 이동식 전기기구는 방호장치를 한다.

> 차량에 연료를 넣을 때는 정적 전기에 의한 화재가 발생할 수 있기 때문에 흡연을 하지 않아야 한다.

09 도로주행용 건설기계의 라디에이터 코어 핀 부분의 이물질을 청소할 때 가장 적합한 방법은?

① 압축공기로 엔진 쪽에서 불어낸다.
② 압축공기로 바깥쪽에서 불러낸다.
③ 압축공기로 엔진쪽에서 빨아들인다.
④ 압축공기로 바깥쪽으로 빨아들인다.

> 건설기계의 라디에이터 코어 핀 부분의 이물질을 청소할 때는 압축공기로 엔진 쪽에서 불어낸다.

10 노즐 시험기로 노즐의 분사상태 및 분사 개시압력을 측정할 때 안전상 가장 주의해야 될 사항은?

① 분사개시 압력을 측정하는 일
② 펌프의 핸들을 움직이는 일
③ 노즐 홀더를 노즐시험기의 고압 파이프에 연결하는 일
④ 연료 분무에 손이 닿지 않도록 하는 일

> 노즐 시험기로 노즐의 분사상태 및 분사 개시압력을 측정할 때 고압의 연료가 분무되므로 손이 닿으면 손에 손상을 줄 수 있으므로 연료 분무에 손이 닿지 않도록 하는 것이 안전상 가장 중요하다.

|정|답| 05 ③ 06 ④ 07 ③ 08 ② 09 ① 10 ④

11 다음은 차량에 연료 공급 시 주의 사항이다. 적당하지 못한 것은?

① 차량의 모든 전원을 off하고 주유한다.
② 소화기를 비치한 후 주유한다.
③ 엔진 시동을 끈 후 주유한다.
④ 엔진을 공회전시키면서 주유한다.

> 주유할 때는 반드시 엔진을 끄고 주유해야 한다.

12 정비공장에서 엔진을 이동시키는 방법 가운데 가장 옳은 것은?

① 사람이 들고 이동한다.
② 지렛대를 이용한다.
③ 로프를 묶고 잡아당긴다.
④ 체인 블록이나 호이스트를 사용한다.

> 엔진은 중량이 많이 나가므로 체인 블록이나 호이스트를 사용하여 이동시킨다.

13 기관정비 시 안전 유의사항에 맞지 않는 것은?

① TPS, ISC Servo 등은 솔벤트로 세척하지 않는다.
② 공기압축기를 사용하여 부품 세척 시 눈에 이물질이 튀지 않도록 한다.
③ 캐니스터 점검 시 흔들어서 연료증발가스를 활성화시킨 후 점검한다.
④ 배기가스 시험 시 환기가 잘되는 곳에서 측정한다.

14 배터리를 탈거 후 급속충전 또는 보충전할 때 안전측면에서 주의를 기울여야 할 사항과 가장 거리가 먼 것은?

① 화기   ② 점화스위치
③ 환기   ④ 전해액 온도

> 배터리를 탈거 후 급속충전 또는 보충전할 때 안전측면에서 주의를 기울여야 할 사항은 다음과 같다.
> ① 화기 : 배터리는 충전 시 음극에서 수소가스가 발생하므로 화재의 위험이 있으므로, 화기 근처에서는 급속충전 또는 보충전을 하지 않아야 한다.
> ② 환기 : 배터리는 충전 시 음극에서 수소가스가 양극에서는 산소가스가 발생하므로, 환기가 잘 되는 곳에서 충전해야 한다.
> ③ 전해액 온도 : 배터리 충전 시에는 전해액 온도가 상승할 수 있으므로, 전해액 온도가 섭씨 45℃ 이상으로 올라가지 않도록 주의해야 한다.

15 축전지 충전작업 시 주의사항으로 맞지 않는 것은?

① 전해액 혼합할 때에는 증류수를 황산에 천천히 붓는다.
② 축전지 단자가 단락하여 스파크가 일어나지 않게 한다.
③ 축전지를 충전하는 곳은 환기장치가 필요하다.
④ 축전지를 차량에 설치할 때 접지선을 제일 나중에 연결한다.

> **축전지 충전 작업 시 주의사항**
> ① 스파크 발생 방지 : 단자 단락 방지, 금속 물체 접촉 방지
> ② 폭발 방지 : 환기 장치 사용, 화기 사용 금지
> ③ 감전 방지 : 보호 장비 착용, 고무 장갑 및 고무장화 사용
> ④ 충전 : 정확한 충전 전압 및 전류 사용, 과충전 방지, 충전 과정 중 주의 깊게 관찰

|정|답| 11 ④ 12 ④ 13 ③ 14 ② 15 ①

16 축전지를 급속 충전할 때 축전지의 양쪽 단자를 탈거하지 않고 충전하면?

① 발전기 슬립 링이 손상된다.
② 발전기 다이오드가 손상된다.
③ 발전기 로터 코일이 손상된다.
④ 발전기 스테이터 코일이 손상된다.

> 축전지를 급속 충전할 때 축전지의 양쪽 단자를 탈거하지 않고 충전하면 충전 전류가 발전기로 흘러 발전기 다이오드가 손상된다.

17 축전지를 탈거하지 않고 급속충전을 안전하게 하려면?

① 발전기 L 단자를 분리한다.
② 발전기 R 단자를 분리한다.
③ 점화 스위치를 OFF 상태로 놓는다.
④ 축전지의 +, −케이블을 모두 분리한다.

> 축전지의 +, −케이블을 모두 분리하는 것은 축전지와 충전기 사이의 전기적인 연결을 끊어 안전을 보장하기 위함이다.

18 축전지를 탈거하지 않고 급속 충전할 때 발전기의 다이오드 손상을 방지하기 위해서 안전한 조치는?

① 발전기 R단자를 분리한다.
② 발전기 L단자를 분리한다.
③ 축전지 양측 케이블을 분리한다.
④ 점화스위치를 OFF 상태에 놓는다.

> 축전지 양측 케이블을 분리하는 것은 충전 중인 축전지와 발전기를 완전히 분리하여 전류가 발생하지 않도록 하는 것이다. 이렇게 하면 충전 중인 축전지에서 발생하는 고전압이 발전기의 다이오드를 손상시키는 것을 방지할 수 있다.

19 축전지 취급상 주의해야 할 점으로 틀린 것은?

① 전해액은 극판상 10~13mm 유지할 것
② 직사광선을 받는 곳을 피할 것
③ 한냉 시에서는 충전을 돕기 위하여 버너로 가열하면서 충전할 것
④ 단자에는 산화방지를 위하여 그리스를 바를 것

> 한냉 시에서 충전을 돕기 위해 버너로 가열하면 충전 시 축전지 내부에서 화학반응이 일어나는데, 이때 과도한 열이 발생하면 축전지 내부 구조물이 손상될 수 있다. 따라서 충전 시에는 충분한 시간을 주고 천천히 충전하는 것이 좋다.

20 전기장치를 정비할 경우 안전수칙으로 바르지 못한 것은?

① 절연되어 있는 부분을 세척제로 세척한다.
② 전압계는 병렬접속하고, 전류계는 직렬 접속한다.
③ 축전지 케이블은 전장용 스위치를 모두 OFF 상태에서 분리한다.
④ 배선 연결 시에는 부하측으로부터 전원축으로 접속하고 스위치는 OFF로 한다.

> 절연되어 있는 부분은 전기적으로 차단되어 있어 전기적인 충격이나 화재 등의 위험이 적기 때문에 세척제로 세척하는 것은 위험하다. 따라서 절연되어 있는 부분은 건조한 천 등으로 부드럽게 닦아내는 것이 바람직하다.

| 정 | 답 | 16 ② 17 ④ 18 ③ 19 ③ 20 ①

21 로더에서 기동전동기를 탈착하고자 한다. 안전한 방법으로 가장 적합한 것은?

① 로더 버켓을 들어 올린 다음, 배터리 접지선을 떼어낸 후 탈착한다.
② 경사진 곳에서 사이드 브레이크를 잠그고 탈착한다.
③ 버켓을 내려놓은 후 바퀴에 고임목을 받치고 배터리 접지선을 떼어낸 후 탈착한다.
④ 기관을 가동한 상태에서 사이드 브레이크를 잠그고 탈착한다.

> 로더에서 기동전동기를 안전하게 탈착하려면 다음과 같은 절차를 따른다.
> ① 로더를 안전한 위치에 정차시킨다. 경사가 있는 곳이나 불안정한 지형은 피해야 한다.
> ② 로더의 엔진을 끄고, 파워 키를 빼낸 후, 배터리의 마스터 스위치를 끈다. 이를 통해 전원 공급을 차단하여 감전 위험을 방지한다.
> ③ 버켓을 완전히 내려놓고, 땅에 닿도록 한다. 이렇게 하면 로더가 움직이는 것을 방지한다.
> ④ 모든 바퀴에 고임목을 설치하여 로더가 움직이지 않도록 한다. 고임목은 로더의 무게를 지탱할 수 있을 만큼 충분히 튼튼해야 한다.
> ⑤ 배터리의 접지선을 분리한다. 이를 통해 기동전동기에 전기가 공급되는 것을 방지한다.
> ⑥ 기동전동기를 로더 프레임에 고정하는 볼트와 너트를 풀어낸다.
> ⑦ 크레인이나 용수기를 사용하여 기동전동기를 로더 프레임에서 조심스럽게 들어 올린다.
> ⑧ 기동전동기를 안전한 위치로 옮긴다.

22 차량의 전기장치에서 배선을 제거할 때 주의사항 중 가장 옳은 방법은?

① 고압선을 먼저 제거한다.
② 1차선을 먼저 제거한다.
③ 접지선을 먼저 제거한다.
④ 2차선을 먼저 제거한다.

> 배선을 제거하기 전에 접지선을 먼저 제거해야 안전하게 작업할 수 있다. 만약 접지선을 먼저 제거하지 않고 다른 배선을 제거하면 전기적인 충격을 받을 수 있으며, 심한 경우에는 화재나 폭발의 위험도 있다.

23 전기장치의 배선 작업에서 작업 시작 전에 제일 먼저 조치해야 할 사항은?

① 코일 1차선을 제거한다.
② 고압 케이블을 제거한다.
③ 접지선을 제거한다.
④ 배터리 비중을 측정한다.

> 배선 작업에서 작업 시작 전에 접지선을 제거하는 이유는 전기장치 작업 시 발생할 수 있는 전기적 위험을 최소화하기 위해서이다.

24 다음과 같이 AC발전기 정비 시 유의사항을 설명한 것 중 잘못 설명된 것은?

① 차에 장착된 채로 조정기의 전압조정을 행할 때에는 반드시 점화스위치를 끊고서 행해야 한다.
② 다이오드 표면에 물이 닿으면 발전불량이 되기 쉬워 조심해야 한다.
③ 다이오드 점검 시에는 메거를 사용하여 고전압을 가해서 한다.
④ 발전기 및 조정기의 B단자 F단자를 접지시켜서는 절대로 안된다.

> 다이오드는 고전압에 민감하기 때문에, 메거를 사용하여 고전압을 가하면 다이오드가 손상될 수 있다. 따라서 다이오드 점검 시에는 저전압으로 점검하는 것이 좋다.

|정답| 21 ③ 22 ③ 23 ③ 24 ③

25 회로시험기로 전기회로의 측정 점검을 하고자 한다. 측정기 취급이 잘못된 것은?

① 테스트 리드의 적색은 + 단자에, 흑색은 − 단자에 꽂는다.
② 전류 측정 시는 회로를 연결하고 그 회로에 병렬로 테스터를 연결하여야 한다.
③ 각 측정 범위의 변경은 큰 쪽부터 작은 쪽으로 하고 역으로 하지 않는다.
④ 중앙 손잡이 위치를 측정 단자에 합치시켜야 한다.

전류 측정 시는 그 회로에 직렬로 테스터를 연결하여야 한다.

26 기동전동기의 분해 조립 시 주의할 사항이 아닌 것은?

① 관통볼트 조립 시 브러시 선과의 접촉에 주의할 것.
② 레버의 방향과 스프링, 홀더의 순서를 혼동하지 말 것.
③ 브러시 배선과 하우징과의 배선을 확실히 연결할 것.
④ 마그네틱 스위치의 B단자와 F단자의 구분에 주의할 것.

브러시 배선과 하우징 배선은 서로 다른 회로이기 때문에 연결하면 전기적인 문제가 발생할 수 있다. 따라서 브러시 배선과 하우징 배선을 분명하게 구분하여 연결해야 한다.

27 감전사고 방지책과 관계가 먼 것은?

① 고압의 전류가 흐르는 부분은 표시하여 주의를 준다.
② 전기 작업을 할 때는 절연용 보호구를 착용한다.
③ 정전 시에는 제일 먼저 퓨즈를 검사한다.
④ 스위치의 개폐는 오른손으로 하고 물기가 있는 손으로 전기장치나 기구에 손을 대지 않는다.

정전발생 시 조치사항은 제일 먼저 각종 기기의 플러그를 뽑아 놓는다.

|정|답| 25 ② 26 ③ 27 ③

02 차체 작업 및 안전

[1] 유압 보디 잭의 사용 시 주의사항

① 들어 올리고자 하는 물체의 정확한 중량을 확인하시어 용량에 맞는 유압잭을 선택하고 절대로 용량초과하면 안 된다.
② 유압잭은 평평한 바닥 위에 놓고 사용하여야 하며 유압잭 바닥이 완전히 바닥에 밀착되어야 한다.
③ 작업안전 구역을 설정하고 작업하고 보조 받침막대들을 항시 사용하면서 작업한다.
④ 램에 무리한 힘을 가하지 말아야 한다.
⑤ 램 플런저가 늘어나면 유압을 상승시키지 않는다.
⑥ 램이나 피스 부위를 손으로 잡고 작업하지 말아야 한다.
⑦ 램 위치 조정을 위해 해머, 파이프 등으로 조정하지 말아야 한다.
⑧ 유압펌프 변형 유무, 오일 누유 여부를 확인한다.
⑨ 호스의 취급에 주의하고 니플 연결부 마모 및 변형 등을 확인한다.
⑩ 유압 밸브 및 램의 변형상태를 점검 확인한다.
⑪ 펌프는 조작하기 쉬운 곳에 설치하고 밸브를 닫은 후 레버를 조작한다.
⑫ 고열에 의한 펌프 실린더의 패킹 등 변질에 주의한다.
⑬ 유압계통에 먼지가 들어가지 않도록 한다.
⑭ 나사 부분을 보호한다.
⑮ 램과 최대한 안전거리를 유지하면서 레버를 작동한다.
⑯ 하중을 지지한 상태로 장시간 방치하지 말아야 한다.
⑰ 고정 스탠드로 차체의 4곳을 받치고 작업한다.

[2] 페인트 위에 용접 시 발생하는 문제

① 용접 불량 발생 : 페인트는 용접 부위를 보호하지 못하고, 용접 불량을 초래할 수 있다.
② 유독 가스 발생 : 페인트가 타면서 유독 가스가 발생하여 작업자의 건강을 해칠 수 있다.
③ 화재 위험 증가 : 페인트는 가연성이 있어 화재 위험을 증가시킬 수 있다.

[3] 건설기계의 변속기 탈거 및 부착 작업 시 준수사항

① 크랭킹 하지 않고 변속기를 설치 : 변속기 탈거 또는 부착 작업 시 엔진이 시동되면 예상치 못한 사고가 발생할 수 있으므로 엔진을 절대 시동하지 않는다.
② 보안경 착용 : 건설기계 밑에서 작업할 때는 탈착 과정에서 부품이 떨어질 수 있기 때문에 반드시 보안경을 착용하여 눈을 보호해야 한다.
③ 잭과 스텐드 사용 : 잭과 스텐드를 사용하여 건설기계를 안전하게 고정한다. 로프만으로 고정하는 것은 위험하다.
④ 적절한 공구 사용 : 변속기 탈거 및 부착 작업에는 적절한 공구를 사용해야 한다. 부적절한 공구를 사용하면 부품을 손상시키거나 작업자에게 부상을 입힐 수 있다.
⑤ 보조 인력 확보 : 무거운 부품을 다루는 경우에는 보조 인력을 확보하여 안전하게 작업해야 한다.

[4] 동력 전달 장치에서 안전상 주의할 사항

① 기어가 회전하고 있는 곳은 뚜껑으로 잘 덮어 위험을 방지한다.
② 천천히 움직이는 벨트라도 손으로 잡지 말 것
③ 회전하고 있는 벨트나 기어에 필요 없는 접근을 금한다.
④ 회전하는 부분에 손이나 다른 물체를 가까이 하지 않도록 주의해야 한다.

건설기계정비기능사

필기 예상 문제

01 건설기계의 차체에 금이 간 부분을 용접하려고 할 때 작업 및 안전사항으로 틀린 것은?

① 작업장 주변은 소화기를 비치한다.
② 우천 시에는 옥내 작업장에서 해야 한다.
③ 녹 방지를 위해 페인트 부분 위에 용접한다.
④ 보호 장비를 완전히 갖추고 작업에 임해야 한다.

페인트 위에 용접하면 다음과 같은 문제가 발생한다.
① 용접 불량 발생 : 페인트는 용접 부위를 보호하지 못하고, 용접 불량을 초래할 수 있다.
② 유독 가스 발생 : 페인트가 타면서 유독 가스가 발생하여 작업자의 건강을 해칠 수 있다.
③ 화재 위험 증가 : 페인트는 가연성이 있어 화재 위험을 증가시킬 수 있다.

02 건설기계의 변속기 탈거 및 부착 작업 시 안전한 방법으로 틀린 것은?

① 크랭킹 하면서 변속기를 설치하지 않는다.
② 건설기계 밑에서 작업 시에는 보안경을 쓴다.
③ 잭과 스텐드를 사용하여 장비를 안전하게 고정시킨다.
④ 차체를 로프로 고정시키고 작업한다.

건설기계의 변속기 탈거 및 부착 작업은 무거운 부품을 다루기 때문에 위험을 수반하는 작업이다. 따라서 안전을 위해 다음과 같은 방법을 준수해야 한다.

① 크랭킹 하지 않고 변속기를 설치 : 변속기 탈거 또는 부착 작업 시 엔진이 시동되면 예상치 못한 사고가 발생할 수 있으므로 엔진을 절대 시동하지 않는다.
② 보안경 착용 : 건설기계 밑에서 작업할 때는 탈착 과정에서 부품이 떨어질 수 있기 때문에 반드시 보안경을 착용하여 눈을 보호해야 한다.
③ 잭과 스텐드 사용 : 잭과 스텐드를 사용하여 건설기계를 안전하게 고정한다. 로프만으로 고정하는 것은 위험하다.
④ 적절한 공구 사용 : 변속기 탈거 및 부착 작업에는 적절한 공구를 사용해야 한다. 부적절한 공구를 사용하면 부품을 손상시키거나 작업자에게 부상을 입힐 수 있다.
⑤ 보조 인력 확보 : 무거운 부품을 다루는 경우에는 보조 인력을 확보하여 안전하게 작업해야 한다.

03 건설기계 차체의 클러치 커버를 안전하게 분해하는 방법 중 틀린 것은?

① 클러치 커버와 압력판에 맞춤표시를 한다.
② 프레스를 사용하여 스프링을 압축한 다음 커버 조임 볼트를 푼다.
③ 클러치 커버 조임 볼트는 대각선 방향으로 2~3회에 걸쳐 푼다.
④ 압력판과 커버 조임 볼트를 먼저 풀고 프레스로 스프링을 조인다.

|정|답| 01 ③ 02 ④ 03 ④

04 하체작업을 하기 위해 지게차를 들어 올리고 차체 밑에서 작업할 때 주의사항으로 틀린 것은?

① 고정 스탠드로 차체의 4곳을 받치고 작업한다.
② 잭으로 받쳐 놓은 상태에서는 밑 부분에 들어가지 않는 것이 좋다.
③ 바닥이 견고하면서 수평되는 곳에 놓고 작업하여야 한다.
④ 고정 스탠드로 3곳을 받치고 한 곳은 잭으로 들어 올린 상태에서 작업하면 작업 효율이 증대된다.

> 고정 스탠드로 4곳을 받치고 한 곳은 잭으로 들어 올린 상태에서 작업하면 작업 효율이 증대된다. 이유는 고정 스탠드로 차체를 받치면 안정적으로 작업할 수 있고, 잭으로 들어 올린 부분은 높이를 조절하여 편리하게 작업할 수 있기 때문이다.

05 건설기계의 차동기어장치 분해 정비 시 안전작업 방법 설명으로 틀린 것은?

① 뒤 차축을 빼낸 후 브레이크 뒤판 고정 볼트를 분리한다.
② 차동기어 케이스 커버와 케이스에 맞춤 표시를 한다.
③ 사이드 기어를 들어낼 때 시임의 위치, 장수, 두께에 주의한다.
④ 분해 부품의 세척 시에는 실(seal)이 분실되지 않도록 한다.

> 차동기어의 차축을 빼내기 위해서는 브레이크 뒤판 고정 볼트를 먼저 분리하고 뒤 차축을 빼낸다.

06 건설기계의 구동축을 분리하고 허브 실을 점검한 결과 정상인 것은?

① 허브 내의 실 접촉부 표면이 깨끗하고 단계가 진 부분이 보이지 않는다.
② 실 내면의 접촉부가 약간 긁혀있다.
③ 실 내면의 마모부위에 0.1mm 미만의 흠집이 보인다.
④ 실 내면은 마모나 변형이 있어도 누유만 없으면 교활할 필요는 없다.

> 허브 내의 실 접촉부 표면이 깨끗하고 단계가 진 부분이 보이지 않는다는 것은 실 내면이 깨끗하고 마모나 변형이 없다는 것을 의미한다. 이는 실 내부의 부품들이 정상적으로 작동하고 있으며, 교환할 필요가 없다는 것을 나타낸다.

07 건설기계의 구동축을 분리하고 허브 시일을 점검한 결과 정상인 것은?

① 허브 내의 시일 접촉부가 광이 나고 단계가 진 부분이 보이지 않는다.
② 시일 내면의 접촉부가 약간 긁혀있다.
③ 시일 내면의 마모부위가 0.1mm 미만의 흠집이 보인다.
④ 시일 내면은 마모나 변형이 있어도 누유가 없으면 교환할 필요는 없다.

> 허브 내의 시일 접촉부가 광이 나고 단계가 진 부분이 보이지 않는다는 것은 시일 내부의 접촉면이 매끄럽고 균일하게 마모되어 있어서 특별한 이상이 없다는 것을 의미한다.

|정답| 04 ④ 05 ① 06 ① 07 ①

08 동력 전달 장치에서 안전상 주의할 사항이다. 옳지 못한 것은?

① 기어가 회전하고 있는 곳은 뚜껑으로 잘 덮어 위험을 방지한다.
② 천천히 움직이는 벨트라도 손으로 잡지 말 것
③ 회전하고 있는 벨트나 기어에 필요 없는 접근을 금한다.
④ 동력전달을 빨리 전달하기 위하여 벨트를 회전하는 풀리에 손으로 걸어도 좋다.

> 벨트나 기어가 회전하고 있는 부분은 매우 위험하며, 손이나 다른 물체가 감히거나 끌려 들어가면 심각한 부상을 입을 수 있다. 따라서 회전하는 부분에 손이나 다른 물체를 가까이 하지 않도록 주의해야 한다.

09 부품을 분해 정비 시 반드시 새것으로 교환해야 한다. 아닌 것은?

① 오일실
② 볼트, 너트
③ 개스 킷
④ O 링

| 정 답 | 08 ④ 09 ②

03 유압장치 작업 안전

① 종류가 다른 유압유를 혼합해서 사용하면 안 된다.
② 유압 작동유의 누유가 있는가를 확인한다.
③ 건설기계는 평탄한 곳에 주차하고 점검한다.
④ 유압 작동유 탱크의 유량을 확인하고 부족할 경우에는 보충한다.
⑤ 어큐뮬레이터를 사용하는 회로는 전원이 차단되었을 경우에도 작동회로에 관계없이 어큐뮬레이터가 필요로 하는 압력을 유지 하도록 연동되어 있어야 한다.
⑥ 플렉시블 호스는 파손 시 근로자에게 위험하지 않도록 조치를 강구하는 것이 바람직하다.
⑦ 배관의 잘못 접속을 방지하기 위하여 관 및 접속구를 색깔별로 구별하는 등의 조치가 강구되어야 한다.
⑧ 압력계는 회로명 및 사용압력이 표시되어 있어야 한다.
⑨ 방향제어 밸브는 명판을 부착하는 등 작동방향을 표시하기 위한 조치가 강구되어 있어야 한다.
⑩ 압력제어 밸브 및 유량제어 밸브는 작업자가 보기 쉬운 곳에 사용목적 및 조절방향이 표시되어 있어야 한다.
⑪ 압력제어 밸브 및 유량제어 밸브는 제어밸브를 구비한 회로가 안전하게 작동할 수 있는 범위 이상의 압력 또는 유량을 쉽게 조정할 수 있는 구조로 하여야 한다.
⑫ 1m 떨어진 위치에서 측정한 연속음이 소음수준(레벨)이 가능한 한 85dB 이하가 되어야 한다.
⑬ 유압펌프나 모터를 개조하면 안된다.
⑭ 펌프, 모터 등을 밟고 올라가지 않는다.
⑮ 유압 작동유가 바닥에 떨어지지 않게 한다.
⑯ 유압라인 가까이에서 산소 용접이나 전기 용접을 하지 않는다.
⑰ 유압 모터 정비 시 모든 O링은 교환하고, 분해조립 시 무리한 힘을 가하지 않는다.
⑱ 볼트·너트 체결 시에는 규정 토크로 조이고, 크랭크축의 베어링 조립은 온도를 조절하여 베어링을 미리 데워놓고 부드럽게 조립해야 한다.

⑲ 유압펌프를 교환한 후 유압라인의 공기빼기 작업을 하며, 펌프의 회전방향이 틀리지 않도록 한다.
⑳ 유압 작동유가 탱크에 채워져 있는가를 확인한다.
㉑ 유압펌프는 시동 후 일정 시간 동안 작동하여 유압장치에 유압이 공급되고, 유압이 충분히 공급된 후 최대부하 운전을 해야 한다.
㉒ O-링 설치 시 실(seal)을 꼬이지 않도록 하고, 실(seal)의 상태를 검사한다. 실(seal)의 운동 면을 손상시키지 않는다.

필기 예상 문제

01 건설기계에서 유압펌프를 교환한 후의 시운전 요령에 해당하지 않는 것은?

① 유압라인의 공기빼기 작업을 한다.
② 펌프의 회전방향이 틀리지 않도록 한다.
③ 유압 작동유가 탱크에 채워져 있는가를 확인한다.
④ 펌프의 성능확인을 위해 시동 후 2~3초 이내에 최대부하 운전을 한다.

> 유압펌프는 시동 후 일정 시간 동안 작동하여 유압장치에 유압이 공급되고, 유압이 충분히 공급된 후 최대부하 운전을 해야 한다.

02 피스톤 형식 유압 모터 정비 시 주의해야될 사항 중 틀린 것은?

① 모든 O링은 교환한다.
② 분해조립 시 무리한 힘을 가하지 않는다.
③ 볼트·너트 체결 시에는 규정 토크로 조인다.
④ 크랭크축의 베어링 조립은 냉간 상태에서 망치로 때려 넣는다.

> 크랭크축의 베어링 조립은 온도를 조절하여 베어링을 미리 데워놓고 부드럽게 조립해야 한다. 망치로 때려 넣으면 베어링이 손상될 수 있다.

03 유압기기 정비 작업 시 주의해야 할 사항 중 옳지 않은 것은?

① 유압펌프나 모터를 개조해서 사용한다.
② 펌프, 모터 등을 밟고 올라가지 않는다.
③ 유압 작동유가 바닥에 떨어지지 않게 한다.
④ 유압라인 가까이에서 산소 용접이나 전기 용접을 하지 않는다.

> 유압기기는 정밀하게 설계되어 있으며, 개조를 하면 기능이 변형되거나 고장이 발생할 수 있기 때문이다.

04 건설기계 유압장치의 운전 전 점검사항 중 틀린 것은?

① 종류가 다른 유압유를 혼합해서 사용한다.
② 유압 작동유의 누유가 있는가를 확인한다.
③ 건설기계는 평탄한 곳에 주차하고 점검한다.
④ 유압 작동유 탱크의 유량을 확인하고 부족할 경우에는 보충한다.

> 유압장치 내부에서 서로 다른 종류의 유압유가 혼합되어 사용될 경우, 유압장치의 작동에 영향을 미치고 오작동을 유발할 수 있기 때문이다. 서로 다른 종류의 유압유는 성분이나 특성이 다르기 때문에 혼합해서 사용하면 유압장치 내부에서 화학반응이 일어나거나 유압유의 특성이 변화하여 작동에 영향을 미칠 수 있다.

|정답| 01 ④ 02 ④ 03 ① 04 ①

05 O-링의 설치 시 주의사항에 해당되지 않는 것은?

① 실(seal)을 꼬이지 않도록 한다.
② 실(seal)의 상태를 검사한다.
③ 실(seal)에 윤활유를 바른다.
④ 실(seal)의 운동 면을 손상시키지 않는다.

> O-링은 윤활유를 필요로 하지 않기 때문에 실에 윤활유를 바르는 것은 오히려 O-링의 수명을 단축시킬 수 있다.

06 덤프트럭의 유압 실린더를 탈착할 때 주의사항으로 틀린 것은?

① 유압 작동유는 엔진을 가동시키면서 배출한다.
② 적재함을 들어올리기 전에 적재함이 비었는지를 확인한다.
③ 주차 브레이크를 작동시키고 타이어에는 고임목을 설치한다.
④ 적재함을 들어 올리고 적재함 하강 방지를 위해 안전목과 안전대(기둥)를 설치한다.

> **유압 실린더 탈착 시 주의사항**
> ① 엔진을 끄고 유압 압력을 완전히 해소해야 한다. 엔진을 가동시키면 유압 시스템에 압력이 발생하여 작동유가 급격하게 분사될 수 있다. 이는 사고 위험을 증가시키고 유압 시스템 손상을 초래할 수 있다.
> ② 적재함이 비었는지 확인하고, 주차 브레이크를 작동하며, 타이어에 고임목을 설치한다.
> ③ 적재함에 안전목과 안전대(기둥)를 설치하여 적재함 하강을 방지한다.
> ④ 적절한 도구를 사용하고, 안전 수칙을 준수한다.

| 정답 | 05 ③ 06 ①

04 작업장치 작업 안전

[1] 건설기계를 정비 작업 시 주의사항

① 작업 중 다른 부품에 손상 가능성이 있을 경우는 커버를 씌운다.
② 개스킷, 오일 씰은 새로운 개스킷이나 오일 씰을 사용해야 한다.
③ 볼트 및 너트는 규정 토크로 조인다.
④ 부품 교환 시는 제작회사의 순정품을 사용한다.

[2] 도저의 성능과 안전작업

① 불도저의 등판능력은 30° 정도이다.
② 틸트 도저의 좌·우 경사 한계각은 20~25°이다.
③ 평탄도로에서 견인력은 대체로 자중을 넘지 못한다.
④ 절토작업, 굳은 땅 옆으로 자르기, 제설작업 등에 쓰인다.

[3] 굴삭기 점검 정비 시 주의사항

① 평탄한 곳에 주차하고 점검 정비를 한다.
② 버킷을 높게 유지한 상태로 점검 정비를 하지 않는다.
③ 유압펌프 압력을 측정하기 위해 압력계는 엔진 시동을 꺼야 한다.
④ 붐이나 암으로 차체를 들어 올린 상태에서 차체 밑에는 들어가지 않는다.

[4] 고전압 전선 부근에서 기중작업 시 안전거리

① 전압 6,600V 이하 : 3m 이상
② 전압 33,000V 이하 : 4m 이상
③ 전압 66,000V 이하 : 5m 이상
④ 전압 154,000V 이상 : 7m 이상

필기 예상 문제

01 도저의 성능과 안전작업에 대한 설명 중 틀린 것은?

① 불도저의 등판능력은 30° 정도이다.
② 틸트 도저의 좌·우 경사 한계각은 40° 이다.
③ 평탄도로에서 견인력은 대체로 자중을 넘지 못한다.
④ 절토작업, 굳은 땅 옆으로 자르기, 제설작업 등에 쓰인다.

> 틸트 도저의 좌·우 경사 한계각은 일반적으로 20~25°이다.
> ① 불도저는 삽날의 움직임만으로 작업하는 도저로, 등판능력은 30° 정도이다.
> ② 틸트 도저는 삽날의 움직임과 함께 삽날의 회전이 가능한 도저로, 등판능력은 불도저보다 높아 35~40° 정도이다.
> ③ 평탄도로에서 견인력은 대체로 자중을 넘지 못하는 것은 도저의 삽날이 지면에 밀착되어 있어 견인력이 발휘되지 않기 때문이다.
> ④ 절토작업, 굳은 땅 옆으로 자르기, 제설작업 등에 쓰이는 것은 도저가 삽날을 이용하여 토사를 밀거나 끌거나, 땅을 파거나, 눈을 치우는 등의 작업을 할 수 있기 때문이다.

02 고전압 전선 부근에서 기중작업 시 안전거리로 틀린 것은?

① 전선 전압이 6,600V일 때 3m 이상 유지
② 전선 전압이 33,00V일 때 4m 이상 유지
③ 전선 전압이 66,000V일 때 5m 이상 유지
④ 전선 전압이 154,000V일 때 6m 이상 유지

> 고전압 전선 부근에서 기중작업 시 안전거리
> ① 전압 6,600V 이하 : 3m 이상
> ② 전압 33,000V 이하 : 4m 이상
> ③ 전압 66,000V 이하 : 5m 이상
> ④ 전압 154,000V 이상 : 7m 이상

03 겨울철 건설기계 보관 시 유의해야 할 사항 중 가장 거리가 먼 것은?

① 장시간 사용하지 않을 때에도 배터리 케이블을 분리해서는 안 된다.
② 부동액과 물의 비율을 50:50 수준으로 유지한다.
③ 예열표시등이 소등될 때까지 예열을 하고 시동한다.
④ 시동 후 난기(煖氣) 운전을 5~10분간 반복하여 유압작동유의 유온이 상승토록 한다.

> 장시간 사용하지 않을 때 배터리 케이블을 분리해야 한다.

|정답| 01 ② 02 ④ 03 ①

04 굴삭기 점검 정비 시 주의사항 중 옳지 않은 것은?

① 평탄한 곳에 주차하고 점검 정비를 한다.
② 버킷을 높게 유지한 상태로 점검 정비를 하지 않는다.
③ 유압펌프 압력을 측정하기 위해 압력계는 엔진 시동을 걸고 설치한다.
④ 붐이나 암으로 차체를 들어 올린 상태에서 차체 밑에는 들어가지 않는다.

> 압력계를 설치하기 전에 엔진을 꺼야 한다.

05 건설기계에서 기관을 조립한 후 가동할 때 준비해야 할 사항으로 거리가 먼 것은?

① 소화기를 반드시 비치하여야 한다.
② 냉각수와 오일을 준비해 둔다.
③ 배터리 전해액을 준비해야 한다.
④ 충전된 배터리를 준비해 둔다.

> 배터리 전해액은 건설기계의 배터리에 들어가 있는 액체이기 때문에 준비해야 할 사항으로 가장 거리가 멀다.

06 화물용 승강기 안전에 관한 내용 중 틀린 것은?

① 운전책임자 외 절대 운전을 금한다.
② 사용 전 작업방법 및 비상조치 요령을 숙지하여야 한다.
③ 화물용 승강기에는 2인 이내의 인원이 탑승한다.
④ 승강기 문이 완전히 닫힌 후 운행한다.

> 화물용 승강기는 인적 불편이 없도록 설계되어 있기 때문에, 인원이 탑승하는 것을 금하고 있다. 대신 화물을 운반할 수 있도록 설계되어 있다.

07 크롤러식 건설기계의 아이들러 점검 및 정비 시 안전한 방법으로 볼 수 없는 것은?

① 아이들러 균열 및 손상을 점검한다.
② 아이들러 바깥지름과 마멸을 점검한다.
③ 축의 오일구멍을 와이어브러시로 청소한다.
④ 축의 플랜지와 부싱 마멸을 점검한다.

> 축의 오일구멍을 와이어브러시로 청소하는 것은 안전하지 않은 방법이다. 와이어브러시는 축의 표면을 긁거나 손상시킬 수 있다. 따라서 안전한 방법으로는 오일구멍을 청소하는 전용 도구를 사용하는 것이 좋다.

08 불가피하게 고전압선 가까이에서 굴삭기로 나무이식 작업을 할 때 사고방지를 위해 지켜야 할 사항 중 틀린 것은?

① 운전자는 고무나 밑창이 가죽으로 만든 구두를 착용하는 것이 좋다.
② 만일 작업장치가 전선에 접촉한 경우 운전자는 즉시 운전석에서 떠난다.
③ 전선에 접촉한 장비 가까이 사람이 접근하지 않도록 한다.
④ 장비가 전선에 가까이 가지 않도록 유도자를 배치한다.

> 만일 작업장치가 전선에 접촉한 경우 운전자는 즉시 장비를 전선에서 이격시켜야 한다.

| 정답 | 04 ③ 05 ③ 06 ③ 07 ③ 08 ②

09 건설기계를 정비 작업 시 주의사항 중 틀린 것은?

① 작업 중 다른 부품에 손상 가능성이 있을 경우는 커버를 씌운다.
② 개스킷, 오일 씰은 손상이 없으면 다시 사용한다.
③ 볼트 및 너트는 규정 토크로 조인다.
④ 부품 교환 시는 제작회사의 순정품을 사용한다.

> 새로운 개스킷이나 오일 씰을 사용해야 한다. 개스킷이나 오일 씰은 사용 중에 마모되거나 변형될 수 있기 때문에 새로운 부품을 사용하지 않으면 누설이 발생하여 기계의 작동에 영향을 미칠 수 있다.

10 기중기 작업 중 주의할 점이 아닌 것은?

① 달아 올릴 화물의 무게를 파악하여 제한하중 이하에서 작업한다.
② 매달린 화물이 불안전하다고 생각될 때는 작업을 중지한다.
③ 신호의 규정은 없고 작업은 적당히 한다.
④ 항상 신호인의 신호에 따라 작업한다.

> 기중기 작업은 안전에 매우 중요하기 때문에 항상 신호인의 신호에 따라 작업해야 하며, 달아 올릴 화물의 무게를 파악하여 제한하중 이하에서 작업해야 한다. 또한 매달린 화물이 불안전하다고 생각될 때는 작업을 중지해야 한다.

|정|답| 09 ② 10 ③

05 용접작업 안전

[1] 전기 용접

1) 전기 용접 작업 시 안전 수칙

① 화재 폭발 사고를 방지하기 위해서 용접 작업장 주변에 가연성 물질 및 인화성 물질을 방치하지 않고 소화기를 비치하여야 한다.
② 가연성 물질의 잔여가 의심되는 드럼 탱크에는 토치를 대지 말아야 한다.
③ 슬래그 제거할 때는 방진 안경을 착용하고, 상대편에 사람이 없고 부스러기가 날아가지 않도록 해머로 두드린다.
④ 작업화 밑바닥에 정을 박은 것은 신지 않는다.
⑤ 기름이 밴 작업복이나 앞치마는 인화될 염려가 있으므로 세탁된 것으로 바꿔 입고 주머니에 인화되기 쉬운 것과 위험한 것은 넣지 말아야 한다.
⑥ 질식 사고를 방지하기 위해 밀폐된 공간에서 작업 시에는 작업 전후로 환기 상태와 산소 농도 여부를 체크해야 한다.

2) 전격방지기의 설치

전격방지기는 아크 발생이 중단된 후 1초 이내에 교류 아크 용접기의 출력측 무부하 전압을 자동적으로 25V 이하(전원전압의 변동이 있을 경우 30V 이하)로 강하시켜야 한다. 전격방지기를 용접기에 설치할 때에는 전격방지기의 구조와 성능에 익숙한 전기취급자 등(전기에 관한 지식과 기능을 가지고 있는 자를 말한다)이 하여야 하며 다음 각호의 사항에 주의하여야 한다.
① 연직(불가피한 경우는 연직에서 20도 이내)으로 설치할 것.
② 용접기의 이동, 전자접촉기의 작동 등으로 인한 진동, 충격에 견딜 수 있도록 할 것.
③ 표시등(외부에서 전격방지기의 작동상태를 판별할 수 있는 램프를 말한다)이 보기 쉽고, 점검용 스위치(전격방지기의 작동상태를 점검하기 위한 스위치를 말한다)의 조작이 용이하도록 설치할 것.
④ 용접기의 전원 측에 접속하는 선과 출력측에 접속하는 선을 혼동되지 않도록 할 것.

⑤ 접속부분은 확실하게 접속하여 이완되지 않도록 할 것.
⑥ 접속부분을 절연테이프, 절연커버 등으로 절연시킬 것.
⑦ 전격방지기의 외함은 접지시킬 것.
⑧ 용접기 단자의 극성이 정해져 있는 경우에는 접속 시 극성이 맞도록 할 것.
⑨ 전격방지기와 용접기 사이의 배선 및 접속부분에 외부의 힘이 가해지지 않도록 할 것.

3) 전격 방지기를 부착한 용접기의 설치 장소

전격방지기를 설치한 용접기는 다음 각 호의 정한 조건에 적합한 장소에서 사용하여야 한다. 다만, 해당 장소에서 사용할 수 있도록 특수한 구조의 전격방지기를 설치한 경우에는 그러하지 아니하다.
① 주의 온도가 -20℃ 이상 40℃ 이하의 범위에 있을 것.
② 습기, 분진, 유증, 부식성가스, 다량의 염분이 포함된 공기 등을 피할 수 있도록 할 것.
③ 비바람이 노출되지 않을 것.
④ 전격방지기의 설치 면이 연직에 대하여 20도를 넘는 경사가 되지 않도록 할 것.
⑤ 폭발성 가스가 존재하지 않는 장소일 것.
⑥ 진동 또는 충격이 가해질 우려가 없을 것.

4) 전기 용접 작업 시 재해 예방 대책

① 절연용 홀더(Holder)와 개인보호구(헬밋, 용접 장갑, 앞치마)를 반드시 착용하고 손잡이 부분은 절연상태를 수시로 확인하고 건조한 것을 사용한다.
② 자동 전격방지기를 사용한다. 산업안전보건기준에 관한 규칙 제306조에 따라 교류아크 용접기(자동 용접기 제외)의 경우에는 전격방지기를 부착해야 한다.
③ 무부하 전압이 필요(90V) 이상으로 높은 용접기를 사용하지 말고, 접지선의 연결 상태를 확인하고 용접 작업자는 용접기 내부에 손을 대지 않도록 한다.
④ 전원공급장치는 규정대로 설치하고, 작업 종료 또는 장시간 중지 시에는 반드시 용접 전원을 차단하고 주의를 정돈한다.
⑤ 기계적으로나 과전류(열 손상)에 의해 케이블 표면이 손상되었으면, 이를 신품으로 교체하거나 완전히 절연 보수한 후 사용한다.

⑥ 전격 위험성이 높은 장소에서는 옆에 두고 조작할 수 있는 개폐기를 설치하거나, 램프의 점멸과 기타 방법으로 감시인에게 송신하여 그때마다 스위치를 끊게 하는 장치가 필요하다.
⑦ 좁은 작업장소에서는 용접사의 몸이 아크열로 땀에 젖어 있을 때가 많으므로 신체가 노출되지 않도록 주의한다.
⑧ 용접기가 가동되고 있을 때에는 습기가 있는 물건을 들고 접근하거나 물기가 있는 손으로 만지지 않는다.
⑨ 용접봉을 갈아 끼울 경우에는 홀더의 충전부가 몸에 닿지 않도록 하고 작업장을 이동할 경우에는 홀더와 홀더 선을 바닥에 끌지 않도록 한다.
⑩ 홀더의 이상 유무 및 케이블의 접속 상태가 양호한지 확인한 후 작업해야 한다.
⑪ 용접봉이 홀더의 클램프로부터 빠지지 않도록 정확하게 끼운다.
⑫ 가죽장갑에 실리콘 수지로 처리한 절연장갑을 사용하면 절연저항을 증가시켜 안전하다.
⑬ 감전사고 발생 시 응급조치를 한다.

[2] 산소 용접

1) 카바이트 취급 시 주의할 사항
① 밀봉해서 보관한다.
② 건조한 곳에 보관한다.
③ 인화성이 없는 곳에 보관한다.
④ 저장소에 전등을 설치할 경우 방폭 구조로 한다.

2) 아세틸렌 용접장치 취급 시 주의할 사항
① 용접작업을 하기 전에 반드시 소화수, 소화기 등 소화설비를 준비한다.
② 작업하기 전에 안전기와 산소조정기의 상태를 점검한다.
③ 산소 아세틸렌 용기는 항상 안정하게 세워 놓아야 한다.
④ 밸브를 포함한 모든 연결 부분에는 기름을 묻혀서는 안 된다.
⑤ 토치에 점화는 조정기의 압력을 조정하고 먼저 토치의 아세틸렌 밸브를 연 다음에 산소 밸브를 열어 점화시키며, 작업 후에는 산소 밸브를 먼저 닫고 아세틸렌 밸브를 닫는다.

⑥ 토오치 내에서 소리가 날 때 또는 파열되었을 때는 역화에 주의할 것
⑦ 산소용 호스와 아세틸렌용 호스는 색으로 구별된 것을 사용하여야 한다.
⑧ 조정용 나사를 너무 세게 조이지 않는다.
⑨ 안전밸브의 열고 닫음은 조심스럽게 하고 밸브를 $1\frac{1}{2}$ 회전 이상 돌리지 않는다.
⑩ 용해 아세틸렌의 용기에서 아세틸렌이 급격히 분출될 때에는 정전기가 발생되어 인체가 접근하면 방전되므로 급격히 분출시키지 말아야 한다.
⑪ 아세틸렌은 가스의 압력을 1.05kg/cm^2 이상의 압력으로 사용하지 않는다.
⑫ 팁의 청소는 줄이나 팁 클리너를 사용한다.
⑬ 산소나 아세틸렌가스의 누출 점검 시에는 비눗물을 사용하여 점검한다.

3) 아세틸렌의 위험성

① 아세틸렌가스(용해아세틸렌)은 무색의 기체이지만 독성이 있는 가스여서 고농도의 아세틸렌가스가 누출되어 흡입하면 마취효과가 발생할 수 있으며, 이로 인하여 산소부족으로 정신착란, 숨 가쁨, 판단능력 저하, 근육조정 파괴, 기면증이 발생하게 된다.
② 아세틸렌이 동, 은, 수은 등의 금속과 화합 시 폭발성의 아세틸드를 생성하여 충격 등에 의하여 폭발한다.
③ 연소를 일으킬 점화원이 있다면 공기 중에 아세틸렌 체적이 2.5~81%라는 산소가 매우 희박한 상태에서도 연소가 진행될 수 있는 연소(폭발) 범위를 가지고 있다.
④ 대기압에서는 폭발하지 않으나 압력이 1.5기압 이상기면 폭발 위험성이 있고, 2기압 이상에서는 스파크나 분해에 의하여 폭발할 수 있다.
⑤ 인화점 : -17.8℃
⑥ 자연발화점 : 296~299℃
⑦ 아세틸렌 발생기에서 아세틸렌이 발생될 때에는 카바이트 1kg에서 475kcal의 열량이 발생되므로 물의 온도가 60℃ 이상이 되면 아세틸렌이 분해되어 폭발하므로 주의해야 한다.

4) 아세틸렌 용기 취급 시 주의사항

① 용기 밸브의 개폐는 신중히 하며 밸브가 얼었으면 40℃ 이하의 온수로 녹인다.
② 아세틸렌 용기는 아세톤이 유출되지 않도록 반드시 바로 세워 사용한다.
③ 사용 전이나 사용 후에 용기 밸브, 조정기, 호스 등의 접속부사 누설 여부 등을 확인하고, 사용압력을 $1kg/cm^2$ 이하로 사용하여야 안전하다.
④ 사용 후 용기 내의 잔여압력을 $0.1kg/cm^2$ 이상 남겨 둔다.(대기압에 의한 공기 침투 방지)
⑤ 아세틸렌 용기는 최저 5m~10m 이상 점화원과의 거리를 유지하여 사용해야 한다.
⑥ 용기를 취급할 경우에는 충격을 주거나 난폭하게 다루어서는 안 된다.
⑦ 용기를 운반할 경우에는 캡을 씌우고 운반차나 운반 용구를 사용해야 한다.
⑧ 아세틸렌의 용기는 가스의 누설이나 화기 또는 열의 영향에 주의해야 한다.

5) 산소 용기 취급 시 주의사항

① 충전용기는 40℃ 이하의 온도에 저장하여야 하며, 직사광선 또는 발열체로부터 보호되어야 한다.
② 밸브 및 조정기 등에 기름이 묻지 않도록 주의해야 한다.
③ 사용하지 않는 용기는 반드시 보호 캡을 씌워서 밸브의 손상을 방지해야 한다.
④ 용기를 운반할 경우에는 캡을 씌우고 운반차나 운반 용구를 사용해야 한다.
⑤ 가스용기를 도관에 연결할 때는 확실히 하여야 하며 연결 후 비눗물 검사를 하여 누설이 있을 경우 가스를 완전히 차단 후 다시 연결하여야 한다.
⑥ 취급할 경우에는 조정기 측면에 서서 밸브의 개폐는 서서히 한다.
⑦ 충전 용기는 사용한 빈 용기와 구별하여 안전한 장소에 보관한다.
⑧ 용기는 $150kg/cm^2$이 고압으로 충전되어 있어 취급 시에는 충격을 주지 말아야 한다.

6) 가스 용접 작업 시 복장과 보호구

① 가스 용접 작업 시 소화기를 준비한다.
② 차광안경을 착용하고 작업을 해야 한다.

③ 그리스나 기름이 묻은 복장은 인화될 우려가 있어 위험하므로 복장을 단정히 하고 항상 깨끗한 복장으로 작업하도록 한다.
④ 불꽃 등에 의해서 화상을 입을 우려가 있으므로 보호 장갑을 사용하고 작업해야 한다.

7) 역화 시 조치

① 취관 밸브를 차단한다. 우선 산소부터 차단하고 그 다음에 연료 가스를 막는다.
② 산소 및 연료가스 용기의 밸브를 차단한다.
③ 필요하다면 산소를 분출시키면서 팁 끝을 물속에 넣어 냉각시킨다.
④ 장비, 특히 팁 부분이 손상되었거나 결함이 있는지를 점검한다.

8) 호스와 토치 취급 시 주의사항

① 호스는 사람에게 닿거나 운반차가 그 위를 통과하지 못하도록 한다.
② 호스는 클램프로 정확하게 연결하고 풀리거나 벗겨지지 않도록 주의한다.
③ 토치 팁을 모래나 먼지 위에 놓지 말아야 한다.
④ 토치에 기름을 바르지 말아야 한다.
⑤ 팁이 막혔을 때는 팁 구멍 클리너로 청소해야 한다.
⑥ 토치는 소중히 다루어야 한다.
⑦ 토치를 함부로 분해하지 말아야 한다.
⑧ 팁이 과열된 경우에는 산소를 분출시키면서 팁 끝을 물속에 넣어 냉각시킨다.
⑨ 산소용 호스는 녹색, 아세틸렌용 호스는 적색을 사용하여 구별되도록 한다.

건설기계정비기능사

필기 예상 문제

01 전기 용접 작업 시 주의사항으로 틀린 것은?

① 용접작업자는 용접기 내부에 손을 대지 않도록 한다.
② 용접전류는 아크가 발생하는 도중에 조절한다.
③ 용접준비가 완료된 후 용접기 전원스위치를 ON 시킨다.
④ 용접 케이블의 접속 상태가 양호한가를 확인한 후 작업하여야 한다.

> 용접전류는 아크가 발생하는 접촉점에 조절해야 한다. 아크가 발생하는 도중에 조절하면, 용접 전류가 불안정해져 용접 불량이 발생할 수 있다.

02 산소가스 용기 취급 시 주의사항으로 틀린 것은?

① 용기를 눕히거나 충격을 주지 말 것
② 용기는 각종 화기로부터 멀리하고 거리를 둘 것
③ 용기저장실의 온도는 40도 넘지 않도록 할 것
④ 용기 누설검사는 성냥 또는 가스라이터를 사용할 것

> 용기 누설검사는 성냥 또는 가스라이터를 사용하면 화재나 폭발의 위험이 있기 때문에 용기 누설검사는 비눗물을 사용해야 한다.

03 산소 용접 작업에 있어서 안전상 옳지 못한 것은?

① 아세틸렌 누출검사는 비눗물로 한다.
② 역화의 위험을 방지하기 위하여 안전기를 사용한다.
③ 역화가 일어났을 때는 즉시 아세틸렌 밸브부터 먼저 잠근다.
④ 점화는 성냥불로 하지 않는다.

> 역화가 일어났을 때는 즉시 산소 밸브부터 먼저 잠그고 아세틸렌 밸브를 잠근다.

04 가스 용접에서 역류 발생 시 조치방법으로 맞는 것은?

① 토치에 물을 담근다.
② 산소를 먼저 차단시킨다.
③ 토치를 비눗물에 담근다.
④ 배출되는 산소의 압력을 높게 한다.

> 가스 용접에서 역류는 용접 토치에서 용융된 금속이 호스를 통해 아세틸렌 또는 산소 용기로 역류하는 현상을 말한다. 역류 발생 시 가장 위험한 상황은 용기 내부의 산소가 용융된 금속과 반응하여 폭발을 일으킬 수 있다는 것이다. 따라서 가장 먼저 취해야 할 조치는 산소 공급을 차단하여 폭발 위험을 예방하는 것이다.

|정|답| 01 ② 02 ④ 03 ③ 04 ②

05 아세틸렌가스의 폭발과 관계없는 것은?

① 온도　　② 탄소
③ 압력　　④ 진동 충격

> 아세틸렌가스는 불안정한 화합물로서 폭발 위험성이 매우 높다. 아세틸렌가스 폭발에 영향을 미치는 요인은 다음과 같다.
> ① 온도 : 아세틸렌가스는 온도가 높아질수록 폭발 위험성이 증가한다.
> ② 압력 : 아세틸렌가스는 압력이 높아질수록 폭발 위험성이 증가한다.
> ③ 진동 충격 : 아세틸렌가스는 진동이나 충격에 의해 폭발될 수 있다. 용접 작업 시 강한 충격이나 불규칙적인 진동은 폭발의 위험성을 높다.

06 용접작업 전에 예열(pro-heating)을 하는 목적이 아닌 것은?

① 용접부의 연성 및 노치인성 감소
② 용접 작업성의 개선
③ 용접 금속의 균열 방지
④ 용접부의 수축, 변형 감소

> **용접작업 전에 예열(pro-heating)을 하는 목적**
> ① 용접 작업성의 개선 : 예열은 용접부 주변 금속의 온도를 높여 용접 작업성을 향상시킨다. 용접봉이 더욱 쉽게 녹고, 용접 풀이 더욱 원활하게 형성되기 때문이다. 또한, 예열은 용접 비드의 모양과 품질을 개선하는 데에도 도움이 된다.
> ② 용접 금속의 균열 방지 : 예열은 용접부 주변 금속의 온도를 높여 용접 금속의 균열 발생 가능성을 낮춘다. 용접 과정에서 발생하는 열 응력을 감소시키고, 용접부의 취성 파괴 위험을 줄이는 데 도움이 된다.
> ③ 용접부의 수축, 변형 감소 : 예열은 용접부 주변 금속의 온도를 높여 용접 후 발생하는 수축과 변형을 감소시킨다. 이는 용접된 구조물의 치수 안정성을 유지하고, 잔류 응력을 줄이는 데 도움이 된다.

07 차체를 용접할 때의 설명으로 틀린 것은?

① 홀더는 항상 파손되지 않는 것을 사용한다.
② 용접 시에는 소화수 및 소화기를 준비한다.
③ 아세틸렌 누출 검사 시에는 비눗물을 사용하여 검사한다.
④ 전기 용접은 반드시 옥외에서만 작업해야 한다.

08 건설기계 정비업체에 근무하는 초보자가 용접 작업 시 지켜야 하는 일반적인 주의사항으로 옳지 않은 것은?

① 아크의 길이는 가능한 짧게 한다.
② 날씨가 추워서 적당한 예열을 한 후 용접한다.
③ 전류는 언제나 적정 전류를 선택하였다.
④ 중요 부분이 비드의 시작점과 끝점에 오도록 하였다.

> 용접 작업 시 중요 부분이 비드의 시작점과 끝점에 오도록 하는 것은 용접의 품질을 높이기 위한 방법이지만, 초보자가 지켜야 할 일반적인 주의사항은 아니다. 초보자는 용접의 기본적인 기술을 익히는 것이 중요하기 때문에, 중요 부분을 비드의 시작점과 끝점에 오도록 하는 것보다는 아크의 길이를 짧게 유지하고, 적정 전류를 선택하는 것에 집중하는 것이 좋다.

| 정 | 답 |　05 ②　06 ①　07 ④　08 ④

09 아크 용접 시 용접에서 발생되는 빛을 가리는 이유는?

① 빛이 너무 밝기 때문에 눈이 나빠질 염려가 있어서
② 빛이 너무 세기 때문에 피부가 탈 염려가 있어서
③ 빛이 자주 깜박거리기 때문에 화재의 위험이 있어서
④ 빛 속에 강한 자외선과 적외선이 눈의 각막을 상하게 하므로

> 아크 용접에서 발생되는 빛은 매우 강한 자외선과 적외선을 포함하고 있다. 이러한 빛은 눈의 각막을 상하게 하여 시력을 손상시킬 수 있다. 따라서 용접 작업자는 빛을 가리는 안전 고글이나 마스크를 착용하여 눈을 보호해야 한다.

10 전기 용접 작업에 대한 안전사항 중 옳지 않은 것은?

① 어스선은 큰 것을 사용하고 접촉이 잘되게 붙인다.
② 용접봉 코드는 되도록 짧게 하여야 하며 여기에 맞게 용접기를 놓는다.
③ 코드의 피복이 찢어졌으면 곧 수리하며 접속부분은 절연물을 감는다.
④ 차광안경을 사용하지 않고 작업한다.

> 전기 용접 작업 시 발생하는 눈부심과 자외선으로부터 눈을 보호하기 위해 차광안경을 사용해야 한다.

11 용접공이 가스 절단 작업에서 안전을 우선으로 고려하여 작업하지 않는 것은?

① 절단부가 예리하고 날카롭게 작업하였다.
② 호스가 꼬여 있어서 풀어 놓고 작업하였다.
③ 절단 토치의 불꽃 방향을 확인 후 작업하였다.
④ 절단 진행 중에 시선을 고정하여 작업하였다.

> 절단부가 예리하고 날카롭게 작업하였다는 것은 작업 도구인 절단 토치의 날이 날카롭게 갈려있어서 작업이 더욱 효율적으로 이루어졌다는 것을 의미한다. 이는 안전을 고려한 것이 아니라 작업 효율성을 높이기 위한 것이다.

12 전기 용접기가 누전이 되었을 때 가장 적절한 행동은?

① 전압이 낮기 때문에 계속 용접하여도 된다.
② 스위치는 손대지 말고 누전된 부분을 절연시킨다.
③ 용접기만 만지지 않으면 된다.
④ 스위치를 끄고 누전된 부분을 찾아 절연시킨다.

> 전기 용접기가 누전되면 전기 충격을 받을 수 있으므로 가장 먼저 해야 할 일은 스위치를 끄고 누전된 부분을 찾아 절연시켜야 한다.

| 정답 | 09 ④ 10 ④ 11 ① 12 ④

13 가스 용접 작업 시 안전관리에 관한 설명으로 틀린 것은?

① 산소누설 시험은 비눗물을 사용한다.
② 토치 끝으로 용접물의 위치를 바꾸거나 재를 제거하면 안된다.
③ 토치에 점화할 때에는 성냥불과 담뱃불로 사용하여도 무방하다.
④ 산소 봄베와 아세틸렌 봄베 가까이에서는 불꽃 조정을 피해야 한다.

> 가스 용접 작업 시에는 전용 점화장치를 사용하여 점화해야 한다.

14 아세틸렌 용접기에서 가스가 새어 나오는 것을 검사할 경우 가장 적당한 것은?

① 비눗물을 발라 본다.
② 순수한 물을 발라 본다.
③ 기름을 발라 본다.
④ 촛불을 대어 본다.

> 아세틸렌 용접기에서 가스가 새어 나오는 것을 검사할 때는 가스가 새어 나오는 부분에 비눗물을 발라보면 된다. 이는 가스가 새어 나오는 부분에서 발생하는 가스와 비눗물이 반응하여 거품이 생기기 때문이다.

15 산소 아세틸렌가스 용접할 때 가장 적합한 복장은?

① 장갑 및 헬멧
② 장갑, 용접 안경 및 헬멧
③ 모자, 장갑 및 헬멧
④ 용접 안경, 모자 및 장갑

> 가스용접의 보호구는 용접 안경, 모자, 장갑, 용접 앞치마이다.

| 정답 | 13 ③ 14 ① 15 ④

07 PART
CBT 모의고사

CBT 모의고사 1회

01 정비작업 중 갑자기 전조등이 꺼졌을 경우와 관계가 없는 것은?

① 퓨즈의 단선
② 배선의 접촉 불량
③ 축전지 용량 과다
④ 필라멘트 단선

02 배터리의 충전은 어떤 작용을 이용한 것인가?

① 전기적 작용
② 화학적 작용
③ 기계적 작용
④ 물리적 작용

03 그로울러 시험기로 전기자 위에 철편을 놓고 천천히 회전시켰더니 흡입 또는 진동을 하였을 때는?

① 단선
② 단락
③ 접지 불량
④ 고저항 발생

04 에어컨 장치에서 컴프레서(compressor)의 압축이 불량일 경우 에어컨의 압력(저압축과 고압축)은 어떻게 나타나는가?

① 저압-낮다, 고압-낮다
② 저압-낮다, 고압-높다
③ 저압-높다, 고압-낮다
④ 저압-높다, 고압-높다

05 폭발순서가 1-3-4-2인 기관에서 2번 피스톤이 압축 행정을 할 때 3번 피스톤은 무슨 행정을 하는가?

① 폭발 행정
② 배기 행정
③ 압축 행정
④ 흡입 행정

06 건설기계의 디젤기관에서 과급기를 사용하는 목적으로 알맞은 것은?

① 압축비를 높인다.
② 배기효율을 낮춘다.
③ 배압을 높인다.
④ 흡입효율을 높인다.

|정|답| 01 ③ 02 ② 03 ② 04 ③ 05 ② 06 ④

07 디젤 분사펌프의 각 플런저 분사량 오차는 일반적으로 전부하시에는 얼마 이내이어야 하는가?

① ±0% ② ±1%
③ ±3% ④ ±5%

08 엔진 오일 압력이 낮아지는 원인과 거리가 먼 것은?

① 크랭크축의 마멸이 클 때
② 유압 조정 밸브의 스프링 장력이 클 때
③ 오일펌프 기어의 마멸이 클 때
④ 엔진 오일의 점도가 낮을 때

09 디젤 노크를 일으키기 쉬운 회전 범위는?

① 저속
② 중속
③ 고속
④ 중속 이상

10 와류실식 디젤기관의 장점이 아닌 것은?

① 노킹이 잘 일어나지 않는다.
② 와류 이용이 좋다.
③ 분사압력이 낮아도 된다.
④ 연료 소비율이 예연소실식보다 우수하다.

11 어떤 건설기계의 제동마력이 66PS이고, 기계효율이 80%라 할 때 지시마력은?

① 62.5PS ② 72.5PS
③ 82.5PS ④ 92.5PS

12 기관에서 밸브 오버랩은 무엇을 나타내는가?

① 흡·배기 밸브가 동시에 열려 있는 시기
② 흡기 밸브만 열려있는 시기
③ 배기 밸브만 열려있는 시기
④ 흡·배기 밸브가 동시에 닫혀 있는 시기

13 연료여과기 내의 연료압력이 규정 이상이 되면?

① 오버플로 밸브가 열려 연료를 연료탱크로 되돌아가게 한다.
② 바이패스 밸브가 열려 직접 분사펌프로 보낸다.
③ 공급펌프의 작동을 중지시킨다.
④ 어떤 작동도 하지 않으며, 이때 여과 성능이 가장 좋게 된다.

14 다음 디스톤 핀의 설치 방법이 아닌 것은?

① 고정식
② 반고정식
③ 전부동식
④ 반부동식

15 유닛 분사펌프의 시스템에서 가속 페달 센서의 설치 위치는?

① 페달 근처
② 분사 펌프
③ 인젝터
④ 조향 핸들

|정답| 07 ③ 08 ② 09 ① 10 ④ 11 ③ 12 ① 13 ① 14 ② 15 ①

16 교류 발전기의 구성 요소 중 자계를 발생시키는 부품은?

① 로터
② 스테이터
③ 슬립링
④ 다이오드

17 유압식 굴삭기의 특징이 아닌 것은?

① 구조가 간단하다.
② 운전조작이 용이하다.
③ 작업장치의 교환이 쉽다.
④ 상부회전체 용량이 크다.

18 휠 구동식 건설기계가 주행 중 선회하거나 노면이 울퉁불퉁하여 좌·우 바퀴에 회전차가 생기는 것을 자동적으로 조정하여 원활한 회전이 이루어지도록 해주는 장치는?

① 종감속장치
② 차동장치
③ 자재 이음
④ 차축

19 휠 구동식 건설기계에서 브레이크 페달을 밟았을 때 브레이크가 잘 작동되지 않는다. 원인이 아닌 것은?

① 브레이크 회로에 누유가 있을 때
② 라이닝에 이물질이 묻어있을 때
③ 브레이크액에 공기가 들어있을 때
④ 브레이크 드럼과 라이닝 간격이 작을 때

20 불도저의 귀삽날(end bit)의 정비 방법으로 옳은 것은?

① 한쪽이 마모되면 반대쪽과 교환한다.
② 마모된 쪽만 교환한다.
③ 용접하여 사용한다.
④ 한쪽이라도 마모되면 모두 교환한다.

21 포크 리프트나 기중기의 최 후단에 붙어서 자체 앞쪽에 화물을 실었을 때 쏠리는 것을 방지하기 위한 것은?

① 이퀄라이저
② 밸런스 웨이트
③ 리닝장치
④ 마스트

22 유압 펌프의 송출압력이 55kgf/cm², 송출 유량이 30L/min인 경우 펌프 동력은 얼마인가?

① 1.8kW
② 2.69kW
③ 2.04kW
④ 2.97kW

23 유압 구성기기의 외관을 그림으로 표시한 회로도는?

① 기호 회로도
② 그림 회로도
③ 조합 회로도
④ 단면 회로도

|정답| 16 ① 17 ④ 18 ② 19 ④ 20 ② 21 ② 22 ② 23 ②

24 로드 롤러의 전압이란?

① 전압 = $\dfrac{롤러의 폭}{롤러의 접지중량}$

② 전압 = $\dfrac{롤러의 접지면적}{롤러의 접지중량}$

③ 전압 = $\dfrac{롤러의 접지중량}{롤러의 폭}$

④ 전압 = $\dfrac{롤러의 접지중량}{롤러의 접지면적}$

25 동력 조향장치에 대한 설명 중 틀린 것은?

① 유압 펌프의 고장 시에도 기본 작동은 가능하다.
② 유압 펌프의 고장 시에는 작동이 전혀 불가능하다.
③ 유압 펌프의 유압에 의해 배력 작용이 가능하다.
④ 유압 펌프는 베인식을 주로 사용한다.

26 기중기 크람셸(clam shell)의 구성품이 아닌 것은?

① 드릴링 버킷
② 크람셸 버킷
③ 태그라인 로프
④ 호이스트 드럼

27 크레인 와이어의 지름이 3cm, 들어 올릴 하중이 100kgf일 때의 인장강도(kgf/cm²)는?

① 14.2 ② 15.2
③ 16.2 ④ 17.2

28 건설기계로 사용되는 콘크리트 플랜트의 작업 능력을 산정하는 요소가 아닌 것은?

① 최대인양 능력
② 재로의 저장용량
③ 믹서의 용량과 대수
④ 단위 시간당 혼합능력

29 암석, 자갈 등이 하부 롤러에 직접 충돌하는 것을 방지하여 롤러를 보호하는 장치는?

① 평형 스프링
② 롤러 가드
③ 프런트 아이들러
④ 리코일 스프링

30 유압모터의 형식에 따른 분류가 아닌 것은?

① 기어 모터
② 베인 모터
③ 피스톤(플런저) 모터
④ 실린더 모터

31 공기압축기에서 압축기의 작동방식에 의한 분류로 적당하지 않은 것은?

① 실드형
② 왕복형
③ 버인형
④ 스크루형

|정|답| 24 ③ 25 ② 26 ① 27 ① 28 ① 29 ② 30 ④ 31 ①

32 자동 변속기 유압 제어 회로에 작용하는 유압은 어디서 발생하는가?

① 기관의 오일펌프
② 변속기내의 오일펌프
③ 흡기 다기관의 부압
④ 배기 다기관의 부압

33 덤프트럭의 스프링 센터 볼트가 절손되는 원인은?

① 심한 구동력
② 스프링 탄성
③ U 볼트 풀림
④ 스프링의 압축

34 클러치판의 비틀림 코일 스프링이 파손되었을 때 생기는 현상이 아닌 것은?

① 페달 유격이 커진다.
② 소리가 심하게 난다.
③ 클러치 작용 시 충격흡수가 안 된다.
④ 클러치 작용이 원활하지 못하게 한다.

35 건설기계에서 유압 배관을 정비 및 탈거하는 경우 주의 사항 중 틀린 것은?

① 회로의 잔압이 없는 것을 확인하고 작업한다.
② 버킷을 땅 위에 내려놓고 작업한다.
③ 배관은 마찰이 있을 때 직각으로 구부려 조립한다.
④ 복잡한 배관은 꼬리표를 붙인다.

36 그림에서 유압 호스 설치가 가장 옳은 것은?

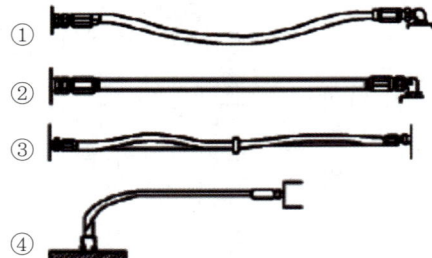

37 유압 작동유를 교환하는 판단기준의 요소에 해당되지 않는 것은?

① 점도
② 색
③ 수분
④ 유량

38 트랙 정렬에서 아이들 롤러가 중심부에서 바깥쪽으로 밀린 상태로 조립되었을 때 일어나는 현상이 아닌 것은?

① 아이들 롤러의 바깥쪽 마모가 심하다.
② 아이들 롤러의 안쪽 마모가 심하다.
③ 롤러의 안쪽 플랜지 마모가 심하다.
④ 바깥쪽 링크의 내면이 심하게 마모된다.

39 압력 제어 밸브가 아닌 것은?

① 릴리프 밸브
② 카운터 밸런스 밸브
③ 언로드 밸브
④ 스로들 밸브

|정|답| 32 ② 33 ③ 34 ① 35 ③ 36 ③ 37 ④ 38 ② 39 ④

40 기관에 필요한 공기의 무게와 운전 상태에서 실제로 흡입되는 공기의 무게 비를 무엇이라 하는가?

① 배기효율
② 압축효율
③ 체적효율
④ 열효율

41 (−)어스 방식의 장비에서 (+)케이블은 언제 연결하는 것이 가장 타당한가?

① 먼저 연결한다.
② 나중에 연결한다.
③ (+), (−)를 동시에 연결한다.
④ (+), (−)를 접지시켜 연결한다.

42 연소실 내에서 윤활유가 연소될 때 배기가스의 색은?

① 검은색
② 황색
③ 백색
④ 연노랑색

43 기관의 윤활유 소비가 많은 원인이 아닌 것은?

① 피스톤 및 실린더의 마멸과 손상
② 오일펌프의 불량
③ 밸브가이드 및 밸브 스템의 마멸
④ 외부로부터의 누설

44 산소가 적고 아세틸렌이 많을 때의 불꽃은?

① 중성 불꽃
② 탄화 불꽃
③ 표준 불꽃
④ 프로판 불꽃

45 가스 용접에서 용제를 사용하는 이유는?

① 용접봉의 용융속도를 느리게 하기 위하여
② 침탄이나 질화 작용을 돕기 위하여
③ 용접 중 산화물 등의 유해물을 제거하기 위하여
④ 모재의 용융온도를 낮게 하기 위하여

46 다음 중 패킹(packing) 재료의 구비조건이 아닌 것은?

① 유연성이 클 것
② 탄력성이 적을 것
③ 오래 사용하여도 변화가 적을 것
④ 내수성이 클 것

47 다음 중 재해가 가장 많이 일어날 수 있는 작업은?

① 선반작업
② 용접작업
③ 운반작업
④ 전기작업

| 정 | 답 | 40 ③ 41 ① 42 ② 43 ② 44 ② 45 ③ 46 ② 47 ③

48 정격 2차 전류가 160A, 허용 사용률이 30%, 실제의 용접전류가 140A일 때 정격 사용률은?

① 23%
② 33%
③ 43%
④ 53%

49 소화 설비에 적용하여야 할 사항이 아닌 것은?

① 작업의 성질
② 작업장의 환경
③ 화재의 성질
④ 작업자의 성격

50 다이얼 게이지 사용 시 유의사항을 설명하였다. 틀린 것은?

① 스핀들에 주유하거나 그리스를 발라서 보관하는 것이 좋다.
② 분해 청소나 조정을 함부로 하지 않는다.
③ 게이지에 어떤 충격이라도 가해서는 안 된다.
④ 게이지를 설치할 때에는 지지대의 팔을 될 수 있는 대로 짧게 하고 확실하게 고정해야 한다.

51 기관의 정비작업에서 안전이 필요한 이유로 가장 적합한 것은?

① 공구의 관리를 철저히 할 수 있다.
② 부품 손실을 감소시킬 수 있다.
③ 인명 피해를 예방할 수 있다.
④ 작업비용을 적게 들일 수 있다.

52 크람셸 작업장치의 작업능률을 향상시키기 위한 기본적인 사항으로 틀린 것은?

① 작업장 주변의 장애물에 유의하여 붐을 선회시킨다.
② 굴착 대상물의 종류와 크기에 적합한 버킷을 선정한다.
③ 경토질을 굴착할 때는 버킷에 투스를 설치한다.
④ 덤프트럭에 적재할 때는 붐 끝에서 되도록 멀리 설치한다.

53 하체작업을 하기 위해 지게차를 들어 올리고 차체 밑에서 작업할 때 주의사항으로 틀린 것은?

① 고정 스탠드로 차체의 4곳을 받치고 작업한다.
② 잭으로 받쳐 놓은 상태에서는 밑부분에 들어가지 않는 것이 좋다.
③ 바닥이 견고하면서 수평되는 곳에 놓고 작업하여야 한다.
④ 고정 스탠드로 3곳을 받치고 한 곳은 잭으로 들어 올린 상태에서 작업하면 작업 효율이 증대된다.

54 전기장치를 정비할 경우 안전수칙으로 바르지 못한 것은?

① 절연되어 있는 부분을 세척제로 세척한다.
② 전압계는 병렬접속하고, 전류계는 직렬 접속한다.
③ 축전지 케이블은 전장용 스위치를 모두 OFF 상태에서 분리한다.
④ 배선 연결 시에는 부하축으로부터 전원 축으로 접속하고 스위치는 OFF로 한다.

| 정답 | 48 ① | 49 ④ | 50 ① | 51 ③ | 52 ④ | 53 ④ | 54 ① |

55 건설기계 정비업체에 근무하는 초보자가 용접 작업 시 지켜야 하는 일반적인 주의사항으로 옳지 않은 것은?

① 아크의 길이는 가능한 짧게 한다.
② 날씨가 추워서 적당한 예열을 한 후 용접한다.
③ 전류는 언제나 적정 전류를 선택하였다.
④ 중요 부분이 비드의 시작점과 끝점에 오도록 하였다.

56 게이지 블록 사용 후 보관방법으로 옳은 것은?

① 깨끗이 닦은 후 겹쳐 보관한다.
② 먼지, 칩 등을 깨끗이 닦고 방청유를 발라 보관함에 보관한다.
③ 철제 공구 상자에 블록을 하나씩 보관한다.
④ 기름이나 먼지를 깨끗이 닦고 헝겊에 싸서 보관한다.

57 LPG 충전 사업의 시설에서 저장 탱크와 가스 충전 장소의 사이에 설치해야 되는 것은?

① 역화방지 장치
② 역류방지 장치
③ 방호벽
④ 경계표시 라인

58 리머가공에 관한 설명으로 옳은 것은?

① 직경 10mm 이상의 리머는 없다.
② 드릴 구멍보다 먼저 작업한다.
③ 드릴 구멍보다 더 정밀도가 높은 구멍을 가공하는데 필요하다.
④ 드릴 구멍보다 더 작게 하는데 사용한다.

59 줄 작업 시 주의사항이 아닌 것은?

① 뒤로 당길 때만 힘을 가한다.
② 공작물을 바이스에 확실히 고정한다.
③ 날이 메꾸어 지면 와이어 브러시로 털어낸다.
④ 절삭가루는 솔로 쓸어낸다.

60 사고의 원인으로서 불안전한 행위는?

① 안전조치 불이행
② 고용자의 능력부족
③ 물적 위험상태
④ 기계의 결함상태

| 정 | 답 | 55 ④ 56 ② 57 ③ 58 ③ 59 ① 60 ①

CHAPTER 02 CBT 모의고사 2회

01 다음 중 기동전동기의 부품이 아닌 것은?

① 계자코일
② 로터코일
③ 전기자
④ 솔레노이드 스위치

02 수냉식 디젤기관에서 기관이 과열되는 원인이 아닌 것은?

① 냉각수의 양이 적을 때
② 온도 조절기가 열렸을 때
③ 물 펌프 작용이 불량했을 때
④ 방열기 코어가 50% 이상 막혔을 때

03 건설기계의 디젤기관에 부착된 과급기의 역할 중 맞는 것은?

① 기관의 충전효율을 낮춘다.
② 흡기에 공기를 압축하여 공급한다.
③ 회전력을 저하시킨다.
④ 배기가스를 강제로 배출시킨다.

04 실린더 마멸의 원인 중 적당치 않은 것은?

① 실린더와 피스톤의 접촉
② 피스톤 랜드에 의한 접촉
③ 흡입가스 중의 먼지와 이물에 의한 것
④ 연소 생성물에 의한 부식

05 충전시 축전지에서 가스 발생이 거의 없고 일정한 전압이 유지되며 충전 효율이 좋으나 충전 초기에 큰 전류가 흘러서 축전지 수명에 크게 영향을 미치는 충전법은?

① 정전압 충전법
② 단별전류 충전법
③ 정전위 충전법
④ 급속저항 충전법

06 기관이 공회전할 때 배기가스가 검게 배출되는 것을 정비하고자 한다. 정비 작업 중 잘못된 것은?

① 피스톤 링을 교환한다.
② 밸브 및 인젝션 타이밍을 조정한다.
③ 라이너 및 피스톤을 교환한다.
④ 윤활유 펌프를 교환한다.

| 정 | 답 | 01 ② 02 ② 03 ② 04 ② 05 ① 06 ④

07 배압이 기관에 미치는 영향 중 틀리는 것은?

① 출력이 떨어진다.
② 기관이 과열된다.
③ 피스톤의 운동을 방해한다.
④ 냉각수의 온도가 저하한다.

08 전자제어 디젤 분사장치의 수행 기능이 아닌 것은?

① 전 부하 분사량 제한
② 최고속도 제한
③ 시동 분사량 제어
④ 무부하 분사량 제한

09 분사펌프에서 분사개시와 종결 모두가 변화되는 형식의 플런저는 어느 것인가?

① 양리드 플런저
② 정리드 플런저
③ 역리드 플런저
④ 중리드 플런저

10 실린더 내경보다 행정이 큰 기관은 무슨 기관인가?

① 장 행정기관
② 장방 행정기관
③ 단 행정기관
④ 장장 행정기관

11 디젤기관의 연료계통에서 공기를 빼는 순서를 기술한 것이다. 맞는 것은?

① 공급펌프 – 분사펌프 – 연료 여과기
② 분사펌프 – 공급펌프 – 연료 여과기
③ 분사펌프 – 연료 여과기 – 공급펌프
④ 공급펌프 – 연료 여과기 – 분사펌프

12 건설기계의 등화장치에 대한 설명 중 틀린 것은?

① 램프용 벌브(bulb)는 전압을 공급하자마자 정격전력에 도달하도록 되어있다.
② 벌브(bulb)에 사용하는 릴레이는 벌브(bulb)의 정격전력보다 높게 설정한다.
③ 제동등은 직렬로 접속되어 있다.
④ 전조등의 하이와 로우는 병렬로 접속되어 있다.

13 에어컨 시스템에서 기화된 냉매를 액화하는 장치는?

① 팽창 밸브
② 압축기
③ 응축기
④ 리시버 드라이버

14 실린더의 지름이 78mm, 행정이 78mm인 4기통 4행정 기관의 배기량은 얼마인가?

① 1390cc
② 1490cc
③ 1590cc
④ 1690cc

|정|답| 07 ④ 08 ④ 09 ① 10 ① 11 ④ 12 ③ 13 ③ 14 ②

15 충전장치에서 발전기의 극수가 4일 때, 정상 회전수는 얼마인가?(단, 주파수는 70Hz이다.)

① 1200rpm
② 1500rpm
③ 1800rpm
④ 2100rpm

16 분해된 크랭크축에서 점검하지 않아도 되는 것은?

① 휨
② 축 방향 유격
③ 마모량
④ 균열과 긁힘

17 다음 설명 중 2사이클 기관에 해당하는 것은?

① 크랭크축 2회전에 1회 폭발한다.
② 크랭크축 4회전에 1회 폭발한다.
③ 배기량이 같은 상태에서 그 무게가 가볍다.
④ 배기량이 같은 상태에서 그 무게가 무겁다.

18 산소가스 용기 취급 시 주의사항으로 틀린 것은?

① 용기를 눕히거나 충격을 주지 말 것
② 용기는 각종 화기로부터 멀리하고 거리를 둘 것
③ 용기저장실의 온도는 40도 넘지 않도록 할 것
④ 용기 누설검사는 성냥 또는 가스라이터를 사용할 것

19 실린더 호닝 작업의 주 목적은?

① 내면을 매끈하게 하기 위해
② 진원도를 얻기 위해
③ 편심도를 수정키 위해
④ 가공 경화를 위해

20 테르밋 용접의 테르밋은 무엇의 혼합물인가?

① 산화납과 산화철 분말
② 알루미늄 분말과 마그네슘 분말
③ 규소분말과 알루미늄 분말
④ 알루미늄 분말과 산화철 분말

21 어떤 코일 스프링에 40N의 하중을 걸었더니 8cm의 처짐이 있었다. 이 스프링의 스프링 상수는 몇 N/cm인가?

① 2
② 3
③ 4
④ 5

22 시험램프로 교류발전기 로터의 슬립링과 로터 축에 시험 막대를 갖다 대니 불이 켜졌다. 이 로터는?

① 양호하다.
② 단선되었다.
③ 접지되었다.
④ 단락되었다.

|정|답| 15 ④ 16 ② 17 ③ 18 ④ 19 ① 20 ④ 21 ④ 22 ③

23 전기자 시험에서 사용되는 그로울러는 전기자의 무엇을 시험하는가?

① 단락, 단선, 접지시험
② 다이오드의 단선시험
③ 저항시험
④ 절연저항시험

24 다음 용접법의 분류 중 융접(fusion welding)이 아닌 것은?

① 저항 용접
② 피복금속 아크 용접
③ 이산화탄소 아크 용접
④ 가스 용접

25 모재를 (+)극에 용접봉을 (−)극에 연결하는 직류 아크 용접의 극성은?

① 역극성
② 정극성
③ 용극성
④ 비용극성

26 다음 중 직류 정극성의 표시 기호는?

① ACSP
② ACRP
③ DCSP
④ DCRP

27 동력 전달장치에서 안전상 주의할 사항이다. 옳지 못한 것은?

① 기어가 회전하고 있는 곳은 뚜껑으로 잘 덮어 위험을 방지한다.
② 천천히 움직이는 벨트라도 손으로 잡지 말 것
③ 회전하고 있는 벨트나 기어에 필요 없는 접근을 금한다.
④ 동력전달을 빨리 전달하기 위하여 벨트를 회전하는 풀리에 손으로 걸어도 좋다.

28 스패너 사용에 관한 설명 중 가장 옳은 것은?

① 스패너와 너트 사이에 쐐기를 넣어 사용한다.
② 스패너는 너트보다 약간 큰 것을 사용한다.
③ 스패너가 너트에서 벗겨지더라도 넘어지지 않도록 몸의 균형을 잡는다.
④ 스패너 자루에 파이프 등을 끼워서 힘이 덜 들도록 사용한다.

29 고압 타이어에서 32×6-10PR이란 표시 중 32는 무엇을 뜻하는가?

① 타이어의 지름을 인치로 표시한 값이다.
② 타이어의 폭을 센치로 표시한 것이다.
③ 림의 지름을 인치로 표시한 것이다.
④ 림의 지름을 센치로 표시한 것이다.

30 도우저의 삽날이 깊이 박혀서 기관에 과부하가 걸렸을 때 먼저 해야 할 일은?

① 삽날을 들어 올림
② 장비를 멈춤
③ 브레이크 페달 작동
④ 계속 전진

| 정답 | 23 ① | 24 ① | 25 ② | 26 ③ | 27 ④ | 28 ③ | 29 ① | 30 ① |

31 주행 중 트랙 전면에서 오는 충격을 완화하지 못할 때 점검 부품은 어느 것인가?

① 리코일 스프링
② 센터 스프링
③ 대각지지 스프링
④ 롤러 스프링

32 지게차의 체인 길이는 다음 중 무엇으로 조정하는가?

① 핑거보드 인너레일을 이용하여
② 틸트 실린더 조정 로드를 이용하여
③ 핑거보드 롤러의 위치를 이용하여
④ 리프트 실린더 조정 로드를 이용하여

33 유압 주회로 내의 최대압력을 제어하는 밸브는 어떤 것인가?

① 릴레이 밸브
② 릴리프 밸브
③ 리듀싱 밸브
④ 리턴 밸브

34 클러치를 연결하고 기어 변속을 하면 어떻게 되는가?

① 기어에서 소리가 나고 기어가 마모된다.
② 변속 레버가 마모된다.
③ 기관이 정지된다.
④ 클러치 디스크가 마모된다.

35 일반적으로 불도저 트랙의 긴장도로 가장 적당한 것은?

① 1/10~1/5인치
② 11/2~2인치
③ 41/2~5인치
④ 61/2~8인치

36 건설기계 주행 시 변속기 고장으로 기어가 빠지는 원인 중 틀린 것은?

① GO(기어오일) 부족 시
② 기어 물림이 약할 때
③ 기어 샤프트가 휘었을 때
④ 기어 마모가 심할 때

37 모터그레이더의 조향 핸들이 무겁게 되는 원인이 아닌 것은?

① 펌프의 배출량이 부족하다.
② 설정압이 낮다.
③ 제어 밸브가 고착되었다.
④ 파일럿 체크 밸브가 누설된다.

38 모터 스크레이퍼 릴리프 밸브의 설정 압력이 낮거나 유압 펌프의 토출량이 적을 때 고장은?

① 스티어링이 흔들린다.
② 작업장치의 작동이 힘이 없거나 느리다.
③ 스팅어링 핸들의 조작이 무겁다.
④ 보울, 에이프런의 자연 하강량이 크다.

|정|답| 31 ① 32 ③ 33 ② 34 ① 35 ② 36 ① 37 ④ 38 ②

39 하이드로 백의 릴레이 밸브를 작동시키는 것은?

① 릴레이 스프링
② 릴레이 유압
③ 릴레이 막
④ 릴레이 피스톤

40 덤프트럭이 300m를 통과하는데 15초 걸렸다. 이 트럭의 속도는?

① 45km/h
② 72km/h
③ 85km/h
④ 120km/h

41 로우더의 토크 컨버터에서 열이 발생되고 있을 때 점검하지 않아도 되는 것은?

① 컨버터 오일쿨러
② 입구 릴리프 밸브
③ 오일 회로 내에 공기 혼입 여부
④ 출구 릴리프 밸브

42 펌프에서 토출한 유량이 실린더 내로 들어가 작동할 때 그 압력은?

① 피스톤 헤드에만 같은 압력을 받는다.
② 피스톤 링에만 같은 압력을 받는다.
③ 실린더에만 같은 압력을 받는다.
④ 유체가 가해진 실린더 내의 모든 점에 같은 압력을 받는다.

43 작동유의 특성 중 틀린 것은?

① 운전, 온도에 따른 점도변화를 최소로 줄이기 위하여 점도지수는 높아야 한다.
② 겨울철의 낮은 온도에서 충분히 유동을 보장하기 위하여 유동점은 높아야 한다.
③ 마찰손실을 최대로 줄이기 위한 점도가 있어야 한다.
④ 펌프, 실린더, 밸브 등의 누유를 최소로 줄이기 위한 점도가 있어야 한다.

44 덤프트럭이 주행 중 조향 핸들이 한쪽으로 쏠린다. 원인이 아닌 것은?

① 뒷차축이 차의 중심선에 대하여 직각이 되지 않는다.
② 좌·우 타이어의 압력이 같지 않다.
③ 조향 핸들 축 축방향의 유격이 크다.
④ 앞차축 한쪽의 현가 스프링이 절손 되었다.

45 트랙 구동 스프로킷이 한쪽 면으로만 마모되고 있다. 그 원인은 무엇인가?

① 트랙 링크가 과다 마모되었기 때문에
② 환향 조작을 너무 심하게 했기 때문에
③ 트랙 긴도가 이완되었기 때문에
④ 롤러 및 아이들러의 정열이 틀렸기 때문에

46 액체가 공기에 아주 작은 기포상태로 섞어지는 현상 또는 섞여 있는 상태를 유압용어로 무엇이라 하는가?

① 다이루션
② 공기혼입
③ 케비테이션
④ 채터링

|정답| 39 ④ 40 ② 41 ④ 42 ④ 43 ② 44 ③ 45 ④ 46 ②

47 다음 중 관로를 새로 설치하거나 유압 장치 내의 이물질이 들어갔을 때 이물질을 제거하는 작업을 무엇이라 하는가?

① 랩핑 작업
② 플러싱 작업
③ 드로잉 작업
④ 호닝 작업

48 크레인에서 지브 붐(연장형 지브 붐)을 설치할 수 있는 전부 장치는?

① 조개
② 쉬브
③ 갈구리
④ 트렌치호(파이프형)

49 굴삭기의 유압회로 내에 일어나는 파상적 오일 압력의 변화를 막아주는 장치는?

① 완충 스프링
② 어큐물레이터
③ 오일압력 조절 밸브
④ 오일 쿨러

50 유압장치 구성상 필요한 부속기기가 아닌 것은?

① 오일탱크(oil tank)
② 필터(filter)
③ 오일냉각기(oil Cooler)
④ 블리드 오프

51 응급 치료센터 안전표시등에 사용되는 색으로, 맞는 것은?

① 흑색과 백색
② 적색
③ 황색과 흑색
④ 녹색

52 동력 공구 사용 시 주의사항 중 틀린 것은?

① 간편한 사용을 위하여 보호구는 사용하지 않는다.
② 에어 그라인더는 회전수를 점검한 후 사용한다.
③ 규정 공기압력을 유지한다.
④ 압축공기 중의 수분을 제거하여 준다.

53 토크 디바이더(torque divider)의 특징으로 틀린 것은?

① 최고 효율은 토크 변환기보다 5~6% 상승하나, 스톨 토크비는 감소한다.
② 유체구동의 원활한 특성은 감소한다.
③ 부하토크가 증가됨에 따라 기관의 회전은 저하되지만 저속에서 출력은 증가한다.
④ 입력축 토크용량이 증대되므로 같은 기관에 대하여 사용하는 토크 변환비는 적어도 된다.

54 실린더 헤드 볼트를 조일 때 회전력을 측정하기 위해 쓰는 공구는?

① 토크 렌치   ② 오픈 렌치
③ 복스 렌치   ④ 소켓 렌치

|정답| 47 ② 48 ③ 49 ② 50 ④ 51 ② 52 ① 53 ③ 54 ①

55 안전한 작업을 하기 위하여 작업복장을 선정할 때의 유의사항 중 맞지 않는 것은?

① 화기사용 직장에서는 방염성, 불연성의 것을 사용하도록 한다.
② 착용자의 취미, 기호 등을 감안하여 적절한 스타일을 선정한다.
③ 작업복의 몸에 맞고 동작이 편하도록 제작한다.
④ 상의의 끝이나 바지 자락 등이 기계에 말려 들어갈 위험이 없도록 한다.

56 해머작업 시 안전사항에 맞지 않는 것은?

① 반드시 장갑을 끼고 작업을 한다.
② 열처리된 재료는 해머 작업을 하지 않는다.
③ 공동으로 해머작업 시 호흡을 맞춘다.
④ 작업 전에 주위를 살핀다.

57 실린더 헤드 볼트 풀기와 조이기에 대한 안전사항 중 바르지 못한 것은?

① 한 번에 조이지 않고 2~3회 나누어 조이는 것이 좋다.
② 토크렌치는 최종적으로 규정 토크로 조일 때 사용한다.
③ 헤드의 바깥쪽에서 중앙을 향하여 일직선 방향으로 조이는 것이 가장 좋은 방법이다.
④ 조이고 풀 때는 렌치를 작업자의 몸쪽으로 잡아당기면서 작업한다.

58 기중기의 장치 중 붐이 어떤 규정각도가 되면 붐이 스토퍼에 닿아서 각 레버와 로드를 경유해서 핸들을 중립 위치에 복위하여 리프팅을 자동 정지시키는 장치는?

① 붐 과권 방지장치
② 아우트 리거
③ 셔틀 붐
④ 트렌치호 붐

59 도저 하부롤러를 탈거할 때 안전상 제일 먼저 하는 것은?

① 트랙을 먼저 탈거
② 상부롤러를 탈거
③ 하부롤러 볼트를 먼저 탈거
④ 아이들러를 먼저 탈거

60 건설기계를 정비 작업 시 주의사항 중 틀린 것은?

① 작업 중 다른 부품에 손상 가능성이 있을 경우는 커버를 씌운다.
② 개스킷, 오일 실은 손상이 없으면 다시 사용한다.
③ 볼트 및 너트는 규정 토크로 조인다.
④ 부품 교환 시는 제작회사의 순정품을 사용한다.

| 정답 | 55 ② | 56 ① | 57 ③ | 58 ① | 59 ① | 60 ② |

CBT 모의고사 3회

01 12V 축전지 4개를 병렬로 연결했을 때 전압[V]은?

① 48
② 36
③ 24
④ 12

02 광원의 광도가 270cd이고, 거리가 3m일 때의 조도는?

① 30Lx
② 60Lx
③ 90Lx
④ 120Lx

03 정비작업 중 갑자기 전조등이 꺼졌을 경우와 관계가 없는 것은?

① 퓨즈
② 배선의 부착불량
③ 축전지 용량 부족
④ 필라멘트 단선

04 검은색 또는 진한 회색을 내뿜는 건설기계 엔진의 상태가 아닌 것은?

① 연료의 불량
② 압축압력의 불량
③ 밸브틈새의 불량
④ 엔진오일의 불량

05 유닛 분사펌프 시스템에서 페달센서의 설치 위치는?

① 페달 근처
② 분사펌프
③ 인젝터
④ 조향핸들

06 크랭크 케이스에 환기장치를 두는 이유는?

① 윤활유의 청결을 위하여
② 과열과 배압을 막기 위하여
③ 엔진 과냉을 방지해 주기 위하여
④ 엔진 작용 온도를 올리기 위하여

| 정답 | 01 ④ 02 ① 03 ③ 04 ④ 05 ① 06 ②

07 밸브 스프링 점검과 관계없는 것은?
① 직각도
② 코일의 수
③ 자유 높이
④ 스프링 장력

08 압력의 단위에 속하지 않는 것은?
① kgf/cm²
② 기압
③ ps
④ mmHg

09 실린더 블록의 동파 방지를 위해 설치한 것은?
① 오일히터
② 예열플러그
③ 서머스탯밸브
④ 코어플러그

10 디젤기관에서 연료분사 펌프의 플런저 유효행정을 크게 하면 어떤 현상이 일어나는가?
① 연료 송출량이 감소한다.
② 연료 송출량은 변함없다.
③ 연료 분사 압력이 낮아진다.
④ 연료 분사량이 증가한다.

11 압축비가 7.25, 행정체적이 300cm²인 기관의 연소실 체적은 얼마인가?(단, 실린더 수는 1개)
① 47cm²
② 48cm²
③ 49cm²
④ 50cm²

12 니들 밸브와 노즐보디 사이의 간극을 맞게 나타낸 것은 어느 것인가?
① 0.1~0.15mm
② 0.01~0.015mm
③ 0.001~0.0015mm
④ 0.0001~0.00015mm

13 발전기의 기전력 변화를 시킬 수 없는 것은?
① 충전 전류의 세기
② 자력의 세기
③ 자계 내에 있는 도체의 길이
④ 기관 회전속도

14 공기 분사식에 비교한 무기 분사식의 장점으로 맞지 않는 것은?
① 공기압축기가 필요하지 않다.
② 고속 운전을 할 수 있다.
③ 압축압력이 낮아도 시동이 용이하다.
④ 고압펌프가 아니어도 된다.

15 기관오일에 냉각수가 침입되었을 때 오일의 색은 어떻게 변하는가?
① 우유색
② 흑색
③ 적색
④ 갈색

| 정 | 답 | 07 ② | 08 ③ | 09 ④ | 10 ④ | 11 ② | 12 ③ | 13 ① | 14 ② | 15 ① |

16 기동전동기 분해점검 사항에 해당되지 않는 것은?

① 정류자 점검
② 브러시 홀더 점검
③ 슬립링 점검
④ 아마추어 단락 점검

17 피복제에 습기가 있을 때 용접을 하면 어떤 결과를 가져오는가?

① 기공이 생긴다.
② 언더컷이 일어난다.
③ 크레이터가 생긴다.
④ 오버랩 현상이 생긴다.

18 등화장치에서 어떤 방향에서의 빛의 세기를 나타내는 것을 무엇이라 하는가?

① 조도
② 럭스(lux)
③ 데시벨(dB)
④ 칸데라(cd)

19 다음 중 작동 시 플라이휠의 링 기어와 관련이 있는 부품은?

① 발전기
② 배전기
③ 기동전동기
④ 연료펌프

20 다음 중 압접에 해당하는 용접방식은?

① 스터드 용접
② 전자빔 용접
③ 테르밋 용접
④ 초음파 용접

21 연료 분사관을 보관할 때 주의할 점은?

① 분사관 입구 양쪽에 나무 또는 고무마개를 한다.
② 분사관을 경유 속에 담구어 둔다.
③ 분사관 내 방청유를 채우고 나무 또는 고무마개를 한다.
④ 분사관을 석유 속에 담구어 둔다.

22 다음 중 교류아크 용접기의 종류가 아닌 것은?

① 정류기형
② 가동철심형
③ 가동코일형
④ 탭전환형

23 교류아크 용접기와 비교한 직류아크 용접기의 특징 설명 중 잘못된 것은?

① 아크의 안정성이 우수하다.
② 역률이 양호하다.
③ 비 피복봉의 사용이 가능하다.
④ 전격의 위험이 많다.

| 정답 | 16 ③ | 17 ① | 18 ④ | 19 ③ | 20 ④ | 21 ③ | 22 ① | 23 ④ |

24 아크 용접봉의 종류 중 E4301의 피복제 계통은?

① 고셀룰로스계
② 고산화티탄계
③ 일미나이트계
④ 저수소계

25 전기용접 작업에 대한 안전사항 중 옳지 않은 것은?

① 어스선은 큰 것을 사용하고 접촉이 잘되게 붙인다.
② 용접봉 코드는 되도록 짧게 하여야 하며 여기에 맞게 용접기를 놓는다.
③ 코드의 피복이 찢어졌으면 곧 수리하며 접속부분은 절연물을 감는다.
④ 차광안경을 사용하지 않고 작업한다.

26 실내 작업장에서 정밀작업의 표준(KS기준) 조명은?

① 1500룩스 이상
② 1000룩스 이상
③ 600룩스 이상
④ 300룩스 이상

27 기중기 작업 중 주의할 점이 아닌 것은?

① 달아 올릴 화물의 무게를 파악하여 제한하중 이하에서 작업한다.
② 매달린 화물이 불안전하다고 생각될 때는 작업을 중지한다.
③ 신호의 규정은 없고 작업은 적당히 한다.
④ 항상 신호인의 신호에 따라 작업한다.

28 다음 중 보안경을 반드시 착용하여야 하는 작업은?

① 기관 탈착 작업
② 납땜 작업
③ 변속기 탈착 작업
④ 전기배선 작업

29 불도저의 스프로켓에 대한 설명이다. 이 중 옳지 않은 것은?

① 이빨의 취부상태에 따라 일체형과 분할형이 있다.
② 경제적인 면에서 분할형이 유리하다.
③ 정밀 연마되었으며 열처리되어 있다.
④ 이빨 수는 대부분 짝수개로 되어있다.

30 트랙 로울러는 흙탕물, 진창, 토사에 묻혀서 회전한다. 따라서 윤활제의 누설을 방지하고 흙물의 침입을 막기 위하여 사용하는 시일은?

① 파킹 시일
② 플로우팅 시일
③ O 시일
④ 로우 시일

31 다음 중 지게차의 마스트 장치에서 마스트를 작용시키는 유압 실린더의 유압은 보통 얼마로 유지해야 하는가?

① $20 \sim 60 kgf/cm^2$
② $230 \sim 350 kgf/cm^2$
③ $70 \sim 210 kgf/cm^2$
④ $350 \sim 600 kgf/cm^2$

| 정답 | 24 ③ | 25 ④ | 26 ② | 27 ③ | 28 ③ | 29 ④ | 30 ② | 31 ③ |

32 다음은 작업 중 전기가 정전되었을 때 해야 할 일이다. 해당 없는 것은?

① 주위의 공구를 정리하고 스위치는 그대로 둔다.
② 기계의 스위치를 끊는다.
③ 경우에 따라서는 메인 스위치도 끊는다.
④ 절삭공구는 일감에서 떼어 낸다.

33 안전표지의 종류가 아닌 것은?

① 위험 표지
② 경고 표지
③ 지시 표지
④ 금지 표지

34 동력 전동장치의 치차(Gear)로서 통행 또는 작업 시에 접촉할 위험이 있는 곳은?

① 덮게 판을 덮는다.
② 통행을 금지한다.
③ 조심해서 통행한다.
④ 작업을 중지하고 방치한다.

35 전기 용접기가 누전이 되었을 때 가장 적절한 행동은?

① 전압이 낮기 때문에 계속 용접하여도 된다.
② 스위치는 손대지 말고 누전된 부분을 절연시킨다.
③ 용접기만 만지지 않으면 된다.
④ 스위치를 끄고 누전된 부분을 찾아 절연시킨다.

36 안전점검 실시 시의 유의사항 중 맞지 않는 것은?

① 점검한 내용은 상호 이해하고 협조하여 시정책을 강구할 것
② 안전 점검이 끝나면 강평을 실시하고 사소한 사항은 묵인할 것
③ 과거에 재해가 발생한 곳에는 그 요인이 없어졌는지 확인할 것
④ 점검자의 능력에 적응하는 점검내용을 활용할 것

37 오픈렌치 작업 중 가장 옳은 방법은?

① 힘의 전달을 크게 하기 위하여 한쪽 오픈렌치 죠에 파이프 등을 끼워서 사용한다.
② 가동 죠에 힘이 많이 걸리도록 작업한다.
③ 사용 방법은 작업자 쪽으로 당기면서 작업한다.
④ 볼트 머리보다 약간 큰 오픈렌치를 사용한다.

38 다음은 차량에 연료 공급 시 주의 사항이다. 적당하지 못한 것은?

① 차량의 모든 전원을 off하고 주유한다.
② 소화기를 비치한 후 주유한다.
③ 엔진 시동을 끈 후 주유한다.
④ 엔진을 공회전시키면서 주유한다.

39 드릴 작업 때 칩의 제거는 어느 방법이 가장 좋은가?

① 회전시키면서 솔로 제거
② 회전시키면서 막대로 제거
③ 회전을 중지시킨 후 손으로 제거
④ 회전을 중지시킨 후 솔로 제거

| 정답 | 32 ① 33 ① 34 ① 35 ④ 36 ② 37 ③ 38 ④ 39 ④ |

40 운반차를 이용한 운반 작업에 대한 사항 중 잘못 설명한 것은?

① 여러 가지 물건을 쌓을 때는 가벼운 물건을 위에 올린다.
② 차의 동요로 안정이 파괴되기 쉬울 때는 비교적 무거운 물건을 위에 쌓는다.
③ 화물 위나 운반차에 사람의 탑승은 절대 금한다.
④ 긴 물건을 실을 때는 맨 끝부분에 위험 표시를 해야 한다.

41 다음 부품 중 분해 시에 솔벤트로 닦으면 안 되는 것은?

① 릴리스 베어링
② 십자축 베어링
③ 허브 베어링
④ 차동장치 베어링

42 정치식 쇄석기(crusher)의 설치 및 기초 작업 방법으로 옳지 않은 것은?

① 운전 중 기초부의 손상을 예방하기 위해서는 앵커볼트를 완전하게 결합한다.
② 앵커볼트의 기초가 완전히 굳기 전에 운전해 본 후 위치를 조정한다.
③ 쇄석기는 반드시 수평이 유지되도록 설치한다.
④ 쇄석기의 설치는 기초 작업용 도면에 의하여 기초 작업이 선행되어야 한다.

43 지게차의 타이로드 조정은?

① 전륜 부분에서 한다.
② 후륜 부분에서 한다.
③ 우측에서 한다.
④ 좌측에서 한다.

44 주행속도 70km/h인 자동차에 브레이크를 작용시켰을 때 제동거리는 약 몇 m인가?(단, 마찰계수 μ는 0.3)

① 64
② 72
③ 84
④ 92

45 트랙과 아이들러가 정확한 정열 상태에서 일어나는 마모 현상이 아닌 것은?

① 아이들러 플랜지의 양면이 마모된다.
② 양쪽 링크의 양면이 같이 마모된다.
③ 트랙 롤러의 플랜지 4개가 같이 마모된다.
④ 아이들러의 바깥 플랜지만 마모된다.

46 유압장치에서 두 개 이상 분기 회로의 실린더나 모터에 작동 순서를 부여하는 밸브는?

① 시퀀스 밸브
② 안전 밸브
③ 릴리프 밸브
④ 감압 밸브

| 정 | 답 | 40 ② 41 ① 42 ② 43 ② 44 ① 45 ④ 46 ①

47 유압펌프에서 맥동현상이 발생할 경우의 고장 수리 중 틀린 것은?

① 유압회로 내의 공기빼기를 한다.
② 공동현상(캐비테이션)을 없앤다.
③ 유압조절 밸브 스프링을 교환한다.
④ 작동유를 교환한다.

48 휠 로더의 일상정비에 포함되지 않는 것은?

① 냉각수량의 점검
② 변속기 유압의 점검
③ 엔진오일 압력계 점검확인
④ 각 부분의 오일누설 점검

49 작업 사이클 시간(cycle time)은 무엇에 의해 결정되는가?

① 운반거리 및 작업조건에 따라서 결정된다.
② 토량 환산계수에 의해 정해진다.
③ 흙의 종류에 따라 정해진다.
④ 블레이드의 용량에 따라 정해진다.

50 다음 중 유압회로의 구성 부품이 아닌 것은?

① 유압 배관
② 원심 펌프
③ 유압 펌프
④ 유압제어 밸브

51 스트레이너의 용량은 유압 펌프 토출량의 몇 배 이상의 것을 사용하는가?

① 1배   ② 2배
③ 3배   ④ 5배

52 유압 작동유가 갖추어야 할 조건에 대하여 설명하였다. 틀린 것은?

① 방청성이 좋을 것
② 온도에 대하여 점도변화가 작을 것
③ 인화점이 낮을 것
④ 화학적으로 안정될 것

53 트럭 크레인에서 액추에이터가 작동하지 않는 원인으로 틀린 것은?

① 유압펌프의 고장
② 유량부족
③ 흡입파이프 호스의 막힘 또는 파손
④ 릴리프 밸브의 설정압 과대

54 타이어형 중형 굴삭기에서 주행이 되지 않아 관련 부품을 점검하고자 한다. 점검사항과 가장 거리가 먼 것은?

① 파일럿 오일이 주행 페달로 공급되는가 점검한다.
② 메인펌프에서 소리가 나는지 점검한다.
③ 주행모터로 메인펌프 압력이 전달되는지 점검한다.
④ 메인 릴리프 압력이 규정대로 설정되어 있는지 점검한다.

|정답| 47 ④ 48 ② 49 ① 50 ② 51 ② 52 ③ 53 ④ 54 ②

55 트랙 아이들러가 트랙프레임 위를 전, 후로 움직이는 구조로 된 이유는?

① 트랙 장력(긴도)을 조정하기 위하여
② 상부 롤러를 보호하기 위하여
③ 트랙 롤러를 보호하기 위하여
④ 트랙이 잘 벗겨지게 하기 위하여

56 유압장치 고장의 주 원인들 중 틀린 것은?

① 온도의 상승으로 인한 것
② 이물, 공기, 물 등의 혼입은 무관하다.
③ 기기의 기계적 고장으로 인한 것
④ 조립과 접속의 불완전으로 인한 것

57 모터 그레이더에서 리이닝 장치의 설치 목적은?

① 작업의 직진성을 방지하기 위하여
② 회전방향을 크게 하여 직진을 돕기 위하여
③ 앞바퀴를 회전하려고 하는 쪽으로 기울여서 작은 반지름으로 회전이 가능하게 하기 위하여
④ 작업의 원활성을 유지하여 산포작업을 돕기 위하여

58 자동변속기를 제어하는 것으로 틀린 것은?

① 매뉴얼 시프트
② 토크 변환기 속도
③ 가버너 압력
④ 스로틀 압력

59 클러치가 미끄러지는 일과 관계가 없는 것은?

① 클러치 페달의 자유간극
② 스플라인 부의 마멸
③ 클러치 페이싱의 마멸
④ 클러치 페이싱의 오일 부착

60 동력 조향장치에 대한 설명 중 틀린 것은?

① 유압펌프의 고장 시에도 기본 작동은 가능하다.
② 유압펌프의 고장 시에는 작동이 전혀 불가능하다.
③ 유압펌프의 유압에 의해 배력 작용이 가능하다.
④ 유압유로는 작동유가 사용된다.

|정|답| 55 ① 56 ② 57 ③ 58 ② 59 ② 60 ②

CBT 모의고사 4회

01 연료 파이프 내에 베이퍼록이 일어나면 어떤 현상이 발생되는가?

① 엔진출력이 저하된다.
② 연료의 송출량이 많아진다.
③ 기관 압축압력이 저하된다.
④ 기관 출력과는 관계없다.

02 밸브 서어징(surging)현상의 설명 중 알맞은 것은?

① 밸브가 열릴 때 천천히 열리는 현상
② 밸브의 흡기배기가 동시에 열리는 현상
③ 고속 시 밸브의 고유진동수와 캠의 회전수의 공명에 의하여 스프링이 튕기는 현상
④ 고속회전에서 저속으로 변화할 때 스프링의 장력차에 의한 현상

03 4행정 싸이클 1-3-4-2의 폭발순서에서 1번이 흡기 행정시 4번은 무슨 행정을 하는가?

① 흡입
② 압축
③ 폭발
④ 배기

04 12V 100AH의 축전지 2개를 직렬로 접속하면?

① 12V, 100AH가 된다.
② 12V, 200AH가 된다.
③ 24V, 100AH가 된다.
④ 24V, 200AH가 된다.

05 연소실의 체적이 30cc이고 행정의 체적이 150cc인 기관의 압축비는?

① 5:1
② 6:1
③ 7:1
④ 8:1

06 2행정 사이클 디젤기관의 소기를 하기 위해서는?

① 에어 클리너에 의해 고압 공기를 밀어 넣는다.
② 캬브레이타에 의해 고압 공기를 밀어 넣는다.
③ 거버너에 의해 고압 공기를 밀어 넣는다.
④ 브로워(blower)에 의해 고압 공기를 밀어 넣는다.

| 정답 | 01 ① 02 ③ 03 ③ 04 ③ 05 ② 06 ④ |

07 분사펌프의 테스트 결과가 아래와 같을 때 수정을 요하는 실린더는?(단, 불균율 한계는 ± 4(%)이다.)

실린더 번호	1	2	3	4	5	6
분사량(cc)	31	33	28	29	29	30

① 1, 2번 실린더
② 2, 3번 실린더
③ 3, 4번 실린더
④ 5, 6번 실린더

08 4행정 사이클 기관이 3행정을 끝내려면 크랭크 축의 회전 각도는?

① 1080° ② 900°
③ 720°   ④ 540°

09 AC 발전기의 정류용 다이오드는 무슨 작용을 하는가?

① 발전기 출력제어를 돕는다.
② 발전기 전압을 높인다.
③ 발전기 전류를 정류한다.
④ 발전기 출력을 증가시킨다.

10 라디에이터에서 증기가 분출하는 원인이 될 수 없는 것은?

① 냉각수 부족
② 라디에이터 캡의 패킹불량
③ 연료 부족
④ 라디에이터 핀 막힘

11 기동전동기에 대한 시험과 관계가 없는 것은?

① 누설 시험
② 부하 시험
③ 무부하 시험
④ 회전력 시험

12 12(V), 100(AH)의 축전지 2개를 병렬로 접속하면?

① 24(V), 100(AH)가 된다.
② 12(V), 100(AH)가 된다.
③ 24(V), 200(AH)가 된다.
④ 12(V), 200(AH)가 된다.

13 지게차 조종석의 계기판 사용 중 틀리게 설명한 것은 어떤 것인가?

① 엔진유압 경고등은 엔진의 윤활유 압력상태를 나타내는 것이다.
② 충전 램프는 발전기의 발전상태를 나타내는 것이다.
③ 연료계의 바늘이 "E"를 가리키면 연료가 거의 없는 것이다.
④ 엔진 수온계의 바늘지침이 녹색(혹은 백색) 범위를 벗어나면 정상이다.

14 공회전 상태에서 디젤엔진의 진공도 시험 시 진공계 지침이 130~150mmHg 사이에서 규칙적으로 강약이 있게 흔들리는 경우는?

① 분사시기가 맞지 않을 때
② 배기계통에 막힘이 있을 때
③ 헤드 개스킷이 파손되었을 때
④ 밸브 타이밍이 틀리지 않을 때

| 정답 | 07 ② 08 ④ 09 ③ 10 ③ 11 ① 12 ④ 13 ④ 14 ③

15 디젤기관의 실린더 헤드 변형은 무엇으로 점검하는가?

① 마이크로미터와 강철자
② 다이얼 게이지와 직각자
③ 플라스틱 게이지와 필러 게이지
④ 직각자와 필러 게이지

16 29톤급 굴삭기 엔진에 부착되는 스탭핑 모터의 기능을 바르게 기술한 것은?

① 콘트롤러로부터 신호를 받아 인젝션펌프를 미세 동작시킨다.
② 콘트롤러로부터 신호를 받아 엔진의 회전 속도를 제어한다.
③ 스피드센서로부터 신호를 받아 인젝션펌프를 미세 동작시킨다.
④ 스피드센서로부터 신호를 받아 엔진의 회전 속도를 제어한다.

17 줄 작업 또는 기계 가공한 평면 또는 곡면을 더욱 정밀하게 다듬질하기 위하여 사용하는 공구는?

① 다이스(dies)
② 스크레이퍼(scraper)
③ 정(chisel)
④ 탭(tap)

18 120AH의 축전지가 매일 1% 자기방전을 한다. 이것을 보완키 위하여 미 전류 충전기의 충전전류는 몇 A로 조정하면 되겠는가?

① 0.05A ② 0.1A
③ 0.12A ④ 0.5A

19 건설기계의 자동 에어컨에서 사용되는 센서에 해당되지 않는 것은?

① 외기센서
② 세핑센서
③ 일사센서
④ 실내온도센서

20 혼을 축전지에 직접 연결하였을 때에는 작동되나 건설기계에 장착하였을 때에는 작동되지 않았을 경우에 그 원인이 아닌 것은?

① 퓨즈의 소손
② 혼 릴레이 작동 불량
③ 혼 스위치 불량
④ 축전지 전압이 낮을 때

21 다음의 V 벨트 중 단면치수가 가장 큰 것은?

① A형
② B형
③ C형
④ D형

22 다음 중 감속비를 가장 크게 할 수 있는 기어는?

① 내접 기어
② 웜 기어
③ 베벨 기어
④ 헬리컬 기어

|정|답| 15 ④ 16 ① 17 ② 18 ① 19 ② 20 ④ 21 ④ 22 ②

23 배기가스(gas) 중 검은 연기를 내는 원인이 아닌 것은?

① 압축압력이 낮아 압축온도가 낮을 때
② 노즐에서 관통력과 무화가 강할 때
③ 분사시기가 나쁠 때
④ 노즐로 부터 분사상태가 나쁠 때

24 4행정 디젤기관의 흡기밸브가 상사점 전 10도에서 열리고 하사점 후 15도에서 닫혔다. 배기밸브가 하사점 전 20도에서 열리고 상사점 후 15도에서 닫혔다면 이 기관에 밸브오버랩 각은 몇 도인가?

① 20
② 25
③ 30
④ 35

25 다음 중 전자제어 연료분사장치의 온도 센서로 가장 많이 사용되는 것은?

① 저항
② 다이오드
③ TR
④ NTC 서미스터

26 윤활유의 작용이 아닌 것은?

① 응력분산작용
② 밀봉작용
③ 방청작용
④ 산화작용

27 용접에서 모재와 용착금속의 경계부분에 오목하게 파여 들어간 것을 무엇이라 하는가?

① 스패터(spatter)
② 슬래그(slag)
③ 오버랩(overlap)
④ 언더컷(undercut)

28 아세틸렌 발생기의 종류와 관계가 없는 것은?

① 투입식
② 주수식
③ 확장식
④ 침지식

29 용접 시 외부에서 주어지는 용접입열을 계산하는 공식으로 맞는 것은?(단, H : 용접입열(J/cm), I : 아크전류(A), E : 아크전압(V), V : 용접속도(cm/min)이다.)

① H = V/60EI
② H = 60EI/V
③ H = 60EV/I
④ H = 60VI/E

30 용접 자세에 관한 기호와 뜻으로 잘못 짝지어진 것은?

① 아래 보기 자세 : F
② 수평 자세 : H
③ 수직 자세 : V
④ 위보기 자세 : H-Fil

|정답| 23 ② 24 ② 25 ④ 26 ④ 27 ④ 28 ③ 29 ② 30 ④

31 MIG 용접과 TIG 용접의 공통적인 특징이 아닌 것은?

① 아르곤 또는 헬륨과 같은 가스를 써서 산화를 방지한다.
② 아크(arc)를 이용한 용접법이다.
③ 알루미늄, 구리합금과 같은 특수금속을 용접할 수 있다.
④ 비용극식 용접법이다.

32 적재물이 차량의 적재함 밖으로 나올 때는 어떤 색으로 위험표시를 하는가?

① 녹색   ② 청색
③ 황색   ④ 적색

33 냉각장치에 대한 설명이다. 잘못 표현된 것은?

① 방열기는 상부온도가 하부온도보다 낮으면 양호하다.
② 팬벨트의 장력이 약하면 엔진 과열의 원인이 된다.
③ 물 펌프 부싱이 마모되면 물의 누수원인이 된다.
④ 실린더 블록에 물때가 끼면 엔진과열의 원인이 된다.

34 전기장치의 배선 작업에서 작업 시작 전에 제일 먼저 조치해야 할 사항은?

① 코일 1차선을 제거한다.
② 고압 케이블을 제거한다.
③ 접지선을 제거한다.
④ 배터리 비중을 측정한다.

35 측정계기의 보관방법 중 가장 좋은 것은?

① 캐비닛에 넣어 둔다.
② 책상 서랍 속에 넣어 둔다.
③ 작업대에 놓아둔다.
④ 오물을 닦아내고 공구실에 둔다.

36 기계 가공 후 일감에 생기는 거스럼을 가장 안전하게 제거하는 것은?

① 정
② 바이트
③ 줄
④ 스크레이퍼

37 산소 아세틸렌 용접에서의 역류역화의 원인이 아닌 것은?

① 토치의 팁이 과열되었을 때
② 토치의 팁이 석회분에 끼었을 때
③ 아세틸렌 가스공급이 안전할 때
④ 토치의 성능이 불량할 때

38 다음 중 사고예방 대책의 5단계 중 그 대상이 아닌 것은?

① 사실의 발견
② 분석평가
③ 시정방법의 선정
④ 엄격한 규율의 책정

|정|답| 31 ④ 32 ④ 33 ① 34 ③ 35 ④ 36 ③ 37 ③ 38 ④

39 LPG 충전 사업의 시설에서 저장 탱크와 가스 충전 장소의 사이에 설치해야 되는 것은?

① 역화 방화 장치
② 역류 방지 장치
③ 방호벽
④ 경계표시

40 부품을 분해 정비 시 반드시 새것으로 교환해야 한다. 아닌 것은?

① 오일실
② 볼트, 너트
③ 개스킷
④ O 링

41 그라인더 작업 시의 주의 사항 중 부적합한 것은?

① 숫돌 받침대는 3mm 이상 간극을 벌려줘야 한다.
② 작업 전 숫돌을 나무 해머로 두드려보고 균열 여부를 점검한다.
③ 작업 중에는 반드시 보안경을 착용해야 한다.
④ 작업 시 정면을 피해서 작업하도록 한다.

42 탠덤 드라이브 장치란?

① 환향 장치
② 최종 감속장치
③ 브레이크 장치
④ 연속 장치

43 1속기어의 감속비 4:1이고 종 감속비가 5:1인 덤프트럭이 2600rpm으로 기관이 회전하며 1속으로 주행하고 있을 때 바퀴의 회전수는 얼마인가?

① 130rpm
② 260rpm
③ 520rpm
④ 1000rpm

44 일반적인 유압식 브레이크의 잔압으로 맞는 것은?

① $0.1 \sim 0.2 \text{kgf/cm}^2$
② $0.6 \sim 0.8 \text{kgf/cm}^2$
③ $1.6 \sim 1.8 \text{kgf/cm}^2$
④ $2.1 \sim 2.2 \text{kgf/cm}^2$

45 변속기 부축의 축 방향 놀음(end play)은 무엇으로 측정하는가?

① 마이크로미터
② 필커 게이지
③ 버어니어캘리퍼스
④ 텔레스코핑 게이지

46 클러치 페달의 자유간극 조정은?

① 클러치 페달을 움직여서
② 클러치 스프링의 장력을 조정하여
③ 클러치 페달 리턴 스프링의 장력을 조정하여
④ 클러치 링키지의 길이를 조정하여

| 정 | 답 | 39 ③ 40 ② 41 ① 42 ④ 43 ① 44 ② 45 ② 46 ④

47 차체에 부착된 상태에서의 조향장치 점검사항이 아닌 것은?

① 핸들의 흔들림 유격
② 섹터 샤프트의 흔들림 유격
③ 피트먼 아암의 세레이션 마멸과 손상
④ 기어물림의 중심점

48 굴삭기에 장착된 콘트롤러의 기능으로 맞는 것은?

① 운전 상황에 맞는 엔진 속도제어, 고장진단 등을 하는 장치이다.
② 운전자가 편리하도록 작업 장치를 자동적으로 조작시켜 주는 장치이다.
③ 조이스틱의 작동을 전자화한 장치이다.
④ 콘트롤 밸브의 조작을 용이하게 하기 위해 전자화한 장치이다.

49 굴삭기의 하부 구동체 주유 개소와 유종(油種)이 틀리게 짝지어진 것은?

① 트랙 – 주유하지 않는다.
② 아이들러 – 기어오일
③ 트랙 롤러 – 그리스
④ 트랙 텐션 실린더 – 그리스

50 크레인용 와이어로프의 꼬임 중 스트랜드를 왼쪽 방향으로 꼰 것은?

① Z 꼬임
② 랭 꼬임
③ S 꼬임
④ 보통 꼬임

51 도저의 화이널 드라이브 기어장치 구성부품이라고 볼 수 없는 것은?

① 더블 헬리컬 기어
② 아이들 피니언 기어
③ 메인 드라이브 기어
④ 피니언 기어

52 유압 실린더의 기름이 새는 원인이 아닌 것은?

① 유압 실린더의 피스톤 로드에 녹이나 있다.
② 유압 실린더의 피스톤 로드가 굴곡되어 있다.
③ 유압이 높다.
④ 그랜드 씨일(gland seal)이 손상되어 있다.

53 유압회로의 구성요소 중에서 회로의 파손을 방지하기 위한 기기라고 볼 수 없는 것은?

① 릴리프 밸브
② 스트레이너
③ 필터
④ 피스톤

54 유압회로에서 작동유의 적정온도를 초과할 때 미치는 영향이 아닌 것은?

① 유막의 단절
② 기계작동의 저해
③ 시일(seal)제의 노화 촉진
④ 점도 상승

|정|답| 47 ③ 48 ① 49 ② 50 ① 51 ① 52 ③ 53 ④ 54 ④

55 트럭믹서의 드럼이 회전되지 않는다. 그 원인으로 가장 잘 맞는 것은?

① 릴리프 밸브의 설정압이 낮다.
② 조작레버 링크 기구의 불량
③ 유압모터의 불량
④ 밸런스 밸브의 불량

56 다음은 유압회로의 일부를 표시한 것이다. A에는 무엇이 연결되어야 하겠는가?

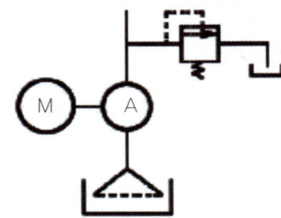

① 유압 실린더
② 오일 여과기
③ 펌프
④ 방향제어 밸브

57 유압기기의 작동원리는 어떤 원리를 이용한 것인가?

① 베르누이의 원리
② 파스칼의 원리
③ 보일샤를의 원리
④ 아르키메데스의 원리

58 다음은 불도저의 토크 변환기에 대하여 설명한 것이다. 맞는 것은 어느 것인가?

① 터빈축은 구동판을 거쳐 기관의 플라이휠과 연결되어 있다.
② 펌프는 커플링을 거쳐 기관의 플라이휠과 연결되어 있다.
③ 펌프는 구동판을 거쳐 기관의 플라이휠과 연결되어 있다.
④ 터빈축은 커플링을 거쳐 기관의 플라이휠과 연결되어 있다.

59 유압펌프의 캐비테이션(cavitation) 현상을 방지하기 위하여 주의하여야 할 사항으로 틀린 것은?

① 오일탱크의 오일점도는 적정 점도가 유지되도록 한다.
② 흡입구의 양정을 1m 이상으로 한다.
③ 펌프의 운전속도는 규정 속도 이상으로 해서는 안 된다.
④ 흡입관의 굵기는 유압펌프 본체의 연결구 크기와 같은 것을 사용한다.

60 지게차의 마스트가 완전히 신장되었을 때, 인너레일과 아웃레일이 겹쳐있는 부분의 길이를 무엇이라 하는가?

① 옵셋트
② 오버항
③ 오버랩
④ 자유간극

| 정답 | 55 ③ 56 ③ 57 ② 58 ③ 59 ② 60 ③

CHAPTER 05 CBT 모의고사 5회

01 축전지의 비중과 충전상태를 표시한 것으로 틀린 것은?

① 1.220~1.240 : 75% 충전
② 1.190~1.210 : 50% 충전
③ 1.140~1.160 : 25% 충전
④ 1.110 이하 : 완전 방전

02 디젤 엔진의 예열 장치 점검 사항이 아닌 것은?

① 예열 플러그 단선 점검
② 예열 플러그 양부 점검
③ 접지 전극 점검
④ 예열 플러그 파일럿 및 예열 플러그 저항값 점검

03 충전 중 화기를 가까이하면 축전지가 폭발할 수 있는데 무엇 때문인가?

① 산소 가스
② 전해액
③ 수소 가스
④ 수증기

04 굴삭기에서 엔진오일 경고등이 점등되어 오일량을 점검했더니 정상이었다. 그 다음 점검해야 할 곳은?

① 오일량이 정상이면 가동에 문제가 없다.
② 오일압력조정 밸브를 점검한다.
③ 배기가스의 색을 점검한다.
④ 엔진오일 색, 냄새, 점도를 점검한다.

05 기관의 피스톤 핀의 고정 방법이 아닌 것은?

① 고정식
② 반 고정식
③ 전 부동식
④ 반 부동식

06 교류 발전기에서 전압조정기의 역할이 아닌 것은?

① 축전지와 전기장치를 과부하로부터 보호한다.
② 발전기의 회전속도에 따라 전압을 변화시킨다.
③ 전압맥동에 의한 전기장치의 기능장애를 방지한다.
④ 발전기의 부하에 관계없이 발전기의 전압을 항상 일정하게 유지한다.

|정|답| 01 ③ 02 ③ 03 ③ 04 ② 05 ② 06 ②

07 기관에서 밸브 헤드 부분과 밸브 스템 부분을 큰 원호로 연결하여 가스의 흐름을 원활하게 하고, 강도를 크게 한 것으로 제작이 용이하기 때문에 일반적으로 많이 사용되고 있는 밸브는?

① 플랫형(flat head type)
② 튜울립형(tulip head type)
③ 버섯형(mushroom head type)
④ 개량 튜울립형(semi-tulip head type)

08 광원에서 공간으로 발산되는 빛의 다발을 의미하며, 단위로 루멘(lumen : lm)을 사용하는 것은?

① 번들
② 광도
③ 조도
④ 광속

09 전압조정기는 저항을 어디에 넣어 조정을 하는가?

① 아마추어 코일과 축전지 사이
② 계자코일과 축전지 사이
③ 브러시와 출력축 사이
④ 충전회로

10 실린더의 안지름이 78mm이고, 행정이 80mm인 4실린더 기관의 총 배기량은 몇 cc인가?

① 1028cc
② 1128cc
③ 1329cc
④ 1529cc

11 오버헤드 밸브식 엔진의 특징으로 틀린 것은?

① 흡·배기의 흐름에 저항이 적어, 흡·배기 효율이 좋다.
② 밸브의 크기와 양정을 충분히 할 수 있다.
③ 연소실의 형식을 간단히 할 수 있다.
④ 압축비를 높게 할 수 없으며, 노킹을 일으키기 쉽다.

12 다음 중 디젤기관에서 필요로 하지 않는 부속장치는 어느 것인가?

① 냉각장치
② 연료 공급장치
③ 점화장치
④ 윤활장치

13 유압이 규정압력 이상으로 높아지는 원인이 아닌 것은?

① 유압 조정 밸브 스프링 장력이 높다.
② 윤활회로의 일부가 막혔다.
③ 오일의 점도가 지나치게 높다.
④ 엔진오일이 가솔린에 의해 현저하게 희석되었다.

14 수냉식 디젤기관에서 기관이 과열되는 원인이 아닌 것은?

① 냉각수의 양이 적을 때
② 온도 조절기의 고장으로 상시 개방된 경우
③ 물 펌프 작용이 불량했을 때
④ 방열기 코어가 50% 이상 막혔을 때

| 정 | 답 | 07 ① 08 ④ 09 ② 10 ④ 11 ④ 12 ③ 13 ④ 14 ②

15 디젤기관에서 연료분사에 대한 요건으로 적합하지 않은 것은?

① 관통력(penetration)
② 조정(adjustment)
③ 분포(distribution)
④ 무화(atomization)

16 디젤기관 연료 분사펌프의 플런져, 송출 밸브, 노즐 등의 분해 조립 시 주의사항 중 틀린 것은?

① 먼지, 오물 등이 묻지 않도록 할 것
② 노즐버디와 니들 밸브 등 각각의 조합을 바꾸지 않을 것
③ O-링 및 개스킷은 신품으로 교환할 것
④ 닦아내기는 가솔린으로 할 것

17 난방장치의 송풍기에 대한 설명으로 틀린 것은?

① 송풍기의 종류는 분리식과 일체식이 있다.
② 속도 조절을 위해 직류 복권식 전동기를 사용한다.
③ 전동기 축에는 유닛의 열을 강제적으로 방출시키는 팬이 부착되어 있다.
④ 장시간 고속 회전을 위해 특수한 무 급유 베어링을 사용한다.

18 축전지 충전작업 시 주의사항으로 맞지 않는 것은?

① 전해액 혼합할 때에는 증류수를 황산에 천천히 붓는다.
② 축전지 단자가 단락하여 스파크가 일어나지 않게 한다.
③ 축전지를 충전하는 곳은 환기장치가 필요하다.
④ 축전지를 차량에 설치할 때 접지선을 제일 나중에 연결한다.

19 디젤기관의 연소 과정에서 연료가 분사됨과 동시에 연소가 일어나며 비교적 느리게 압력이 상승되는 연소구간은?

① 착화 지연 기간
② 폭발 연소(직접 연소) 기간
③ 제어 연소(직접 연소) 기간
④ 후기 연소(팽창) 기간

20 실린더 헤드 볼트의 조이는 힘을 측정하기 위해 쓰이는 공구는?

① 토크 렌치
② 복스 렌치
③ 소켓 렌치
④ 오픈 엔드 렌치

| 정답 | 15 ② 16 ④ 17 ② 18 ① 19 ③ 20 ① |

21 회전식 천공기에 대한 설명으로 틀린 것은?

① 천공 속도가 느리다.
② 보링기계, 어스오거, 어스드릴 등이 이에 속한다.
③ 비트에 강력한 회전력과 압력을 주어 마모, 천공한다.
④ 깊은 천공이나 대구경의 천공은 기술적으로 곤란하다.

22 기중기의 유압 작동유로 사용되는 오일의 주성분은?

① 식물성 오일
② 화학성 오일
③ 광물성 오일
④ 동물성 오일

23 유량 제어 밸브에 해당되는 밸브는?

① 체크 밸브
② 교축 밸브
③ 포트 밸브
④ 감압 밸브

24 유압장치에서 축압기(accumulator)의 기능으로 적합하지 않은 것은?

① 펌프 및 유압장치의 파손을 방지할 수 있다.
② 에너지를 절약할 수 있다.
③ 맥동, 충격을 흡수할 수 있다.
④ 압력 에너지를 축적할 수 있다.

25 유압 실린더에 사용되는 패킹의 재질로서 갖추어야 할 조건이 아닌 것은?

① 운동체의 마모를 적게 할 것
② 마찰 계수가 클 것
③ 탄성력이 클 것
④ 오일 누설을 방지할 수 있을 것

26 무한 궤도식에서 트랙 아이들러 완충장치인 리코일 스프링의 종류가 아닌 것은?

① 판 스프링식
② 코일 스프링식
③ 질소가스 스프링식
④ 다이어프램 스프링식

27 유압 펌프 중 가장 고압용은?

① 기어 펌프
② 베인 펌프
③ 나사 펌프
④ 피스톤 펌프

28 콘크리트 피니셔에서 콘크리트의 이동순서를 바르게 표기한 것은?

① 호퍼 - 스프레더 - 1차 스크리드 - 진동기 - 피니싱 스크리드
② 1차 스크리드 - 스프리더 - 진동기 - 호퍼 - 피니싱 스크리드
③ 호퍼 - 1차 스크리드 - 스프리더 - 진동기 - 피니싱 스크리드
④ 스프레더 - 호퍼 - 진동기 - 1차 스크리드 - 피니싱 스크리드

| 정답 | 21 ④ | 22 ③ | 23 ② | 24 ② | 25 ② | 26 ① | 27 ④ | 28 ① |

29 강제식 유압 펌프(체적형, 용적형 펌프)에 대한 설명 중 틀린 것은?

① 높은 압력을 낼 수 있다.
② 조건에 따라 효율의 변화가 적다.
③ 크기가 적다.
④ 유량이 많은 경우가 적합하다.

30 무한 궤도식에서 도로를 주행할 때 보통 슈는 포장 노면을 파손시키는데 이를 방지하기 위한 슈는?

① 단일 돌기 슈
② 이중 돌기 슈
③ 암반용 슈
④ 평활 슈

31 아스팔트 믹싱 플렌트 구조장치 중 건조된 가열 골재를 입도 별로 구분하는 장치는 어느 것인가?

① 드라이어 드럼
② 진동 스크린
③ 콜드 빈
④ 핫 엘리베이터

32 기계식 모터그레이더에서 작업 중 과다한 하중이 걸리면 스스로 절단되어 작업조정장치의 파손을 방지하는 것은?

① 시어 핀
② 스냅버 바
③ 탠덤
④ 머캐덤

33 불도저가 견인력 1200kgf, 속도 6.5m/sec로 주행하고 있다. 이때의 견인력(ps)은 얼마인가?

① 94   ② 104
③ 114   ④ 124

34 종감속 기어에서 구동 피니언의 물림이 링기어 잇면의 이뿌리 부분에 접촉하는 것은?

① 플랭크 접촉
② 페이스 접촉
③ 토 접촉
④ 힐 접촉

35 유압 작동유를 교환할 때의 주의사항으로 틀린 것은?

① 장비 가동을 완전히 멈춘 후에 교환한다.
② 화기가 있는 곳에서 교환하지 않는다.
③ 유압 작동유의 온도가 80℃ 이상의 고온일 때 교환한다.
④ 수분이나 먼지 등의 이물질이 유입되지 않도록 한다.

36 덤프트럭이 평탄한 도로를 3속으로 주행하고 있을 때 엔진의 회전수가 2800rpm이라면, 현재 이 차량의 주행 속도는?(단, 제3속 변속비 1.5 : 1, 종 감속비 6.2 : 1, 타이어 반경 0.6mm 이다)

① 약 68km/h
② 약 72km/h
③ 약 78km/h
④ 약 82km/h

| 정답 | 29 ④ 30 ④ 31 ② 32 ① 33 ② 34 ① 35 ③ 36 ①

37 무한 궤도식에서 트랙 구동 스프로켓이 한쪽 면으로만 마모되는 원인은?

① 트랙 링크가 과도 마모되었을 때
② 환향 조향을 너무 심하게 했기 때문에
③ 트랙 긴도가 이완되었기 때문에
④ 롤러 및 아이들러의 정렬이 틀렸기 때문에

38 지게차의 조향 핸들 직경이 360mm인 경우 건설기계 검사기준상 핸들의 유격은 얼마를 넘지 말아야 하는가?

① 약 45mm
② 약 55mm
③ 약 35mm
④ 약 25mm

39 작업 도중 엔진이 정지할 때 토크 변환기에서 오일의 역류를 방지하는 밸브는?

① 압력조정 밸브
② 스로틀 밸브
③ 체크 밸브
④ 매뉴얼 밸브

40 스크레이퍼의 작업 장치 중 에어프런(apron)에 대한 설명으로 맞는 것은?

① 트랙터와 볼(bowl)을 연결해주는 부분이다.
② 볼(bowl) 앞에 설치된 토사의 배출구를 닫아주는 문이다.
③ 토사를 적재할 때 볼(bowl)의 뒷벽을 구성한다.
④ 배토 시에는 아래로 내려 토사를 배출토록 한다.

41 유압장치에서 구성기기의 외관을 그림으로 표시한 호로도는?

① 기호 회로도
② 그림 회로도
③ 조합 회로도
④ 단면 회로도

42 오버 드라이브 장치에서 선기어를 고정하고 링 기어를 회전하면 유성 캐리어는 어떻게 되는가?

① 링기어보다 빨리 회전한다.
② 링기어보다 천천히 회전한다.
③ 링기어의 회전속도와 같다.
④ 링기어 회전수에 대하여 일정치 않다.

43 유압장치의 특징이 아닌 것은?

① 발생열의 냉각장치가 필요하다.
② 작동이 원활하여 응답성이 좋다.
③ 과부하 안전장치가 매우 복잡하다.
④ 유압 작동유로 인한 화재의 위험이 있다.

44 조향장치에서 킹 핀이 마모되어 앞바퀴가 좌, 우로 심하게 흔들리는 현상을 무엇이라 하는가?

① 로드 스웨이(Road sway)
② 트램핑(Tramping)
③ 피칭(Piching)
④ 시미(Shimmy)

| 정답 | 37 ④ 38 ① 39 ③ 40 ② 41 ② 42 ② 43 ③ 44 ④ |

45 공기식 제동 장치에서 공기 브레이크(Air Brake)의 부품이 아닌 것은?

① 브레이크 체임버
② 브레이크 밸브
③ 릴레이 밸브
④ 마스터 실린더

46 산소가 적고 아세틸렌이 많을 때의 불꽃은?

① 중성 불꽃
② 탄화 불꽃
③ 표준 불꽃
④ 프로판 불꽃

47 아세틸렌가스의 폭발과 관계없는 것은?

① 온도
② 탄소
③ 압력
④ 진동 충격

48 연강용 피복아크 용접봉 중 일미나이트계(ilmenite type)에 대한 설명으로 맞는 것은?

① 용접봉의 기호는 E4313이고 슬래그의 유동성이 나쁘다.
② 산화티탄을 30% 이상 포함한 루틸(rutite type)계다.
③ 산화티탄을 45% 이상 포함한 루틸(rutite type)계다.
④ 용접봉의 기호는 E4301이고 슬래그의 유동성이 좋다.

49 산소 용접기의 윗부분에 각인되어 있는 TP는 무엇을 의미하는가?

① 안전 시험 압력
② 정격 시험 압력
③ 최고 충전 시험 압력
④ 내압 시험 압력

50 가스 용접기의 단점으로 틀린 것은?

① 열효율이 낮다.
② 열의 집중성이 어렵다.
③ 금속이 탄화 또는 산화될 우려가 많다.
④ 열량 조절이 자유롭다.

51 건설기계의 변속기 탈거 및 부착 작업 시 안전한 방법으로 틀린 것은?

① 크랭킹 하면서 변속기를 설치하지 않는다.
② 건설기계 밑에서 작업 시에는 보안경을 쓴다.
③ 잭과 스탠드를 사용하여 장비를 안전하게 고정시킨다.
④ 차체를 로프로 고정시키고 작업한다.

52 건설기계에서 공기청정기의 에어필터가 막혔을 때의 결과가 아닌 것은?

① 배기가스의 색깔이 검어진다.
② 연료의 소비가 많아진다.
③ 엔진의 출력이 증가한다.
④ 흡입 효율이 감소한다.

|정|답| 45 ④ 46 ② 47 ② 48 ⑤ 49 ④ 50 ④ 51 ④ 52 ③

53 동력식 호이스트 사용 시 주의사항 중 틀린 것은?

① 부하가 과도하게 걸리면 위험하므로 과권 방지 장치를 부착한다.
② 공기 호이스트는 진동과 충격으로 인한 너트의 풀림 방지에 유의한다.
③ 조정장치에 연결하는 전기코드는 전도성 코드를 사용한다.
④ 조작 장치에는 상, 하향 스위치의 식별이 용이하게 화살표 등으로 표시한다.

54 기관이 과열되는 원인과 직접 관계없는 것은?

① 라디에이터 코어의 막힘
② 기관 오일의 부족
③ 라디에이터 핀의 손상
④ 발전기의 소손

55 용접작업 전에 예열(pro-heating)을 하는 목적이 아닌 것은?

① 용접부의 연성 및 노치인성 감소
② 용접 작업성의 개선
③ 용접 금속의 균열 방지
④ 용접부의 수축, 변형 감소

56 가솔린 연료 화재는 어느 화재에 속하는가?

① A급 화재
② B급 화재
③ C급 화재
④ D급 화재

57 다이얼 게이지의 사용 시 가장 올바른 사용방법은?

① 반드시 정해진 지지대에 설치하고 사용한다.
② 가끔 분해 소제나 조정을 한다.
③ 스핀들에는 가끔 주유해야 한다.
④ 스핀들이 움직이지 않으면 충격을 가해 움직이게 한다.

58 다음 중 작업안전 준수사항으로 적합하지 않은 것은?

① 스패너의 크기가 너트에 맞는 것이 없을 때는 끼움 판을 사용한다.
② 스패너로 너트를 조일 때는 몸 안쪽으로 당기면서 조인다.
③ 연료 파이프라인의 피팅을 풀고 조일 때는 오픈엔드 렌치로 한다.
④ 가스 용접 시 먼저 아세틸렌 밸브를 열고 불을 붙인 후 산소 밸브를 연다.

59 작업 시 지켜야 할 안전 사항으로 틀린 것은?

① 기계 주유 시에는 동력을 정지한다.
② 헤머 사용 시 무거우므로 장갑을 끼고 작업해야 한다.
③ 안전모는 반드시 착용해야 한다.
④ 유해 가스 등은 적색 표지판을 부착한다.

60 구멍 뚫기 작업 시 드릴이 파손되는 원인이 아닌 것은?

① 드릴의 작업 속도가 느릴 때
② 드릴의 여유각이 작을 때
③ 공작물의 고정이 불량할 때
④ 스핀들에 진동이 많을 때

| 정답 | 53 ③ 54 ④ 55 ① 56 ② 57 ① 58 ① 59 ② 60 ① |

저자약력 | • 손길상
　　　　　　대한상공회의소 경기인력개발원 차량제어과 교수

　　　　　• 김원철
　　　　　　한국폴리텍대학 남대구캠퍼스 자동차과 교수

　　　　　• 김동교
　　　　　　한국폴리텍대학 강릉캠퍼스 자동차과 교수

건설기계정비기능사 필기

초판 인쇄 | 2026년 1월 01일
초판 발행 | 2026년 1월 10일

저　　자 | 손길상 · 김원철 · 김동교
발 행 인 | 조규백
발 행 처 | 도서출판 **구민사**
　　　　　　(07293) 서울특별시 영등포구 문래북로 116, 604호(문래동 3가 46, 트리플렉스)
전　　화 | (02) 701-7421
팩　　스 | (02) 3273-9642
홈 페 이 지 | www.kuhminsa.co.kr

신 고 번 호 | 제2012-000055호 (1980년 2월 4일)
I S B N | 979-11-6875-556-7 (13550)

값 | 26,000원

※ 낙장 및 파본은 구입하신 서점에서 바꿔드립니다.
※ 본서를 허락없이 부분 또는 전부를 무단복제 게재행위는 저작권법에 저축됩니다.